Ibn Ḥawqal's *Kitāb Ṣūrat al-arḍ*

Bibliotheca Geographorum Arabicorum

VOLUME II-1

The titles published in this series are listed at *brill.com/bga*

Ibn Ḥawqal's *Kitāb Ṣūrat al-arḍ*

Opus geographicum / Abu al-Kasim Ibn Haukal al-Nasibi

The Second Edition (1938-39) by J.H. Kramers

BRILL

LEIDEN | BOSTON

This volume was originally published in 1938-39. For historical purposes, the original prelims have been retained.

Cover illustration: 'Mappemonde arabe', Manuscrits orientaux, Arabe 2214, Bibliothèque nationale de France.

ISSN 2214-5737
ISBN 978-90-04-25876-1 (paperback)

This book is printed on acid-free paper.

BIBLIOTHECA GEOGRAPHORUM ARABICORUM
II, I

BIBLIOTHECA GEOGRAPHORUM ARABICORUM

PRIMUM EDIDIT M. J. DE GOEJE †

NUNC CONTINUATA CONSULTANTIBUS

R. BLACHÈRE H. A. R. GIBB P. KAHLE J. H. KRAMERS
H. VON MŽIK C. A. NALLINO A. J. WENSINCK

PARS SECUNDA

OPUS GEOGRAPHICUM

AUCTORE

IBN ḤAUḲAL

EDITIO SECUNDA

FASCICULUS PRIMUS

LUGDUNI BATAVORUM
APUD E. J. BRILL
1938

OPUS GEOGRAPHICUM

AUCTORE

IBN ḤAUḲAL

(ABŪ 'L-ḲĀSIM IBN ḤAUḲAL AL-NAṢĪBĪ)

SECUNDUM TEXTUM ET IMAGINES CODICIS CONSTANTINOPOLITANI CONSERVATI IN BIBLIOTHECA ANTIQUI PALATII N°. 3346 CUI TITULUS EST

"LIBER IMAGINIS TERRAE"

EDIDIT COLLATO TEXTU PRIMAE EDITIONIS ALIISQUE FONTIBUS ADHIBITIS

J. H. KRAMERS

SUMPTIBUS PARTIM RECEPTIS A SOCIETATE C. E. N. „OOSTERSCH GENOOTSCHAP IN NEDERLAND" ET A FUNDATIONE C. E. N. „STICHTING-DE GOEJE"

LUGDUNI BATAVORUM
APUD E. J. BRILL
1938

PRINTED IN THE NETHERLANDS

PREFACE TO THE FIRST FASCICULUS

Since a full preface to the present edition of Ibn Ḥauḳal will appear in a third fasciculus, together with a general index and some lexicographical notes, some necessary information is here given merely by way of preliminary introduction.

The present edition is essentially the edition of one manuscript, namely the Arabic MS. No. 3346 of the Old Seray Library at Istanbul, copied in AH 479 (AD 1086). It comprises a version of Ibn Ḥauḳal's text, which is different from the version given in the MSS. of Leiden (L) and the Bodleiana in Oxford (B), on which de Goeje's edition in the Bibliotheca Geographorum Arabicorum II (Leiden 1873) is based. On the other hand the Arabic MS. No. 2214 of the Bibliothèque Nationale at Paris, which was also used by de Goeje in preparing his edition and denoted by him as 'Epitome Parisiensis' (P), is an abridgment of the first version, that of the Istanbul MS.; it is supplemented, however, by annotations relating to the period of the epitomizer, i. e. AH 534 till 580 (AD 1139—1184). I distinguish the three text versions as Version I (the manuscript on which the present edition is based), Version II (de Goeje's edition) and Version III (the Paris MS.). Of other manuscripts belonging to the Versions I and III and of the relation of these versions to one another more will be said in the complete preface.

As Version II is already known by de Goeje's edition, it was not necessary to indicate everywhere the very numerous small discrepancies existing between Versions I and II, as this would have needlessly overcrowded the foot-notes.

Version I contains, however, many so far unknown additions to the Ibn Ḥauḳal text, especially in the description of the western part of the Islamic world, such as the description of the Buǧa country and its history, the lengthy description of conditions in Sicily, the enumeration of more than two hundred Berber tribes, the description of the Oases, and many minor details; in the eastern part the description of Isfahan is the most outstanding addition. On the other hand there are found in Version II several passages which do not occur in Version I; the most important among these are the relation of the beginning of the author's travels, the digressions on the Fatimid rulers and the author's comparison of notes and maps with Abū Isḥāḳ al-Fārisī as told after the description of Sind. These longer or shorter passages in Version II, which are not found in Version I, have been added to the present edition in square brackets. In this way the text comprises materially all that is actually known of Ibn Ḥauḳal, so that for practical use this second edition replaces satisfactorily the first edition, long since exhausted. For purposes of reference the corresponding pages of the first edition have everywhere been added in the margin of the new text. Some material has also been added from other sources where a more complete version of Ibn Ḥauḳal seems to be quoted. It has also been deemed necessary sometimes to go back to the Iṣṭaḫrī-text, a procedure which de Goeje too had frequently been obliged to adopt.

The additions to the present edition extend likewise to the above mentioned text of Version III from the XIIth century, represented by the Paris Manuscript (P). In the foot-notes to his edition and, as far as the first hundred pages are concerned, on pp. 432—435 of BGA IV (Leiden 1879), de Goeje noted the passages which P contains in addition to his own text. It now appears that a good many of these additions really belong to the more original Version I of the Istanbul manuscript. The rest have been added in the later author's own time, as is nearly always expressly indicated by the dates given in these passages. In only a few cases is it uncertain whether they belong to the original Xth century version or not. The additions belonging to Version III have been inserted in the text in square brackets and in smaller type.

The chapters containing the description of the different countries or regions have been subdivided into numbered paragraphs, a subdivision which has no basis in indications of the manuscript itself; its paragraph division is indeed one of its weakest points. The paragraphs have been established on the basis of the material contents of the text and, at the same time, by continual comparison with the Iṣṭaḫrī-text, in order to allow of a better understanding of the relations which exist not only between the texts of the three versions of Ibn Ḥauḳal, but also between Ibn Ḥauḳal and Iṣṭaḫrī. Moreover they offer the advantage of rendering the text more manageable.

In all manuscripts, of Ibn Ḥauḳal as well as of Iṣṭaḫrī, the maps are essential for the proper understanding of the text and vice versa. For this reason all the maps accompanying the Istanbul manuscript have been added as reproductions in linear drawings, and in each chapter, after the announcement of the map in the text, there has been given, in smaller type, an analysis of the names and texts to be found in it. Many geographical names do not occur in the text itself and by this method it was possible to get all the names into the index with the references to the pages where they occur in the analysis. There are no special maps of Spain and Sicily, as these countries were treated originally in the description of the Maghrib.

The geographical names found on the maps as well as those in the texts have been edited according to the same principles; everywhere an effort has been made to reestablish the correct orthography or to correct evident mistakes. The reading of the manuscript has been given each time in the foot-notes. Where the adopted form differs from the one found in de Goeje's edition, the latter is also quoted as a rule. But the many readings of other manuscripts, which have swelled the foot-notes of several pages of de Goeje's editions of Iṣṭaḫrī and Ibn Ḥauḳal to such a great extent, have not been reproduced, except where there was special reason for doing so. These different readings should still be consulted in the former editions. A justification of the forms adopted, especially where they diverge from the readings of the first edition, must be reserved for the translation and commentary.

Where occasionally other literary sources are quoted in the foot-notes, the references are the generally used European editions, which will be mentioned in the full preface. The Koran is cited after Flügel's edition.

The technical expressions and the abbreviations in the foot-notes are as follows:

الأصل denotes the Arabic MS. No. 3346 of the Old Seray Library at Istanbul.

حط (حوقل طبع) is de Goeje's first edition of Ibn Ḥauḳal in BGA II.

حل is the Leiden MS. containing Version II and denoted by de Goeje as L.

حو is the Oxford MS. containing Version II and denoted by de Goeje as B.

حب is the Paris MS. containing Version III and denoted by de Goeje as P.

صط (الاصطخرى طبع) is de Goeje's edition of Iṣṭaḫrī in BGA I.

قطعة indicates one of the paragraphs into which each chapter is subdivided.

فقرة is a shorter text passage.

صورة denotes a map.

www.ingramcontent.com/pod-product-compliance
Lightning Source LLC
LaVergne TN
LVHW102224300926
849160LV00005B/22

* 9 7 8 9 0 0 4 2 5 8 7 6 1 *

كتاب صورة الأرض

تأليف

أبي القسم ابن حوقل النصيبيّ

وهو يحتوى على نصّ النسخة المرقومة ٣٣٤٦ المحفوظة فى خزانة السراى
العتيق فى استنبول وكذلك على صُوَر هـذه النسخة وقد استُتِمّ بمقابلـة
نصّ الطبعة الأولى وبعض المصادر الأخرى،

الطبعـة الثانيـة

(القسم الثانى)

طُبِع
فى مدينة ليدن بمطبعة بريل
سنة ١٩٣٩

فهرس القسم الثانى

[خوزستان]

(١) | [٧٢ ظ] وأمّا حدود خوزستان ومحلّها ممّا يجاورها من البقاع حط ١٧٠ المضافة اليها والمصاقبة لنواحيها فإنّ شرقيّها حدّ فارس واصبهان وبينها وبين حدّ فارس من حدّ اصبهان نهر طاب وهو الحدّ الى قرب مهروبان ولهذا النهر رستاق كبير وناحية واسعة وهو نهر عميق عليه جسر من خشب معلّق بين السماء والماء وبينه وبين الماء نحو عشر أذرع يعبر عليه سيّارة تلك الناحية والمجتازون بها، ثمّ يصير الحدّ بين الدَورق ومهروبان على الظهر الى البحر، وغربيّها حدّ رستاق واسط وأعمالها ودور الراسبى، وشماليّها حدّ الصَيمَرة والكرج واللور | حتّى يتّصل على حدود الجبال الى حط ١٧١ اصبهان على أنّه يقال أنّ اللُور وأعمالها كانت من خوزستان فحوّلت الى الجبال، وحدّ خوزستان ممّا يلى فارس واصبهان وحدود الجبال من واسط على خطّ مستقيم فى التربيع إلّا أنّ الحدّ الجنوبىّ من حدّ عبّادان الى رستاق واسط يصير مخروطًا فيضيق فى التربيع عمّا قابله وفيه من حدّ الجنوب أيضًا من حدّ عبّادَان على البحر الى حدّ فارس تقويس يسير فى الزاوية وينتهى هذا الحدّ آخذًا الى المغرب ذاهبًا الى الدجلة حتّى يجاوز بيان ثمّ ينعطف من وراء المفتح والمذار الى أن يتّصل برستاق واسط من حيث ابتدائه،

(٢) والصورة التى فى بطن هذه الصفحة صورة خُوزستانَ،

---

٧ (والمجتازون) — (والمجتازين)، ٩ (والكرج) — (والكرخ)، ١٢ (عبّادان) يوجد فى حط مكان ذلك (بيان) تابعًا لنسختيها، ١٣ (فيضيق) — (فيصيق)،

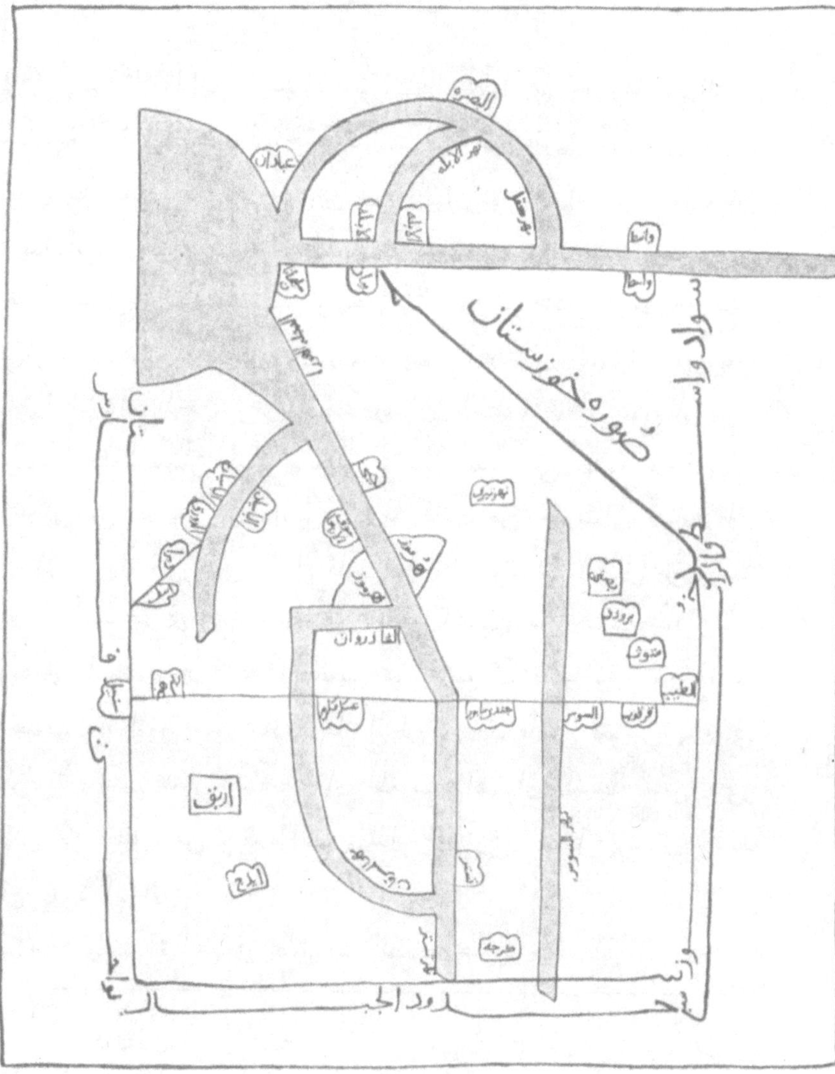

صورة خوزستان التى فى الصفحة ٧٢ ب من الأصل ،

[٧٢ ب]

إيضاح ما يوجد فى صورة خوزستان من الأسماء والنصوص،

قد رُسم البحر فى الزاوية اليسرى من أعلى الصورة على شكل نصف دائرة ويصبّ فى البحر نهر دجلة آتيًا من اليمين وعلى هذا النهر ابتداءً من اليمين مدينة واسط وفى الجانب الآخر واسط مرّة ثانية، ثمّ تتشعّب من أعلى النهر شعبة كُتب عندها نهر معقل ويمرّ على خطّ مدوّر بمدينة البصره الى أن تصبّ فى البحر عند عبادان فى موضع مصبّ دجلة، ويأخذ من حذاء البصرة نهر الابله الذى ينتهى الى عمود دجلة عند مدينة الابله المشكّلة من جانبيه، وتجاه الابلّة على دجلة مدينة بيان ثمّ عند مصبّها سليمانان،

وكتب ابتداءً من عند بيان حدّ خوزستان على خطّ مستطيل يأخذ أوّلاً الى وسط الطرف الأيمن ثمّ يوازى هذا الطرف الى أسفل الصورة ثمّ يوازى الطرف الأسفل ثمّ يعطف الى الأدنى راجعًا الى البحر، ويوازى كلمة حدّ عن أعلى يمينه كتابة صورة خوزستان، وتبتدئ من عند واسط الى الأسفل كتابة سواد واسط والراسبى، ثمّ يوازى القسم الأسفل من الحدّ حدود الجبال وبعد ذلك موازيًا لآخر الحدّ الى الفوق نواحى فـارس،

ويأخذ من وسط أسفل الصورة نهر تستر واردًا الى البحر وكُتب عند مصبّـه الدجلة الهوزا، وعن يمين هذا النهر فى أسفل الصورة مدينة كرجه ثمّ على النهر تستر ثمّ جندى سابور ثمّ هرموز ثمّ جبى، وبحذاء تستر يتشعّب من هذا النهر نهر المسرقان مارًّا بمدينة عسكر مكرم ثمّ يعطف الى اليمين راجعًا الى عمود نهر تستر عند النصف الأيسر من هرموز وكتب مقابلاً لهرموز الى الأسفل الشاذروان، ثمّ من أعلى هرموز على عمود النهر سوق الاربعا، ويوازى نهر تستر فى القسم الأيمن من الصورة نهر السوس عليه مدينة السوس وعن يسار نهايتـه نهر تيرى، ويقع عن يمين نهر السوس من المدن قرقوب، الطيب، متوث، برذون، بصنى،

ويصبّ فى نهر تستر بقرب فوّهته نهر آخـر يأتى من اليسار عليه الباسيان من الجانبين ثمّ الدورق، وعلى الطريق الآخذ من الدورق الى اليسار ديرا واسك، ويمتدّ الطريق الآخذ من الطيب عند الحدّ الأيمن على قرقوب والسوس وجندى سابور

١٧ (هرموز) هى الاهواز المعروفة بهرموز شهر، ٢٢ (برذون) — (بروذن)،

وعسكر مكرم الى رام هرمز ثمّ الى سنبيل على الحدّ الأيسر، وفى الساحة من تحت هذا الطريق مدينتا اربق وايذج،

(٣) [٧٣ ظ] وهذه مواقع خوزستانَ وما ارتفع فى كورها من مدنها والاهوَازُ مدينة تُعرف بهرموز شهر وهى الكورة العظيمة والناحية الجسيمة التى يُنسب اليها سائر المدن والكور [والآن فقد خرب أكثرها وانجلى أهلها وصارت مدينة عسكر مكرم أكثر عمارةً منها] وعَسكر مُكرم وتُستَر وجُندَى سابُور والسُوس ورامُ هُرمز والسُرَّق وكلّما ذكرتُه من كورة فهو اسم المدينة غير السرق فإنّ مدينته الدَوْرَقُ وهى المعروفة بدورق الفرس وايذَج ونهر تيرى وحومة الزُطّ والجايزان وهما واحد وحومة الثيّنان وسوق سنبيل ومَناذُر الكبرى ومَناذُر الصُغرى وجبّى والطيب وكليوان فهذه مدن ولكلّ مدينة كورة، ومن مدنها المشهورة المعروفة فى جميع الأرض بِصِنّى المذكورة على ستورها المجلوبة الى جميع أقاليم الدنيا، وازم وسُوق الأربعاء وحصن مهدىّ والباسيان وبيان وسليانان وقرقوب ومتوث وبرذون وكرجه وهى جميع ما لها من المنابر،

حط ١٧٢ (٤) | وخوزستان أجمعها فى مستواة من الأرض سهلة ذات مياه جارية وأكبر أنهارها نهر تُستَر وهو النهر الذى بنى عليه سابُور الملك الشاذروان بباب تُستَر حتّى ارتفع ماؤه الى المدينة لأنّ تُستَر على نَشزٍ مرتفعٍ عمّا داناها من الأرض فيجرى هذا النهر من وراء عسكر مكرم على الاهواز حتّى ينتهى الى نهر السدرة الى حصن مهدىّ ويقع فى البحر، ويجرى من ناحية تُستَر نهر المسرقان حتّى ينتهى الى عَسكر مكرم [ويشقّها بنصفين]

٥–٦ [والآن ... منها] من مضافات حب ٢٥ ظ، ٧ (والسُرَّق) — (والسرق)، ٩ (الزُطّ) — كأنّه (الرَطّ)، (والجايزان) — حط (والخابران) تابعًا لياقوت، (الثيّنان) — حط (البُنْيَان) تابعًا لياقوت، (سنبيل) — (سسل)، ١٣ (وبرذون) — (وبيروذن)، (وكرجه) — (وكركه)، ١٨ (داناها) — (دانها)، ٢٠ (المسرقان) — (المَسرِقان)، [ويشقّها بنصفين] مستنمّ عن حط،

ويتّصل بالاهواز وآخره الأهَواز لا يجاوزها وإذا انتهى الى عسكر مُكرم فعليه جسر كبير نحو عشرين سفينة [وعلى نهر المسرقان فى وسط عسكر مكرم قنطرة حسنة محكمة البناء بالجصّ والآجرّ عريضة جدًّا وفى هذه القنطرة سوق ودكاكين ومسجد حسن نزه،] وتجرى فيه السفن العظام وركبتُه من عسكر مكرم الى الاهواز والمسافة عشرة فراسخ فسِرنا فى الماء ستّة فراسخ ثمّ خرجنا وسرنا فى وسط النهر وكان الباقى من هذا النهر الى الاهواز طريقًا يابسًا لأنّ ذلك كان فى آخر الشهر والقمر فى نقصانه فنقص الماء عن مَلء النهر من قبل المدّ والجزر اللذين ينقصان ويزيدان بزيادة القمر، ولَنْ يضيعَ من هذا الماء شىء بوجهٍ من الوجوه بل يُسقى به أراضى قصب السُكّر وما فى أضعافه من النخيل والزروع وغير ذلك، وليس بخوزستان كلّها على كمال عمارتها بقعة هى أعمر من المسرقان، ومياه خوزستان من الاهواز والدورق وتستر وغير ذلك ممّا يصاقب هذه المواضع كلّها تجتمع عند حصن مَهْدىّ فيفيض هناك بعد أن يغزرَ ويكثرَ ويصيرَ له عرض ما يقارب الفرسخ وينتهى الى البحر، وليس بخوزستان بحر إلّا ما ينتهى اليها | من زاويةٍ من حدّ مهروبان الى قرب سُليمانان بحذاء عبّادان وهو شىء حط ١٧٢ يسير من بحر فارس،

(٥) وليس بجميع خوزستان جبال ولا رمال إلّا شىء يسير يتاخم نواحى تُستر وجندى سابُور وناحية ايذَج واصبهان وباقى خُوزستان كأرض العراق، فأمّا هواؤها وتربتها وصحّة أهلها فإنّ مياهها طيّبة عذبة جارية ولا أعرف بجميع خوزستان بلدًا ماؤه من البئر لكثرة المياه الجارية بها، وأمّا تربتها فما بَعُد من الدجلة الى ناحية الشمال فهو أيبس وأصحّ وما كان الى الدجلة أقربَ فهو من جنس أرض البصرة فى التسبّخ وكذلك الصحّة ونقاء البشرةِ فى أهلها فيما بعُد عن الدجلة، وأمّا المَسرقان

٢–٤ [وعلى ... نزه] من مضافات حَب ٢٦ ظ، ٧ (مَل٠) — (مَلوء)، ١١ (المسرقان) — (المشرقان) وكأنّ الثلث النقط مضافة فيما بعد، ١٣ (فيفيض) تابعًا لحَط — (فيغتَصْ)، ٢٢ (التسبّخ) — (التَسبُّحِ)،

خاصّةً ففيه رُطَبٌ يُعرف برطب الطن ويقال أنّ ذلك الرطب إذا أكله الإنسان وشرب عليه ماء المسرقان لم يُخْطِئه رائحةٌ فيه من رائحة الخَمر العتيق، وليس بخوزستان موضع يَجْمُدُ [٧٢ ب] فيه الماء ولا يقع فيه الثلج ولا يخلو من النخيل، والعِلَل بها كثيرة وخاصّةً لمن انتابَها وطرأ عليها، وثمارهم وزروعهم فالغالب منها فى غلّاتهم النخل ولهم عامّة الحبوب كالحنطة والشعير والفُول ويكثر عندهم الأرزّ حتّى أنّهم ليطحنونه ويخبزونه ويأكلونه وهو لهم قوت [وفيهم من تعوّد أكل خبز الأرزّ طول السنة حتّى إذا أكل خبز الحنطة أخذه المغس ووجع البطن وربّما يموت منه] وكذلك رساتيق العراق، وليس من بلد ليس به قصب سُكَّر فى جميع هذه الكور الكبار التى تقدّم ذكرها وأكثر ذلك بالمسرقان ويقع أكثره الى عسكر مُكرم، وليس بالعسكر فى القصبة كثير سكّر ولا بتستر ويُتّخذ الكثير منه بالسُوس وفى سائر المواضع للأكل من القصب ما يسدّ الحاجة ويزيد وعندهم عامّة الثمار، ولا يكاد يُخطئهم من الثمار غير الجوز وما لا يكون إلّا ببلاد الصرود،

(٦) وأمّا لسانهم فإنّ عامّتهم يتكلّمون بالفارسيّة والعربيّة غير أنّ لهم

حط ١٧٤ لساناً آخر خوزيّاً ليس | بعبرانىّ ولا سُريانىّ ولا فارسىّ، وزِيّهم زِىّ أهل العراق فى الملابس من القمص والطيالِسة والعمائم وفى أضعافهم من يلبس الأُزر والميازر، والغالب على أخلاقهم الشراسة والمنافسة فيما بينهم فى اليسير من الأمور والشدّة والإمساك، والغالب على خَلْقهم صُفرة الألوان والنحافة وخفّة اللِحَى ووفور الشَعَر فيهم أقلّ ممّا فى غيرهم من المدن وهذه صفة عامّة الجروم، وأمّا ما ينتحلونه من الديانات والمذاهب فالغالب عليهم الاعتزال والغَلَبَة لأهله دون سائر النِحَل والقول بالوعد والوعيد فيهم أكثر منه فى جميع الخلق أظهر على الحقيقة وصدق النيّة، وليس فى جميع

٢ (لم يُخْطِئه رائحةٌ) — (لم يُخطِئ رائحةٌ) وكُتب تحت السطر بغير خطّ الناسخ (يخطه الحمى)، ٤ (لمن) — (من)، ٦ (والفول) — حط (والباقلاء)، ٧–٨ [وفيهم ... منه] من مضافات حب ٢٦ ظ،

موازين الأرض الحبّةُ مجزّأة على أربعة أجزاء إلّا بالعسكر ويقال لكلّ جزء منها تُومَنَهْ، وفى عوامّهم وأهل مهنهم من الرياضة بالكلام والعلم بـه وبوجهه ما يضاهون به الخواصّ من أرباب البلدان [وعلمائهم ولقد رأيتُ حمّالاً عَبَرَ وعلى رأسه وقر ثقيل أو على ظهره وهو يساير حمّالاً آخر على حاله وهما يتنازعان فى التأويل وحقائق الكلام غير مكترثين بما عليهما فى جنب ما خطر لهما]،

(٧) ومن الخاصّيّات عندهم ما تقدّم ذكره من الشاذروان الذى بناه سابور وهو من أعجب البناء وأحكمه وطوله نحو الميل قد رُصّ بالحجارة ورُصِف كلّه حتّى تراجع الماء فيه وارتفع الى باب تُسْتَر، وبنهر السوس تابوت دانيال النبىّ عليه السلم وبلغنى أنّ أبا موسى الأشعرىّ وجده وكان أهل الكتاب يديرونه فى مجامعهم ويتبرّكون بـه ويستسقون المطر إذا أجدبوا فأخذه أبو موسى وشقّ من النهر الذى على باب السُوس خليجًا وجعل فيه ثلثة قبور مطويّة بالآجرّ ودفن ذلك التابوت فى أحد القبور ثمّ استوثق منها كلّها وعمّاها ثمّ فتح الماء حتّى قلب ذلك الثرى الكثير على ظهور تلك القبور والنهر يجرى عليهم الى يومنا هذا ويقال أنّ من نزل الى قعر الماء | وجد تلك القبور، ولهم بناحية آسك متاخمًا لأرض حـط ١٧٥ فارس جبل تتقّد فيه النار ليلاً وبالنهار يـرمى بالدخان لا يطفأ أبدًا كالبركان الذى بنواحى صقلّيه فى وسط البحر صورته هذه الصورة وجبل النار المحاذى لطبرمين من أرض صقلّيه أيضًا وسرنجلوا وهى جزيرة تجاه أرض قلوريه ذات جبل لا تنقطع نارها ليلاً ولا دخانها نهارًا وأكثرها

٤–٦ [وعلمائهم ... لهما] مأخوذ من حـط، ٩ (تراجع) — (براجع)، (السوس) تابعًا مع حـط لصـط وحـب وفى الأصل (تستر) وكذلك فى نسختى حـط، ١٤ (الثرى) تابعًا لحـط وحـب وفى الأصل (السرى)، ١٦ (آسك) — (آسِك)، ١٧ (يطفأ) — (يطفى)، ١٩ (النار) — (التار)، ٢٠ (وسرنجلوا) كذا فى الأصل وفى نسختى حـط (وسرنحلوا) وصحّحه ناشر حـط الى (وأُسْتُرُنْجُلُو)، (تنقطع) — (ينقطع)،

نارًا وأغزرها بعد جبل النار المحاذى لطبرمين البركان جزيرة ذات جبل بهذه الصورة، ويُذكر أنّه عين كبريت أو نفط ممّا تعمل فيه النار وقد وقعت فيه على قِدَم الأيّام فعلى قدر ما تخرج تحترق أبدًا وقد رأيتُ جميع النيران التى بصقلّيه [٧٤ظ] وما شاهدتُها من قرب وإنّما ذكرتُه وعليه حسبانًا وتوهّمًا لا بالحقيقة، وبعسكر مكرم من العقارب صغار على قدر ورقة الانجذان وصُفرتها فسمّى الجرّارة وقلّ من يسلم من لسْعها إذا لذعته وهى أبلغ فى القتل من بعض الأفاعى القاتلة وأمضى سمًّا،

(٨) ويُتّخذ بتستر الديباج الذى يُحمل الى جميع الآفاق وكان تُعمل بها كسوة الكعبة للبيت الحرام الى أن افتقر السلطان وحلّت بـه الرحمةَ فسقطت عنه عند ذلك فريضته ويكون بتُستر لجميع من ملك العراق طراز وصاحبٌ يستعمل له ما يشتهيه، ويُعمل بالسُوس الخزوز الثقيلة ومنها تُحمل الى الآفاق، وبالسُوس صنف من الأترجّ شمّامَات ذكيّة كالأكُفّ بأصابعها وليست إلّا بمصر منها الشىء القليل، وبقرقوب السُوسنجرد الذى يُحمل الى الآفاق وبالسُوس وبهـا طُرز للسلطان، وببصنّى تُعمل الستور المشهورة فى جميع الأرض المرقوم عليها عمل بِصنّى وقد تُعمل ببرذون وكليوان وغيرها من المدن ستور يُكتب عليها بِصنّى وتُدلَّسُ [فى ستور بِصنّى]، وبرامهرمز من ثياب الابريسم مـا يُحمل الى كثير من المواضع

حط ١٧٦ ويقال أنّ مانى بها قُتِلَ وصُلِبَ | ويقال أنّه مات فى محبس بهرام حتف أنفه فقطع رأسه وأظهر قتله، وجُندى سابُور مدينة خصبة واسعة الخير وبها نخل وزرع كثير ومياه وقطنها يعقوب بن الليث الصفّار لخصبهـا واتّصالها بالمير الكثيرة فمات بها وقبره بها، وبنهر تيرى ثياب تشبه ثياب

---

١ (جبل ... لطبرمين) لعلّه زائد، ٩ (الرحمة) كذلك أيضًا فى نسختى حط وصحّحه ناشر حط الى (الحرمة)، ١٠ (فريضته) — (قريضته)، ١٢ (وليست ... القليل) وفى حط (لم أر مثلها فى جميع الأرض من بلدان الأترجّ)، ١٥ (المرقوم) — (المرفومة)، ١٦ (وكليوان) — (وكلوان)، ١٦–١٧ [فى ... بصنّى] مستنتمٌ عن حط، ١٨ (محبس) — (مجلس)، ٢١ (فمات بها وقبره بها) قد أُضيف بغير خطّ الناسخ،

بغداذ وتُحمل اليها فتُدلَّسُ بها وتُقْصَرُ هناك وتُحمل جهازًا الى جميع الآفاق فلا شكّ فيها وهى حسنة، وجُبّى مدينة ولها رستاق عريض مشتبك العمارة بالنخيل وقصب السُكّر وغيرها ومنها أبو علىّ الجُبّائىّ [الشيخ الجليل إمام المعتزلة ورئيس المتكلّمين فى عصره]،

(٩) ثمّ تتّصل زاوية من خوزستان بالبحر فيكون لها خورٌ [بخاف] على سفن البحر إذا انتهت اليه وربّما غرق فيه الكثير منها وذلك لما يستجمع من مياه خوزستان بحصن مَهْدِىّ فيتّصل بالبحر ويعرض هناك حتّى ينتهى فى طرفه المدُّ والجزر ويتّسع حتّى كأنّه البحر وإذا عصفت فيه الرياح مُحِن واضطرب ويزيد على الفرسخ، ويُتّخذ بالطِيب تِكَكٌ تُشبه الأرمنىّ وقلّ ما تُتّخذ بمكان من الإسلام بعد ارمينيه أحسن أو أفخر منها وإن كان ما يُعمل بسجلماسه من جنسها لكنّه لا يبلغ القيمة ولا يدانيها ولا يقاربها فى الحسن وهى مدينة طيّبة مقتصدة يُعمل بها الأكسية والبرّكانات، واللُور بلد بذاته خَصِبٌ والغالب عليه هواء الجبل وكان من خوزستان فضُمّ الى أعمال الجبال وله بادية وإقليم ورساتيق الغالب عليه الأكراد وهو بجوارهم خَصِبٌ وبصاقبتهم رَطْبٌ، وسنبيل كورة متاخمة لفارس وكانت مضمومة اليها من أيّام محمّد بن واصل الى آخر أيّام السجزيّة فحوّلت الى خوزستان، والزطّ والجايزان كورتان متجاورتان كثيرتا الدخل، والثيّنان متاخمة للسردن من أرض فارس وحدّ اصبهان وهواؤها هواء الصرود وليس بخوزستان رستاق يقارب الصرود غير الثيّنان، وآسك قرية ليس بها منبر وحولها نخيل [٧٤ ب] كثيرة وبها كانت | للأزارقة الوقعةُ التى حط ١٧٧

٣ (ومنها أبو علىّ الجُبّائى) قد أُضيف بغير خطّ الناسخ، ٣–٤ [الشيخ ... فى عصره] مستنمّ عن حط، ٥ [بخاف] مستنمّ تابعًا لحط عن صط، ٧ (ويعرض) تابعًا لحط وفى الأصل (يغوص)، ٩ (مُحِن) — (محن)، ١٤ (الجبال) — (الجبل)، ١٥ (وسنبيل) — (وسسل)، ١٧ (الجايزان) — (الحابران)، (والثيّنان) — (والثينان)، ١٨ (وهواؤها هواء) — (وهواهاهو)، ١٩ (الثيّنان) — (الثينان، (وآسك) — (وآسِك)،

يقال أنّ أربعين من الشُرَاة قتلوا فيها نحو ألفى رجُل من الجُند اتّبعوهم من البصرة فأتوا عليهم، والدُوشَاب الآسَكى الذى يُحمل الى العراق مشهور بالجودة ويفضل على كلّ دبسٍ من الرجانىّ وغيره، وأمّا مَناذر الكبرى والصغرى فكورتان عامرتان أيضًا بالنخيل والزروع ولهما ارتفاع كثير ولأربابهما فى الديوان محلّ ليس يدانَى رفعُهُ وجلاله،

(١٠) وأمّا المسافات بها فإنّ من خوزستان الى العراق طريقين شارعين أحدهما الى البصرة ثمّ الى بغداذ والآخر الى واسط ثمّ الى بغداذ، فأمّا طريق البصرة فإنّك تأخذ من الرَجّان الى آسك قرية مرحلتين خفيفتين ثمّ الى ديرا مرحلة وديرا قرية ثمّ منها الى الدورق مرحلة والدورق مدينة كثيرة الأهل وهى مدينة الرستاق المعروف بسرق ثمّ من الدورق الى خان من دونها ينزله السابلة يُعرف بخان مزدويه ثمّ الى الباسيان مدينة وسطة فى الحال عامرة يشقّها نهر فتصير نصفين مرحلة ومن الباسيان الى حصن مهدىّ مرحلتان وفيها منبر ويُسلك بينهما فى الماء وكذلك من الدَورق الى الباسيان فيُسلك فى الماء وهو أيسر من البرّ ومن حِصن مَهْدىّ الى بيان مرحلة على الظهر وببيان منبر وقد انتهيتَ الى آخر حدود خوزستان وبيان على دجلة فيركَب منها الى حيث أراد المرء فإمّا الى الأُبُلّة فى الماء ومن شاء على الظهر الى أن يحاذى الابلّة ثمّ يعبر اليها، وأمّا الطريق على واسط الى بغداذ فإنّ من الرجان الى سوق سنبيل مرحلة ومنها الى رامهرمز مرحلتان ثمّ من رامهرمز الى عسكر مكرم ثلث مراحل ومن عسكر مكرم الى تستر مرحلة ومن تستر | الى جندى سابُور مرحلة ومن جندى سابُور الى السُوس مرحلة ومن السُوس الى قرقوب مرحلة ومن قرقوب الى الطيب مرحلة ويتّصل بعمل واسط، حط ١٧٨

---

٣ (الرجانىّ) — (الزجانى)، ٥ (يدانَى — (يدانا)، (رفعُهُ) — (رفْعُهُ)، ٩ (ديرا) كذا أيضًا فى نسختى حَط وفى أكثر نسخ صَط وغيّره ناشر حَط الى (زَيْدان)، ١١ (مزدويه) — حَط (مَرْدَوَيْه)، ١٣ (بينهما) تابعًا مع حَط لصَط — (منها)، ١٦ (فيركَب) — (فركِب)، ١٩ (سنبيل) — (سنيل)،

ومن العسكر الى واسط طريق أخصر من هذا الطريق ولا يمرّ على تُستر وإنّما ذكرتُ هذا المسلك لأنّى قصدتُ ذكر المسافة ما بين المدن ولم أرد نفس الطرق الى بغداذ فكان هذا أجمع لما أردتُه، ومن العسكر الى ايذج أربع مراحل ومن العسكر الى الاهواز مرحلة و[من الاهواز] الى ازم مرحلة ومن الاهواز الى الدورق أربع مراحل ومن عسكر مكرم الى الدورق نحو أربع مراحل [ومن الاهواز الى رامهرمز نحو ثلاث مراحل أيضًا] لأنّ الاهواز وعسكر مكرم فى سمت واحد ورام هُرْمُز منهما كإحدى زوايا المثلثة، ومن عسكر مكرم الى سُوق الأربعاء مرحلة ومن تعدّى سوق الأربعاء الى حصن مَهدىّ سار مرحلة، ومن الاهواز الى نهر تيرى يوم، ومن السوس الى بِصِنّى أقلّ من مرحلة، ومن السوس الى برذون مرحلة خفيفة، ومن السوس الى متّوث مرحلة، [فهذه جميع المسافات بها،]

(١١) وأمّا ارتفاعها فإنّى حضرتُها سنة ثمان وخمسين وهى بيد أبى الفضل الشيرازىّ بثلثين ألف ألف درهم دون زيادة الصنجة وحقّ بيت المال،

---

٤ [من الاهواز] مستتمّ عن حـَط، ٥ (ومن الاهواز) — (وبين الاهواز)، (أربع) — (اربعة)، ٦—٧ [ومن ... أيضًا] مستتمّ تابعًا لحـَط عن صـَط، ٧ (منهما) — (منها)، ٨ (تعدّى) — (تعدّا)، ١٠ (برذون) — (بردون)، ١١ [فهذه ... بها] مأخوذ من حـَط، ١٢ (حضرتُها ... بيد) وفى حـَط مكان ذلك (حضرتُ ضمانها فى سنة ٣٥٨ عن جميع حقوق السلطان من)،

[فارس]

(١) [٧٥ظ] وأمّا فارس فالذى يحيط بها ممّا يلى المشرق حدود كرمان وممّا يلى المغرب كور خوزستان وممّا يلى الشمال المفازة التى بين فارس وخراسان وبعض حدود اصبهان ومن الجنوب بحرها، وفيها زنقة وزاوية تلى كرمان ممّا يلى المفازة وفى الحدّ الذى يصاقب البحر تقويس قليل من أوّله الى آخره وزنقة وزاوية أُخرى ممّا يلى اصبهان وإنّما
حط ١٧٩ وقعت هاتان الزنقتان كالزاويتين | لأنّ من شيراز وهى واسطة فارس اليهما من المسافة نحو نصف ما بين خوزستان وبين شيراز وكذلك جروم كرمان،

(٢) وما فى بطن هذه الصفحة صورة فارس

[٧٥ب]

إيضاح ما يوجد فى صورة فارس من الأسماء والنصوص،

كُتب موازيًا للطرف الأعلى من الصورة هذه صُورَة فارس ورُسم تحت ذلك بحر فارس وفيه من الجزائر جزيرة اوال، جزيرة خارك، جزيرة لافت، وتحيط بالأيمن والأسفل والأيسر من أطراف الصورة ابتداء من أعلى الطرف الأيمن على دخلتين مربّعتى الشكل فى الزاويتين السفلايين كتابة مستطيلة الخطّ وهى حدّ فارس، وتحيط بالدخلة اليمنى فى أسفل الصورة من طرفيها كتابة حدّ اصبهان وبالدخلة اليسرى من ثلثة من أطرافها على خطّ ممتدّ الى الأعلى كتابة حدّ كرمان،

ويقع على ساحل البحر من المدن ابتداء من اليمين مهروبان، سينيز، جنابه، توج، نجيرم، سيراف، حصن ابن عماره، وينصبّ فى البحر عن يمين مهروبان نهر يوازى الطرف

---

٨ (اليهما) تابعًا مع حط لصط — (اليها)، ١٤ (خارك) — (حارل) أو (حارك)، ١٩ (جنابه) — (جمانا)،

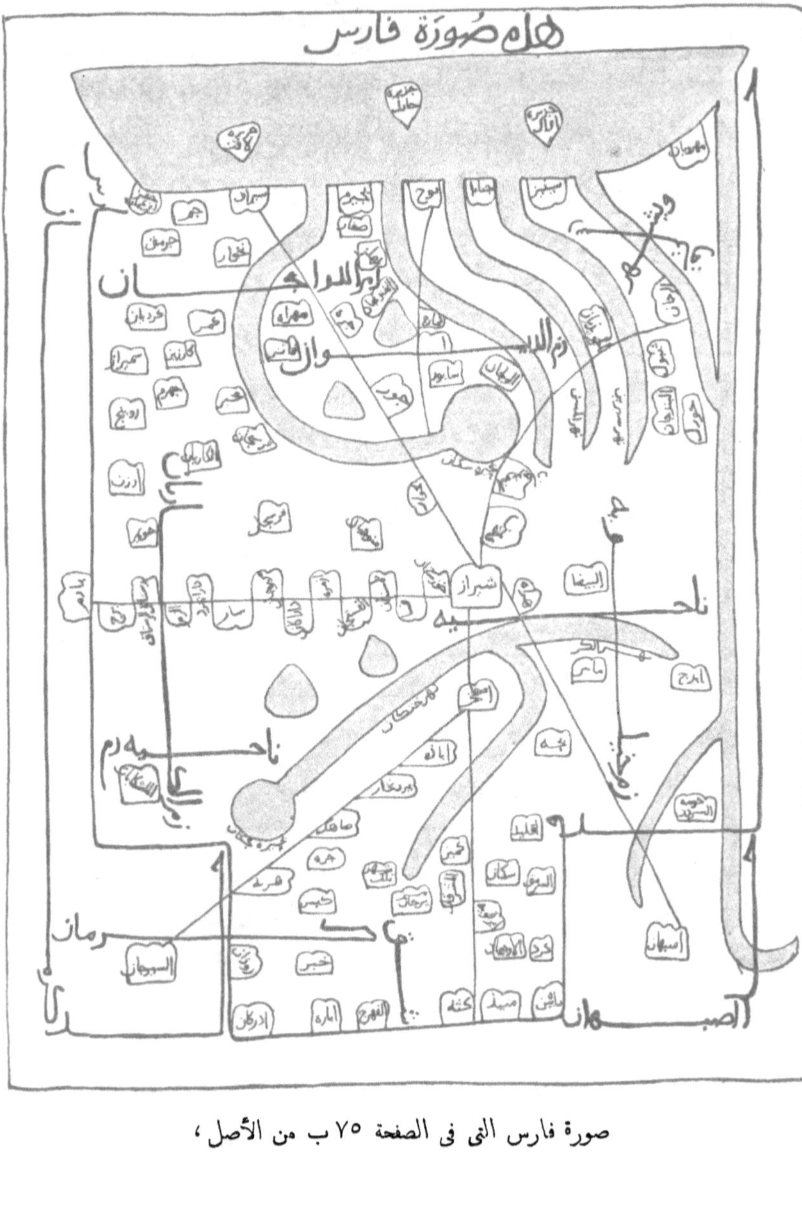

صورة فارس التى فى الصفحة ٧٥ ب من الأصل ،

الأيمن من الصورة ويأخذ من هذا النهر نهر آخر الى اليسار يبتدئ من عند مدينة فرزك ثمّ يمرّ بمدينة الرجان وينصبّ فى البحر عن يمين سينيز، وكُتب قاطعاً لهذا النهر بين الرجان والبحر رستاق ريشهر على شكل صليبىّ، وبين سينيز وجنابه مصبّ نهر شيرين وبين هذا النهر والنهر المتقدّم ذكره من المدن تنبوك والمندجان، ثمّ ينصبّ فى البحر بين جنابه وتوج نهر المسن وبينه وبين نهر شيرين مدينة الخوبذان، ثمّ ينصبّ بين توج ونجيرم نهر تقع من جانبه الأيسر مدينتا الملجان وكارج، وعن يسار نجيرم مصبّ نهر يأتى من بحيرة سكان، وفى الجانب الأيمن من هذا النهر مدينتا كهرجان ونابند، ثمّ عن يمين ذلك على الطريق من سيراف الى شيراز فى وسط الصورة جره وجور وعبر النهر كوار، ويقع من أسفل نجيرم من المدن صفاره، فهلو، الغندجان، ومن أسفل كارج شكل مدينة كُتب فيها ا فقط ويجوز أنّها كازرون ثمّ سابور، وتقطع هذه الناحية كتابة زم الديوان ومن أعلى ذلك الى اليسار قاطعاً للنهر زم اللوالجان، ومن أسفل بحيرة سكان على الطريق الآخذ من شيراز الى الرجان من المدن النوبندجان وجويم،

ويأخذ من شيراز طريق الى اليسار عليه من المدن خورستان، فسا، طمستان، الفستجان، ازبراه، دراكان، مريزجان، خيار، دارابجرد، الزم، رستاق الرستاق، برج، تارم، وفى الساحة من أعلى هذا الطريق بينه والبحر والنهر رُسمت من المدن صعوداً من الأسفل الى الأعلى منوجيان، فوشجان، جويم، فرسجان، الكاريان، ابزر،

٢ (فرزك) — (حورك)، ٣ (ريشهر) — (ويشهر)، ٤ (شيرين) — (سيرين)، (تنبوك) — (ثنبول)، (المندجان) — (البندجان)، ٥ (الخوبذان) — (الجويذيان)، ٦ (الملجان) — (الولجان)، ٧ (بحيرة سكان) وسكان حقيقةً اسم النهر، (كهرجان) — (مهراه)، ٨ (نابند) — (فانز)، ٩ (صفاره) — (صفار)، (فهلو) — (فهلز)، (الغندجان) — (الغندنجان)، ١١ (اللوالجان) — اللواجان)، ١٣ (جويم) قد صُحّح الى ذلك ممّا لا تبين كتابته الأصليّةُ، ١٤ (خورستان) — (خوزستان)، ١٥ (ازبراه) — (ازمره)، (دراكان) — (داراكان)، (مريزجان) — (مربوجان)، (خيار) — (سار)، ١٦ (برج) — (برح)، (تارم) — (بارم)، ١٧ (منوجيان) لعلّ الصحيح (مشجان)، (فوشجان) — (فرسجان)، (فرسجان) كالاسم المتقدّم ولعلّ الصحيح (فرجان)، (ابزر) — (ارزن)،

خبر، جهرم، روبنج، كارزين، سميران، كير، كردبان، خوار، جرمق، جم،

ويأخذ من شيراز طريق الى الأسفل الى اصطخر ثمّ الى كثه فى أسفل الصورة، ويأخذ من شيراز طريق آخر الى اصبهان فى الزاوية اليمنى، وكُتب فى الساحة بين هذا الطريق والطرف الأيمن من الصورة على شكل صليبىّ ناحية زم جيلويه، ويقطع هذه الكتابة نهر الكر الذى ابتداؤه فى قرب مدينة ابرج ومن أعلى هذا النهر عن يمين شيراز مدينتنا البيضا وهزار ومن أسفل النهر مدينة مايين، ورُسم بين ابرج واصبهان مدينة حومة السردن، وبين الطريق من شيراز الى اصبهان والطريق الى كثه من المدن يجه، اقليد، مشكان، السرمق، ابرقويه، كرد، الارجمان، نايين، ميبذ،

ويأخذ من اصطخر طريق آخر الى السيرجان فى الزاويـة اليسرى وعليه من المدن اباذه، بوذنجان، صاهك، هريه، ويوازى هذا الطريق من أعلاه نهر بختكان المنصبّ فى بحيرة بختكان، وعن يسار هذه البحيرة بينها والحدّ مدينة الماشكانات، وكُتب فى هذا القسم من الصورة على شكل صليبىّ قاطعًا للطريق من شيراز الى تارم ناحية زم الكاريان، وفى الساحة الواقعة بين الطريقين الى السيرجان والى كثه من المدن كمين، الجوبرقان، مريزجان، شهر فابك، خيره، كبس، خبر، روذان وعلى الحدّ الأسفل الفهرج، انار، اذركان، وكُتب فى هذا القسم على خطّ منعطف شقّ كرمان،

[٧٦ظ] قد صوّرتُ فارس بحدودها ولم آتِ فيها برستاق لانتشار ذلك وكثرته ولا الجبال لأنّه ليس بفارس بلد إلّا وبه جبل أو يكون الجبل

---

١ (سميران) — (سميراز)، (كير) — (كمر)، (كردبان) — (كرديان)، (خوار) — (نخوار)، ٤ (جيلويه) — (خيلويه)، ٥ (ابرج) — (ايدج)، ٦ (هزار) — (هراه)، (مايين) — (ماس)، ٨ (مشكان) — (سكان)، (الارجمان) — (الارجيان)، (نايين) — (نابين)، (ميبذ) — (مينذ)، ١٠ (بوذنجان) — (يردنخار)، (هريه) — (هربه)، (نهر بختكان) — (نهر ختكان) وهو حقيقةً نهر الكرّ، ١١ (بختكان) — (بحكان)، (الماشكانات) — (الماشكابات)، ١٣ (ناحية زم الكاريان) — (ناحيه زم زم الكباريان)، ١٤ (الجوبرقان) — (المشرقات)، (مريزجان) — (مريرجان)، (شهر فابك) — (شهر تلك)، (خيره) — (جره)، ١٥ (انار) — (اباره)، (اذركان) — (ادركان)،

بحيث تراه إلّا اليسير ولم أصوّر إلّا مدينةً لها منبر مذكور مشهور وقد تحرّيتُ واجتهدتُ فى هذه الرسالة فيما يُعْلِم من قرأها موقع كلّ كورة برساتيقها ومواضع المدن بها،

(٢) فأمّا ما بها من المدن والزموم والأحياء والحصون وبيوت النيران والأنهار والبحيرات والكور فإنّ كورها خمس وأوسعها وأعرضها وأكثرها مدنًا ونواحىَ كورة اصطخر [ومدينتها اصطخر] وهى أكبر مدينة بهذه الكورة وتليها فى الكبر اردشير خُرّه ومدينتها جور ويدخل فى هذه الكورة قباذ خرّه وبكورة اردشير خُرّه مدن هى أكبر من جُور مثل شيراز وسِيراف وإنّما صارت جور مدينتها لأنّها بناء اردشير ودار ملكه وشيراز وإن كانت قصبةً لفارس كلّها وبها الدواوين ودار الإمارة فهى مُحدثة فى الإسلام، وتليها فى الكبر كورة دارَابجرد [ومدينتها دارابجرد] وفسا هى أكبر منها وأعمر غير أنّ الكورة منسوبة الى دَارَا الملك وهى مدينته التى ابتناها لهذه الكورة، وتليها فى الكبر كورة الرّجان وتليها كورة سَابُور وهى أصغر كور فارس ومدينتها سَابُور وبهذه الكورة مدن كبيرة هى أكبر منها كالنوبندجان وكازرون ولكنّ هذه الكورة تُنسب الى سابور وهو الذى ابتنى المدينة المعروفة بسابُور المشهورة بالثياب السابوريّ، وأمّا زُمُومُها

حط ١٨٠ | فهى أيضًا خمسة وأكبرها زمّ جيلويه ويُعرف بزمّ الرميجان والذى يليه فى الكبر زمّ أحمد بن الليث ويُعرف باللوالجان ويلى ذلك فى الكبر زمّ الحسين بن صالح ويُعرف بـزمّ الديوان ثمّ زمّ شهريار ويُعرف بـزمّ

١ (تراه) — (يراه)، ٦ [ومدينتها اصطخر] مستتمّ عن صط تابعًا لحط، ١٠ (الإمارة) — (الامان)، ١١ [ومدينتها دارابجرد] تابعًا لحط عن صط، (وفسا) — (وفسًا) وكذلك فى كلّ مواضع وجوده، ١٣ (الرّجان) — فى حب كلّ مرّة (ارّجان)، (وتليها) — (والبها)، ١٤ (الكورة) — (الكور)، ١٥ (كالنوبندجان) — (كالنوشجان)، (الكورة) — (كور)، ١٧ (جيلويه) — (خيلوله)، (الرميجان) — (الرمنجان) وفى حط (الزميجان)، ١٨ (باللوالجان) — كأنّه مصحّح من (باللولجان)، ١٩ (الحسين) تابعًا لحط وصط — (أحمد)،

المازنجان والمازنجان قبيل من الأكْرَاد فى حدود اصبهان ناقلة من هذا الزمّ وزمّ أحمد بن الحسن ويُعرف بزمّ الكاريان وهو زمّ اردشير، فأمّا أحياء الأكراد فإنّها تكثر عن الإحصاء غير أنّهم بجميع أحيائهم المقيمة بفارس على استفاضة أهل الديوان والخاصّة من علماء التُنّاء يزيدون على خمس مائة ألف بيت شعر ينتجعون المراعى فى الشتاء والصيف على مذاهب العرب ويخرج من البيت الواحد من الأرباب والأجراء والرِعَاء والخَوَل وأتباعهم ما بين رجلٍ واحدٍ الى عشرة من الرجال ونحو ذلك، وسأذكر من أسامى أحيائهم مـا يحضرنى ذكره على أنّهم لا يتقصّون فى العدد إلّا من ديوان الصدقات، وأمّا أنهارها الكبار التى تحمل السفن إذا أُجريت فيها فإنّها نهر طَابٍ ونهر شيرين ونهر الشاذكان ونهر درخيذ ونهر الخوبذان ونهر رس ونهر سكان ونهر جرشيق ونهر كر ونهر فرواب ونهـر برزه فهذه المعروفـة المشهورة، وأمّا بحارها فالبحـر الأعظم معروف باسمها لأنّ بحر البصرة الى أقصى عمل الهند يُعرف ببحر فارس، وبحيرة البختكان وبحيرة دشت ارزن وبحيرة المور وبحيرة | الجوبانان حـط ١٨١
وبحر جنكان وهذه بحيرات قائمة بأنفسها ينتفع بها مُجاوِرُها، وأمّا بيوت نيرانها فإنّه لا تخلو ناحية ولا مدينة بفارس إلّا القليل من بيوت النيران [٧٦ ب] والمجوس أكثر أهل الملل بها ولهم من هذه البيوت بيوت يفضّلونها فى التعظيم وسأذكرها، وأمّا حصونها ففى عامّة فارس وبعضها

٢ (الحسن) تابعًا لحط و صط – (الحُسين)، (الكاريان) – (الكاربان)، ٨ (يتقصّون) – (ينقصون)، ١١ (الخوبذان) – (الخويذان)، (رس) وفى حط تابعًا لبعض نسخ صط (رتين)، (جرشيق) – (حرشتق)، (كر) – (كو)، (فرواب) – (فروات)، ١٢ (برزه) بمقابلة الفارسنامه ص. ١٥١ حيث يوجد (برازه) – (يُورَه) وفى حط (تيرزه)، ١٤ (البختكان) – (البخكان)، (دشت ارزن) – (وست ارزن)، (المور) تابعًا للفارسنامه ص. ١٥٤ – (البور)، (الجوبانان) – (الحوناذان)، ١٥ (جنكان) – (خيكان)، ١٦ (فإنّه) – (فانّها)، ١٧ (بيوت) – (بيوتا)،

أمنع من بعض وأكثرها بناحية سِيف بنى الصفّار، وسأُفصّل كُلّما ذكرتهُ مجملاً وأبتدئ بذكر ما بكلّ كورة وناحية من النواحى التى تشتمل على القرى وتنصرف فى الدواوين بأعمال مفردة ورساتيق مستقلّة بضياعها ومنها ما فيه منابر ومنها ما يخلو منها وربّ كورةٍ هى أكبر وأعرض ومدنها ونواحيها فى التسمية [أقلّ] ممّا هو أصغر منها وأُتْبِعُ ذلك بتفصيله،

(٤) فأمّا كورة اصطخر فناحية يزد وهى أكبر ناحية فيها وبها من حط ١٨٣ المدن | كثه وهى القصبة وميبذ ونايين والفهرج وليس فى جميع النواحى ناحية بها أربعة منابر غير هذه الناحية، وناحية الروذان وكانت من كرمان فحُوّلت الى فارس ويكون امتداد هذه الناحية فى الطول نحو ستّين فرسخًا، وابرقويه وهى المدينة وفيها اقليد، والسرمق مدينة ورستاق، والجوبرقان ومدينتها مشكان، والارجمان ومدينتها الارجمان، والمريزجان مدينة ولها رستاق، وبرم مدينتان اباذه وهى قرية عبد الرحمن ومهرزنجان، وصاهك الكبرى ولها رستاق، وشهر فابك مدينة ولها رستاق، وهراه فيها منبر، والروذان مدينة ورستاق فيه من المنابر انار وكبس وخبر، والاذركان بها منبر، والبيضاء ولها إقليم وعليها سور، وهزار بها منبر، ومايين بها منبر، وابرج ولها رستاق، وخرّمه ورستاقها يُعرف بالطسّوج،

٥ [أقلّ] مستتمّ عن حط، ٧ (وميبذ) — (ومنيد)، (ونايين) — (ونابين)، ١٠ (وابرقويه) — (وابرقوبه)، ١١ (والجوبرقان) — (والجويرقان)، (مشكان) — (مسكان)، (والارجمان) — حط (والارخمان)، (ومدينتها الارجمان) — (مدينة ولها رستاق)، (والمريزجان) — (والمزبرجان)، ١٢ (مدينة ولها رستاق) — (ومدينتها الارجمان)، (وبرم) — (وبزم)، ١٣ (وشهر فابك) — (وشهر فاتك) وكذلك فى حط، (هراه) هى (هريه)، ١٤ (انار) تابعًا لحدود العالم ص. ٢٨ ظ — (اماز) وحط (ابان)، (كبس) تابعًا للصورة — (كنس)، (وخبر) — (وخير)، ١٥ (والاذركان) تابعًا للصورة — (والاذكان) وكذلك فى حط، (وهزار) — (وهزان)، ١٦ (ومايين) — (ومابين)، (وابرج) تابعًا للفارسنامه ص. ١٢٥ — (وايذج)،

والخيره فيها منبر، والسرداب وكمين ولها منبران، وبجه ورستاقها الارد، وكرد وبها منبر، واللورجان ورستاقها السردن،

(٥) ذكر ما باردشير خُرَّه من المُدن، جور ولها رستاق، ونابند ورستاقها ميمند، والصيمكان ولها رستاق، | حـ ١٨٣ وبجبر منبر، وخورستان ولها رستاق باسمها، والفوشجان ولها رستاق باسمها، وكران ولها رستاق باسمها، وسيراف ولها منبران نجيرم وجم، والغندجان ورستاقها دشت بارين وفيه منبر بالفهلو، وصفاره ورستاقها الرستقان، وتَوَّج قصبة توج، والجرمق قصبة الاغرستان، وكير قصبة كير، كارزين ولها رستاق، وابزر قصبة ابزر، سميران ولها رستاق، وكوار ولها رستاق كبير، وفى البحر جزائر منسوبة الى كُورة اردشير خرّه فمنها جزيرة بركاوان وهى لافت وبها مدينة وجامع آهل وأُوال وبها مدينة ولها جامع وفيها أسواق صالحة وخارك وفيها منبر وله أهل وأناس كثيرة فيهم تجارة صادرة وواردة،

(٦) ذكر ناحية كورة دارابجرد، اباذه وكربجرد وإقليمهما يعرف بكرم، والمص بها منبر ورستاق يُعرف بها، وفسا مدينة جليلة فى ذاتها كثيرة الأهل والتجارة ولهم يسار [وقد خرب فى زماننا هذا أكثرها وتشتّت أهلها] ومنها أبو علىّ شيخنا الحسن بن أحمد بن عبد الغفّار الفقيه النحوىّ المتكلّم | حـ ١٨٤ وهو من جلّة المعتزلة وأصحاب أبى هاشم، طمستان وبها منبر، والكردبان وبها

---

١ (والخيره) — (والخبره)، (وكمين) — (وكميز)، (ورستاقها) — (وسناقها)، ٣ (ونابند) — (ونابين)، ٤ (وبجبر) — (وبجير)، (وخورستان) — (وخوزسْتان)، ٥ (والفوشجان) — (والفويتجان)، ٦ (والغندجان) — (والعندجان)، (دشت) — (دست)، ٧ (بالفهلو) — حـ (بالفهلق)، (وصفاره) — (وصعاده)، (الرستقان) — (الرستغان) وفى حـ (الدستقان)، (والجرمق) — (والحرمق)، ٨ (كير) — (كيز) المرّتين، (كارزين) — (كازرون)، (وابزر) تابعًا للفارسنامه ص. ١٣٥ — (وابور) وفى حـ (ايزر)، ٩ (ابزر) — (ابور)، ١١ (وأُوال) — (وأُوَاك)، ١٢ (وواردة) — (ووارد)، ١٣ (اباذه) — (اياده)، (وكربجرد) — (وكزبجرذ)، (بكرم) — (بكوم)، ١٥ [وقد ... أهلها] من مضافات حـ ٢٧ ظ، ١٧ (والكردبان) — (والكوذيان)،

منبر، وجَهْرَم ولها رستاق وهى مشهورة [٧٧ ظ] بكثرة يسار الأهل وإليها يُنسب الجَهْرَمىّ من البسط المعمولة بها وبها غير طراز للتجّار وكان للسلطان بها صاحب يستعمل لـه، والفُستجان ولها منبر، والدراكان ولها منبر، وازبراه ولها رستاق باسمها، وسنان ولهـا رستاق باسمها، وايج وبها منبر، والاصطهبانات وبها منبر، وجويم ولها إقليم ومنها أبو أحمد الجُويمىّ أحد رؤساء التنّاء بفارس معروف بالعراق، وخيار ورستاقها نيريز، والمريزجان وبها منبر، والمادوان وبهـا منبر، وروبنج ورستاقهـا خسوا، ورستاق الرستاق وبها منبر، وتارم وبها منبر، والماشكانات وبها منبر، وزم ورستاقها زم شهريار،

(٧) ذكر نواحى كورة سابور، ومنها سابُور وقد تقدّم ذكرها والجنجان ورستاقها كازرون، والزامجان مدينة ورستاقها باسمها، والخوبذان ولهـا رستاق باسمها، والنُوبندجان ولها رستاق كبير وعمل واسع غـزيـر،

---

٣ (والفُستجان) — (والفُستحان)، (والدراكان) تابعًا للفارسنامه ص. ١٢١ وفى الأصل (والداركان) وكذلك فى حَط إلاّ أنّه يوجد فى أثناء ما يلى من مدن كورة الرجان فى غير موضعه (والدراكان) وانظر الحاشية التالية، ٤—٥ (وازبراه ... والاصطهبانات وبها منبر) يوجد ذلك فى غير موضعه فى أثناء ما يلى من ذكر مدن كورة الرجان بين ريشهر والمهروبان ويقدم على هذه البلاد هنالك (والدراكان وبها منبر) كما مرّ ذكره ويليها (ورم ورستاقها رم سهر) على أنّ هذا البلد مذكور أيضًا فى آخر القطعة (٦) كما سيأتى، ٤ (وايج) — (وايح)، ٥ (والاصطهبانات) تابعًا للفارسنامه ص. ١٦٥ — (والاصطهنداب) وفى حَط (الاصبهبذات)، ٦ (وخيار) — (وحمار)، (نيريز) — (بيرين)، ٧ (والمادوان) — (والمازوان)، (وروبنج) — (وروبيج)، (خسوا) — (حشوا)، ٨ (وتارم) — (وبارز)، (والماشكانات) — (والماسكنات)، ٨—٩ (وزم ... شهريار) — (وزم ورستاقها زم شهريران) وفى الفقرة المنقولـة خطأً الى كورة الرجان (ورم ورستاقها رم شهر) كما مرّ، ١٠ (تقدّم) — (تفد)، (والجنجان) — (والخنجان)، ١١ (والزامجان) — (والرامىحان)، (ورستاقها) — (وستاقها)، (والخوبذان) — (والجويذان)،

والمورستان وبها منبر، وجرّه ولها رستاق [وناحية] خَصِبَة آهلة ذات فضاء وسعةٍ وفسحةٍ،

(٨) ذكر نواحى الرَجان والرَجان مدينة فى غاية الطيبة والنزهة وكثرة المياه والخصب من الزرع والنخل والكروم والزيتون والزيت والجوز والأترجّ وبها | فواكه الصرود والجروم ومنها أبو بكر بن شاهويه الفقيه حـط ١٨٥ الحاسِب المهندِس وكان أهلها على غاية من اليسار وماؤها غير طيّب ولا مَرِئ [وبقربها الى ناحية النوبندجان شعب بوان فى غاية ما يمكن أن يكون مثله من الحسن والنزهة وفيه يقول المتنبّى

يقول بشِعْبِ بوّانٍ حَصَانِى * أعن هذا تفرّ الى الطعان

أبوكم آدمٌ سَنّ المعاصى * وعلّمكم مفارقة الجنان،]

سَابُور بها منبر، وريشهر بها منبر، ومهروبان وبها منبر وهى على نفس الساحل فى غاية الحرّ، وجنّابه وبها منبر ومنها أبو سعيد الحسن بن بهرام الدَجّال صاحب البحرين وهى مدينة كان فيها طُرز للكتّان للتجّار والسلطان من غير نوع كثيرة التجارة، وسينيز بها منبر ومنها الثياب الكتّان السِينِيزِىّ التى وقع الإجماع أنّ الطِيبَ لا يَعْلَقُ ويَعْبَقُ بشىء من الثياب كعَلَقِهِ وعَبَقِهِ بها لتَرَفها ونَعْمَتها وقال آخرون بل بخاصِّيّةٍ فى كتّانها،

(٩) ذكر زُمُومها وصفاتها، فأمّا زمومها فإنّ لكلّ زمّ منها قرًى ومدنًا مجتمعةً قد ضُمِّنَ خراجَ كلّ ناحية منها رئيسٌ من الأكراد وأُلزم صلاحَ أحوال ناحيته وتنفيذَ القوافل وحفظَ الطرق والقيامَ بأحوال السلطان إذا عرضت بناحيته وتنفيذَ أوامره وهى كالممالك، فأمّا زمّ جِيلويه المعروف بالرميجان فإنّه يلى اصبهان ويأخذ طرفًا من كورة اصطخر وطرفًا من كورة سابور وطرفًا من كورة الرجان وحدّ منه ينتهى الى البيضاء وحدّ منه

---

١ (والمورستان) — (والمورسان)، (وجرّه) — (وخُرّه)، [وناحية] مستتمّ عن حـط، ٧—١٠ [وبقربها ... الجنان،] من مضافات حـب ٣٧ ظ، ١١ (ومهروبان) يوجد قبل ذلك فى الأصل أسماء بعض البلاد الواقعة فى كورة دارابجرد وقد نقلت الى موضعها كما مرّ، ١٦ (كتّانها) — (كتّابها)،

ينتهى الى حدود اصبهان وحدّ منه الى حدود خوزستان وحدّ منه ينتهى الى زمّ ناحية سابُور، وكلّما وقع فيه من المدن والقرى فكأنّه من عمل اصبهان، ومتاخمهم من عمل اصبهان المازنجان وهم من المازنجان | الذين حـط ١٨٦
هم من زمّ شهريار وليس منهم أحد فى عمل فارس إلّا وله بها ضياع وقرًى كثيرة غزيرة، وأمّا زمّ الديوان المعروف بالحسين بن صالح وهو من كورة سابُور فإنّ حدًّا منه يلى اردشير خرّه وثلثةُ حدوده تنعطف عليها كورة سابُور [٧٧ ب] فكلّما كان من المدن والقرى فى أضعافه فهو منها، فأمّا اللوالجان زمّ أحمد بن الليث وهو فى كورة اردشير خُرّه فحدّ منه يلى البحر ويحيط بثلثة حدوده كورة اردشير خُرّه وما وقع فى أضعافه من القرى والمدن فهو منها، وأمّا زمّ الكاريان فإنّ حدًّا منه الى سِيف [بنى] الصفّار وحدّ منه الى زمّ المازنجان وحدّ من حدوده كرمان وحدّ منه اردشير خُرّه وجميعها فى اردشير خُرّه،

(١٠) وأمّا أحياء الأكراد بفارس فإنّ منهم الكرمانيّة والرامانيّة ومدين وحىّ محمّد بن بشر والبقيليّة والبنداذمهريّة وحىّ محمّد بن إسحٰق والصبّاحيّة والاسحاقيّة والاذركانيّة والسهركيّة والطمادهنيّة والزياديّة والشهرويّة والبنداذقيّة والخسرويّة والزنجيّة والصفريّة

١ (اصبهان) — (اصبها)، (خوزستان) — (خورستان)، ٣ (المازنجان) — (المارىحان)، ٣ (المازنجان) المرّة الثانية — (المرىحان)، ٤ (من زمّ شهريار) — (من ىر شهريار)، ٥ (بالحسين) — (بعلى)، ٦ (خرّه) — (خرّ)، ١٠ (الكاريان) — (الكارىان)، [بنى] مستتمّ تابعًا لحـط عن صـط، ١١ (المازنجان) — (المارىحان)، ١٣ (والرامانيّة) — (والزمانيّةُ)، ١٤ (ومدين) كذلك أيضًا فى نسختى حـط وكتب ناشر حـط (ومدثر) تابعًا للمقدسىّ ص. ٤٤٦، (والبقيليّة) تابعًا مع حـط لصـط — (والقبيلهُ)، ١٥ (والسهركيّة) يلى ذلك فى الأصل (والادركانيّة) مرّة ثانية، (والطمادهنيّة) — (والطادهبيّةُ)، ١٦ (والزيادِيّة) — حـط (والزباديّة)، (والشهرويّة) — (والسهرويّةُ)، (والبنداذقيّة) — (والبنداوقيّةُ)، (والزنجيّة) — (والرنجيّةُ)،

والشهياريّة والمهركيّة والمباركيّة والاستامهريّةُ والشاهويّة والفراتيّة والسلمونيّة والصيريّة والازاددختيّة والمطلبيّة والماليّة واللاريّة والبرازدختيّة والشاهكانيّة والجليليّة ،

وهؤلاء المشهورون من أحيائهم ولا يمكن تقصّيهم إلّا من ديوان الصدقات ويزيدون على خمس مائة ألف بيت ويخرج من الحىّ الواحد ألف فارس وأكثر وأقلّ ينتجعون فى الشتاء والصيف المراعى والمصائف والمشاتى إلّا القليل منهم على حدود الصرود ، فأمّا أهل الجروم فلا يزولون ولا ينتقلون بل يتردّدون فيما لهم من النواحى ولهم من العُدّة والبأس والقوّة بالرجال والدوابّ والكراع ما يستصعب على السلطان أمرهم إذا أراد | تخيُّفَهم وتهضُّمَهم ، ويزعم ابن دُريدٍ أنّهم من العرب حـَط ١٨٧
وأنّ أكثرهم من ولد كُرد بن مُرد بن عَمرو بن عامرٍ فى حَمَاسَته وأبو بكر محمّد بن الحسن بن دُريدٍ ممّن يستبطن علوم العرب وأخبارها يُحتَجُّ بقوله ويُسَلَّمُ لـه مـا يدّعيه من هذا الباب وغيره ، وهم أصحاب أغنام ورميك والإبل فيهم قليلة وليس للأكراد خيل عتاق إلّا ما عند المازنجان المقيمين بحدود اصبهان وإنّما دوابّهم براذين وشهاريُّ وهم على حسن حالٍ ويسارٍ ومذاهبهم فى القِنْيَة والنُجْعة مذاهب العرب ويقال أنّهم يزيدون على مائة حىّ وإنّما ذكرتُ منهم نيّفًا وثلثين حيًّا ،

(١١) وأمّا حصون فارس فإنّ أكثر مدنها محصّنة بحصون منيعة وأسوار وثيقة شاهقة عالية ومنها حصون داخل المدن وقهندزات وحواليها أرباض ومنها حصون فى جبال منيعة منفردة عن البنيان قائمة بأنفسها ،

---

١ (والاستامهريّةُ) — (والاسامهريّةُ)، (والشاهويّة) — حـَط (والشاهونيّة)، (والفراتيّة) — (والفرابيّةُ)، ٢ (والازاددختيّة) — (والارادوحنيّةُ)، (والمطلبيّة) — (والمطلبيّه)، (واللاريّة) — (والادنه) ويفقد فى حـَط و صـَط ، ٣ (والبرازدختيّة) — (والبراردختيّة)، (والشاهكانيّة) — (والساهكانيّه)، ١١ (وأنّ) — (او انّ)، ١٤ (ورميك) — (ورملك) وفى حـَط (ورماك)، (المازنجان) — (المارنحان)، ١٩ (وقهندزات) — (وقهندرات) وكذلك أكثر المرار فى الأصل ،

ومن المدن المحصّنة اصطخر لها حصن حواليه الربض، ومدينة كثه لها حصن وربض، والبيضاء لها حصن وربض، وقرية الآس لها قهندز وربض، وشيراز لها قهندز يسمّى قلعة شهموبذ، وجور عليها حصن ولا ربض لها، وكارزين لها قهندز من داخل سورها وربض، وكير لها قهندز وربض واسع، ودارابجرد لها حصن وربض، ورُوبنج لها حصن وربض، [٧٨ ظ] وسميران لها قهندز وربض، وفسا ذات قهندز وربض، وسابور لها حصن فقط، والجنجان لها حصن فقط، وجفته لها حصن بغير ربض، وسمعتُ غير رئيس من كاتب محصّل نفيس وتانِئ جليل حصيف يذكر أنّ بفارس | زيادة على خمسة آلف قلعة منفردة فى جبالها لا تقرب من حط ١٨٨
المدن وفى المدن منها القهندزات ولا يمكن تقصّى ذلك إلّا بتعبٍ من الدواوين وكذلك المدن المحصّنة فإنّى لم أقدر على تقصّيها وإنّما ذكرتُ جوامعَ ممّا أعرفه وسمعتُ به، وفى هذه القلاع ما لم يُذكر لأحدٍ من الجبابرة أنّه قدر عليها عنوةً منها قلعة ابن عُمارة وتسمّى قلعة داكباياه يريدون باسمها أنها كثلاث أثافٍ لأنّها قارّة على ثلث شعَب كقرار القِدر على الأثافى وقلعة ابن عُمارة تُنسب الى الجُلندى بن كنعان ولا يقدر أحد أن يرتقى اليها بنفسه إلّا أن يُرقى به فى شىء [من البُجر] وهى مرصد كانت لآل عُمارة على البحر يعرفون منها المراكب فإذا أقبلت خرجوا اليها وطالبوا أهلها بضرائبهم على ماهم من المحمل فيها، وقلعة الكاريان على جبل طين قصدها محمّد بن واصل فى جيشه وقد تحصّن بها أحمد بن الحسين الأزدىّ فلم يقدر عليها، وقلعة سعيداباذ بدارابجرد من كورة اصطخر فى جبل شاهق وتُرتقى اليها مسيرة فرسخ وكانت فى التشرّك تُعرف باسفندياذ

---

٢ (الآس) — (الامير)، ٣ (شهموبذ) — (سهموند)، (وكارزين) — (وكازرون)، ٧ (والجنجان) — (والجنحان)، (وجفته) — (وحفيه)، ١٣ و ١٥ (ابن) — (بنى)، ١٣ (وتسمى قلعة) تابعًا لحط وفى الأصل (وقلعة)، ١٦ [من البُجر] مستتمّ عن حط، ١٨ (الكاريان) — (الكارىان)، ١٩ (الحسين) — حط (الحسن)، ٢١ (باسفندياذ) — (باسفنديا) وفى حط (باسفنداباذ)،

فلمّا كان الإسلام تحصّن فيها زياد بن أبيه أيّام علىّ عليه السلم فنُسبت الى زياد ثمّ تحصّن بها آخر أيّام بنى أميّة منصور بن جعفر وكان واليًا على فارس فعُرِفَت به ونُسِبَت اليه ثمّ عُطِّلَت فعمد اليها محمّد بن واصل فخرّبها ثمّ بناها وكان محمّد بن واصل الحنظلىّ أمير فارس يليها حربًا وخراجًا فلمّا أخذ يعقوب بن الليث لم يقدر على فتحها إلّا بأمـر محمّد فخرّبها يعقوب ثمّ احتاج اليها فأعادها وجعلها محبسًا لمن سخط عليه وعدل عن قتله، وقلعة اشكنوان من رستاق مايين والمرتقى اليها صعب وهى منيعة جدًّا وفيها عين مـاء جاريةٌ، وقلعـة جوذرز صاحب كيخسرو بموضع يُعرف بالسُوَيْقة من كام فيروز | وهى منيعة جدًّا، وقلعة الجصّ بناحيـة الرجان يسكنها المجوس باياذكارات الفرس وأيّامهم يتدارسون فيها علومَهم وهى منيعة رفيعة، وقلعة ابرج تدانيها فى المنعة، ولها قلاع منيعة وربّمـا قُدِرَ عليها بالاحتيال لفتحها وهى أكثر من أن يبلغهـا تحصيل من غير الديوان، حط ١٨٩

(١٢) وأمّا بيوت نيرانها فكثيرة أيضًا ويعجز علمها من سوى الديوان إذ ليس من بلدٍ ولا ناحيةٍ ولا رستاقٍ إلّا وبها عددٌ كثيرٌ من بيوت النيران غير أنّ [المشاهير التى يفضّلونها على غيرها فى التعظيم منها بيت نار] الكاريان ويعرف ببيت نار فرّا، وبيت نار بجرّه يُنسب الى دارا بن دارا وبه تحلف المجوس فى المبالغة بأيمانهم، وبيت نار عند بركة جور ويسمّى بارين وحدّثنى من قرأ عليه بالفهلويّة أنّه أُنْفِقَ عليه ثلثون ألف ألف درهم، وبيت النار الذى على باب سابور يُعرف بِسِيَوُخشين وآخر

٦—٧ (وعدل عن قتله) تابعًا لحط وفى الأصل (وعدل قبله)، ٧ (اشكنوان) — (اسكنوار)، (مايين) — (مامس)، ٨ (كيخسرو) — (كيخسره)، ٩ (الجصّ) تابعًا مع حط لصط وفى الأصل (الحصن)، ١٠ (باياذكارات) — (بانذكارات)، ١١ (ابرج) — (ابرح)، ١٦ [المشاهير... نار] مستتمّ عن حط، ١٧ (الكاريان) — (الكاربان)، (نار فرّا) — (بار فرا)، (نار بجرّه) — (باربجره)، ١٩ (بارين) — (بارس)، ٢٠ (بِسِيَوُخشين) — (بشرخشين) وفى حط (بشبرخشين)،

على باب سابور محاذيًا لباب ساسان يعرف بجنبذ كاوسن ، وبكازرون بيت نار يُعرف بجفته وبها أيضًا بيت نار يُعرف بكواذن، وبشيراز بيت
نار يُعرف | بالكارنيان وبها بيت آخر يُعرف بهرمزد ،[٧٨ ب] وعلى باب حط ١٩٠
شيراز بالقرية المعروفة بالسوكان بيت نار يُعرف بالمنسريان ويُرى هذا البيت من شيراز وهى قرية فى شمال شيراز وعن يسار طريق يزد الآخذ الى خراسان وبينها وبين شيراز نحو ميل ومن دين المجوس أنّ المرأة إذا زنت فى حملها أو حيضها لم تطْهُر إلّا بأن تأتى هذه النار فتتعرّى لبعض الهرابذة ليطهّرها ببول البقر فى هذه الناحية ،

(١٣) وأمّا أنهار فارس فذات مياه طيّبة [وأعظمها نهر طاب الذى] يخرج من حدود اصبهان وجبالها فيظهر بناحية السردن بعد ممرّه بنواحى ابرج وانصبابه فى نهر المسن وهو النهر الخارج من أسافل اصبهان الى نواحى السردن ومجمعهما عند قرية تُدعى مسن ولا يزال فاضلهما عن حاجتهم جاريًا الى باب الرّجان تحت قنطرة ثكان وهى قنطرة بين فارس وخوزستان قليلة
النظير وهى عندى أجلّ من قنطرة قُرْطُبه التى بالاندلس ومُحدثها | بعض حط ١٩١
تُنّاء فارس فيسقى رستاق ريشهـر ثمّ يقع فى البحر نحو سينيز، وأمّا نهر

١ (بجنبذ كاوسن) — (بجنيذ كلوسن)، ٢ (بجفته) — (بحفته)، (بكواذن) على التخمين ويوجد فى الأصل وفى حط (بكلازن)، ٣ (بالكارنيان) — حط (بالكارستان) تابعًا لبعض نسخ الاصطخرىّ، (بهرمزد) — (بهرمرد)، ٣—٦ (وعلى ... نحو ميل) تابعًا مع حط لصط — (على باب شيراز بالقرية المعروفة بالسوكان ويرى هذا البيت ... نحو ميل وبيت نار يُعرف بالمنسريان) ويوجد هذا الترتيب الغير الصحيح أيضًا فى نسختى حط ، ٤ (بالسوكان) — حط تابعًا لصط (بالبركان)، ٥ (يزد) — (برد)، ٨ (هذه) — (هذا)، ٩ [وأعظمها نهر طاب الذى] مستتمّ تابعًا لحط عن صط وقد أُضيف فى الأصل فوق السطر بغير خطّ الناسخ (ونهر طاب)، ١٠ (ممرّه) — (ممرّها)، ١١ (ابرج) — (البرج)، (وانصبابه) — (وانصبابها)، ١٢ (ومجمعهما) — (ومجمعها)، (فاضلهما) — فاضلها)، ١٣ (ثكان) تابعًا للفارسنامه ص. ١٥٠ — (ثمكان)، ١٥ (ريشهر) — (ويشهر)،

شيرين فمخرجه من جبل دينان الذى بناحية بازرنج فيسقى فرزك والجلاذجان ثمّ يخترق حتّى يقع فى البحر نحو جنّابه، وأمّا نهر الشاذكان فإنّه يخرج من بازرنج وجبالها حتّى يدخل تنبوك مورستان وخان حمّاد فيسقى رستاق زيراباذ ونابند والكهركان ثمّ يمتدّ الى دشت الرستقان ثمّ يدخل البحر، وأمّا نهر درخيذ فإنّه يخرج من جبال الجويخان فيقع فى بحيرة درخيذ، ونهر الخوبذان فيخرج بالخوبذان فيسقى نواحيها وانبوران ثمّ ينصبّ الى الجلاذجان متفرّقًا يتساقط فى البحر، ونهر رس يخرج من الخمايجان العُليا حتّى يصيرَ بالزيزيان فيسقُطَ فى نهر سَابُور ثمّ ينحدر من سَابُور فيمضى الى تَوّج فيمرّ ببابها ومنها الى البحر، ونهر اخشين يخرج من خلالِ جبال داذين فإذا بلغ الجنقان وقع فى نهر تَوّج، ونهر سكان يخرج من رستاق الرويجان من قرية تُدعَى شاذفزى فيسقى زروعها ثمّ ينحدر الى رستاق سِياه فيسقيه ومنها الى كوار فيسقيها ثمّ الى خبر فيسقيها ثمّ الى الصيمكان فيسقيها ثمّ الى كارزين فيسقيها ثمّ الى قرية | سك وهذا الوادى حـ ١٩٢
منسوب الى سَك ثمّ يقع فى البحر وليس فى أنهار فارس نهر أكثر عمارةً

---

١ (دينان) كان يوجد فى الأصل (بنان) أو (ينان) ثمّ صُحّح الى (دينان) وفى حـَط (دينار)، (بازرنج) — (بارزنج)، (فرزك) — (فدزك)، ٣ (بازرنج) تابعًا لحـَط وصـَط وفى الأصل (ايذج)، (تنبوك) — (بنيرل)، (مورستان) تابعًا لحـَط الذى يتبع بعض نسخ صـَط وفى الأصل (وهو رستاق) وكذلك فى نسختى حـَط، (وخان حمّاد) — (وجدر حماد)، ٤ (زيراباذ) — (زيرانزد)، (ونابند) — (ونابنز)، (دشت) — (دست)، ٥ (الجويخان) — (الخولجاں)، ٦ (الخوبذان) — (الخويذَان)، (بالخوبذان) — (بالخويذَان)، (وانبوران) — (وانبوزان)، ٧ (الجلاذجان) — (الجلادحان)، (رس) — (اوش)، ٨ (الخمايجان) — (الخمابجان)، (بالزيزيان) — (بالزيزان)، ٩ (تَوّج) — (توّج)، (البحر) تابعًا لصـَط — (البحيرة)، ١٠ (جبال داذين) تابعًا مع حـَط لصـَط — (وادِيَيْنِ)، (الجنقان) — (الحمماں)، ١١ (الرويجان) — (الروبجان)، (شاذفزى) — (سارفزى) وفى حـَط و صـَط (شاذفرى)، ١٣ (كارزين) — (كازرون)،

من هذا النهر، ونهر جرشيق فإنّه يخرج من رستاق ماصرم ويخترق رستاق المشجان حتّى يجرى تحت قنطرة حجارة عاديّة تُعرف بقنطرة سيوك حتّى يدخل رستاق جرّه فيسقيها ثمّ الى رستاق داذين ويقع فى نهر اخشين، ونهر الكرّ فإنّه يخرج من كروان من حدّ الارد ويُنسب الى الكروان وهو يخرج من شِعب بوان المشهور ويسقى كام فيروز وينحدر فيسقى قرية رامجرد وكاسكان والطسوج فينتهى الى بحيرة بخفرز ونيريز تُعرف ببحيرة البختكان، ويقال أنّ له منبعًا يخرج فى بعض كور دارابجرد فينتهى الى البحر، ونهر فرواب يخرج من الجوبرقان من قرية تُعرف بفرواب فيجرى على باب اصطخر تحت قنطرة خراسان حتّى يسقط فى نهر الكرّ، ونهر برزه يخرج من ناحية [٧٩ ظ] دراجان سياه فيسقى رستاق الخنيفغان وجور حتّى يخترق رساتيق ارْدشير خُـرّه ثمّ يقع فى البحر، وبها أنهار تقصر عن هذا المحلّ وأقصر عن إحصائها،

(١٤) وقد تكرّر القول بأنّ بحر فارس خليج من البحر المحيط | فى حدّ حـَط ١٩٣
الصين وبلد الواق وهو بحر يجرى على حدود بُلدان السند وكرمان الى فارس فيُنسب من بين سائر الممالك التى عليه الى فارس لأنّه ليس عليه مملكة أعمر منها ولأنّ ملوك فارس كانوا على قديم الأيّام أقوى سلطانًا وهم

١ (جرشيق) — (حرسنق)، (ويخترق رستاق) تابعًا مع حـَط لصـَط وفى الأصل (ونجيرم ورسناق)، ٢ (المشجان) تابعًا لصـَط — (المستجان)، (سيوك) — كأنّه (سيول)، ٣ (جرّه) — (حره) وفى حـَط (خُرّه) تابعًا لصـَط، (داذين) — (دارين)، ٤ (الكرّ) — (الكر)، (الارد) — (الازد)، ٦ (رامجرد) — (وامجرد)، (تُعرف) — (يعرف)، (بخفرز ونيريز) على التخمين — (بجفر وردسيم) وكذلك فى نسختى حـَط وغيّره ناشر حـَط الى (بجفوز) تابعًا لصـَط وانظر الفارسنامه ص. ١٥٣ حيث يوجد (اين بحيرهٔ است كى در ميان عمارتهاست چنانك از آباده وخير ونيريز وخبرز) فإذن يجوز أنّ خفرز هى خبرز، ٧ (البختكان) — (النجكان)، (له) — (لها)، ٨ (فرواب) — (فروات)، (الجوبرقان) — (الجويزقان)، (بفرواب) — (بفروات)، ١٠ (برزه) — (بيزره)، (دراجان) غير بيّن فى الأصل وكأنّه قد كُتب أوّلًا (داحان) ثمّ غُيّر الى (داركان)، ١١ (رساتيق) تابعًا مع حـَط لصـَط — (رسناق)،

المستولون الى يومنا هذا على ما بعُد وقرُب من شطوط هذا البحر ولأنّا لا نعلم فى جميع بلد فارس وغيرها سفنًا تجرى فى بحر فارس فتخرج عن حدّ مملكتها وترجع بجلالتها وصيانتها إلّا لفارس، ومن بحيراتها التى تحيط بها القرى والعمارات بحيرة البختكان التى يقع فيها نهر الكرّ وهى بناحية خفرز الى قرب صاهك كرمان ويكون طولها نحو عشرين فرسخًا وماؤها مالح ينعقد ملحًا وحواليها مُسْبَخٌ ويحيط بها رساتيق وقرًى وهى فى كورة اصطخر، وبحيرة بدشت ارزن من كورة سابور وطولها نحو عشرة فراسخ وماؤها عذب ورُبّما جفّت حتّى لا يبقى فيها من الماء إلّا القليل ورُبّما امتلأت ففاضت نحو عشرة فراسخ وتحتفّ بها القرى والعمارات وعامّة سمك شيراز منها، وبحيرة مور من كورة سابور تُعرف بكازرون وطولها نحو عشرة فراسخ أيضًا الى قرب مورق وماؤها مالح وفيها صيد كثير ومنافع، وبحيرة الجنكان مالحة وطولها نحو اثنى عشر فرسخًا ويرتفع من أطرافها الملح وحواليها قرى الكهرجان وهى من اردشير خُرّه وأوّلها من شيراز على فرسخين وآخرها حدّ لخوزستان، وبحيرة الباسفريّة التى عليها دير الباسفريّة طولها نحو ثمنية فراسخ وماؤها مالح وصيدها كثير وفى أطرافها | آجام حط ١٩٤
كثيرة ومنها قَصبٌ وبرديٌّ وحلفاء وغير ذلك ممّا يتّسع به أهل شيراز وهى فى كورة اصطخر متاخمة للزرقان من رستاق هزار،

(١٥) فأمّا ذكر مدنها وأحوالها فإنّ اصطخر مدينة وسطة فى وقتنا هذا وسعتها مقدار ميل وهى من أقدم مدن فارس وأشهرها وبها كان يكون ملك فارس حتّى حوّل اردشير الملك الى جُور [والآن فقد خرب أكثرها]

٣ (بجلالتها) — (بخلالتها)، ٤ (البختكان) — (البحكان)، ٤—٥ (خفرز الى) — (حعر والى) وفى حط (جفوز الى)، ٦ (مُسْبَخٌ) — (مُسْبَعٌ)، ٧ (بدشت) — (بدست)، ٨ (يبقى) — (يبق)، (امتلأت) — (امتلت)، ١٠ (مور) — (يوز)، ١٢ (الجنكان) — (الحنكان)، ١٤ (لخوزستان) — (الخوزستان)، (الباسفريّه) المرّتين — (الباسعريه)، ١٥ (مالح) — (الملح)، ١٧ (هزار) تابعًا مع حط لصط — (هراه)، ٢٠ [والآن ... أكثرها] من مضافات حب ٢٨ ب،

ويُروى فى الأخبار أنّ سليمٰن بن داوُد عليهما السلٰم كان يسير من طبريّة اليها من غُدْوَةٍ الى عَشِيَّةٍ وبها مسجد يُعرف بمسجد سليمٰن ويزعم قوم من عوامّ الفُرس الذين لا يرجعون الى تحصيل أنّ جم الذى كان قبل الضحّاك هو سليمٰن، وكان فى قديم الأيّام على اصطخر سور قد تهدّم وبناؤهم من الطين والحجارة والجصّ على قدر يسار البانى، وقنطرة خُراسان خارج المدينة على بابها ممّا يلى خراسان غير أنّ وراء القنطرة أبنية ومساكن ليست بقديمة، وأمّا سَابُور فمدينة بناها سابور الملك وهى فى السعة نحو اصطخر إلّا أنّها أعمر وأجمع وأيسر أهلاً وبناؤهم نحو أبنية اصطخر وباصطخر وباء لفسادٍ فى هوائها غير أنّ خارج المدينة صحيح الهواء سبخ التربة، ودارابجرد من بناء دارا بن دارا وتفسير ذلك عَمَلُ دارا ولذلك سمّى دارابجرد ولها سور عامر جديد كسور جُور وعليها [٧٩ ب] خندق تتولّد المياه فيه من نزٍّ ونجلٍ عليه وعيون تتّصل به وفى هذا الماء حشائش إذا دخلته دابّة أو إنسان التفّت عليه فلا يتهيّأ له عبوره ولا يكاد يسلم منه إلّا بشدّةٍ وجهدٍ، ولها أربعة أبواب وفى وسط

حط ١٩٥ المدينة جبل | حجارة كأنّه قبّة ليس لها اتّصال بشىء من الجبال وبنيانهم من طين وليس بها فى زماننا كثير أثرٍ للعجم، وأمّا جُور فاستحدثها اردشير ويقال أنّ مكانها كان ماء واقفًا كالبحيرة فنذر أردشير أن يبتنى مدينةً على المكان الذى يظهر الماء به أو بعدوته ويُحدث فيها بيت نار فاحتال فى إزالة ماء ذلك المكان بما فتح من مجاريه وابتنى به مدينة جُور، وهى قريبة فى السعة من اصطخر وسابور ودارابجرد وعليها سور عامر من طين وخندق ولها أربعة أبواب ممّا يلى المشرق واحدٌ منها يسمّى باب مِهر وممّا يلى المغرب باب بَهرام وممّا يلى الشمال باب هُرمِز وممّا يلى الجنوب باب اردَشِير، وفى وسط المدينة بناء مثل الدَكّة يسمّى الطِرْبالَ

٣ (جم) — (خم)، ١٠ (ودارابجرد) قد كُتِب فى الأصل فوق (بجرد) (بكرد)، ١٦ (كثير) — (كبير)، ١٧ (فنذر) طابعًا مع حط لصط — (فَقَدَّرَ)،

ويُعرف بلسان الفُرس بايران كنا خـره وهو بناء بناه اردشير ويقال أنّه كان من الارتفاع بحيث يُشرِف منه الإنسان على المدينة وجميع رساتيقها واستحدث بأعلاه بيت نارٍ واستنبط بحذائه من جبل عالٍ ماء حتّى أصعد الى أعلى هذا الطربال كالفوّارة ثمّ ينزل فى مجرًى آخر قد بُنِيَ من جصّ وحجارةٍ وقد نقضه الناس واستعملوا أكثره وخرب حتّى لم يبق منه إلّا القليل اليسير وكأنّـه الطربال الذى بمدينة بلخ فى وسط ربضها وخارج المدينة قريب من السور ويكون أعلاه أكثر من جريب مساحةً فى غاية العلوّ من آجُرّ وطوب وخَبَرُه كالخبر المتقدّم من ذكر الطربال الأوّل، وفى المدينة مياه جارية وهى نزهة جدًّا يسير الإنسان منها عن كلّ باب يخرج منه نحو فرسخ فى بساتين وقصور ومتنزّهات فى غاية الحسن والطيبة والنضرة والخُضرة وما يَطرَبُ الناس الى مثله من المناظر الأنيقة الحَسَنَـة [وكان فى هذه البساتين قصور ودور حسنة طيّبة فخرب أكثر ذلك]،

(١٦) فأمّا مدينة شيراز فمدينة إسلاميّة بناها | محمّد بن القسم بن أبى حط ١٩٦ عقيل ابن عمّ الحجّاج وسُمّيت بشيراز تشبيهًا لها بجوف الأسد وذلك أنّ عامّة المِيَر بتلك النواحى تُحْمَل اليها ولا تُحمل منها الى مكان وكانت مُعسكرًا للمسلمين لمّا أناخوا على فتح اصطخر فلمّا افتتحت اصطخر تبرّك محمّد بن القسم بهذا المكان فجعله مدينة وهى نحو فرسخ فى السعة وليس عليها سور يجمعها وهى مشتبكة البناء كثيرة الأهل بها شحنة جيش فارس أبدًا ودواوين فارس وعملها وولاة الحرب فيها، وأمّا كارزين فإنّها مدينة صغيرة نحو ثُلث اصطخر ولها قلعة وليست من القوّة فى أسبابها والكبر بحيث تُذكر بأكثرَ من هذا وإنّما تذكر لأنّها قصبة قباذخرّه، ومن أجلّ

---

١ (بايران كنا خره) تخمينًا يعنى ليعظّم ايران وفى الأصل (بابراد كناصره) ويوجد فى حط و صط (بأيْوَان وكِيَاخرّه) تابعًا لبعض نسخ الاصطخرىّ، ٦—٧ (فى وسط .... السور) يوجد مكان ذلك فى حط (فى غربيّها خارج بابها مطلّ على المقابر بناء)، ١٢ [وكان ... ذلك] من مضافات حب ٢٧ ب، ١٩ (كارزين) — (كازرون)، ٢١ (قباذخرّه) — (قباذحرّه)،

المدن التى بكورة اصطخر ممّا يلى خراسان كثه وهى حَوَمَةُ يزد وابرقويه وبناحية كرمان الروذان وهريه من شقّ كرمان ومن ناحية اصبهان كرد والسردن، فأمّا كثه وهى حومة يزد فإنّها مدينة على طرف المفازة ولها طيب هواء البرّيّة وصحّته وخِصْب المدن الجبليّه ولها رستاق [٨٠ ظ] يشتمل على رُخص والغالب على أبنيتها آزاج الطين وبها مدينة محصّنة بحصن وللحصن بابان من حديد ويسمّى أحدها باب اندور والآخر باب المسجد لقربه من الجامع وجامعها فى الربض ومياههم من القنىّ إلّا نهرًا يخرج من ناحية القلعة من قرية فيها معدن الآنُك وهى نزهة جدًّا ولها رساتيق عريضة خصبة وهى ورساتيقها كثيرة الثمار ولفضل كثرتها ما تُحمل الى اصبهان وغيرها رطبةً ويابسةً، وجبالهم كثيرة الشجر والنبات وخارج المدينة ربض يشتمل على أبنية وأسواق تامّة بالعمارة ويغلب على أهلها الأدب والكِتْبة ولهم مسجد جامع طيّب، وأمّا ابرقويه فهى مدينة
حط ١٩٧ خصبة كثيرة الزَحْمة | تكون نحو الثُلث من اصطخر وهى مشتبكة البناء والغالب على بنائها وأبنية يزد الآزاج وهى ناحية قفرة من الشجر قرعاء ليس حواليها بساتين ولا فيما بعُد منها وهى خصبة رخيصة الأسعار، والروذان قريبة من ابرقويه فى الشبه والمعنى والأحوال، وهريه أكبر من ابرقويه وهى فى الأبنية وسائر ما وصفتُ مقاربة لابرقويه غير أنّ لها مياهًا وثمارًا كثيرةً تفضل عن أهلها فتُحمل الى النواحى ويقدّد منه الكثير الغزير، وكرد مدينة أكبر من ابرقويه وأخصب وبناؤها من طين وهى كثيرة القصور، والسردن أخصب منها وأرخص أسعارًا وهى كثيرة الأشجار

---

٢ (هريه) — (هربه)، ٣ (والسردن) تابعًا لحط و صط — (والسردق)، (يزد) — (يرد)، ٤ (الجبليّة) تابعًا لحب وفى الأصل (الجبَلَة) أو (الجبِلَةِ)، ٦ (اندور) كما فى حل وفى الأصل (ابدور) وكتب ناشر حط (ايزد) تابعًا لياقوت، ١٦ (والروذان) — (والرودان)، (قريبة) — (قرينة)، ٢٠ (والسردن) — (والسرمق) وكذلك فى حل — ولا يوجد فى حو لفقدان بعض الأوراق من هذه النسخة — وفى أكثر نسخ صط والظاهر أنّ الصحيح (والسردن) لما تقدّم فى السطر ٣،

والمياه، ومدينة البيضاء أكبر مدينة فى كورة اصطخر وإنّما سمّيت البيضاء لأنّ لها قلعة بيضاء تبِصُّ من بُعْدٍ فترى بياضها من أماكن شاسعة وكان معسكر المسلمين يقصدونها فى فتح اصطخر ويَسْئَل بعضهم لبعض عنها فيقول أترى البيضاء فيقول نعم واليها لا يذُوقُ غُمْضًا واسمها بالفارسيّة نسايك وتقارب فى الكبر اصطخر وبناؤهم من طين وهى تامّة العمارة خصبة رطبة يتّسع أهل شيراز بميرتهم،

(١٧) وبكورة سابور [من المدن النوبندجان و]كازرون والنوبندجان أكبرها، وكورة دارابجرد فأكبر مدينة بها فسًا وهى مدينة مفترشة البناء واسعة الشوارع تقارب فى الكبر شيراز إلّا أنّها أصحّ هواءً من شيراز وأوسع أبنية منها وبناؤهم من طين وأكثر الخشب فى أبنيتهم السَرْوُ وهى مدينة قديمة | [حـط ١٩٨] ولها مدينة عليها حصن وخندق ولها ربض وأسواقها فى ربضها [قد خرب الآن أكثرها] ويجتمع فيها ما يكون فى نواحى الصرود والجروم من الثلج والرُطَب والجوز والأترجّ الى غير ذلك، وسائر المدن بعد دارابجرد متقاربة فى عمارتها وخصبها،

(١٨) وقد ذكرتُ مدن اردشير خُـرّه وأكبر مدينة بها بعد شيراز سِيرَاف وتقارب شيراز فى الكبر وبناؤهم بالساج وخشبٍ يُحمل من بلاد الزنج وأبنيتهم طبقات كطبقات مِصْر فهى على شفير البحر وفى نحره مشتبكة البنيان كثيرة الأهل يبالغون فى نفقات الأبنية حتّى أنّ الرجل من تجّارهم ليُنفق على داره زيادة على ثلثين ألف دينار من غير أن يُستسرف ولا يُستنكر ذلك لـه، وليس فيما يقاربها ويحيط بها بساتين وأشجار وإنّما فواكههم وتوسّعهم وطيب عَيْشهم بما يصل اليهم من مياهٍ [٨٠ ب] تفرع من جبل مُشرف عليهم يُدعى جم وهو أعلى جبل بها تُشبه الصرود حالُه

١ (البيضاء) كُتب هنا فى هامش حـب ٢٨ ظ (منها القاضى صاحب التفـ[ـاسير] البـ[ـيضاوى]‌‌)، ٤ (يذُوقُ) — (نذُوقُ)، ٥ (نسايك) — (تسابك)، ٧ [من ... و] مستتمّ تابعًا لحـط عن صـط، ١٢ [قد ... أكثرها] من مضافات حـب ٢٨ ظ، ١٣ (الثلج) — حـط (البلج)، ٢٢ (جم) — (حم)،

حط ١٩٩ وسيراف أشدّ تلك النواحى | حرًّا وأقلّها بردًا وقرًّا فى أوان الشتاء وحين البرد وبها قوم ذَوُو يسار ورأيتُ من أهلها غير نفيس خطير من التجّار، [وأهلها موسرون جدًّا حتّى أنّه حُكى عن أحدهم أنّه مرض فأوصى فكان ثُلث ماله الحاضر عنده ألف ألف دينار غير ما كان له مع المضاربين، ورامَشْت التقيتُ بولده موسى فى عدن بتأريخ سنة تسع وثلثين وخمسمائة ذكر أنّ آلات النُقرة التى يستعملها وُزنت فكانت ألف ومائتى منًّا وهو أصغر أولاده وأقلّهم بضاعةً ولرامشت أربع خدمٍ ذكروا أنّ كلّ واحد منهم أكثر غناء من موسى ولده ورأيتُ كاتب رامَشْت يذكر أنّه لمّا خرج من بلد الصين مذ عشرين سنة كانت بضاعته خمس مائة ألف دينار وهو علىّ النيلىّ من سواد الحلّة فإذا كان كاتبه بهذه الكثرة فكيف يكون هو وهو الذى رفع ميزاب الكعبة وكان نقرةً وجعل مكانه ذهبًا ولبّسها بالثياب الصينىّ التى لا يعرف أحد قيمتها وبالجملة لم أسمع أنّ تاجرًا فى زماننا هذا وصلت حاله وماله الى ما شمل عليه حال رامَشْت فى كثرة المال واليسار والجاه العريض،] وقد تقدّم ذكر الرجان من أنّها مدينة بحريّة جبليّة سهليّة برّيّة بينها وبين البحر مرحلة، وتوّج مدينة شديدة الحَرّ أيضًا فى وَهْدَةٍ بناؤها طين كثيرة النخيل والبساتين تضاهى النوبندجان فى أكثر أحوالها وشأنها، وبقرب النوبندجان شعْبُ بَوّانَ ويكون مقدارَ فرسخين قُرًى ومياهًا متّصلةً قد غطت الأشجارُ القرى حتّى لا يكاد يراها الإنسان إلّا أن يدخلها وهو أنزه شعب بفارس، وجنّابه وسينيز ومَهروبان على البحر وفى حرّها شدّة فادحة وبها نخيل وما يكون فى بلد الجروم من الفواكه،

(١٩) ذكر المسافات بفارس، فالطريق من شيراز الى سيراف أن تخرج من شيراز الى كفره قرية خمسة فراسخ ومن كفره الى نخذ قرية خمسة فراسخ ومن نخذ الى كوار غلوة وهى مقسم ماء مدينة كوار ومن نخذ الى البيمجان قرية أربعة فراسخ ومن البيمجان الى جُور ستّة فراسخ ومن

٣–١٢ [وأهلها ... العريض] من مضافات حب ٢٨ ظ، ٥ (النُقرة) — (البُقرة)، ١٤ (وتوّج) — (ونوج)، ١٧ (وهو) — (وهى)، ٢١–٢٢ (نخذ) كأنّه مصحّح فى الموضعين من (نخر) ويوجد المرّة الثانية (نخذ) وفى حط (بخر)، ٢٣ (البيمجان) وفى حط تابعًا لبعض نسخ الاصطخرىّ (البنجمان)،

جُور الى دشت شُوراب خمسة فراسخ ومنها الى خان آزاذمَرد ستّة فراسخ وهو خان فى صحراء قدر ثلثة فراسخ وهذه الصحراء كلّها نرجس مضعّفٌ ومن خان آزاذمرد الى كيرنـد قريـة سـتّـة فراسخ ومنها الى مى قرية ستّة فراسخ ومن مى الى رأس العقبة ستّة فراسخ بمنزل يُعرف باذركان ومن اذركان الى بركانه خان أربعة فراسخ ومن بركانه الى سيراف المدينة نحو سبعة فراسخ ويكون الجميع ستّين فرسخًا، والطريق من شيراز الى يزد وهو طريق خراسان فمن شيراز الى الزرقان ستّة فراسخ ومن الزرقان وهى منازل على وادٍ عذب الى اصطخر ستّة فراسخ ومن اصطخر الى تير قرية أربعة فراسخ ومن تير الى كمهنك ثمنية فراسخ ومن | كهمنك الى حط ٢٠٠
قرية بيذ ثمنية فراسخ ومن قرية بيذ الى ابرقويه مدينة اثنا عشـر فرسخًا ومن ابرقويه الى قرية الأسد ثلثة عشر فرسخًا ومن قرية الأسد وهى قرية ذات حصن الى قرية الجَوز ستّة فراسخ ومن قرية الجوز الى قلعة المجوس قرية ستّة فراسخ ومن قلعة المجوس الى مدينة كثه حَومة يزد خمسة فراسخ ومن يزد الى انجيره موضع فيه قباب وعين ماء عليها أصول تين وهى آخر عمل فارس ستّة فراسخ وليس بعدها عمل لفارس بوجه ويكون الجميع ثمنين فرسخًا، والطريق من شيراز الى جنّابه فمن شيراز الى خان الأَسَد وهو على نهر السكان ستّـة فراسخ ومن الخان الى دشت ارزن خان أربعة

١ (دشت شوراب) — (دست سوراب) وقد غُيِّر كلمة (دست) الى (باغ) وكُتب هنا فى الهامش بغير خطّ الناسخ (ومن باغ سوراب الى خان ازادمرد خمسة فراسخ ومنه الى مى قرية ثلثة فراسخ ومن مى الى رأس العقبة بادركان وبركان خان أربعة فراسخ ومنها الى كرس أربعة فراسخ ومن كربن الى حم خمس عشر فرسخًا ومن حم الى سيراف خمسة فراسخ) والخطّ غير بيّن، ٢ (وهو ... مضعّف) يوجد ذلك فى الأصل بين (خمسة فراسخ) و(ومنها الى خان) إلّا أنّه كتب (والى) مكان (وهو) وكذلك فى نسخة حط، ٨ (تير) المرّة الأولى — (بير) وفى حط (بير)، ٩ (كمهنك) تابعًا للفارسنامه ص. ١٦١ و ١٦٤ وكان كُتب فى الأصل (كهمد) و(كهميد) فغيّرا الى (كهمك) و(كهميك) وفى حط (كهمند)، ١١ و ١٢ (ابرقويه) — (برقويه)، ١٤ (انجيره) — (نجيرَةَ)، ١٧ (دشت) — (دست)،

فراسخ ومن دشت ارزن الى تيره قرية أربعة فراسخ ومن تيره الى كازرون مدينة ستّة فراسخ ومن كازرون الى قرية دريز أربعة فراسخ ومن قرية دريز الى رأس العقبة خان أربعة فراسخ ومن رأس العقبة الى توّج المدينة أربعة فراسخ ومن توّج الى جنّابه اثنا عشر فرسخًا ويكون الجميع أربعة وأربعين فرسخًا،

(٣٠) والطريق من شيراز الى السيرجان [٨١ ظ] فمن شيراز الى اصطخر اثنا عشر فرسخًا ومن اصطخر الى زياداباذ قرية من رستاق خفرز ثمنية فراسخ ومن زياداباذ الى كلودر ثمنية فراسخ ومن كلودر الى الجوبانان قرية بها بحيرة ستّة فراسخ ومن الجُوبانان الى قرية عبد الرحمٰن ستّة فراسخ وهى مدينة تُسمّى اباذه ومن قرية عبد الرحمٰن الى قرية الآس مدينة تُسمّى البُوذنجان ستّة فراسخ ومنها الى صاهك مدينة ثمنية فراسخ ومن صاهك الى رباط السرمقان وهو رباط كالخان ثمنية فراسخ ومنه الى بشت
حـط ٢٠١ خم رباط أيضًا تسعة فراسخ ومن بشت خم | الى السيرجان مدينة كرمان تسعة فراسخ، ورباط السرمقان من حدّ فارس وما بعده من حدّ كرمان فجميع الطريق من شيراز الى السرمقان اثنان وستّون فرسخًا والى السيرجان من السرمقان ثمنية عشر فرسخًا، والطريق من شيراز الى جروم كرمان فمن شيراز الى خان ميم قرية من رستاق الكهركان سبعة فراسخ ومنه الى خورستان مدينة سبعة فراسخ ومن خورستان الى منزل يُعرف بالرباط أربعة فراسخ ومنه الى كرم مدينة أربعة فراسخ ومن كرم الى فسا خمسة

---

٢ و ٣ (دريز) — قد كان كُتب فى الأصل (رين) المرّتين فصُحّح كلاهما الى (درين)، ٧ (خفرز) على التخمين — (جُور)، ٨ (كلودر) المرّتين — (كلوان) وكتب فى الهامش بغير خطّ الناسخ (كلودر نسخة)، (الجوبانان) المرّة الأولى — (حوبانان)، ١٠ (اباذه) — (اباده)، ١١ (البُوذنجان) — (اليُوزنجان)، ١٢—١٣ (بشت خم المرّتين — (سيف خم)، ١٥ (السيرجان) — (السيرجان جان)، ١٧ (الكهركان) — (الكهوكان)، ١٨ (خورستان) المرّتين — (خوزستان)، ١٩ (كرم) قد كان كتب فى الأصل (كر) فصُحّح الى (كرم) المرّتين،

فراسخ ومن فسا الى طمستان مدينة أربعة فراسخ ومن طمستان الى حومة الفستجان مدينة ستّة فراسخ ومن الفستجان الى الدراكان مدينة أربع فراسخ ومنها الى المريزجان مدينة أربعة فراسخ ومن المريزجان الى سنان مدينة أربعة فراسخ ومنها الى دارابجرد فرسخ ومنها الى زم المهدىّ خمسة فراسخ ومنها الى رستاق الرستاق مدينة خمسة فراسخ ومنها الى فرج مدينة ثمنية فراسخ ومنها الى تارم مدينة أربعة عشر فرسخًا والجميع من شيراز الى تارم اثنان وثمنون فرسخًا، والطريق من شيراز الى اصبهان فمنها الى هزار مدينة ستّة فراسخ ومنها الى مايين مدينةٍ ستّة فراسخ ومن مايين الى كسنا مرصدٍ ستّة فراسخ ومنها الى كنار قرية أربعة فراسخ ومن كنار الى قصر ابن اعْيَنَ قرية سبعة فراسخ ومنها الى اصطخران قرية سبعة فراسخ ومنها الى خان روشن قرية سبعة فراسخ ومنها الى كرد قرية سبعة فراسخ ومن كرد الى كزه ثمنية فراسخ ومن كزه الى خان لنجان سبعة فراسخ ومنها الى اصبهان سبعة فراسخ، وحدّ فارس الى خان روشن وبينهما | ثلثة وأربعون فرسخًا حط ٢٠٢
ويكون الجميع الى اصبهان ثلثة وسبعين فرسخًا، والطريق من شيراز الى خوزستان فمن شيراز الى جويم مدينة خمسة فراسخ ومن جُويم الى خُلّار قرية أربعة فراسخ ومن خلّار الى الخراره قرية كبيرة قليلة الماء خمسة

٢ (الدراكان) — (الداركان)، (مدينة أربعة فراسخ ومنها) قد أضيف ذلك فوق السطر، ٣ (المريزجان) — (المربرجان) وقد صُحّح الى ذلك من (ابرجان)، ٣—٤ (ومن المريزجان... أربعة فراسخ) قد أضيف ذلك فى الهامش بغير خطّ الناسخ، ٥ (فرج) — (فرح)، ٦ (تارم) المرّة الأولى — (مارم)، ٧ (هزار) — (هزارمرد)، ٨ (ستّة) تابعًا لحط وعلى قياس ما يتبع من جملة فراسخ هذا الطريق — (سبعة)، (مايين) المرّتين — (مابين) وكأنّهما صُحّحا من (نايين)، (كسنا) قد صحّح الى ذلك من (كستا) وفى حط (كنسا) تابعًا لبعض نسخ الاصطخرىّ، ٩ (قصر ابن اعْيَنَ) — حط (قصر اعين)، ١٠ (اصطخران) — (اصطخر)، ١١ (كرد) كذلك أيضًا فى نسختى حط وفى حط (كرو) تابعًا لبعض نسخ الاصطخرىّ، ١٢ (كزه) — حط (كره)، ١٣ (وبينهما) — حط (ومنه الى شيراز)، ١٤ (ثلثة وسبعين فرسخًا) قد صحّح الى ذلك من (مائة وستّة عشر فرسخًا)، ١٥ (خُلّار) — حط (خُلّان)،

فراسخ ومن الخراره الى الكركان قريــة خمسة فراسخ ومن الكركان الى النوبندجان مدينة كبيرة ستّة فراسخ ومنها الى الخوبذان قرية أربعة فراسخ ومنها الى درخيذ قرية أربعة فراسخ ومنها الى خان حمّاد قرية أربعة فراسخ ومنها الى بيذك قرية ثلثة فراسخ ومنها الى قرية العقارب وتُعرف بهبر أربعة فراسخ ومنها الى راشتن أربعة فراسخ ومن راشتن الى الرجان سبعة فراسخ ومن الرجان الى سوق سَنبيل ستّه فراسخ والحدّ قنطرة ثكان من الرجان على غَلْوَة، فجميع الطريق من شيراز الى الرجان أحد وستّون فرسخًا،

(٣١) وأمّا المسافات بين المدن الكبار بفارس فمن فسا الى كارزين ثمنية عشر فرسخًا ومنها الى جهرم عشرة فراسخ والى [٨١ ب] كارزين ثمنية فراسخ، وقد مرّ أنّ من شيراز الى اصطخر اثنى عشر فرسخًا ومن شيراز الى كُوار عشرة فراسخ ومن شيراز الى جور على كوار عشرون فرسخًا، ومن شيراز الى فسا ستّة وعشرون فرسخًا ومن شيراز الى البيضاء ثمنية فراسخ ومن شيراز الى دارابجرد خمسون فرسخًا وقد مرّ أنّ من شيراز الى سيراف ستّون فرسخًا ومن شيراز الى النوبندجان خمسة وعشرون فرسخًا ومن شيراز الى يزد أربعة وسبعون فرسخًا | حط ٢٠٣ ومن شيراز الى توّج اثنان وثلثون فرسخًا ومن شيراز الى جنّابه أربعة وأربعون فرسخًا ومن شيراز الى الرجان ستّون فرسخًا وقد مرّ ذلك، ومن شيراز الى سابور خمسة وعشرون فرسخًا ومن شيراز الى خرمه أربعة عشر فرسخًا ومن شيراز الى جهرم ثلثون فرسخًا،

---

٢ (الخوبذان) — (الخوابذان) كما فى الفارسنامه ص. ١٦٢، ٣ (درخيذ) — (درخيد) قد صُحّح الى ذلك من (ورخيد)، ٤ (بيذك) — كأنّه صُحّح من (بندك) وفى حط (بندك)، (ثلثة) — حط تابعًا لصط (ثمنية)، ٥ (بهبر) كما فى حل — (بهبز) وفى حط (بهير)، (راشتن) — حط (راسين)، (الرجان) ثلثة مرار — (ارجان)، ٦ (ثكان) — كأنّه (بكّان)، ٩ (كارزين) قد صُحّح الى ذلك من (كازرون)، ١٠ (ومنها) يعنى من فسا، (كارزين) — (كازرون)، ١٧ (وأربعون) — (وخمسون)، (الرجان) — (ارجان) قد صُحّح الى ذلك من (الرجان)،

ومن جُور الى كازرون ستّة عشر فرسخًا، ومن سيراف الى نجيرم اثنا عشر فرسخًا، ومن مهروبَان الى حصن ابن عُمارة وهو طول فارس على البحر نحو مائــة وستّين فرسخًا، والذى يحيط بالمفازة من حدّ كرمان الى حدّ اصبهان من روذان الى انار ثمنية عشر فرسخًا ومن انار الى الفهرج خمسة وعشرون فرسخًا ومن الفهرج الى كثه خمسة فراسخ ومن كثه الى ميبــذ [عشرة فراسخ ومن ميبذ] الى عقده عشرة فراسخ ومن عقده الى نايين خمسة عشر فرسخًا ومن نايين الى اصبهان خمسة وعشرون فرسخًا فمن روذان الى نايين ثلثة وثمنون فرسخًا، ومسافــة الحدّ الذى يلى كرمان من حدّ السيف من لدُن حصن ابن عُمارة الى أن ينتهى الى تارم ثمّ يمتدّ الى الروذان حتّى ينتهى الى بريّة خراسان مثل مــا من البحر على خطّ مستقيم الى شيراز الى أن ينتهى الى مفازة خراسان وهو مائة وعشرون فرسخًا، والحدّ الذى يلى خوزستان من فارس ومهروبان حتّى ينتهى الى الرجان وبلاد سابور والسردن الى أوّل حدّ اصبهان نحو ستّين فرسخًا،

(٢٢) ذكر المياه والهواء والتربة بفارس، وأرض فارس مقسومة على خطّ من لَدُن الرجان الى النوبندجان الى كازرون الى جرّه ثمّ على حدود السيف الى كارزين حتّى يمتدّ على الزم ودارابجرد الى فرج وتارم فما كان ممّا يلى ناحية الجنوب فجروم وما كان ممّا يلى الشمال فصُرود، ويقع فى جرومها الرَجَان والنُوبندجان ومهروبان وسينيز وجنّابــه وتوّج ودشت

٤ (روذان) — (ورذان)، (انار) المرّتين — (ابار)، ٥ (ميبذ) — (منيد)، ٦ [عشرة فراسخ ومن ميبذ] مستتمّ تابعًا لحَط عن صَط، (نايين) المرّتين — (نابين)، ٦—٧ (خمسة عشر) تابعًا مع حَط لصَط وعلى القياس — (خمسة وعشرون)، ٧ (فمن) — (ومن)، ٨ (نايين) — (نابين)، ٩ (ابن) — (بن)، (تارم) — (بارم)، ١٤ (والتربة) تابعًا لحَط — (والبريّة)، ١٥ (الرجان) — (ارجان) قد صُحّح الى ذلك من (الرجان)، (جرّه) — (حره)، ١٦ (كارزين) قد صُحّح من (كازرون)، (الزم) — (الزموم) وفى حَط (الزَمّ)، (فرج) كأنّه صُحّح الى ذلك من (نوج)، (وتارم) — (ويارم)، ١٨ (الرَجَان) — (ارَجَانُ) مصحّح من (الرجان)،

حط ٢٠٤ الرستقان وجرّه وداذين ومور وكارزين ودشت بارين | وجينزير ودشت البوشقان وزم اللوالجان وكير وكبرين وابزر وسميران وخمايجان وكران وسيراف ونجيرم وحصن ابن عمارة وما فى أضعاف ذلك، ويقع فى الصرود اصطخر والبيضاء ومايين وابرج وكام فيروز وكرد وخلّار وسروستان والاوسبنجان والارد والرون وصرام وبازرنج والسردن والخرّمه والخيره والنيريز والماشكانات والايج والاصطهبانات وبرم ورهنان وبوّان وطرخيشان والجوبرقان واقليد والسرمق وابرقويه ويزد وجارين ونايين وما فى أضعاف ذلك من البلاد والنجاد، وعلى الحدّين مدن فيها ما فى الصرود والجروم من النخيل والجوز مثل فسا وجور وشيراز وسابور والنوبندجان وكازرون، وأمّا الصرود ففيها أماكن تبلغ من شدّة [٨٢ ظ] البرد أن لا ينبت عندهم شىء من الفواكه والبقول سوى الزرع كالارد والرون وكرد والرساتيق الاصطخريّة والرهنان، وأمّا الجروم فإنّ بها ما يبلغ من شدّة الحرّ فى الصيف الصائف أن لا يثبت عندهم شىء من الطير لشدّة الحرّ مثل الاغرستان وهى رستاق، ولقد خبّر بعض الناس

---

١ (الرستقان) — (الرسمان)، (وجرّه) — (وحره)، (ومور) — (ويون)، (وكارزين) — (وكازرون)، (وجينزير) على التخمين — (وحنزير) وفى حط (وجيبرين) ويوجد فى الفارسنامه ص. ١٣٩ (حنيزير)، ١—٢ (ودشت البوشقان) — (ودست البوشنقان) ويجوز أنّه الفوشجان من نواحى كورة اردشير خره، ٢ (وزم) — (ورَم)، (وكير) — (وكر)، (وكبرين) تابعًا للفارسنامه ص. ١٢٥ وكان كُتب فى الأصل (وكرريو) ثمّ صُحّح تصحيحًا غير بيّن وفى حط (وكيزرين)، (وابزر) — (وابرد)، (وسميران) — (وسمران)، ٤ (وكرد وخلّار) — (وكوار وجلار)، ٥ (وسروستان) — (وسروستن)، (والاوسبنجان) تابعًا لصط — (والاوستجان) وفى حط (والاسبنجان)، (والرون) — (والرور)، (وبازرنج) — (وبارزنج)، ٦ (والخيره ... ورهنان) — (والخير والنيرين والملسكانات والانج والاصبهبذات وبرم ورهيان)، ٧ (وطرخيشان) — (وطرحيشان)، (ويزد) — (وبرد)، (وجارين ونايين) تابعًا لحط — (وجان روناس)، ١١ (ينبت) تابعًا لصط — (يلبث)، ١١—١٢ (كالارد والرون) — (كالازد والرور)، ١٢ (وكرد) تابعًا لحط وصط — (وجور)، (والرهنان) — (والرهبان)، ١٤ (الاغرستان) — (الاعريسان)،

بعض الملوك أنّه كان فى بيت يُشرف على وادٍ فيه حجارة نصفَ النهار فرأى الحجارة تتفلّقُ فيه كما تنفلِقُ فى النار، والصرود كلّها صحيحة الهواء والجروم فالغالب عليها فساد الهواء وتغيير الألوان وليس فيها أكثر وباء من | مدينة دارابجرد ثمّ توّج وأصحّ الهواء من جرومها الرجان وسيراف حط ٢٠٥ وجنّابه وسينيز، وأعدل هواء هذه المدن ما كان من هذين الحدّين كشيراز وفسا وكازرون وجور وغير ذلك وليس بجميع فارس هواء أصحّ من [هواء] كازرون ولا أصلح أبدانًا وأحسن أبشارًا من أهلها، وأصحّ مياهها ماء كُر وأردأها ماء دارابجرد،

(٣٢) فأمّا زيّهم ولباسهم وأحوالهم فالغالب على خلقهم النحافة وخفّة الشعر وسُمرة الألوان وأهل الصرود أعبل أبدانًا وأكثر شعورًا وأشدّ بياضًا، ولهم ثلثة ألسنة الفارسيّة التى يتكلّمون بها وجميع أهل فارس يفقهونها ويكلّم بعضهم لبعضٍ بها إلّا ألفاظًا تختلف لا تستعجِم على عامّتهم ولسانهم الذى به كُتُبُ العجم وأيّامهم ومكاتبات المجوس فيما بينهم من الفهلويّة التى تحتاج الى تفسير حتّى يعرفها الفُرس ولسان العربيّة الذى به مكاتبات السلطان والدواوين وعامّة الناس، وأمّا زيّهم فكان السلطان زيّه الأقبية وقد تَلْبس سلاطينهم الدراريع وإن كانوا فُرسًا ومن لِبس الدراريع منهم أوسع فروجَها وعرّض جِرِبّاناتِها وجيوب دراريعهم كدراريع الكُتّاب والعمائمُ تحتها القلانِس المرتفعة ويلبسون السيوف بحمائل وفى أوساطهم المناطق وخفافهم تصغر عن خفاف أهل خراسان، وقد تغيّر زىّ سلطانهم فى وقتنا هذا لأنّ الغالب على أصحابه لباس الدَيْلَم، وقُضاتهم يلبسون الدنيّات وما أشبهها من القلانس المشمّرة عن الأذنين مع الطيالسة والقمص والجباب ولا يلبسون دُرّاعةً ولا خُفًّا بكسرةٍ ولا قلنسُوةً تغطّى الأذنين، وكتّابهم يلبَسون ملابس كتّاب العراق ولا يستعملون القَبَى ولا الطيلسان، وتُنّاؤهم بين لباس الكُتّاب والتجّار من الطيالسة

١ (بعض الملوك) — حط (الأمير أبا شجاع فَنّاخُسْرُو)، ٤ (الرجان) قد صُحّح فى الأصل الى (ارجان)، ٧ [هواء] مستتمّ عن حط،

والأردية والأكسية القومسىّ والخزّ والعمائم والخفاف التى لا كسر فيها والقمص والجباب والمُبَطَّنَات ويتفاضلون فى جودة الملابس وحسن الزىّ وزيّهم كزىّ أهل العراق، والغالب على أخلاق ملوكهم وخدمهم والتُنّاء منهم والمخالطين للسلطان من عُمّال الدواوين وغيرهم | حط ٢٠٦ والداخلين عليهم استعمال المرُوءة فى أحوالهم وإقامة الوظائف والمطابخ وتحسين الموائد بالمطاعم وكثرة الطعام وإحضار الحلاوى والفواكه قبل الموائد والنزاهة عمّا يقبُح به الحديث من الأخلاق الدنيّة وترك المجاهرة بالفواحش والمبالغة فى تحسين دورهم [٨٢ ب] ولباسهم وموائدهم والمنافسة فيما بينهم فى ذلك والأدب الظاهر فيما بينهم والعلم الشائع فى جميعهم، وأمّا تجّارهم فالغالب عليهم محبّة الجمع للمال والحرص فوق من سواهم من أهل الأمصار،

(٢٤) فأمّا أهل سيراف والسواحل فربّما غاب أحدهم عامّةَ عمره فى البحر، ولقد بلغنى أنّ رجلًا من سيراف أَلِفَ البحرَ حتّى ذُكر أنّه لم يخرج من السفينة نحو أربعين سنة وكان إذا قارب البرّ أخرج صاحبه فقضى حوائجه فى كلّ مدينة ويتحوّل من سفينة الى أخرى إذا انكسرت أوُ احتيج الى إصلاحها، ولقد حُظّوا من ذلك بحَظٍّ جزيلٍ وهم أهل صبرٍ على الغربة وفيهم اليسار [الظاهر حيث كانوا]، ولقد رأيتُ بالبصرة منهم أبا بكر أحمد بن عمر السيرافىّ فى سنة خمسين وثلثمائة وقد قَدِمْتُ عليه بكتابِ مَن يعزّ عليه فى مهمّ له فأخذ الكتاب من حيث لم ينظُرْ الىّ فقرأه ثمّ وضعه من يده ولم يُعِرْنى لَحْظَ عين وسأله فى الكتاب مخاطبتى على معانيه واستعلام ما عرّض فيه من مخاطبته وما بينهما ممّا يجب وقوفه عليه من جهتى كالمستشهد بعلى بعد تعريفه فى الكتاب صورتى ومحلّى منه، ثمّ أقبل على بعض خدمه وذكر مراكبه وحاله فوثبتُ

٢ (وزيّهم) — حط (والزىّ واحد)، ٦ (الطعام) تابعًا لحط — (الألوان)، ١٢ (أَلِفَ) — (آلِقَ)، ١٥ (حُظّوا) — (حَظُوا)، ١٦ [الظاهر حيث كانوا] مستتمّ عن حط،

غيظًا وتركتُه وأنا لا أبْصِرُ ما بين يدىّ من شدّة ما نالنى وداخلنى بإعراضه عنّى فكأنّه لاحظ مكانى فقال ما فعل الرجل فقيل من هو فقال صاحب فلانٍ فقيل له وبصاحب فلانٍ فعلتَ هذا الانقباض لقد خرج وهو لا يُبْصِرُ ما بين يديه ألمًا وغيظًا فقال علىّ به فلحقنى كاتبٌ له وقد بثّ جماعةً غيره فى طلبى فى الطريق الذى قصدتُ له فقال إنّ الشيخ تألّم من خروجك بغير إذنه وعرّفناه ما ظهر لنا منك وقد أنفذنا لردّك فقلتُ والله لقد رأيتُ أكثر ملوك الأرض ومن تحت أيديهم من الناس على اختلاف أطوارهم | وتباين أحوالهم وهم قطب الصلف فما حط ٢٠٧ رأيتُ رجلًا أكثر زَهْوًا ولا أقبح صَلَفًا وبَأْوًا منه، فقال لى كاتبه وحُقّ له ذلك هذا رجلٌ اعتلّ فى سنة ثمانى وأربعين علّةً خيف عليه منها فأوصى فبلغ ثُلث ماله مع شىء استزاده على الثُلث لأنّه لا وارث له فبلغت وصيّته تسع مائة ألف دينار بين مركب قائم بنفسه وآلته فى يد وكيل معلوم ما لديه وعنده بالحسبانات الظاهرة والقبوض المعلومة المعروفة من جهاتها وأوقاتها الى بربهار ومتاع من جوهر وعطر فى خانباراته ومخازنه وقلّ مركبٌ خطف له الى ناحية من نواحى الهند أو الزنج أو الصين فكان له فيه شريكٌ أو كرىّ إلّا على حسب التفضّل على المحمول بغير أجرة ولا عِوَض فأفحمنى قوله وعُدتُ اليه فاعتذر ممّا كان، وهذا وإن زاد على الثُلث فلعلّه أوصى بنصف ماله وما سمعتُ أنّ أحدًا من التجّار ملك هذا المقدار ولا تصرّف فيه ولا من وديعة سلطان لأنّها حكاية إذا اعتُبرتْ كالجزاف يُستوحش من حكايتها،

(٣٥) وما علمتُ مدينةً فى برّ ولا بحر يجتمع بالمشرق فيها قوم من الفرس مقيمون إلّا وهم فى أعفّهم طريقةً وأحسنهم طبقةً وفيهم علم وأكثرهم يقول بالوعيد على مذاهب أهل البصرة [٨٢ ظ] والى الاعتزال ميْلهم

٣ (الانقباض) — (الانقياض)، ٨ (الصلف) تابعًا لحط — (السّلف)، ١١—١٢ (فبلغت وصيّته) يفقد فى حط وكأنّه زائد، ١٢ (تسعة مائة ألف) — حط (ألف ألف)، ١٤ (بربهار) — (بَربهارٍ)، ٢١ (بالمشرق) يلى ذلك فى حب (والمغرب)،

ومن كان خاصّةً من أهل جرومهم رأى تفضيل أبى علىّ بن عبد الوهّاب الجبّائىّ على الجميع واليه ينحون وبـه يأتمّون، وأهل الصرود من أهل شيراز واصطخر وفسا فالغالب عليهم مذاهب الحشو وفى الفتيا مذاهب أهل الحديث، وبفارس اليهود والنصارى والمجوس وليس فيهم صابئ ولا سامِرىّ وأكثر أهل الملل فيهم المجوس واليهود أقلّ من النصارى وليس المجوس بدارٍ أكثر منهم بفارس لأنّ بها كانت دار مملكتهم وأديانهم وكُتُبهم وبيوت نيرانهم يتوارثون ذلك فى أيديهم الى وقتنا هذا،

(٣٦) وبفارس سُنّة جميلة وعادة فيما بينهم وفضيلة من تفضيل أهل البيوتات القديمة وإكرام أهل النعم الأزليّة وفيها بيوت يتوارثون فيما بينهم أعمال الدواوين على قديم أيّامهم الى يومنا هذا منهم آل حبيب وكان حط ٢٠٨ مشائخهم | مُدركًا وأحمدَ والفضلَ بنو حبيب وأصلهم من كام فيروز ومنشأهم شيراز قطنوها وتقلّدوا الأعمال الجليلة الشريفة، وكان المأمون استدعى مدرك بن حبيب للحساب وغيره من وجوه الخدمة وحَظِىَ عنده وقرأ عليه فمات ببغداذ أيّامَ المعتصم واتّهم يحيى بن أكثم بـه، وآل أبى صَفِيَّةَ من موالى بَاهِلَةَ منهم يحيى وعبد الرحمٰن وعبد الله بنو محمّد بن اسمعيل ناقلة توطّنوا بها، وآل المرزُبان بن زاذبَه اليهم فى الأعمال وكان الحسن بن المرزبان بندارًا لمحمّد بن واصل ومن بعده ليعقوب بن الليث، وخدم علىّ بن المرزبان عمرَو بن الليث على ديوان الاستدراك فزادت عنده منزلتُه لنُبلٍ كان فيه وفضلٍ وبراعةٍ وإخوته الحسن وسهل والفضل ومحمّد ومنصور، وشيخنا أبو منصور أحمد بن عُبيد الله من ولده والى يومنا هذا تجرى أعمال الدواوين بينهم، ولقيتُ أبا جعفر بن سهل ابن المرزبان كاتب أبى الحرث بن افرغون وهو حىّ الى يومنا هذا ولا

١٢ (وحَظِىَ) — (وحَظِىَ)، ١٥ (موالى) — موَالٍ)، ١٦ (زاذبَه) — حط (زادية)، ١٧ (بندارًا) — (بندار)، ١٩—٢٠ (فزادت ... ولده) يفقد ذلك فى حط، ٢١ (أبا جعفر) — حط (جعفر)، ٢٢ (افرغون) — (افرعون)،

والله الذى لا إله غيره ما رأيتُ أحدًا قبله ولا بعده اجتمعت الألسن على حمده بفضله وكرمه كاجتماعها عليه لأنّ السُنَن المقروؤة والآثار المرويّة ومن أدركناه فى عصرنا ممّن تعلّق باسم الكرم ودَأِبَ ونَصِبَ فى طَلَبِه يُمدح ويُذمّ غيرَهُ فلم أر له ذامًّا ولا مستزيدًا بوجهٍ من الوجوه ولا سببٍ من الأسباب ولم يدخُلْ خراسان منذ خمسين سنةً أحد ليس عليه له فضل ويد يشكرها وإن لم يَلْقَهُ قصده بالمكاتبة والْتَحَفَ عليه بجميعه حتّى أنّه احتال فى إيصال فضله وتشييد مكارمه الى من لا يمكنه قصده ولا يضع نفسه للحاجة اليه فأقام فى رباطات جعلها واستحدثها فى ضياعٍ وقفها على مصالحها بقرًا سائمةً تُحلبُ ويَأْخُذُ ألبانَهَا القُوّامُ عليها ويقصدون المجتازين عليهم والمارّين بهم غير النازلين عندهم مع شىء من الأطعمة منها ومن غيرها على مقدار السابلة والمارّة بهم فيُسقون رائبها مع الهواجرِ بِرًّا لبنى السبيل المارّين والجائين على ضياعه بهذا اللَطَف والوجه الحسن، وما من قريةٍ ورباطٍ له [٨٢ ب] فيها مِلْكٌ إلاّ وفيه المائة بقرة الى ما فوق ذلك لهذا الوجه والمقصد دون بقره العامِلَةِ فى | أسباب منافعه، حط ٢٠٩ وله غير نظير بخراسان ممّن يقصد أفعال الخير وإفشاء المعروف بما وراء النهر لا يدانيه ولا يقاربه فى هذا الباب ولا فى غيره، وأهله آل المَرزبان ابن فرّابنداذ أقدم أهل هذه البيوتات فى العجم وأكثرهم عددًا منهم أبو سعيدٍ الحسن بن عبد الله ونَصْر بن منصور بن المرزبان وعبد الرحمٰن ابن الحسين بن المرزبان وفرّابنداذ بن مردشارِى بن المرزبان وأحمد ابن فرّابنداذ فى جماعةٍ أقصُر عن معرفتهم وعددهم، وعلىّ بن خرّشاد

٢ (السُنَن) — حط (السِيَر)، ٦ (والْتَحَفَ) قد كان كتب فى الأصل (والتُحَفَ) فصُحّح الى (والْتَحَفَ)، ٧ (تشييد) قد صحّح ذلك ناشر حط الى (تسيير)، ١٤ (بقره) — (بقرة)، ١٧ (فرّابنداذ) — (فرابداذ)، (البيوتات) — (البيوت)، ١٨ (وفرّابنداذ) على التخمين — (وجوابندار) وفى حط (خدايداد)، ١٩ (مردشارِى) — حط (مردشاد)، ٢٠ (فرّابنداذ) — (جوابنداه) وفى حط (خدايداد)، (خرّشاد) تابعًا لحط وفى الأصل (خرّشاب)،

وأولاده الحسين والحسن وأحمد الى نحو أيّامنا هذه كانوا يتولّون بفارس الدواوين مع من ذكرتُه من أهل البيوتات المتقدّم ذكرها ووصفها،

(٣٧) وقد انتحل قوم من الفُرس دياناتٍ ومذاهِبَ خرجوا بها عن المذاهب المشهورة فدعوا اليها وانتصبوا لها ولولا أنّ إهمال ذكرهم وترك وصفهم ضربٌ من العصبيّة على الدين وباب من التحامل عليه لأضربتُ عنه ولكن نذكر المستفاض وما بمن يقرأ هذا الكتاب حاجة الى معرفته وضرورة الى علمه دون الاستقصاء لذلك إذ الأخبار قد أتَتْ به واعتقد الناس فيهم القبيح ووقفوا منهم على التلبيس المذموم وتأليف الكتب بالقَذْف للإسلام والبراءة منه بعد تأليف شيء منها جلبوا بــه القلوب ودعوا اليه العامّة ومن لا رياضة له بالعلم من الخاصّة فى الظاهر وضادّوا ذلك فى الباطن، وممّن عُرِفَ من هؤلاء واشتهــر وطار اسمه فى الآفاق وظهر الحسين بن منصور الحلّاج من أهل البيضاء وكان حلّاجًا ينتحل النُسْك والتصوّف وما زال يرتقى طَبَقًا على طَبَقٍ حتّى انتهى به الحال الى أن زعم أنّ من هذّب فى الطاعة جِسْمَهُ واشتغل بالأعمال الصالحة قلبــه وصبر على مفارقة اللذّات وملك نفسه بمنعها عن الشهوات ارتقى الى مقام المقرّبين وشارك الملائكة الكرام الكاتبين ثمّ لا يتردّد فى درجة المصافاة حتّى يَصْفُوَ عن البشريّة طبعُه فإذا لم يبق فيه من البشريّة | نصيب حلّ فيه روح الله الذى كان منه كعيسى بن مريم فيصير مطاعًا لا يريد شيئًا إلّا كان من جميع ما ينفذ فيه أمرُ الله فإنّ جميع أفعاله حينئذٍ فِعلُ الله وأمره أمره، وكان يتعاطى هذا ويدعو الى نفسه بتحقيق ذلك كلّه فيه حتّى استمال جماعةً من الوزراء وطبقاتٍ من حاشية السلطان وأُمــراء الأمصار وملوك العراق والجزيــرة والجبال وما والاها وكان لا يُمكنــه الرجوع الى فارس ولا يطمع فى قبولهم إيّاه لخوفه على نفسه منهم لو ظفروا به وظهر لهم وأُخِذَ فاعتُقِلَ وما زال فى دار السلطان ببغداذ الى أن خيف من قِبَلِه أن يستغوى كثيرًا [٨٤ ظ] من أهل دار الخلافة من الحُجّاب

حط ٢١٠

٢ (البيوتات) — (البيوت)، ١٩ (ينفذ) — (ينفد)،

والحُرم وغيرهم فصُلِبَ حَيًّا الى أن مات، ومنهم الحسن المكنّى بأبى سعيد ابن بهرام الجَنّابِىّ من أهل جنّابه وكان دقّاقًا وتعلّق لعنة الله عليه بدعوة القرامطة من قِبَل عَبدان الكاتب صهر حمدان بن الأشعث المعروف بقرمطٍ واستخلفه على كثير من نواحيهم وكانت الدعوة اليه بجنّابه وسينيز وتوّج ومهروبان وجروم فارس فدعاهم وأخذ الكثير من أموالهم ونبت له أضداد فنموا عليه فقُبِض على ما جمعه من المال واتّخذه من الخزائن والعُدَد وأفلت بحُشاشة نفسه فلم يزل فى خفْيَةٍ حتّى كتب اليه حمدان بن الأشعث المعروف بِقرمطٍ [من كلواذى] بالشخوص الى حضرته ولم يكن رآه ولا عاينه فلمّا بصُرَ به رأى منه نافِذًا فيما تكلّفه ورأى ما دار عليه ليس من قِبَلِ سوء سياسته فيما كان بسبيلـه لكن وجوهٍ وقعت عليـه ودارت كالضرورة اضطرّه اليها مخالفوه والمنكروه عليه فأنفذه على يد عَبدَان أيضًا الى البحرين وأمره بالدعوة هناك وأيّده بوجوه القوّة من المال والكتب وغيرها فورد البحرين وصاهر آل سَنْبَرٍ وبثّ الدعوة فى العرب الذين بتلك الناحية فقبلوها [وانفتحت الديار على يده] وأجابته القبائل والعشائر رغبةً ورَهْبَةً بعد أن حاصر هَجَر وافتتحها بضروب من الحِيَل ووجوه الكيد ومشاقّ من الأعمال والأفعال ودخلها بالسيف فقتل رجالها واستعبد الأولاد من الصبيان والصبايا واستباح حريمهم، وكان إذ ذاك فى دعوة المقيم بالمغرب وفى جملة المنتمين اليه حتّى قُتِل عبدان صاحبه فارتدّ عمّا كان عليه وقتل أبا زكريا الطمامىّ داعيًا كان لأهل المغرب قبله بالبحرين واشتدّت شوكته وتفرّد بالأمر لنفسه | وكرّ فى خطوبٍ كثيرةٍ يطول شرحها حط ٢١١
وليس يمكن ذكرها إلّا مستقصاةً وفى إعادته طول فتركتُها لذلك، وذَبَحَ

٥ (ونبت) — (وندت)، ٨ [من كلواذى] مستتمّ عن حط، ١٤ (فقبلوها) — (فقبلوه)، [وانفتحت ... يده] مستتمّ عن حط، ١٧—٢١ (وكان ... لذلك) يوجد مكان ذلك فى حط (وكان حمدان قرمط اذذاك فى دعوة السلطان حذاء أمير المؤمنين المهدىّ بالله فرجعا عمّا كانا يعتقدانه وخالفا [٢١١] ذلك وجرت خبوط [فى نسختى حط (وخطوب)] وتخاليط كثيرة فى بعض الروايات)،

أبا سعيدٍ بعضُ خدمه فى الحمّام مع جماعة من كبراء رجاله [بالأحساء]، وكانت وصيّته الى أكابر أولاده بتسليمهم لولده الأصغر منهم عند بلوغه لأمرٍ وقف عليه فيه سائرَ ما خلّفه واتّباعهم إيّاه ووقوفهم عند أمره ونهيه فكان من لعنه الله منهم أبو طاهر سليمٰن فاتح البصرة والكوفة وصاحب قوافل الحاجّ فى طريق مكّة وقاتل آل أبي طالب وبنى هاشم والمستحلّ دماءهم وفروجَهم وأموالَهم ومخربُ مكّةَ وآخذ الحجر وفاعل كلّ كبيرةٍ ومستحلّ كلّ عظيمةٍ ومقترف كلّ آثامٍ ومستبيح كلّ حرامٍ الى أن أهلكه الله ودمّر عليه وأتى على أهله وولده بتشتيت الكلمة واختلاف الدعوة وغيلة بعضهم لبعضٍ بالقتل والمكائد والختل، وما كان من فعله بالمسلمين واعتراضه على حجيجهم وعَيْثِهِ فى بلادهم بقَتْلِهم وما فعله بالحرم [فلا حاجة بنا الى ذكره لشهرته والغنى عن إعادته] من أخذ كنوز الكعبة وقتل المجاورين لها والمستذمّين بحرمتها الى أن أُخِذَ عمّ أبي طاهر أخو أبي سعيدٍ وقراباتُه وذَووه فحُبسوا بشيراز مدّةً وكانوا مخالفين له فى المذهب والطريقة يرجعون الى صلاح وسداد وشُهِدَ لهم بالبراءة من القرامطة فخُلِّيَ عنهم، ومنهم أبو جعفر محمّد بن عليّ الشلمغانىّ فإنّه أيضًا ممّن ظاهر بأمور من العلم ودعا الى الفقه والزُهد وتزيّا بالورع والعِفّة وألّف كتبًا فى الحلال والحرام بأحسنِ نظامٍ وأجملِ تأليفٍ وهو مع ذلك [يُسِرُّ] شِقاقَ الأُمّة ويعتقد إكفارهم ويرى أنّ الدارَ دارُ كُفْرٍ وأهلَها وأموالَهم ومناكحَهم وحجّهم وغزوَهم فاسد وجهادهم لازم ودعا مرّةً الى أصحاب المغرب وأشار اليهم وأُخرى الى نفسه واضطرب فى فنونٍ اعتقدها فى البارئ تعالى [٨٤ ب] الى أن هلك أيضًا صلبًا وكفَى الله أمرَه، [والله

---

١ [بالأحساء] مستتمّ عن حـط، ٢—٤ (وكانت ... منهم) مكان ذلك فى حـط (وخلفه ابنه) فقط، ٣ (سائرَ) — (وساير)، ٤ (لعنه) — (لعبد)، ١١ [فلا ... إعادته] مستتمّ عن حـط، ١٥ (القرامطة) — (القرمطه)، (الشلمغانىّ) — (الشلمعانى)، ١٨ [يُسِرُّ] مستتمّ عن حـط، ٢٠ (أصحاب ... اليهم) مكان ذلك فى حـط (أجداد أمير المؤمنين المعزّ لدين الله)، ٢١—٢ [والله ... غريبًا] مأخوذ من حـط،

الحافظ للإسلام وأهله والدافع عنهم بمنّه وطَوْلـه فقد عاد غريبًا كبدؤه غريبًا] ،

(٣٨) ذكر الخاصّيّات بفارس وما يُجلب منها ، فبناحية اصطخر تُفّاح يكون بعض التفّاحة فى غاية الحلاوة وبعضها حامض صادق الحُموضة وكنتُ رأيتُ ذلك فى حكاية أنّ مرداسَ بن عمر حدّث بها الحسن بن رجاء فرأى فى | وجهه إنكارًا لقولـه فأحضر التفّاح حتّى رآه، وبقرب حـط ٢١٢ ابرقويـه تلال رماد كالجبال العظام التى صعود التلّ ونزولـه نحو ميل ويزعم قوم أنّها نار نمرود وهو خطأ لأنّ نمرود كان كنعانيًّا ومساكنهم ببابل ، ورأيتُ مثل هذه الجبال وأعظم منها وأعلى وأكثر على نهر الزاب الكبير الجائى من نواحى ارمينيه وبلد الداسن بظاهر القرية المعروفة بالمحمّديّـة من عمل محمّد بن حسنون الكردىّ ومررتُ بما هو أصغر منها وما يضاهيها فى بلد السودان ، وبكورة سابُور رستاق يُعرف بالهندوجان [فيها] بئر بين جبلين يخرج منها دخان فيتعالى كثيرًا بالنهار ولا يتهيّأ لأحدٍ أن يقربها وإن طار عليها طائر سقط فيها ويُرى فى حال هبوطه وهُويّه احتراقُه قبل تغيّبه فيها ، وبكورة الرجان فى نواحى صاهك غير بئر لا قعر لها ، وبناحية كام فيروز بالقرية المعروفة بالمورجان بين جبال شاهقة كهف فيه جُرن يقطر اليه من سقف هذا الكهف ماء ويزعم قوم أنّ له طَلسمًا فإن دخل ذلك الكهف رجلٌ خرج من الماء بما يكفيه وإن دخلـه ألف رجل

---

١ (الحافظ) يفقد فى نسختى حـط ، ٥ (عمر) تابعًا مع حـط لصـط ص. ١٤٢ وفى الأصل (عمرو)، ٨ (نمرود) المرّة الأولى — (نمودَ)، ٩ (وأكثر) — حـط (وأكبر)، ١٠ (الداسن) — (الباسن) كأنّه قد غُيّر الى ذلك من (الداسن)، (بالمحمّديّة) — (بالمحديه)، ١١ (من عمل ... الكردىّ) مكان ذلك فى حـط (بموضع كان من عمل حبنون) إلاّ أنّه يوجد فى نسختى حـط (حِبْنُون) وهو الموضع المسمّى (جنبون) فى صورة الجزيرة، ١٢ (وبكورة) — (وبكور)، [فيها] مستتمّ تابعًا لحـط عن صـط، ١٥ (وبكورة) — (وبكور)، (الرجان) قد صُحّح فى الأصل الى (ارجان)، ١٦ (بالمورجان) تابعًا مع حـط لصـط — (بالورجان)،

خرجوا من ذلك الجُرن بالقطر من الماء بما يكفيهم ويعُمّهم ومقدار ذلك الجُرن كالجَفنة الصغيرة أو الغضارة الكبيرة، وعلى باب الرجان ممّا يلى خوزستان قنطرة على نهر طاب تُنسب الى الديلمىّ طبيب الحجّاج بن يوسف وهى طاق واحد سعة ما بين عموديه على وجه الأرض ثمنون خطوةً وارتفاعها مقدار ما يجوز فيه راكب الجمل بيده عَلَمٌ من أطول ما يكون من الأعلام، وبكورة اردَشير خُرّه من نواحى شيراز عين ماء حُلوٍ عذبٍ يشربه الناس لتنقية الجوف فمن شرب قدحًا أقامه مجلسًا وإن ازداد فلكلّ قدحٍ | مجلس، وبناحية داذين نهر ماء عذب يُعرف بنهر اخشين يُشرب منه ويُسقى الأرضين إذا غُسِلَتْ بمائه الثياب خرجت خُضرًا، وبناحية كوار طين أخضر كالسلق وأشرق منه يؤكل ولا نظير له، وبشيراز نرجس ورقه كورق السوسن وفى داخله عيون صُفر كعيون النرجس سواء، حـط ٢١٢

(٣٩) فأمّا ما يُجلب من فارس الى سائر الأرض وهو أفضل أجناسه فى سائر البلدان فماء الورد الذى بكوار وجور يُنقل الى سائر الأرض حتّى المغرب وبلد الروم والاندلس وروميه وأرض افرنجه والى مصر واليمن وبلد الهند والصين ويَنفصُل كلّ ماء وردٍ سواه ويرتفع الكثير من غيرها بأعمال فارس غير أنّ الأكثر الأغزر من جُور [والى جور يُنسب الورد الذكىّ الرائحة]، وبجُور ماء الطَلع وماء القَيْسُوم الذى لا يكون فى غير جُور وماء الزعفران وماء الخلاف [بفارس ودهن الخلاف] يعلو على جميع ما يُعمل فى أقطار الأرض منه سوى دُهْن الخلاف المراغىّ فإنّى رأيتُ منه ما

---

٢ (الرجان) قد غُيّر فى الأصل الى (ارجان)، ٤ (يوسف) — (سفـ)،
٨ (داذين) قد كان كتب فى الأصل (وارين) ثمّ غُيّر الى (دارين)، (اخشين) — (اخشن)، ١٠ (كوار) قدصحّح ذلك ناشر حـط الى (كران) تابعًا لبعض نسخ صـط،
١٦ (الكثير) — (الكبير)، ١٧—١٨ [والى ... الرائحة] من مضافات حـب ٢٨ ب،
١٩ [بفارس ... الخلاف] مستتمّ عن حـط، (يعلو) — (يعلوا)،

لا يدانيه دُهْن فى الأرض ويباع منه المنّ بعشرة دنانير [وكان عندى خيرًا من ذلك]، وترتفع من سابور الأدهان فتتفضّل على كلّ جنس [٨٥ ظ] إلّا الخيرىّ والبنفسج اللذين بالكوفة، وترتفع من سينيز الثياب السينيزىّ ومن جنّابه المناديل الجنّابيّة ومن توّج ثياب التوّزىّ ولا يشبهها شىء من ثياب الأرض فى جنسها وإن وُجد أرفع منها وأكثر ثمنًا فلذلك من العلّة وكان للسلطان فى كلّ بلد منها طراز، ويرتفع من فسا أنواع من الثياب التى تُحمل الى الآفاق وبها طراز الوشى المرتفع الذى ليس بسائر الآفاق كهو إذا كان مذهّبًا وإذا كان ساذجًا فكالذى بجهرم وغيرها، وأمّا الصوف فانّه يُعمل للسلطان والتجّار ثياب للفُرش ما يأخذ القيمة العظيمة من العين وكللٌ مرتفعةٌ من سائر أصناف الحرير ويُتّخذ من القزّ للسلطان ستور معيّنة مُعْلَمة ومن ثياب القزّ والصوف الفاخرة ما يُحمل الى كثير من الأمصار، | والسُوسنجرد الذى يكون بها أرفع ممّا يكون بقرقوب حط ٢١٤ وتوّج [وتارم]، وبها أكسية القزّ التى يكون بالقِيَم الوافية الراجحة كالمائة دينار ونحوها، ويرتفع من جهرم من الثياب الوشى الرفيع، فأمّا البسط والنخاخ والمُصلّيات والزلالىّ المعروفة بجميع الأرض بالجهرمىّ فلا نظير لها، ويرتفع من يزد وابرقويه ثيابُ قطن فتُحمل الى كثير من النواحى فتدخل فى جمل البغداذىّ إذا قُصرت، ويرتفع من الغندجان قصبة [دشت] بارين [من البسط والستور والمقاعد وأشباه ذلك ما يوازى به عمل الارمنىّ وبها طراز للسلطان] ويُحمل منها الى الآفاق جهاز كثير، وسُوسنجرد فسا أفضل من سوسنجرد قرقوب لأنّ متاع فسا من صوف والقرقوبىّ من إبريسم والصوف أحكم عملًا فى الصَنعة وأبقى على مرّ الأيام،

١—٢ [وكان ... ذلك] مأخوذ من حط، ٣ (من سينيز) — (بسينير)، ٥ (جنسها) — (حُسنها)، ٨ (ساذجًا) — (سارحا)، ١٣ [وتارم] مأخوذ من حط، ١٦ (وابرقويه) — (وبرقويه)، ١٧ (الغندجان) — (الغنديجان)، ١٨ [دشت] مستتمّ عن حط، ١٨—١٩ [من البسط ... السلطان] مستتمّ عن حط،

(٢٠) وبدارابجرد حوت فى الخندق المحيط بالبلد لا شوك فيه ولا عظم ولا فقار وله فلوس وهو من ألذّ السموك ويرتفع منها ثياب كالطبرىّ للفرش تستحسن، وبقرية من قرى دارابجرد المُومياى الذى يُحمل الى الآفاق وهى مِلك للسلطان ولا نظير له وهو غار فى جبل قد وُكلّ به من يحفظه وهو مسدود الباب والمدخل مُغلق مُقفل مختوم مُعْلم بعلامات كثيرةٍ لمن يحضر فتحه من ثقات السلطان ويُفتح فى كلّ سنة فى وقت معروف وقد استجمع فى نُقرة حجر هناك ما اجتمع منه وفى غير ذلك النقرة الشىء بعد الشىء منه فإذا جُمِعَ يكون الموجود فى كلّ سنة كالرمّانة فيُختم بمشهد من ثقات السلطان والحكّام وأصحاب البرد والمعدّلين من أهل الأمانة بعد أن يُرضخ للحاضرين بالشىء اليسير منه وهو المومياى الصحيح وما عداه فمزوّر ليس بصحيح وبقرب هذا الغار قرية تعرف بآيبى فنُسب هذا الموم اليها وتفسيره موم قرية آيبى، وبناحية دارابجرد جبال من الملح الأبيض والأسود والأصفر والأحمر والأخضر وجميع الألوان حط ٢١٥ المتفرّعة وهى جبال على ظاهر الأرض يُنحت منها | الموائد والغضار والآنية المستطرفة وتُحمل الى سائر مدن فارس وغيرها، وبفارس عامّة المعادن من الفضّة والحديد والآنُك والكبريت والنفط وما أشبه ذلك ما يُغنى أهلَها عن عمل ما سواها من البلدان والنواحى إلّا أنّ الفضّة قليلة وبها معدن ذهبٍ [٨٥ ب] ومعدن صُفرها بالسردن ويُحمل منها الى البصرة وغيرها والحديد بجبال اصطخر وبقرية من جوار اصطخر تُعرف بدارابجرد معدن للزيبق، ويُعمل بفارس مداد أسود لدُوِىّ الكُتّاب وأصباغ التزاويق فيفضّل على كلّ مداد فى الأرض غير الصينىّ لأنّهما جميعًا من تذاكى أكبر النيران المجوسيّة المتقادمة وهو فى نفسه دخانها [لا غير]، وبشيراز أبراد معروفة مشهورة فى أكثر أقطار الأرض بالشيرازيّة،

٢٠ (تُعرف بدارابجرد) تابعًا مع حط لصط وفى الأصل (وبدارابجرد)، (للزيبق) — (للزنبق)، ٢٢ (تذاكى) تابعًا لحط وفى الأصل (تدخاخين)، ٢٣ [لا غير] مستتمّ عن حط،

(٣١) فأمّا نقودهم ومكاييلهم للبيع والشرى فجميع بيوع فارس بالدراهم والدنانير عندهم كالعَرَض، وأوزانهم كأوزان جميع الأرض المعروفة العشرة الدراهم سبعة مثاقيل وليست كاليمن والاندلس فى اختلاف الأوزان، والأمْناء التى تُوَزن بها المتاع فنوانِ صغيرٌ وكبيرٌ فالكبير وزن ألف وأربعين درهمًا كرطل اردبيل ومَنْها منّ كبير [ورطل اللحم بالاندلس تسعة أرطال ونصف بالفلفلىّ والفلفلىّ خمس عشرة أوقية بالبغداذىّ ورطل القيروان فلفلىّ أيضًا إلّا رطل اللحم فانّه اثنا عشر أوقية] والمنّ الأصغر بفارس كمنّ العراق مائتان وستّون درهمًا وهذا المنّ المُستعمل بفارس وعامّة البلدان وأمصار المسلمين وإن كان لهم أوزان غير ذلك، والمنّ بالبيضاء ثمان مائة درهم وباصطخر أربع مائة وبجرّه مائتان وثمنون وبسابور ثلثمائة وببعض نواحى اردشير خُرّه مائتان وأربعون، والكيل بشيراز الجريب عشرة أقفزة والقفيز ستّة عشر رطلاً فى التقدير ويزيد وينقص بحسب المكيل وهو حنطةً ستّة عشر رطلاً ورِطْلهم كرِطل بغداذ اثنا عشر أوقيّة والأوقيّة عشرة دراهم وثُلثان وللقفيز عندهم [كيل] يُعرف بنصف قفيز وثُلث ورُبع وكلّ واحد مجزّأً منه، ومنْها معروف معلوم قائم بنفسه موجود فى سائر حوانيتهم، ولهم أيضًا كيل صغير وهو جزء من أربعة وعشرين جزأً من القفيز، وجريب اصطخر وقفيزها على نصف جريب شيراز وقفيزها | ومكاييل البيضاء تزيد على مكاييل حط ٢١٦ اصطخر بنحو الرُبع وتنقص عن شيراز، وكذلك الرجان وكازرون تزيد على العشرة من كيلهم ستّةً، ومكاييل فسا تنقص عن مكاييل شيراز، فهذه جمل ما يجب علمه ويسئل الناسُ الناسَ عنه،

(٣٢) وأمّا أبواب المال لبيت المال على الناس فمن الزموم وما تطبق

٥—٨ [ورطل ... اوقية] مأخوذ من حط، ٨ (أوقية) — فى حل التى هنا نسخة حط الواحدة (رطلاً)، ٩ (وإن) — (فان)، (وبجرّه) — (وبخره)، ١٤ (والاوقيّة) — (والوقية)، ١٥ [كيل] مستتمّ عن حط، ١٥ (ومنْها) — (ومنوها)، ١٨ (مكاييل) — (مكايل)، ٢٠ (العشرة) — (العشر)،

عليه الدواوين وخراج الأرضين والصدقات وأعشار السفن وأخماس المعادن والمراعى والجوالى وغلّة دار الضرب والمراصد فى الضياع والمستغلّات وأثمان الماء وضرائب الملّاحات والآجام، فأمّا خراج الأرضين فعلى ثلثة أصناف فالمساحة والمقاسمة والقوانين التى هى مقاطعات معروفة لا تزيد ولا تنقص زُرِعَتْ أو لم تُزْرَعْ فتؤخذ بالعبرة، والمساحة دون المقاسمة فإن زرع زارعٌ أُخِذَ خراجه بالمساحة على الجُرْبان وإن لم يزرع لم يطالَب وعامّة فارس مساحة إلّا الزموم فإنّها مقاطعات بالعبرة والشىء اليسير من المقاسمات، وتختلف الأخرجة فى البلدان على المساحة فأثقلها بشيراز على كلّ صنف من المزروع شىء مقدّر وذلك أنّ على الجريب الكبير من الأرض تُزرع فيها الحنطة والشعير بالسَيح مائةً وتسعين درهمًا والشجر بالسَيح مائةً واثنين وتسعين درهمًا والرطاب والمقاثى السيح للجريب الكبير [٨٦ ظ] مائتان وسبعة وثلثون درهمًا وللجريب الكبير من القطن بالماء السيح مائتان وسبعة وخمسون درهمًا وثُلثان وعلى الجريب الكبير من الكروم بالماء السيح ألف وأربع مائة وخمسة وعشرون درهمًا، والجريب الكبير ثلثة أجربة وثلثا جريب بالجريب الصغير والصغير ستّون ذراعًا فى ستّين ذراعًا بذراع المَلِك وذراع الملك سبع قبضات، وخراج كوار على الثُلثين من هذا العقد لأنّ جعفر بن أبى زُهَيْر السامىّ كلّم الرشيد فردّه الى ثلثى الربع، وخراج اصطخر ينقص من خراج شيراز شيئًا يسيرًا لا أقف | عليه، وخراج البخوس على ثُلث السيح والطوىّ فى البطّيخ حط ٢١٧ والقثاء والبقول على ثُلثى الخراج، وإذا سُقِيَ السيح سقيةً قبض السلطان رُبع الخراج وطالب به أشدّ مطالبةٍ وإذا بُدِئَ بالسقية الثانية طالب بتمام الخراج واستتمّه عند استتمام السقى، وكورة دارابجرد والرجان وسابور فزروعهم ومقادير الخراج على أرضهم بخلاف هذا يزيد وينقص أكّاره

١٢ (وتسعين) — حط (وسبعين)، ١٢—١٣ (وللجريب ... وخمسون درهمًا) يفقد فى حط، ١٣ (وثلثان) — (وثلثى)، ١٦ (سبع قبضات) — (تسع قصبات)، ١٨ (شيئًا يسيرًا) — (شى يسير)،

على قدر مِلكه ودخله، والمقاسمة على وجهين فضياع في أيدى قوم من أهل الزموم وغيرهم معهم عهد من أمير المؤمنين علىّ بن أبي طالب وعمر بن الخطّاب رضى الله عنهما وغيرهما من الوُلاة المُسمّين باسم الخلافة فيقاسمون على العُشر الى الثُلث وغير ذلك، والوجه الآخر مقاسمات على قرى قُبِضَتْ وصارت لبيت المال بإخلال أصحابها ووجوه غير ذلك يُزَارَعُ الناس عليها بالخُمسين وحسب المواقفة، وأمّا أبواب أموال الضياع فالضياع السلطانيّة خارجة من المساحة والذى يؤخذ منها بالمقاسمة والمقاطعة فعلى الأكرة فيها ضرائب من الدراهم يُؤدّونها الى السلطان، والصدقات وأعشار السفن وأخماس المعادن والجزية ودار الضرب والمراصد وضرائب الملّاحات والآجام وأثمان الماء والمراعى فإنّها تقرب فى الرسم ممّا فى سائر الأمصار، وليس بفارس دار ضرب إلّا بشيراز، فأمّا المستغلّات فتربتها للسلطان وقد ابتنى فيها التجّار الأسواق وغيرها فالبناء لهم ويؤدّون أُجرة الأرض والطواحين للسلطان وأُجرة الدور التى يُعمل فيها ماء الورد، وكان الرسم القديم بفارس أنّ كلّ حَوْمة بها لا خراج على الكروم فيها ولا على الأشجار الى أن وَلِيَ علىّ بن عيسى بن الجرّاح الوزارةَ سنة اثنتين وثلثمائة فألزمهم فيها كلّها الخراج، وكان بفارس ضياع قد أَلْجَأَها أربابها الى الكُبراء من حاشية السلطان بالعراق فهى تجرى بأسمائهم ويحمل عنهم الرُبع وهى فى أيدى أهلها وأهلها يتبايعونها ويتشارونها ويتوارثونها،

(٣٢) وكانت فارس فى قديم الأيّام وقبل الإسلام مقاسمات الى أيّام قباذ أبي انوشروان فإنّه نزل من تَعَبٍ ناله فى بعض البساتين | وقد حط ٢١٨
لَغَبَ من الحرّ فذًّا فَرْدًا بعد إياسٍ ناله من نفسه بانقطاعه عن رجاله فى طلب طريقٍ فألْفَى امرأةً وبين يديها صبيّة صغيرة وقد استضافها فأضافته [والصبيّة] تمدّ يدها الى شجرة رُمّانٍ والعجوز تمنعها وألحّت الصبيّة الى أن قطعت [٨٦ ب] رُمّانةً فضربتها ضربًا وجيعًا فقال قُباذ لِمَ ضربتِ هذه

٨ (فعلى) — (وعلى)، ١٣ (وأُجرة) — (وأُجرا)، ٣٢ [والصبيّة] مستتمّ عن حـب ونصّ هذه القطعة أخصر بقليل فى حط،

الصبيّة على هذا القدر الطفيف الخسيس من رُمّانةٍ فقالت يا سَيِّدَها لنا فيها وفى جميع الباغ شريك غائب كريم ويقْبُح بالشريك الحاضر خيانة الشريك الغائب سيّما إذا كان عدلاً أمينًا فقال قباذُ ومن شريككِ فقالت الملك قُباذ له فيها بحقّ القسمة ويقبُح بالفقير ذى المروؤة خيانة الغنىّ ذى العدالة والأمانة فبكى قباذ وقال صدقتِ وأقبحُ منه أن يخون الملكُ الغنىُّ العدلُ الأمينُ الذى هو أعدل وقد سلّطه وملّكه ومكّنه وأقدره فى عباده وبلاده أَحْضِرِى الىّ إذا نزل العسكر فلانًا رجلًا وصَفَهُ فحضَرَ وحضر أصحابه وجيشه فلمّا جمعهم مجلسُه أخبرهم خبر العجوز ولم يَرِمْ حتّى جعل جميع فارس مقاطعاتٍ وخراجاتٍ تُقْبَضُ إذا حُيِّنَ ما فى الأنادر وتصرف الاكرة والمزارعون فى البيادر،

(٣٤) فأمّا أموال فارس من الوجوه التى ذكرتُها فرأيتُ أهل الخِبرة سنة خمسين يومون الى ألف ألف وخمس مائة ألف دينار وزيادة وكانت أعمال الرجان خارجة عن عمل فارس فى هذا العهد لأنّها كانت بيد أبى الفضل ابن العميد يستوفى حقوقها وتبلغ خمس مائة ألف دينار ونحو عشرة آلف دينار فربّما حُمِلَتْ الى الرَىّ وصرَفَها الأمير رُكن الدولة فى أسبابه ورُبّما آثر بها المَلِكَ صلةً منه له ينالها على يد أبى الفضل ابن العميد وكان ذلك يَكرِثُ المَلِكَ ويُحرِجُهُ،

٦ (الذى هو أعدل) — حَب (الذى أمره الله تعالى بالعدل)، ٧—٨ (أَحْضِرِى ... أصحابه) — حَط (احضرى الىّ فلانًا وفلانًا فحضر أصحابه) وفى حَب (احضُرى لدىّ إذا نزل العسكر فحضر أصحابه)، ٨ (يَرِمْ) — (يرُم)، ٩ (حُيِّنَ) — (حين)، ١٠ (البيادر) — (البيدار) ويلى ذلك فى حب (وهذا هو العدل العظيم) ثمّ بغير خطّ الناسخ (وأعطى لتلك العجوز عطاءً أغناها وجعل تلك البقعة لها ولابنتها وأولادهما سامحه الله وخفّف عنه بكرمه)، ١٢ (ألف ألف ... وزيادة) يوجد مكان ذلك فى حَط (ألف ألف وخمس مائة ألف دينار ومائتا دينار) إلاّ أنّ هذه القطعة أخصر فى حَط ويوجد فى حَب مكان كلّ القطعة (فأمّا ارتفاعها فى تأريخ سبعين وثلثمائة ألف ألف دينار) فقط وموضع ذلك فى ابتداء القطعة (٣٢)، ١٣ (الرجان) قد صُحّح فى الأصل الى (ارجان)، ١٤ و ١٦ (ابن) — (بن)، (ينالها) تخمينًا — (بمالِها)،

[كرمان]

(١) | وأمّا كرمان فشرقيّها أرض مُكْرَان ومفازة ما بين مُكرَان والبحر من وراء البَلُوص وغربيّها أرض فارس وشماليّها مفازة خراسان وسِجِسْتَان وجنوبيّها بحر فارس، ولها فى حدّ السِيرجان دِخْلَةٌ فى حدّ فارس مثل الكمّ وفيما يلى البحر تقويس قريب، حط ٢١٩

(٢) وهذه الصورة التى تقابل هذه الصفحة صورة كِرمَان،

[٨٧ ظ]

إيضاح ما يوجد فى صورة كرمان من الأسماء والنصوص،

قد رُسم فى أعلى الصورة البحر وكتب عن يمينه صورة كرمان وعن يمين ذلك فى الزاوية المغرب وفى الزاوية اليسرى الجنوب،

وتبتدئ من عند الطرف الأيمن من البحر الى الأسفل كتابة مستطيلة الخطّ تحيط بالثلاثة الأطراف من الصورة وهى حدّ كرمان، وكُتب موازيًا لطرفها الأيمن كتابة حدود فارس ثمّ موازيًا للطرف الأسفل المفازة ثمّ موازيًا للطرف الأيسر حدود مُكران، ويقرأ فى الزاوية اليمنى فى أسفل الصورة المشرق، وتتّصل بأسفل خطّ كتابة المفازة مدينة سبيج،

ويتّصل بالقسم الأوّل من خطّ الحدّ من المدن سوروا، رويست، تارم، ويأخذ من تارم طريق الى اليسار ينتهى الى جيرفت فى أوسط الطرف الأيسر وعليه من المدن روين، كشستان، خبروقان، مرزقان، اردكان، ولاشجرد، مغون بيراهنكث، ويأخذ

---

٤ (فى حدّ فارس) تابعًا لحط و صط — (وفى حدّ فارس)، ١٥ (سبيج) — (بستنج)، ١٦ (رويست) — (درويست)، (تارم) — (نارم)، ١٨ (روين) — (روذان)، (كشستان) — (كشنان)، (خبروقان) — (جويرقان)، (ولاشجرد) — (ولاسنجرد)، (مغون بيراهنكث) — (معدن بيراهيكث)،

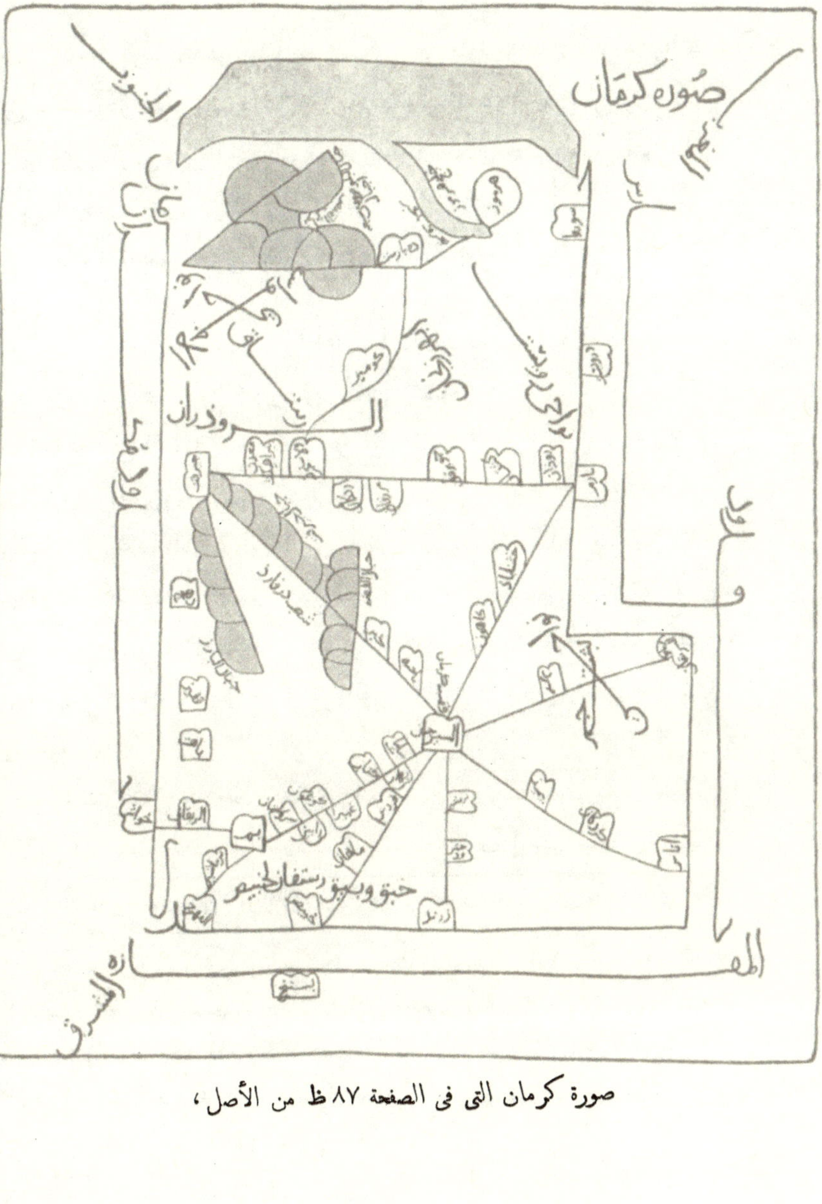

صورة كرمان التى فى الصفحة ٨٧ ظ من الأصل ،

من ولاشجرد طريق الى ناحية البحر عليه كوميز ثمّ ده بارست ومن هنا الى اليمين الى هرموز وينتهى الى هرموز خليج من البحر كتب عنده خليج هرموز يعرف بالخبر، وتقع عن يسار ده بارست كتلة جبال كُتب عندها جبال البلوص وهى سبعة أجبال وعن يسار ذلك بين جبلين نواحى القفص، وكُتب فى الساحة تحت الجبال على شكل صليبىّ نواحى الاخواش ومن أسفل ذلك رستاق الروذبار، وفى الساحة عن يمين كوميز ابهر زنجان وعن يمين ذلك نواحى رويست،

وتقع فى مركز النصف الأسفل من الصورة مدينة السيرجان كُتب عندها قصبة كرمان، ويأخذ من السيرجان طريق الى جيرفت عليه باخنه وخبر ثمّ يبلغ هـذا الطريق جبال الفضّة ثمّ جبال جيرفت، ويأخذ من جيرفت الى الأسفل سلسلة جبليّة أخرى وهى جبال البارز وكُتب بين السلسلتين شعب در فارد، وعن يسار جبال البارز بينها والحدّ مدينة دهج ومن أسفل ذلك من المدن قفيز، باهت، الريقان، وعن يسار الريقان متّصلاً بالجانب المقابل من الحدّ خواش، وعلى الطريق من السيرجان الى الفهرج فى الزاوية اليسرى من أسفل الحدّ من المدن شامات، بهار، خناب، غبيرا، كوغون، رايين، سروستان، بم، نرماشير، وتقع عن يمين الفهرج على الحدّ خبيص ويأخذ اليها طريق من السيرجان عليه فردين وماهان، وعلى الطريق من السيرجان الى زرند فى أوسط الحدّ الأسفل من المدن بردشير وجنزروذ، وكُتب فى الساحة فوق خبيص خبق وببق رستاقان لخبيص، ثمّ يأخذ طريق من السيرجان الى اناس على أسفل الحدّ الأيمن وعليه بيمند وكردكان، ويأخذ طريق آخر من السيرجان الى رباط السرمقان الواقع على عطف الحدّ الأيمن وبينهما مبرد وكُتب فى الساحة بين

---

٣ (أجبال) — (اجبال)، ٥ (الاخواش) — (الاجواس)، (الروذبار) — (الروذران)، ٨ (باخنه) — (باحنه)، ١٠ (درفارد) — (درفارذ)، ١٣ (شامات) — (سامات)، ١٤ (رايين) — (رابين)، ١٦ (بردشير) — (نردشير)، (جنزروذ) — (حنرود)، ١٧ (وببق) — (وبيق)، ١٨ (بيمند) — (بيميذ)، ١٩ (مبرد) غير بيّن فى الصورة ولعلّ الصحيح (منزل)،

الموضع ورباط السرمقان على شكل صليبىّ نواحى بشت خم، ويقع على الطريق من السيرجان الى تارم كاهون وخشناباذ،

(٣) [٨٧ ب] كرمان ناحية لها جروم وصرود وصرودها تقصر عن صرود فارس فى البرد وليس فى جرومها شىء من الصرود وربّما عرض فى صرودها بعض جرومٍ، والذى يرتفع فيها من المدن المشهورة فالسِيرجان وهى قصبة كِرمان وجيْرُفْت وبم وهرمُوز وهذه أعلام مدنها وكبارها مشهورة معروفة وفى أضعافها دونها، وفيما بين فارس وبين جيرفت مدينة روبين وبعضهم يزعم أنّها ليست من كرمان [والبعض يقول هى من كرمان] ومدينة كشستان وخبروقان ومرزقان والسورقان وولاشكرد ومغون بيراهنكث، وما يلى جيرفت الى السيرجان باخته وخبر، وما بين السيرجان و[بم] الشامات رستاق يُعرف بقوهستان السيرجان وبهار وخناب وغبيرا وكوغون ورايين وسروستان ودارجين، وفيما بين جيرفت وبم مدينة هُرمز الملك وتُعرف فى وقتنا هذا بقرية الجوز، وما بين السيرجان وفارس كردكان وبيمند، وبين السيرجان | وفارس بحدود دارابجرد خشناباذ ٢٢٠ حـَط
وكاهُون، ومن السيرجان الى ما يلى المفازة بردشير وجنزروذ وزرند وفردين وماهان وخبيص وبين ماهان وخبيص رستاقان عظيمان لخبيص

١ (خم) — (جم)، ٦ (وبم) — (وبمّ) وكذلك فى أكثر مواضع وجود هذا الاسم، ٧ (روبين) تابعًا مع حـَط لصـَط — (الروذان)، ٨ [والبعض ... كرمان] مستتمّ عن حـَط، ٩ (وخبروقان) تابعًا لحدود العالم ورقة ٣٦ ب — (وخويرقان) وفى حـَط (وجيروقان)، (والسورقان) — (والشورقان)، ٩—١٠ (ومغون بيراهنكث) على مقابلة الصورة — (معدن تيرهنكث) وفى حـَط (والمعدن بين اهشَكَث)، ١٠ (باخته) تابعًا لحـَل — (ناخته) وفى حـَط (ناجته)، (وخبر) تابعًا للصورة — (وخير) وكذلك فى حـَط، ١١ [بم] مستتمّ تابعًا لحـَط عن صـَط، (وبهار) — (وكهان)، ١٢ (وكوغون) — (وكرعون)، (ورايين) — (ورابين)، ١٣ (وتُعرف) — (ويُعرفُ)، (الجوز) — (الخور)، ١٤ (وبيمند) — (وسميْذ)، (خشناباذ) — حـَط (حسَنَاباذ)، ١٥ (بردشير) — (نردشير)، (وجنزروذ) — (وختروذ)، ١٦ (وفردين) — (وحوس) وفى حـَط (وفِرْزِين) تابعًا لياقوت،

يُعرفان بخبق وبَبق، وممّا يلى المفازة بناحية بَم نرماشير والفهرج وسبيج إلّا أنّ سبيج بأوسط المفازة منقطعة عن حدود كرمان وإن كانت مضمومةً اليها فقد صوّرتُها كأنّها فى صورة مفازة فارس لأنّها اليها أقرب، وكذلك الاخواش ليست من كرمان على أنّ منهم من يزعم أنّ الاخواش من عمل سِجِسْتان وقد صوّرتُها على آخر حدّ كِرْمان، وحوالى جبل البارز الريقان ومدينة دهج وقفيز وحومة قوهستان أبى غانم، وما يلى هرموز وجيرفت مدينة كوميز وابهرزنجان والمنوجان، وأمّا سوروا فعلى البحر ليس بها منبر وهى عظيمة وهذا المشهور من حالها، [والذى فيها من المدن المشهورة فى عصرنا هذا بردشير وهى مدينة صغيرة كثيرة العمارة آهلة بالناس وقد عُمّر حولها أكثر منها أضعافًا مضاعفةً وبها دار الملك ومقرّ السلطان والديوان ومجمع العساكر]،

(٤) ومن مشاهير جبالها المنيعة جبال القُفْص وجبال البارز وجبال معدن الفضّة، وليس ببلاد كرمان نهر عظيم ولا بحيرة إلّا ما لها من بحر فارس وخليجه الذى يخرق منه الى هُرمُوز يُسمّى الخبر فتدخل فيه السفن من البحر وهو مالح الماء كماء البحر، وبين أضعاف مدن كرمان مفاوز وبرارىّ كثيرة وليس اتّصال عمارتها كاتّصال عمارة فارس، وجبال القُفص فهى جبال جنوبيّها البحر وشماليّها حدود جيرُفْت والروذبار وقوهستان أبى غانم وشرقيّها الاخواش ومفازة بين القُفص ومُكران وغربيّها البلوص وحدود نواحى المُنوجان ونواحى هرموز، ويقال أنّها سبعة أجيال | ولكلّ جيل رئيس منهم وهم صنف من الأكراد وحىّ من أحيائهم حط ٢٢١

١ (نرماشير) — (برماشير)، (وسبيج) — (ومستنج)، ٢ (سبيج) — (مستنج)، ٣ (كأنّها) — (وكأنّها)، ٤ (الاخواش) المرّتبن — (الاجواس)، ٥ (البارز) يلى ذلك فى الأصل (فأمّا) وهو زائد، ٦ (وقفيز) — حط (وقنير)، ٧ (كوميز) — (كومير) وفى حط (كومين)، (وابهرزنجان) — حط (ونهرزنجان)، ٨–١١ [والذى ... العساكر] من مضافات حب ٢٠ ظ، ١٠ (مضاعفةً) — (مضاعفًا)، ١٤ (الخبر) — حط (الجير)، ١٧ (والروذبار) — (والرودبار)، ١٨ (الاخواش) — (الاجواسُ)، ٢٠ (أجيال) — (اجبال)، (جيل) — (جبل)،

ويكونون [٨٨ ظ] على ما قالـه أهل نواحيهم نحو عشرة ألف رجل مُستَظهِرين ممتنعين وكان للسلطان عليهم جراية يستكفّهم بها وهم مع ذلك يقطعون الطريق ويُخيفون السبيل فى عامّـة كرمان والى مفازة سجستان وحدود فارس فاستأصل الملك شأفتهم وكسر شوكتهم وجـاس ديارهم وأخرب نواحيهم وشتّتهم ثمّ ألجأهم الى خِدْمته وفرّقهم فى أكناف نواحيـه ومملكته، وهم رجّالة لا دوابّ لهم والغالب على خلقهم النحافـة والسمرة وتمام الخلق ويزعمون أنّهم من العرب وكانوا فى دعوة أهل المغرب فى جملة جزيـرة خراسان وتذكر طائفـة تطأ أخبارَهم أنّ ببلادهم أموالاً مجموعةً وذخائر نفيسةً ويقولون أنّها مدّخـرة لامام الزمان وصاحبـه، والبَلُوصُ طائفة فى سفحِ جبل القُفص ولم يخف القُفْصُ أحدًا إلّا من البَلُوص وهم أصحاب نَعَمٍ وبيوت شعرٍ كالبادية وهم قوم ذَوُوا سلامةٍ لا يتأذّى بهم أحد ولا يعترضون لأبناء السبيل إلّا بخيرٍ وبهم بلغ الملك ما أحبّه من القُفص، وجبال البارز جبال حصينة خصبة فيها أشجار وهى ناحية يقع فيها الثلوج وبلد من الصرود منيعةٌ وأهلها ذوو سلامـة لا يرون أذيّة أحدٍ ولم يزل أهلها على المجوسيّة أيّامَ بنى أُميّة كلّها لا يُقْدَرُ عليهم وكانوا أشدّ من القُفص شدّةً وأكثر ضررًا وبليّةً فلمّا ولى بنو العبّاس أسلموا وكانوا مع ذلك فى منعةٍ الى أيّام السِجْزِيّة فأخـذ يعقوب وعمـرو أبناء الليث رؤساءهم وملوكهم وأخلوا تلك الجبال من عتاتهم، وجبالهم أخصب من جبال القُفص وبها معادن حديد، وفى جبال المعدن جبال فيها فضّة تمتدّ من ظهر | جيرفت على شِعْب يُعرف بدرفارد الى جبل حـط ٢٢٢

٢ (جراية) قد صُحّح الى ذلك من (جباية)، ٤ (الملك) يلى ذلك بياض صغير فى السطر و يوجد فى حـط (الأمير أبو شجاع فنّاخسرو ابن الحسن بن بويه صاحب شيراز)، ٧—٨ (أهل المغرب ... خراسان) مكان ذلك فى حـط (عبيد الله المهدىّ والقائم لله ولده)، ٩ (لإمام الزمان وصاحبه) مكان ذلك فى حـط (للإمام المعزّ لدين الله)، ١٢ (لأبناء السبيل) تابعًا لحـط وفى الأصل (للسبيل)، (الملك) يلى ذلك بياض رُبْع سطر و يوجد فى حـط مكانه (صاحب شيراز)،

الفضّة مسيرة مرحلتين ودرفارد هذا شِعْبٌ خصبٌ عامرٌ بالبساتين والقُرى نَزِهٌ جِدًّا،

(٥) وجروم كرمان أكثر من صرودها ولعلّ صرودها نحو ربعها وهى ممّا يلى السيرجان وحوالَيها الى جهة فارس والمفازة وما يلى بم، والجروم فيها [من] حدّ هرمُوز الى حدّ مُكران وحدّ فارس وحدّ السيرجان فيقع فى أضعافها هرموز والمنوجان وجيرفت وجبال القُفص وده بارست ورويست وما فى أضعاف ذلك من المدن والرساتيق، وكذلك بم وما فى أضعافها الى المفازة وحدّ مُكران والى خبيص، والغالب على أهل كرمان نحافة الجسم والسمرة لغلبة الحرّ، وليس بعد جيرفت وبم ممّا يلى المشرق شىء من الصرود وممّا يلى المغرب من جيرفت صرود يقع فيها الثلج وما بين جبال الفضّة الى درفارد الى أن تشرف على جيرفت وكذلك فى وجه جبل البارز، وبقرب جيرفت موضع يُعرف بالميزان وعامّة فواكه جيرفت والحطب والثلوج تُحمل اليها من الميزان ودرفارد، وبجيرفت نهر يُعرف بهَرى روذ شديد الجرى له وجبة وجرىٌ سريعٌ يجرى على الصخور لا يستطيع أحد أن ينزله إلّا متوقّيًا على رجليه من تلك الحجارة وفيه ماء [٨٨ ب] بالتقدير يدير خمسين رَحًى،

(٦) وهُرموز مجمع تجارة كرمان وهى فرضة البحر وموضع السوق بها مسجد جامع ورباط وليس بها كثير مساكن وإنّما مساكن التجّار فى رساتيقها متفرّقين فى القرى وبلدهم كثير النخيل والغالب على زروعهم الذرة، وجيرفت مدينة طولها نحو ميلين وهى مُتجر خراسان وسجستان ويجتمع فيها ما يكون | فى الصرود والجروم من الثلج والرُطب والجوز حط ٢٢٣
والأترجّ وماؤهم من نهر هرى روذ وهى مدينة وناحية خصبة وزروعهم

٤ (والمفازة) — (المفازةُ)، ٥ [من] مستتمّ عن حَط، (وحدّ السيرجان) — (حدّ السيرجان)، ٦ (وده بارست) — (وده و بارست)، ٧ (ورويست) على مقابلة نسخ صَط وفى الأصل (وبست خم) وكذلك فى حَط، ١٤ (بهَرى روذ) — فى حَط تابعًا لصَط (بديورُوذ)، ١٨ (كثير) — (كبير)، ٢٢ (روذ) — (رود)،

سقى، ومدينة بم بها نخيل ولها قرى كثيرة وهى أصحّ هواء من جيرُفت ولها قلعة منيعة مشهورة وهى فى المدينة وبمدينة بم ثلثة مساجد يجمّعون فيها الجمعات فمنها مسجد للخوارج فى السوق عند دار منصور بن خردين أمير كان لكرمان ومسجد جامع فى البزّازين لأهل الجماعة ومسجد جامع فى القلعة وفى مسجد الجامع للخوارج بيت مالهم للصدقات وشراتُهم قليلون إلّا أنّ لهم يسارًا، وبم أكبر من جيرفت ويُعمل بم ثياب من قطنهم فاخرة حسنة رفيعة باقية وتُحمل الى أباعد الديار ونأى البلدان فتُستحسَن ومن طريف ما يُعمل من ثيابهم الطيالسَة المقوّرة فى المناسج [تُنسج برفارف] والثياب الرفيعة ممّا يبلغ الثوب ثلثين دينارًا وأكثر وأقلّ فتباع بخراسان والعراق ومصر ولهم عمائم معروفة أيضًا مرتفعة يرغب فيها أهل العراق ومصر وخراسان ولثيابهم بقاء مستفاض كبقاء العدنىّ والصنعانىّ من خمس سنين أقلّه الى عشر سنين مع الكدّ وثيابهم ممّا يدّخرها الملوك ويقتنونها وكان عندهم قديمًا طراز للسلطان فهلك بهلاكه،

(٧) ومياه السيرجان من القنىّ فى المدينة كقنىّ نيسابور ورساتيقها يشربون من الآبار، [وكانت قصبة كرمان وأجلّها وأعمرها فخربت] وهى أكبر مدينة بكرمان وأبنيتها آزاج لقلّة الخَشَب بها، والغالب على مذاهب أهل السيرجان الحديث وعلى أهل جيرفت الرأى وكذلك على أهل الرُوذبار وقُوهستان أبى غانم وأهل القفص والمنوجان يتشيّعون، ومن حدّ مغون وولاشجرد الى ناحية هرموز يُزرع النيل والكمّون ويُحملان الى الآفاق ويُتّخذ بهما الفانيذ وقصب السكّر عندهم غزير والغالب على طعامهم الذرة وبها نخيل كثيرة حتّى ربّما بلغ بها وبسائر جروم جيرفت التمر مائة منًا بدرهم، ولهم سنّة حسنة لا يرفعون من تمورهم ما أسقطته الريح | حط ٢٢٤

٣ (خردين) — (حردين)، ٨ [تُنسج برفارف] مأخوذ من حط، ٩ (ممّا يبلغ الثوب) — فى حط مكان ذلك (يبلغ الطيلسان منها والشرب الرفيع)، ١٢ (عشر سنين) — حط (عشرين سنة)، (ويقتنونها) — (ومقتنونها)، ١٥ [وكانت ... خربت] من مضافات حب ٣٠ ظ، ١٨ (مغون) — (مغور)، ١٩ (وولاشجرد) — (وولاسجرد)،

ويأخذه الضعفاء والمساكين بغير كره من أربابها وربّما كثرت الرياح فيصير الى الضعفاء والمساكين من التمور فى التقاطهم أكثر ممّا يحصل لأربابها وعليهم فيها العشور للسلطان كحال أهل البصرة، وأمّا ناحية ده بارست فإنّه بلد قَشِف والغالب على أهله اللَّصُوصيّة، وسورو قرية على البحر بها صيّادون وهى منزل لمن أراد [٨٩ ظ] أن يأخذ من فارس الى هُرموز وليس بها منبر، ولسان أهل كرمان الفارسيّة إلاّ القُفص فلهم مع لسان الفارسيّة لسان آخر، [وقد ذكرتُ ما يرتفع من ثياب بمّ] وبزرند البطائن المعروفة بالزرنديّة وتُحمل حتّى تصل الى مصر وأقاصى المغرب، والخواش نواحٍ تُعرف بالاخواش وهم بوادٍ أصحاب إبل ولهم أخصاص ينزلون فيها وينتجعون المراعى ويرتفع من الاخواش ونواحيها الفانيذ الذى يُحمل الى سجستان وخراسان لكثرة زارعهم لقصب السُكّر ولهم نخيل كثيرة، ونقودهم فالغالب عليها الدراهم والدنانير فيما بينهم كالعَرَض لا يتبايعون بها من حدّ فارس اليهم،

(٨) فأمّا المسافات بين مدن كرمان فإنّ من السيرجان الى رستاق الرستاق من حدّ فارس فنحو أربع مراحل وذلك أنّ من السيرجان الى كاهُون مرحلتين ومن كاهُون الى خشنَاباذ نحو فرسخين ومن خشناباذ الى رستاق الرستاق مرحلة، ومن السيرجان الى الروذان ممّا يلى فارس منها الى بيمند أربعة فراسخ ومن بيمند الى كردكان فرسخين ومن كردكان الى آناس مرحلة كبيرة ومن آناس الى الروذان من حدّ فارس مرحلة خفيفة، ومن السيرجان الى رباط السرمقان من حدّ فارس مرحلتان كبيرتان وليس فيما بينهما منبر وبشت خم فيما بين السيرجان وبين رباط

٣ (لأربابها) — (لاربابه)، (وعليهم فيها) — حط (وليس عليهم فيها إلاّ)، ٧ [وقد ... بمّ] مأخوذ من حط، ٩ (والخواش) — (والجوس)، (بالاخواش) (بالاجواس)، ١٠ (ويرتفع) — (وينتفع)، (الاخواش) — (الاجواس)، ١٦ (خشناباذ) المرّتين — (حسناباذ)، ١٨ (بيمند) المرّتين — (بيميذ)، ١٩ (آناس) المرّة الثانية — (آآناس)، ٢١ (وبشت) — (وبست)،

السرمقان منزل، ومن السيرجان الى بم أوّل مرحلة منها الى الشامات وتُعرف بكوهستان ومن الشامات الى | بهار مرحلة خفيفة ومن بهار الى خناب مدينة مرحلة خفيفة ومن خناب الى غبيرا مرحلة خفيفة ومنها الى كوغون فرسخ ومن كوغون الى رايين مرحلة ومنها الى سروستان مرحلة ومن سروستان الى دارجين مرحلة [خفيفة] ومن دارجين الى بم مرحلة، ومن السيرجان الى جيرُفت لمن أراد طريقَ بم فإلى سروستان ثمّ يَعطف الطريق يمينًا الى هرمز قرية الجوز مرحلة ومنها الى جيرفت مرحلة ومن شاء من السيرجان الى باخته مرحلتان ومن باخته الى خبر مرحلة ومنها الى جبل الفضّة مرحلة ومنها الى درفارد مرحلة ومن درفارد الى جيرفت مرحلة، ومن السيرجان الى خبيص ستّ مراحل فترحل من السيرجان الى فردين مرحلتين ومن فردين الى ماهان مرحلة ومن ماهان الى خبيص ثلث مراحل، والطريق من السيرجان الى زرند أربع مراحل وذلك أنّ من السيرجان الى بردشير مرحلتين ومن بردشير الى جنزروذ مرحلة كبيرة ومن جنزروذ الى زرند مرحلة ومن زرند الى حدّ المفازة مرحلة كبيرة، ومن بم الى المفازة طريق وهو من بم الى نرماشير مرحلة ومن نرماشير الى الفهرج على طريق المفازة مرحلة، [ومن بمّ الى جيرفت منها الى دارجين مرحلة ومن دارجين الى هرمز مرحلة] ومن هرمز الى جيرفت مرحلة، ومن جيرفتَ [الى] قناةِ الشاه مرحلة ومنها الى مغون مرحلة ومن

حَط ٢٢٥

---

٢ (بهار) المرّة الأولى — (بهاز) والمرّة الثانية — (بهار)، ٣ (غبيرا) — (عبيرا)، (رايين) — (رابين)، ٤ (كوغون) — (جُوين) المرّتين، ٥ [خفيفة] مأخوذ من حَط، ٦ (فإلى) — (والى)، ٧ (هرمز) — (هزير)، (الجوز) — (الخون)، ٨ (باخته) — (باختهَ) المرّتين، ١٠ (فترحل) — (فنرحل)، ١١ (فردين) المرّة الأولى — (فردن)، ١٣ (بردشير) — (نردشير) المرّتين، (جنزروذ) — (خبرود) المرّتين، ١٦—١٧ [ومن بمّ ... مرحلة] مستتمّ عن صَط ويُفقد فى حَط، ١٧ (هرمز) — (هزار)، ١٨ [الى] مستتمّ عن حَط، (مغون) المرّة الأولى — (مغوّر)،

مغون الى ولاشكرد مرحلة ومن ولاشكرد الى اردكان مرحلة [ومنها الى مرزقان مرحلة] ومنها الى خبروقان فرسخ ومنها الى كشستان مرحلة خفيفة [ومنها الى روئين مرحلة خفيفة ومن روئين الى فارس مرحلة خفيفة]،

ومن جيرفت الى هرمُوز الطريق الى ولاشكرد ثمّ تَعدِل على اليسار الى حط ٢٢٦
كُوميز مرحلة ومن كوميز الى ابهرزنكان مرحلة ومنه الى المنوجان مرحلة ومن المنوجان الى هرموز مرحلتان، والطريق من هرموز الى فارس فمنها الى سوروا مرحلة ومن سوروا الى رويست ثلث مراحل ومن رويست الى تارم ثلث مراحل فهذه جوامع المسافات بها،

(٩) فأمّا ارتفاعها فى وقتنا هذا فنشتّت بما حدث على محمّد بن إلياس من ولده وحدَثَ بولده بَعْدَهُ [٨٩ ب] وانتقالها من يدٍ الى يدٍ حالت وتغيّرت وأخبرنى غير بندار ممّن وليها أنّه جبا بها لنَصْرٍ خمس مائة ألف دينارٍ [فى غير سنة]،

---

١ (اردكان) — (ادركان)، ١—٢ [ومنها ... مرحلة] مستتمّ مع حط عن صط، ٢ (خبروقان) — (خيزوقان)، (كشستان) — (كشنسان)، ٣ [ومنها ... خفيفة] مستتمّ تابعًا لحط عن صط، ٥ (كُوميز) المرّتين — (كومين)، (ابهر زنكان) — (نهر زنكان)، ٧ (سوروا) المرّتين — (شوروا)، (رويست) المرّة الأولى — (رويسب) والثانية — (دونسب)، ٨ (تارم) — بارم)، ٩ (فنشتّت) — (فنسب)، ٩—١١ (بما ... وتغيّرت) مكان ذلك فى حط (بما احدث [وفى حل (حدث)] علىّ بن محمّد بن الياس وولده بعده)، ١١ (وتغيّرت) — (ونعبرت)، ١٢ [فى غير سنة] مستتمّ عن حط ويوجد فى حب ٢٠ ب مكان القطعة (٩) (أمّا ارتفاعها ألف ألف ومائة ألف دينار فى تأريخ ثلثمائة وخمسين)،

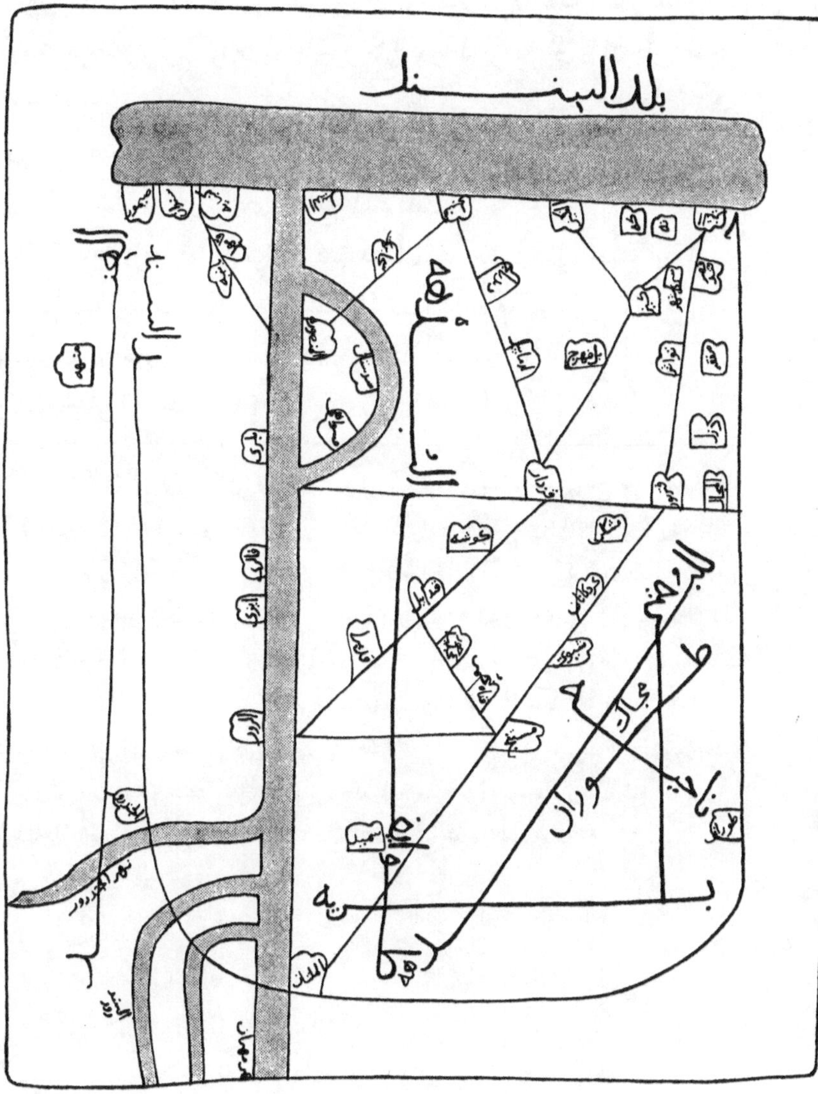

صورة السند التى فى الصفحة ٩٠ ظ من الأصل،

[السند]

(١)   وأمّا بلاد السند وما يصاقبها للإسلام ممّا جمعتُه فى صورة واحدة فهى بلاد السِند وشىء من بلاد الهند ومُكران وطوران والبدهه، وشرقىّ ذلك كلّه بحر فارس وغربيّها كرمان ومفازة سجستان وأعمالها وشماليّها بلاد الهِنْد وجنوبيّها مفازة ما بين مُكران والقُفص ومن ورائها بحر فارس، وإنّما صار بحر فارس يحيط بشرقىّ هذه البلاد والجنوبىّ من وراء هذه المفازة من أجل أنّ البحر يمتدّ من صَيْمُور على الشرقىّ الى تيز مُكران ثمّ ينعطف على هذه المفازة الى أن يتقوّس على بلاد كرمان وفارس،

(٢)   وهذه صورة بلاد السند،

[٩٠ ظ]

إيضاح ما يوجد فى صورة السند من الأسماء والنصوص،

قد رُسم البحر موازيًا للطرف الأعلى وكُتب فوقه بلد السِند، وينصبّ فى البحر نهر يأتى من الأسفل وكُتب عند نهايته السفلى نهر مهران،

ويقع عن يمين مصبّ نهر مهران على ساحل البحر من المدن الديبل، قنبلى، النكيز، التيز، وبين التيز والنكيز فى قرب الساحل به وكه، وتبتدئ عن يمين التيز كتابة مستطيلة الخطّ تحيط بثلثة أطراف الصورة منتهيةً الى طرف البحر الأيسر وهى حدّ السند، ويبتدئ من منتصف الطرف الأيمن من الحدّ طريق الى اليسار ينتهى الى النهر وعليه من المدن المجاك، فنزبور، قزدار، ويأخذ من التيز طريق الى فنزبور عليه قصرقند وخواش ويقع بين هذا الطريق وخطّ الحدّ من المدن اصفقه ودزك، ثمّ يأخذ طريق

---

١٥ (به) — (نه) ولعلّه و(كه) بلد واحد،   ١٨ (المجاك) — كأنّه (المجال)،

١٩ (خواش) تابعًا للمقدسىّ ص. ٥٢ و ٤٧٥ — (تواش)،   (اصفقه) — (صفقه)،

آخر من النيز الى قزدار عليه كيز وبل‌فهرج وبين كيز وقصرقند سرى شهر، ثمّ يأخذ طريق من قزدار الى قنبلى على البحر وعليه ارمابيل ودندراج ، ويأخذ من قنبلى طريق آخر الى اليسار عليه منجابرى ثمّ المنصورة على نهر مهران ، ويأخذ من هذا النهر خليج بين الديبل والمنصورة يرجع الى النهر من تحت المنصورة وعلى هذا الخليج من جانبه الأيسر سدوستان ومسواهى ،

ويوازى نهر مهران عن يمينه من الأسفل الى الأعلى كتابة طوائف البُدهه، وتقع مدينة الملتان فى جانب النهر الأيمن متّصلة بخطّ الحدّ فى أسفل الصورة ويأخذ اليها طريق من فنزبور عليه كيزكانان، سيوى، مستنج ، وتقع من فوق كيزكانان مشكى ، ويوازى هذا الطريق طريق آخـر يأخذ من قزدار الى شاطئ مهران عليه كوشه ، قندابيل، قديرا ، وعلى الطريق من قندابيل الى مستنج خور كجليا وقناة خُمر، ومن أعلى الملتان عن يمين النهر مدينة بسمد، وتقع على خطّ الحدّ فى أسفل طرفه الأيمن مدينة طوران ، وكُتب فى الساحة عن يمين الطريق من فنزبور الى الملتان فى شكل مثلّث برّيّة للبدهه ويكون ضلعان من أضلاع المثلّث خطّى كلمة برّيّة ، وتقطع أعلى المثلّث كتابـة ناحية طوران على شكل صليبىّ وكُتب فوق هذه الكتابـة بينها وبين ضلعى المثلّث مجاك ،

وعن يسار مصبّ نهـر مهران على ساحل البحر كنبايه ، سندان، صيمور، وعلى الطريق من كنبايه الى جانب النهر المقابل للمنصورة قامهل وبانيه ، ثمّ يقع على شاطئ النهر الأيسر بلرى ، قالرى ، انرى ، الرور، وينصبّ فى نهر مهران نهر يأتى من اليسار كُتب عنده نهر الجندرور وعليه مدينة الجندرور، ويليه نهر آخر يقرأ عنده السندروذ، ويوازى طرف الصورة الأيسر كتابة مستطيلة نصّها الهند ، وتقع عن يسار هذه الكتابة مدينة منهه ،

---

١ (بل فهرج) هى (فهلفهره) أو (بل فهره)، ٢ (ارمابيل) — (ارمايبل)، (دندراج) تابعًا للصورة فى حبَ ٣٠ ب — (دىدراج) ٣ (منجابرى) — (سجابرى)، ٥ (سدوستان) — (سدسنان)، ٨ (كيزكانان) — (كردكانان)، (سيوى) — (شبوى)، ١٠ (خور كجليا) تابعًا للصورة فى حبَ ٣٠ ب وفى الأصل (حور كجليا)، ١١ (بسمد) — (سميد)، ١٨ (قالرى) — (فالرى)، (انرى) — (ايزى)، ١٩ (السندروذ) — (السندرور)، ٢١ (منهه) لعلّ الصحيح (بنى بتن) المذكورة فى المتن ،

(٣) [٩٠ ب] والذى يقع من المدن فى هذه البلاد فبناحية مُكران التيز وكيز وفنزبور ودزك وراسك وهى مدينة الخروج وبه وبند وقصر قند واصفقه وفهلفهره ومشكى وقنبلى وارمابيل، وبنواحى طوران من المدن مجاك وكيزكانان وسيوى وقصدار، وبنواحى البدهه [من المدن قندابيل وهى أمّ الناحية، وأمّا نواحى السند وما يقع بها من المدن] فالمنصورة اسمها باميرامان بالسنديّة | والدَيْبُل والنيرون وقالرى وانسرى وبلرى حط ٢٢٧ ومسواهى والفهرج وبانيه ومنجابرى وسدوستان والرور والجندرور، وأمّا مدن الهند فهى قامهل وكنبايه وسوباره ولها نواحٍ جليلة واساول وجناول وسندان وصَيْمُور وبنى‌بتن الى الجندرور والسندروذ وهذه مدن الهند التى يملكها الإسلاميّون، ولبلد الهند مواطن وأماكن وفجاج وأعماق كفرزان وقَنُّوج فى المفاوز وأقطارها نائية وبراريّها فسيحة لا يصل اليها تاجر إلّا من أهلها ولا يمكن سافرةً غيرها أن تردها لانقطاعها ونأيها وكثرة الآفات المعترضة على الطارئين اليها،

---

٢ (وفنزبور) — حط (وقَنَّزْبُور)، (ودزك) — (ودزل) وفى حط (ودَرَك)، (وراسك) — (واسك)، (الخروج) — (الخوارج)، (وبه) — (ونه)، ٣ (وارمابيل) — (وارمايل)، ٤ (مجاك) كأنّه (مجال) وفى حط (محالى) تابعًا نسخ صط، (وكيزكانان) — (وكيردكانان)، (وسيوى) تابعًا قسمًا للصورة التى يوجد فيها (شيوى) وفى الأصل (شوره) وكذلك فى حط، (وقصدار) — (وقسدار) وقد كُتب تحت حرف (س) حرف (ص)، ٤—٥ [من المدن ... من المدن] مستتمّ عن حط وكُتب مكان ذلك فى هامش الأصل بغير خطّ الناسخ (فإنّ مدينتها قندابيل وأمّا مدن السند)، ٦ (باميرامان) كذا فى الأصل ويوجد فى صط وحط (برهمناباذ) تابعًا لياقوت وللبلاذرىّ، (والنيرون) — (واليرور) وفى حط (والبيرون)، (وانسرى) — (وايزى)، (وبلرى) — (وبلرّى)، ٧ (ومنجابرى) — حط (ومَنْجَاتَرَى)، ٩ (وبنى بتن) تابعًا لحط — (وبنى بتز)، (الى الجندرور) — حط (والجندرور)، (والسندروذ) — (والسندرور)، ١٠ (يملكها الإسلاميّون) مكان ذلك فى حط (عرفتُها)، (كفرزان) تابعًا لحط — (كفزدار)، ١١ (وأقطارها نائية) مكان ذلك فى حط (وهى كلمطة واودغشت فى اقطار نائية)، ١٣ (الطارئين) — (الطارين)،

(٤) ومن كنبايه الى صَيمور هو بلد بلهَرا صاحب كتاب الأمثال ويُدعى ملكهم باسم ناحيته كما قالوا غانه وهو اسم الناحية ويتسمّى الملك بها وكذلك كُوغه اسم المملكة واسم من يملكها والغالب على هذه الناحية الكُفر وفيها مسلمون ولا يلى عليهم من قبل بلهرا الذى فى زماننا هذا إلّا مسلم يستخلفه عليهم وكذلك العادة وجدتُها فى كثير من بلدان الأطراف التى يغلب عليها أملاك الكُفر كالخزر والسرير واللان وغانه وكُوغه والمسلمون لا يقبلون أن | يحكُم عليهم إلّا مسلم منهم ولا يتولّى حدودَهم ولا حط ٢٢٨ يقيم عليهم شهادةً إلّا من فى دعوتهم وإن قلّ عددهم فى بعض الممالك قبلوا من أهل الممالك المشار اليه فى العفّة فإن جرحه الخَصمُ وزكّاه المسلمون أُمْضِيَتْ شهادته وأُخِذَ الحقّ بقوله من المسلمين، وببلاد بلهرا المساجد تجمع فيها الجمعاتُ ويقام بسائرها الصلوات بالأذان فى المنار والإعلان بالتكبير والتهليل وهى مملكة عريضة،

(٥) والمنصورة مدينة مقدارها فى الطول والعرض نحو ميل فى مثله ويحيط بها خليج من نهر مهران وهى فى شبيهٍ بالجزيرة وأهلها مسلمون ملكها من قُريش من ولد هبّار بن الأسود وقد تغلّب عليها أجداده وساسوهم سياسةً أوجبتْ رغبةَ الرعيّة فيهم وإيثارَهم على من سواهم غير أنّ الخُطبة لبنى العبّاس، وهى مدينة جروميّة حارّة بها نخيل وليس بها عنب ولا تُفّاح ولا جوز [ولا كمثرى] ولهم قصب سُكّر يُعقد منه القندُ الغزير الكثير وبأرضهم ثمرة على قدر التفّاح تسمّى الليمونة حامضة شديدة الحموضة ولهم فاكهة تشبه الخَوخ يسمّونها الانبج تقارب طعم الخوخ،

---

١ (كنبايه) — (كنبايه)، (هو) — (وهو)، ٨ (من) — (ممّن)،
٨—١٠ (وإن قلّ . . . المسلمين) مكان ذلك فى حط (وإن قلّوا وفى بعض هذه النواحى ألفيتُ من المسلمين من يستشهد بالمشار اليه فى العفّة وليس من أهل ملّة الإسلام فيرضى بذلك خصمه وربّما جرحه الخصمُ فيقيم مكانه المسلمون ويفصل بذلك الحَكَم)، ١٨ [ولا كمثرى] مأخوذ من حط، ١٩ (الليمونة) — (البيموبه)، ٢٠ (الخَوخ) المرّة الأولى — (الخَوجَ)، (الانبج) — (الابنج)،

وأسعارهم رخيصة وبها خصب، ونقودهم القندهاريّات كلّ درهم منها خمسة دراهم ولهم درهم يقال لـه الطاطرىّ فى الدرهم درهم وثُمن ويتعاملون بالدنانير [أيضًا]، وزيّهم كزىّ أهل العراق غير أنّ زىّ ملوكهم يقارب زىّ ملوك الهند فى الشعور والقراطق،

(٦) والمُلتان مدينـة نحو المنصورة فى الكبر وتُسمّى فـرج بيت الذهب وبها الصنم الأعظم للهنـد الذى تحجّ اليه من أقاصى بلدانهـا وسائـر أصقاعها وتعظّمه ويُتقرّب الى هذا الصنم [٩١ ظ] فى كلّ سنة بمالٍ عظيمٍ فيُنفَق على بيت الصنم وعلى سَدَنتـه والمعتكفين عليـه منهم وسمّيت المُلتان باسم الصنم والصنم اسمه المُلتان، | ومكان هذا حط ٢٢٩
الصنم فى قصر مبنىّ فى أعمر موضعٍ بسوق المُلتان بين سوق العاجيّين وصفّ الصفّارين وفى وسط هذا القصر قبّة والصنم فيها ومن حوالى القبّة بيوت يسكنها خدم هذا الصنم ومن اعتكف عليه وليس بالمُلتان من الهند والسند الذين يعبدون الأوثان غير هؤلاء السدنـة الذين يحوزهم هذا القصر مع هذا الصنم، وهـذا الصنم صورة على خلقـة الإنسان مربّع على كرسىّ من جصّ وآجرّ وقد أُلبس الصنم جلدًا يشبه السختيان أحمر فلا يتبيّن من جسده شىء إلّا عيناه فمنهم من يـزعم أنّ بدنـه خشب ومنهم من يدفع ذلك غير أنّـه لا يُترك بدنـه ينكشف وعيناه جوهرتان وعلى رأسه إكليل من ذهب مرتفع على ذلك الكرسىّ وقد مدّ ذراعيه على رُكبتيه وقد فرق أصابع يديه كمن يحسب أربعةً، وعامّة ما يُحمل الى هذا الصنم من المال يأخذه القُرشىّ الهبّارىّ أمير الملتان وينفق

٣ [أيضًا] مستتمّ عن حط، ٥ (والمُلتان) يوجد فى الأصل أكثر المرار (المُلَّتان) بالتشديد، ٥ (فرج) — (فرخ)، ٧ (وتعظّمه) — وتعظيمه)، ١٥ (مربّع) — (مربع)، ١٧ (بدنه) تابعًا لحط — (يداه)، ٢٠ (القرشىّ الهبّارىّ) يفقد فى حط والظاهر أنّه زائد ويوجد فى حب (القرشىّ الهبّارىّ أمير المنصورة والملتان وتلك البلاد)،

على السدنة منه كفافهم، وقد قصدهم الهند غير وقت للتغلّب على المُلتان فى انتزاع الصنم منهم فيظاهرون المتغلّبين عليهم القاصدين لهم بكسره وإحراقه فيرجعون عنهم ولولا ذلك لخرّبوا المُلتان، وعلى المُلتان حصن وبها منعة وهى خصبة رخيصة الأسعار غير أنّ المنصورة أخصب وأعمر منها وسُمّيت المُلتان بفرج بيت الذهب لأنّها فُتحت فى أوّل الإسلام وكان بالمسلمين إضاقة وقحط فوجدوا فيها ذهبًا كثيرًا فاتّسعوا فيها بما وجدوه، وفى أهلها رغبة فى القرآن وعلمه والأخذ بالمقارئ السبعة والفقهِ وطلبة الأدب والعلم وفيهم جساء وزعارة أخلاق، وبخارج المُلتان على حط ٢٢٠ نصف فرسخ منها أبنية كثيرة تُعرف بالجندرور وهى | معسكر الأمير ولا يدخل الأمير منها الى المُلتان إلّا فى يوم الجمعة عند ركوبه الفيل ويدخل فيصلّى الجمعة بأهلها ويعود على الفيل الى دار إمارته وهو من ولد سامَةَ ابن لُؤىّ بن غالبٍ وليس هو فى طاعة أحدٍ وخطبته لبنى العبّاس، [قال كاتب هذه الأحرف أظنّ أنّ الهنود افتتحوها بعد هذا لأنّى وجدتُ فى الكتاب الذى ألّفه العُتبىّ الكاتب فى مناقب السلطان محمود بن سبكتكين وفتوحه أنّه استفتح الملتان فى سنة أربع مائة بعد واقعة عظيمة جرت له مع ملكها وحروب جمّة قد بالغ فى وصفها العُتبىّ،]

(٧) وأمّا بَسمد فمدينة صغيرة وهى والمُلتان دون الجنْدرور عن شرقىّ نهر المُلتان وهو نهر مهران وبين كلّ واحدةٍ منهما وبين النهر نحو نصف فرسخ وشربهم من الأبْآر وبسمَد هذه خصبة وتُكتب بالباء والفاء، ومدينة الرور تقارب المُلتان فى الكبر وعليها سوران وهى على شطّ نهر مهران أيضًا وهى من حدّ المنصورة خصبة رَفِهَة كثيرة التجارة، والديْبُل

١—٣ (وقد ... وإحراقه) مكان ذلك فى حط (فإذا قصدهم الهند للحرب وانتزاع هذا الصنم منهم آتوا الصنم فأظهروا كسره وإحراقه)، ٢ (فيظاهرون) — (فياظهرون)، ٥ (بفرج) — (بفدخ)، ٦ (إضاقة) — (اضافة)، ١٢ (وليس ... العبّاس) مكان ذلك فى حط (قد تغلّب عليها أوّلوه ولا يطيع صاحب المنصورة وهو يخطب أيضًا لبنى العبّاس)، ١٣—١٦ [قال ... العتبىّ] من مضافات حب ٢١ ب، ١٨ (منهما) — (منها)، ١٩ (وشربهم) — (ونشربهم)،

من شرقىّ نهر مهران على البحر وهى متجر عظيم وتجارتها من وجوهٍ كثيرةٍ وهى فرضة هذه البلاد وغيرها وزروعهم مباخس وليس لهم كثير شجرٍ ولا نخيل وهو بلد قشف وإنّما مُقامهم للتجارة، والنيرون مدينة بين الدَيبل والمنصورة على نحو نصف الطريق وهى الى المنصورة أقرب، وهى مقاربة فى الحال لمنجابرى على غربىّ مهران وبها يعبر من جاء من الدَيْبُل الى المنصورة وهى تجاهها، ومدينة مسواهى والفهرج وسدوستان كلّها غربىّ مهران وهى متقاربة فى أحوالها، وانرى [وقالرى] فمن شرقىّ مهران أيضًا على طريق المنصورة الى المُلتان وهما بالبُعد | من شطّ مهران لهما عملٌ صالح حط ٢٣١
وهما متقاربتان فى الحال والصلاح، فأمّا بلرى فعلى شطّ نهر مهران أيضًا فى غربيّه وبقرب الخليج الذى ينفتح من مهران على ظهر المنصورة وهى ناحية ومدينة مقتصدة صالحة الحال، وبانيه مدينة صغيرة ومنها عمر بن عبد العزيز الهبّارىّ [٩١ ب] القُرشىّ الجواد الكريم المشهور حاله بالعراق فى النُبل والفضل وهو جدّ المتغلّبين على المنصورة ونواحيها، وقامهل مدينة من أوّل حدّ الهند الى صيمُور ومن صَيمُور الى قامهل فمن بلد الهند ومن قامهل الى مُكران فللبدهه وما وراء ذلك الى حدّ المُلتان فجميعه من بلد السِند،

(٨) والكُفّار فى بلد السند هم البدهه وقوم يُعرفون بالمِيذِ وهم قبائل مفترشة ما بين حدود طُوران ومُكران والمُلتان ومدن المنصورة وهى فى غربىّ مِهران وهم أهل إبل والجمل الفالج الذى يرغب فيه أهل خراسان وغيرهم [من فارس وأشباهها] لنتاج البخاتىّ البلخيّة والنوق السمرقنديّة، ومدينة البدهه التى يتجرون اليها ويقصدونها بحوائجهم قندابيل والبدهه

٣ (والنيرون) — (واليبرور)، ٥ (لمنجابرى) — (لمنجابرى)، ٧ (وانرى) — (وايزى)، [وقالرى] مستتمّ عن حَط، ٩ (بلرى) مصحّح تابعًا لحَط وفى الأصل (ايزى)، ١٠ (ينفتح) — (تَنفسحُ)، ١١ (وبانيه) — (ونابيه)، ١٧ (البدهه) — (البَدهَه)، (وقوم) — (قَومٌ)، (بالمِيذِ) — حَط (بالمَيْد)، (وهم) — حَط (والبدهة)، ٢٠ [من ... أشباهها] مأخوذ من حَط،

كالبادية من البربر لهم أخصاص وآجام يأوون اليها وبطائح مياه يعيشون بينها، والميذ قوم على شطوط مهران من حدّ المُلتان الى البحر وهم فى البرّيّة بين مهران وقامهل مراعٍ ومواطن ينتجعونها لمصيفهم ومشاتيهم وهم عدد كثير، وبقامهل وسندان وصَيْمُور وكنبايــه مساجد جوامع وفيهــا أحكامُ المسلمين ظاهرةً وهى مدن خصبة واسعة وبها النارجيل ويستعملون منه الشراب فيُسكرهم [وهو كالماء واللبن صفاءً وبياضًا ورقّةً يُسمّى الأطواق] والخَلّ فيكون فى غاية الحُموضة ويستعملون المِزْرَ نبيذَ أهل مصر ولا والله ما أعرفــه ولا أدرى مــا هو إلاّ أنّى أحسبه يجرى مجرى العصيدة الرقيقة، والغالب على زروعهم الأرزّ ولهم العسل الكثير ولا نخيل لهم، والزاهوق وكلوان رستاقان متجاوران بين كيز وارمابيل، | فأمّا كُلوان حط ٢٢٣ ونواحيه فمن مكران وأمّا الزاهوق فمن حدّ المنصورة ولها مباخس كثيرة وزروع واسعة وقرًى غزيرة قليلة الثمر كثيرة المواشى والسائمة من كلّ نوع وجنس،

(٩) ولطوران وادٍ وقصبته تُدعى طوران وهو حصن فى وسط الوادى وكان يلى عمله رجل من إخواننا يُعرف بأبى القسم البصرىّ قضاءً وإمارةً وبندرةً وكان لا يعرف ثلثةً فى عشرةٍ بل كان رجلًا من أهل القرآن، وقزدار مدينة لها رستاق ومدن والغالب عليها رجل يُعرف بمُعتزّ بن أحمد يخطب لبنى العبّاس ومُقامه بمدينة كيزكانان وهى ناحية خصبــة الأسعار وبها أعناب وفواكه الصرود ورُمّان حسن وليس بها نخيل،

---

٣ (مراعٍ) تابعًا لحط — (مزارع)، (وبفامهل) — (وبقامَهل)، ٤ (وكنبايه) — (وكنباتَ)، ٥ (النارجيل) كُتب إشارةً الى ذلك فى هامش حب (النارجيل هو جوز الهند)، ٦ [وهو كالماء ... الأطواق] من مضافات حب ويلى ذلك (ويتّخذ منه الخلّ)، ٨ (إلاّ ... الرقيقة) مكان ذلك فى حط (ولا كيف كيفيّته) فقط، ١٠ (والزاهوق) — حط (والراهوق)، (وارمابيل) — (وارمابيل)، ١٤ (ولطوران) — حط (والطوران)، ١٧ (بمُعتزّ) — حط (بمعين)، ١٨ (كيزكانان) — (كيركانان)،

(١٠) وبين بانيه وقامهل [مفاوز ومن قامهل] الى كنبايه [أيضًا] مفازة ثمّ يكون حينئذٍ من كنبايه الى صيمور قُرًى متّصلة وعمارة للهند كثيرة واسعة،

(١١) وزىّ المسلمين والكفّار بها واحد فى اللباس وإرسال الشَعَر ولباسهم الأزُر والميازر لشدّة الحرّ ببلدانهم وكذلك زىّ أهل المُلتان لباسهم الأزُر والميازر، ولسان أهل المنصورة والملتان ونواحيها العربيّة والسِنديّة ولسان أهل مُكران الفارسيّة والُمكريّة، ولباس القراطق فيهم ظاهر إلاّ التجّار فإنّ لباسهم القُمص والأردية كسائر أهل العراق وفارس،

(١٢) ومكران ناحية واسعة عريضة والغالب عليها المفاوز والقحط والضِيق والمتغلّب عليها رجل يُعرف بعيسى بن معدان سَهميًا ومُقامه بمدينة كيز وهى مدينة نحو نصف المُلتان وبها نخيل كثيرة وهى فرضة مكران، وبتلك النواحى التيز ويُعرف بتيز مُكران وأكبر مدينة بمكران الفنجبور وبه وبند وقصر قند ودزك وفهلفهره وكلّها مدن متقاربة فى الاقتصاد وجميعها جروم، ولهم رستاق يُدعى الخروج ومدينته راسك، ورستاق يدعى خرذان وبه فانيذ كثير وقصب سُكّرٍ ونخيل وعامّة الفانيذ الذى يُحمل | الى الآفاق منها إلاّ شىء يُحمل [٩٢ ظ] من ناحية ماسكان حط ٢٢٣ وبقصدار أيضًا فانيذ، وسُكّان هذه الرساتيق الشراة وتتّصل بنواحى كرمان من ناحية تُسمّى مشكى وهى مدينة قد تغلّب عليها رجل يُعرف بمطهّر بن رجاء ويخطب لبنى العبّاس ولا يذكر غيرهم ولا يطيع أحدًا من الملوك الذين يصاقبونه وحدود عمله نحو ثلاث مراحل وبها نخيل

١ [مفاوز ومن قامهل] مستتمّ تابعًا لحط عن صط، [أيضًا] مستتمّ عن حط، ١٠ (سَهميًا) كذا فى الأصل ويفقد فى حط، ١٢ (التيز) — (التين)، (بتيز) — (بتين)، ١٣ (وبه) — (وبنه)، (ودزك) — (ودرك)، ١٤ (الخروج) — (الجروح)، ١٥ (خرذان) — حط (جدران)، ١٦ (إلاّ شىء يُحمل) تابعًا مع حط لصط — (وهو الآن شىء ويحمل)، ١٨ (مشكى) — (مشكر)،

قليلة وفيها شىء من الفواكه الصرودية على أنّها من الجروم، وارمابيل وقنبلى مدينتان كبيرتان وبينهما مقدار مرحلتين وبين قنبلى والبحر نحو نصف فرسخ وهما بين الدَيْبُل ومُكران ولهما سعة وفى أهلها يسار ومكنة، وقندابيل مدينة كبيرة وليس بها نخيل وهى فى بريّة مُفردة بذاتِها وأعمالِها وهى ممتار للبدهه، وبين كيزكانان وقندابيل رستاق يُعرف بآيُل وفيه مسلمون وكفّار وثنيّون من البدهه ولهم غلّات وزروع وكروم ومواشٍ واسعة وخصب وإبل وغنم وبقر وأكثر زروعهم البخوس وايل اسم رجل تغلّب فى القديم على هذه الناحية فهى تُنسب اليه،

(١٢) وأمّا المسافات بها فمن التيز الى كيز نحو خمس مراحل ومن كيز الى فنزبور مرحلتان ومن أراد من فنزبور الى تيز مكران فطريقه على كيز ومن فنزبور الى دزك ثلث مراحل ومن دزك الى راسك ثلث مراحل ومن راسك الى بلفهره ثلث مراحل ومن بلفهره الى اصفقه مرحلتان خفيفتان ومن اصفقه الى بند مرحلة ومن بند الى به مرحله ومن به الى قصر قند مرحلة، ومن كيز الى ارمابيل ستّ مراحل ومن ارمابيل الى قنبلى مرحلتان ومن قنبلى الى الديبُل أربع مراحل، ومن المنصورة الى الدَيْبُل ستّ مراحل ومن المنصورة الى المُلتان اثنتا عشرة مرحلة ومن المنصورة الى طُوران نحو خمس عشرة مرحلة، ومن قزدار الى المُلتان عشرون مرحلة وقزدار مدينة طوران، ومن المنصورة الى

١ (وارمابيل) — (وارماييل)، ٢ (وقنبلى) — (وفنيلى)، (قنبلى) — (فنيلى)، ٥ (للبدهه) تابعًا لصَط وفى الأصل (للهند) وكذلك فى حَط، (كيزكانان) — (كيركانان)، (بآيُل) — حَط (بأتل)، ٧ (وايل) — (واتل)، ١٠ (فنزبور) — (فنزبور)، (مرحلتان ... فنزبور) قد أُضيف ذلك فى الهامش بغير خطّ الناسخ وكُتب فيه (فىربور)، ١١ (كيز) — (كير)، (فنزبور) — (فنزبور)، (راسك) المرّتين — (زاشك)، ١٢ (اصفقه) المرّة الأولى — (صفقه)، ١٣ (بند) تابعًا مع حَط لصَط ويوجد المرّة الأولى — (تيز) والمرّة الثانية — (تير)، ١٥ (ارمابيل) المرّة الثانية — (ارماىىل)، (قنبلى) المرّتين — (قىىلى)، ١٦ (اثنتا) — (اثنتى)، ١٧ (قزدار) — (فزدار)، ١٨ (وقزدار) — (وىردار)،

أوّل حدّ | البدهه خمس مراحل ومن كيز وهى مسكن عيسى بن معدان حـَط ٢٢٤ الى البدهه نحو عشر مراحل ومن البدهه الى التيز نحو خمس عشرة مرحلة، وطول عمل مكران من التيز الى قـزدار نحو اثنتى عشرة مرحلـة، ومن المُلتان الى أوّل حدود طُوران وهو والشتان المعروف ببالش نحو عشر مراحل ويحتاج أن يسير على غير قصد مهران ومن أراد بلاد البدهه من المنصورة الى مدينة سدوستان على شطّ مهران، [ومن قنداييل الى مستنج مدينة بالش أربع مراحل ومن قصدار الى قنداييل نحو خمسة فراسخ،] ومن قنداييل الى المنصورة نحو ثمانى مراحل، ومن قنداييل الى الملتان مفازة نحو عشر مراحل، وبين المنصورة وقَامِهْل ثمانى مراحل ومن قامِهْل الى كنبايه أربع مراحل وكنبايه على نحو فرسخ من البحر ومن كنبايه الى سوباره نحو أربع مراحل وسُوباره من البحـر على نصف فرسخ وبين سُوبَاره وسندان نحو خمس مراحل [وهى أيضًا على نصف فرسخ من البحر، وبين سندان وصيمور نحو خمس مراحل] وبين صَيمُور وسرنديب خمس عشرة مرحلة، وبين المُلتان وبين بسمد مرحلتان ومن بسمد الى الرور ثلاث مراحل ومن الرور الى انرى أربع مراحل ومن انرى الى قالرى مرحلتان ومن قالرى الى المنصورة مرحلة، ومن الديبل الى فنزبور أربع عشرة مرحلة ومن الديبل الى منجابرى مرحلتان والطريق من الديبُل الى فنزبور على منجابرى، ومن قالرى الى بلمرى أربعة فراسخ، وبانيه بين

٤ (وهو ... ببالش) يفقد فى حـَط، (والشتان) — (من الشنان)، ٥ (على غير قصد) — حـَط (على عبر) إلاّ أنّه يوجد فى نسختى حـَط (غير) وفى صـَط (وتحتاج الى عبور مهران)، ٦ (شطّ) — حـَط (سمت)، ٦—٨ [ومن ... فراسخ] مستتمّ عن صـَط، ٧ (ومن) — (فمن)، ٩ (عشر) — (عشره)، ١٠ (نحو) يفقد فى حـَط، ١١ (سوباره) المرّة الأولى — (سوباره)، ١٢ (وسندان) — (وسبدان)، ١٢—١٣ [وهى أيضًا ... مراحل] مستتمّ عن حـَط، ١٣ (خمس) — حـَط (نحو خمس)، ١٤ (بسمد) المرّة الأولى — (بسمذ)، (مرحلتان) — حـَط (نحو مرحلتين)، (الرور) المرّة الأولى — (الروز)، ١٥ (انرى) المرّتين — (ايزى)، ١٨ (بلمرى) تابعًا مع حـَط وصـَط لأبى الفداء — (ابْزى)،

المنصورة وقامِهل على مرحلة من المنصورة وقامِهل على مرحلتين من المنصورة،

(١٤) وأمّا أنهارهم فأعظمها نهر مهران ومخرجه من ظهر جبل يخرج منه بعض أنهار جيحون وتَمُدّه أنهار كثيرة وعيون غزيرة ويظهر على توافره بناحية المُلتان فيجرى على حدّ بسمد ويمرّ بالرور ثمّ على المنصورة حتّى يقع فى البحر شرقىّ الدَيبُل وهو نهر كبير عذب جدًّا وفيه التماسيح كتماسيح النيل وهو كالنيل فى الكبر وجريه كجريه بماء الأمطار الصيفيّة ويرتفع على وجه الأرض ثمّ ينضب فيُزرع عليه حسبما يُزرع بأرض مصر، [٩٢ ب] والسندروذ من المُلتان | على نحو ثلثة أيّام وهو نهر كبير عذب حط ٢٣٥ يفرع الى مهران قبل بسمد وبعد المُلتان، ونهر الجندرور نهر أيضًا كبير عذب طيّب وعليه مدينة الجندرور ويفرع الى مهران دون السِندروذ الى نواحى المنصورة، والغالب على أرض مكران البوادى والزروع البخوس لأنّها قليلة الأنهار جدًّا وفيما بين المنصورة ومكران مياهٌ من مهران كالبطائح عليها طوائف من السند يُعرفون بالزُطّ فمن قارب منهم هذا الماء فهم بأخصاص كأخصاص البربر وطعامهم السمك وطير الماء فى جملة ما يغتذون به ولهم سموك كبار جليلة وليس أغذيتهم من السمك كأغذية أهل الشحر من سمك الورق الذى أكبر ما يكون منه كالإصبع [ودونها]، ومَن بعُد من الزُطّ عن الشطّ فى البوادى فهم كالأكراد يتغذّون الألبان والأجبان وخبز الذُرة،

(١٥) وقد انتهيتُ من حدّ المشرق الى آخر حدود الإسلام [ولم أقصر إن شاء الله] فيما قصدتُ ولا أعلمُنى توخّيتُ فيه زيادةً لتجمّلٍ ولا نقصًا لناحيةٍ بإزْرَاء وتقوّلٍ،

١–٢ (وقامهل ... المنصورة) كذا أيضًا فى حط ويفقد فى صط، ٥ (بسمد) — (بسْمَدْ)، ٩ (والسندروذ) — (والسندرون)، ١٠ (بسمد) — (بسمد)، ١١ (السِندروذ) — (السندرور)، ١٧ (الورق) — (الوزفِ)، [ودونها] مستتمّ عن حط، ١٨ (فى) — (من)، ٢٠–٢١ [ولم ... الله] مستتمّ تابعًا لحط الذى يوجد فيه أوّلاً (وقد انتهينا) ثمّ (ولم نقصر إن شاء الله)،

(١٦) [وكان أكثر ما حدانى على هذا الكتاب وتأليفه على هذه الصورة أنّى كنتُ فى حال الحداثة شغفًا بأخبار البلدان والوقوف على حال الأمصار كثير الاستعلام والاستخبار لسافرة النواحى ووكلاء التّجار وقرأة الكتب المؤلّفة فيها وكنتُ إذا لقيتُ الرجل الذى أظنّه صادقًا وإخاله بما أسأله عنه خبيرًا عالمًا فأجد عند إعادة الخبر الذى أعتقد فيه صدقه وقد حفظتُ نَسَقَه وتأمّلت طرقه ووصفه أكثرَ ذلك باطلاً وأرى الحاكى بأكثر ما حكاه جاهلًا ثمّ أعاوده الخبر الذى ألتمسه منه والذكر ليسمع الذى استوصفتهُ وأطالع معه ما صدر مع غيره فى ذلك بعد رؤية وأجمع بينهما وبين حكاية ثالث بالعدل والسويّة فتتنافر الأقوال وتتنافى الحكايات وكان ذلك داعية الى ما كنتُ أحسّه فى نفسى بالقوّة على الأسفار وركوب الأخطار ومحبّة تصوير | المدن وكيفيّة مواقع الأمصار وتجاور الأقاليم حط ٢٣٦ والأصقاع ، وكان لا يفارقنى كتاب ابن خرداذبه وكتاب الجيهانىّ وتذكرة أبى الفرج قُدامة بن جعفر وإذا الكتابان الأوّلان قد لزمنى أن أستغفر الله من حملهما واشتغالى بهما عن ما يلزمنى من توخّى العلوم النافعة والسنن الواجبة ، ولقيتُ أبا إسحاق الفارسىّ وقد صوّر هذه الصورة لأرض السند فخلطها وصوّر فارس فجوّدها وكنتُ قد صوّرتُ اذربيجان التى فى هذه الصفحة فاستحسنها والجزيرة فاستجادها وأخرج التى لمصر فاسدة وللمغرب أكثرها خطأ وقال قد نظرتُ فى مولدك وأثرك وأنا اسألك إصلاح كتابى هذا حيث ضللتُ فأصلحتُ منه غير شكل وعزوتُه اليه ثمّ

١ تفقد القطعة (١٦) فى الأصل وقد أُخذت من حط، ٥ (عالمًا فأجد) على التخمين وفى حط (فأجده عالمًا) إلاّ أنّه يوجد فى حو (فاحدهد) غير بيّن ، ٦ (أكثرَ) — حط (وأكثر) فصار (أكثرَ) بهذا التصحيح مفعول فعل (فأجد) فى السطر ٥ ، ٧ (ليسمع) — فى النسختين (لتسمع)، ١١ (وتجاور) — فى النسختين (وتجاوز)، ١٢ (خرداذبه) — حو (خردادبه)، ١٦ (السند) كذا فى حل الذى هنا النسخة الواحدة ويوجد فى حط (الهند) خطأً، ١٧ (الصفحة) — حل (الصفة)، ١٩ (ضللتُ) — حل (حللت)،

رأيتُ أن أنفرد بهذا الكتاب وإصلاحه وتصويره أجمعه وإيضاحه من غير أن أُلمّ بتذكرة أبي الفرج وإن كانت حقًّا بأجمعها وصدقًا من سائر جهاتها وقد كان يجب أن أذكر منها طرفًا فى هذا الكتاب لكن استقبحتُ الاستكثار بما تعب فيه سواى ونصب فيه غيرى،]

(١٧) وأمّا ارتفاعات هذه النواحى الى ملوكها والقائمين بأمورها فشىء طفيف وقدر سخيف لا يتجاوز مؤنهم ولا يزيد على لوازمهم ولعلّها أن تَقْصُرَ ببعضهم عن نفقاته وتتخلّف به عن طلباته،

[ارمينيه واذربيجان والران]

(١) فلنرجع الى حدّ بلد الروم غربًا فَنَصِفُ ما صاقبها الى آخر الإسلام فى حدّ المشرق، والذى أبتدئ به ارمينِيَه والران واذربيجان وقد جعلتُها إقليمًا واحدًا لأنّها مملكة إنسان واحد فيما شاهدتُه سائرَ عمرى وما نُقِلَت الأخبار به لمن تقدّمنى كابن أبي الساج ومُفلحٍ غلامِهِ وديسم ابن شاذلويه والمرزبان بن محمّد المعروف بالسلّار آنفًا وسالفًا لمثل الفضل ابن يحيى وعبد الله بن مالك الخزُاعىّ وغيرهما،

(٢) والذى يحيط به ممّا يلى المشرق فالجبال والدَيلم وغربىّ بحر الخزر حـط ٢٣٧ والذى يحيط به ممّا يلى المغرب حدود الارمَن واللان وشىء من حدود الجزيرة والذى يحيط به من جهة الشمال فاللان وجبال القبق والذى يحيط به من الجنوب حدود العراق وشىء من حدود الجزيرة،

(٣) وهذه صورة ارمينيه واذربيجان والران،

[٩٢ ظ]

إيضاح ما يوجد فى صورة ارمينيه واذربيجان والران من الأسماء والنصوص،

قد كُتب فى أعلى الصورة صُورة ارمينيه واذربيجان والران وعن يسار ذلك فى الزاوية الشمال،

ورُسم فى أعلى القسم الأيمن البحر وعلى ساحله الباب ثمّ الشابران، وتبتدئ من عند الباب سلسلة جبال آخذة الى اليسار وكُتب موازيًا لطرفها الأعلى نواحى اللان وجبل القبق والسرير وما جاور ذلك من الأمم، ويتّصل بالجانب الأسفل من المدن

---

٢ (غربًا) تابعًا لحـط وصـط وفى الأصل (شرقًا)، (فَنَصِفُ) — (فينصْفُ)،
٨ (فالجبال) — (والجبال)، (وغربىّ) طابعًا مع حـط لصـط وفى الأصل (وشرقىّ)،
١١ (العراق) تابعًا مع حـط لصـط وفى الأصل (اذربيجان)، ١٩ (القبق) — (القيق)، (والسرير) — (والسبرير)،

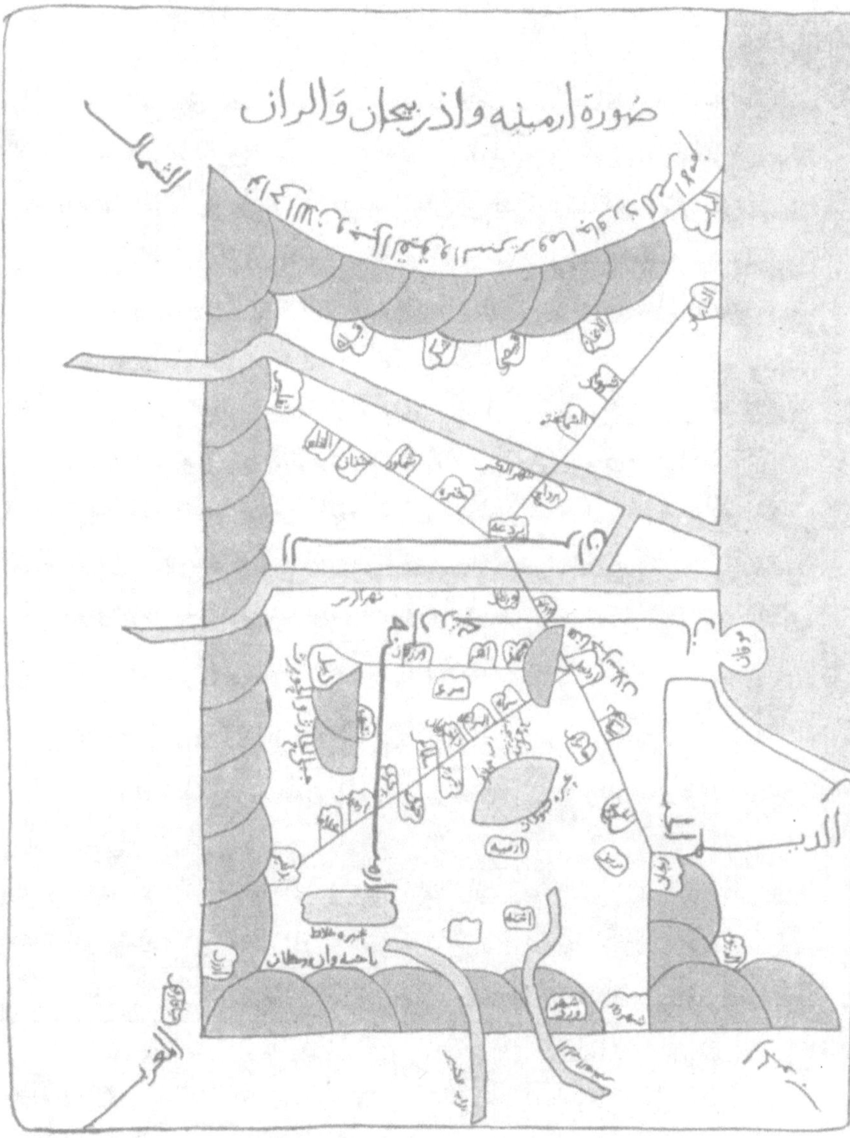

صورة ارمينيه واذربيجان والران التى فى الصفحة ٩٣ ظ من الأصل،

اللايجان، قبيصى، شكى، قبله، ورُسم من أسفل ذلك نهر الكر الذى ينصبّ فى البحر وتقع على هذا النهر متّصلةً بالجبل مدينة تفليس ثمّ برداج ويأخذ طريق من الشابران على مدينتى شروان والشماخيه الى برداج ثمّ الى برذعه، ويأخذ من برذعه طريق آخر الى تفليس عليه جنزه، شمكور، خنان، القلعة، وكُتب فى هذه الساحة الران،

وحدّ ناحية الران من أسفلها نهر الرس وعليه مدينة ورثان، وتقع عن يمين ورثان قرب النهر برزند والطريق الآخذ من برذعه الى برزند يمرّ بعدها على اردبيل والميانج والخونج الى زنجان، وكُتب فى الساحة تحت نهر الرس اذربيجان وفى قسمٍ من البرّ داخل فى البحر عند منتهى هذه الكتابة موقان، وكُتب من تحت ذلك على خطّ عاطف فى الساحة بين البحر والجبل الجيل وتحت ذلك الديلم، وتتّصل بالجبل من أسفل تلك الكتابة مدينة الدينور، ويقع عن يسار اردبيل جبل كُتب عنده هذا جبل سبلان، ويأخذ من اردبيل طريق الى اليسار على ميمذ واهر وورزقان الى دبيل وتتّصل دبيل بجبل كُتب عنده جبلى الحارث والحويرث وتتّصل بهذا الجبل عن يمينه مدينة نشوى، وكُتب فى الساحة عن يمين الجبل ارمينيه،

ويأخذ من اردبيل طريق الى مدينة بدليس المتّصلة بالقسم الأسفل من الجبال وعلى هذا الطريق من المدن سراه، المراغه، داخرقان، تبريز، سلماس، خوى، بركرى، ارجيش، خلاط، وتقع بين المراغة وورزقان مدينة مرند، وكُتب عند المراغة بغير خطّ الناسخ رصد هولاكو استحدثه سنة سبع وخمسين وستّمائة، ورُسمت من أسفل ذلك بحيرة كبوذان وفى جانبها الأسفل مدينة ارميه ثمّ من تحتها اشنه وعن يسارها شكل مدينة لا اسم فيها، وتقع عن يمين البحيرة بينها وبين الميانج مدينة جابروان، وتقع من أسفل الخونج مدينة تبريز، ورُسمت عن يمين بدليس بينها وسلسلة الجبال بحيرة خلاط وكتب تحتها ناحية وان ووسطان، وتقع عن يسار ذلك فى الجبل مدينة ارزن وعن يسارها خارج الجبل ميافارقين وكُتب تحتها فى الزاوية المغرب، ويشقّ الجبل فى أسفل

---

١ (اللايجان) — (الابخاز)، ٣ (الشماخيه) — (الشماختة)، (برذعه) — (بردعه)، ٤ (جنزه) — (حنره)، ٧ (زنجان) — (رنجان)، (اذربيجان) — (ادربيجان)، ٩ (الجيل) — (الجبل)، ١٣ (ارمينيه) — (ارمنه)، ١٨ (اشنه) — (اشته)، ١٩ (جابروان) — (حابران)، ٢٠ (تبريز) — (بريز) ولعلّ الصحيح (توى)،

الصورة نهران هما الزاب الكبير والزاب الصغير، وتقع عن يمين الزاب الصغير مدينتا سهرورد وشهرزور، وكُتب فى الزاوية اليمنى من الصورة الجنوب،

(٤) [٩٢ ب] وأكمل هذه النواحى اذربيجان وأكبر مدنها اردبيل وأجلّها وإن كانت فى وقتنا قد رزحت أحوالها لأنّ بها المعسكر ودار الإمارة والدواوين وهذه مدينة [تكون] أعمالها ثلثين فرسخًا فى مثلها والغالب على أبنيتها الطين والآجرّ، وكان عليها سور منيع فهدمه المرزبان بن محمّد بن مسافر السلّار عندما نقم على أهلها بمَنْعِهم ديسم بن شاذلُويه بها فى سنة إحدى وثلثين فإنّه عمل عليهم فى شرطهم الذى شرطوه استثناء استحلّ به هدْمَه فهدمه بأيدى تجّارها وأربابها وكان الرجل الجليل فى نفسه الواسع الحال فى ملكه يأتى بثيابه الحسنة التى كان يباشر بها بَيْعَهُ من بزّ أو عِطر أو غير ذلك ويأخذ المعول فيهدم ونظيره من التجّار يحمل ما يهدمه من تراب وحجارة فى طيلسانه وإزاره أو فى ردائه من غير أن أطلق لهم حمله أو أوسع أحدًا فى نقله بغير ثيابهم التى كانوا يتجمّلون بها ويتباهون بلبوسها من فاخر المروىّ والمنيّر حتّى اكتسح جميعه وانتُسِف أثره بعد فقرهم بأخذه لأموالهم والمبالغة فى مطالباتهم وتشتيتهم من بعد ذلك فى الأقطار وتمزيقهم فى الجبال والقفار، وذلك أنهم كانوا من أسباب العيارة وطرق التمرّد وذكرهم للشطارة بحالٍ لا يكترثون بالسلطان معتصمين بالشيطان معتكفين على البلاء والعصيان وكانت أموال السافرة بينهم منهوكة ونعمهم منهوبة ودماؤهم مراقة مطلولة، ولقد أخبرنى غير إنسان | أنّه سأل القصّاب منهم أن حط ٢٢٨ يعطيه من الشاة مكانًا آثر أخْذَه من جملة ما يعطيه فقطع من رداء المشترى قطعة وتركها مع اللحم فى كفّة الميزان وآخَرُ قُطِع من كمّه وآخر

١ (الزاب) المرّتين — (الراب)، ٢ (سهرورد) — (شهرورد)، ٤ (وإن ... أحوالها) — فى حط (فى وقتنا هذا) فقط، ٥ [تكون] مستتمّ عن حط، (أعمالها ثلثين) قد أُلغى ذلك فى الأصل بخطّ وكتب فى الهامش (يكون ثلثى) وهو ما يوجد فى صط، ١٤ (يتجمّلون) — (يتحمّلُون)، ١٨ (يكترثون) — (يكبرثون)،

من منديله تمرّدًا وطغيانًا وجُرءةً على الله تعالى وعصيانًا فأدال الله منهم بعد ما أملى لهم وحَلُم عنهم فهى كالعليلة فى وقتنا هذا قياسًا الى ما كانت عليه وبه من العمارة وكثرة التجارات بالسيّارة، وهى مدينة خصبة وأسعارها رخيصة ولها رساتيق وكور جليلة ولها جبل صعوده ونزوله نحو ثلثة فراسخ يسمّى سَبَلَان عظيم رفيع شامخ مطلّ عليها من غربيّها لا تفارقه الثلوج صيفًا ولا شتاء، وهى مدينة لها أنهار جارية وأبآرها طيّبة عذبة وأكثر الأوقات خبزها بالعدد خمسون رغيفًا بدرهم ولحمها بمنّها منًا ونصفٌ بدرهم والعسل والسمن والجوز والزبيب وجميع المآكل رخيصة كالمجّان وأكثر البلدان المشار اليها بالرخص دونها فى رطوبة الحال من وجود سائر المطلوبات،

(٥) ويلى اردبيل فى الكبر المَراغة وكانت فى قديم الأيّام المعسكر ودار الإمارة وخزانة دواوين الناحية بها فنقل أبو القٰسم يوسف بن الداوداذ بن الداودشت ذلك الى اردبيل لتوسّطه لجميع البلد على أنّ المراغة مدينة نزهة كثيرة البساتين والأنهار والمياه والفواكه الحسنة والخيرات والغلّات من جميع الجهات الى كثرة الرساتيق والزروع ووفور الحظّ من جميع ما تشتمل عليه الأمصار مضاف الى ذلك سيادة رجالها وكثرة تنّائها ومشائخها، وبقرية من قراها تُعرف باردهر بطّيخ يُنسب اليها | ويقال له الاردهرىّ مستطيل الخلق قبيح المنظر غاية فى الحلاوة حط ٣٣٩
وطيب الطعم يضاهى بطّيخ خراسان الموصوف، وكان على المراغة سور خرّبه يوسف بن أبى الساج فى نحو ما خرّب السلّار سور اردبيل،

[وتبريز مدينة حسنة عامرة منغصّة بالخلق كثيرة الخيرات فيها الأسواق الكثيرة والبيع

---

٩ (البلدان) — (بلدانها)، ١٦ (سيادة) تابعًا لحب وفى الأصل (سيارة)،
١٨ (الاردهرىّ) — حط (الازدهرىّ) ولا يوجد اسم القرية نفسها فى نصّ حط،
١٨—١٩ (قبيح ... الطعم) مكان ذلك فى حط (أخضر الخارج أحمر الداخل يزيد على العسل فى حدّة حلاوته ولبّه)، ٢١—٤ [وتبريز ... الحجارة] من مضافات حب ٣٢ ب،

والشرى وهى قصبة اذربيجان اليوم أعمر مدينة بها، وخوى مدينة وسطة غير أنّها عامرة آهلة كثيرة الخيرات والفواكه والبساتين وعليها سور منيع من الآجرّ وأهلها ألطف طباعًا من أهل تبريز، وسلماس مدينة وسطة أيضًا عامرة كثيرة الأهل والفواكه وعليها سور منيع من الحجارة]،

(٦) [٩٤ظ] ويلى المراغة فى الكبر ارميه وهى مدينة نزهة كثيرة الكروم والمياه الجارية فى المدينة والضياع والرساتيق وافرة الحظّ من التجارات والغلّات وبينها وبين المراغة بحيرة كَبُوذان والمراغة من شرقىّ البحيرة وأُرميَه من غربيّها ولها رساتيق واسعة ونواحٍ خصبة، وفى ضمن أُرمِيَه ومضاف الى عملها مدينة اشنه وهى أيضًا مدينة كثيرة الشجر والخضر والخيرات والفواكه والخصب والأعناب والمياه الجارية متوفّرة القسم غزيرة القسط من سائر ما خُصّت به أُرميه والمراغة من رفق باديتها والتفاف الخيرات بها من جهة أكرادها الهذبانيّة وبها يصيفون وإيّاها ينتجعون وبها جميع ما يملكون ويدّخرون وبها أسواق للتجّار فى أوقات من السنة مُرْبحة وبيوع حادّة وأرباح وافرة ويُجلب منها ومن سوادها الأغنام والدوابّ والعسل واللوز والجوز والشمع وما جانس ذلك من ضروب المتاجر الى بلد الموصل [ونواحى بلد الجزيرة من الحديثة] وغيرها،

(٧) والميانج والخونج وداخرقان وخوى وسلماس ومرند وتبريز وبرزند وورْثان ومُوقان والبيلقان والجابروان فهى مدن صغار متقاربة فى الكبر والاقتصاد، وكذلك نواحى أبى الهَيجاء ابن الروّاد من آهر وورزقان فجميع ذلك مخصوص بالشجر معموم بالخيرات والشمر لم يَعْرَ من خيرها مكان دون مكان الى أنهار وبساتين وثمار ورياحين وعمارة تامّة بالكِراب

١ (وخوى) — (وحزى)، ١٠—١٢ (والمياه ... الهذبانيّة) مكان ذلك فى حط (والوفور فى جميع الأسباب وهى وباديتها للأكراد المدنانية)، ١٦ [ونواحى ... الحديثة] مستنمّ عن حط، ١٨ (والميانج) — (والميانح)، (والخونج) — (والخونح) (وخوى) — (وحوى)، ١٩ (ووَرْثان) — (ووَرْثان)، (والجابروان) — (والجابرار)، ٢٠ (ابن) — (بن)، (آهر) — (آهرو)،

حط ٢٤٠ والفلّاحين مفعَمة بالخيرات مملوؤة بالبركات | فواكههم كالباطل ومأكلهم كالمجّان، وكانت داخرقان وتبريز الى اشنه الاذريّة وما يحتفّ بها تُعرف ببنى الرُّدينىّ خطّةً لهم وأملاكًا لم تزل بعـزّ السلطان من الاعتراضات سليمةً حتّى إذا فسد الزمان وهلك السلطان وتحيّف الجيران فهى لمن غلب وكان آل الرُّدَيْنىّ من العرب فأتى عليهم الدهر ومشى فيهم الزمان بالغلبة والقهر فعفّى آثارَهم وترك اليسيرَ من أخبارهم، [وأمّا دوين فمدينة كبيرة كثيرة الخيرات والبساتين والفواكه والزروع وعليها سور من طين وفيها عيون ومياه جارية والغالب على زروعهم الأرزّ والقطن وقد اختلّ أحوال أهلها فى زماننا هذا بمجاورتهم للكُرج فإنّهم نهبوا المدينة وأحرقوها وفى كلّ وقت يجدون فرصة يشنّون عليهم الغارات والآن فقد عمّروا فى وسط المدينة المسجد الجامع وسوّروه بسورٍ آخر وحوله خندق وفيه عين ماء فى وسط المسجد يلتجئون اليه حين يفجأهم عسكر الكُرج وبينها وبين الرس نحو فرسخين،]

(٨) ومدينة بَرْذَعَه فهى أُمّ الران وعين تلك الديار لم تزل على قديم الزمان كبيرة وتكون نحـو فرسخ طولاً فى أقلّ منـه عرضًا وكانت من النزهة والخصب وكثرة الزرع والثمار والأشجـار والأنهار بحالٍ سنىّ ومحلّ سرىّ هنىّ، ولم يكن بين العراق وطبرستان بعـد الرىّ واصبهان مدينة أكبر منها ولا أخصب ولا أحسن موضعًا ومرافق وأسواقًـا الى فنادق وخانات ودور وحمّامات وأموال وتجارات [فاختلّ حالها بمجاورة الكرج لها] قد حلّها ما حلّ بغيرهـا من رغبة السلاطين وتوسّط الكتّاب المتمرّدين من استحلال المحظور لأموال أهلها وقصد أربابها بالمصادرات والمطالبات بغرائب العدوان فى الجبايات فواهًا لها ولأهلها، ولقد بلغنى أنّها وقتنا هذا من سوء الحال واختلال الأسباب بما أصارها الى أنّ جميع من يخبز بها خمسة خبّازين ولقد كان بها منهم أكثر من ألف ومائين، وكان منها على

٦ (فعفّى) — (فعَفّا)، ٦—١٢ [وأمّا ... فرسخين،] من مضافات حب ٣٢ ب، ٦ (دوين) — (دون)، ١٣ (أُمّ الران) تابعًا لحط — (من الران)، ١٧ (ومرافق) — (ومرافقًا)، ١٨ [فاختلّ ... لها] من مضافات حب ٣٢ ب، ٢٣ (خمسة) — (خمس)، (ومائين) — (ومايين)،

أقلّ من فرسخ ناحية بموضع يُدعى الاندراب ما بين كزنـه وتصوب من أنزه مكان رأيته وأقطاره أكثر من مسيرة يوم فى مثله مشتبكة البساتين والعمارات طيّبة المنتزهات والباغات ولها فواكه | كثيرة وغلّات خطيرة حـط ٢٤١ ومتاجر عظيمة ومرابح جسيمة ومقاصد قريبة وكانت لمّا رأيتُها كالمشمّـة حسنًا تشتمل أجنّتها على البنـدق والشاهبلّوط ونادر الفواكه فى غريب المطاعم والمآكل الى نوع كان بها من الفاكهة يسمّى الروقال فى تقدير كبار الغُبيراء [٩٤ ب] وله نواء حلو الطعم إذا أدرك لذيذ وبه عفوصة قبل أن يُدرِك ويستدرك، وببَرْذعه تين يحمل من تصوب يفضل على ما كان من جنسه، ويرتفع بها من الإبريسم شىء عظيم جسيم كثير غزير وذلك أنّ توتهم مباح لا مالك له ولا يباع ولا يُشترى فأكثرهم لهذه الحال يربّى الدود ويُتّخذ القـزّ ويُجهَّـز عنهم الى فارس وخوزستان منه جهاز كثير مُربح، وبرذعه من نهر الكُرّ على نحو ثلثة فراسخ وفى نهر الكرّ السمك المعروف بالسُرمَاهى ويكون فى نهر الرسّ منه بورثان وغيرها ما يُحمل منه الى اردبيل والرىّ والعراق لطيبه ولذّته ويُستهدى من أهلها وتجّارهـا، وفى الكُرّ والرسّ أيضًا سمك يُعرف بالدراقن وقلّمن يثبت لأكله من شدّة سمنه وفيهما القُشوبة سمك فى غير صوريهما وهو لذيذ، ومن أبواب برذعه باب يُعرف بباب الأكراد على ظاهره سوق يُعرف بسوق الكُركىّ مقداره فرسخ ويجتمـع فيه الناس كلّ يوم أحدٍ وينتابونـه من كلّ مكان وأوب ويجتمع فيه أهل القـرى حتّى يكاد يدانى سوق كورسره وقـد غلب اسم السوق على اسم اليوم لدوامه وقولهم يوم الكُركىّ حتّى أنّ كثيرًا منهم إذا عدّ أيّامَ الجمعة قال الجمعة والسبت والكُركىّ والاثنين يريـد بالكُركىّ الأحد، ولهم مسجد جامع حسن فسيـح وفيه بيت مال الناحية

١ (كزنه وتصوب) — حـط (كَرْنَة ولَصُوب)، ٧ (الغُبيراء) مستتمّ عن حـط ويُرى فى الأصل (الغُبيد) فقط فى آخر السطر، ١٢ (الكُرّ) المرّتين — (الكرّ)، ١٣ (بورثان) — (بورتان)، ١٤ (ويُستهدى) — (ويُستَهدَا)، ١٥ (الكُرّ) — (الكرّ)، (سمك ... بالدراقن) — حط (سمك الزراقن)،

كالذى اتّخذه بنو أميّة بمصر وغيرها وهو من عملهم وأسواق برذعه فكانت فى ربضها منغصّةً مُرصّصةً وفيما بين ذلك فنادقهم وخاناتهم وحمّاماتهم عامرةً اهلةً وبعد أن دخلها الروسيّة فى غاية الانتظام والتمام، [فاختلّ حالها بمجاورة الكرج لها، وجنزه مدينة حسنة كثيرة الخير عامرة بعمارة تامّة منغصّة بالخلق وأهلها ذوو مروؤة وأخلاق طيّبة مرضيّة ومجاملة ومحبّة للغرباء وأهل العلم]،

(٩) ومدينة باب الأبواب مدينة على بحـر الخزر فى وسطها مرسًى للسفن وفى هذا المرسى الخارج من البحـر اليها بناء قد بُنى كالسُدّ بين جبلين مطلّين على ماء هذا المرسى الخارج ماؤه من بحر الخزر وفى هذا السدّ باب مُغلق على الماء قد أُستحكم من وصيـده بعقَدٍ قد عُقِـد على نفس الماء والماء من تحته | وللسفن مدخل مقلوب من ناحية بابه وعلى فم المدخل الذى تدخل فيـه السفن سلسلـة ممدودة [كالتى] بصُور وبيروت بالشأم وعلى خليج القسطنطينيّة وعليها قُفل لمن ينظـر فى أمر البحر فلا يخرج المركب ولا يدخل إلاّ بأمـر صاحب القُفل والسدّ من صخر ورصاص وبحر الخزر بحر طبرستان، ومدينة الباب أكثر من اردبيل زروعًا وثمارها قليلة إلاّ ما يُحمل اليهم من النواحى وهذه مدينة عليها سور منيع من حجارة وآجرّ وطين وهى فرضة بحر الخزر والسَرير واللان وسائر بلدان طبرستان وجُرجان وبلدان الكُفر والديلم، ويرتفع منها ثياب كتّان فى عروض الأبدان وليس بالران وارمينيـه واذربيجان ثياب كتّان إلاّ حط ٢٤٢

٣ (وبعد ... والتمام) مكان ذلك فى حط (على اختلال ما نابها وتواتر عليها من أيّام الروسيّة الى الآن بجور السلاطين وتدبير المجانين)، ٣—٥ [فاختلّ ... العلم] من مضافات حب ٣٢ ب—٣٣ ظ، ٥ (ذوو) — (ذوا)، ٧—١٠ (قد بُنى ... من ناحية بابه) مكان ذلك فى حط (قد بُنِى على حافة البحر كالسدّين من جانب الطريقين يجتاز بهما الجائزون من مدخل الماء الذى يدخل [٢٤٢] فيه السفن وجُعِل المدخل ملتويًا من ناحية بابه)، ١١ [كالتى] مستتمّ عن حط، ١٣ (والسدّ) مكان ذلك فى حط (وهذان السدّان)، ١٥ (اليهم) — (اليه)، ١٦ (وآجرّ وطين) تابعًا لحط وفى الأصل (وآخر من طين)، ١٨ (بالران) — (بالراق)،

هناك وبها زعفران كثير ويقع اليها رقيق كثير من سائر دور الكُفر المصاقبة لها،

(١٠) وتفليس مدينة دون باب الأبواب فى الكبر وعليها سوران من طين ولها ثلثة أبواب وهى خصبة حصينة كثيرة الخيرات رخيصة الأسعار يزيد رخاؤها على سائر البلدان الراخية والنواحى الرفهة والخَصبة ولقد ذكر بعض من اشترى بها العسل [ذات يوم أنّه اشتراه على] نحو عشرين رطلًا بدرهم، وهى ثغر جليل كثير الأعداء من كلّ جهة وبها حمّامات كحمّامات طبريّة ماؤها سخين من غير نار، وهى على نهر الكُرّ ولها فيه عروب يُطحن فيها [٩٥ ظ] الحنطة كما تطحن عروب الموصل والرقّة وغيرها فى الدجلة والفُرات، [والآن فهى بيد الكُرج أخذوها فى العشر الأخير من سنى خمسمائة وملك الكُرج مع كفره يراعى أهلها ويمنع جانبهم من كلّ أذيّة وشعار الإسلام بها قائمة كما كانت ومسجد الجامع ممنوع من كلّ دَنَسٍ يوقده الملك بالشمع والقناديل وما يحتاج اليه والأذان فى جميع مساجدها يجهر لا يعرض لهم أحد بسوء البتّة وقد اختلط الآن المسلم والكُرجىّ،] وأهلها قوم فيهم سلامة وقبول للغريب وميل الى الطارئ عليهم وأُنس بمن له أدنى فهمٍ وانتسابٍ الى شىء من الأدب وهم أهل سُنّةٍ محضةٍ على المذاهب القديمة يكبّرون علم الحديث ويعظّمون أهله مع أنّى لقيتُ جماعة وغير ثقة فاضل ممّن طرأ اليها وأقام بها السنة والأكثرَ مصطلحين على أنّه لم يبت أحد منهم فى منزله بوجه ولا قَدَرَ على ذلك، ولقد تبيّنتُ من رغبتهم فى ذلك وحرصهم عليه أنّى دخلتُها وقد آليتُ أن لا آكل لإحدٍ بها طعامًا إيثارًا لأن أملك نفسى وأنقطع الى ما هو أولى بى من حوائجى فعُقِدَ لى مجلسٌ للمناظرة على هذه اليمين فى دار أميرها وحضر القاضى ابن سُمَيْعٍ فابتدأ دونهم فقال

حط ٣٤٢

٦ [ذات ... على] مستتمّ عن حط وفى الأصل (فى) فقط، (نحو عشرين) — حط (زيادة من عشرين)، ٨ (الكُرّ) — (الكرّ)، ١٠—١٤ [والآن ... الكُرجىّ] من مضافات حب ٣٢ ظ، ١٢ (الجامع) — (الجوامع)، (يوقده) قد كان كتب (يعتقده) فصُحّح تصحيحًا غير بيّن، ٢٢ (ابن) — (بن)،

ايّدك الله إنّ المأكول فى بلدنا أقلّ من أن نُكرِهك على أن تناله من غير مالكَ وأنت تنال منه باليسير فى دورنا إذا تكلّفــه لك خَدَمُنَا من صُلْبِ مالِكَ ما لا يقصّر بمَشِيّة الله عمّا ألِفتَه أو ترُبِحنا الثواب بخدمتك وليس لك أن تنقُض لنا سيرةً ولا تُغيّر لنا سُنّةً فإنّا مذ أدركنا شيوخنا نَسْمَع تفاوضهم أنّه لايجوز أن يبيت غريب ببلدنا فى منزله ولا خادم له إن كان واحدًا اللهمّ إلاّ أن يكونوا من الكثرة بحال من يؤنس بعضهم بعضًا وقلّما ترِكُوا برأيهم حتّى ربّما حَصَلَ المالك لرقابهم بمكانٍ وهم معه أو بمكانٍ غير المكان الذى هو فيه يؤنِسون ويأنَسون، ولستَ تخلو من أن تكون موضعًا ممّن تستفيد العلمَ أذا وجدتَه مع قَيِّمٍ به أو تكون بصورة من يُستفاد منه ويُرْغب فيما عندك أو ممّن لا يرغب فيه إذا وجده عند أهله ولا لديه منه ما يُرْغَب فيه وإذا كنتَ بإحدى الخلّتين لأخيرتين فالرحيل عنّا بك أولى وراحتنا من النظر اليك أحسن والينا أشهى وقد ثقلتَ على قلوبنا، وبعدُ فأَيْمان البَيْعَةِ يلزمنى حنثها لتكفّرنّ عن يمينك فى يومنا هذا تسليمًا للحديث المروىّ عن النبىّ صلّى الله عليه أو لأكفّــرنّ عنك، يا بنىّ أمضِ الى بابه فاسمُرْ عليه بإذن الأمير بخَشَبَةٍ | وثيقةٍ واطبَعْ عليها بخاتمى وكِّلِ الجيرَةَ براعاتها ولا تُطْلِقْ له أيّده الله الدخول اليها إلاّ بعد رأينا ومطالعتنا [والسلام]، وحِيلَ بينى وبين رَحْلى وما كان معى فكنتُ عنده ليلتين وعند غيره ليلةً مبرورًا وبضاعتى فى خلال ذلك تباع وما يدعوهم اليه حسن النظر ممّا عاد بصلاحى يُشترى حتّى قُضِيَتْ جميع حوائجى وأبو بكر القنّاد مطّلع على جميع ذلك الى أن قال لى ذات يوم تحبّ العَوْد الى جُرجَان فقلتُ لو وجدتُ الى ذلك وسيلةً أو كان لى فيه حيلة فقال وما يمنعك وأطلعنى على الصورة فبقيتُ باهتًا ساكتًا فقال ما لى أراك وكأنّك لا ترانى فقلتُ يا ويحك هذا يُشبه حديث إسحٰق بن إبرٰهيم

حط ٢٤٤

---

٢ (فى دورنا) — حط (فى دون ما)، ٢–٣ (إذا ... مالك) — حط (إذا تكلّفته حلّ منالك من نفس مالك)، ٣ (أو تُرْبِحنا) — حط (ونرتجى)، ٧–٨ (حتّى ... ويأنَسون) يفقد فى حط، ١٧ [والسلام] مستتمّ عن حط،

الموصلىّ مع يحيى بن خلد وكنتُ قد حدّثتهم بـه فقال يشهد الله لقـد استربتُ غير وقت بذلك الحديث ولقد أرانى فِعْلُ هؤلاء بالإمكان والقُدرة على ما يتوخّونه وقلّة الحَفْل بما يتولّونه أنّ ذلك الحديث حقّ لا يشوبهُ كذبٌ وصدق لا يتخوّنه إفْكٌ لأنّهم لا يلزمهم فيما يتولّونه ويفعلونه كلفةٌ سوى الأمر به وكذلك ما كانت البرامكة تفعله وتأتيه من غير كلفة سوى الأمر به لنفوذ أوامرهم واتّساع أحوالهم،

(١١) وليس بالران مدينة أكبر من برذعه والباب وتفليس فأمّـا البيلقان وورثان وبرديج والشماخية وشروان واللايجان والشابران [٩٥ ب] وقبله وشكى وجنزه وشمكور وخنان فهى ممالك صغار ومدن لطاف متقاربة فى الكبر خصبة واسعة المرافق،

(١٢) وأمّا دبيل ونشوى فإنّ دبيل مدينة [أكبر من اردبيل وهى أجلّ ناحية وبلدة بارمينية الداخلة وهى قصبة ارمينية] فيها دار الإمارة منها دون جميع نواحى ارمينيه كما أنّ دار الإمارة بالران ببرذعه وباذربيجان باردبيل وعليها سور والنصارى بها كثيرة ومسجد جامعها الى جنب البيعة كمسجد حمص فى مشاركة البيعة ومصاقبتها وملاصقتها، ويرتفع بها ثياب مرعزّى وصوف من بُسطٍ ووسائدَ ومقاعدَ وأنماطٍ وتككٍ وغير ذلك من
أصناف الأرمنىّ المصبوغ بالقرمـز وهو صبغ أحمر يُصبغ بـه | المرعزّى حـط ٢٤٥
والصوف وأصله من دودٍ ينسج على نفسه كدودة القـزّ إذا نسجت على نفسها القزّ ويرتفع منها بزيون كثير فأمّا بزيونهم فله نظير كثير فى بلد الروم وإن كان فى نفسه مرتفعاً، وأمّا ما يُعرف من عملهم بالأرمنىّ من

١ (وكنتُ ... به) — حـط (فقال كيف قلتَ فقلتُ كما سمعتَ)، ٢ (استربتُ) تابعًا لتصحيح ناشر حـط وفى الأصل (اشتريت) وكذلك فى حـل، ٨ (وورثان) — (وورتان)، ٨ (واللايجان) — (والابخار) وفى حـط (والابخاز)، ٩ (وجنزه) — (وجنره)، (وخنان) — (وخنار)، ١١ (دبيل) المرّتين — (دبيل)، ١١—١٢ [أكبر ... ارمينية] مستتمّ عن حـط،

البتوت والمقاعد والبُسط والستور والأنخاخ والمساور والوسائد والأنماط فلا نظير لها فى شىء من الأرض بوجه من الوجوه والأسباب كلّها،

(١٣) وكانت فى قديم الأيّام لِسِنبَاط بن اشوط ملك الأرمن قاطبةً ولأجداده ولم تزل فى أيدى الكبراء منهم فأزالها أبو القٰسم يوسف بن أبى الساج [عنهم] وأخرجها من أيديهم وبأيديهم عهود للصدر الأوّل بإقرارهم على حالهم وأخذ الجزية منهم على ما جرت به مقاطعتهم وكانوا بنو أُميّة وبنو العبّاس قد أقرّوهم على سكناتهم ويقبضون الرسوم عليهم من جباياتهم فتحيّفهم وقصدهم فلم يُفلح بعدُ عذرهم ولا ارتفعت له راية الى اليوم، والغالب على ارمينيه النصرانيّة وللسلطان عليهما كالخراج فى كلّ سنة وكأنّهم اليوم فى عهد على حسب ما كانوا عليه بغير حقيقة تطرّقهم السلاطين المجاورون لهم فيسبونهم ويؤذونهم ويحقرون ذمّتهم وكان رقيقهم لا يباع ببغداذ وأدركتُه كذلك الى سنة خمس وعشرين وثلثمائة ولا يجيزه أحدٌ لأنّهم فى ذمّة معروفة ومعهم غير عهد، وهما ارمينيتان فإحداهما تُعرف بالداخلة والأخرى بالخارجة وفى بعض الخارجة مدن للمسلمين وفى أيديهم لم يزل يليها المسلمون وقد قوطع عليها الأرمن فى غير وقت وهى لملوك الإسلام كارجيش ومنازجرد وخِلاط، وحدودها ظاهرة فحدّها من المشرق الى برذعه ومن المغرب الى الجزيرة ومن الجنوب الى اذربيجان ومن الشمال الى نواحى بلد الروم مس جهة قاليقلا وكانت قاليقلا فى وسط بلد الروم ثغرًا عظيمًا لأهل اذربيجان والجبال والرىّ وما والاها وهى مدينة الداخلة، [وقد تقدّم أنّهما ارمينيتان فالداخلة دبيل ونشوى وقليقلا وما والى ذلك من الشمال] والخارجة بركرى وخلاط وارجيش ووسطان والزوزان وما بين ذلك من البقاع والقلاع والنواحى والأعمال،

---

١ (البتوت) — (البيوت)، ٥ [عنهم] مستنتمٌ عن حـط، ٦ (وكانوا) كذا فى الأصل وفى حـط (وكانت)، ٩ (كالخراج) — (كالخرج)، ١١ (المجاورون) — (المجاورين)، ١٦ (وخِلاط) يلى ذلك فى حـط (وقاليقلا)، ٢٠—٢١ [وقد ... الشمال] مستنتمٌ عن حـط، ٢٢ (والزوزان) — (والروزان)،

ولهم مدخل الى بلد الروم يُعرف باطرابزنده وهى مدينة يجتمع فيها التجّار من بلد الإسلام فيدخلون منها الى بلد الروم للتجارة ويخرجون بها ويخرج اليها لسان من خليج | القسطنطينيّة المارّ الى البحر المحيط ولمتملّك الروم حط ٢٤٦ على صاحبه المقيم باطرابزنده فى وقتنا هذا مال جسيم وضمان عظيم كان فى الوقت الأوّل دونه بكثير وقد تقدّم ذكر ذلك فى أضعاف ذكر بلد الروم وأكثر ما يخرج الى الإسلام وبلده من الديباج والبزيون وثياب الكتّان الرومىّ وثياب الصوف والأكسية الروميّة من اطرابزنده، وليس بين نشوى وبركرى وخلاط ومنازجرد وبدليس وقاليقلا وارزن وميافارقين [وسروج] كبير تفاوت لأنّ مقاديرها تتقارب [إلاّ أنّ خلاط قد عمر خارج المدينة مثل ما هى أضعافًا مضاعفةً وأهلها ذوو مال ويسار وبها اليوم المتاجر والأسواق الجادّة ومقصد التجّار والغالب على أخلاق أهلها الشراسة وبغضة للغريب،] ولا تشبه دبيل فى العظم والكبر منها شىء وهى بأجمعها خصبة عامرة كثيرة الخير وقد نالها من برسام زماننا ما نال سائر الأقاليم باختلال أحوال السلطان وتغيّر أهل الزمان، وأكثر العلماء بحدود النواحى يرون أنّ ميافارقين من ارمينيه وقوم يعدّونها من أعمال الجزيرة وهى من شرقىّ دجلة وعلى مرحلتين منها فلذلك تحسب من ارمينيه، وبهذه البلاد وفى أضعافها من التجارات والمجالب وأنواع المطالب من الدوابّ والأغنام والثياب المجلوبة الى النواحى والفرش والتكك الأرمنيّة الرفيعة والمقاربة [التى تُعمل بسلماس تباع التكّة من دينار الى عشرة دنانير ولا نظير لها فى سائر الأرض] والمقاعد الأرمنىّ المحفور بمرند وتبريز والأنخاخ ما يقلّ

---

٨ (وميافارقين) — (ومياقارقين)، ٩ [وسروج] مستتمّ عن حط،
٩—١١ [إلاّ ... للغريب] من مضافات حب ٣٣ظ، ١٢ (دبيل) — (دَبِيل)،
١٩—٢٠ [التى ... الأرض] مأخوذ من حط، ٢٠—١ (والمقاعد ... وجودته) مكان ذلك فى حط (والأرمنىّ المقدّم ذكره يعمل بدبيل ويعمل بمرَنْد وتبريز ودبيل ونواحى ارمينيه وأنخاخ تعرف بالأرمنى المحفور يقلّ نظيرها فى جميع النواحى التى يشبهون أعمالهم بها)، ٢٠ (بمرند) — (بمزند)،

نظيره ولا يوجد ككثرته وجودته وكذلك السبنيّات والمقارم والمناديل المعمولة بميافارقين وبمواضع من ارمينيه،

(١٤) فأمّا الأنهار بهذه البلاد التى تجرى فيها السفن فنهر الكرّ وهو نهر كبير [٩٦ ظ] ويكون كالزابي الأصغر الخارج الى دجلة وكجيحان والبردان فى أرض الثغر ونهر الرسّ وهما متقاربان فى غُزر الماء وكثرته، ونهر سبيذروذ الذى بين اردبيل | وزنجان فنهر يصغُر عن جرى السفن حـط ٢٤٧ فيه، والكرّ نهر عذب مرئ خفيف يخرج من ناحية جبل القبق على حدود جنزه وشمكور مقبلاً من ناحية تفليس وقبل [أن] يمرّ عليها يمرّ على قلاع فى بلدان الكفر مُنصبًّا الى بحيرة الخزر على نواحى برذعه، ونهر الرَسّ أيضًا نهر عذب خفيف طيّب يخرج من نواحى ارمينيه الداخلة حتّى ينتهى الى باب ورثان ثمّ يمرّ فيقع بعضه فى الكرّ وبعضه فى بحيرة طبرستان وهو الرسّ الذى ذكر الله تعالى ما فعل بقومه وهو إذا تأمّله المتمكّن منه ومرّ على جانبيه من مدينة ورثان صاعدًا ونازلاً رأى عليه آثار مدنٍ قد قُلِبَتْ وخُسِفَتْ وهُوِّر بعضها وقُلِبَ أعاليها أسافلَها وهى فى أقبح مرأًى ومنظرٍ تصديقًا لقوله وعادًا وثمودًا وأصحابَ الرسِ وقرونًا بين ذلك كثيرًا وكُلاًّ ضربنا له الأمثال وكُلاًّ تبَّرْنَا تتبيرًا،

(١٥) والبُحَيرة التى باذربيجان بين المراغة وأُرمِيه وتُعرف بكبُوذان مالحة الماء وليس فيها دابّة ولا سمك وفيها مراكب كثيرة تختلف بالتجارة بين البلدان وأعمال تبريز وداخرقان وحواليها من جميع جهاتها عامرٌ ما استدارت قُرًى ورساطيق وبين أُرميه وبينها فرسخان من غربيّها وبينها وبين المراغة من شرقيّها خمسة فراسخ | وبين أوائل داخرقان وسيف هذه حـط ٢٤٨ البحيرة أربعة فراسخ وطولها نحو أربع مراحل بين الشمال والجنوب بسير

٣ (وهو) — (وهى)، ٤ (كالزابي) — (كالرابى)، (وكجيحان) — (وكجنحان)، ٥ (والبردان) — حـط (وبَرَدَى)، ٨ [أن] مستتمٌ عن حـط، ١٥—١٦ (وعادًا ... تتبيرًا) سورة الفرقان (٢٥) الآية ٤٠، (بكبُوذان) — (بكبودان)، ٢١ (أوائل) — (اويل)،

الدوابّ وعرضها فيما بين المراغة وأُرمِيـه نحو عشرين فرسخًا ويكون فيها أمواج عظام فى الشتاء ومصائب كبار وفى وسطها جبال مسكونة مأهولة على مياهٍ زهيدة وعَيشٍ شظفٍ وسكّانها أصحاب المراكب ونواتيها المختلفون بالأمتعة والرُكّاب بين شطّيها ولهم معَزٌ يقوم بِرَمقهم ولا شىء عندهم إلّا ما جُلِب اليهم،

(١٦) وفى جنوب بركرى وخلاط وارجيش بحيرة آخذة من المشرق الى المغرب ويكون طولها بضعة عشر فرسخًا يُخرج منها سمك صغار أشبار يُعرف بالطَّرِيخ فيُملَّـح ويُحمل الى كثير من الأقطـار كالموصل ونواحى الجزيرة والعراق وأصقاع الشأم، [وفى هذه البحيرة حصن يُعرف باختار،] وفى أطراف هذه البحيرة ملـح البَوْرَق ويُحمل أيضًا الى العـراق وغيرهـا للخبّازين وبالقرب منها بل فى جبل فى جنوبها مقالع الزرنيخ المجلوب الى سائر الأرض وهو أصل الزرنيخ ومنه الأحمر والأصفر ويُحمل أيضًا من بعض سواحل كبوذان بَوْرَق الصاغـة للحام الفضّة والذهب وذلك أنّ فى بعض مياهها ما يستحجـر فيكون منه هذا البورق فيُحمل الى فجاج الأرض وأعماقها وسهلها وجبلها ويُصيب التجّار فية المرابح النفيسة الغزيرة، ويُجلب من الزوزان ونواحى ارمينيه والران من البغال الجياد الموصوفـة بالصحّة والجَلَد والفراهة والصبر الى العراق والشأم وخراسان وغير ذلك ما يُستغنى بشهرته عن وصفه وذكره، والزوزان ناحية وقلاع لها ضياع الغالب عليها الجبال ويكون بها الشهارىّ الحسنـة الموصوفـة بالجمال والفراهة ما يُقارب شهارىّ طخارستان وربّما زاد عليها وعلى نتـاج الجُوزجان،

(١٧) وجبالها تتّصل من جهة الحارث والحويرث بجبال اهر ووَرزقان
حط ٢٤٩ فتمرّ الى تفليس فى الشمال ويتّصل | هناك بها جبل القبق تجاه سياهكُويه

١ (بين المراغه وأُرميه) — حب (بين المشرق والمغرب)، ٩ [وفى ... باختمار،] من مضافات حب ٣٣ ظ، (باختمار) — (بياختمان)، ١٦ (الزوزان) — (الروران)، ١٧ (والصبر) — والصبر)، ١٨ (والزوزان) — (والرُورانُ)،

وهو جبل عظيم ويقال أنّ عليه ثلثمائة ونيّفًا ألسنةً مختلفةً وكنتُ أُنكِر هذا حتّى رأيتُ لسبلان جبل اردبيل غير قرية ولأهل كلّ قريـة لسان يتخاطبون به غير لسان الفارسيّة والأذريّة، وتتّصل جبال القبق بجبل سياه كُويه الذى وراء بلاد الخزر فى بلد الغُزّيّة راجعًا الى المشرق من وراء بحيرة خُوارزم الى جبال خُوارزم وجبال فرغانه وذلك أنّ جميع الجبال [٩٦ ب] على ما ذكرتُه متناسبة متفرّعة من الجبل الخارج من بلد الصِين ذاهبًا على الخطّ المستقيم الى البحر المحيط من بلـد السودان بالمغـرب، وبنواحى ورثان وبرذعه وجزيـرتى باب الأبواب اللتين فى وَسَط بحيرة الخزرِ فُوّة غزيرة كثيرة فائقة فى الجودة تُحمل فى بحيرة الخزر الى جُرجَان ويُقصد بها بلاد الهِند على الظهر وهذه الفُوّة فى جميـع بلد الران من حدّ باب الأبواب الى تفليس وقُرب نهرِ الرَسّ الى نواحى خزَران وهى مملكة تحت يد صاحب اذربيجان فى جبال تتّصل بجبال الطَرم المتّصلة من غربىّ بحر الخزر بجبال الرَىّ وطبرستان وجرجان الى نيسابُور،

(١٨) ولهذه الجبال ملوك وأصحاب لهم نِعَم فخمة وضياع وقلاع نفيسة وخيول وكُراع الى مدن مضافة اليهم ونواحٍ ذات رساتيق وأقاليم عامرةٍ كالمِلك لهم موفّرة عليهم غلّاتها ونعمها، وبهذه الجبال والنواحى والمدن والبقاع التى ذكرتُها من الرخص والخصب والمراعى والمواشى والسوائم والخيرات والبركات والمشاجر والأنهار والفواكه الرطبة واليابسة والخشب على سائـر ضروبه من خلنجة وكَرْمة وجَوزة ما لا يحاط بعلمه ولا يُبلـغ كُنهُه، وملوكها بها من سعة الأحوال وتمتّعهم بالنعم والملاذّ والتتـرّف

---

١ (ونيّفًا ألسنةً) — حـَط (وستّين لسانًا)، ٣ (والاذريّة) — (الاذرية) وفى حـَط (الاذريّة والفارسيّة)، ٤ (الذى وراء) — حـَط (الذى وراءه)، ٨ (ورثان) — (ورثَان)، ٩ (فُوّة) — (فُوءٌة)، ١١ (وقُرب) — (وقرُب)، (خزَران) كذا فى الأصل وفى حَل التى هنا نسخة حـَط الوحيدة (حزران) وصحّحه ناشر حـَط الى (جرزان)، ١٨ (والمشاجر) — (والمساحر)، ٢٠ (وملوكها ... الأحوال) مكان ذلك فى حـَط (وبها ملوك الأطراف ممالكهم كبار وأحوالهم واسعة)،

بالطيب والثياب والخدم الروقة والخيول والبغال ذوات المراكب من الفضّة والذهب وقنية الجوارى الروقة من المغنّيات والشهوريّات والطبّاخات والنفقات الدارّة السابغة وكثرة الآلة من الذهب والفضّة والآنية الرفيعة الثقيلة المخرّشة بالسواد من الصوانى والأطباق والأرطال والطُسوت والأباريق والأسطال فى غرائب الصنعة من اللُجَين والعَسْجَد | الى ما حط ٢٥٠ يشاكل ذلك من الزُجاج المُحْكَم والبلّور المخروط الثمين والجَوْهَر من الحبّ والياقوت، وكان أكثر هؤلاء الملوك عليهم كالضرائب القائمة واللوازم تُحمل فى كلّ سنة الى ملوك اذربيجان فلا تنقطع ولا تمتنع وكلّهم فى طاعة مَن مَلَكها فثقّفها، وكان ابنُ أبى الساج يرضى منهم بالقليل مرّةً وبالتافه أُخرى على طريق الهديّة فلمّا صارت هذه المملكة الى المرزبان بن محمّد ابن مُسافر المعروف بالسلّار جعل لها دواوين وقوانين ولوازم يخاطِب على مرافقها وتوابعها وبقاياها، ومن أكبر من أدركتُ من ملوكها شروان شاه محمّد بن أحمد الأزدىّ وملك اللايجان بعده وله الملك المتّصل ببعض جبال القبق ونواحيه يعرف بلايجانشاه واليه الصنارىّ المعروف بسنحاريب وهو نصرانىّ فى دينه كابن الديرانىّ صاحب الزوزان ووان ووسطان وسأُبيّن محلّ كلّ واحد من هؤلاء بذكر ما عليه ويلزمه من المال والضريبة والهدايا عند ذكر ارتفاع الناحية والفراغ من ذكر مسافاتها وحالها،

(١٩) فأمّا لسان أهل اذربيجان وأكثر أهل ارمينيه فالفارسيّة تجمعهم والعربيّة بينهم مستعملة وقلّمن بها ممّن يتكلّم بالفارسيّة لا يفهم بالعربيّة ويُفصح بها من التجّار وأرباب الضياع ولطوائف مَن [فى]

٣ (والطبّاخات) — (الطبّاخات)، ٨—٩ (وكُلّهم ... فثقّفها) — حط (وكان أرباب هذه النواحى الذين هم ملوك الأطراف فى طاعة ملك اذربيجان وارمينية والرانين)، ١٣ (اللايجان) — (الابخار)، (وله) — (واليه)، ١٤ (يُعرف) — (تُعرف)، ١٥ (ووان) — (واوان)، ٢٠ (تجمعهم) — (تجمعه)، ٢١ [فى] مستتمّ عن حط،

الأطراف من ارمينيه وما شاكلها ألسنة أُخَر يتكلّمون بها كالأرمنيّة مع اهل دبيل ونشوى ونواحيهما ويتكلّم أهل برذعه بالرانيّة، ولهم الجبل المشهور المعروف بالقبق ويحيط به ألسنة مختلفة كثيرة للكفّار وقد تقدّم ذكره ويجمع الكثير منهم لسان واحد، ونقود أذربيجان والران وارمينيه الذهب والفضّة، وأكثرهم أهل عافية وسلامة ورغبة فى الخير وأهلِهِ وطلب المعاش والستَر لما دهمهم من المصائب وتكانف عليهم من النوائب وفيهم وقتنا هذا من هو على مذاهب أهل الحديث والقول بالحَشْو | وكثير من الباطنيّة البقليّة فيهم، وليس بجميع اذربيجان وارمينيه حط ٢٥١ والرانين متكلّم ولا متعصّب للكلام والنظر وفيهم أطبّاء فضلاء أدركتُهم أجلّاء مياسير بصناعة الطبّ أرباب ضياع ونعم وكراع يرون أنّ المنطق كُفر وصَنْعة النظر شغل قاطع عن الواجبات وصادّ عن أكثر أسباب السياسات،

(٢٠) ذكر الطرق بها والمسافات بهذه النواحى، فالطريق من برذعه الى اردبيل فمن برذعه الى مُويان قرية سبعة فراسخ ومن مُويان الى مدينة البيلقان سبعة فراسخ ومن البيلقان وهى مدينة طيّبة كثيرة المياه والأجنّة والأشجار والطواحين الواسعة على أنهارها الى ورثان وهى مدينة أكبر من البيلقان وأفسح وأكثر أهلاً وأسواقًا [٩٧ ظ] ومتاجر وبها ما يكون بالمدن الكبار من الأعمال والفنادق وعليها سور ولها ربض فيه أسواقها سبعة فراسخ، ومن ورثان الى بلخاب سبعة فراسخ وهى قرية آهلة فيها رباطات وفنادق للسبيل تنزلها السيّارة ومن بلخاب الى برزند [وهى مدينة قريبة الحال من البيلقان سبعة فراسخ ومن برزند] الى اردبيل خمسة عشر فرسخًا بين قرًى ومنازل عن يمينٍ وشمالٍ لا تنقطع ولا تغيب

---

١ (كالأرمنيّة) — (كالارمينه)، ٢ (ونشوى) — (وسوى)، ١٤ (مُويان) المرّتين — قد صُحّح فى الأصل الحرف الأوّل الى ميم ولا يظهر ما كان كُتب أوّلاً ويوجد فى حط (يونان) تابعًا لياقوت، ٢٠—٢١ [وهى مدينة ... برزند] مستتمّ عن حط،

عن الناظر، والطريق من برذعه الى باب الأبواب فمن برذعه الى برديج مدينة صالحة على نهر الكرّ فيها متاجر ومجالب ثمنية عشر فرسخًا ومن برديج يعبر الكرّ الى الشماخيّة أربعة عشر فرسخًا ومن الشَماخيّة الى شروان ثلثة أيّام ومن شروان الى اللايجان يومان ومن اللايجان الى جسر سمور اثنا عشر فرسخًا ومن جسر سمور الى الباب عشرون فرسخًا ويكون الجميع نحو تسعين فرسخًا، والطريق من برذعه الى تفليس فمنها الى جنزه مدينة صالحة تسعة فراسخ ومن جنزه الى شمكور عشرة فراسخ ومن شمكور الى خنان مدينة أحد وعشرون فرسخًا ومن خنان الى قلعة ابن كندمان عشرة فراسخ ومن القلعة الى تفليس اثنا عشر فرسخًا الجميع اثنان وستّون فرسخًا، والطريق من برذعه الى دبيل فمنها الى قلقاطُوس تسعة فراسخ ومن قلقاطوس | الى متزيس ثلثة عشر فرسخًا ومنها الى دوميس اثنا عشر فرسخًا (حَط ٢٥٢) ومن دوميس الى كيلكوين ستّة عشر فرسخًا ومن كيلكوين الى السبسجان ستّة عشر فرسخًا وهى مدينة طيّبة مقتصدة ومن السبسجان الى دبيل ستّة عشر فرسخًا،

(٢١) والطريق من برذعه الى دبيل فى الأرمن وجميع هذه القرى التى فى ضمنها والمدن مملكة سِنباط بن اشوط الأرمنىّ التى قبضها عنه يوسف ابن أبى الساج غدْرًا منه وظُلمًا وخلافًا لله تعالى ولرسوله صلّى الله عليه | إذ يقول أنا أحقّ مَن وُفِى بذمّته ليس لإمامٍ ولا لمن تبع إمامًا أن (مفقود فى حَط) يُؤذِن ذِمّيًّا تعنّتًا ولا تعصّبًا فى شىء من أسعار أهل الذمّة إلّا تأديبًا وتثقيفًا وقال عليه السلم المسلمون تتكافأ دماؤهم يقوم بذمّتهم أدناهم وهم

٤ (اللايجان) المرّتين — (الابخار)، ٨ (كندمان) — (كندمار)، ١٠ (دبيل) — (ديْبُل)، ١١ (متزيس) تخمينًا — (ميريس) وفى حَط تابعًا ليافوت (متريس)، (دوميس) كذا كان كُتب أوّلاً المرّتين فغيرّهما غير يد الناسخ الى (دومانيس)، ١٢ (كيلكوين) المرّة الأولى — (كيكلوين) والثانية — (كيكلون)، (دبيل) — (دَبُيل)، ١٥ (برذعه) تابعًا لصَط — (برديج)، (دبيل) — (دَيبل)، ١٩ (تعصّبًا) — (نعضبًا)،

حَرْبٌ على من سواهم، فلو أنّ رجلاً من أفناء المسلمين رَضِيَته فئة منهم وهم فى ثغرٍ وَأمّرتْهُ عليهم واختبرتْه فوجَدَتْه عالمًا عدلاً وحكم فيه على طريق النظر والمصلحة لهم ولمَنَ وراءهم من المسلمين بشروطٍ رآها فيمن جاوره من دور الحرب لم يكن لأحدٍ نقضها شَطَرًا وبطرًا وذهابًا بالإعجاب الى ما ليس للإنسان فِعلُهُ، فكيف بالصدر القديم والإمام العَدل الكريم عليه السلم وقد عقد عقدًا ورأى رأيًا ظاهرُهُ صلاحٌ للمسلمين وشرفٌ الى يوم الدين بقبضه جزية ملك عظيم واستخدامــه مع التمنّع برجالــه فيما ناب المسلمين ودَهِمَهم وهذه الصورة ونظائرها وتمرّد من اليه النظر من فاسق ينظر فيها مخمورًا بعين جاهل ويعتمد الى نقضها وهو يعلم أنّــه مخالف مُصِرّ ما أصار المسلمين الى ما هم عليه وبه ولينهم بَقُوا على ما نحن فيــه بلا زيادة،

(٢٢) | الطريق من اردبيل الى زنجان فمن أردبيل الى قنطرة سبيذروذ حـط ٢٥٢
مرحلة ومن سبيذروذ الى سراه مرحلة ومن سراه الى توى [يوم ومن توى] الى زنجان مرحلتان، والطريق من اردبيل الى المراغة فمن اردبيل الى كورسره قصر بحصن عظيم وله إقليم فسيــح ورستــاق جليل جسيم وله أسواق فى كلّ شهر ومواعيد من السنة فى رؤوس الأهلّة — أدركتُها قديمًا ودخلتُها وأنا حديث السنّ وفيها من الأمم لسُوقٍ اجتمعوا فيه ومعهم من المتاع والتجارات من البزّ والسَقَط والبربهار والعِطــر والجلّ من الفُرش ومتاع السرّاجين بعجيب ما تحتمله أسباب السراجة من السروج والسيوف والحُزم والغواشى والسُيُور المراغيّة الى أسباب السلاح وكان فيه من آلة الصُفر المجلوب من العِراق والذهب والفضّة المَصُوغة والخيل والبغــال والحمير والبقر [والغنم] ما لو قيل أنّ الأرض والناحية وما فيها وتستقلّ

١ (رَضِيَته) — (رَصِيفهُ)، ٩ (بعين) — يعين)، ١٢ (سبيذروذ) المرّتين — (سبندروذ)، ١٣ [يوم ومن توى] مستتمّ عن حـط إلاّ أنّه كتب فى حـط (نوى) تابعًا لبعض نسخ صـط، ١٥ (كورسره) — (كوره سراه)، ٢٢ [والغنم] مستتمّ عن حـط،

به فى وهادها وعلى جبالها ورُباها أوسعُ من أرض الموقف ممتلئة بالناس وما معهم وأكثر من الموقف انضمامًا وانغصاصًا بما ذكرتُه من الأجناس التى وصفتُها لم يقابَل ذلك بغيــر التسليم والتصديق وإن كانت أرض الموقف بجبالها الى عرفات نحو ثلثة فراسخ ومن يقوم بها من الأمم [أهل اليمن ومصر والعراق والمغرب والشأم وخراسان الى من ضامّهم من أسقاع الأرض]، وكان فيمن حضره أبو أحمد ابن عبد الرحمٰن الشيزىّ المراغىّ سيّد تجّار اذربيجان وتنّائها فقال له كاتبه أبو الفتح ابن مَهدىّ قد باع أبو إسحٰق الماجردانىّ ماله وانصرف ولم يحمل الينا ما لنا عنده فقال كم باع فقال مائة ألف رأسٍ فاستثبتُّ ذلك من أبى أحمد دفعاتٍ فقال أبرَمْتَ انصرفَ أبى رحمه الله من هذا الموقف غيرَ سوق بألف ألف شاة حـط ٢٥٢ | فأعدتُها عليه فقال نعم وشُعيب بن مهران بمثلها ووقفتُ بعد ذلك منه على حكاياتٍ [٩٧ ب] عن هذا السوق والموضـع أيّامَ يُوسف بن أبى الساج ليست من شرط هذا الكتاب وفيما ذكرتُه كفاية فى الدلالـة على حال هذا السوق إن صدقه منصفّحها — اثنا عشر فرسخًا ومن كورسره الى المراغة اثنا عشر فرسخًا، ومدينة سراه بين كورسره واردبيل مدينـة طيّبة كثيرة الخير والمير والبساتين والمياه والفواكه والزروع والطواحين

٤–٦ [أهل اليمن ... الأرض] مستتمّ عن حـَط، ٦–٧ (وكان ... وتنّائها) — حـَط (فإنّى سمعتُ أبا محمّد عبد الرحمان ابن السرى)، ٦ و٧ (ابن) — (بن)، ٦ (الشيزىّ) تخمينًا — (الشيرىّ)، ٩ (مائة) — حـَط (مائتى)، (أحمد) — حـَط (محمّد)، ١٤ (هذا) — (هذه)، (اثنا عشر فرسخًا) — قد صحّح ذلك ناشر حـَط الى (٣٨) لما سيأتى فيما بعد من أنّ المسافـة بين اردبيل والمراغة نحو أربعين فرسخًا ويوجد فى صـَط فى هذا الطريق (ومن اردبيل الى المراغة من اردبيل الى الميانج ٢٠ فرسخًا ومن الميانج الى خونج مدينة ٧ فراسخ ومن خونج الى كولسره رستاق سوق عظيم لا منبر فيه ٣ فراسخ ومن كولسره الى المراغة ١٠ فراسخ) فالظاهر أنّ نصّ هذه الفقرة مختلط هنا بما أُدرج فيه من صفة سوق كورسره ثمّ مدينة سراه فألزم ذلك تأخير صفة الطريق من اردبيل الى الميانج ثمّ الى خونج الى غير موضعه فى آخر الفقرة، ١٤ و ١٥ (كورسره) المرّتين — (كُورة سره)،

ولها أسواق حسنة وفنادق نظيفة وكان لها تانئــة أجِلّة من آل زانبُرّ وغيرهم فهلكوا وبادوا أدركتُ مشائخهم والمُروؤة فيهم فاشية وأحوالهم مع السَلّار متماسكة، ومن اردبيل الى الميانج عشرون فرسخًا مدينة صالحة فى نفسها رفهة بأهلها رفيقة بسكّانها ورُخصها وخيرها، ومن الميانج الى الخونج مدينة أيضًا بها مرصدٌ على ما يخــرج من اذربيجان الى نواحى الرىّ ولوازم على الرقيق والدوابّ وأسباب التجارات كلّها من الأغنام والبقر ومقاطعة هذا المرصد دائمًا مائة ألف دينار وزائد الى ألف ألف درهم وناقص فى السنة وليس له ولما يجتاز به شبه فى جميــع أقطار الأرض، الطريق من اردبيل الى آمِد وأعمال الثغور الجزريّة فمن اردبيل الى المراغة نحو أربعين فرسخًا ومن المراغة الى أُرميه على الظهر وفى البحر نحو ثلثين فرسخًا ومن أُرميه الى سلماس مرحلتان ومن سلماس الى خوى تسعة فراسخ ومن خوى الى بركرى ثلثون فرسخًا ومن بركرى الى ارجيش يومان ومن ارجيش الى خلاط ثلثة أيّام ومن خلاط الى بدليس | حط ٢٥٤ ثلثة أيّام ومن بدليس الى ارزن الى ميافارقين أربعة أيّام ومن ميافارقين الى آمِد يومان ومن آمِد الى حَرّان على الطريق الذى تسلكه الغُزاة والمجاهدون الى شمشاط وعلى سُمَيْساط الى ملطيه نحو خمسة أيّام، والطريق من المراغة الى دبيل على أُرميه وسلماس الى خوى ثلثة وخمسون فرسخًا ومن خوى الى نشوى خمسة أيّام ومن نشوى الى دبيل أربع مراحل، ومن المراغة

---

١ (آل زانبُرّ) — حط (أهل رأس)، ٩ (الجزريّة) — (الحزريه)، ١٥—١٦ (ومن آمد ... ملطيه) قد صُحّح ذلك على التخمين ويوجد فى الأصل (ومن امد الى حَرّان الى الطريق الذى تسلكه الغُزاة والمجاهدون الى شنشاط على شميشاط الى ملطيه) وفى حط (ومن آمد الى حَرّان يومان ومن حرّان الطريق الذى سلكه الغزاة والمجاهدون من المراغة على شمشاط وسُمَيساط الى ملطية) إلّا أنّ كلمتى (من المراغة) توجدان فى حَل التى هنــا نسخة حط الوحيدة بعــد كلمة (الطريق)، ١٧ (وسلماس الى خوى) — (وخوى الى سلماس)، ١٨ (دبيل) قد كان كُتب أوّلاً (ديبل) ثمّ صُحّح بغير خطّ الناسخ الى ما كان قد يراد به (دوين)،

الى الدينور ستّون فرسخًا لا منبر فيها، وهذه جوامع مسافاتها وذكر طرقها وجميع أحوالها،

(٣٢) وأمّا حالها التى أدركتُها عليها وكانت بها فإنّ جباياتها وضرائبها على ملوك أطرافها تُعرب عن حالها وتدلّ على حقيقة وصفها وإن كانت تزيد وتنقص فى بعض الأوقات ومن أوسط ما جُبِيَت وأعدل ما رُفِعَت لسنة أربع وأربعين وثلثمائة وقد تولّى موافقاتها أبو القسم علىّ بن جَعْفَر صاحب زمام أبي القسم يُوسف بن أبى الساج للمرزُبان بن محمّد وهو يزر له فوافق مُحمّد بن أحمد الأزدىّ صاحب شروانشاه وملكها على ألف ألف درهم ودخل فى موافقته اشجانيق صاحب شكى المعروف بأبي عبد الملك، ووافق سنحاريب المعروف بابن سواده صاحبَ الربع على ثلثمائة ألف درهم وألطاف من بعد ذلك، وصاحب جرز وشقان بن موسى على مائتى ألف درهم، ووافق أبا القسم الويزورىّ صاحب ويزور على خمسين ألف دينار وألطاف، وأبا الهيجاء ابن روّاد عن نواحيه باهر وورزقان على خمسين ألف دينار وألطاف، وأبا القسم الجيذانىّ عن نواحيه وبقايا كانت عليه على أربع مائة | ألف درهم فرام النقصان وثقّل بالمسألة فزيد على موافقته تبرّمًا بما فعله ثلثمائة ألف درهم ومائة ثوب ديباج رومىّ، وألزم بنى الديرانىّ حسب ما كانت موافقتهم عليه في كلّ سنة مائة ألف درهم وتركها لهم لأربع سنين مكافاةً لهم بدفعهم اليه ديسم بن شاذلويه وكان قد استجار بهم فأسلموه وغدروه، وواقف بنى سنباط عن نواحيهم من ارمينيه الداخلة على ألفى ألف درهم

حـَط ٢٥٥

٣ (عليها) — (عليه)، (بها) — (به)، ١٠ (سواده) — حـَط (سوارة)، (الربع) كذا أيضًا فى نسخة حـَط، ١١ (جرز) كذا أيضًا فى نسخة حـَط وصحّحه ناشر حـَط الى (جرزان)، ١٢ (الويزورىّ) — حـَط (الوَيْذُورىّ)، ١٣ (ويزور) — (وىرور) وفى حـَط (ويذور)، ١٥ (الجيذانىّ) — حـَط (الخَيْزانىّ) إلاّ أنّه يوجد فى النسخة (الجندانى)، (أربع مائة) — حـَط (أربعة الاف)، ١٦ (بالمسألة) — (بالمَسلق)، ١٨ (درهم) تابعًا لحـَط — (دينار)،

ونظر لهم من بعد بمائتى ألف درهم، ووافق سنحاريب صاحب خاجين على مائة ألف درهم وألطاف وكراع بخمسين ألف درهم، فبلغت الموافقة من عينٍ وورقٍ وتوابعَ وألطافٍ من بغالٍ ودوابّ وحلىّ عشرة آلف ألف درهم، وخراج جميع النواحى من اذربيجان وارمينيه والرانين وحواليها وجميع مرافقها من وجوه أموالها خمس مائة ألف دينار، وهذه جملة ما وقفتُ عليه من حالها وما كان لدىّ من أخبارها وأوصافها على ما أدّت اليه استطاعتى وناله وسعى،

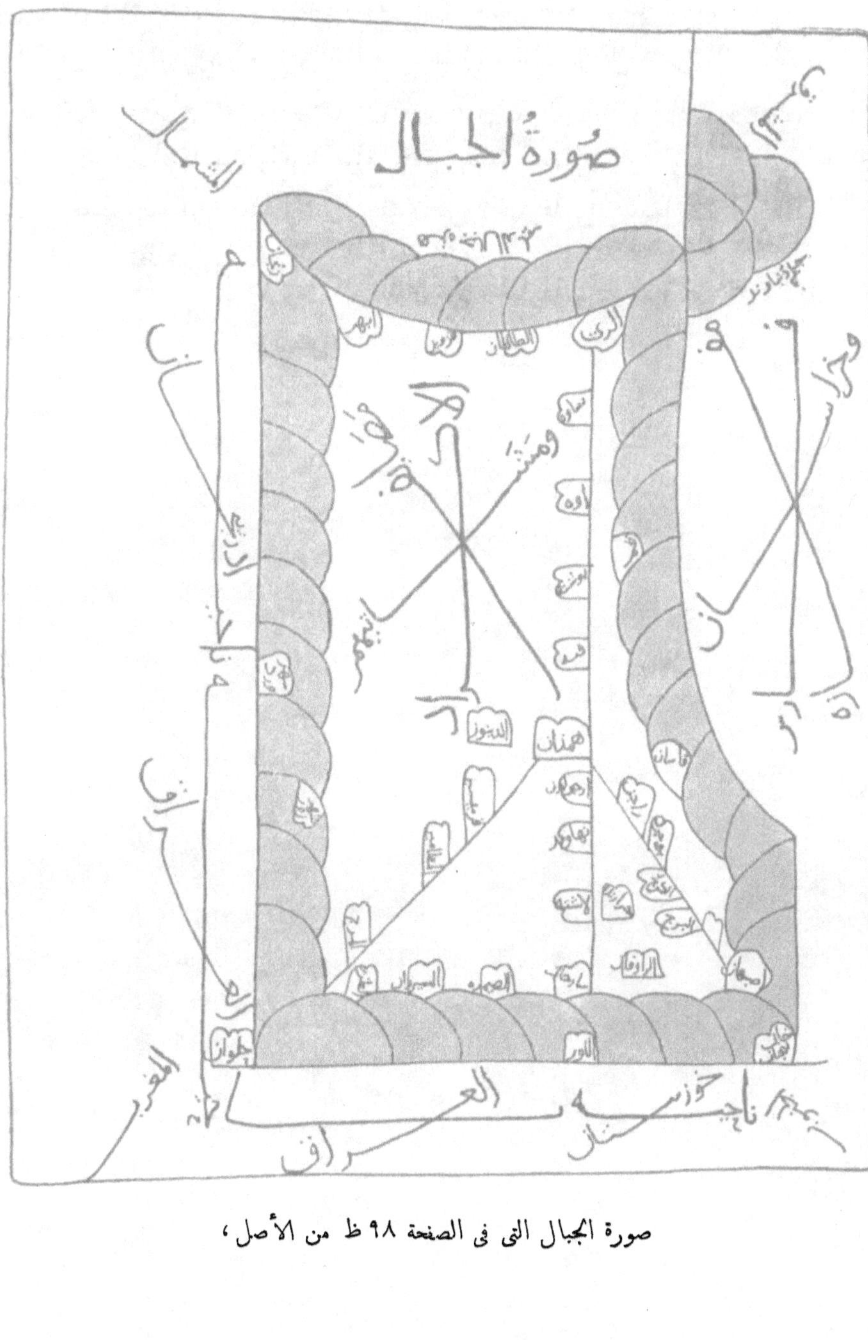

صورة الجبال التى فى الصفحة ٩٨ ظ من الأصل ،

[الجبال]

(١) والجبالُ وأعمالها مصاقبة لهذه الناحية، وهذا العمل والذى يشتمل على ماهَى الكوفة والبصرة وما يتّصل بهما ممّا أدخلتُه فى أضعافها فحدّها الشرقىّ الى مفازة خراسان وفارس واصبهان وشرقىّ خوزستان وحدّها الغربىّ اذربيجان والشمالىّ بلاد الدَيلم وقزوين والرىّ وإنّما تفرّد الرَىّ وقزوين وابهَر وزِنجان عن الجبال وتُضَمّ الى الدَيلم لأنّها محتفّة بجبالها على التقويس وحدّها الجنوبىّ العراق وبعض خوزستان،

(٢) وهذه صورة الجِبَال،

[٩٨ ظ]

إيضاح ما يوجد فى صورة الجبال من الأسماء والنصوص،

كُتب فى أعلى الصورة صُورةُ الجبال وعن يمين ذلك فى الزاوية المشرق وفى الزاوية اليسرى الشمال، ورُسم تحت ذلك أربع سلسلات جبال تحيط بساحة مربّعة الشكل وكُتب موازيًا للسلسلة الفوقانيّة هذه جبال الديلم ويتّصل بالطرف الأيمن من هذه السلسلة جبل كتب عنده جبل دُنباوند، ويوجد بين السلسلة اليمنى وطرف الصورة كتابة تشتبك خطوط كلماتها على شكل صليبىّ وهى مفازة فارس وخراسان، وكُتب تحت السلسلة السفلى ناحية خوزستان ثمّ ناحية العراق كلاهما على شكل صليبىّ وعن يمين هاتين الكتابتين فى الزاوية الجنوب وعن يسارها المغرب، وتعطف كتابة ناحية العراق الى الفوق موازيةً للسلسلة اليسرى وتليها الى الأعلى كتابة ناحية اذربيجان،

ويتّصل بداخل السلسلة العليا من المدن الرى، الطالقان، قزوين، ابهر، ثمّ زنجان فى الزاوية، وبداخل السلسلة اليمنى قم، قاسان، اصبهان، ثمّ تتّصل بداخل السلسلة

---

٣ (ماهَى الكوفة والبصرة) — (ماهِى الكُوفةُ والبصرةُ)، (فحدّها) — (فحدّه)، ٤ (خوزستان) — (خورستان) ويُفقد هنا حدّها الجنوبىّ الذى هو العراق ويُفقد أيضًا فى حَط وصَط، ١٢ (الشمال) — (المشال)،

السفلى شابرخاست، الصيمره، السيروان، الطزر ورُسمت فى هذه الجبال متّصلة بخطّها التحتانىّ خان لنجان، اللور، ثمّ متّصلة بالزاوية اليسرى مدينة حلوان، وفى السلسلة اليسرى من المدن شهرزور وسهرورد،

ويأخذ من الرى طريق الى شابرخاست عليه من المدن ساوه، اوه، بوسنه، روذه، همذان، الروذراور، نهاوند، لاشتر، وعلى الطريق الآخذ من همذان الى اصبهان رامن، بروجرد، الكرج، البرج، ثمّ شكل مدينة لا اسم فيه ويجوز أنّها خونجان، وفى الساحة بين هذا الطريق والطريق الأوّل تقع فراونك والدارقان، وعلى الطريق من همذان الى ناحية حلوان قرميسين، المطامير، المرج، وتقع عن يسار همذان مدينة الدينور،

وتوجد فى الساحة عن يسار الطريق من الرى الى همذان كتابة مشتبكة وهى مصائف الاكراد ومشاتيهم،

(٣) [٩٨ ب] والجبال تشتمل على مدن مشهورة ومعظمها هَمذان والدينور واصبهان وقم ولها مدن أصغر من هذه مثل قاسان ونهاوند واللور والكرج والبرج وسأذكر ما تقع الحاجة الى معرفته منها،

(٤) فأمّا المسافات بها فالطريق من همذان | وهى مدينة كبيرة حسنة حـط ٢٥٦
جليلة المقدار لها أنهار وأشجار وعمل واسع وغلّات من سائر الغلّات وبها أهل تناية فيهم أدب وفضل ومُرووة وهى على مرّ الأيّام والأوقات رخيصة الأسعار كثيرة الأغنام والألبان والأجبان وضروب التجارة من الزعفران المتّخذ بالروذراور وهو عمل من أعمالها ويزكو به، ومنها الى اسداباذ وهى مدينة أيضًا صالحة قويّة الأهل واسعة الرساتيق والدخل خمسة عشر

١ (شابرخاست) — (سارحات)، ٤ (بوسنه) — (بوشنه)، (روذه) — (فنه)، ٥ (الروذراور) — (ارجواون)، (لاشتر) — (لاشنه)، ٦ (رامن) — (راجن)، ٧ (فراونك) — (حرارنك)، (الدارقان) — (الراوفان)، ٩ (الدينور) — (الدينوز)، ١٣ (قاسان) — حـط (قاشان) وكذلك كلّ مرّة، ١٤ (واللور) — (والرور)، ١٧ (تناية) — (تُنايه)، ١٩ (بالروذراور) — (بالرودراور)، (ومنها) — (وفيه)،

فرسخًا، ومن اسداباذ الى قصر اللصوص سبعة فراسخ وهى مدينة وفيها منبر استحدثها مُونس المظفّر، ومن قصر اللصوص الى ماذران سبعة فراسخ ومن ماذران الى قنطرة النُعمٰن خمسة فراسخ ومن قنطرة النعمٰن الى قرية أبى أيّوب أربعة فراسخ ومنها الى بهستون جبل عظيم [فرسخان] وقرية هناك تُدعى سايسانان وفى هذا الجبل المذكور كهف فيه الفَرَسُ المصوّر عليه كسرى ويُعرف بشبداز، ومن بِهستون الى قرميسين ثمنية فراسخ وهى مدينة لطيفة فيها مياه جارية وشجر وثمر ورُخص وأبّ وسائمة كثيرة وعيون متدفّقة وخيرات وتجارات، ومن قرمِيسين الى الزبيديّة منزل صالح ثمنية فراسخ ومن الزبيديّة الى مرج القلعة وهى مدينــة عليها سور لطيف وهى لطيفة ولها مياه جارية وأغنام كالجّان تسعة فراسخ، ومن المرج الى حلوان مدينة قد مرّ ذكرها فى وصف العراق لأنّها أوّل حدّها من نواحى الجبال عشرة فراسخ، الطريق من همذان الى الدينور فمن همذان الى مادران أربعة فراسخ ومن مادران الى راوذار أربعة فراسخ ومنها الى اسداباذ مدينة قد مرّ ذكرها تسعة فراسخ ومن اسداباذ الى صحنه تسعة فراسخ ومن
صحنه الى الدينور ثمنية فراسخ فجميــع | ذلك ثلثون فرسخًا، الطريق من حط ٢٥٧
همذان الى الرىّ فمن همذان الى ساوه ثلثون فرسخًا وساوه | مدينة طيّبة حط ٢٥٨
على الطريق الى العراق صالحة الحال كثيرة الجِمال وأكثر الحجّاج يحجّون

٤ [فرسخان] مستتمّ تابعًا لحَط عن صَط، ٥ (سايسانان) — حَط تابعًا لياقوت (ساسانيان)، ١٢—١٥ (الطريق ... فرسخًا) كذا أيضًا فى حَط وظنّ ناشر حَط أنّه اختلط هنا طريقان وهو يعرض بعض التصحيحات ولعلّه يجوز تصحيح المتن بأن يُفرض أنّ مادران هذه بالدال المهملة هى غير ماذران الواقعة فى الطريق المتقدّم ذكره ثمّ بأن يوضع مكان اسم (اسداباذ) الثانى اسم (راوذار) فإذن لا تقع مدينة اسداباذ فى الطريق من همذان الى الدينور نفسه ويؤيّد هذا التصحيحَ ما يوجد فى صَط من مسافات هذا الطريق ويبقى أنّ جملة المسافات إن صحّ هذا التصحيح خمسة وعشرون فرسخًا لا ثلثون وإنّما يقال فيما بعد فى القطعة (٥) أنّ المسافة بين همذان والدينور نيّف وعشرون فرسخًا، ١٢ (مادران) المرّتين — حَط (الماذران)، ١٣ (راوذار) — حَط (ذاودان)، ١٤ (صحنه) المرّتين — (صحه)،

على جمالهم لأنّهم مـع قنيتهم الجِمال جمّالون فيحملون أهلَ ما وراء النهر الى ما دون ذلك الى مكّة ومن ساوه الى الرَيّ ثلثون فرسخًا، الطريق من همذان الى اذربيجان فمن همذان الى بارسيان عشرة فراسخ ومن بارسيان الى اوذ ثمنية فراسخ ومن اوذ الى قزوين يومان وليس بين قزوين وهمذان مدينة، ومن قزوين الى ابهر اثنا عشر فرسخًا ومن ابهر الى زنجان عشرون فرسخًا وكانت ابهر مدينة جليلة فأنـاخ عليها الأكراد وعلى تلك النواحى والدَيْلم فتغيّرت، وهذا الطريق أوّلاً كان المعروف فأمّا إذا قلّ أمْنُهم فإنّهم يأخذون من همذان الى زِنجان على سهرورد وبينهما ثلثون فرسخًا،

(٥) والطريق من همذان الى اصبهان فمن همذان الى رامن سبعة فراسخ وهى مدينة صالحة الحال، ومن رامن الى برُوجـرد أحد عشـر فرسخًا وبروجرد مدينة كبيرة أكبر من رامن وأحسن حالاً فى جميع الوجوه، ومن بروجرد الى الكَرج عشرة فراسخ وهى أيضًا مدينة فوق بروجرد من كثرة الأهل وسداد الأحوال ووجود ما تدعو اليه الحاجة، ومن الكرج الى البرج اثنا عشر فرسخًا وهى أيضًا مدينة حسنة الحال، ومن البرج الى خونجان منزل عشرة فراسخ ومن خونجان الى اصبهان ثلثون فرسخًا لا مدينة فيها، ومن همذان الى خوزستان فمن همذان الى الروذراور سبعة فراسخ والروذراور إقليم حسن وناحية شريفة ينبت فيها الزعفران الذى ليس بجميع الأرض لها شبه، ومن الروذراور الى نهاوند سبعة فراسخ وهى مدينة | جليلة كثيرة التجارة والرساتيق [٩٩ ظ] والعمارة، ومن نهاوند الى لاشتر حط ٢٥٩
عشرة فراسخ ومن لاشتر الى الشابرخاست اثنا عشر فرسخًا ومن الشابرخاست

---

٣ (بارسيان) المرّتين — حط (نارستان) ثمّ فى الذيل (بارسين)، ٤ (اوذ) المرّتين تابعًا لحط وصط وفى الأصل (اود)، ٨ (سهرورد) تابعًا مع حط لصط وفى الأصل (سهرزور)، ٩ (ثلثون) — حط (دون ثلثين)، ١٠ و ١١ (رامن) المرّتين — (زامن)، ١٢ (رامن) — (زامن)، ١٦ (خونجان) المرّتين تابعًا لصط — (حوىحان) وفى حط (جوسجان)، ٢١ (الشابرخاست) — (الشابرخاس)،

الى اللور ثلثون فرسخًا لا مدينة فيها ولا قرية، ومن اللُور الى قنطرة اندامش مدينة فرسخان ومن قنطرة اندامش الى جندى سابور فرسخان، ومن هَمذان الى ساوه ثلثون فرسخًا ومن ساوه الى قُم اثنا عشر فرسخًا تقطع فى يومين ومن قم الى قاسان اثنا عشر فرسخًا، وقم وقاسان مدينتان جليلتان كثيرتا الخير والمير والدخل على السلطان والغالب على قُمّ التشيّع وعلى قاسان الحشو، ومن الرىّ الى قزوين ثلثون فرسخًا ولم يكن لقزوين نظير فى كثير من أعمال الجبال بل فى كلّها من يسار أهلها وتمكّنهم من الأدب ونفوذهم فى العلم وتعلّق أهلها بجميع وجوهه وتمسكهم قبل دخول الدَيْلَم عليهم بأسباب المروؤات والتفضّل الى غير ذلك من أحوال السيادة والكرم وعلوّ النفوس والهمم وكم تخرّج بها من نفيسٍ وعُرِفَ بالعراق وغيرها لهم من رئيسٍ، ومن همذان الى الدينور نيّف وعشرون فرسخًا ومن الدينور الى شهرزور أربع مراحل، ومن حلوان الى شهرزور أربع مراحل، ومن الدينور الى الصيمرة خمس مراحل، ومن الدينور الى السيروان أربع مراحل، ومن السيروان الى الصيمرة يوم، ومن اللور الى الكرَج ستّ مراحل، ومن اصبهان الى قاسان ثلث مراحل، ومن قُمّ الى قاسان مرحلتان،

(٦) والمشهور من مدن الجبال ما ذكرتُه وهى همذان والروذراور ورامن وبروجرد والكرَج وفراونده [ونهاوند] وقصر اللصوص ونهر زرنروذ وهو نهر اصبهان | يسيرٌ وهذه المدن عليه تُسايره وتصحبه [.....] كاسداباذ حـط ٢٦٠
والدينور وقرميسين والمرج وطزَر وحومة سهرورد [وشهرزور] وزِنجان وابهر

٤ (قاسان) — حـط (قاشان)، ١٠ (تخرّج) — (يخرج)، ١٧ (ورامن) — (وزامن)، ١٨ (وفراونده) تابعًا مع حـط لصـط — (وراونده)، [ونهاوند] مستتمّ عن حـط، (زرنروذ) — (زردروذ) وفى حـط (زندروذ)، ١٩ [.....] الظاهر أن يُفقد هنا بعض الكلمات التى معناها أنّ المدن الآتى ذكرها ليست على هذا النهر، ٢٠ (سهرورد) — (شهرورد)، [وشهرزور] مستتمّ عن حـط،

وسمنان وقم وقاسان وروذه وبوسته والكرَج والبرج واصبهان وخان لنجان وبارمه مدينة [محدثة] والصيمرة ونواحى السيروان ودور الراسبىّ والطالقان،

(٧) ذكر أحوالها ومقاديرها فى ذاتها، فهمذان مدينة كبيرة مقدارها فرسخ فى مثله محدثة إسلاميّة ولها سور وربض وللمدينة أربعة أبواب حديد وبناؤهم من طين ولها مياه وبساتين كثيرة وزروع سيح وبخوس خصبة من جميع الخير كثيرة التجارات والمير، والدينور فإنّها كثلثى همذان | وهى مدينة أيضًا كثيرة الثمار والزروع خصبة وأهلها أحسن طبعًا حط ٢٦١
من أهل همذان وفيها مياه ومستشرف وإن قلتُ أنّها تزيد على همذان من جهة آداب أهلها وتصرّفهم فى العلم واشتهارهم به [صدقتُ] ومنهم أبو محمّد عبد الله بن قتيبة الدينورىّ صاحب الكتب المؤلّفة وأبو حَنيفة صاحب كتاب الأنواء وهو كتاب فى غاية الحسن والجمال وله كتاب النبات فى وجوه اللغة وغير ذلك من التآليف،

(٨) واصبهان مدينتان إحداها تُعرف باليهوديّة والأخرى شهرستان وبينهما مقدار ميلين كقُرطُبَه والزهراء بأرض الاندلس متباينتان وفى كلّ واحدة منهما منبر واليهوديّة أكبرها وهى مثلا شهرستان فى الكبر وبناؤها من طين وهما أخصب مدن الجبال وأوسعها عرصةً وأكثرها مالاً وأهلاً وتجارةً وسابلةً ونعمًا وخيراتٍ وفواكه وطيّباتٍ، وهى فرضة لفارس والجبال وخراسان وخوزستان وليس بالجبال كلّها أكثر جِمالاً للحمولات منها،

١ (وبوسته) — (وبسته)، (وخان لنجان) — (وخان الانجان)، ٢ [محدثة] مستتمّ عن بعض نسخ صط، (والصيمرة) — (الصيمرة)، (السيروان ودور) — (شبدار من دور)، ٩ [صدقتُ] مستتمّ عن حط إلاّ أنّه يوجد هنا (صدقتَ) وفى حب (صدقتْ)، ١٠—١٢ (صاحب ... التآليف) مكان ذلك فى حط (صاحب كتاب أدب الكاتب والمصنّفات الكثيرة العجيبة وقد طعن قوم فى بعضها فلم يسقط لإحسانه فى أجلّها)، ١٣ (شهرستان) — حط (شهرستانة)، ١٤ (والزهراء) — (والرهره)، ١٦ (وأوسعها) — (واوسَعُهما)، (وأكثرها) — (واكثرهما)، ١٧ (وطيّباتٍ) مكان ذلك فى حب (وغلّات إلاّ أنّ غلاء الأسعار غالب عليها)،

ويرتفع منها العتّابىّ والوشى وسائر ثياب الإبريسم والقطن ما يُجهَّز بذلك الى العراق وفارس وسائر الجبال وخراسان وخوزستان وليس كعتّابىّ اصبهان فى الجودة والجوهريّة، وبها [٩٩ ب] زعفران وفواكه تُجلب الى العراق والى سائر النواحى وليس من العراق الى خراسان بعد الرىّ مدينة | أكثر من اصبهان تجارةً، حط ٣٦٢

(٩) وهى ذات نواحٍ | نزهةٍ ورساتيق حسنةٍ ومن وصل الى قربها من طريق فارس وصعد عقبة سرفراز أشرف على المدينتين والرساتيق المتّصلة بالبلد ورأى أنزه مكانٍ وأطيبه ممّا يستوقف النظر وترتاح له النفس ولا يسْأمه البصر، ومن كرائم هذه الرساتيق رستاق جى وبه من الضياع الحسنة والقرى الخطيرة ما يُذكر أنّها على عدد أيّام السنة ويقال أنّ الإسكندر عند ابتنائه سور شهرستان جعل فيه ثلثمائةً وخمسةً وستّين بُرجًا لكلّ ضيعة بُرجًا ليتحصّن فيه عند الفزع ويأوى اليه أهلها عند الحصار وتغلُّب الأشرار وذلك أنّ نواحى اصبهان كانت فى قديم الأيّام ثغرًا من ثغور التُرك والدَيْلم، ومن الرساتيق المحيطة بالبلد رستاق لنجان ومهرين وجُنْبَه وكراج وكدر وكهكاوسان وبرخوار وبراآن، وبهذه الرساتيق ضياع كبار آهلة غزيرة الغلّات ومنها ذوات منابر وخطباء وأسواقٍ وحمّاماتٍ، وبالمدينة دور فاخرة وقصور لرؤسائها وأكابرها كقصر أبى علىّ بن رستم والساباط وبناؤه من جصّ وآجُرّ وبالقرب منه الأرحية فى نهر زرنروذ وهو نهر لذيذ الماء طيّبه حسن المنظر بالقصور التى تركبه وتطلّ عليه وله جانبان ففى الشرقىّ قصر عبد الرحمٰن بن زياد وقصر ابن أبى الفضل فى سور كرينه، ومن الجانب الغربىّ زركاباذ وتاجه محلّتان كبيرتان وفيهما يُعمل السَقلاطُون والعَتّابىّ الرفيع والخزف وغيره،

(مفقود فى حط)

١ (والوشى) — (والوشىّ)، (بذلك) — (ذلك)، ١١ (شهرستان) — (سهرستان)، ١٤ (لنجان) — (النجان)، ١٥ (ومهرين) كما ضبط فيما بعد — (ومهربن)، (وكراج) — فى نزهة القلوب (كرارج)، ٢١ (كرينه) على التخمين وفى الأصل (كرسه)، (وتاجه) على التخمين وفى الأصل (وباحه)،

ولكرينه سوق يجتمع فيه الناس كالموسم للشُرب والقصف والعزف إبّان النيروز سبعة أيّام بأنواع الملاذّ وغرائب الزينة قد تأنّق حاضروه فى الاستعداد لمآكلهم ومشاربهم وادّخر أهل البلد ومن قصده من البُعد وأطراف نواحيهم النفقات الواسعة والزينة الرائعة والملابس الحسنة والاحتفال للعِب والطَرَب فيعتكفون على لذّاتهم ويتبارون فى مجالسهم ونَشَوَاتهم بحُذّاق المُسْمِعين والمُسْمِعات على شاطئ الوادى وفى القصور قد ركبوا السطوح وغصّوا الأسواق بنهاية الاحتفال فى المآكل والمشارب والأنقال موصولاً لَيْلُهم بنهارهم لا يفترون ولا يعارَضون ولا يُمْنَعُون قد أوْسَعَهم سلاطينُهم ذلك واتّصلت العادة على مرّ الأوقات واختلاف السنين والساعات بتَرْك العرض لهم والأخذ على أيديهم، ويقال أنّ نفقاتهم فى هذا السوق عند حلول الشمس الحملَ يبلغ مائتى ألوف دراهم مع مُكنتهم من الفواكه الحسنة اللذيذة والمآكل الطيّبة الفاخرة والمشارب التى كالمجّان لرُخصها وكثرتها إذ العنب يباع لديهم بمنّهم وهو أربع مائة درهم مائةَ منًّا بخمسة دراهم ويكون المستخرج من عصيره نحو سبعين منًّا يقوم بخمسة دراهم، وأمّا فواكههم فلجودتها وحلاوتها وصحّتها يلحق عتيقها بطراءة حديثها كالكمّثرى والصينىّ والسفرجل والرُمّان والتُفّاح الكلمانىّ وكَلمان ضيعة نفيسة بقرب اليهوديّة ولتُفّاحها ذكاء فى الرائحة ولذّة فى الطعم وحسن فى المنظر وتُعلّق أعنابهم فى المخازن والأهراء، وبالقرب من المدينة ماربانان ويقال إنّ بساتينها فى مساحة فرسخ عن يمين وشمال منها وهى من غربىّ اصبهان ويقال إنّ خراجها مائة ألف درهم والمعوّل فى الجمد والثلج على ما يُعمل بهذه القرية لكثرته وتمكّنهم من عمله وقد يُعمل الجَمدُ الكثير بغيرها وبها من الفواكه الغزير الكثير وهى من جانب النهر الغربىّ، وبأسفل منها على نهر الوادى ضيعتان كبيرتان تُدعى إحداهنّ بتروكان والأخرى مهروكان فى أنزه صُقعٍ ومكانٍ وأنضرهِ [١٠٠ ظ] ويخرج

١ (ولكرينه) — (ولكرسه)، ٥ (للِيلعْب) — (لِلّعْبِ)، ٩ (أَوْسَعَهم) — (آوْسَعُهم)، ١٦ (بطراءة) — (بطراته)،

من مهروكان ماء من عين عظيمة غزيرة دائمة الجرى تُدعى بياسرم وعليها ضياع عدّة وهذه العين فى شاطئ زرنـروذ وبينها وبين النهر رمية سهم، وأصل وادى زرنروذ من خانان من أصل جبل عظيمٍ شاهقٍ سامقٍ ويخرج من شرقيّه ماء اصبهان ومن غربيّه ماء الاهواز ويسمّى نهر الاهواز عند خروجه مانان، ووادى زرنروذ فى أصله واديان متباينان أحدهما من خانان والآخر من خنكان من ناحية يقال لها فريذين وبهذه الناحية ضياع كثيرة ورساتيق واسعة غزيرة ويُحمل منها ضروب المتاجر والمآكل كالعسل والسمن والزبيب وأنواع الغلّات من الحبوب وبها من ماشية الغنم والبقر والخِصب والخير والسعة ما يضاهى به الأماكن المشار اليها بالكمال من الخصب وأنواع المحاسن ولين العيش، وبينها وبين اصبهان نحو عشرين فرسخًا وهذا الوادى يقع فى وادى خانان بقرب الروذبار وله غلّات غزيرة وأنواع من ذلك كثيرة خطيرة متّصلة المِيرة، وكانت فى قديم الأيّام هذه الناحية فى حيّز الصعاليك وأهل الفساد والدَعارة وكان مغيض مياهها الى خان لنجان وخان لنجان مدينة صغيرة خصبة كثيرة الخير ولها ناحية ورستاق كأطيب ما يكون بمياهه ومشاجـره وبها من الخوخ الحسن اللذيذ ولها قلعة عظيمة وهى خزانة لأمرائهم تشرف على خان لنجان ونواحيها الى قرب اصبهان وبينها وبين المدينة تسعة فراسخ، وبعض هذا الماء على رستاق مهرين وبها تلّ عظيم كالجبل وعليه قلعة وفيها بيت نار فيقال أنّ ناره من قديم النيران الأزليّة وقد توكّل بهذه النار سَدَنَةٌ عليها من المجوس وحَفَظَةٌ لها فيهم يسارٌ شائـعٌ لأنّهم يتّخذون الأشربة فيُعتّقونها ويُقصَدون لجودتها عندهم فيبيعونها ويَرْبَحون فيها، وقد مـرّ القول أنّ ماء زرنروذ يجرى على باب شهرستان عند السور نفسه ويقـع

٣ (خانان) — (حانان)، ٥ (خروجه) — (حروه)، (مانان) — لعلّ الصحيح (خانان)، ٦ (خنكان) على التخمين وفى الأصل (خمكان)، (فريذين) — (فوبدين)، ١١ (خانان) — (حانان)، (الروذبار) — (الرودبار)، ٢٠ (وحَفَظَةٌ) — (وحفظةً)، ٢٢ (السور) — (البيُورِ)،

فيه أودية وعيون كثيرة فيقع عليها القسمة والحساب بحقّ المشارب حتّى لا يضيعَ من ماء زرنروذ شىء بوجهٍ، ويخرج من جملة هذا الماء تسعة أيّام فى الشهر لرستاق رويدست وبراآن وهى ناحية جليلة وبها نحو عشرة منابر ولها غلّات واسعة وأكثر مِيَر اصبهان تُجلب منها، ويُصرف ماء زرنروذ بأجمعه أيّام الزراعة ووقت اشتغال الناس بالبزور أربعين يومًا اليها الى حين يفرغ الزرع، وآخر مياه زرنروذ يصل الى الضيعة المدعوّة برزند وهى للمجوس خاصّة ويغيض فى الأرض بينها وبين قورطان ضيعة يُعمل بها البُسط ويقال أنّ هذا الماء يغور بكرمان فى بحيرة تُعرف بطهفيروز ويكون المكان الذى يقع اليه هذا الماء نحو تسعة فراسخ كالسبخة فلا يقدر الإنسان أن يمشى عليها إلّا على دفّتين من خشب أو كُفّتين من حبالٍ تكون تحت قدميه وهى على طرف مفازة خراسان من نواحى كرمان، وفى ضمن اصبهان ناحيتان جليلتان يقال لإحداها برخوار وبها نحو مائة ضيعة ومياه هذه الناحية فى القنىّ مصرّفة فى أقطانهم وسماسمهم وضروب غلّاتهم من الدُخن وغيره وبها من الجِمال والجمّالين للحمولات الغزير الكثير، والناحية الأخرى تُعرف برستاق كهكاوسان وبها حَمّةٌ موصوفة للأورام والعِلَل القديمة والأسقام [١٠٠ ب] وتُقصد من جميع نواحيهم فيرجع المُقْعَدُ منها على رِجليه سليمًا ماشيًا والمريض صحيحًا ويدور بها رساتيق كثيرة، ويقال أنّ أصل اصبهان كان هناك فى قديم الأيّام وسالف الدهر الى أيّام بخت نصر وقدوم اليهود من الشأم ناقلةً الى هذه الناحية وكانوا قد استصحبوا من تُربة بلدهم ومياههم وهربوا من ناحيتهم فقالوا نقصد موضعًا يشاكل ناحيتنا ويُشبه بلدنا وتربتنا ونزلوا بالمكان المعروف اليوم باليهوديّة وبالموضع الذى يُعرف منها بآشكهان وآشكهان كلمة باليهوديّة وقايسوا التربة والماء فقالوا بلسانهم اشكهان أى نقعُد هاهنا، وكان

٣ (وبراآن) — (وبراان)، ٦ (يفرغ) — (يفرعُ)، ٧ (برزند) على التخمين وفى الأصل (بررند)، (قورطان) — (فورطان)، ١٢ (برخوار) — (برحوار)، ١٣ (مصرّفة) — (مصرف)، ١٥ (كهكاوسان) — (كهكارسان)، ١٦ (والأسقام) — (والاسقا)،

المكان فى الوقت أرضًا بورًا غامرةً لا ساكن بها فأحدثوا المنازل وتصرّفوا فى وجوه العمارة والفلاحة وأسباب الغروس والزراعة وسكنوا، وكان بنواحى صايك مدينة يرتفق أهلها بمراعى هذه الناحية ويتصرّفونها فثقُل عليهم ما حدث بجوارهم من الأسباب فيقال إنّهم مانعوهم عمّا أرادوه من بعض منصرّفاتهم فجرت بينهم حروب واتّصلت بينهم وقائع وشُغُوب وتطاولت بهم المشاغبة والمواثبة الى أن صارت الغلبة لليهود وتمّ بذلك ما حاولوه من تأسيس اليهوديّة وتصرّف أربابهم فى الغروس على المياه واستنبطوها من مظانّها وأجْروها فى عماراتهم وكثرت إصاباتهم بالزروع فى الأراضى البَور واقتنوا الماشية وما يضطرّ اليه أهل الأمصار وتمصّرت فسكنها من رغِب فى رفاهة العيش ورغدِه وتوطّنها كبار دهاقين الجاهليّة وسرَاة تُنّاء الإسلام وأرباب النِعم، وقرأتُ فى بعض الكتب أنّ خراجها فى بعض الأوقات كان يبلغ اثنى عشر ألف ألف درهم، والغالب على أربابهما الرغبة فى الخير وحسن ذكر السلف وحبّ المعروف وفِعْله وكان منهم ....، وكانت المدينة أحسن حالاً وأكثرَ تجارةً وأموالاً من اليهوديّة وكان بها قوم سراةٌ ووليها سادة من الولاة وقصدها عالِمٌ من النَاقلة والطُراةِ ومنهم ....
....،

(١٠) | [١٠١ ظ] والكرَج مدينة متفرّقة ليس لها اجتماع المدن وتُعرف بكرج أبي دُلَفَ وكانت مسكنًا له ولآلـه وأولاده الى أن زالت أيّامهم وبناؤهم كبناء الملوك قصور عالية وأبنية واسعة وفضاء وفسحة ولها زروع ومواشٍ وليس بها كثير بساتين ومنتزهات وفواكههم من بروجرد وغيرها حـط ٢٦٢

٣ (صايك) على التخمين وفى الأصل (صابك)، (ويتصرّفونها) — (ويسطّرفونها)، ١٢ (اثنى) — (اثنا)، ١٤ (......) بياض فى الأصل قدر سطر ونصف سطر، ١٥ (اليهوديّة) — (اليهوده)، ١٦ و١٧ (.....) بياض فى الأصل قدر نحو ثلث الصفحة ويحتمل أنّ من الرجال الذين يشار الى ذكرهم الحسن بن الفضل الاصبهانىّ المُثنَّى عليه فى أوّل الكتاب،

وبناؤهم من طين وهى مدينة طويلة نحو فرسخين ولها سوقان أحدها على باب مسجد الجامع وهو مديد طويل وسوق آخر وبينهما صحراء كبيرة وتصاقبهما الأبنية والمنازل والمساكن والحمّامات، وبروجرد مدينة استحدث فيها منبرًا حَمُويه بن علىّ وزير آل أبى دُلَفَ وهى مدينة خصبة كثيرة الخير تحمل فواكهها الى الكرج وغيرها حتّى الى همذان والدينور وطولها أكثر من عرضها وطولها نحو نصف فرسخ وبها زعفران كثير، ونهاوند على جبل وهى مدينة بناؤها من طين وفيها أنهار وبساتين وفواكه كثيرة تُحمل الى العراق لجودتها وكثرتها وبها جامعان أحدها عتيق والآخر محدث واليها يرتفع زعفران الروذراور وهو رستاق كبير عظيم يُزرع فيه الزعفران مشهور المحلّ والمقدار والمنبر منه بموضع يُعرف بكرج الروذراور وله قرًى كثيرة، وهى مدينة صغيرة بناؤها من طين وهى خصبة بها مياه وثمار وزروع ويرتفع منها [من] الزعفران ما لا يرتفع من غيرها من مدن الجبال فيجهّز الى العراق وسائر النواحى لكثرته وجودته، (١١) وحُلوان مدينة فى سفح الجبل المطلّ على العراق وهى مُصوّرة فى ضمنه [ويزعم بعض الناس أنّ حلوان من العراق ويزعم الأكثرون أنّها جبليّة يسقط فيها الثلج وهى من الجبال بلا منازعة] وبناؤها من طين وحجارة وهى نحو نصف الدينور ويكون الثلج منها على فرسخين غير منقطع أبدًا | وهى مدينة حط ٢٦٣
حارّة فيها نخيل وشجر [تين] كثير موصوف ومياه وأودية تتخرّق فى أعمالها ورُمّانها موصوف وتينها مشهور وبالحلاوة معروف وقد نالها بعض اختلالها فى سوادها، وأمّا الصيمرة والسيروان فمدينتان صغيرتان غير أنّ الغالب على بنائهما الجصّ والحجر كمدينة المَوصِل وتكريت فى أبنيتهما وفيهما الثمر الكثير والجوز والدستنبويه وما يكون فى بلاد الصرود والجروم

١–٢ (أحدها ... الجامع) تابعًا لحط – (على باب مسجد الجامع أحدها)، ٤ (حَمُويه) على التخمين – (حمُولهُ) وكذلك فى معجم البلدان ج. ١ ص. ٥٩٦، ١٠ (الزعفران) تابعًا لحط – (والزعفران)، ١٢ [من] مضاف تابعًا لحط، ١٥–١٦ [ويزعم .... منازعة] من مضافات حب ٣٤ ب، ١٨ [تين] مستتمّ تابعًا لحط عن صط،

وفيهما مياه وأشجار وزروع وهما نزهتان تجرى المياه فى دورهم ومحالّهم، وشهرزور مدينة صغيرة قد [غلب] عليها الأكراد وعلى ما قاربها ودنا من العراق وليس بها أمير من قبل السلطان ولا عامل على وجوه أموالها وهى من رغد العيش وكثرة الرخص وحسن المكان وخصب الناحية بحالة واسعة وصورة رائعة، وكذلك مدينة سهرورد كشهرزور فى الأوصاف التى قدّمتُها من ذكر خيراتها [وقد غلب عليها الأكراد] وهى كهى فى قدر مساحتها ورقعتها وكان أكثر أهلها الشراةَ فانتقلوا عنها ومن سقطت نفسه ورضى بالهوان [أقام] لمحبّة المنشأ والوطن وهما حصينتان عليهما سوران،

(١٢) وقزوين مدينة عليها حصن وفى داخل المدينة جامعها وهى منهل للديلم وكانت فى بعض أيّام بنى العبّاس ثغرًا يغزون الدّيلم منه وبينها وبين مستقَرّ عُتاة الديلم اثنا عشر فرسخًا والطالقان أقرب الى الديلم منها وليس لقزوين ماء جارٍ إلّا مقدار شُربهم ويجرى هذا الماء فى مسجد الجامع فى قناةٍ وهو ماء وبىءٌ ولهم أشجار وكروم وزروع كلّها عِذىٌ تزكو حتّى تُحملَ من عندهم، وكان لها أهلٌ شراةٌ لا يُغبّهم الزوّار والطُراةُ وفيهم خير بالطبع واصطناع له ومنهم أبو | القسم علىّ بن جعفر بن حسّان حـط ٢٦٤ المتكلّم على مذاهب البصريّين وكان من كبار أهل الفلسفة المعدودين بالحفظ وتركتُه فى جُملة حاشية أبى جعفر العُتْبىّ وشمله ويتصرّف فى أعمال البريد بما وراء النهر،

---

١ (وفيهما) — (وفيها)، ٢ [غلب] مستتمّ عن حـط، ٥ (رائعة) تابعًا لحـط — (ذائعة)، (سهرورد) — (شهرورد)، ٦ (التى) — (الذى)، [وقد ... الأكراد] مأخوذ من حـط، ٨ [أقام] مستتمّ عن حـط، ١٥ (تزكو) — (تركوا)، (شراة) — (سَرَاةُ)، (يُغبّهم) — (يغيّهم)، ١٧—١٩ (وكان ... النهر) — مكان ذلك فى حـظ (والمتفلسف ومن يقال أنّه أذكى أهل هذا العصر وأشدّهم حفظًا وهو عند صاحب خراسان وفى جملة من يتولّى له الأعمال وبخراسان منهم غير رئيس نفيس عالم فاضل)،

(١٣) وقُمّ مدينة عليها سور وهى خصبة وشِرب أهلها من آبارها ومياه بساتينها من سوانٍ وبها فواكه وأشجار فُستق وبندق وليس بتلك الناحية من البندق إلّا بمدينة لاشتر ففيها منه الكثير الغزير وليس بجميع الجبال نخيل الّا ما بالصيمرة والسيروان وما بشابرخاست وهى نخيل قليلة غير أنّها لقربها من العراق جياد وجميع أهل قُمّ شيعة لا يُغادرهم أحد والغالب عليهم العرب ولسانهم الفارسيّة، وقاسان مدينة صغيرة بناؤها وبناء قمّ من الطين وسائر ما ذكرنا من مدن الجبال سوى الرىّ فإنّها بالجصّ وجميعها لطاف متقاربة،

(١٤) وليس بجميع الجبال بحيرة صغيرة ولا كبيرة ولا اتّصال بشىء منها ولا نهر يجرى فيه السفن غير النهرين المفضيين بين جبال الجزيرة جائيةً من نواحى ارمينيه على جبال داسن [١٠١ ب] ويُعرفان بالزابيين وكأنّهما وإن كانا من الجبال يخرجان فليسا منها لأنّهما الى الدجلة يفرغان وفيها يقعان ورأيتهُما جميعًا ومخرجهما من جبال الجزيرة وتلقاء اذربيجان الى نواحى الموصل،

(١٥) والغالب على هذه المدن المذكورة والنواحى الموصوفة الجبال الشاهقة العالية والأوعار الصعبة المنيعة إلّا ما بين همذان الى الرىّ والى قُمّ فإنّ الغالب عليها السهل والجبال بها قليلة، والذى يحيط بالجبال الصعبة من حدّ شهرزور الى آمد فيما بين حدود اذربيجان والجزيرة ونواحى الموصل وهو من طولها وربّما كان عرضها فى غير موضع الثلثين فرسخًا والى الأربعين وأزيد وأنقص فلا يُرى فيها مرحلة واحدة فى سهل وهذه الجبال مسكونة مأهولة بالأكراد الحميديّة واللاريّة والهذبانيّة وغيرهم من أكراد شهرزور وسهرورد [ومن شهرزور] الى حُلوان والصيمرة

٣ (لاشتر) — (لاشته)، ٤ (بشابرخاست) — (بسنابرخاست)، ٩ (الجبال) مصحّح تابعًا لحَط وفى الأصل (البلاد)، ١١ (جائيةً) — (حاءيه)، ٢١ (واللاريّة) — (والاريه) وفى حَط (والاويّة)، (والهذبانيّة) — حَط (والمهرانيّة)، ٢٢ (وسهرورد) — (وشهرورد)، [ومن شهرزور] تصحيح على التخمين وصحّح ناشر حَط هذا النص بأن

والسيروان واللور واصبهان وحدّ فارس راجعًا على قاسان | الى همذان حتّى ينتهى الى قزوين ونواحى الديلم، وتمتدّ الجبال فى اذربيجان بين وعرٍ وسهلٍ وجبلٍ الى جبل القبق على جبال الخُرّميّة، وأسافل هذه الجبال من نواحى شهرزور الى نواحى قاسان وحدود خوزستان تعرف بالماهين ماه الكُوفة وماه البصرة، حط ٢٦٥

(١٦) وإنّما أُضيفت [جبال] الديلم اليهم إذ كانت قائمةً بأنفسها ولها ملوك وكأنّ اتّصالها واحد من جهة المشرق بجبال طبرستان وجرجان ومن جهة المغرب بجبال اذربيجان وليس بينهما حاجز تستحقّ إفرادًا به وقد أضيفت الديلم فى غير وقت الى عمل خراسان ومرّةً الى اذربيجان، والرّىّ مدينة ليس بعد بغداذ فى المشرق مدينة أعمر منها إلّا أنّ نيسابور أكبر منها عرصةً وأفسح رقعةً فأمّا اشتباك البناء ويسار الأهل والخصب والعمارة فهى أعمر ومقدارها فرسخ ونصف فى مثله والغالب على بنائها الطين وبها الجصّ والحجر فى بعض أبنيتها، ومن الجبال المذكورة بهذه النواحى جبل دنباوند مرتفع حتّى يُرى فيما بلغنى من خمسين فرسخًا لارتفاعه وما بلغنى أنّ أحدًا ارتقاه ويُتحدّث عنه بخرافاتٍ كثيرةٍ من أمر السحر وأنّ السحرة من جميع أقطار الأرض تأوى اليه،

(١٧) وجبل بَهستون جبل منيع | لا يُرتقى الى ذروته أيضًا وطريق الحاجّ من نيسابور الى حلوان تحته وفى بعضه ووجهُه من أعلاه الى أسفله أملس قد عُمِلَ وجُرِدَ ويكون من الرّىّ الى حلوان بهذه الصفة حتّى كأنّه قد نُحِتَ منه [مقدار] قامات كثيرة من الأرض، ويزعم بعض حط ٢٦٦

وضع ففرة (الى آمد ... أكراد شهرزور) وراء (ونواحى الديلم) فألزمه ذلك الى إدخالتين فى النصّ والظاهر أنّ الفقرة المذكورة مضافة على طريق غير بليغ إذا قوبل النصّ الأصلىّ الذى يوجد فى صَط، ٣ (الخُرّميّة) — (الخرميه)، ٦ (أُضيفت) — حَط (نُسبت)، [جبال] مستتمّ عن حَط، ١٦ (من) تابعًا مع حَط لصَط — (فى)، ١٧ (بَهستون) — (بهَستون)، (يُرتقى) — (يرتقا)، ٢٠ [مقدار] مستتمّ عن حَط،

الناس وأظنّه عمرو بن بحر الجاحظ فى كتاب البُلدَان [له وهو كتاب نفيس له فى معرفة الأمصار] أنّ بعض الأكاسرة أراد أن يتّخذ بجوف هذا الجبل سوقًا ليدلّ به على قوّته وسلطانه، وعلى ظهر هذا الجبل ممّا يقرب من الطريق الآخذ الى العراق مكان يُشبه الغار فيه عين ماء تجرى وهناك صورة دابّةٍ كأحسن ما يكون من الصور ويزعمون أنّه صورة دابّة كسرى المسمّى شَبداز وعليه صورة كسرى من حجر وصورة امرأته شيرين فى سقف هذا الغار، وأخبرنى من رأى فى هذا الجبل على الغار من فوقه بمسيرةٍ بعيدةٍ صورة مَكْتَبٍ ومعلّمٍ وصبيانٍ من حجارة وبيد معلّمهم كالسَيْر يُومئ به لضرب الصبيان وأنّه رأى هناك مطبخًا وطبّاخه قائمًا وقدورَه منصوبةً على أثافٍ معمولةٍ منقوبةٍ وبيد الطبّاخ مغرفة [كلّ ذلك] من حجارة، وليس بهذه النواحى جبل مذكور مشهور غير ما ذكرتُه، [وجبل سبلان المطلّ على مدينة اردبيل عندى أعظم من دنباوند غير أنّه منقطع عن الجبال التى تصاقبه فهو يُرى فى دون منزلته من العلوّ والسموّ وما رأيتُ من رقى ذروته، وجبل الحارث بدبيل أعظم منهما، وجبال الخرّميّة جبال منيفة فيها الخرّميّة وكان بابك منها ولهم بقراهم مساجد ويقرأون القرآن ويتقوّل عليهم فى خلال ذلك أنّهم لا يدينون فى الباطن بدين غير الإباحة،]

حـط ٢٦٧ (١٨) ونقود أهل هذه النواحى الذهب والفضّة ويغلب الذهب على الفضّة، وأمّا أوزانهم فإنّ منّ همذان والماهات أربع مائة درهم، وليس بجميع الجبال معدن ذهبٍ ولا فضّةٍ غير أنّ بقرب اصبهان معدنًا للكُحل مصاقبًا لفارس، والغالب على [أهل] الجبال كلّها قِنية الأغنام وعلى

١—٢ [له ... الأمصار] مأخوذ من حـط، ٣ (وسلطانه) كُتب هنا فى هامش حـب (ولم يقدر)، ٧ (شيرين) — (سيرين)، ١٠ [كلّ ذلك] مأخوذ من حـب، ١١—١٧ [وجبل ... الإباحة] مأخوذ من حـط ويفقد فى الأصل، ١٢ (سبلان) — حـل التى هنا النسخة الوحيدة (سيلان)، ١٣ (التى) — حـل (الذى)، ٢١ [أهل] مستتمّ عن حـط،

مطاعمهم الألبان وما يكون منها ولهم ممّا يتّخذ من اللبن أنواع طيّبة لذيذة كالمَايستنج والجبن المحمول الى كثير من أعمال الأرض ويوصف بالجودة، وكان السَراة من أهلها والتُنّاء من رجالها يختصّون بضروب من المروؤة وأنواع السيادة والرياسة، وأمّا الديوان منها ودار الإمارة بها فى وقتنا هذا فبالرىّ لأنّ ملكها كان أبا علىّ الحسن بن بُويه وقد كان قطن بها واستوطنها وهى بأجمعها له وفى يديه وجبايتها واصلة الى أهله من بعده والمرتفع منها الى المقيم بها فى هذا الوقت [......]،

٣—٤ (وكان ... الرياسة) يفقد فى حـط، ٣ (وكان) قد كان كُتب فى الأصل (وإن كان) فعُيِّنى النون الأولى، ٦—٧ (الى أهله ... الوقت) مكان ذلك فى حـط (اليه منها ومن الرحال [حـل (الرجال)] المجاورة لعمل اصبهان من أُرض فارس ألفا ألف دينار)، ٧ [...] الظاهر أن يفقد هنا مقدار الارتفاعات ولعلّه (ألفا ألف دينار) كما فى حـط،

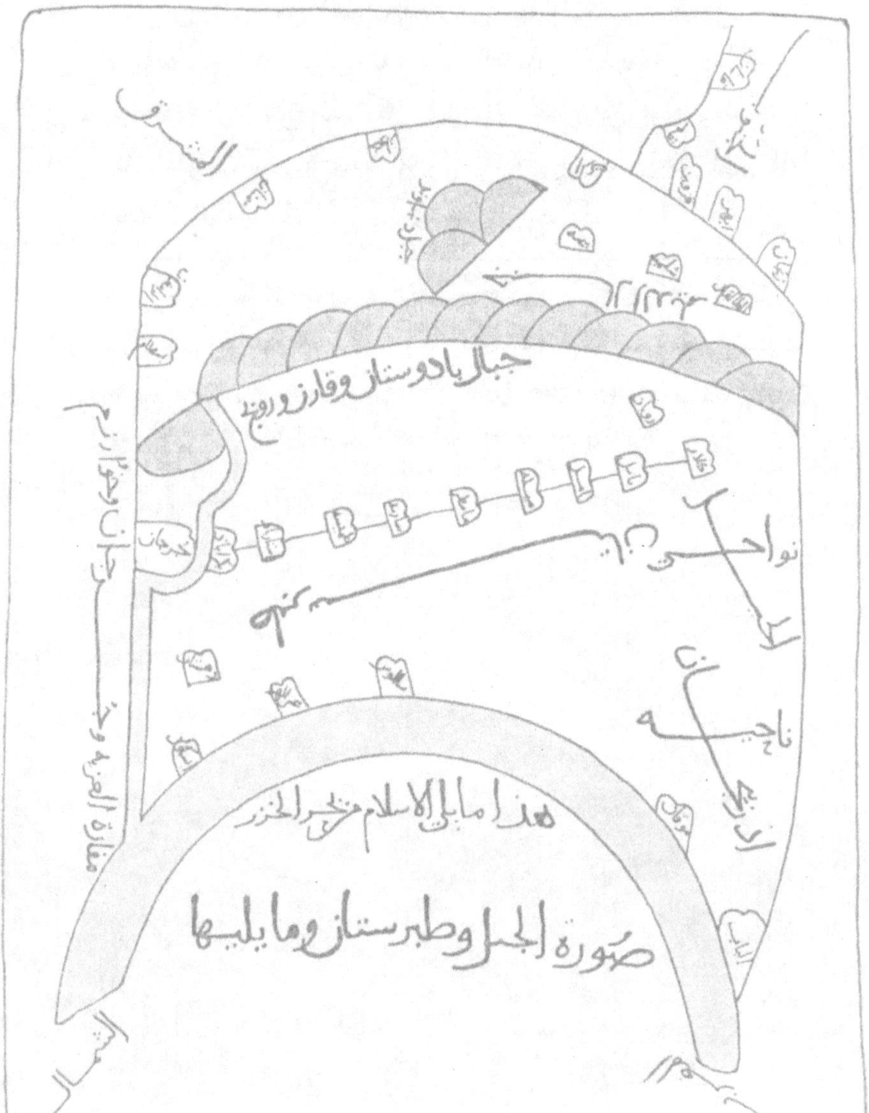

صورة الديلم وطبرستان التى فى الصفحة ١٠٢ ظ من الأصل ،

[الديلم وطبرستان]

(١) فأمّا الديلم وما يتّصل بها فمن ناحية الجنوب قزوين والطَّرم وشىء من اذربيجان وبعض الرىّ ويتّصل بها من جهة المشرق بقيّة أعمال الرىّ وطبرستان ويتّصل بها من الشمال بحر الخزر ومن المغرب شىء من اذربيجان وبلدان الران، وقد ضممتُ الى ذلك ما يتّصل [به] من [جبال] الروينج وباذوسبان وجبال قارن وجُرجان، وأمّا بحر الخزر فقد أفردتُ صورته بذاتها وأتيتُ به وبها على جهتها وهى التى تلى صورة الدَّيلم وبما يتّصل به من تلك النواحى التى لم أذكرها ولا صوّرتُها،

(٢) وهذه صورة الجِبل وما يليها من الدَّيْلَم وطَبرستان،

[١٠٢ ظ]

إيضاح ما يوجد فى صورة الديلم وطبرستان من الأسماء والنصوص،

قد كُتب موازيًا لطرف الصورة الأسفل صُورة الجبل وطبرستان وما يليها وفوق ذلك هذا ما يلى الإسلام من بحر الخزر ويحيط بهاتين الكتابتين فى شكل نصف دائرة رسم البحر وكُتب فى الزاوية اليمنى عند منتهى البحر المغرب وفى الزاوية اليسرى الشمال،

ويتّصل بساحل البحر ابتداء من اليمين من المدن الباب، موقان، شالوس، عين الهم، ابسكون، ومن أعلى ابسكون فى البرّ دهستان، وعن يسار ابسكون مصبّ نهر يأتى من الفوق وكُتب موازيًا لهذا النهر عن يساره مفازة الغزيه وجرجان وخُوارزم،

---

٥ [به] مستتمّ عن حـَط، ٦ [جبال] مستتمّ تابعًا لحـَط عن صـَط، (الروينج) — (الروبنج) وفى حـَط (الروبنج)، (وباذوسبان) — (وباذوستان) وفى حـَط (وقادوسيان)، ٨ (وبما يتّصل به) تخمينًا — (وما يتّصل بها)، ١٢ (الجبل) — (الجبل)، ١٥ (شالوس) — (سالوس)، ١٥–١٦ (عين الهم) — (عس الهم)، ١٧ (الغزيه)، — (العزيه)،

وتتّصل بالنهر عند عطفه الى اليمين مدينة جُرجان وتقابلها عن يمين النهر مدينة بكراباذ، ويأخذ من بكراباذ طريق الى اليمين عليه من المدن استاراباذ، طميسه، ساريه، مامطير، ميله، امل، ناتل، كلار، وتنفع من فوق المدينتين الأخيرتين رويان، وكُتب فى الساحة تحت هذا الطريق موازيًا له طبرستان وعن يمين ذلك على شكل صليبىّ نواحى الجيل ثمّ من أسفل ذلك على شكل صليبىّ أيضًا ناحية اذربيجان، ورُسمت سلسلة جبال تحدّ هذه الساحة من أعلاها وكُتب عند نصفها الأيسر جبال باذوسبان وقارن وروينج،

وكُتب موازيًا لأعلى النصف الأيمن من الجبال جبال الديلم، ثمّ يحيط بالساحة فوق الجبال خطّ مقوّس يتّصل به من المدن ابتداءً من اليمين زنجان، ابهر، قزوين، الرى، خوار، سمنان، الدامغان، بسطام، ورُسم فى وسط هذه الساحة جبل دنباوند ويقع عن يمينه من المدن بيمه، شلنبه الطالقان، ويأخذ عن يسار قزوين طريق الى الفوق عليه قم وقاسان، وكتب عن يمين ذلك فى الزاوية الجنوب وفى الزاوية اليمنى المشرق،

[١٠٢ ب] وهذا ما يلى الإسلام من بحر الخزر،

(٢) فأمّا ناحية الديلم فسهل وجبل والسهل للجيل وهم مفترشون على

حط ٢٦٨ شطّ | بحر الخزر تحت جبال الدَيلم وسُكّان هذه الجبال فهم الديلم المحض وهى جبال منيعة والمكان الذى كان به قعدد المَلِك يسمّى الطَرْم وبه مقام آل جَستان ورياسة الديلم فيهم، وزعم أبو بكر محمّد بن دُريد أنّ الديلم طائفة من بنى ضبّة، وناحيتهم كثيرة الشجر والغياض وأكثر ذلك للجيل فى الوجه الذى يقابل البحر وطبرستان، وقراهم مفترشة وهم أهل زرع وسوائم وليس عندهم من الدوابّ ما يستقلّون بها، ولسانهم منفرد عن الفارسيّة والرانيّة والارمنيّة وفى بعض الجيل فئةٌ وطائفة تخالف لسان الجيل والديلم، والغالب على خلقهم النحافة وخفّة الشَعَر والعجلة والطيش

٢ (استاراباذ) — (استارباذ)، ٣ (ساريه) — (ساربه)، (مامطير) — (مامطر)، (ناتل) — (مابل)، ٥ (الجيل) — (الحيل)، ٧ (باذوسبان) — (بادوسنان)، (وروينج) — (ورويج)، ١١ (شلنبه) — (شلميه)، ١٧ (قعدد) — (قُعدُدُ)،

والبدار وقلّة المبالاة والاكتراث، وكان الديلم أكثر أيّام الإسلام كُفّارًا يُسبَى رقيقهم الى أيّام الحسن بن زيد بن محمّد بن إسمٰعيل بن الحسن بن زيد بن الحسن بن علىّ بن أبى طالب عليهم السلم فتوسّطهم العلويّة وأسلم بعضهم وفيهم الى يومنا هذا فى الجبال كفّار،

(٤) والرُوينج وجبال فاذوسبان وقارن هى جبال منيعة وبكلّ جبل منها رئيس والغالب عليها الأشجار العالية والغياض والمياه وهى خصبة جدًّا، فأمّا جبال قارن فهى قرًى لا مدينة فيها غير شهمار على مرحلة من ساريه ومستقرّ آل قارنٍ بموضعٍ يسمّى بريم وهو موضع حصنهم وذخائرهم ومكان مُلكهم ويتوارث أصحاب الجبل المملكةَ بها من أيّام الأكاسرة، وجبال باذوسبان جبال مملكة ورئيسها يسكن قريةً تسمّى ارم وليس بجبال باذوسبان منبر وبينها وبين ساريه مرحلة، فأمّا جبال روينج فإنّها كانت لرعاياهم يملكونها وفى هذا العصر هى لملوكهم وهى بين الرىّ وطبرستان فما كان من جهة الرىّ فمن حدود الرىّ وما كان من وجه طبرستان فمن طبرستان، والمدخل الى الديلم من طبرستان على شالوس | وهى على نحر البحر ولها منعة إذا استوثق منها بالشحنة لصعوبة المسلك حـط ٢٦٩ على الديلم الى طبرستان، وبين الجبال من حدّ الدَيْلم الى استاراباذ والى البحر أكثر من يوم وربّما ضاق حتّى يضرب لماء الجبل فإذا جاز الجائز الديلم الى الجيل اتّسع البرّ حتّى يصير بينه وبين البحر مسيرة يومين وأكثر،

(٥) ونواحى قزوين فالذى يتّصل بها من المدن ابهر وزِنجان

٣ (الحسن بن علىّ) مكان ذلك فى حـط (علىّ بن الحسين بن علىّ)، ٥ (والرُوينج) — (والروبج)، (فاذوسبان) — (قاذوسعان)، ٧ (شهمار) — حـط (سهمار)، ٨ (بريم) — (برين) وفى حـط (فِريم)، (حصنهم) تابعًا لحـط وفى الأصل (خصبهم)، ٩ (الجبل) — (الجيل)، ١٠ (باذوسبان) — (باذوستان)، (ارم) — (ازم)، ١١ (باذوسبان) — (باذوستان)، (روينج) — (دوبج)، ١٤ (الديلم) تابعًا مع حـط لصـط وفى الأصل (الرىّ)، ١٦ (استاراباذ) — حـط (أَسْتَرَاباذ)، ١٨ (الجائز) — (الجائى)،

والطالقان، ويتّصل بالرىّ خوار وشلنبه وبيمه، ويقع فى قومس سمنان والدامغان وبسطام، ويقع بطبرستان آمل وناتل وشالوس وكلار والرُويان وميله وتريجى وعين الهمّ ومامطير وساريه وطميسه، ويقع فى عمل جرجان [جرجان] وإستاراباذ وابسكون ودهستان، فأمّا جبال رُوينج وباذوسبان وقارن فما بها مدينة ولا منبر غير شهمار وهى فى جبال قارن،

(٦) وأعظم مدينة فى هذه الناحية الرَىّ وقد مرّ ذكرها [وذلك أنّ طولها فرسخ ونصف فى مثله وهى مدينة بناؤها من طين ويستعمل فيها الآجرّ والجصّ] ولها حصن حسن مشهور لـه أبواب مشهورة منها باب ماطاق يُخرج منه الى الجبال والعراق وباب بليسان يُخرج منه الى قزوين وباب كوهك يخرج منه الى طبرستان وباب هشام يخرج منه الى قومس وخراسان وباب سين يخـرج منـه الى قُمّ، [١٠٢ ظ] ومن أسواقها المشهورة رُوذَه وبليسان ودهك بُرّ ونصراباذ وساربانان وباب الجبل وباب هشام وباب سين وأعظمها الرُوذَه وبها مُعظم التجارات والخانات حط ٢٧٠
وهو شارع عريض مشتبك الأبنيـة والعقارات والمساكن، ولها مدينـة عليها حصن وفيها مسجد الجامع وأكثر المدينة خراب والعمارة فى الربض ومياههم من الآبار ولهم أيضًا قنىّ وفى المدينـة نهران للشُرب يسمّى أحدهما سورينى ويجرى على رُوذه والآخـر الجيلانىّ يجرى على ساربانان

١ (وبيمه) — (وسمه) وفى حط (ووِيمَة)، ٢ (وناتل) — (ونابل)، (وكلار) — (وكلان)، ٣ (وتريجى) — (وىرحى) وفى حط (برجى)، (وعين الهمّ) — (وعىں الهم)، (ومامطير) — (ومامطىر)، (وطميسه) — (وطمىسه)، ٤ [جرجان] تابعًا لحط عن صط، (وابسكون) — (واىسكون)، (رُوينج) — (رُوىبج)، (وباذوسبان) — (وباذوسىان)، ٦—٨ [وذلك . . . والجصّ] مستتمّ عن حط، ٩ (ماطاق) قد أُلغى فى الأصل نقطتا القاف بخطّ صغير ويوجد فى حط (باطاق)، (بليسان) — (بلسان)، ١١ (سين) — (سىر)، ١٢ (ودهك بُرّ) — حط (ودهك) وفى صط (دهك نو)، (وساربانان) — (وسروىران)، ١٧ (سورينى) — حط تابعًا لصط (سورقنى)، (ساربانان) — (ساربابان)،

ومنهما شربهم [ولهم قنىّ كثيرة ما يفضل عن مشربهم] ويتفرّع الى ضياعهم، ونقودهم الدراهم والدنانير وزىّ أهلها زىّ أهل العراق ويرجعون الى مروؤة ولهم دهاء وفيهم تجارب، وبها قبر محمّد بن الحسن الفقيه الكوفىّ وقبر الكسائىّ والفزارىّ المنجّم، ومدينة خوار فهى مدينة لطيفة صغيرة نحو رُبع ميل وهى عامرة وبها ناس يرجعون الى مروؤات وسَرْو وعلم وديانات وفيها ماء جارٍ يخرج من ناحية دنباوند ولها ضياع ورساتيق وحال حسنة، وأمّا ويمه وشلنبه فهما من ناحية دنباوند وهما مدينتان صغيرتان أصغر من خوار الرىّ وأكبرها ويمه ولهما زروع ومياه وبساتين وأعناب كثيرة وخوار أشدّ تلك النواحى بردًا، وللرىّ سوى هذه المدن قرًى تزيد فى قدرها وجلالتها [على هذه المدن] كثيرًا ولا منابر فيها مثل سد وورامين وارنبويه وورزنين ودزك وقوسين وغير ذلك من القرى التى بلغنى أنّ فى أحدها ما يزيد من أهلها على عشرة آلف رجل، ومن رساتيقها المشهورة القصر الداخل والقصر الخارج وبهنان والشبر وبشاويه ودنبا ورستاق قوسين وغير ذلك، ويرتفع من الرىّ بالجلب منها الى

١ (ومنهما) — (ومنها)، [ولهم ... مشربهم] مستتمّ تابعًا لحط عن صط، ٤ (خوار) — (حوار)، ٧ و ٨ (ويمه) — (ريمه)، ٧ (وشلنبه) — (وشِلِنْبه)، ٨ (ولهما) — (ولها)، ٩ (قرىً) — (وقرى)، ١٠ [على هذه المدن] مستتمّ عن حط، ١٠—١١ (سد وورامين) — (سدو ورامين)، ١١ (وارنبويه) تابعًا مع حط لصط — (وارنبوه)، (وورزنين) تابعًا مع حط وصط لياقوت ولنزهة القلوب ص ٥٢ وفى الأصل (وبىرىن) ويجوز أنّ الصيغة الأصليّة كانت هنا (برزنين) بالباء مكان الواو، (ودزك) — حط و صط تابعًا لياقوت (ودِزاه) ويسمّى (دزه) فى القطعة ٧ من الفصل التالى، (وقوسين) — (وفورسين)، ١٢ (القصر ... الخارج) — حط (القصران الداخل والخارج)، (وبهنان) تابعًا قسمًا لنزهة القلوب ص ٥٢ التى تذكر فى رساتيق الرىّ (بهنام) ويوجد فى حط و صط تابعًا لياقوت (بهزان) وفى الأصل (وبهان)، (والشبر) — (والشىر) وفى حط تابعًا لصط (والسِنّ) ويجوز أنّه رستاق سبورفرج المذكور فى نزهة القلوب ص ٥٢، (وبشاويه) تابعًا مع حط وصط لياقوت — (وبشاوىه)، ١٤ (ودنبا) — (ودنيا)،

غيرها من البلاد القطن المحمول الى العراق واذربيجان وغيرها والثياب المنيّرة والأبراد والأكسية،

(٧) وليس بجميع هذه النواحى نهر تجرى فيه السفن، وأمّا الجبال حط ٢٧١
فمن حدّ عمل الرىّ دُنباوند وهو جبل رأيتُه من وسط رُوذه بالرىّ وبلغنى أنّه يُرى من قرب ساوَه وهو فى وسط جبالٍ يعلو فوقها كالقبّة ويحيط بالموضع الذى يعلو عليه نحوُ أربعة فراسخ ولم أسمع أنّ أحدًا ارتقاه الى أعلاه ويرتفع من قُلّته دخّانٌ دائمٌ الدهرَ كلّه وحول هذه القبّة قرًى منها قرية ديبران ودرمنه وبوأ وغيرها من القرى، وكان علىّ بن شروين الذى أُسِرَ على وادى جَيْحون منها وبلغ به الحال أن نافسَتْه نفسه الى ملك خراسان فلم يُسْعِدْهُ القَدَر، والقلّة التى يرتفع دخّانُها على كاهل دنباوند هو جبل أقرع وعلى ما دون القلّة أشجار قليلة ولا نبات معها وليس بسائر الجبال ونواحى الديلم وما يتّصل بها أعظم منه جبلاً،

(٨) وقومس فإنّ أكبر مدينة بها الدامغان وهى أكبر من خوار الرىّ وسمنان أصغر منها وبسطام أصغر من سمنان، والدّامغان قليلة الماء وهى متوسّطة العمارة وبسطام أكثر منها [عمارةً] وأكثر فواكه ويُحمل من فواكهها الى العراق الكثير الغزير ويرتفع من قومس أكسية معروفة وتُحمل الى الأمصار وهى فاشية فى جميع الأرض،

(٩) وقزوين مدينة عليها حصن وداخلها مدينة صغيرة عليها حصن ومسجد الجامع [١٠٢ ب] فى المدينة الداخلة وهى مدينة ماؤها من السماء والأبْآر وليس بها نهر إلاّ قناةً صغيرةً للشُرب وقد ذُكرتُ أنّها لا تفضُل عن شربهم وهى خصبة مع قلّة مياهها ويكون مقدارها ميلاً فى مثله، وابْهَر وزِنجان مدينتان صغيرتان حصينتان كثيرتا المياه والأشجار والزروع

٤ (دُنباوند) — (دُباوندُ)، ٨ (ديبران) — حط (دبيران)، (ودرمنه) — حط (ودرمية)، (وبوأ) — حط (وبرا)، (وغيرها) — (وغيرهما)، ١١ (هو) — (وهو)، ١٥ (أكثر) — (اكبر)، [عمارةً] مستتمّ تابعاً لاستتمام ناشر حط و صط،

وزِنجان أكبر من ابْهَر غير أنّ أهل زِنجان تغلُب عليهم الغفلة والخبال موجود فيهم،

(١٠) وطبرستان فأكبر مدنها آمُل وهى مستقرّ وُلاتها فى هذا العصر وكانوا فى قديم الأيّام يسكنون ساريه، وطبرستان بلد كثير المياه والثمار والأشجار | الجليلة العظيمة والغالب عليها الغياض وكثرة الأشجار وأكثر حط ٢٧٢ أبنيتها الخشب والقصب وهو إقليم كثير الأمطار ورُبّما اتّصل المطر سنةً جرداء فلا يرون فيها الشمس وسطوحهم مسنّمة بالقراميد، وآمُل أكبر من قزوين وهى مشتبكة البناء والعمارة وما أعلم على قدرها أعمر منها فى نواحيها، ويرتفع بجميع طبرستان الإبريسم ويُحمل منه الى جميع الآفاق وليس بسائر الأرض فى مُلك الإسلام والكفر ناحية تقارب طبرستان فى كثرة الإبريسم وبها من الخشب الخلنج والكرم الملوّن المجزّع خشبُه بسوادٍ وحمرةٍ والشمشار والشوحط ما ليس بمكان مثله، والغالب على أهل طبرستان وُفُورُ الشعر واقتران الحواجب وسرعة الكلام والعجلة والطيش وعلى طعامهم خبزُ الأرُزّ والسمك والثوم وكذلك الديلم والجيل، ويرتفع من طبرستان أصناف من الثياب الإبريسم والأكسية الصوف الثمينة والبرّكانات العجيبة وليس بجميع الأرض أكسية تبلغ قيمة أكسيتهم وبرّكاناتهم ومطارفهم وإذا كانت بالذهب فهى كما بفارس أو أزيد بقليل، وليس بجميع طبرستان نهر تجرى فيه سفينة غير أنّ البحر منهم قريب على أقلّ من يوم، ويُعمل بطبرستان مناديل قطن وشرابيّات ودساتك ساذجة ومُذهّبة وليس لذهبها نظير هذا الى بقاء معروفٍ فى ثيابهم القطنيّة وأكثر قُطنهم يضاهى قطن صَعدة وصَنعاء وفيه صفرة ولِما يُعْمَل منه جوهر حسن ويستحسنه أهل العراق، وجميع طبرستان يغلب عليها المياه والغياض والشجر إلّا ما كان فى المواضع المستعلية فى الجبال ففيها قلّة رُطوبة ويبس وبطن طبرستان سقيع نقيع يغلب عليها النزوز ونجل الأرض،

٥ (الغياض) — (العصاص)، ٢٤ (سقيع) — حط (صقيع)،

(١١) وجُرجَان وأعمالها وجبالها مصاقبة لطبرستان وحومتها كبيرة وليس بتلك النواحى لها شِبه وبناؤها من طين وهى أيبس من آمُل تربةً وأقلّ مطرًا مع أنّه لا تخلو جرجان وطبرستان شتاءهم وصيفهم من الأمطار الدائمة الكثيرة العظيمة المؤذيَة المُضجرة القاطعة للغريب عن الأشغال الصادّة عن المُهِمّات من الأعمال وكان أهل جرجان أحسن وقارًا وأكثر مروؤةً ويسارًا وقد تغيّر الجميع | وهلكت الموادّ وغلب عليها السلاطين، وجُرجان حـط ٢٧٣ جانبان بينهما نهر يجرى كثير الماء عظيمه فى الشتاء وعليه قنطرة معقودة بين الجانبين فجرجان [١٠٤ ظ] الجانب الشرقىّ وبكراباذ الجانب الغربىّ وهى أقلّ من جُرجان سعةً، وأكثر ما يُعمل الإبريسم ببكراباذ وأصل إبريسم طبرستان من جُرجان لأنّه لا يزكو ما بطبرستان من بزر حريرهم وإنّما يستعملون بزور جرجان لأنّها أزكَى وأتمّ ولا يتمّ من بزور طبرستان حرير بتّةً، ولها مياه كثيرة وضياع عريضة وقلاع واسعة ولم يكن فى المشرق بعد أن تجاوز الرىّ والعراق مدينة أجمع ولا أظهر خصبًا على مقدارها من جُرجان وذلك أنّ بها [الثلج و]النخل والأترجّ وفواكه الصرود والجروم والتين والزيتون وسائر الفواكه، وكان لأهلها مروؤات يتبارون فيها ويأخذون أنفسهم بها وبالتأنّى للأخلاق المحمودة فبدّدهم عدل السلطان واختلاف العساكر عليهم وغيّرهم ذلك وحقيقٌ بالتغيير، وتخرّجَ منهم رجال كثيرون شهروا بالفضل وعُرفوا ووُصفوا بالسرو كالعمركىّ صاحب المأمون وكان من العلم والأدب بمكانٍ، ونقودهم ونقود طبرستان الدنانير والدراهم ومنّهم ستّمائة درهم وكذلك منّ طبرستان والرىّ وقومس [منُّها] ثلثمائة درهم، ولجرجان فُرضة على بحر طبرستان يركبون منها الى

١ (وحومتها كبيرة) — حـط (وهى مدينة كبيرة دخلتُها)، ٥ (وكان) — (وكان)، ١٠—١٢ (لأنّه ... بتّةً) — حـط (لأنّ بزره فى كلّ سنة يؤخذ من جرجان ولا يخرج من بزر طبرستان جوهريّته)، ١٤ (مقدارها) — (مقدارِ ما)، [الثلج و] مستتمّ عن حـط، ١٧ (عدل) — حـط (جور)، ٢١ [منُّها] مستتمّ عن حـط،

الخزر وباب الأبواب والجيل والديلم وغير ذلك وتُعرف بابسكون مدينة صالحة كثيرة البَعُوض والناموس وليس بجميع النواحى المذكورة فرضة أجلّ من ابسكون وكان لهم رباط يُعرف برباط دِهستان مدينة قصدة ولها منبر وهى ثغر للغزّيّة الأتراك وقد شَرِبَتْ من الاختلال شربة ليست بالقويّة، ويتّصل حدّ جرجان بالمفازة التى تلى خوارزم ومنها يقصدهم الأتراك، والغالب على أعمال جرجان الجبال والقلاع | المنيعة وبها من حـط ٢٧٤ القلاع فى وقتنا هذا ما لم يصل وشمكير بن زيارٍ اليه ولا خرج من يد أهله على قول أهل البلد أكثر من ألف قلعةٍ ولكلّ قلعة منها الضيعة والضيعتان ولمن يملك جرجان عليهم مال يقبضه كالمقاطعة وربّما منعوا أنفسهم عن دفع ما يجب عليهم مُدّةً ولا يمكن فى أكثرهم إلّا المسالمة وأخذ ما يتيسّر على الرفق والمداراة وإذا عُنِفَ بهم دَفَعُوا عن أنفسهم لأنّه لا يُقْدَر على مطاولتهم، وجرجان وطبرستان منذ سنين بين عملى خراسان والرىّ فربّما غلب عليهما أصحاب خراسان فدعَوا لآل سامان وربّما غلب عليهما أصحاب الأمير ركن الدولة فدُعِىَ لآل بُويه كالحسن بن فيروزان وغيره،

(١٢) ذكر المسافات بهذه النواحى، الطريق من الرىّ الى حدود اذربيجان فمن الرىّ الى قزوين أربع مراحل ومن قزوين الى ابهر مرحلتان ومنها الى زنجان يومان صعبان ومن أراد الطريق القصد لم يمض على قزوين ومضى على يزداباذ من رستاق دشته، والطريق من الرىّ الى نواحى الجبال فمن الرىّ الى قسطانه مرحلة ومنها الى مشكويه مرحلة [١٠٤ ب] ومنها الى ساوه تسعة فراسخ وساوه ربّما ارتفعت فى أعمال الجبال وربّما ضُمّت الى الرىّ، ومن الرَىّ الى طبرستان فمن الرىّ

١ (وتُعرف) — (ويعرف)، (بابسكون) — (بانسكون)، ٣ (ابسكون) — (اسكون)، ١٣ و١٤ (عليهما) — (عليها)، ١٩ (يزداباذ) تابعًا مع حـط لياقوت — (نوذابار)، (دشته) — (وشنه) وفى حـط تابعًا لياقوت (دستبى) ولا حاجة الى هذا التصجيح إلّا أنّ (دشته) و(دستبى) اسمان لرستاق واحد بلا شكّ،

الى برزيان مرحلة خفيفة ومن برزيان الى نامهند مرحلة كبيرة ومنها الى اشك مرحلة ومن اشك الى بلور مرحلة ومنها الى آمُل مرحلة، ومن الرّيّ حط ٢٧٥ الى خراسان على قومس فمن الريّ الى | افريدِين قرية مرحلة ومن افريدين الى كهده مرحلة ومن كهده الى خوار مرحلة ومن خوار الى [قرية الملح مرحلة ومن قرية الملح الى رأس الكلب مرحلة ومن رأس الكلب الى سمنان مرحلة ومن سمنان الى] علياباذ مرحلة ومن علياباذ الى جرمجوى مرحلة ومنها الى الدامغان مرحلة ومنها الى الحدّادة مرحلة ومن الحدّادة الى بذش مرحلة ومن بذش الى مورجان مرحلة كبيرة ومن مورجان الى هفدر مرحلة ومن هفدر الى اسداباذ مرحلة ومن اسداباذ الى نواحى نيسابور واسداباذ أوّل عمل نيسابُور،

(١٢) والطريق من طبرستان الى جُرجان فمن آمُل الى ميله فرسخان وهى مدينة ومنها الى تريجى ثلثة فراسخ ومن تريجى الى ساريه مرحلة ومن ساريه الى بارست مرحلة ومن بارست الى اباذان مرحلة ومنها الى طميسه مرحلة ومنها الى استاراباذ مرحلة ومن استاراباذ الى رباط حفص مرحلة ومن رباط حفص الى جرجان مرحلة، ومن أراد أن يخرج من آمُل الى مامطير مرحلة ومنها الى ساريه مرحلة ولا يكون الطريق على تريجى وهو

١ (نامهند) تابعًا لحط — (نامهيد)، ٢ (اشك) — حط (اسك)، (بلور) — (يلون)، (ومنها الى آمل مرحلة) قد أدخل ناشر حط قبل ذلك فقرةً توجد فى بعض نسخ صط فقط وهى (ومنها الى كلارك مرحلة ومن كلارك الى قلعة اللارز مرحلة ومنها الى فرست مرحلة) ويحتمل أنّ هذه المواضع واقعة على طريق آخر من الريّ الى آمل، ٣ (افريدِين) المرّة الأولى — (افرندِين) وفى حط (افرندين)، ٤—٦ [قرية الملح ..... سمنان الى] مستتمّ تابعًا لحط عن صط، ٦ (جرمجوى) — (حرمحون)، ٧ (الحدّادة) المرّتين — (الحداره)، ٨ (بذش) المرّتين — (ندس)، (مورجان) المرّتين — (مورحان)، ٩ (اسداباذ) المرّتين — (استراباذ)، ١٠ (واسداباذ) — (واستراباذ)، ١٢ (تريجى) المرّة الأولى — (بريحى) والثانية — (ترحى) وفى حط (برجى)، ١٥—١٦ (ومن أراد ... مامطير مرحلة ومنها) تابعًا مع حط لصط وفى الأصل (ومن اوذار تخرج الى ممطير)، ١٦ (تريجى) — (ترحى)،

أقصد وإنّما ذكرتُ الطريق الأوّل لأنّ فيه منبرين، والطريق من آمُل الى الديلم فمن آمُل الى ناتل مرحلة ومن ناتل الى شالُوس مرحلة خفيفة ومن شالوس الى كلار مرحلة ومن كلار الى الديلم مرحلة، ومن آمُل الى البحر الى عين الهمّ مدينة مرحلة خفيفة وفيها نهر آتٍ من آمُل، والطريق من جرجان الى خراسان فمن جرجان الى دينارزارى مرحلة ومنها الى املواتلوا مرحلة ومن املواتلوا الى اجغ مرحلة ومنها الى سنداسب مرحلة ومن سنداسب | الى اسفرايين مرحلة، والطريق من جرجان الى قومس حط ٢٧٦
فمن جُرجان الى جهينه مرحلة وهى وادٍ لقريةٍ حسنةٍ ومن جهينه الى بسطام مدينة مرحلة ومنها الى وسط قومس مرحلة،

(١٤) وأمّا ارتفاع جُرجان بعد انحلالها واختلالها فى وقتنا هذا لوشمكير ابن زيار ولبهستون بن وشمكير بن زيار وما هو فى ضمنها من الجبايات والقبالات وحقوق السلطان وما يؤخذ من المراكب الواردة والصادرة فى بحيرة طبرستان بابسكون فمن مائتى ألف دينار الى ألفى ألف درهم، وارتفاع طبرستان غير متحصّل منذ سنين كثيرة لأنّها متداولــة بأيدى السلاطين وكان فى القديم ارتفاعها كارتفاع جرجان لأنّها قليلة الغلّات تافهة الحال من زروع الحنطة والشعير،

١ (الأوّل) — حط (الآخر) وفى صط (الأطول)، ٢ (ناتل) المرّتين — (نائل)، ٤ (آتٍ) — (انى)، ٦ (املواتلوا) — حط (املوتلوا)، (سنداسب) — حط (سيبداست)، ١١ (وما) — (ولما)، ١٣ (بابسكون) — (باسكون)، (مائتى) — حط (مائة)، (ألفى) — حط (ألف)،

[بحر الخزر]

(١) وبحر الخزر فإنّ شرقيّه بعض الديْلَم وطبرستان وجرجان وبعض المفازة التى بين جرجان وخُوارزم وغربيّه الرّان وحدود السَرير وبلاد الخزر وبعض مفازة الغُزّيّة وشماليّه مفازة الغُزِّيّة بناحية سياهكُويه وجنوبيّه الجيل والدَيْلَم وما دانى ذلك،

(٢) وهذه صورة بَحْرِ الخَزَرِ

[١٠٥ ظ]

إيضاح ما يوجد فى صورة بحر الخزر من الأسماء والنصوص،

قد رُسم البحر على شكل دائرة فى وسط الصورة ورُسم من أعلاه جبل لا اسم عنده وهو بين كلمتى كتابة بَحْرُ الخزر، وكُتب موازيًا لساحل البحر الأعلى الغُزيه ثمّ يلى ذلك موازيًا للساحل الخزر ثمّ اذربيجان ثمّ الجيل ثمّ طبرستان، ويصبّ فى البحر آخذًا عن اليسار نهر رُسم على شاطئه الأعلى مدينة اتل وعلى الشاطئ الأسفل خزران، وكُتب فى الساحة من أسفل ذلك نواحى السرير، ثمّ تقع على ساحل البحر مدينة الباب وعن يسارها الى الأسفل برذعه، ثمّ يصبّ فى البحر عن يمين ذلك نهران هما نهر الكر ونهر الرس وعلى نهر الرس مدينة ورثان ثمّ عن يمين مصبّ هذا النهر على ساحل البحر موقان، ويليها على بُعد من ساحل البحر مدينة سميران، ثمّ يلى ذلك على الساحل من المدن شالوس، عين الهم، ابسكون، وعن يمين ذلك فى البرّ جرجان،

ورُسم فى البحر جزيرتان هما جزيرة سياه كويه وجزيرة باب الأبواب، ومن أسفل البحر فى أيمن الصورة سلسلة جبال كُتب عندها جبال الديلم،

---

٥ (دانى) — (دنا)، ١١ (اذربيجان) — (اذبيجان)، ١٥ (ورثان) — (وربان)، ١٧ (شالوس) — (سالوس)،

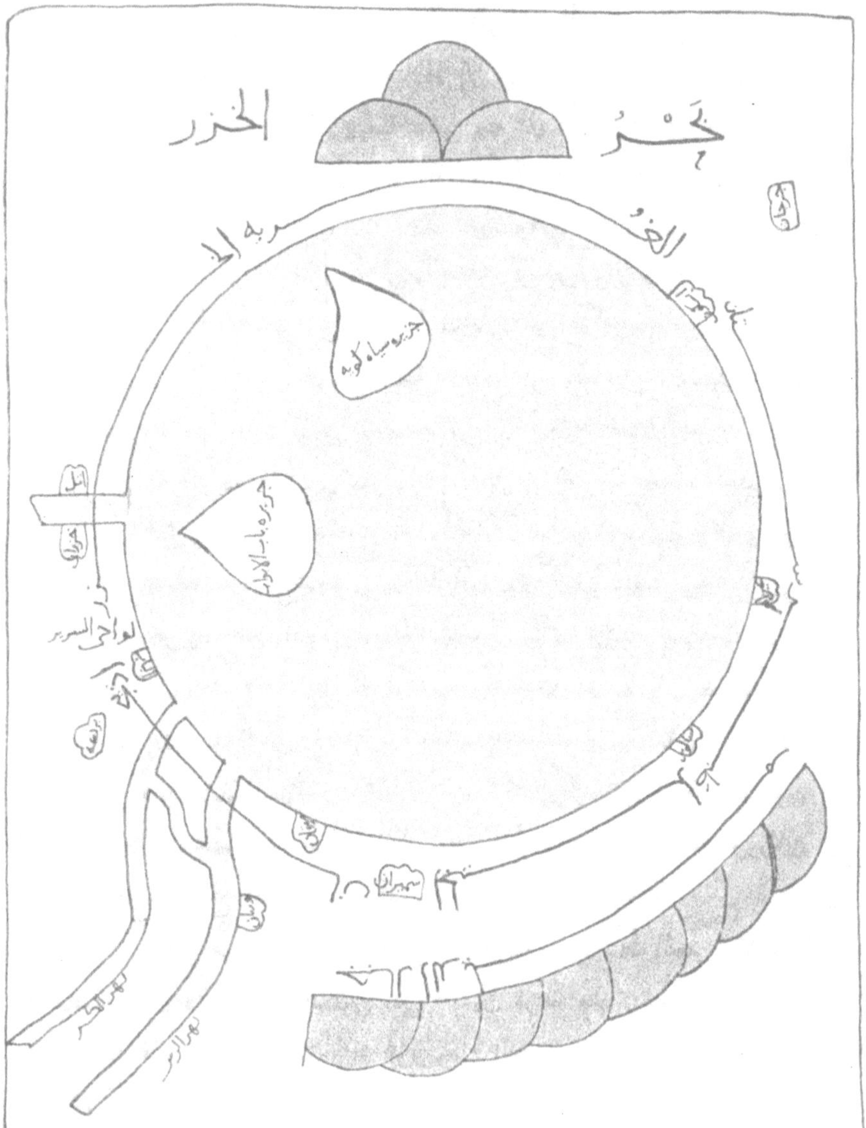

صورة بحر الخزر التى فى الصفحة ١٠٥ ظ من الأصل،

(٣) [١٠٥ ب] وهذا البحر ليس له اتّصال بشىء من البحار التى على وجه الأرض بطريق المادّة والاختلاط إلّا ما يدخل اليه من نهر الرُوس المعروف بآتل وهو متّصل بشُعبة تفضى منه الى الخليج الخارج من أرض القسطنطينيّة الى البحر المحيط، ولو أنّ رجلًا طاف بهذا البحر لرجع الى مكانه الذى ابتدأ به لا يمنعه مانع ولا يقطعه قاطع إلّا نهر يجذب اليه
حط ٢٧٧ ويقع فيه، وهو بحر مالح | ولا مدّ له ولا جـزر مظلمٌ قعرُه بخلاف بحر
القُلزم وغيره لأنّ قعره طين آجن آسن وبحر فارس يتبيّن فى كثير [من] بقاعه أرضه لصفوّ ما تحته من الحجارة البيض ولا يرتفع من هذا البحر شىء سوى السموك ويُركب فيه للتجارة من أراضى المسلمين الى أرض الخزر وهو فيما بين الران والجبل وطبرستان وجرجان، وليس فيه جزيرة مسكونة فيها عمارة كما فى غيره جزائر فيها سُكّان ومياه ومدن والذى فيه من الجزائر فيها مياه وأشجار ولم يسكنها فى الإسلام أحد، منها جزيـرة سياهكويه وهى كبيرة بها عيون وأشجار وغياض ودوابُّ وَحْشٍ، واليهـا جزيرة تُجاه الكُرّ وبالقرب من الباب وهى كبيرة أيضًا فيها غياض وأشجار ومياه ويرتفع منها الفُوّة ويخرج اليها من نواحى برذعه مُنتجعه لإثارةِ الفُوّة والعَمَلِ فيها الأيّامَ الطويلةَ الكثيرةَ ويحملونها الى ورثان وبرذعه فينالون منها خيرًا، ويُحمل الى جزيرة الباب الدوابُّ من نواحى برذعه وورثان وكثير من المواضع فتَسرَح فيها وتسمن لكثرة كلائها ومرعاها،

(٤) وليس من ابسكون الى الخزر عن اليمين على شطّ البحر قرية ولا مدينة سوى موضع من ابسكون على خمسين فرسخًا منها يسمّى دهستان كالقرية فيها قوم قلّة وفى مائهم غَور وماء البحر بهذه الناحية قصير القعر وهى كالدِخلة فى البحر فترسى فيها السفن فى هيجان الريح والبحر ويقصد هذا الموضع خلق كثير من النواحى فيقيمون به للصيد ولا أعرف غيره

---

٥ (ابتدأ) — (ابتدى)، ٧ [من] مستتمّ عن حط، ١٦ (ورثان) — (وربان)، ١٧ (وورثان) — (وورىان)، ١٩ (ابسكون) — (انسكون)، ٢١ (غَور) — (عورٌ)، ٢٢ (فيها) — (فيه)،

مكانًا يقيم به أحدٌ إلاّ سياه‌كويه فإنّ به طائفةً من الأتراك الغُزّيّة وهم قريبو العهد بالمُقام به لاختلافٍ وقع بين الغُزّيّة وبينهم فانقطعوا عنهم واتّخذوه دارًا ومأوًى وفيه مراعٍ واسعة ولديهم عيون وهذا المكان عن يمين هذا البحر من ابسكون، ومن ابسكون على اليسار الى الخزر عمارةٌ متّصلةٌ إلاّ شيئًا يسيرًا بين باب الأبواب والخزر وذلك أنّك إذا أخذتَ من ابسكون على حدود جُرجان وطبرستان والدَيلم والجيل تدخل فى حدود الران إذا جُزْتَ على مُوقان الى ناحية باب الأبواب على مسيرة يومين من بلاد شروان‌شاه وعملُه الى نواحى سمندر أربعة | أيّامٍ عمارة حط ٢٧٨
أيضًا ومن سمندر الى اتل سبعة أيّام مفاوز، ولهذا البحر زنقة بناحية سياه‌كويه يخاف على السفن إذا أخذتها الريح هناك أن تنكسر وإذا انكسرت السفن هناك لم يتهيّأ جمع شىء منها من غلبة الأتراك عليها فإنّهم يستولون على ما فيها،

(٥) وأمّا الخَزر فاسم الإقليم وقصبته تسمّى آتُل واتُل اسم النهر الذى يجرى اليهم من الروس وبُلغار ويفيض فى بحر الخزر [وقيل منبع هذا النهر من الظلمات لا يعرف أحد أوّله ولا وصل الى منبعه]، والبلد قطعتان إحداهما من غربىّ النهر [المسمّى اتل وهى أكبرهما] والأخرى من شرقيّه والملك يسكن فى الغربيّة منهما وتُسمّى خزران والشرقيّة تُسمّى اتل ويُسمّى

---

٢ (قريبو) — (قريبين)، ٥ (أنّك) — (أنّه)، ٦ (والجيل) — (والجبل)، (تدخل) — (يدخل)، ٧ (جُزْتَ) تابعًا لحط — (جاز)، ٩ (مفاوز) قد أضيف ذلك بالهامش بغير خطّ الناسخ، (زنقة) قد كان كُتب (مفازة) فصُحّح بغير خطّ الناسخ الى (زنقة)، ١٤—١٥ [وقيل ... منبعه] من مضافات حب ٣٨ ظ، ١٦ [المسمّى ... أكبرهما] مأخوذ من حط، ١٧—١ (وتُسمّى ... باك) يوجد فى حل التى هنا نسخة حط الوحيدة (وتسمى خزروان ويسمى الملك بلسانهم أيضًا اتل ويسمّى تال) وصحّح ذلك ناشر حط تخمينًا الى (وتسمّى القطعة الغربيّة اتل والشرقيّة خزران ويسمّى الملك بلسانهم بك ويسمّى أيضًا باك) لما يأتى فى حط ص ٢٨١ يعنى فى آخر القطعة (٧) من أنّ خزران هو نصف المدينة الشرقىّ ولا يوجد ذلك الخبر فى أصلنا ولا فى نسخ صط ويوجد فى حب (وتسمّى خزران والشرقيّة تسمّى اتل) فقط، ١٧ (اتل) — (تل)، (ويسمّى) — (وتُسمّى)،

[الملك بلسانهم] باك ، [١٠٦ ظ] وتكون القطعتان فى الطول نحو فرسخ ويحيط بهما سور غير أنّها مفترشة البناء وأبنيتهم كالخركاهات من خشب قد غُشيت بلبودٍ إلاّ شيئًا يسيرًا بُنِى من طين ولهم أسواق وحمّامات وفيهم خلق من المسلمين ويقال أنّهم يزيدون على عشرة آلف مسلم وبها نحو ثلثين مسجدًا وقصر ملكهم بعيد من النهر وهو من آجرّ وليس لأحدٍ بناء من آجرّ غيره ولا يُسوّغ الملك ذلك لغيره ، ولسور البلد أبواب أربعة منها باب يلى النهر وآخر الى ما يلى الصحراء على ظهر المدينة ، والملك يهوديّ ويقال أنّ له من الحاشية نحو أربعة آلف رجل وبهاتين الناحيتين مسلمون ونصارى وعبدة الأوثان وأقلّ الفِرَق فيهم اليهود | وأكثرهم المسلمون حـط ٢٧٩
إلاّ أنّ الملك وخاصّته يهودٌ ، والغالب على أخلاقهم أخلاق أهل الأوثان من سجود بعضهم لبعضٍ عند التقائهم وأحكامٍ يمْضُونها على رسوم قديمة تخالف دين الإسلام واليهود والنصارى ، ويقال أنّ جميع جيش خزران اثنا عشر ألفَ مُثبتين بالراتب إذا مات منهم رجل أُقيم مكانَه غيره وليس لهم جراية دارّة ولا أرزاق معلومة فى شهر معلوم بل يُوصَل اليهم اليسير فى المدّة الطويلة والأوقات المتراخية إذا حزبهم خوف أو لزمهم حرب اجتمعوا له ، وأبواب مال هذا الملك من الأرصاد وعشور التجارات على رسومٍ لهم من كلّ طريقٍ سابلٍ اليهم وله وظائف على أهل المحالّ والنواحى من كلّ صنف ما يحتاج اليه من طعام وشراب وغير ذلك ،

(٦) وللملك سبعة من الحُكّام من اليهود والنصارى والمسلمين وعبدة الأوثان وإذا عرض للخاصّة والعامّة أمرٌ حكم فيه هؤلاء الحُكّام ولا يصل أهل الحوائج الى الملك نفسه وإنّما يصل الى هؤلاء فيخاطِبون فى الحوائج وفيما يعرِض وبين هؤلاء النفر وبين الملك سفيرٌ يراسلونه فيما يجرى

١ [الملك بلسانهم] مستتمّ عن حـط كما مرّ، (باك) — (تاك)، ١٢ (جيش) كذا كان كُتب فى الأصل وكأنّه مغيّر فيما بعد الى (جنس)، ١٣ (بالراتب) — حـط (راتبين)، ٢٠ (هؤلاء الحُكّام) — فى حـب (حاكم تلك الملّة)، ٢١ (نفسه) — (فى نفسِهِ)،

ويشجر بينهم ويطلعونه على ما يكون منهم فيرد عليهم أمرُه عند ذلك بما يعملون عليه، وربّما جرى فى أحكامه أشياء كالخرافة ومنها مـا حكاه المعتضد وقد ذُكِر بين يديه فازدراه ذاكره فقال المعتضد كلّا إنّـه لمروىّ عن النبىّ صلّى الله عليه أنّه قال إنّ الله جلّ اسمه لم يُوَلِّ رجلاً قومًا إلّا وأيّده بضربٍ من التَسْديد وإن كان كافرًا، ومن ظريف ذلك أنّ رجلاً من أهل خزران كان له ولد قد تصرّف فى التجارة ومهر فى الأخذ والعطاء فأخرجه الى بُلغار الداخل ولم يزل يجهّز عليه التجارة وتبنّى بعد إخراج ابنه عنه عبدًا كان له فخرّجه وبصّره فحسُنت بصيرته فيما ندبه له من التجارة حتّى دعاه بالبُنُوّة لقربه من طاعته وقلبه وطالت غيبة الابن ومُقام الغلام فى خدمة الأب الى أن هلك الرجل وأقبل الابن على الجهاز ولم يُعْلَم بموت أبيه والغلام يُحَصِّلُ ما يرد عليه ولا يُجهّز عوضًا ممّا يرد اليه وكاتب الابن الغلامَ لينفذ اليه الجهاز على رسمه فردّ عليه الأمرَ بالقدوم عليه ليحاسبَه عمّا بيده [١٠٦ ب] ويقبضَ منه مـا لأبيه عنده فورد على الابن ما أسرع به الى مستقرّ أبيه من خزران وتنازعا الخصومةَ فى ذلك والحِجاج بالبيّنات فكان إذا قام لأحدهما ما قد ظنّه كافيًا من الحجّة جاء الآخرُ | من الشُبهة بما وقف حالَه وأكثرُ أحكامهم مبنىّ على مثل ذلك حط ٢٨٠ وطال بهما التنازع حولاً كاملاً وإذ طالت الخصومة وصارت الأمر فى التشاجر والمنازعة الى حال الوقوف اتّلى الملك الحكمَ بين الخصمين فجلس لهم وأحضر جميع الحكّام وأهل البلد وأعادا دعواهما منذ ابتدآ الخصومةَ فلم ير الملك لأحدهما على الآخر سبيلاً لتكافؤ البيّنات عنده فقال الملك للابن أتعرف قبر أبيك على الحقيقة فقال عُرِّفْتُه ولم أشهد دفنَه فأُحْقّه فقال للغلام المدّعى أنت تعرف قبر أبيك فقال نعم أنا تولّيتُ دفنَهُ فقال علىّ منه برمّةٍ إن وجدتموها فأتى الغلام القبرَ فانتزع منه بعض عظامه

١ (فيرد) تابعًا لحط وفى الأصل (ويرد)، ٧ (الأخذ) — (الآخذ)، ١٦ (بما) — (ما)، ١٧ (بهما) — (بهم)، (وإذ) — (وإذا)، ١٨ (اتّلى) — (اتلا)، ١٩ (ابتدآ) — (ابتديا)، ٢٠ (لتكافؤ) — (لتكافئ)،

البالية وجيء بها اليه فقال للغلام المدّعى بنوّةَ التاجر افصد نفسك ففصد ثمّ أمر فألقى دمه على العظم فنسرّب الدم عنه ولم يعلق بشيء منه وفصد الابن وطرح دمه على ذلك العظم فنَشِفَه وعَلِقَ به فأدّب الغلامَ وعزّرَهُ ودفعه ومالَه الى الابن،

حط ٢٨١ (٧) | وليس لهذه المدينة كثير قرًى غير أنّ مزارعهم مفترشة يخرجون فى الصيف بأجمعهم الى ما يرومون زرعَه فيحرثونه ويفلحونــه ويكون بالقُرب وبالبُعد الى نحو عشرين فرسخًا فإذا حصدوا زرعهم ضمّوه بالعجل الى النهر والى مواضع تقرب منه وينقلون ما اجتمع الى النهر فى السفن وما قرب من البلد نُقل بالعجل الى البلد، والغالب على قوتهم الأرزّ والسمك والذى يُحمل من عندهم من العسل والشمع والوَبَــر إنّما يُحمل اليهم من ناحية الروس وبُلغار وكذلك جلود الخــزّ التى تُحمل الى الآفاق ولا تكون إلّا فى تلك الأنهار الشماليّة التى بناحية بُلغار والروس وكويابــه والذى بالاندلس من جلود الخزّ شيء من الأنهار التى بنواحى الصقالبة وتشرع الى الخليج الذى بلد الصقالبة عليه وقد مرّ وصف هذا الخليج، وأكثر هذه الجلود وجُلّها يوجد فى بلد الروس وينزل اليهم والى ناحيتهم [من] ناحية ياجوج وماجوج وقد يصعد الى بُلغار ولم يزل كذلك الى سنة ثمانٍ وخمسين وثلثمائة فإنّ الروس أخربوا بُلغار وخزران، وقد يخرج الخزّ والأوبار النفيسة الى خوارزم لكثرة دخول الخوارزميّة البُلغارَ والصقالبةَ وغزوهم إيّاهم والغارات عليهم وسبيهم، ومصبّ تجارة الروسيّة على دائم الأوقات الى خزران وكان عليهم فيما يوردونــه نحو العُشر من أموالهم، وقد مرّ أنّ الملك يسكن فى النصف الغربىّ من الجانبين وحاشيته

٢ (فتسرّب) — (فتشرّب)، ١٢ (وكويابه) — (وكربانه)، ١٦ [من] مستتمّ عن حط، ٢١—١ (وقد مرّ . . . ولسان الخزر) مكان ذلك فى حط (وخزران نصف المدينة المعروفة باتل الشرقىّ وبه معظم التجّار والمسلمين والمتاجــر والنصف الغربىّ خاصّة للملك وحاشيته وجنده، والخزر الخلّص لسانهم)،

وجند الخزر الخلّص معه ولسان الخزر غير لسان التُرك ولسان الفارسيّة ولا يشاركهم فى لغتهم لسان من ألسنة الأمم،

(٨) ونهر آتُل له شعبة من جانبه الشرقىّ فتخرج من ناحية خرخيز وتجرى فيما بين الكيماكيّة والغُزّيّة وهى حدّ ما بين الكيماكيّة والغُزّيّة ثمّ يذهب مغرّبًا على ظهر بُلغار ويعود راجعًا | الى ما يلى المشرق حتّى يجوز حـط ٢٨٢ على الروس ثمّ على بُلغار ثمّ على برطاس حتّى يقع فى بحر الخزر ويقال أنّه يتشعّب من هذا النهر نيّف وسبعون نهرًا ويبقى عمود النهر جاريًا الى خزران حتّى يقع فى البحر، ويقال أنّ هذه المياه إذا كانت مجتمعة بأعلاه فى نهر واحدٍ زاد على جيحون كثرةً وغُزرَ ماء وفسحةً على وجه الأرض، ويبلغ من كثرة هذه المياه وغزارتها أنّها تنتهى الى البحر عن أماكن تتساقط اليه يقرب بعضها من بعضٍ ويجرى فى البحر داخلَ مائه مسيرة يومين ويغلب على ماء البحر حتّى يجمدَ فى الشتاء فى وَسَطه لعذوبتها وحلاوتها ويتبيّن فى البحر لونه من لون ماء البحر،

(٩) وللخَزَر ناحية ولها مدينة تُسمّى سمندر وهى فيما بينها وبين باب الأبواب وكانت بها بساتين كثيرة يقال أنّها كانت تشتمل على نحو أربعين ألف كرم وسألتُ عنها بجرجان سنة ثمانٍ وخمسين لقريب عهدٍ بها فقال وهناك كرمٌ أو بستانٌ ما له على المساكين صدقة إن كان بقى هناك ورقةٌ على ساقٍ وقد أتى عليها الروسيّة ولم يبق بالبلد عِنَبَةٌ ولا زبيبةٌ، وكان يسكن هذا البلدَ المسلمون وطبقات أهل الملل والوَثَنيّون فجَلَوا ولفضل أرضهم وحسن ريعهم فلن تَمْضِيَ ثلثُ سنين إلّا وقد عاد كما كان، وكان بسمندر مساجد وبِيَع وكنائس فأتوا فى خَرْجَتهم هذه على جميع ما كانَ على نهر اتل من خزر وبُلغار وبرطاس واستولوا عليهم فلجأ

٣ (خرخيز) — (خرخير)، ٤ (وتجرى) — (ويجرى)، ١٧—١٩ (وهناك ... زبيبةٌ) مكان ذلك فى حـط (إن كان هناك كرم أو بستان فما له على المساكين صدقة أو كان خلق الله هناك ورقة على ساق يريد أنّ جميع ذلك هلك مع البلد وكان أكثره الأعناب والكروم)، ٢١ (فى) — (على)،

أهل اتل الى جزيرة باب الأبواب وتحصّنوا بها وبعضهم فى جزيـرة سياه‌كُويه وهم [١٠٧ ظ] مقيمون خائفون، وكانت منازل سمندر خركاهاتٍ وأبنيتهم من خشب قد نُسج وسُنِّمتْ سطوحهم وملكهم قرابة لملك الخَزر وبينهم وبين حدّ السَّرير فرسخان وبين صاحب السريـر وملك سِمنَدر هُدنة، وأهل السرير نصارى ويقال أنّ هذا السَّرير كان لبعض [ملوك] الفرُس وهو من ذهب ولمّا زال ملكهم حُمِل الى هذا الموضع مع ذخائرَ تشاكله وكان حامله من ولد بهرام والملك الى يومنا هذا باسم هذا السرير
حـط ٢٨٣ فيهم، ويقال أنّه سريـر عُمل لبعض الأكاسرة فى | سنين كثيرة وبين أهل السرير والمسلمين هُدنة، وليس بجميـع بلاد الخزر مجتمـع للناس غير سِمندر،

(١٠) وبرطاس أمم متاخمة للخزر ليس بينهم وبين الخزر لسان غيرهم وهم قوم مفترشون على وادى اتل وبرطاس اسم الناحية وكذلك الروس والخزَر والسرير اسم للمملكة والناحية لا للناس والقبيل،

(١١) وليس يشبه الخَزَرُ التُركَ إذ الخـزر بأجمعهم سُودُ الشعور وهم صنفان فصنف يسمّون قَرَاخَزَر وهم سُمرٌ يضربون لشدّة السُمرة الى السواد كأنّهم صنف من الهند وصنف بيض ظاهـرو الحسنِ والجمالِ، والذى يقع من رقيق الخزر فهم أهل الأوثان الذين يستجيزون بيـع أولادهم واسترقـاق بعضهم لبعضٍ [فأمّـا اليهود منهم والنصارى فإنّهم يتديّنون بتحريم استرقاق بعضهم لبعضٍ]، وليس يرتفع من بلد الخـزر نفسه شىء يُحمل الى القرب أو البعـد غير غِرَى السمك فأمّا الرقيق والعسل والشمع والخزّ والأوبار فمجلوبة اليهم، ولباس الخزر ومن داناهم القَرَاطقُ والأقبية وليس عندهم شىء من الملبوس يزيد على كفايتهم وإنّما

---

٣ (وملكهم . . . الخزر) — حـط (وكان ملكهم من اليهود قرابة ملك الخزر)، ٥ [ملوك] مستتمّ تابعًا لحـط عن صـط، ١٢ (لا . . . والقبيل) — حـط (لا للمدينة ولا للناس)، ١٦ (ظاهرو) تابعًا لحـط — (ظاهرُهُ)، ١٨—١٩ [فأمّا . . . لبعض] مأخوذ من حـط، ٢١ (والأوبار) — (والاوتارُ)، (ومن) — (وما)،

يُحْمَل اليهم من نواحى جُرجان وطبرستان واذربيجان والروم وما يصاقبهم من الأعمال الملبوسُ،

(١٢) فأمّا سياستهم وأمر المملكة فيهم فإنّها تنتهى الى عظيمهم المسمّى خاقان خزرَ وهو أجلّ من مَلِك الخزر لأنّ مُلْكَ الخزر به ينعقد وهو الذى يقيمه ويثقّفه وإذا أرادوا أن يقيموا مَلكًا بعد هلاك ملكهم جاء هذا الخاقان به فذكّره اللهَ ووعظه وعرّفه ما عليه وله من حقوق المُلك وأثقاله وما ينوبه من الإثم والوزر فيما يتكلّفه إن قصّر فيه أو عمل بغير الواجب منه وأتى غير الصواب والحقّ فى أحكامه فربّما لم يُجِبْهُم من عملوا على ولايته إذا | سمع ذلك القول وَرَعًا وزُهْدًا ورغبةً عمّا يسمعه ممّا حط ٢٨٤ يناله فيما يزعم أنّ الله يجعله له بتركه الولايةَ وضعفِهِ عن القيام بها ويقبلها غيره بما يحسُن فى نفسه وعقله فإذا جاؤا به لِيُقعِدُوهُ فى المملكة ويُسلّمُوا عليه بها خنقه خاقان الخزر بحريرةٍ فإذا قارب أن ينقطعَ نفسُهُ قالوا له كم تُحبُّ أنّ تكون مُدّة مُلكِكَ فيقول كذى وكذى فإن مات دون تلك المدّة فبقضاء الله مات وإن بقى بعد ما ذكره بلسانه قُتِلَ بعد بلوغه الأجل، ولا تصلح الخاقانيّة إلّا فى أهل بيت معروفين وليس لخاقان من الأمر والنهى فى الخزر شىء غير أنّه يُعظَّم ويسجد له الجميع حتّى الملك إذا دخل اليه ولا يصل اليه أحد إلّا لحاجةٍ وإذا دخل عليه المرء تمرّغ له فى التراب وسجد وقام من بَعْدُ حتّى يأذن له بالقعود، وإذا حزبهم أمْرٌ عظيمٌ أو حربٌ أُخرج فيه الخاقان فلا يراه أحد من الأتراك وغيرهم ممّن يصاقبهم من أصناف الكُفر إلّا انصرف ولم يقاتلْه تعظيمًا له وإذا مات خاقانُ ودُفِنَ لم يَمُرّ بقبره أحد إلّا ترجّل له وسجد ولا يركب ما لم يَغِبْ عن قبره، ويبلغ من طاعتهم لملكهم أنّ أحدهم ربّما وجب عليه القتل ويكون من أكرمهم عليه وأوجبهم حقًّا وحُرمةً وهو من أكبرهم منزلةً لديه [ولا يحبّ الملك قتله ظاهرًا] فيأمر

٩ (ولايته) — (ولاويته)، ١٢ (بها) — (بما)، ١٩ (حزبهم) — (حَزَبَهُما)، ٢٠ (انصرف) — حط (سجد وانصرف)، ٢٤ [ولا يحب ... ظاهرًا] مأخوذ من حط،

الملك أن يقتل نفسَهُ فينصرف الى منزله ويقتل نفسه، وقد ذكرتُ أنّ الخاقانيّة فى أهل بيتٍ وقوم معروفين لا تتعدّاهم وفيهم المُوسِرُ والمُعْسِرُ المُقْتِرُ فإذا بلغته الخاقانيّة عُقِد له ولا يُنظـر الى ما حاله عليه، ولقد أخبرنى من أثق به أنّه رأى فى بعض أسواقهم شابًّا يبيـع الخُبز فإنهم كانوا يقولون إن هلك خاقانهم فليس أحدٌ أحقّ بالخاقانيّة منه وكان مع ذلك مُسلمًا ولن | تنعقد الخاقانيّة إلاّ للبهود، ولهم سرير فى قُبّة ذهب لا حط ٢٨٥ يضرب إلاّ لخاقان عند بروزه ومضاربه إذا برزوا لحربٍ أو أمرٍ يدهَمُهم فوق مضارب الملك ومسكنه فى البلد أرفـع من مسكنه وله جراياتٌ وقوانينُ [١٠٧ ب] تصل اليه من رسومٍ على جميعهم،

(١٢) وبرطاس اسم الناحية وهم أصحاب بيوت خشب وهم مفترشون فى نواحيهم لكثرتهم وقوّتهم، وبشجرت اسم الناحية أيضًا وهم صنفان فصنف فى آخر الغُزّيّة على ظهر بُلغار ومبلغهم نحو ألفى رجل ممتنعون فى مشاجر لا يُقدر عليهم وهم فى طاعة بُلغار ولبشجـرت ديار متاخمـة لبجناك وهم وبجناك أتراك فى جوار الروم، ولسان البُلغار كلسان الخزر ولبرطاس لسان آخر وكذلك لسان الروس غير لسان الخزر وبرطاس، وبلغار اسم للناحية وللمدينة وهم مسلمون وفى البلد مسجد جامع وبقربهم مدينة أُخرى تسمّى سوار وفيها مسجد جامعٍ وأخبرنى من كان يخطب بها أنّ مقدار عدد الناس بهاتين المدينتين نحو عشرة آلف رجل وأبنيتهم من خشب يأوونها فى الشتاء وبالصيف يفترشون الأرضَ فى الخركاهات،

٦ (فى قُبّة) تابعًا لحَط — (وفيه)، ٧ (ومضاربه) — (ومضاربهم)، ٩ (اليه) — (اليهم)، ١٠ (وبرطاس) — (وبرطاسم)، ١١ (وبشجرت) — (وتسخرت)، ١٣ (مشاجر) — (مشاحر)، (ولبشجرت) — (ولتشحرت)، ١٤ (أتراك) — (اتراك)، ١٦ (اسم) — (اسمان)، (وفى البلد مسجد جامع) — (وفى البلدين مسجدا جامعٍ) كأنّ سبب استعمال الناسخ للتثنية أنّ كلمتى (وبرطاس، وبلغار) المتقدّمتين عنده مبتدأ الجملة وهو خطأ ظاهر ولا يوجد التثنية فى حَط ولا فى حَب، ١٧ (سوار) — (شوار)،

وأخبرنى الخطيب بها أنّ النهار بها فى وقت الشتاء لا يتهيّأ للإنسان أن يسير فيه فرسخين [وفى الصيف يطول النهار ويقصر الليل حتّى يكون ليل الصيف مثل نهار الشتاء]، وشاهدتُ ما يدلّ على ذلك عند قربى من ديارهم أنّ النهار بقدر ما صلّينا الأربع صلوات وكلّ صلاة فى عقب الأُخرى مع ركعات بين الأذان والإقامة ليست بالكَسرة، والروسُ ثلثة أصنافٍ فصنف هم أقرب الى بُلغار وملكهم بمدينة تسمّى كويابه وهى أكبر من بُلغار وصنف أعلى منهم يسمّون الصلاويّة وملكهم بصلا مدينة لهم وصنف منهم يسمّون الارثانيّة وملكهم مقيم بارثا مدينة لهم، ويبلغ الناس فى | التجارة معهم الى كويابه ونواحيها فأمّا ارثا فلم أسمع أحدًا ط٢٨٦ يذكر أنّه دخلها من الغرباء لأنّهم يقتلون كلّمن وَطِىء أرضهم من الغرباء وإنّما ينحدرون فى الماء يتجرون ولا يُخبرون بشىء من أمرهم ومتاجرهم ولا يتركون أحدا يصحبهم ولا يدخل بلادهم، ويُحمل من ارثا السمّور الأسود والثعالب السود والرصاص وبعض زيبق، والروس قوم يحرقون أنفسهم إذا ماتوا ويحترق مع مياسيرهم الجوارى منهم بطيبة أنفسهنّ كما يفعل الهند وأهل غانه وكُوغه وغيرهم، وبعض الروس يحلق لحيته وبعضهم يَفتِلها كمثل أعراف الدوابّ أو يضفرها ولباسهم القراطق الصغار ولباس الخزر وبلغار وبجْناك القراطق التامّة، ولم تزل الروس يتجرون الى الخزر والى الروم، وبُلغَارُ الأعظمُ متاخمون للروم فى الشمال وهم عدد كثير وقد ضربوا قديمًا على ما يليهم من بلد الروم الأخرجة والضرائب، وبُلغار الداخل نصارى ومسلمون ولم يُبْقِ فى وقتنا هذا

١ (النهار ... الشتاء) — حـط (الليل عندهم فى وقت الصيف)، ٢—٣ [وفى الصيف ... نهار الشتاء] قد كُتب ذلك بالهامش بغيرخطّ الناسخ، ٣—٤ (قربى من ديارهم) — حـط (دخولى فى الشتاء اليهم)، ٥ (ليست بالكسرة) — حـط (قليلة) وفى حـب (ليست بالكبيره)، ٦ (كويابه) — (كويانه)، ٩ (كويابه) كذا فى الأصل، (ارثا) تابعًا مع حـط لصـط — (ارثانيه)، ١٤ (الجوارى) — (الجوارُ)، ١٦ (يضفرها) تابعًا لحـط — (يظفرها)،

للبُلغار ولا لبرطاس ولا للخزر أهلُ الروس بقيّةً إلّا شَعِثَةً ناقصةً قد جاسوها وذلك بقصدهم الجميع وبلوغهم فى سائر مجاوريهم فوق آمالهم، وقد بلغنى أنّ كثيرًا منهم رجعوا الى اتل وخزران بإعْزَازِ محمّد بن أحمد الأزدى صاحب شروان‌شاه لهم وتأييدهم برجاله وقومه وهم راجون مؤمّلون أن يعاهدوهم ويكونوا تحت طاعتهم بشىء من البرّ يقيمونه لهم،

(١٤) ذكر المسافات بين الخزر ونواحيه، فمن ابسكون الى بلاد الخزر عن اليمين نحو ثلثمائة فرسخ ومن ابسكون عن اليسار لقاصد الخزر نحو ثلثمائة فرسخ أيضًا، ومن ابسكون الى دهستان متياسرًا نحو ستّ مراحل، ويُقطع هذه البحر إذا طابت الريح عرضًا من طبرستان الى باب الأبواب فى أسبوعٍ، وأمّا من ابسكون الى بلاد الخزر فإنّه زائد على
حط ٢٨٧ العرض | لأنّه مزوّى، ومن اتل الى سِمندر ثمنية أيّام ومن سمندر الى باب الأبواب أربعة أيّام، وبين مملكة السَرير وباب الأبواب ثلثة أيّام، ومن اتل الى أوّل حدّ من برطاس عشرون يومًا ومن أوّل برطاس الى آخره نحو خمسة عشر يومًا، ومن برطاس الى بجناك عشرة أيّام ومن اتل الى بجناك مسيرة شهر، ومن اتل الى بلغار على طريق المفازة نحو شهر وفى الماء شهران فى صُعود والحدور نحو عشرين يومًا، ومن بلغار الى أوّل حدود الروم نحو عشرة أيّام ومن بُلغار الى كويابه نحو عشرين مرحلة، ومن بجناك الى بشجرت الداخل عشرة أيّام ومن بشجرت الداخل الى بلغار خمس وعشرون مرحلة،

٣–٤ (وقد بلغنى ... مؤمّلون) مكان ذلك فى حط (ومن أفلت من أيديهم منشتّت فى ما داناهم محبّةً لجوار بلادهم ورجاء)، ٣ (رجعوا) — (رجفوا)، ٨ (دهستان متياسرًا) — (دهستا متياسر)، ١١ (اتل) — (آمُلَ)، ١٦ (شهران) — (شهرين)، ١٧ (كويابه) — (كويانه)، ١٨ (بشجرت) المرّة الأولى — (بسحرت) والثانية — (بسحرب)،

[مفازة خراسان وفارس]

(۱) وأمّا مفازة خراسان وفارس فالـذى يحيـط بها من شرقيّها حدّ مُكران وشىء من حدود سجستان وغربيّها حدود قُومس والرىّ وقُمّ وقاسان وشماليّها حدود خراسان وشىء من سجستان وجنوبيّها حدود كرمان وفارس وشىء من حدود اصبهان،

(۲) وهذه صورة مفازة ما بين فارس وخراسان،

[۱۰۸ ظ]

إيضاح ما يوجد فى صورة مفازة خراسان وفارس من الأسماء والنصوص،

قد كُتب فى أعلى الصورة مفازة بين كرمان ومُكران والسند والهند وتحت ذلك مفازة فارس، ويوازى طرف الصورة الأيمن كتابة كرمان ثمّ فارس ويوازى الطـرف الأيسر كتابة قوهستان ثمّ نواحى سجستان وتتّصل بخطّ كلمة سجستان مدينة زرنج وهى فى وسط بحيرة وكُتب من فوق البحيرة مفازة سجستان والملتـان، وتتّصل بخـطّ كلمة قوهستان مدينتا قاين والطبسين وبينهما الى اليسار ترشيز، ومن أسفل ذلك فى الزاوية اليسرى مدينة الدامغان وعن يمينها سمنان، ثمّ فى الزاوية اليمنى اصبهان وفوقها متّصلة بآخر كلمة فارس اردستان،

وفى وسط الصورة ساحة تحيط بأطرافهـا الأربـع أربعـة خطوط ويتّصل بالخطّ الأعلى سبيج ثمّ بالخطّ الأيمن نرماشير، الفهرج، خبيص، زاور، يزد، نايين ثمّ بالخطّ الأسفل المقوّس الشكل قاسان، قم، الرى، دزه، خوار، سهرج، ثمّ بالخطّ الأيمن كرى وقرية سلم،

---

۱۴ (ترشيز) — (برشير)، ۱۷ (سبيج) — (مسننج)، (زاور) — (رور)، (نايين) — (نابين)، ۱۸ (سهرج) — (سهرح)، ۱۹ (قرية) — (قريه)،

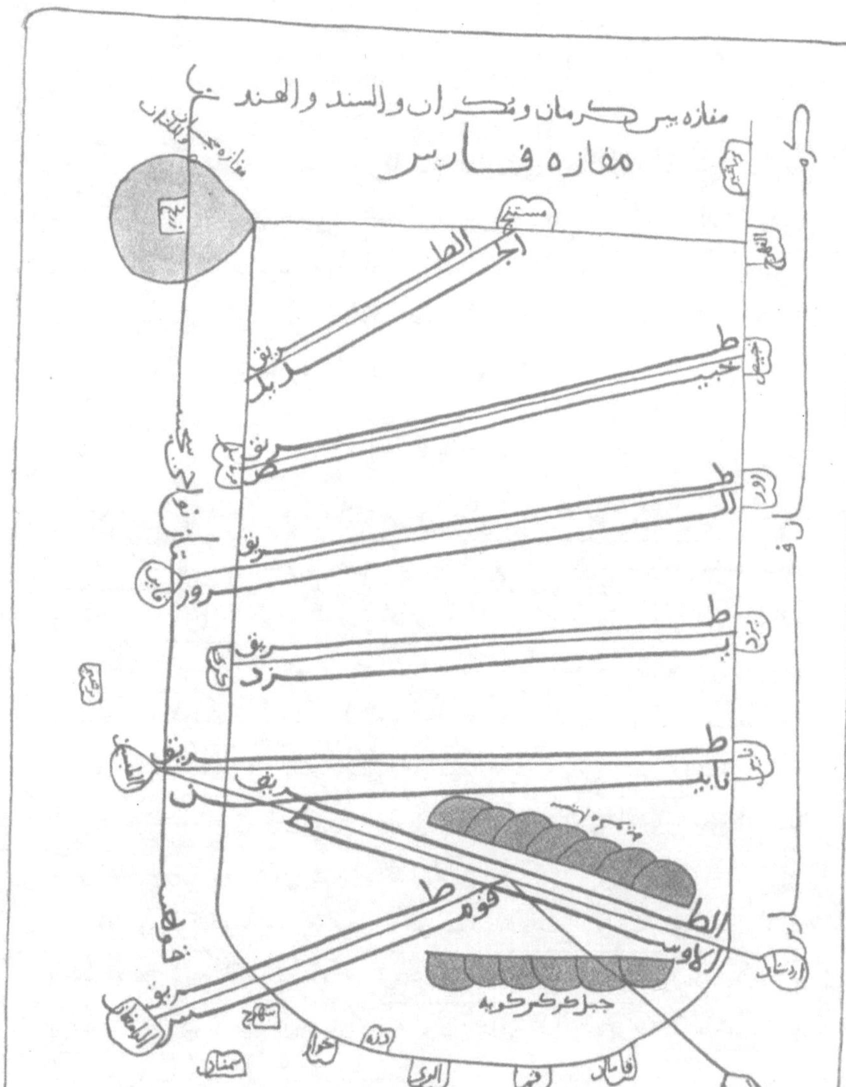

صورة مفازة خراسان وفارس التى فى الصفحة ١٠٨ ظ من الأصل،

وهذه المواضع تصلها بعضها ببعض عدّةُ طرق وأوّل هذه الطرق ابتداءً من الفوق الطريق الجديد الآخذ من سبيـج الى نقطةٍ فى الخطّ الأيسر، ثمّ طريق خبيص بين خبيص وقرية سلم، ثمّ طريق الزاور بين زاور وقاين، ثمّ طريق يزد بين يزد وكرى، ثمّ طريق ناءين بين نايين والطبسين، ثمّ الطريق الأوسط بين اردستان والطبسين، ورُسم من فوق هذا الطريق سلسلة جبال كُتب عندها سياه كويه ومن أسفله سلسلة أخرى كُتب عندها جبل كركس كويه، ويأخذ من منتصف هذا الطريق طريقان أحدهما الى الدامغان كُتب عنده طريق قومس والآخر الى اصبهان،

(٣) [١٠٨ ب] هذه المفازة من أقلّ مفاوز الإسلام سُكّانًا وقرًى ومدنًا على قدرها لأنّ مفاوز البادية فيها مراعٍ وأحياء للعرب ومدن وقرًى لا تكاد تخلو نجد وتهامة وسائر نجودها ونواحيها والحجاز وما يشتمل عليه من بقاعه وأصقاعه أن تكون فى حيّز قبيلةٍ يتردّدون فيها على المراعى وكذلك عامّة اليَمن إلّا ما بين عُمان واليمامة ممّا يلى البحر الى حدود اليمن فإنّ ذلك الموضع خالٍ فارغٌ من ديار العرب عن السُكّان، وكذلك المفازة التى فى أضعاف كرمان ومُكران والسِند عامّتها مسكونة بالأخبية والأخصاص وغيرها، ومفاوز البربر أيضًا القاصية المتّصلة بالبرّيّة التى لا تُسلك فى الجنوب الى البحر | المحيط عامرةٌ [أعرفُ ذلك وأقفُ عليه حط ٢٨٨ بأحياء البربر فى مراعيهم]، وليس يُستدرك من مفازة فارس وخراسان غير عِلْم الطريق وما يعرض فى أضعاف طرقها من المنازل والرباطات الموقوفة على سابلة الطريق ليُستجار بها فى شدّة البرد من الثلوج وفى شدّة القيظ من الحرّ وليس فيما عدا أطرافها كثير عمارةٍ ولا سكّانٍ،

٣ (الزاور) — (الرور) والظاهر أنّ أداة التعريف مضافة هنا لإيجاد خطّ مستطيل، ٤ (نايين) — (نابين)، ١٠ (نجد وتهامة) تابعًا لحط عن صط — (بحدود تهامة)، ١٥ (وغيرها) — (وغيرهما)، ١٥—١٦ (المتّصلة ... عامرة) يوجد مكان ذلك فى حط (التى بين سجلماسة واودغشت واوليل ولمطة وفزّان وزويلة الى ما وراء ذلك ممّا بينهم وبين البحر المحيط فإنّه بأجمعه مسكون)، ١٦ (عامرة — (غامرة)، ١٦—١٧ [أعرفُ ... مراعيهم] مستنمّ عن حط، ١٨ (عِلم) — حط (عَلَم)،

(٤) وهذه المفازة من أكثر المفاوز لصوصًا وفُسّادًا وذلك أنّها ليست فى حيّز إقليم بِعَينِهِ فيرعاها أهل ذلك الإقليم بالحفظ وتُحيط بها أيدٍ كثيرةٌ من سلاطين شتّى فبعض هذه المفازة من عمل خراسان وقومس وبعضها من عمل سجِسْتان وبعضها من عمل كِرمان وفارس واصبهان [وقمّ] وقاسان والرىّ فإذا أفسد القاطع فى عملٍ دخل عملاً آخرَ، ومع ذلك فهى مفازة يصعب سلوكها بالخيل وإنّما تُقطع بالإبل فأمّا دوابّ عليها أحمال فلا تسلكها إلاّ على طرقٍ معروفةٍ ومياهٍ معلومةٍ إن تجاوزها فى أعراض هذه المفازة متجاوزٌ هلك، وقد سلكتُها على الوجهين جميعًا فمرّةً مع المُفْردة وأُخرى مع الجمال المحمّلة، وللّصوص فى هذه المفازة ملجأ يعتصمون به ويأوون اليه ويُخفون فيه الأموال والذخائر يُعرف بجبل كركس كُويه وكركس اسم المفازة التى تتاخم الرَىّ وقُمّ الى مسيرة أيّام عنه من شرقىّ هذه المفازة وكركس كويه هذا فجبل ليس بالكبير الطويل وهو منقطع عن الجبال والمفازة محيطة بـه وبلغنى أنّ دَوْر أسفله نحو فرسخين ولم أقف على ذلك لأنّى لم أمضِ به إلاّ مجتازًا عليه وبهذا الجبل ماء يُسمّى آب بيد ووسط هذا الجبل كالساحة وفى مجاهل شعاب هذا الجبل مياه قليلة وهو جبل وعر المسلك الى ذُراه فيه معاطف ومسالك وحشة ولا يكاد يُظهر على من يتوارى فيه، وإذا صرت الى آب بيد كنتَ كأنّك فى حظيرةٍ والجبل | محيط بك، ويتّصل من هذه المفازة جبل كركس كُويه بوعرٍ يكون نحو فرسخين رُبًى ووِهادًا تِصلهُ بجبالٍ من نواحى الرىّ الى أن يتّصل بجبال الجيل والجبل الآخذ من المشرق الى المغرب، حط ٢٨٩

(٥) وليس فى هذه المفازة قرية ولا مدينة سوى سبيج وهو من عمل

---

١ (وفُسّادًا) — (وفسّادًا)، ٥ [وقمّ] مستتمّ تابعًا لحط عن صط، ١٥ (بيد) — حط (بند)، ١٩ (كركس كُويه) كذا أيضًا فى حل وصحّحه ناشر حط الى (سياه كويه) تابعًا لصط الذى يوجد فيه هنا (وسياه كوه جبل يمتدّ ويتّصل بجبال الجبل) وليس فى ذلك ما يوجب تصحيح نصّ ابن حوقل، ٢١ (سبيج) — (مستنج)،

كرمان فى المفازة على طريق سجستان ويحيط بها من جميع نواحيها هذه المفازة وفى المفازة على طريق اصبهان الى نيسابُور موضع يُعرف بالجرمق وهو ثلث قُرًى ويحيط بها هذه المفازة، ومن مشاهير المدن التى تلى فارس نايين ويزد وعقده واردستان من اصبهان ومن حدّ كرمان خبيص وزاور ونرماشير ومن حدّ الجبال قُمّ وقاسان ودزه وسواد الرىّ وخوار الرىّ جميعًا يتاخمان المفازة، وسمنان والدامغان من قُومس ويحادّها من خراسان مدن قُوهستان وهى الطَبَسين وقاين بسوادها المنتهى الى المفازة،

(٦) والطرق المعروفة من هذه المفازة طريق اصبهان الى الرَىّ وهو أقربُها وطريق من كرمان الى سجستان وطريقان من فارس وكرمان الى خُراسان، فمنها طريق يزد فى حدّ [١٠٩ ظ] فارس وطريق شور وطريق زاور وطريق خبيص من حدود كرمان الى خراسان وطريق يُعرف بالطريق الجديد من كرمان الى خراسان، وهذه الطرق المعروفة ولا أعلم فيها طريقًا مسلوكًا غير ما ذكرتُه وهناك أيضًا طريق قلّما يُسلك من اصبهان يخرج على قُومس ولا يُسلك إلاّ عند ضرورة والمسلك فيه على السَمْت والقصد بالنَجْم، [وسأصف مسافات هذه الطرق وما فيها وما يحتاج الى علمه إن شاء الله عزّ وجلّ]،

(٧) فأمّا الطريق من الرَىّ الى اصبهان فمن الرىّ الى دزه مدينة فيها منبر ولها ماء جارٍ فى نُهَيْرٍ صغيرٍ مرحلة وليس من الرَىّ اليها عمارة غير
مقدار فرسخين | فى وسط الطريق ومن دزه الى دَير الجِصّ مرحلة وبين حط ٢٩٠
دزه ودير الجصّ [مفازة محاذية لكركس كويه وسياه كويه ودير الجصّ] رباط من جصٍّ وآجرٍّ يسكنه بَذرقَةُ السلطان وهو منزل للمارّة وليس به زرع ولا شجر وفيه بئر مالح الماء غير شروبٍ وماؤهم من المطر يدّخر فى

٤ (نايين) — (نابين)، (خبيص) — (حبنص)، ٥ (وزاور) — (ورور)، ٩ (وطريقان) — حط (وطريق)، ١١ (زاور) — (رور)، ١٤ (على قُومس) — حط (الى قومس)، ١٥—١٦ [وسأصف ... وجلّ] مأخوذ من حط، ٢٠ [مفازة ... ودير الجصّ] مستتمّ عن حط،

مأجَنين خارجين من هذا الدير والمفازة تحيط به، ومن ديــر الجصّ الى كاج [مرحلة] أيضًا مفازة وكاج قرية كانت فخربت ولا ساكن فيها وهى المنزل وماؤها من الأمطار أيضًا فى مواجن وأبآرها مالحة، ومن كاج الى قُمّ مرحلة والطريق فى مفازة [حتّى تنتهى الى فرسخين من المدينــة ثمّ تنتهى الى قرية ثمّ الى المدينة أيضًا مفازة]، ومن قمّ الى قريــة المجوس طريق عامر مرحلة وبهذه القريــة مجوس يسكنونها ولا يخالطهم غيرهم، ومنها الى قاسان مرحلة فى عمارة على جنب المفازة، ومن قاسان الى حصنٍ يُعرف بدزه مرحلتان والطريق بعضه مفازة وتحيط بدزه العمارة وهو حصن لأهله به زرع وفيه خمسون مسكنًا أو أكثر، ومن دزه الى رباط أبى علىّ بن رستم مرحلة كبيرة مفازة تتّصل بمفازة كركس كُويــه وكان يسكن هذا الرباط رجّالة على نُوَبٍ للسلطان وهو منزل للمارّة وله ماء جارٍ من قرية بالقرب منه الى حوض فى الرباط، ومن هذا الرباط الى دانجى مرحلة ودانجى قرية كبيرة عامرة، ومن دانجى الى اصبهان مرحلة خفيفة والطريق من دانجى الى المدينة عامــر، والطريق من الرىّ الى اصْبَهان بين سياه كويه وكركس كُويه [وكركس كويه] عن يسار السائر وسياه كُويه عن يمينه وبسياه كويه أيضًا مأوًى للّصوص وليس بقربه عمارة ومن كركس كويه الى دير الجصّ أربعة فراسخ ومن دير الجصّ الى سياه كُويه خمسة | فراسخ وسياه كُويه جبلٌ أسود قبيح المنظر والمخبَر وبين سياه حط ٢٩١
كُويه وكركس كُويه تسعة فراسخ أوعارٌ ورُبًى ووِهادٌ على دير الجصّ ومن كركس كويه الى دزه سبعة فراسخ،

(٨) والطريق من نايين الى خُراسان فمن نايين الى مزرعة فى المفازة

٢ [مرحلة] مستتمّ تابعًا لحط عن حب وتنقد هنا الكلمتان التاليتان، ٤—٥ [حتّى ... أيضًا مفازة] مستتمّ عن حط، ٨ (بدزه) — حط (بدرة)، ١٠ (مفازة) — (ومفازة)، ١١ (نُوَبٍ) — (بُوَبٍ)، ١٥ (سياه كويه) — (سياه كوه)، [وكركس كويه] مستتمّ تابعًا لحط عن صط، ١٦ (للّصوص) — (للصوص)، ٢١ (نايين) المرّتين — (نابين)،

مرحلة وربّما كان بها رجلان أو ثلثة وتُدعى بُونه وفيها عين ماء يزرع عليها هؤلاء النفر، ومنها الى جرمق أربع مراحل وفى الطريق فى كلّ فرسخين أو ثلثة جنبذة وبركة ماء وجرمق هذه تُدعى سِهِه وتفسيرها ثلث قرًى اسم إحداهنّ بيادق والأخرى جرمق والثالثة ارابه وتُعدّ من خُراسان وبها نخيل وزرع ومواشٍ كثيرة وفى الثلث قرى نحو ألف رجل وكلّها فى رأى العين قريبة بعضها من بعضٍ، ومن جرمق الى نوجاى أربع مراحل فى كلّ ثلثة فراسخ أو أربعة جُنبذة وبركة، ومن نوجاى الى رباط خوران مرحلة، ومن الرباط الى قرية تُسمّى اتشكهان مرحلة خفيفة، ومن اتشكهان الى طبس مرحلة، ومن أراد من نوجاى الى دسكردان مرحلة ومن دسكردان الى بن مرحلة كبيرة ومن بن الى تُرشيز مرحلتان ومن ترشيز الى نيسابُور خمس مراحل، وطريق من يزد وشور ونايين يجتمع بكرى وهى قرية فيها نحو ألف رجل ولها رستاق كبير وبين طبس وكرى ثلثة فراسخ،

(٩) وطريق شور فطريق مُضاف الى اسم ماء مالح فى المفازة وليس حـَط ٢٩٢ باسم قرية [١٠٩ ب] ولا مدينة، ولرايين بمفازة شور قرية تُدعى بيره وهى قرية صغيرة بها دون العشرة الأنفس من حدود كرمان، ومنها الى عين ماء يُسمّى مغول مرحلة وليس بها ماء ومنها الى غَمْر سُرخ وهو غَمْر كبير فى وهدة طينٍ أحمر وجبل عليه مطلّ أحمر [مرحلة]، ومنه الى منزل يُدعى جاهبُـر قرية وبها بئر وقباب مرحلة وليس بها أحد، ومنها الى

٢ (جرمق) — (حرمق)، ٤ (بيادق) تابعًا لحـَط — (بيارق)، ٧ (خوران) — حـَط (حَوْران)، ٨ (اتشكهان) المرّتين تابعًا لحـَط — (اقسكهان)، ٩ (دسكردان) — حـَط (دسكروان)، ١٠ (بن) المرّتين تابعًا لحـَط — (ين)، (ترشيز) — (ترشين)، ١١ (وطريق ... ونايين) كذا أيضًا فى حـَط وصـَط ولعلّ النصّ الأصلىّ كان (وطريق مَن يريد خور وقاين)، (ونايين) — (ونابين)، (بكرى) — (بكرين)، ١٤ (ولرايين) — (ولرابين)، (ولرايين بمفازة شور) كذا أيضًا فى حـَل وصحّحه ناشر حـَط تابعًا لصـَط الى (ورأس مفازة شور) ويحتمل أنّ المراد هنا مدينة رايين بكرمان، ١٦ (غَمْر سُرخ) — (عمُر سُرخ)، (غَمْر) — (عمُر)، ١٧ [مرحلة] مستتمّ عن حـَط،

حوض هزار وهو قرار يجتمع فيه ماء المطر مرحلة، ومن حوض هزار الى شور وهى عين ماء مالح شروب وعليها قباب مرحلة وليس به أحد، ومن شور الى منزل يسمّى مغول أيضًا عين ماء وقباب مرحلة، ومن مغول الى كرى مرحلة كبيرة وعلى أربعة فراسخ من كرى بركة يجتمع فيها ماء السيل، وفى مفازة شور بين ماء شور وبين بـرّ عن يمين الذاهب من خراسان الى كرمان على نحو فرسخين منها صورة الفاكهة من اللوز والتفّاح والكُمّثرى ونحوها من حجارة وفيها صور تقارب صور الناس والأشجار وغير ذلك من حجارة،

(١٠) وطريق زاور وهى قرية عامرة عليها حصار ولها ماء جارٍ وهى من حدود كرمان، فمنها الى مكان يُدعى دركوجوى وفيه ماء عين ضعيف المسيل وليس هناك بناء مرحلة، ومنه الى شور دوازده مرحلة وهناك
حط ٢٩٢ رباط قد خرب | وشعب فيه نخيل وليس به أحد وهو مكان مخوف قلّما يخلو من اللصوص، ومنه الى دير بردان وهناك أبآر وهى صحراء لا بناء فيها [مرحلة]، ومن دير بردان الى منزل فيه حوض يجتمع فيه ماء المطر مرحلة وليس هناك بناء، ومن هذا الحوض الى نابند وهو رباط فيه مقدار عشرين مسكنًا وفيه ماء يجرى عليه رحًى صغيرة ولهم زرع على ماء عينٍ ولهم نخل وقبل نابنـد بفرسخين عين ماء وعندهـا نُخيلات وقباب وليس بها أحد وهى ملجأ للصوص غير أنّ أهل نابند يتعاهدون هذه النخيل ويجتنونها، ويُسار من نابند مرحلتين الى مكان يُسمّى ترشك

٢ (وعليها) — (وعليه)، ٥ (بين ماء شور) تابعًا لحط — (بيرُ ماء شور)، (برّ) تابعًا لحط و صط — (ينّ)، ٦ (صورة) — (فى صورة)، ١٠ (دركوجوى) — (دركوحرى)، ١١ (شور دوازده) — (ستور دوازكه)، ١٢ (وشعب) تابعًا لتصحيح ناشر حط فى الذيل على مقابلة نصّ المقدسىّ ص ٤٩٤ وفى الأصل (شعِث)، ١٣ و ١٤ (دير بردان) المرّتين تابعًا مع حط لصط — (دير دان)، ١٤ [مرحلة] مستتمّ تابعًا لحط عن صط، ١٧ (بفرسخين) — (بوشجين)، ١٨ (للصوص) — (للصوص)، ١٩ (مرحلتين) — (مرحلتان)، (ترشك) — حط (بئر شك)،

وبين كلّ فرسخين وثلثةٍ قباب وحياض ماء وليس بها أحد وبترشك بئر طيّبة الماء، ومن ترشك الى خور مرحلة ليس بها أحد ومن خور الى خوسب مرحلتان ومن خور الى كرى ثلث مراحل،

(١١) والطريق من خبيص فإنّ من خبيص وهى مدينــة على شفير المفازة من جروم كرمان ماؤها جارٍ وبها نخيل كثيرة وهى خصبة رخيصة الأسعار على مرّ الأوقات، ومنها الى مكان يُعرف بالدروازق مرحلة وفيه أبنية ما مدّ البصر منهدّمة وبها تلال عظام تدلّ على أبنية كانت شاهقةً فتكافأ بعضها على بعضٍ وليس بها أثر ماء من نهرٍ ولا بئــرٍ ولا عين، ومنها الى مكان يسمّى شورروذ مرحلة وهو وادٍ يجرى فيه سيول الأمطار ولا يجرى من غير مطر وسيل ومجراه على أرضٍ سبخة فيأتى السيل فيــه مالحًا وهذه المفازة مالحة | التربة، ومنه الى بارسك جبل صغير مرحلة، حـَط ٢٩٤ ومنه الى مكان يُدعى نيمه مرحلــة، ومن هذا المكان الى مكان يُعرف بالحوض وهو حوض يجتمع فيه ماء المطر، ومنه الى رأس الماء مرحلتان وفيه عين ماء يجتمع فى حوض يسقى زرعًا برأس الماء وبه رباط يكون فيه الواحد والاثنان، ومن رأس الماء الى كوكور قرية على رأس المفازة وهى من حدّ قوهستان [مرحلة]، ومن كوكور الى خوسب مرحلتان، وفى مفازة خبيص على فرسخين من رأس الماء ممّا يلى خراسان حجارة سود [١١٠ ظ] صغار نحو أربعة فراسخ، ومن بارسك الى قبر الخارجىّ حصًى صغار بعضها فى لون الكافور بياضًا وبعضها أخضر فى لون الزجاج، وليس فى هذه المفازة إذا جُزتَ فرسخين من رأس الماء الى جبل بجنوبه نبات نحو مرحلة،

(١٢) والطريق من يزد الى خراسان فمن يزد الى انجيره مرحلة بها

---

٢ و ٣ (خور) الثلث المرار — (خوز)، ٣ (خوسب) — (خرسب)، ١١ (بارسك) — (بارسك)، ١٢ (نيمه) — (بنمه)، ١٦ [مرحلة] مستتمّ تابعًا لحـَط عن صـَط، (خوسب) — (خرسب) وفى حـَط (خَوْسْت)، ١٨ (بارسك) — (بارسك)، ٢٠ (بجنوبه) تابعًا لتخمين ناشر حـَط — (بجنويه)،

حوض ماء ويجتمع فى الحوض ماء المطر وليس بينهما عمارة، ومن النجيره الى خزانه مرحلة وليس بينهما عمارة وخزانه قرية فيها نحو مائتى رجل وبها زرع وضرع وبساتين وكروم فى وادٍ من قبليّها ولها عين ماء جارية من تحت حصن خزانه نفسها وذلك أنّها على مدرة مرتفعة فى جنب وادٍ قد استقامت على جنبتيه البساتين والكروم الأعذاء وعندهم خصب على مرّ الأوقات، ومن خزانه الى تلّ سياهسبيذ مرحلة وليس بينهما عمارة وهو خان ليس فيه أحد وفيه حوضان لمجتمع ماء الأمطار، ومن تلّ سياهسبيذ الى ساغند مرحلة وليس بينهما عمارة | وساغَند قرية فيها نحو حط ٢٩٥ أربع مائة إنسان وعليها حصن لها عين ماء جارٍ يُزرع عليها ولها قنىّ وبساتين عامرة وخزانه أعمر منها وأحصن، ومن ساغند الى بشت باذام مرحلة كبيرة وليس بينهما عمارة وبها خان ومنزل ومياهها من الآبار، ومن بشت باذام الى رباط محمّد مرحلة خفيفة وليس بينهما عمارة وهو رباط فيه نحو ثلثين رجلاً ولهم زرع وعيون ماء، ومن رباط محمّد الى الريك مرحلة وهو منزل فيه حوض ماء وخان ليس فيه ساكن والريك رمل قدره نحو فرسخين، ومن الريك الى المُهلّب مرحلة وهو خان وعين ماء وعنده جبل وليس بينهما عمارة، ومنه الى رباط خوران [مرحلة] وهو قصر من جصّ وحجارةٍ ويكون فيه ثلثة نفرٍ أو أربعة يحفظونه وبه عين ماء وليس له زرع، ومن رباط خوران الى زاذاخره مرحلة وزاذاخره بئر ماء وخان ليس فيه ساكن وليس بينهما عمارة، ومن زاذاخره الى بشتاذران مرحلة وهى قرية فيها نحو ثلثمائة إنسان وفيها ماء جارٍ من قناةٍ وزروع كثيرة وأغنام وسائمة وكروم وليس بينهما عمارة، ومن بشتاذران

٢ (خزانه) المرّتين — (خرانه)، ٦ (خزانه) — (خرانه)، ٧–٨ (تلّ سياه سبيذ) المرّتين — (بل سياه سيد)، ١٤ (الريك) — (البريك) (والريك) — (والبريك)، ١٥ (الريك) — (البريك)، ١٦ (خوران) — (حوران)، [مرحلة] مستتمّ على التخمين تابعًا لناشر حط ويفقد أيضًا فى نسخ صط كلّها، ١٨ (خوران) — (حوران)، ٢٠ (بشتاذران) — (بشناذران) وفى حط (بشتادران)، ٢١ (بشتاذران) — (بشناذران)،

الى بُن مرحلة خفيفة وبن قرية عامرة وفيها نحو خمس مائة رجل ولهم ماء جارٍ وزروع وماشية وخصب، ومن بن الى زاذونه مرحلة وليس بينهما عمارة وزاذونه منزل فيه بئر ماء وخان وليس فيه ساكن، ومن زاذونه الى ريكن مرحلة وليس بينهما عمارة وريكن رباط فيه زرع وماء جارٍ وفيه ثلثة أو أربعة نفر، ومن ريكن الى اسنيشت مرحلة ليس بينهما عمارة واسنيشت منزل فيه حوض ماء للمطر [وخان] وليس فيه ساكن، ومن اسنيشت الى تُرشيز مرحلة وهى حومة بشت | نيسابُور وهى مدينة حسنة حط ٢٩٦ كثيرة الخير والأهل وفى كلّ فرسخين وثلثة خان وحوض ماء،

(١٢) وطرق هذه المفازة على الترصيف فمن اصبهان الى الرىّ طريق ثمّ يليه طريق اردستان الى الطبسين وفيه طريق قومس من اردستان تعدل من نصف طريق الطبسين الى الدامغان، ويليه طريق نايين الى الطبسين الى خُراسان ويليه طريق يزد الى خراسان، ويلى ذلك طريق شور ثمّ طريق زاور ثمّ يلى ذلك طريق خبيص ثمّ يلى ذلك الطريق الجديد [١١٠ ب] ثمّ يلى ذلك طريق سجستان الى كرمان، وأمّا الطريق الجديد فأنّك تأخذ من نرماشير الى دارستان مرحلة وهى قرية فيها نخيل وليس وراءها عمارة ومنها الى رأس الماء مرحلة، ومن رأس الماء وهى عين ماء يجتمع فى بركة ثمّ تقطع عرض المفازة الى قرية سَلمٍ أربع مراحل مفازة كلّها مخوفة ويقال أنّ قرية سَلم من كرمان، ومن قرية سَلْم الى هَراة عشرة أيّامٍ، ومن شاء أخذ من نرماشير الى سبيج خمس مراحل ومن سبيج الى قرية سَلْم خمسة أيّام على عيون ماء قليلةٍ،

١ (بُن) — (بُر)، (وبن) — (وبر) ويجوز أنّه (بن) المارّ ذكره فى القطعة ٨، ٢ (بن) — (بر)، (زاذونه) — حط (رادويه)، ٤ و ٥ (ريكن) — (زبكر)، ٤ (وريكن) — (وزبكر)، ٥ (اسنيشت) — حط (اسنلشت)، ٦ [وخان] مستتمّ عن حط، ١١ (نايين) — (نابين)، ١٣ (شور) — (سور)، (زاور) — (رور)، ١٥ (الطريق) — (طريق)، ١٦ (ومنها الى) — (والى)، ١٩ (نرماشير) — (نزماشير)، ١٩ و ٢٠ (سبيج) — (مسنج)،

وأمّا طريق سجستان فإنّ المدخل اليها من نرماشير الى سبيج خمسة أيّام فى حدّ كرمان ومن سبيج الى سجستان سبع مراحل، وقد أثبتّها فى صفة سجستان وكرمان أيضًا، [فهذه الطرائق كلّها سلكتُها وعرفت منازلها ثمّ صوّرتها وشرحناها لك وسنشرح بعض هذا فى صورة سجستان]،

---

١ و ٢ (سبيج) — (مسننج)، ٣—٤ [فهذه .... سجستان] من مضافات حـَب ٤٠ ب—٤١ ظ إلاّ أنّه يفقد هنا صفة الطريق الجديد وما يليها،

[سجستان]

(١) وأمّا سجستان وما يتّصل بها ممّا قد جمعتُ اليها فى الصورة فإنّ الذى | يحيط بها ممّا يلى المشرق مفازة بين كرمان وأرض السِنْد وبين سجِسْتان وشىء من عمل المُلتان وممّا يلى المغرب خراسان وشىء من عمل الهند وممّا يلى الشمال أرضُ الهِنْد وممّا يلى الجنوب المفازة التى بين سجِسْتان وكرمان، وفيما يلى خراسان والغُور والهند تقويس، حط ٢٩٧

(٢) وهذه صورة سِجِسْتان،

[١١١ ظ]

إيضاح ما يوجد فى صورة سجستان من الأسماء والنصوص،

قد كتب فى أعلى الصورة صورةُ سجستان وعن يمين ذلك فى الزاوية الشمال وفى الزاوية اليسرى المغرب،

ويأخذ من وسط أعلى الصورة نهر الى الأسفل عليه من المدن هراه، مالن، كواسان، ثمّ يعطف النهر الى اليمين وكُتب عند قسمه هذا على شكل صليبىّ نواحى فره، ورُسمت عن يمين النهر سلسلة جبال مدوّرة الشكل تحيط بساحة كُتب فى وسطها بلاد الغور، ويخرج من أعلى هذه الجبال نهر يأخذ أوّلاً الى اليمين ثمّ الى الأسفل وكُتب عن يمين مبتدئه نواحى الخلج، وتخرج من هذا النهر ذراع الى اليسار وينصبّ فى هذه الذراع النهر الآتى من هراة بحذاء مدينة بشلنك،

ويمرّ عمود النهر الآتى من جبال الغور وعلى شطّه الأيسر من المدن درغش ودرتل وعن يسار درتل فى البرّ بغنين، ثمّ تقع على شطّه الأيمن روذان وبست وكُتب من أعلى بست على شكل صليبىّ قاطعًا للنهر أعمال بست، وبعد ذلك يعطف العمود الى

---

٤ (المُلنان) — (المُلْتان)، (وممّا) — (ممّا)، ١٣ (كواسان) — (بخراسان)، ١٦ (الخلج) — (الخلَج)، ١٧ (بشلنك) — (بيشك)، ١٩ (بغنين) — (بغنير)،

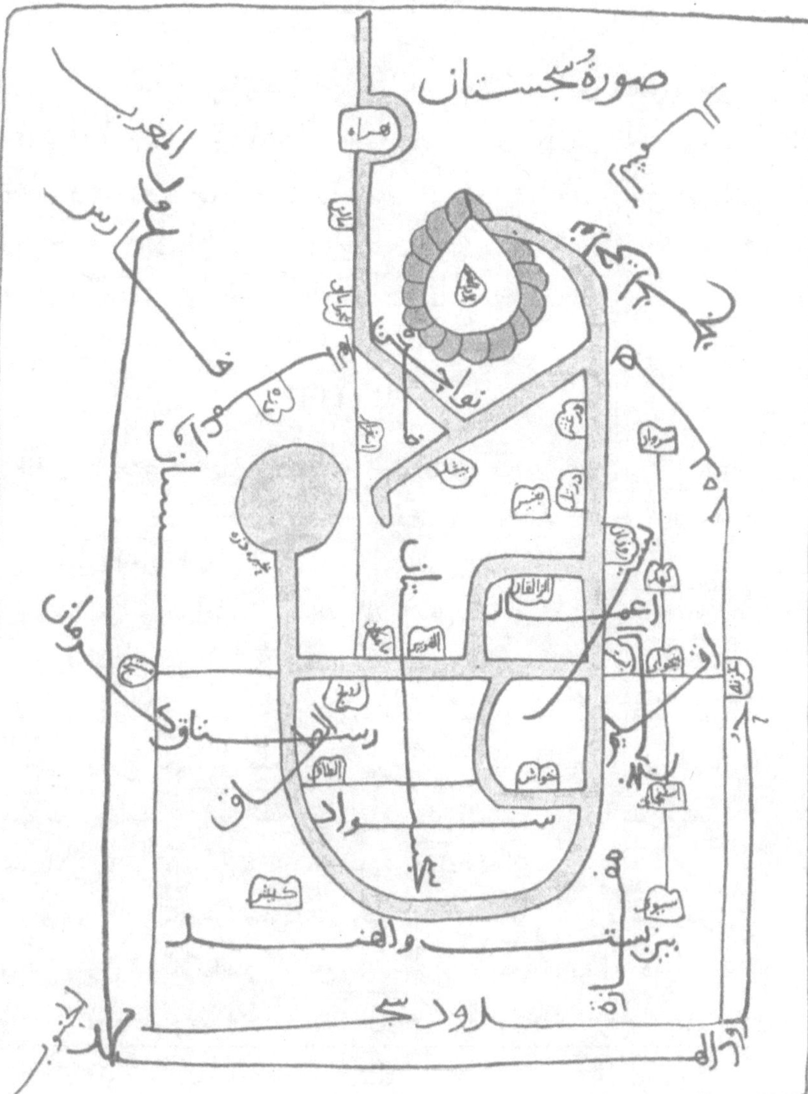

صورة سجستان التى فى الصفحة ١١١ ظ من الأصل،

اليسار ثمّ الى الفوق الى أن ينصبّ فى بحيرة زره المرسومة على شكل مدوّر، وتأخذ بحذاء بست شعبة الى اليسار منتهيةً الى القسم الآخر من العمود وعليها من المدن القرنين، ماهكان، زرنج، ويأخذ من حذاء زرنج طريق الى الأعلى عليه مدينة اسفزار، ويأخذ من عمود النهر شعبة أخرى بحذاء روذان وعليها الزالقان ثمّ تعطف الى الأسفل الى أن ينصبّ فى الشعبة الآخذة من بست، وتأخذ من أسفل بست شعبة ثالثة الى اليسار عليها خواش وتعطف بعدها الى الفوق الى أن تنصبّ فى الشعبة الأولى، وكُتب فى الساحة عن يسار هذه الشعبة الثالثة بينها والعمود سواد سجستان وتقع فيها بقرب قسم العمود الأيسر مدينة الطاق وكُتب من أعلاها قاطعًا للنهر رستاق الطاق،

وتقع عن يمين عمود النهر مقابلةً لدرغش مدينة سروان ويأخذ منها طريق الى الأسفل موازيًا للنهر عليه كهك، بنجواى، اسفنجاى وينتهى الى سيوى، ويأخذ طريق من بست على بنجواى الى غزنه، وكُتب فى الساحة بين بنجواى وبست واسفنجاى اقليم الرخج وتبتدئ من أسفل سيوى كتابة مفازة بين بست والهند وهى صليبىّ الشكل، وتقع فوق كلمة الهند مدينة كش،

وتطيف بكلّ ذلك مبتدئةً من عند ابتداء عمود النهر وموازيةً للأطراف الأيمن والأسفل والأيسر من الصورة منتهيةً الى عطف النهر الآتى من هراة كتابة هذه حدود سجستان وأعمالها، وتتّصل بخطّ كلمة سجستان فى الطرف الأيسر مدينة سيبج وبخطّ كلمة وأعمالها مدينة نه، وتبتدئ من أسفل غزنه موازيةً للكتابة المتقدّمة بينها وبين طرف الصورة ثمّ موازيةً للطرف الأسفل كتابة حدود الهند، وكُتب فى الزاويـة اليسرى الجنوب، ثمّ تأخذ من هنا الى الفوق كتابـة حدود تقطعها على شكل صليبىّ كلمتا كرمان وفارس المضافتان اليها،

(٢) [١١٢ ظ] وسجستان فالذى يقع فى أضعافها ممّا يحتاج الى معرفته من المدن فإنّه زرنج وكش ونه والطاق والقرنين وخواش وفره وجزه

١ (زره) — (دزه)، ٣ (القرنين) — (القريين)، ١٣ (كش) — (كيش)، ١٦ (سيبج) — (مستنج)، ١٧ (نه) على مقابلة صور الاصطخرىّ — (دزه)، ٢١ [١١٢ ظ] إنّ الصفحة ١١١ ب بياض لا متن فيها، ٢٢ (وكش) — خط (وكش)، (وجزه) — (وحزه)،

وبست وروذان وسروان والزالقان وبغنين ودرغش ودرتل وبشلنك وفنجواى وكُهك وغزنه والقصر وسيوى واسفنجاى وماهكان،

(٤) ومدينتها العظمى زرنج وهى مدينة عليها حصن ولها ربض واسع الأبنية كثير السكّان وفيه دور الإمارة لآل الصفّار الى غير ذلك من المحالّ والفنادق وعليه سور وحصن دائر بالربض وخندق على الربض حصين وفيه ماء وماؤه ينبع من مكانه ويقع فيه فضل من المياه الجارية اليها، ولها خمسة أبواب أحدها الباب الجديد والآخـر الباب العتيق وكلاهما يُخرج منهما الى فارس وبينهما قريبُ مسافةٍ وباب كركويه يُخرج منه الى خراسان والرابع باب نيشك يُخرج منه الى بست والخامس يُعرف بباب الطعام يُخرج منه الى الرساتيق وأعمر أبوابها باب الطعام وكلّهـا حديد، وللربض ثلثه عشر بابًا فمنها باب مينا يأخذ الى فارس ويليه باب دخان | حط ۲۹۸ ثمّ يليه باب شيرك ثمّ يليه باب شاراو ثمّ يليه باب شعيب ويليه باب نوجويك ويليه باب آكان ويليه باب نيشك ثمّ يليه باب كركويه ويليه باب اسبريس ويليه باب غنجره ويليه باب بارستان ويليه باب روذكران، وأبنيتها كلّها من طين آزاج معقودة لانّ الخشب بها يأرضُ ولا يلبث، ومسجد الجامع فى المدينة منها دون الربض إذا دخلتَ باب

١ (وروذان) — (ورزدان)، (وسروان) — حط (وشروان)، (والزالقان) — قد كان كُتب (امالقان) ثمّ أُلغيت الألف الأولى، (وبغنين) قد صُحّح الى ذلك من (وبغنبى)، (ودرغش) — (ودرعش)، (ودرتل) — (وتل)، ٢ (وغزنه) — (وعزنه)، (وسيوى) — (وسوى)، (واسفنجاى) — (واسفيجا)، (وماهكان) تابعًا لنسختى حط وللصورة — (وجامان) وكذا فى حط، ٧ (الباب الجديد) — (باب الجديد)، ٨ (منهما) — (منه)، (كركويه) قد صُحّح ممّا يشبه أنّه كان (كوكه) وأضاف المصحّح فى الهامش (ركركُويه)، ١٢ (شيرك) — (شرك)، (شاراو) — حط (ساراق)، ١٣ (نوجويك) — (بوجويك) وفى حط (نوخيك)، (آكان) — (اكان) وفى حط (الكان)، (نيشك) — (نسك)، (كركويه) — (كوكويه)، ١٤ (اسبريس) قد صُحّح فى الأصل من (استريس) الذى هو ما يوجد فى حط، (غنجره) — (عنجره)، ١٥ (روذكران) — (رودكران)،

فارس منها ودار الإمارة فى الربض بين باب الطعام وباب فارس خارج المدينة والحبس فى المدينة عند الجامع وهناك أيضًا دار إمارة على ظهر الجامع عند الحبس قديمة ومنها نُقلت الى خارج بالربض، وبين باب الطعام وباب فارس قصران ليعقوب بن الليث ولعمرو بن الليث ودار الإمارة فى دار يعقوب بن الليث، وداخل المدينة بين باب كركويه وباب نيشك أبنية عظيمة تُسمّى أرْك كانت خزانة لعمرو بن الليث بناها، وأسواق المدينة الداخلة حوالى مسجد الجامع وهى أسواق على غاية العمارة وأسواق الربض أسواق عامرة أيضًا منها سوق يُسمّى سوق عمرو بناه ووقفه على مسجد الجامع والبيمارستان والمسجد الحرام وغلّة هذا السوق فى كلّ يوم نحو ألف درهم، وفى المدينة الداخلة أنهار منها نهر يدخل من الباب العتيق والثانى من الباب الجديد والثالث من باب الطعام مدخله ومقدار هذه الأنهار إذا اجتمعت ما يدير الرحَى، وعند مسجد الجامع حوضان عظيمان ويدخلهما الماء الجارى | حط ٢٩٩ ويخرج ويتفرّق فى بيوت أهل البلد وسراديبهم تجرى مياه الرجان فى سراديب البلد ودورهم بالقنىّ، ومعظم دور المدينة والربض ذوات مياهٍ جاريةٍ وبساتين وفى ربضها أنهار تأخذ من هذه الأنهار التى تدخل المدينة، والسوق ممتدّة من باب فارس من المدينة الى باب مينا متّصل ذلك غير منقطع نحو نصف فرسخ،

(٥) وأرضها سبخة ورمال وهى بلاد حارّة بها نخيل ولا يقع بها الثلوج وهى أرض [١١٢ ب] سهلة لا يُرى منها جبل وأقرب جبالها بناحية فره، وتشتدّ رياحهم وتدوم حتّى أنّهم قد نصبوا عليها أرحيةً لطحن قمحهم ٢ يديرونها بالريح، وتنقل رمالهم من مكان الى مكان ولولا أنّهم يحتالون فيها بسياساتٍ قد توارثوها قديمًا يقيمونها بهندسةٍ يتلّيها رجال منهم لطمّت القرى والمدن بها وذلك أنّ جميع البلد رمل، وبلغنى أنّهم إذا أحبّوا

---

٢ (دار إمارة) تابعًا مع حط لصط وفى الأصل (دار الإمارة)، ٦ (نيشك) — (نبشك)، ٩ (هذا السوق) — حط (هذه الأسواق)، ١٢ (الرحَى) — (الرحا)، ١٥ (ربضها) تابعًا لصط — (عرضها) وكذلك فى حط،

نقل الرمل من مكان الى مكان من غير أن يقع على الأرض التى الى جانب المكان الذى قد ضرّهم كون الرمل فيه جعلوا زربًا وسياجًا كالحائط من خشبٍ وشوكٍ أو غيرهما ممّا يجدونه حول الرمل الذى يحبّون نقله وفتحوا فى أسفله بابًا من تلقاء الريح فتدخله الريح وتطير به وتصير بأعلاه كالزوبعة ويرتفع الى حيث آثروا نقله اليه، وأخبرنى من صدر عنهم فى سنة ستّين الى مصر وقد جمعنا الطريقُ فتذاكرنا حالهم هذه فقال تواترت علينا الرياح فى السنة الماضية بما لم تجر لنا بمثله عادة وأكبّت الرياح بالرمل على الجامع وتزايد الأمرُ على البلد بالأذى والبلاء | فدعوا القومَ الموسومين بعلم هذه الصنعة والمرسومين بدفعه فعجز أكثرهم واعترف بأنّه لا يعلم كيفيّة مدافعته لفظاعته ولأنّهم لا يقفون من أين مادّته وكانت الريح مضطربةً وانتدب حدثٌ منهم فقال علم ذلك عندى وإن أُعطِيتُ ما أُؤَمِّلُهُ دفعتُه وهو عشرون ألف درهم فلم يلتفتوا الى كلامه لعظم سَوْمِهِ وزاد الأمر بلاءً فأيقنوا بأنّه إن أقام عليهم يومَهُ وليلتَهُ القابلةَ هلك البلد فصاروا الى الرجل بما طلبه من المال فقبله وقال قد زاد علىّ التعب ولكنّكم منه فى أمانٍ وركَضَ ومن رام مَعُونَتَهُ معه ثمنية عشر فرسخًا من البلد على غير قصد الريح وعارضها بما أوقعه من حيلته فأصرف الريح عن البلد وعدل بها الى حيث لا يضرّهم وكفاهم الشغلَ به من حيث ابتدأ بصرف الريح الى غير جهة المدينة ورَأَسَ القوم الذين كانوا يتقدّمون فى علم ذلك وفاز بحسن الذكر ثمّ عدل الى الرمل الذى سقط فى البلد بريح أُخرى فانتسفه، حط ٣٠٠

٣—٤ (ممّا ... نقله) فى حط تابعًا لصط (بقدر ما يعلو على ذلك الرمل)، ٦ (مصر) — حط (المغرب)، ٩ (بدفعه) — (بدفعها) والظاهر أنّ الضمير ينسب الى الرمل أى (بدفع الرمل) على أنّه يوجد فى حط (بدفعها) أيضًا وفى حب (بدفع الريح)، ١٠ (لفظاعته) — (لقظاعته)، ١٦ (الريح) المرّة الثانية — (الرمل) ويوجد فى حط (وزالت الريح عن البلد)، ١٧ (بها) — (به)، (ابتدأ) — (ابتدى)، ٢٠ (فانتسفه) — (فانتسقه)،

(٦) ويقال إنّ المدينة القديمة فى أيّام العجم كانت فيما بين كرمان وسجستان بالقرب من دارك بحذاء راشك عن يسار الذاهب من سجستان الى كرمان على ثلاث مراحل وأبنيتها وبعض بيوتها قائمة الى هذه الغاية واسم هذه المدينة رام شهرستان ويقال أنّ نهر سجستان كان يجرى عليها فانقطع بِبَثْقٍ كان بسكر من هيلمند وانخفض الماء عنه ومال فتعطّلت فتحوّل الناس وبنوا زرنج،

(٧) فأمّا أنهارها فأعظمها هيلمند ويخرج من ظهر الغور حتّى يمرّ على | حدّ الرُخَج وبلدى الداور ثمّ يجرى على بُسْت حتّى ينتهى الى سجستان حـط ٢٠١
ثمّ يقع فى بحيرة زره وزره هذه بحيرة يتّسع الماء فيها وينتقص بقدر زيادة المياه ونقصانها وطولها نحو ثلثين فرسخًا من ناحية كوين على طريق قوهستان الى قنطرة كرمان على طريق فارس وعرضها مقدار مرحلة وهى عذبة الماء [١١٢ ظ] ويرتفع منها سمك كثير وقصب وحواليها كلّها قرًى سوى الوجه الذى يلى المفازة، ونهر هيلمند هو نهر واحد من بُسْت الى أن ينتهى الى مرحلة من سجستان وينشعب منه مقاسم الماء فأوّل نهر ينشقّ منه نهر باب الطعام فيأخذ على الرساتيق حتّى ينتهى الى حدّ نيشك، ثمّ يأخذ منه نهر ناشيروذ فيسقى من رساتيقها الكثير، ثمّ يأخذ منه نهر يُعرف بسَنَاروذ فيجرى على فرسخ من سجستان وهو النهر الذى تجرى فيه

٢ (راشك) — حـط (راسك)، (سجستان) تابعًا لصـط — (بخارا) وكذلك فى حـط، ٤ (رام شهرستان) تابعًا مع حـط لصـط — (ام سهرستان)، ٥ (ببَثْق كان بسكر) — (يبثى كان سكر)، (هيلمند) كذا هنا فى الأصل وفى حـط (هِيدَ مَنْد)، ٧ (هيلمند) — (هيلميد)، ٨ (بلدى) — (بلدى)، ٩ (زره وزره) كان كُتب المرّتين (دره) ثمّ صُحّحا الى (زره)، ١٠ (كوين) قد كان كُتب (كوئى) ثمّ صُحّح الى (كوين) تصحيحًا غير بيّن وفى حـط (كُرين) والظاهر أنّ هذا الموضع ليس بمدينة كرى فى قوهستان، ١١ (قوهستان) — قهستان)، ١٢ (كثير) — (كبير)، ١٣ (هيلمند) — (هيلميذ)، ١٥ (نيشك) — (نسك)، ١٦ (ناشيروذ) تابعًا للبلاذرىّ ص ٣٩٢ وكأنّه كان كُتب فى الأصل (باسيروذ) ثمّ صُحّح وفى حـط (باشتروذ)، ١٧ (بسَنَاروذ) كأنّه كان كُتب فى الأصل (بسياروذ) ثمّ صُحّح الى (بسَنَاروذ)،

السفن من بُست الى سجستان إذا امتدّ الماء ولا تجرى إلّا فى زيادته، وأنهار مدينة سجستان كلّها من سناروذ، ثمّ ينحدر فيأخذ منه نهر شعبه فيسقى مقدار ثلثين قريةً ثمّ يأخذ منه نهر ميلى فيسقى تلك النواحى ويقع فضلته فى بحيرة زره، ونهر بشلنك فيخرج من قرب الغور فيسقى تلك النواحى وقلّما يفضل منه لبحيرة زره،

(٨) وسجستان ناحية خصبة كثيرة الطعام والتمور والأعناب وأهلها ظاهرو اليسار، ويرتفع من مفازة سجستان فيما بينها وبين مكران غلّة عظيمة من الحلتيت حتّى أنّه قد غلب على طعامهم ويجعلونه فى عامّة أطعمتهم،

(٩) وبالش اسم الناحية ومدينتها سيوى غير أنّ الوالى فيهم بالقصر واسفنجاى أكبر من القصر، ورخج اسم الإقليم [ومدينتها بنجواى ولها | من حَط ٢٠٢
المدن كهك ورخج إقليم] بين بلدى داور وبالش وعامّتها صوافٍ يرتفع لبيت المال منها مال عظيم جسيم ويتّسع أهل تلك النواحى بغلّاتها وهى على غاية الرفاهة والخصب والسعة، وبلد الداور إقليم خصب [١١٧ ظ السطر ١٣] وهو ثغر الغور وبغنين وخلج وبشلنك نواحٍ لها مدن بأسمائها وخاش

---

٢ (سناروذ) — كأنّه صُحّح من (سياروذ)، ٤ (زره) — (دزه)، (بشلنك) — (بيسك) ثمّ صحّح الى (نيشك) ويوجد فى حَط (نيشك) والظاهر أنّه ليس برستاق نيشك المجاور لزرنج، ٥ (زره) — (دره)، ١٠ (وبالش) — وباليش)، (سيوى) — (سوى)، ١١ (واسفنجاى) قد صُحّح ممّا يشبه أنّه كان (واسفنجار)، ١١—١٢ [ومدينتها .... ورخج اقليم] مستتمّ تابعًا لحَط عن صَط، ١٢ (وبالش) — (وبالس)، ١٤ [١١٧ ظ السطر ١٣] إنّ الذى يلى ذلك فى الصفحة ١١٣ ظ هو من صفة خراسان الى الصفحة ١١٤ ظ السطر ٨ وما يفقد فى ضمن ذلك من صفة سجستان يوجد فى الصفحة ١١٧ ظ السطر ١٣ الى ١١٨ ب السطر ٥ ويشار الى ذلك فى هامش الصفحة ١١٣ ظ بإشارة مكتوبة بغير خطّ الناسخ وهى (وهو ثغر الغور من هاهنا وقع الغلط فيجب أن تخرج الى الورقة الرابعة من هاهنا الى أن تتّصل) وكذلك يشار اليه فى هامش الصفحة ١١٧ ظ بإشارة (من موضع الخروج من سجستان)، ١٥ (وهو) — (وهى)، (وبغنين) — (وبغنين)، (وبشلنك) — (وبشلك)، (وخاش) كما فى صَط وفى حَط (وخواش)،

مدينة وليس عليها سور ولها قلعة، وبلد الداوَر اسم إقليم ومدينته درتل وله من المدن درغش وهما على مجرى هيلمند على الشطّ غير أنّ بغنين وخلج وكابُل والغور نواحٍ وفى بعض هذه النواحى من قد أسلم وهم مساليمون وهى من الصرود والخُلَج صنف من الأتراك وقعوا فى قديم الأيّام الى الأرض التى بين الهند ونواحى سجستان فى ظهر الغور وهم أصحاب نعم على خلق الأتراك وزيّهم ولباسهم، وبُسْت مدينة ليس فى أعمال سجستان بعد زرنج أكبر منها وهى وبئةٌ فى نفسها وزىّ أهلها زىّ أهل العراق ويرجعون الى مروؤةٍ ويسارٍ وبها متاجر الى بلد الهند وبها نخيل وأعناب وهى خصبة جدًّا،

(١٠) والقَرنين مدينة لها قرًى ورساتيق وهى على مرحلة من سجستان عن يسار الذاهب الى بُسْت على فرسخين من شروزن، ومنها آل الصفّار الذين تغلّبوا على فارس وخراسان وكرمان وسجستان وكانوا أربعة إخوةٍ يعقوب وعمرو وطاهر وعلىّ بنو الليث فأمّا طاهر فقُتِلَ بباب بُسْت ويعقوب مات حَتْفَ أنفه بجُنْدَى سابُور بعد رجوعه من بغداذ وقبره هناك وعلىّ فإنّه كان استأمن الى رافعٍ بجرجان ومات بدهستان وقُبِرَ هناك، ويعقوب فكان أكبرهم وكان غلامًا لبعض الصفّارين وعمرو فكان مكاريًا وكان فى بعض أيّامــه بنّاء وكان علىّ بن الليث أصغرهم سِنًّا، وكان السبب فى خروجهم وارتفاع أمرهم أنّ خالاً كان لهم يُسمّى كثيرَ بن رُقادٍ شاريًا حط ٣٠٣ فى بعض الحصون وكان قد تجمّع اليه وعنده جمعٌ فيه وجوه الخوارج فحُوصر فى قلعة كانت لــه وقُتِل وتخلّص هؤلاء ووقعوا الى أرض بُسْت وكان رجل بتلك الناحية عنده جمع كثير يُظهــر الحِسْبَةَ فى الغَزو وقتال الخوارج يُعرف بدرهَم بن نَصْرٍ فصار هؤلاء الإخوة فى جملة أصحابــه وقصدوا سجستان والوالى بها إبرٰهيم بن الحسين من قبل الطاهريّة وكان

---

٢ (درغش) — (درعش)، (هيلمند) — (هلمد)، (بغنين) — (بغنير)، ٣ (وخلج) — (وخلخ)، ٤ (والخُلَج) — (والخُلَخ)، ٥ (نعم) تابعًا لحط وصط وفى الأصل (إبل)، ١٠ (شروزن) — حط (سروزن)، ١٧ (رُقادٍ) — حط (رقّاق)، ٢٠ (يُظهر) — (يَظهَر)،

فى ضَعْفٍ [١١٧ ب] فنزل على باب المدينة وكان دِرهَم بن نصر يُظْهِـرُ أنّه من المطَّوِّعة وأنّه قصد قتال الشراة مُحتسبًا فاستمال العامّةَ فأطاعته ودخل المدينة وخرج منها [واليها] الى بعض النواحى ولم يزل حتّى تمكّن من البلد وقاتلوه الشراة وكان لهم رئيس يُعرف بعمّار بن ياسرٍ فانتدب لقتاله يعقوب [بن] الليث فقاتله وقُتِلَ عَمّارٌ وكان لا يحزبهم أَمر شديد إلّا انتدب له يعقوبُ فكان يرتفع ذلك الأمـر له على مـا يحبّه واستمال أصحاب دِرهَم بن نصر حتّى قلّدوه الرياسةَ وصار الأمر له وكان درهم بن نصر بعد ذلك فى جملة يعقوب وأصحابه ولم يزل مُحسنًا الى درهم بن نصر حتّى استأذنه فى الحجّ فأذن له فحجّ وأقام ببغداذ مُدّةً وعاد الى عمرو رسولاً من أمير المؤمنين فقتله يعقوب واستفحَلَ أمرُهُ وأمرُ إخوتـه بعد ذلك حتّى استولوا على فارس وكرمان وخراسان وبعض العراق وخوزستان،

(١١) ومدينة الطاق على مرحلة من زرنج وتكون على ظهر الجائى من سجستان الى خراسان وهى مدينة صغيرة ولها رستاق وبها كروم وأعناب كثيرة يتّسع بها أهل سجستان، ومدينة خواش من قَرنين على مرحلة عن يسار الذاهب الى بُسْت وبينها وبين الطريق نحو نصف فرسخ وهى أكبر من قرنين وبها نخيل وأشجار ولها وللقرنين مياه جاريـة وقنىّ من تحت الأرض كثيرة، وفره مدينة | أكبر من هـذه المدن ولها رستاق يشتمل حط ٢٠٤ على نحو ستّين قريةً وبها نخيل وفواكه وزروع وعليها نهر فره وأبنيتها طين وهى أرض سهلة، وجَزَه متّصلة بعمل فـره عن يمين الذاهب من سجستان الى خراسان على نحو مرحلة وهى ناحية مائيّة صغيرة نحو القرنين ولها قرى ورساتيق وهى خصبة وماؤهم من قنىّ لهم وأبنيتهم أيضًا من طين، وسروان مدينة صغيرة نحو القرنين إلّا أنّها أعمر وأكثرُ [أهلاً] وبها

٣ [واليها] مستتمٌ تابعًا لحط عن صط، ٥ [بن] مستتمٌ عن حب ويوجد فى حط (يعقوب) فقط، ١٧ (قرنين) — (قرس)، (وللقرنين) — (وللقرنس)، ١٨ (وفره) — (وفره)، ٢٣ [أهلاً] مستتمٌ عن حط،

فواكه واسعة تُحمل [ونخيل] وأعناب وكروم تُجلب منها وتُنقل وهى من بُست على مرحلتين ولها ناحيتان لمنزلين يسمّى أحدها فيروزقند والآخر هو سروان على طريق بلدَى الداور، والزالقان من بُسْت على مرحلة وبها فواكه ونخيل وزروع وأكثر أهلها حاكةٌ وماؤهم أنهار جارية وبناؤهم من طين وهى نحو القرنين فى الكبر، وروذان أصغر من القرنين وهى بقرب فيروزقند عن يمين الذاهب الى الرُخّج وأكثر غلّاتها المنج ولهم مع ذلك زروع وفواكه ومياه جارية،

(١٢) وأمّا المسافات فإنّ الطريق من سجستان الى هراة أوّل مرحلة تسمّى كركويه ومن كركويه الى بشتر أربعة فراسخ والعِبر على قنطرة تجرى فيها فضل مياه هيل‌مند ومن بشتر الى جوين مرحلة ومن جوين الى البست مرحلة ومن البست الى كنكره مرحلة ومن كنكره الى سرشك مرحلة ومن | سرشك الى قنطرة وادى فره مرحلة ومن قنطرة الوادى حـَط ٣٠٥ الى فره مرحلة ومن فره الى دزه مرحلة ومن دزه الى كويسان مرحلة ومن كويسان الى خاشان وهى من الاسفزار مرحلة ومن خاشان الى قناة سرى مرحلة ومن قناة سرى الى الجبل الأسود مرحلة ومن الجبل الأسود الى جدمان مرحلة ومن جدمان الى هراة مرحلة، والطريق من سجستان

١ [ونخيل] عن حـَط، ٢ (فيروزقند) كذا فى الأصل وفى حـَط، ٣ (الداور) — (الدَوّار)، (والزالقان) — (والمالقان)، ٥ (القرنين) المرّتين — (الفرىىن، (وهى) — (وهم)، (وروذان) قد كان كُتب (وسروان) ثمّ صُحّح، ٩ (بشتر) تابعًا لحـَط — (ىشىر)، ١٠ (هيل‌مند) — (هىل‌مىد)، (بشتر) — (ىشىر)، (جوين) المرّتين — (جوبر)، ١١ (البست) المرّتين مقابلاً لما فى صـَط الذى يوجد فيه (بست) وفى الأصل (الشت) وفى حـَط (السب) ثمّ صحّح ذلك ناشر حـَط فى الذيل تابعًا للمقدسىّ ص ٣٥٠ الى (البستك)، ١٣ (دزه) المرّتين — حـَط (دره)، (كويسان) — حـَط (كوستان) وهى (كواسان) فى الصورة، ١٣—١٤ (مرحلة ومن كويسان) قد أُضيف ذلك بالهامش بغير خطّ الناسخ، ١٤ (خاشان) المرّتين — حـَط (خاستان)، (الاسفزار) — (الاسفوار)، ١٦ (جدمان) — حـَط (جامان) ولعلّ الصحيح (حدّ مالن)،

الى بُسْت فأوّل مرحلة [الى] زانبوق ومن زانبوق الى شروزن قرية عامرة [١١٨ ظ] سلطانيّة مرحلة ومن شروزن الى حرورى قرية عامرة سلطانيّة أيضًا وبينهما نهر نيشك وعليه قنطرة من آجرّ [مرحلة] ومن حرورى الى دهك والمنزل رباط مرحلة ومن هذا الرباط المفازة فمنزل منها رباط يسمّى آب شور ومن آب شور الى رباط كرووين مرحلة ومن رباط كرووين الى رباط هفشيان مرحلة ومنه الى رباط عبد الله ومن رباط عبد الله الى مدينة بُست ومن رباط دهك الى مسيرة فرسخ من بُست كلّها مفارة، والطريق من بُست الى غزنه فإنّ من بُست الى رباط فيروز منزلاً ومنه الى رباط ميغون منزل ومنه الى رباط كثيرٍ منزل ثمّ الى [مدينة] الرُخج المسمّاة بنجواى منزل ومنها الى بكراباذ منزل [ثمّ الى
حط ٣٠٦ خرسانه منزل ثمّ | الى رباط سراب منزل] ثمّ الى الاوق وهو رباط منزل ثمّ الى رباط جنكلاباذ منزل ثمّ الى قرية غرم منزل ثمّ الى قرية جابشت منزل ثمّ الى قرية جومه منزل ثمّ الى خابسان منزل وهو أوّل حدّ غزنه ثمّ الى قرية خسراجى منزل ثمّ الى رباط هدوا وهى قرية عامرة ثمّ الى غزنه منزل، وغزنه مدينة جليلة فى نفسها كبيرة بحالها وتجاراتها، والطريق من سجستان الى بالش على المفازة فإنك تأخذ من مدينة الرُخج أعنى بنجواى الى [رباط الحجريّة منزل ثمّ الى] رباط كنكى منزل ثمّ

١ [الى] مستتمّ عن صط، (زانبوق) المرّتين تابعًا لحط — (رانبوق)، ٣ (نيشك) — (نبشك)، [مرحلة] مستتمّ تابعًا لحط عن صط، ٤ (دهك) — كأنّه صُحّح من (رهك)، (مرحلة) تابعًا لحط وفى الأصل (من حدّ دهك [رهك])، ٥ (كرووين) — حط (كرودين)، ٦ (هفشيان) — حط (قهستان)، ٨ (رباط فيروز) — حط (فيروزقند)، ٩ (كثيرٍ) — حط (كبير)، ١٠ [مدينة] مستتمّ تابعًا لحط عن صط، (بكراباذ) — حط (تكين اباذ)، ١٠—١١ [ثمّ ... منزل] مستتمّ تابعًا لحط عن صط، ١١ (الاوق) — حط (الاوقل)، ١٢ (غرم) — (عزم)، ١٣ (جابشت) — حط تابعًا لصط (خاست)، (جومه) — (حومه)، (خابسان) — (خاىسان) وفى حط (خابسار)، ١٤ (خسراجى) — (حسراحى) وفى حط (خشباجى)، (هدوا) — حط (هزار)، ١٧ [رباط ... الى] مستنمّ عن حط،

الى رباط بر وهو المنزل ثمّ الى اسفنجاى منزل، والطريق من سجستان الى كرمان وفارس فإنّ أوّل منزل من سجستان خارُون والثانى دارك ومنها الى برين منزل ومنه الى كاونيشك منزل وهما رباطان ثمّ الى رباط الناسى منزل ثمّ الى رباط القاضى منزل ثمّ الى رباط كراغان منزل ثمّ الى سبيج منزل وسبيج مدينة لكرمان، وحدّ سجستان إذا جُزت كاونيشك وبينها وبين كندر رباط بناه عمرو بن الليث وهذا المكان يُعرف بقنطرة كرمان وليس هناك قنطرة بل هى بالاسم دون الشخص،

(١٣) وسائر المسافات بسجستان مجملة، فمن سجستان الى جزه ثلث مراحل بين فره والقرنين وبينها وبين فره أيضًا مرحلتان، وبين نه وفره مرحلة راجحة وهى بحذائها ممّا يلى المفازة، وبين كش وسجستان | ثاثون حط ٢٠٧ فرسخًا فيما يلى حدّ كرمان والطاق على طريق كش على خمسة فراسخ، وخواش على نحو فرسخ من طريق بست وبينها وبين القرنين منزل، ومن بست الى سروان مرحلتان على طريق بلد الداور ثمّ تعبر هيل‌مند على مرحلة من سروان فتدخل درتل وتمضى مرحلة وأكثر الى درغش على شطّ هيل‌مند وكلاهما من جهة واحدة ومن درتل الى بغنين يوم فى قبائل بشلنك فى جنوبىّ بغنين، وبنجواى على ظهر غزنه وبينها وبين كهك مقدار فرسخ [على غربىّ بنجواى ومن بنجواى الى اسفنجاى ثلث مراحل

١ (بر) — (يز)، (اسفنجاى) — (اسفنحماى)، ٢ (خارون) — حط (خاوران)، ٣ (برين) — (برس)، ٤ (الناسى) — (النامى)، (كراغان) — حط (كرامخان)، ٥ (سبيج) المرّتين — (سبنج)، ٦ (وبينها) — (وبينهما)، (كندر) — (كمدر)، ٨ (جزه) — قد صُحّح الى ذلك من (دره)، ٩ (والقرنين) — (والعرس)، (وبينها) تابعًا مع حط لصط — (وبينهما)، ١٢ (القرنين) — (العرس)، ١٣ (الداور) — (الدوار)، ١٤ (درغش) — (درعاس)، ١٥ (بغنين) المرّتين — (نغتيز)، ١٦ (بشلنك) — (نشلنك)، ١٧—١ [على غربىّ ... فرسخ] مستتمّ عن حط،

والقصر بحذائها وبينهما فرسخ] واسفنجاى حصن حسن ومن اسفنجاى الى سيوى مرحلتان،

(١٤) فأمّا ارتفاع هذه النواحى التى جمعتُ صورتها وذكرتُها من الأعمال المجاورة لسجستان فإنّى لم أجد بُدًّا من إلصاق بعضها الى بعضٍ بالمجاورة فإنّها مختلفة الحال متباينة العمّال لكلّ ناحيــة منها قاضٍ وصاحب خبرٍ وبريدٍ وصاحب معونةٍ وكاتب سَلّةٍ يُعرف بالبندار يطالب بالخراج ووجوه الأموال الواجبة للسلطان وأكثرها لصاحب خراسان وما غادره من هذه الأموال والجبايات فلمن يَعْتزى اليه ويُقيم دَعْوَتَه وينتمى الى دولته فهى طُعمةٌ له وعليه فيها بعض لوازم يرفعها أو هدايا يوردها كصاحب بست لأنّه يقوم بجيشٍ لديــه ورجالٍ وعساكرَ جَمّةٍ [من رسومها المجتباة بتلك الناحية لصاحب خراسان]، وفى بعضها ما هو كالمتغلّب عليه وعلى ماله إدْلالاً من المتّلين له بما يلزمهم من النفقات وعليهم من المؤن والكُلِفِ وهم معتزون [١١٨ ب] الى صاحب خراسان كمحمّد بن إلياس قديمًا والبتكين الحاجب إذ كان حيًّا بكابل وبلد الهند وقد استولى على غزنه وما صاقبها من الأعمال، ومنها ما هو مجموع على جهته ومحمول بذاتــه بالحسبانات
حـ ٢٠٨ القائمة | والعِبَر والارتفاعات والمساحة العدْلةِ، ومن ذلك هراة وهى ناحية جليلة وسآتى بذكرها فى ضمن خراسان وما أوجبته الصورة من تكرار ذكرها وعود ما لا بدّ منه من خبرها [١١٤ ظ السطر ٨] وهى من النواحى التى يُقبض خراجها فى كلّ عام دفعتين إذ فى كثير من أعمال خراسان ما يجرى هذا المجرى وقد رُسم بهذا الرسم، وبها ما هو بغير هذه الصورة ممّا يُقبض خراجه دفعةً واحدةً وبها ما لا يطالب بخراج، فأمّا عبرة هذه

١ (واسفنجاى) المرّتين — (واسفيخاى)، ٢ (مرحلتان) توجد هنا إشارة فى الهامش بغير خطّ الناسخ وهى (الى موضع القدوم من سجستان) والظاهر أنّ ذلك سهو لأنّ القطعة المنسوبة الى سجستان تنقطع فى الصفحة التالية، ٦ (سَلّةٍ) كذا فى الأصل وصحّحه ناشر حـط الى (سلعة)، ٨ (يَعْتزى) — (يعترى)، ١٠—١١ [من رسومها ... خراسان] مأخوذ من حـط، ١٤ (استولى) — (استولا)،

النواحى وما يُقبض من وجوه أموالها فمنها الجوزجان على ما تقدّم ذكره مائة ألف دينار ومن الورق مع توابعه أربع مائة ألف درهم، وسجستان والرُخّج دون بست عن جميع أعمالها وجباياتها وقوانين أدائها مائة ألف دينار ومن الورق ثلثمائة ألف درهم، وبُست عن وجوه جباياتها من أموالها ومقاسماتها وخراجاتها وتوابعها مائة ألف دينار ومن الورق ثمان مائة ألف درهم، وغزنه وكابُل وما يصاقب هذه الأعمال من أعمال الهند فاجتباه البتكين الحاجب مائة ألف دينار ومن الورق ستّمائة ألف درهم، وفى قديم أوقاتها والسنين الماضية الخالية فى طرق العدل ما كانت جباياتها عن هذا المقدار أكثر وبركاتها أغزر وغلّاتها أوفر، وهذه جملة ما علمتُه من حال هذه الناحية [وعرفتُه من أخبار هذا الصقع وما خلتُ أنّ فى ذلك تقصيرًا عن ما يحتاج الى علمه والوقوف على رسمه]،

٦ (فاجتباه) — (واجتباه)،   ١٠—١١ [وعرفتُه ... رسمه] مأخوذ من حط،

[خراسان]

(١) وأمّا خراسان فتشتمل على كُوَرٍ عظامٍ وأعمال جسامٍ وخراسان اسم الإقليم والذى يحيط به من شرقيّه فنواحى سجستان وبلد الهند لأنّى ضممتُ الى سجستان ما يتّصل بها من ظهر الغُور كلّه الى الهند وجعلتُ ديار الخلج فى حدود كابُل ووخان على ظهر الخُتّل كلّه وغير ذلك من نواحى بلد الهند وغربيّها مفازة الغُزّيّة ونواحى جُرجان وشماليّها بلد ما وراء النهر وشىء من بلد التُرك يسير على ظهر الخُتّل وجنوبيّها | مفازة حـط ٣٠٩ فارس وقومس الى نواحى جبال الديلم مع جُرجان وطبرستان والرىّ وما يتّصل بها، وجعلتُ ذلك كلّه إقليمًا واحدًا وضممتُ الخُتّل الى ما وراء النهر لأنّه بين نهرى وخشاب وخرباب، وضممتُ خوارزم الى ما وراء النهر لأنّ مدينتها العظمى وراء النهر وهى أقرب الى بخارا منها الى مدن خراسان، وبخراسان ممّا يلى المشرق زنقة فيما بين مفازة فارس وبين هراة والغُور الى غزنه ولها زنقة فى المغرب فى حدّ قومس الى أن تتّصل بنواحى فراوه فيقصر ما بين الزنقتين عن تربيع سائر خراسان، وفيها من حدود جرجان وبحر الخزر الى خُوارزم تقويس على العمارة،

(٢) وهذه صورة خُراسان،

[١١٤ب]

إيضاح ما يوجد فى القسم الأوّل من صورة خراسان من الأسماء والنصوص، قد رُسمت فى الزاوية اليمنى من أعلى الصورة بحيرة زره ويقع فيه نهر يأتى من جبال الباميان الواقعة فى القسم الآخر من الصورة وتقطع هذا النهرَ كتابة الجنوب المتجاوز آخر خطّها طرف هذا القسم، ومن تحت بحيرة زره الى اليسار رُسمت بحيرة فيها مدينة

---

٥ (الخلج) — (الخلخ)، ١٠ (وخرباب) — حـط (وجرياب)،

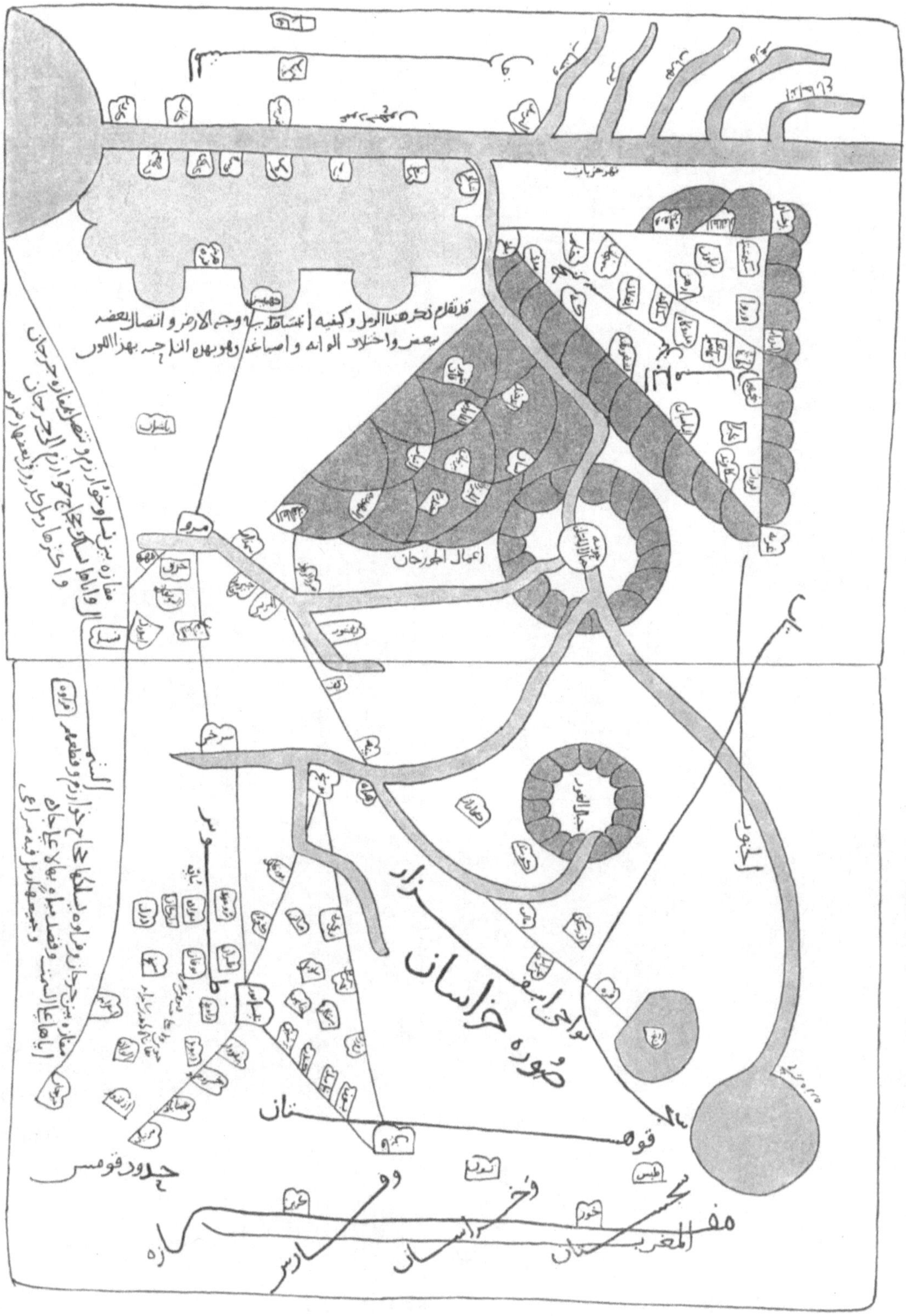
صورة خراسان
اعمال الجوزجان
مرو
سرخس

زرنج وعن يسارها سلسلة جبال دائرة الشكل كُتب فى داخلها جبال الغور، ويأخذ من يين هذه الجبال نهر يعطف الى الأسفل على شاطئه مالن ثمّ هراه ويجتمع هذا النهر بجذاء هراة مع نهر آخر يأتى أيضًا من جبال الباميان، ويأخذ من مالن طريق الى زرنج عليه كواسان ثم فره وتقع عن يسارها فى البّر ادرسكن، وتوازى الطريق المذكور عن يمينه كتابة نواحى اسفزار وتحت ذلك صورة خراسان، وتبتدئ من أسفل بحيرة زره عاطفةً على بحيرة زرنج ثمّ متجاوزةً الى القسم الآخر من الصورة كتابة سجستان، وتقع من أسفل جبال الغور مدينتا كوشك وكواران، وعلى الطريق الآخذ من حذاء هراة الى اليسار مدينتا ببنه وكيف،

وكُتب من تحت بحيرة زره آخذًا الى الأسفل قوهستان ويوازى هذه الكتابة عن يمينها كتابة مفازة سجستان وخراسان وفارس تقطع هذه الأسماء الثلاثة كلمة مفازة على شكل صليبى، وتتّصل بخطّ كلمة مفازة مدينتا خور وكرى ثمّ تقع عن يسارها طبس، تون، قاين، وكُتب موازيًا لكلمة مفازة بينها وبين طرف الصورة المغرب،

ويأخذ من قاين طريق الى بوسنج الواقعة على النهر من أسفل هراة وعلى ذلك الطريق من المدن زوزن، خركرد، فركرد، وتقع فى وسط الساحة التى من أسفل ذلك الطريق مدينة نيسابور، وعلى الطريق من قاين الى نيسابور بون، ينابذ، كندر، ترشيز، ثمّ على الطريق من نيسابور الى بوسنج كواخرز وبوزكان، وتقع فى الساحة التى فوق هاذين الطريقين سنكان، خايمند، سلومك، مالن، ويأخذ من نيسابور طريق الى الأسفل يمينًا حيث توجد كتابة حدود قومس وعلى هذا الطريق من المدن سبزوار، خسروجرد، بهمناباذ، مزينان، ويأخذ من نيسابور أيضًا طريق الى اليسار الى سرخس على النهر الآتى من الفوق وتقع من أسفل هذا الطريق طبران وتروغوذ ثمّ

٤ (كواسان) — (تجراسان)، (ادرسكن) — (اذرسكن)، ٧ (كوشك) — (كوسذ)، ٨ (ببنه) — (بينه)، ١١ (كرى) — (كرين)، ١٥ (نيسابور) — (نيسانور)، (ينابذ) — (ينايند)، ١٦ (كواخرز) — (كواحرر) غير بيّن، (بوزكان) — (يوزكان)، ١٧ (سنكان) — (بستكان)، (خايمند) — (خاين)، (سلومك) — (سلومل)، ١٨ (سبزوار) — كأنّه صُحّح الى ذلك من (بينزوار)، ١٩ (مزينان) — (مرنيان)، ٢٠ (تروغوذ) كأنّه مصحّح من (بروغند) أو نحو ذلك،

تحت ذلك كتابة طوس وتحت هذه الكتابة نوقان وبنواذه كُتب عن يسارها بغير خطّ الناسخ يُبَايَه، ثمّ رايكان، سنج، دزك، وعن يسار كتابة طوس راوينج وريوند، وكُتب تحتهما بغير خطّ الناسخ جوين ولايت صاحب ديوان عزّ نصره، ثمّ تحت ذلك خداشاه كه مدرسه ساخته انـد، وتقع من أسفل ذلك الى اليسار مدينتـا ديواره وازاذوار، وتقع من أسفل ازاذوار جرجان ويأخذ منها طريق الى اليسار عليـه اسفرايين،

وتوجد من تحت هذا الطريق كتابة مفازة بين جرجان وفراوه يسلكها حجّاج خوارزم وقطعهم إيّاها على السمت وقصد مياهٍ بها لا على جادّة وجميعها رمل فيه مراعٍ، وتقع عن يسار هذه الكتابة مدينة فراوه وكُتب فوقها الشمال وآخـر هذه الكلمة فى القسم الآخر من الصورة،

[١١٥ ظ]

إيضاح ما يوجد فى القسم الثانى من صورة خراسان من الأسماء والنصوص،

قد رُسمت موازيةً لطرف الصورة الأعلى سلسلة جبال تقع بنهايتها اليمنى مدينـة غزنه وفى وسطها اندراب وفى نهايتها اليسرى بذخشان، وتأخذ سلسلـة صغيرة من بذخشان الى الأسفل فيها الطايقان وورواليز ويمتـدّ خطّ هذه السلسلـة الى خلم ثمّ الى بلخ، وترجع من بلخ سلسلة ثالثة الى غزنه على خطّ منحرف ويتّصل بداخل هذه السلسلة من المدن مذر، كه، بشغورقند، الباميان، سكاوند، وتتّصل بالسلسلة العليا من فوق سكاوند فروان وعن يسارهـا بنجهير، وتقع بين بنجهير وسكاوند مدينـة نجرا، وكُتب من أسفل بنجهير الباميان وعن يسار ذلك الى الأسفل طخيرستان، ويوازى هذه الكتابـة خطّ آخذ من اندراب الى قرب خلم وتقع عن يمينه خسب

١ (بنواذه) — (بيواده)، ٢ (سنج) — (سنح)، (دزك) — (درك) وهاذان الموضعان فى غير مكانهما لأنّ سنج من نواحى مرو ودزك أو دزه من نواحى مرو الروذ، (راوينج) — (زاونج) ويجوز أنّه الموضع المسمّى (خان روان) فى المتن، (ريوند) — (ريوبد)، ٣ (جوين) — (جوبن)، ٤ (خداشاه) غير بيّن، (ديواره) — (الواذه)، ١٤ (بذخشان) — (بدخشان)، ١٥ (الطايقان) — (الطالقان)، ١٧ (مذر) — (مدث)، (بشغورقند) — (نشعورقند)، ١٩ (نجرا) — كأنّه (بجرا)،

اندراب، سراى عاصم، مذروكاه، سكلكند، بغلان، سمنجان، وعن يسار الخطّ فى الزاوية روا، سكيمشت، راون، ارهن،

ويتّصل بأوّل السلسلة المبتدئة من عند بلخ نهر يأتى من سلسلة جبال دائرة الشكل كتب فى وسطها حومة جبال الباميان، ورُسمت بحذاء هذا النهر متّصلة بجبال الباميان كُتلة جبالٍ كُتب عن يمينها أعمال الجوزجان، وتقع فى داخل جبال الجوزجان ابتداء من الفوق من المدن سان، اندخذ، الجرزوان، نريان، الفارياب، اشبورقان، كندرم، انبار، اليهوديه، الطالقان،

ويأخذ من جبال الباميان نهر الى الأسفل تقع على شاطئه الأيسر مرو الروذ سمذار، مرو، وينصبّ فى هذا النهر بحذاء مرو الروذ نهر آخر تقع عليه بغشور ثمّ من أسفل ذلك على شاطئ عمود النهر القرينين وجيرنج، وعلى الطريق الآخذ من مرو الى اليمين الى سرخس مدينة الدندانقان، وتقع من أسفل هذا الطريق خرق، السوسقان، مهنه، ابيورد، وتتّصل بابيورد من أسفلها مدينة نسا، وكتب عن يسارها مفازة بين نسا وخوارزم وتتّصل بمفازة جرجان وإيّاها يسلك حجّاج خوارزم الى جرجان وأكثرها رمل كدر وفى بعضها رضراض، ويأخذ من مرو طريق الى اليسار ينتهى الى كشميهن الواقعة فى طرف ساحة رمالٍ كُتب عن يمينها قد تقدّم ذكر هذا الرمل وكيفيّة انبساطه فى وجه الأرض واتّصال بعضه ببعض واختلاف ألوانه وأصباغه وهو بهذه الناحية بهذا اللون، وتقع من أسفل كشميهن بطرف هذا الرمل هرمزفره وفى الساحة من أسفل طريق مرو الى كشميهن باشان،

ورُسم موازيًا لطرف الصورة الأيسر نهر كبير كُتب عن يساره عمود جيحون، ويقع على يمين هذا النهر ابتداء من الأسفل من المدن كركانج، جرجانيه، ويزه، امل، زم، كيلف، شالغ، وينصبّ هنا النهر الآتى من بلخ وكتب من فوق مصبّ هذا

---

١ (مذروكاه) ليس ذلك إلاّ مدينتا (مذر) و(كه) فى غير موضعهما، ٢ (روا) — (وروا)، (راون) — (زاون)، ٦ (اندخذ) — (اندحند)، (نريان) — (يرنيان)، (اشبورقان) — (شورقان)، ٩ (سمذار) يجوز أنّه الموضع المسمّى (مرورم) فى القطعة ٣٥ من صفة خراسان، ١٠ (القرينين) — (المرنس)، ١١ (خرق) — (حزق)، ١٢ (مهنه) تابعًا للمقدسىّ ٥١ — (فهره)، ١٥ (كشميهن) — (كهميسن)، ٢٠ (كركانج) — (كرطانج)، (جرجانيه) — (كرحاں)، (ويزه) — (وبره)،

النهر عند عمود منهسر نهر خرباب، ويقع على شاطئ النهر الكبير عن يساره من المدن كردر، كاث، فربر، الترمذ، وعن يسار فربر مدينة بيكند وعن يسار بيكند بخارا وكتب بينهما موازيًا للطرف المشرق، وينصبّ فى العمود عند الترمذ نهر وخشاب وتليه الى الفوق أربعة أنهار كُتب عندها باخشوا، بربان، فارغر، انداجاراغ،

(٣) [١١٥ ب] أمّا كور خراسان التى تجتمع على العُمّال وتفرّق فيها الحكّام وأصحاب البرد والبنادرة وما بما وراء النهر لصاحب خراسان من آل سامان فكالعمل الواحد وهى نيّف وثلثون عملاً تدلّ أرزاق المتصرّفين فيها على مقادير أحوالها فى ذاتها وتُعرب عن محلّ أهلها فى أنفسهم مع نزور جباياتها، وكلّ عمل منها لا يخلو من قاضٍ وصاحب بريد وبندارٍ وصاحب معونةٍ هذا الى غير عمل من أعمالها فيه قُضاة يتصرّفون عن قاضى الناحية التى هو بها وأصحاب أخبار وبردٍ يُنهون أخبارهم الى صاحب ناحيتهم وجُباةٌ للخراج والضمانات للبندار الأجلّ بالكورة وأصحاب معاون وأُمراء دون أمير الصُفع، وسآتى بذلك مع أرزاق المتولّين لهذه الأعمال فى الناحيتين إذ كانتا جميعًا لصاحب خُراسان والمتصرّفون فيهما من تحت يده وأمره ونهيه،

(٤) وإنّ أعظم هذه النواحى منزلةً وأكثرها جيشًا وشِحنةً وأجلّها منزلةً وجبايةً نيسابُور ومَرو وبلخ وهَرَاة، وبخراسان وما وراء النهر كور دون هذه فى المنزلة وصِغَر الحال فمنها قُوهستان وطُوس ونسا وابيورد | حط ٢١٠ وسرخس واسفزار وبُوسنج وباذغيس وكنج رستاق ومرو الروذ والجوزجان وغرج الشار والباميان وطخيرستان وزم وامل، وخوارزم فيما وراء النهر لأنّ مدن ذلك من وراء النهر وخوارزم على السمت أقرب الى بخارا منها الى خراسان، ولنيسابُور كور لا تفرد عنها لأنّها مجموعة اليها فى الأعمال

٤ (باخشوا) — (رفس)، (بربان) — (نهرماں)، (انداجاراغ) — (انداجاراع)، ٦ (وما بما) — (وبما)، ١٤ (فيهما) — (فيها)، ١٩ (وبُوسنج) — حط (وبوشنج)، (وغرج) — (ويخرج)،

وسأذكر كُلّما هو مضاف الى غيره من أعمال نيسابور وطخيرستان المضافة الى بلخ والمجموعة اليها وهى فى الدواوين مفردة ومدنُها وبقاعها عنها متميّزة منفصلة، وليس فى تفريق هذه الكور وجمعها دَرَكٌ أكثر من استيفائها وتأليفها فى الصورة ومعرفة مكان كلّ شىء منها فى صورة خراسان وإثباته فى شكل ما وراء النهر،

(٥) ونيسابُور تُعرف بابرشهر [وفيها يقول أبو تمّام حبيب بن أوْس الطائى

أَيَا سَهَرِى بِلَيْلَةِ أَبْرَشَهْرٍ * ذَمَمْتَ إِلَىَّ نَوْمًا فى سِوَاهَا]،

وهى مدينة فى أرض سهلة أبنيتها من طين وهى [كانت] مفترشة البناء نحو فرسخ فى مثله [الى سنة تسع وأربعين وخمس مائة عند كسرة الغزّ للسلطان سنجر بن ملك شاه واستيلائهم على خراسان ففى هذه السنة دخل الغزّ اليها ونهبوها وقتلوا أكثر أهلها وانجلى الباقون ثمّ تواترت عليهم نوائب الزمان وصروف الحدثان الى أن خربت ثمّ لمّا تقاصرت عنهم أيدى الظلمة وعطف الله عليهم بالرحمة عادوا الى موضع قريب من المدينة على غربيّها يُعرف بشايكان وثمّ تّل عالٍ فبنوا هناك دورًا وقصورًا وأسواقًا وحمّامات وفنادق ومساجد وعادت الآن الى أحسن ما كانت عليه من العمران وسمّوها نيسابور وسمعتُ فى سنة ثمانين وخمس مائة أنّ العمارة قد اتّصلت الى الموضع القديم وذلك التلّ قد ابتنوا عليه حصارًا منيعًا حصينًا]، ولها مدينة وقهندز وربض وقهندزها وربضها عامران ومسجد جامعها فى ربضها بمكان يُعرف بالمُعسكر ودار الإمارة بمكان يُعرف بميدان الحُسين والحبس عند دار الإمارة وبين الحبس ودار الإمارة وبين المسجد الجامع نحو ربع فرسخ ودار الإمارة بها من بناء العاتى عمرو بن الليث، ولقهندزها بابان وللمدينة أربعة أبواب فأحدها يُعرف بباب رأس القنطرة والثانى بباب سِكّة مَعقل والثالث بباب القهندز والرابع بقنطرة در ميكين،

٢ (وهى) — حـط (إذ هى)، ٣ (أكثر) — (اكثر)، ٥—٨ [وفيها يقول .... فى سِوَاهَا] مأخوذ من حـط، ٩—١٧ [كانت] و [الى سنة .... حصينًا] من مضافات حـب ٤٢ ظ، ٢٣ (بباب القهندز) — (باب القهندز)، (بقنطرة در ميكين) — حـط تابعًا لبعض نسخ صـط (بباب قنطرة در تكين)،

حـط ٢١١ وقهندزها | خارج عن مدينتها ويحفّ بالمدينـة والقهندز جميعًا الربض وللربض أبواب فأمّا الباب الذى يُخرج منه الى العراق وجُرجان فإنّه يُعرف بباب القباب والباب الذى يُخرج منه الى بلخ ومرو وما وراء النهر فإنّه يُعرف بباب جيك والباب الذى يُخرج منه الى فارس وقُوهستان فإنّه يُعرف بباب احوص اباذ والباب الذى يُخرج منه الى طوس وعدّة أبواب لا أقف على جميع أسمائها، ولها باب يُعرف بباب سوخته وباب يعرف بباب سرسبريس وغير ذلك، فأمّا أسواقها فإنّها خارج من المدينة والقهندز فى الربض وخيرة أسواقها سوقان إحداها تُعرف بالمُربّعة الكبيرة والأُخرى بالمربّعة الصغيرة فإذا اخذتَ [١١٦ ظ] من المربّعة نحو الغرب فالسوق مُمْتدّ الى مقابر الحسينيّين، وفى خلال هذه الأسواق خانات وفنادق يسكنها التجّار بالتجارات وفيها الخانبارات للبيع والشرى فيُقصد كلّ فُنْدُق بما يُعلم أنّه يغلب على أهلـه من أنواع التجارة وقلّ فندق منها لا يُضاهى أكابـر أسواق ذوى جنسه ويسكن هذه الفنادق أهل اليسار ممّن فى ذلك الطريق من التجارة وأهل البضائع الكبار والأموال الغزار ولغير المياسير فنادقُ وخاناتٌ يسكنها أهل المِهَن وأرباب الصنائع بالدكاكين المعمورة والحُجَر المسكونة والحوانيت المشحونـة بالصُنّاع كالقلانسيّين فى سوقهم غير فندق فيه الحوانيت والحجر المملوؤة بهم وكذلك الأساكفة والخرّازون والحبّالون الى غير ذلك فى أضعاف أسواقهم الفنادق المملوؤة

٤ (جيك) — حـط تابعًا لبعض نسخ صـط (جنك)، ٧ (سرسبريس) تابعًا لذيل حـط ص ٤٣٦ — (سر سرنس)، ٩—١٠ (فإذا أخذتَ... الحسينيّين) إنّ هذه الفقرة مختصرة اختصارًا غير موافق من نصّ صـط وهو (وإذا أخذتَ من المربّعة الكبيرة نحو المشرق فالسوق يمتدّ الى أن تجاوز مسجد الجامع وإذا أخذتَ من المربّعة نحو المغرب فالسوق يمتدّ الى أن تجاوز المربّعة الصغيرة وإذا أخذتَ من المربّعة نحو الجنوب فالسوق ممتدّة الى قرب مقابر الحسينيّين ويمتدّ السوق من المربّعة فى شماليّها حتّى ينتهى الى رأس القنطرة والمربّعة الصغيرة بقرب ميدان الحسينيّين جنب دار الإمارة)، ١٠ (ممتدّ) — (ممتدًّا)، (الحسينيّين) تابعًا لصـط كما مرّ — (الحسن) وفى حـط (الحسين)، ١٨ (والخرّازون) تابعًا لحـط (والخرّازين) وفى الأصل كأنّه (والخزّاوون)،

بذوى الصنائع منهم، وأمّا فنادق البزّازين وخانباراتهم بها وبيعهم فيها وشراهم فأكثر البلدان يشركهم فى ذلك ولا يقصرون | عنهم، وشرب حط ٣١٢ البلد ومياهه فأكثره من قنىّ تجرى تحت مساكنهم وتظهر خارج البلد فى ضياعهم ومنها قنىّ تظهر فى البلد وتجرى فى دورهم وبساتينهم بقصبة نيسابور، ولهم نهر كبير يُعرف بوادى سغارذ ويجتمع اليه كثير من قنىّ البلد فيُسقى منه بعض أجنّة البلد ورساتيق كثيرة وعلى هذا الوادى قُوّامٌ وحَفَظَةٌ عليه وعلى قنيّهم فى عمق الأرض وربّما كان منها شىء بينه وبين وجه الأرض مائة درجة ويزيد وينقص فى نفس نيسابُور، وليس بخراسان مدينة أصحّ هواءً وأفسح فضاءً وأشدّ عمارةً وأدوم تجارةً وأكثر سابلةً وأعظم قافلةً من نيسابور، ويرتفع عنها من أصناف البزّ وفاخر ثياب القُطن والقزّ ما يُنقل الى سائر بلدان الإسلام وبعض بلدان الشرك لكثرته وجودته لإيثار الملوك والرؤساء لكسوته إذ ليس يخرج من بلدٍ ولا ناحيةٍ لجوهريّته ولا يشاكله لرِفعته وخاصّيته،

(٦) ولنيسابور حدود واسعة ورساتيق | عامرة وفى ضمنها مدن حط ٣١٣ معروفة كالبوزجان ومالن المعروفة بكواخرز وخايمند وسلومك وسنكان وزوزن وكُندُر وترشيز وخان روان وازاذوار وخسروكرد وبهمناباذ ومزينان وسبزوار وديواره ومهرجان واسفرايين وخوجان وريوند، وإن

٣ (ونظهر) — (ويظهر)، ٤—٥ (بقصبة نيسابور) — حط (داخل البلد وخارجًا عنه)، ٥ (سغارذ) — حط (سغاور)، ١٣ (لرِفعته) — (لرِقعته)، ١٥ (كالبوزجان) — قد كان كُتب (كاليوزجان) ثمّ صُحّح الى (كاليوزجان)، (بكواخرز) — (بكواحور) وكُتب بغير خطّ الناسخ فى الهامش (باحرز)، (وخايمند) — حط (وجايمند)، (وسلومك) — (وساومل)، (وسنكان) — قد كان كُتب (وسنكان) أو (وستكان) ثمّ صُحّح الى (وبُشتكان)، ١٦ (وكندر) يوجد هنا فى هامش حب (منها أبو منصور الكندرىّ وزير السلطان الب ارسلان السلجوقىّ رحمهما الله)، (وترشيز) — صُحّح الى ذلك من (وترشين)، (وخان روان) — (وخان زوان)، (وخسروكرد) — قد صُحّح الى ذلك من (وخروكرد)، ١٧ (وسبزوار) — (وشاذوار) وفى حط (وسابزوار)، (وديواره) — (وديراوه) ثمّ صُحّح الى (وديزاوه)، (واسفرايين) تابعًا لحط — (واسفزار)، (وريوند) — (ودنكر) ويفقد هذا الاسم فى حط ويوجد فى صط (ورزيله) إلاّ أنّ ناشر

جُمِعَ الى نيسابور طُوس فمن مدنها الرايكان وطبران ونوقان [وتروغوذ] وقبر عليّ بن موسى الرضى عليهما السلٰم بظاهر مدينة نُوقان ويجاوره قبر الرشيد فى مشهدٍ حسنٍ بقريةٍ يقال لها سناباذ عليها حصن حصين منيع وفيه قوم معتفكون، وبنوقان معدن القدور البرام وتُحمل الى سائر بلاد خراسان من جبلها وفى هذا الجبل غير معدن من النحاس والحديد والفضّة والفيروزج والخماهن والدهنج ذكر غير إنسان أنّ فيه معادن ذهبٍ غير أنّها تقصُر عن المؤنة وبه شىء من البَلّور غير صافٍ،

(٧) وكانت دار الإمارة بخراسان فى قديم الأيّام بمرو وبلخ الى أيّام الطاهريّة فإنّهم نقلوها الى نيسابُور فَعَمَرَتْ وكَبُرَتْ وغَزُرَتْ وعَظُمَتْ أموالها عند توطّنهم | أيّاها وقطونهم بها حتّى انتابها الكتّاب والأدباء بمقامهم بها حط ٣١٤ وطرأ اليها العُلماء والفُقهاء عند إيثارهم لها وقد خرّجَتْ نيسابور من العُلماء كثرةً ونشأ بها على مرّ الأيّام من الفقهاء من شُهِرَ اسمه وسمق قدره وعلا ذكره،

(٨) ومدينة مَرو قديمة تُعرف بمرو الشاهجان أزليّة البناء ويقال أنّ قهندزها من بناء طهمورث [١١٦ ب] والمدينة القديمة من بناء ذى القرنين، وهى فى أرض مستوية بعيدة من الجبال فلا يُرى منها جبل بالقرب وليس فى شىء من حدودها جبل وأرضها سبخة كثيرة الرمال وأبنيتها من طين، فيها ثلثة مساجد للجُمعات فأمّا أوّل مسجد أُقيمت فيه الجمعة فمسجد بُنِيَ داخل المدينة فى أوّل الإسلام فلمّا كَثُرَ الإسلام بُنِيَ المسجد المعروف بالمسجد العتيق على باب المدينة ويصلّى فيه أصحاب الحديث وبُنِيَ من بعد ذلك المسجد الذى على ماجان ويقال أنّ ذلك المسجد والسوق ودار الإمارة من بناء أبى مُسلم، ودار الإمارة على ظهر

صَطَ أشار الى احتمال كونه (ريوند) وقد تبعنا هنا هذا التخمين على مقابلة الصورة، ١ (الرايكان) — حَطَ (الراذكان)، (وطبران) — حَطَ (والطابران)، [وتروغوذ] مستنمٌ عن حَطَ الذى يوجد فيه (وبُزْدِغُور) وفى الذيل ص ٤٣٦ (وتروغوذ)، ٢ (الرضى) — (الرضا)، ٩ (وغزُرت) — (وعُزُرَتْ)، ١٢ (بها) — (لها)، ١٥ (طهمورث) — (طهرموث) صُحّح الى ذلك من (طهرموب)، ٢١ (ماجان) — (ماحان)،

هذا المسجد وفى هذه الدار قُبّة بناها أبو مسلم كان يجلس فيها وفيها يجلس أُمراء مرو، وبها قهندز خراب ومقداره مقدار مدينةٍ وهو مرتفع وقد سيقت اليه قناةُ ماء يجرى فيه الى يومنا هذا وربّما زُرِع عليها مباقل ومباطخ وغير ذلك، [وفى زماننا هذا وهى سنة ثمانين وخمسمائة ليس بمرو مسجد جامع عامر غير المسجد الذى بناه أبو مسلم على ماجان وذكر لى عدّة أناس من أهل مرو مشائخ أنّهم لم يروا بمرو مسجدًا جامعًا غير هذا وأنّ المسجدين الآخرين خراب،] فأمّا أسواقها فعلى قديم الأيّام كانت على باب المدينة جنب الجامع فنقلها أبو مُسلم الى ماجان وهى من أنظف الأسواق وأوجدها لسائر ما يُحتاج اليه من ليلٍ ونهارٍ، ومُصلّى العيد فى محلّةٍ رأسَ الميدان فى مربّعة أبى الجهم ويطوف به | من جميع جوانبه ونواحيه البُنيان والعمارات وهو بين حط ٣١٥
نهر هرمزفره وماجان، والبلد أرباعٌ معروفة الحدود ولأرباعه أنهار معروفة فمنها نهر هرمزفره وهو نهر عليه أبنية كثيرة من البلد وهو ممّا يلى سرخس، وللمدينة الداخلة أربعة أبواب فأحدها الذى يلى مسجد الجامع وباب يُعرف بباب سنجان وباب بالين وباب درمسكان ومن هذا الباب يُخرج الى ما وراء النهر وعلى هذا الباب عسكرَ المأمون وضرب مضربه أيّام مُقامه بها الى أن انتهت اليه الخلافة،

(٩) ولمرو نهر عظيم تتشعّب هذه الأنهار منه وأنهار الرساتيق عنه ومبتدأه من وراء الباميان ويُعرف بنهر مَرغاب وتفسيره مَرواَب أى ماء مَرْوٍ ومنهم من يزعم أنّ النهر منسوب الى مكان يخرج منه الماء ويُعرف بنهر مرغاب ومجرى هذا النهر على مَرو الروذ وعليه ضياعهم وأوّل حدّ هذا النهر من عمل مَرو الروذ لوكرين وخوزان والقرينين فخوزان من مرو

٤–٦ [وفى زماننا ... خراب] من مضافات حب ٤٢ ب، ٨ (ماجان) — (ماحان)، (الأسواق) — (اسواقٍ)، ١١ (وماجان) — (وماحان)، ١٢ (وهو) — (وهى)، ١٤ (سنجان) — (سحان)، (بالين) تابعًا مع حط لصط — (الين)، (در مسكان) — (در مسيكان) وفى حط (در مشكان)، ٢١ (لوكرين) — حط (كوكين) وفى معجم البلدان ج ٤ ص ٣٧٠ (لوكر)، (والقرينين) المرّتين — (والقرىس)،

الروذ والقرينين من مرو، ومقاسم الماء من زرق قريةٍ بها مقسم ماء مرو وقد جُعل لكلّ محلّةٍ وسِكّةٍ من هذا النهر ساقيــة صغيرة عليها ألواح خشبٍ فيها ثُقَبٌ مقدّرةٌ لا يُترك أحدٌ يزيدُ فيها ولا ينقص ويأتى كلّ قوم من شربهم بمقدار إن زاد الماء دخلت عليهم الزيادة وإن نقص نقصوا بأجمعهم لا إيثار لقومٍ على قومٍ [وهذه الألواح منصوبة بقرية تسمّى بُخس آب على مقدار نصف فرسخ من المدينة] ومتولّى هذا الماء أمير مُفْرَد وهو أجلّ من والى المعونة بمرو وبلغنى أنّه يرتزق على هذا الماء زيادة على عشرة آلف رجل لكلّ واحد منهم على هذا الماء عمل،

حط ٢١٦ (١٠) وكانت مَرْو | مُعسكر الإسلام فى أوّل الإسلام ومنها استقامت مملكة فارس للمسلمين لأنّ يزدجرد ملك الفُرس قُتِلَ بها فى طاحونة الزرق ومنها ظهرت دولــة بنى العبّاس وفى دار آل أبى النجم المُعَيْطىّ صُبِغَ أوّل سوادٍ صُبِغَ ولبستْهُ المسوّدة، ومن صحّة فواكههم أنّ بِطّيخهم يقدّد ويُحمل الى كثير من الآفاق ولا أعلم [١١٧ ظ] هذا يمكن فى بلد غيره، وفى مفازتها يكون الاشترغاز الذى يُحمل الى أكثر المواضع، ويرتفع من مرو الإبريسم والقزّ الكثير ويقال أنّ أصل الإبريسم بجرجان وطبرستان على قديم الأيّام وقع من مرو ومنها يرتفع القطن الذى يُنسب فى سائــر الأقطان اليها جودته وهو الغاية فى اللِين والثياب التى تجهّز منها الى كثير من البلاد، ولها منابر مضافة اليها وبرسمها فمنها كشميهن وهى على مرحلة منها فى نفس الرمل بها منبر ولها نهر كبير وأشجار وفواكه وسوق صالحة وفنادق ورباطات وحمّامات، وبهرمزفره منبر وبسنج منبر وبجيرنج منبر

١ (زرق) تابعًا مع حط لصط وفى الأصل (دون)، ٣ (يُترك) تابعًا لحب وفى الأصل (ينزل) وفى حط (يقدر)، ٥–٦ [وهذه ... المدينة] من مضافات حب ٤٣ ب، ١٠ (الزرق) — (الزرِق)، ١١ (المُعَيْطىّ) — (المعبطى)، ١٨ (كشميهن) قد كان كُتب فى الأصل (كهميسن) ثمّ أُلغى بخطّ فكتب بغير خطّ الناسخ بالهامش (كشمهن)، ٢٠ (وبهرمزفره) — (وبهرمرفره)، (وبسنج) تابعًا لصط — (وبستنج) ويفقد فى حط وكذلك الثلثة الأسماء التالية،

وبالدندانقان منبر وبالقرينين منبر وبباشان منبر وبخرق منبر وبالسوسقان منبر وهذه منابر مضافة اليها ومدنها القريبة منها،

(١١) وأمّا هراة فهو اسم المدينة وكان عليها حصار وثيق وخارجها وداخلها مياه ومن داخلها القهندز ولها ربض ومسجد الجامع بها ودار الإمارة خارج الحصن بمكان يُعرف بخراساناباذ منقطع عن المدينة وبينها وبين المدينة نحو ثُلث فرسخ على طريق بُوسنج من غربىّ هَراة وبناؤها من طين [١١٢ ظ السطر ١٤] والمدينة مقدار نصف فرسخ فى مثله وكان لمدينتها الداخلة أربعة أبواب فالباب الذى يُخرج منه الى بلخ ممّا يلى الشمال يُعرف بباب سراى والباب الثانى [الذى] يُخرج [منه] الى نيسابور غربىّ يسمّى باب زياد والباب الذى يُخرج منه | الى سجستان جنوبىّ يسمّى حط ٣١٧ باب فيروزاباذ والباب الذى يُخرج منه الى الغور مشرقىّ يُعرف بباب خشك وكانت أبوابها خَشَبًا غير باب سراى فإنّه كان حديدًا وعلى كلّ باب سوق وفى داخل المدينة والربض مياه جارية، وللحصن أربعة أبواب بحذاء كلّ باب من أبواب المدينة بابٌ لهذا الحصن ويسمّى باسم ذلك الباب، وخارج الحصن جدار يطوف بالحصن كلّه أطول من قامة وكان بينهما أكثر من ثلثين خطوة، فاتّفق على أهل المدينة حرب وخلع طاعتهم مع والٍ كان لهم من قبل صاحب خراسان يُعرف بمحمّد بن الجرّاح رأيتُه وكان محسنًا اليهم فعصوا بعصيانه ومنعوه من صاحب خراسان بغلق الأبواب دونه وتطاولت أيّام خلافه الى أن ظفر بهم أشعث بن محمّد فافتتح المدينة صُلحًا والحصن الذى فى داخلها عنوةً وقهرًا وأمر صاحب خراسان أن يُلحق سورها بالحضيض وأقام عليه من طمس آثاره ومحا معالمه فكأنّه لم يُـرَ لها قطّ سورٌ ولا كان عليها حصن،

١ (وبالقرينين) — (وبالمرسين)، (وبخرق) — (وبجره)، (وبالسوسقان) — (وبالسوسمان)، ٩ [الذى] و[منه] مستتمّان عن صَط وحَط، ١١ (الغور) تابعًا لحَط وصَط — (الغزو)، ١٥ (أطول من قامة) كما فى صَط — حَط (إلّا القليل)،

والمسجد الجامع فى المدينة وحواليه الأسواق والسجن على ظهر قبلة مسجد الجامع وليس بخراسان وما وراء النهر وسجستان والجبال مسجد أعمر بالناس على دوام الأيّام من مسجد هراة ومسجد بلخ واليه مسجد سجستان فإنّ بهذه المساجد كثرةً من الفقهاء وزحمةً من أرباب القرآن على رسم الشأم والثغور، وهى فرضة لخراسان وسجستان وفارس،

(١٢) والجبل من هراة على فرسخين على طريق بلخ ومحتطبهم من مفازةٍ بينهم وبين اسفزار وليس لهذا الجبل محتطب ولا مرعًى وإنّما يرتفقون منه بالحِجارة للأرحية والفرش وما أشبه ذلك وعلى رأس هذا الجبل بيت نارٍ يدعى سرشك وهو معمور وبينه وبين المدينة بيعة للنصارى وليس بينها وبين المدينة مياه ولا بساتين سوى نهر المدينة [على باب المدينة] فإذا عبرتَ القنطرة لم تر بعدها ماء ولا خضرةً الى البلد، وعلى سائر | الأبواب والجهات مياه جارية وبساتين وأعمر أبوابها باب حط ٢١٨
فيروزاباذ، ومخرج مائهم من قرب رباط كروان وإذا خرج من حدّ الغُور الى هراة ينشعب منه أنهار كثيرة فمنها نهر يُعرف بوخوى يسقى رستاق سنداسنك ونهر يسمّى بارست يسقى رستاق [كواسان وسياوشان ومالن وتيزان وروامز ونهر اذريجان يسقى رستاق] سوسان ونهر يعرف بشكوكان يسقى رستاق شغله ونهر يُعرف بكراغ يسقى رستاق كُوكان ونهر يُعرف بغوسجان يسقى رستاق كوك ونهر يُعرف بكبك يسقى رستاق

٥ (وفارس) — (فارس)، ٩ (سرشك) — (شرسك)، (وبينه) — (وبينهما) وفى حط (وبينها)، ١٠—١١ [على باب المدينة] مستتمّ عن حط، ١٤ (بوخوى) تخمينًا — (بوحوى) وفى حط تابعًا لبعض نسخ صط (بنهر برخوى)، ١٥ (سنداسنك) — (سبيداسند) ووضعت نقطة فوق الياء كأنّ المصحّح أراد (سنداسند)، (بارست) — (نارست) وفى حط (باريست)، ١٥—١٦ [كواسان .... رستاق] مستتمّ عن صط إلّا أنّه يوجد فى صط (كواشان) ويفقد كذلك فى نسختى حط، ١٦—١٨ (ونهر يعرف بشكوكان .... كوك) ينقد فى حط ويوجد فى صط، ١٧ (بشكوكان) — صط (بسوكان)، (شغله) — (شعله) وفى صط (سله)، ١٨ (بغوسجان) — (بغولسجان) وفى صط (غوسيان) (كوك) — صط (كرك)، (بكبك) — حط (بكنك)،

غوتان وكربكرد ونهر يُعرف بسبغر يسقى رستاق سوخين فى حدّ بوسنج ونهر يعرف بانجير يسقى مدينة هراة والبساتين المتّصلة على طريق سجستان مقدار مرحلة،

(١٣) وأكبر مدينة بنواحى هراة بعد هراة كروخ واوفه ويرتفع من كروخ الكشمش المجلوب الى الآفاق والزبيب الطائفى المحمول الى العراق وسائر البلاد [١١٣ ب] ومُعظمُه يرتفع من مالن، وكروخ مدينة قَصَبَة وأهلها شُراة ومسجد الجامع بمحلّة منها تُعرف بسبيدان وبناؤها من طين وهى فى شعب بين جبال مقدار عشرين فرسخًا وجميعها مشتبكة البساتين والمياه والأشجار والغياض والقرى العامرة، وأُوفه أهل جماعة وهى نحو كروخ فى القدر ولها بساتين ومياه وبناؤها من طين أيضًا، ومالن أصغر من كروخ وهى أيضًا مشتبكة البساتين والمياه والأشجار والكروم عامرة، وخيسار قليلة الأشجار والمياه وهى أصغر من مالن [وأهلها أهل جماعة، واستربيان أهلها خوارج وهى أصغر من مالن] ولها مياه وبساتينهم قليلة والغالب عليهم فى غلّاتهم الزروع دون الكروم وهى فى جبال وعرة، وماراباذ فكثيرة البساتين والمياه وهى مدينة أصغر من مالن [ويرفع منها أرزّ كثير يُجلب الى النواحى، وباشان مدينة أصغر من مالن] ولهم زروع [وهى قليلة البساتين على كثرة مياهها]، وباسفزار أربع مدن | وأكبرها حط ٣١٩ كواسان وهى مدينة أصغر من كروخ ولها مياه وبساتين كثيرة، وكواران

١ (غوتان) — حط (غوبان)، (بسبغر) — حط (بسنقر)، (سوخين) — حط (سرخس)، ٢ (بانجير) — (بامحير)، ٤ (كروخ) المرّتين — (كروج)، (واوفه) — (واوقه)، ٦ (وكروخ) — (وكروخ)، ٧ (بسبيدان) — (بسمدان)، ٩ (وأُوفه) — (وأُوقَهُ)، ١٠ و ١١ (كروخ) — (كروخ)، ١٢ (وخيسار) — (وحساں)، ١٢—١٣ [وأهلها .... من مالن] مستتمّ عن حط، ١٥ (وماراباذ) — (ومَاراباد)، ١٥—١٦ [ويرفع .... من مالن] مستتمّ تابعًا لحط عن صط، ١٧ [وهى .... مياهها] مستتمّ تابعًا لحط عن صط، ١٨ (كروخ) — (كروخ)،

وكوشك وادرسكن وهى متقاربة فى الكبر ولها مياه وبساتين واسفزار أهلها أهل جماعةٍ،

(١٤) وأمّا بُوسنج ففيها من المدن خركرد وفركرد وكره وأكبرها بوسنج وهى مدينة نحو نصف هَراة وهى وهَراة فى مستواة ومن بُوسنج الى الجبل نحو فرسخين وهو الجبل الذى من هَراة اليه فرسخان وبناؤهم من جِبْس وليس كبناء هراة ولهم مياه وأشجار كثيرة ولهم من أشجار العَرعر ما ليس بجميع خراسان فى بلد ويُحمل هذا الخشب الى سائر النواحى، وماؤهم من نهر هراة وهو النهر الذى [يجرى] الى سرخس وينقطع دون سرخس فى أكثر الأوقات وينضب فى الصيف ويصل اليها الماء فى الشتاء فيمرّ فى وسط البلد، ولبوسنج حصار وعليه خندق وله ثلثة أبواب فباب يُعرف بباب علىّ يفضى الى طريق نيسابور وباب هراة يشرِع الى هراة وباب قوهستان يأخذ الى قوهستان، وأكبر المدن بها بعد بُوسنج كوسرى وهى مدينة خصبة ولها ماء وبساتين قليلة وهى نحو الثُلث من بوسنج وبناؤهم من طين، وخركرد لها ماء وبساتين كثيرة وهى أصغر من كوسرى، وفركرد أصغر من خركرد وماؤها الجارى قليل وهم أصحاب سوائم وليس لهم بساتين كثيرة، وكره لها بساتين ومياه كثيرة وهى نحو فركرد فى الكبر،

(١٥) وباذغيس بها من المدن جبل الفضّة وكوه وكوغناباذ وبست وجاذوا وكابرون وكالوون ودهستان ومقام السلطان بكوغناباذ وأعمرها وأكبرها دهستان وتكون | حط ٢٣٠ نحو نصف بوسنج وبناؤها من طين ولهم أسراب كثيرة فى الأرض وهى على جبل ولهم ماء جارٍ قليل وليست لهم بساتين

---

١ (وكوشك) — (وكوشد)، ٣ (بوسنج) المرّة الأولى — (بُوسح) وفى حط (بوشنج)، (ففيها) — (فيها)، ٥ (جِبْس) — (جس)، ٨ [يجرى] مستتمّ عن حط، ٩—١٠ (وينضب .... البلد) مكان ذلك فى حط (وينصبّ الى النهر الذى فى وسط سرخس عليه القناطر المعقودة فى وسط البلد)، ١٢ و ١٤ (كوسرى) — حط (كوسوى)، ١٧ (وكوه) — حط تابعًا للمقدسىّ (وكوفا)، (وبست) — حط (وبشت)، ١٨ (وكابرون) — (وكانون)، ٢٠ (وهى) — (وهم)،

ولا كروم وهى مباخس وكذلك كوه وجبل الفضّة وكوه أكبر من جبل الفضّة، وجبل الفضّة على جبل كان فيه معدن للفضّة فتعطّل لقلّة الحَطب، وأمّا كوه فهى فى صحراء، وبكوغناباذ وبست وجاذوا بساتين ومياه ولهم مباخس كثيرة، وكالوون وكابرون ليس لها بساتين ولا مياه جارية وإنّما مياههم من الأمطار والآبار وهم أصحاب زروع مباخس وأغنام، وجبل الفضّة على طريق سرخس من هراة، وباذغيس أهل جماعة، وبجستان قرية أحمد بن عبد الله فإنّ أهلها شُراة غُلاةٌ بأجمعهم،

(١٦) وكنج رستاق مدينتها ببن ولها كيف وبغشور ومنها أبو منصور البغوىّ صاحب بريد نيسابور وأيسر من بخراسان وأكثرهم كتبًا وأحسنهم إنشاء وألكنهم بالعربيّة وأفصحهم بالفارسيّة وهو أخْطَرُ من رأيتُ بخراسان وأكثرهم صامتًا وناطقًا وتجاراتٍ وضياعًا وكراعًا وأوثقهم عند سلطانه حكايةً، وسلطان هذه الناحية مقيم ببين وهى أكبر هذه المدن وبين أكبر من بوسنج وبغشور نحو بوسنج وكيف نحو بغشور ولببن وكيف مياه كثيرة جارية وبساتين وكروم وبناؤهما من طين، وأمّا بغشور ففى مفازة وهى أعذاء وزروعهم كلّها بخوس وماؤهم من الآبار وهم أصحاب زروع وبساتين وكروم وهى مدينة صحيحة التربة والهواء، وهذه المدن كلّها على طريق مرو الروذ،

(١٧) ومرو الروذ بها من المدن قصر أحنف ودزه ومرو الروذ أكبرها وهى أكبر | من بوسنج ولها نهر كبير وهو النهر الجارى الى مرو حط ٣٢١

١ (كوه) — (كو)، (وكوه أكبر) — (وكوا كبر)، ٣ (كوه) — (كو)، ٤ (وكابرون) — (وكاتون)، ٩ (وكنج رستاق) — (وكبح رسناقٌ)، (ببن) — (بين)، (وبغشور) — (وبغشور)، ١٣ (ببين) — (ببن)، ١٤ (وبغشور) — (ويغشور) وهو مصحّح من (ويغنتور) أو نحو ذلك، (بغشور) — (يغشور)، (ولبين) — (ولبين)، ١٥ (وبناؤهما) — (وبناؤها)، (بغشور) — (يعشور)، (ففى) — (فهى)، ٢٠ (الجارى) مكان ذلك فى حب (الذى يخرج من الباميان وينتهى)،

ولهم عليه بساتين وكروم كثيرة وهى طيّبة الهواء والتربــة، وقصر أحنف على مرحلة منها على طريق بلخ ودزه على طريق انبار على أربعة فراسخ، ولقصر أحنف ماء جارٍ وبساتين وكروم وفواكه حسنة، ويشقّ نهر مرو الروذ وسط دزه فيجعلها نصفين وبينهما قنطـرة ولهـا بساتين وكروم وفواكه حسنة ومن مرو الروذ الى النهر غلوة، والطالقان مدينة نحو مرو الروذ فى الكبر ولها مياه جارية وبساتين قليلة وبناؤها من طين وهى أصحّ هواء من مرو الروذ، ومن مرو الروذ الى الجبل ثلثــة فراسخ ممّا يلى المغرب ومن جانب الجبل منه على فرسخين ممّا يلى المشرق، والطالقان فى جبل متّصل بجبال الجوزجان ولها رساتيق فى الجبل كثيرة عامرة،

(١٨) والفارياب مدينة من الجُوزجان أصغر من الطالقان [١١٤ ظ] إلّا أنّها أكثر بساتين ومياهًا من الطالقان وبناؤها من طين وبالفارياب مسجد جامع وهى مدينة صالحة تجمع سائر ما يكون فى المدن من الصنائع وليس لمسجد جامعها منارة، ومن مدن الجوزجان اليهوديّة وهى مدينــة أيضًا مقتدرة جامعة للصنائع والتجارة ولمسجد جامعها منارتان، [وإن ذكرت ما مرّ لى فى استحداث منارة بالفارياب مع أهلها وأميرها وجلّــة أهلها اطال وهم يأبون إلّا قولهم هذه سنّة وقبيح بالخلف تغيير رأى رآه السلف،] والجوزجان اسم الناحية ومن كبار مدنها اليَهُوديّة واشبورَقان واندخذ رستاق وناحية ومدينته [أُشْتُرُج و]كندرم ومن مدن الجوزجان حط ٣٢٢ انبار وسان ونقامش اسم لمدينة جلار واشبورقان ونريان مدينــة بين

١ (والتربة) تابعًا لحط — (والبريّة)، ٢ (انبار) تابعًا لتصحيح صط وحط — (الشار)، ٦ (وبناؤها) — (وبناوها)، ٨ (ومن جانب الجبل منه) كذا أيضًا فى نسخ صط وحط، ٩ (كثيرة) — (كثير)، ١٤—١٦ [وإن .... السلف،] مأخوذ من حط، ١٧ (واندخذ) — (والنخذ) وفى حط (والنُخَد)، ١٨ [أُشْتُرُج و] مستنمّ تابعًا لحط عن صط، (كندرم) — (كندوم)، ١٩ (وسان) — (ورسان)، (لمدينة جلار) — (لمدينة حلان) وفى حط (لجار)، (واشبورقان) — (واسنورقان) ولعلّ الصحيح هنا (اشترج)، (ونريان) — (ونرنيان) وفى حط (ومرسان)،

اليهوديّة والفارياب، وأكبر مدينة بالجوزجان انبار وبها مقام آل افرغون وسلطانهم فى الشتاء ومقامهم فى الصيف بالجرزوان وهى مدينة بين جبلين أشبه بلدٍ بمكّة وشعابها كشعابها، وانبار أكبر من مرو الروذ ولها مياه وكروم وخصب وبساتين [وبناؤهم من طين]، [١١٨ ب السطر ٦] وقد تقدّم القول أنّ مدينة سان صغيرة لها مياه وبساتين وهى من الجبل [واليهوديّة أكبر من سان ولها مياه وبساتين وهى فى الجبل] وكندرم من الجبل وهى مدينة كثيرة الكروم والجوز واللوز والخيرات، واشبورقان بها من المياه الجارية فوق كفايتهم والغالب عليهم الزروع وبساتينهم قليلة وفواكههم مجلوبة وهى أكبر من كندرم ومن سان أيضًا وتقارب اليهوديّة فى الكبر، واندخُذْ مدينة صغيرة فى مفازة لها سبع قرى وبيوت للأكراد من أرباب الأغنام ولهم إبل، ويرتفع من الجوزجان الجلود المدبوغة بها فتعمّ خراسان وما وراء النهر، والجوزجان ناحية عامّة الخِصْب كثيرة أسباب التجارة والمجالب وفى أهلها دهقنة، [والجوزجان سوى هذه المدن التى ذكرتها رساتيق وقرى ذات مياه جارية وفواكه كثيرة فأمّا ما يقبض من أموالها مائة ألف دينار وأربع مائة ألف درهم فى كلّ سنة،] والمسافات بها فمن اشبورقان الى انبار مرحلة فى ناحية الجنوب ومن اشبورقان الى اليهوديّة طريق يرجع الى الفارياب فى مرحلتين وكسر ثمّ منها الى اليهوديّة مرحلة ومن اشبورقان الى اندخذ مرحلتان فى الشمال ومن اشبورقان الى كندرم أربعة أيّام ثلثة منها الى اليهوديّة ومن اليهوديّه اليها مرحلة،

(١٩) | وغرج الشار لها مدينتان إحداها تُعرف ببشين والأُخرى حـط ٣٢٣ شورمين وهما متقاربتان فى الكبر وليس مُقام سلطانهما فى شىء منهما

٤ [وبناؤهم ... طين] مستتمّ عن صـط، ٥ (سان) — (شان)، ٦ [واليهوديّة ... الجبل] مستتمّ عن صـط ويفقد فى حـط وكذلك ما يليه من صفة كندرم، ٩ (سان) — (شان)، ١٣—١٥ [والجوزجان ... سنة] من مضافات حـب ٤٤ ظ وقد مرّ آخر ذلك فى القطعة (١٤) من صفة سجستان، ٢٠ (وغرج) — (وعرج)، (ببشين) — (بشين) وفى حـط (بأنشين) وفى الذيل (بابشين)، ٢١ (منهما) — (منها)،

والشار الذى تُنسب اليه هذه المملكة مقيم بقرية فى جبل تُعرف ببلكيان وكانت هذه ناحية مُلكٍ عظيمٍ فيما سلف وتقدّم من الزمان [يُعرف] بملك الغرجه، وهاتان المدينتان لهما بساتين ومياه ويرتفع من بشين أُرُزّ كثير يُحمل الى بلخ وغيرها من البلدان المجاورة لها ويرتفع من شورمين زبيب كثير يُحمل الى النواحى، وبين بشين وبين دزه مرو الروذ مرحلة فى المطلع وهو من نهر مرو الروذ على غلوةٍ من شرقيّه ومن بشين الى شورمين مرحلة ممّا يلى الجنوب وهى فى الجبل،

(٢٠) وأمّا الغُور فإنّها دار كُفر وإنّما تُذكر فى الإسلام لإنّ بها مسلمين وهى جبال عامرة ذات عيون وبساتين وأنهار وهى حصينة منيعة وفى أوائلهم ممّا يلى المسلمين قوم يُظهِرون الإسلام وليسوا بمسلمين ويحتفّ بالغور من عمل هَراة الى فره ومن فره الى بلدى داور ومن بلدى داور الى رباط كروان من عمل محمّد بن افرغون وهو صاحب الجوزجان ومن رباط كروان الى غرجستان ومنها الى هَراة وهذا الذى يطيف ببلد الغور، وجميع البلاد المطيفة [١١٩ ظ] به للمسلمين من جميع النواحى وليس فى جميع بلد الإسلام ناحية كفر يشتمل على أقطارها وحدودها المسلمون غير الغور وهم فى وسطهم وقبائل برغواطه الذين بنواحى فاس والسُوس وسجلماسه وماسه وهم قوم فى زنقة من الأرض يحيط بها البحر المحيط، وأكثر رقيق الغُور يقع الى هراة وسجستان ونواحيها، وتمتدّ جبال

---

٢ [يُعرف] مستتمٌ عن حَط، ٣ (بشين) — (بشيز)، ٥ (دزه) — (دزق)، ٩ (حصينة) — (خصبة)، ١١ (بالغور) — (بالغَور)، (فره) المرّتين تابعًا لصَط وفى الأصل (فزاره) وفى حَط تابعًا لنسختيه (فراوة)، (بلدى داور) المرّتين تابعًا لصَط وفى الأصل (بلد بنى داود بن العبّاس) وكذلك فى حَط وهو غلط ظاهر، ١٢ (الجوزجان) — (الجوزجوان)، ١٣ (ومن) — (وبين)، (غرجستان) — (عرجستان)، ١٧ (والسوس) — (والمسوس)، (وماسه) — (ومماسه)، ١٨—٤ (وأكثر... بالبنجهير) توجد هذه الفقرة فى حَط ص ٣٢٩ فى آخر القطعة (٣٩) وكذلك فى صَط ص ٢٨١ إلاّ أنّها مخالفة فى بعض النقط ونصّها فى حَط (وأكثر رقيق

الغور فى حدود خراسان وظاهر الباميان الى البنجهير حتّى تدخل بلاد وخان وتمرّ فى بلاد الترك على حدود الشاش الى خرخيز وهذا الجبل من أوّله الى آخره معادن للفضّة والذهب وأغزر معادنه ما قرب من خرخيز ومرّ على نواحى فرغانه واشروسنه ولو عُمل لزاد على ما بالبنجهير،

(٣١) وأمّا سرخس فمدينة بين نيسابور ومرو وهى فى أرض سهلة وليس بها ماء جارٍ إلاّ نهر يخرج اليهم فضله فى بعض السنة ولا يدوم ماؤه وهو فضل مياه هراة وزروع سرخس بخوس وهى مدينة تكون نحو نصف مرو عامرة صحيحة | التُربة والغالب [بعد الزرع] على نواحيها حط ٢٢٤ المراعى وهى قليلة القرى ومعظم أملاكهم الجمال [والأغنام] وهى مطرح لحمولات ما وراء النهر ومدن خُراسان وماؤهم من أبآر وأرحيتهم على الدوابّ وليس بها طواحين الماء وجميع أبنيتهم من طين، ونَسا مدينة خصبة كثيرة المياه والبساتين وهى فى الكبر نحو سرَخْس ومياههم جارية فى دورهم وسككهم وهى نزهة ولها رساتيق واسعة خصبة وهى فى أضعاف جبالٍ، وفراوه مدينة ثغرٍ فى وجه البرّيّة على الغُزّيّة وهى منقطعة عن القرى وفيها منبر ويقيم بها المرابطون وهم عدد يسير إلاّ أنّهم يرجعون الى عُدّة وافرة وينتابهم الناس للرباط عندهم وليس لهم قرية ولا يتّصل بهم عمارة ولهم عين ماء يجرى ومنها شِربهم وممرّها فى وسط القرية وليس لهم بساتين ولا زرع ولا مباقل ويكونون دون ألف رجل ذى بأس،

(٣٢) وقوهستان ناحية من خراسان على مفازة فارس وليس بها

الغور يقع الى هراة وسجستان ونواحيها وتمتدّ على ظهر الغور جبال فى حدّ خراسان على حدود الباميان الى البنجهير حتّى تدخل فى بلاد وخّان وتتفرّق بما وراء النهر الى داخل الترك على حدود ايلاق والشاش [قد صُحّح ذلك فى الذيل الى (لبان وسوس)] والى قرب خرخيز وهذا الجبل من أوّله الى آخره معادن الذهب والفضّة وأغزرها ما قرب من بلاد خرخيز حتّى ينتهى الى ما وراء النهر بفرغانه واشروسنه ومن أغزر هذه المعادن فى دار الإسلام ما كان بناحية بنجهير وما والاها)، ١ (البنجهير) — (السحهير)، ٢ (الشاش) — (الشاس)، (خرخيز) — (خرخير)، ٤ (بالبنجهير) — (بالسحهير)، ٨ [بعد الزرع] عن حط، ٩ [والأغنام] عن حط،

مدينة بهذا الاسم وقصبتها تسمّى قاين ولها من المدن ينابذ والطبسين وتُعرف بكُرى وخور والطبس وتُعرف بطبس مسينان، فأمّا قاين فهى فى الكبر نحو سرخس وبناؤهم من طين ولها قهندز وعليه خندق ومسجد جامع ودار الإمارة فى القهندز وماؤهم من القنىّ وبساتينهم قليلة وقراها متفرّقة وهى ناحية من الصرود، والطبسين مدينة أصغر من قاين وهى ناحية جرومية وبها نخيل وعليها حصن وبناؤهم من طين وماؤها من القنىّ ونخيلها أكثر من بساتين قاين ولا قهندز لها، وخور أصغر من الطبسين وهى بقرب | خوسب وليس بها منبر والمنبر بخور وأبنيتها من طين وليس حط ٣٢٥ لها حصن ولا قهندز ولها بساتين قليلة وشربهم من القنىّ وبمائهم ضيق وأهلها أهل سوائم وهى على طرف المفازة، وأمّا ينابذ فمدينة أكبر من خور وبناؤها من طين ولها قرًى ورساتيق وشربهم من ماء قنىّ لهم، والطبس أكبر من ينابذ وماؤها أيضًا من القنىّ ولها حصن خراب ولا قهندز لها، والنخيل التى بقوهستان بالطبسين وسائر ما ذكرنا من مدنها من الصرود، وجميع المدن والقرى التى بقوهستان متباعدة فى أعراضها مفاوز وليس العمارة بقوهستان مشتبكة [١١٩ ب] اشتباكها بسائر نواحى خراسان وفى أضعاف هذه المدن والقرى التى بقوهستان مفاوز يسكنها الأكراد وأصحاب السوائم من الإبل والغنم، وفى حدّ قاين منها على مسيرة يومين ممّا يلى نيسابور هذا الطين النجاحىّ الذى يُحمل الى الآفاق

١ (قاين) — (قايين)، (ينابذ) — قد صُحّح الى ذلك من (نيابذ) أو نحو ذلك، ٢ (بكُرى) — كأنّه مصحّح الى ذلك من (بكرند)، (والطبس) تابعًا لحط وصط وفى الأصل (والطبسين)، (وتُعرف) — (تعرف)، (مسينان) — (مسنيان)، (قاين) — (قايين) وكذلك كلّ مرّة، ٣ (قهندز) — (قهندر) وكذا كلّ مرّة، ٨ (وهى بقرب) — قد صُحّح الى ذلك من (وتدعا)، (خوسب) كان كُتب (خواسب) ثمّ أُلغى الألف ويوجد فى حط (خَوْسْت)، (بخور) — (بحور)، ١٠ (ينابذ) كأنّه صُحّح من (بيايذ)، ١١ (خور) — (حور)، ١٢ (والطبس) تابعًا لحط وصط وفى الأصل (والطبسين)، (ينابذ) — (بيايذ)، ١٤ (من الصرود) تابعًا لحط وصط وفى الأصل (فليس فيه شىء من الصرود)،

للأكل، وليس بجميع قوهستان نهر يجرى إلّا قناة أو بئر ويرتفع منها أنواع من الكرابيس فتُحمل الى كثير من النواحى ولهم مسوح معروفة مشهورة،

(٣٣) وبلخ مدينة يتّصل بعملها طخيرستان والختّل وبنجهير وبذخشان وأعمال الباميان وما يتّصل بها، فأمّا مدن طخيرستان فإنّها خُلم وسمنجان وبغلان وسِكِلكَند وورواليز وارهن وراون والطايقان وسكيمشت وروا وسراى عاصمٍ وخسب اندراب [واندراب] ومذر وكه، وأمّا الختّل ومدنها فإنّ مدينتها هلاورد ولاوكند وهما مدينتا الوخش وكاونك وتمليات وهلبك وسكندره ومنك واندىجاراغ وفارغر ورستاق بيك والخُتّل فيما وراء النهر، وعمل الباميان وما يتّصل بها فإنّ مدينتها الباميان وبشغورقند وسكاوند وكابل ونجرا وفروان وغزنه، وبنجهير مدينة فردة فذّة تسمّى بنجهير، وبذخشان إقليم له رساتيق ومدينتها بذخشان وهى مملكة ابن الفتح،

(٣٤) وأمّا بلخ فمدينة [جليلة مثل مرو وهراة وهى] فى مستواة وبينها وبين أقرب الجبال اليها نحو أربعة فراسخ وهى بربضها نحو فرسخ فى مثله [فخربت فى سنة خمسين وخمسمائة على يد الغُزّ والآن فقد عاود أهلها ونقلوا العارة الى موضع آخر بالقرب من المدينة الخرابة وهى أيضاً فى أرض مستوية]، وبناؤها الطين ولها أبواب فأشهرها باب النوبهار وباب واخته وباب الحديد وباب

٣ (وبذخشان) — (وبدخشان)، ٥ (فأمّا ... الى آخر القطعة) يفقد فى حط ويوجد فى صط، ٦ (وورواليز) كُتب بالهامش إشارةً الى هذا الاسم (ولوالج)، (وارهن) — (وارهرْ)، (وراون) — (وزوان)، (وسكيمشت) — (وشكيمست)، (وروا) — (وورروا)، ٧ (وخسب اندراب) — (وحسب اندراب)، [واندراب] مستتمّ عن صط، (ومذر وكه) — (ومذروكا)، ٨ (وكاونك) — (وكارنك)، (وتمليات) — (وغلباب)، (واندىجاراغ) — (وبَنْجاراغ)، (وفارغر) — (ويافغن)، ١٤ [جليلة ... وهى] مأخوذ من حط، ١٦—١٧ [فخربت ... مستوية] من مضافات حب ٤٤ ب، ١٨—١ (ولها أبواب ... بخنى] يفقد فى حط ويوجد فى صط، ١٨ (واخته) — صط (رحبة)،

الهندوان وباب اليهود وباب الشستمن وباب بختى وعليها سور يشرع منه هذه الأبواب وربضها حسن آخذ من شرقها وجنوبها وغربها وقد حفّ بها ومسجد جامعها بالمدينة فى وسطها وأسواقها حط ٣٢٦ | تحفّ بمسجد جامعها وهو مسجد معمور بالناس على مرّ الأوقات وتعاقب الأيّام والساعات، ولها نهر يسمّى دهاس ومعناه يدير عشر أرحية مارًّا على باب النوبهار ويسقى رساتيقها الى سياهجرد وتحفّ بأبوابها كلّها البساتين والكروم وسور المدينة من طين وهى مدينة قديمة أزليّة تجمع جميع التجارات وتُقصد بالأمتعة من سائر الجهات وفى أهلها علم ويغلب عليهم الأدب ودقّة النظر فى الفقه والعلوم الغامضة وقد خرّجت غير رئيسٍ وعُرِفَ من أهلها غير نفيسٍ،

(٢٥) وأمّا طخيرستان فإنّ أكبر مدنها الطايقان وهى مدينة فى مستواة وبينها وبين الجبل غلوة ولها نهر كبير وبساتين وكروم ومقدار الطايقان نحو رُبع بلخ، ثمّ يليها فى الكبر مدينة وروالیز ويلى وروالیز فى الكبر اندرابه وهى مدينة فى شعب جبالٍ واليها تُجمع الفضّة التى تقع من جارابايه وبنجهير وبها نهران أحدها يُعرف بنهر ابدراب والآخر بنهر كاسان ولها كروم وأشجار كثيرة، وجميع ما بقى من مدن طخيرستان متقارب فى الشبه والكبر وجميعها دون الطايقان ووروالیز واندرابه ذوات أنهار وأشجار [وزروع كثيرة عامرة خصبة،

(٢٦) وأمّا مدن الختّل فإنّها كلّها ذوات أنهار وأشجار] وعلى غاية الخصب وجميعها فى مستواةٍ مطمئنّةٍ فى وجه الأرض غير سكندره فإنّها فى جبالٍ على أنّ الخُتّل بأجمعه جبالٌ إلّا الوخش، وأكبر مدينة بالخُتّل منك ثمّ يليها هلبك والسلطان بهلبك، والختّل بين نهر وخشاب ونهر بذخشان

١ (الشستمن) — صط (شست بند)، (بختى) — صط (يحيى)، ١٥ (جارابايه) — (خاريانه) وكُتب هنا بهامش حب ٤٤ ب إشارةً الى هذا الاسم (يعنى ذو اربعة أرجل)، ١٨—١٩ [وزروع .... وأشجار] مستتمٌ تابعًا لحط عن صط، ٢٢ (هلبك) — (هَلْبَكُ)،

ويُدعى | خرباب وفى أضعافها أنهار كثيرة تجتمع كلّها قبل الترمذ بقرب القواذيان فتصير كلّها بجيحون، ومنك مدينة تكون نحو اندرابه فى القدر وهلبك أصغر منها وأبنية هذه المدن من طين وسور منك من جصّ وحجارة، ويليها من دور الكفر وخان وكران، وبذخشان أصغر من منك ولها رساتيق كثيرة عامرة خصبة ولها كروم وأشجار وأنهار وهى على نهر خرباب [١٢٠ ظ] من غربيّه، وبالختّل النتاج المشهور بالكثرة والوفور ويُجلب منها الخيل والبغال والرميك حسب ما يُجلب من طخيرستان وإن لم يواز ذلك فدونه، ويرتفع من بذخشان البجاذى الرفيع والحجارة ذات الجوهر النفيس التى تدانى الياقوت فى الحسن والرونق البديع من الأصباغ الموردة والرُمّانيّة والأحمر القانئ الرفيع والخمرىّ الصبغ وهى أصل اللازورد ولها معادن كثيرة فى جبالها ويرتفع اليها من المسك التبتىّ على وخان الكثير، حط ٣٢٧

(٢٧) وبنجهير مدينة على جبل وتشتمل على نحو عشرة ألف رجل ويغلب على أهلها الغبث واللغب والفساد ولهم مزارع صالحة ويغلب على نهرهم البساتين، وجاربايه مدينة أصغر من بنجهير وكلاها معدن للفضّة ومقام أهلها على ما يستخرجونه من الفضّة وغيرها من اللازورد والجوهر وليس بجاربايه بستان ولا زرع ويشقّ وسط المدينة نهر بنجهير وهو نهر جاربايه وينثنى الى فروان حتّى يقع فى أرض الهند،

(٢٨) وأمّا عمل الباميان فأكبر مدنها الباميان وتكون نحو ثُلث بلخ فى القدر وتُنسب هذه المملكة الى شير الباميان وليس للباميان حصار وهى

---

١ (خرباب) — حط (جَرياب)، ٢ (القواذيان) — (القواديان) وفى حط (القُباذِيَان)، (بجيحون) تابعًا لحط — (كالجيحون)، (ومنك) — (ومَنك)، ٤ (وكران) — حط (وكَرّان)، ٧ (والرميك) — حط (والرمك)، ١٥ (وجاربايه) — (وخاريابه)، ١٧ (بجاربايه) — (بخاريابه)، ١٨ (جاربايه) — (جاريابه)،

حـ ٢٢٨ على جبل | ويجرى بين مدنها نهر كبير ويقع الى غرجستان وفواكههم تُجلب اليهم [وليس لهم بساتين] وتُنقل الثمار من ارسف وغيرها، وليس بنواحى الباميان مدينة على جبل سواها وجميعها ذوات أنهار وأشجار وثمار إلّا غزنه فإنّه أيضًا لا بساتين بها ولها نهر، وليس بهذه النواحى والمدن التى هى فى نواحى بلخ أكثر مالاً وتجارةً من غزنه لأنّها فرضة الهند وإن كانت قد تغيّرت فى سنة خمس وخمسين بإكباب الحاجب البتكين عليها وإناخة عسكره بها، ومدينة كابل مدينة لها قهندز موصوف بالتحصّن والمنعة واليه طريق واحد وفيها المسلمون ولهم ربض فيه الكفّار واليهود ويزعمون أنّ الشاهيّة لا يستحقّها المَلِك إلّا بأن يُعقد له المُلك بكابُل وأنّ من كان منها على بعدٍ فيستحقّ ذلك بالمصير اليها وعقد الشاهيّة له هناك على شروط كانت لهم قديمة وقد حفظوا منها التافه اليسير وتمسّكوا بالقليل، وهى أيضًا فرضةَ للهند وطريقها سابل الى كلّ جهة لهم ويباع بها من النيل فى كلّ حَوْل ممّا يُعمل بقصبتها وسوادها دون الباقى منه بأيدى التجّار على ما يذكره تجّارهم بألفى ألف دينار وزائد والذى شاهدتُ دون ذلك لأسباب جرت من الفتن بدخول الجيش مع الحاجب اليهم والخلاف بينه وبين الملوك المجاورين لها ومطالبتهم بما بَعُدَ عَهدُ سَلَفِهم به من الضرائب القديمة والكُلَف السالفة [وجباية الأموال الجسيمة كالجزية عن رؤوسهم والأخرجة من بلادهم]، ويرتفع من كابل ثياب من القطن حسنة يُعمل منها السَّبَنِيَّاتُ الفاخرة والشرابيّات المثمنة وتخرج الى خراسان وتدخل الى الصين وتنبتّ بالسند وأعمالها وبها معادن حديدٍ كثيرة، وكابل جروم ولا نخيل بها ويقع فى بعض نواحيها ثلج،

(٣٩) ويرتفع من بلخ وأعمالها فى نفسها النوق المتقدّمة على سائر ما
حـ ٢٢٩ فى جنسها | لصحّة مراعيها وخلوص نتاجها والبخاتى التى بها فتختار غيرَ أنّ بُخت سمرقند أصلب وأشدّ وأبدن من نوق بلخ ولا نظير لها فى جميع

---

٢ [وليس ... بساتين] مستنمّ عن حـط، ٤ (ولها نهر) تابعًا لصـط — (ولا نهر) وفى حـط (ولكن لها انهار)، ١٧—١٨ [وجباية ... بلادهم] مأخوذ من حـط،

الأرض، وبها الأترجّ الحسن الفائقُ الكباب والنِيْنُوفَر وقصب السُكّر وما لا يكون إلّا بالبلدان الحارّة الجروميّة غير أنّه لا نخيل بها، وبها من أنواع النواوير الحسنة المختلفة الأشكال الطيبة الأرائيح والأصباغ ما ليس بكثير من الأماكن كهو، ويقع بها وفى نواحيها [١٢٠ ب] الثلوج العظيمة وهى من أكابر بلاد الصرود ويجمد بها الماء، ونجرا وسكاوند [وكابل جروم حارّة غير أنّه لا نخيل بها] [.....] وشاوغر ناحية من وراء جيحون وهى وخوارزم معًا فى صفة ما وراء النهر،

(٣٠) وآمُل وزم مدينتان متقاربتان فى الكبر على شطّ جيحون وبهما مياه جارية وبساتين وزروع وبهما مجمع طرق خراسان الى ما وراء النهر وخوارزم على ساحل جيحُون وبحيرة جيحون هى بحيرة خوارزم

٥ (ونجرا) على مقابلة صَط الذى يوجد فيه (ولجرا) وفى الأصل (وبخرباب) وفى حَط (ولجرياب)، ٥–٦ [وكابل ... بها،] مستتمّ عن حَط وصَط وقد مرّ تلك الفقرة فى آخر القطعة السابقة ولكنّه لا بدّ من استتمامها هنا ويليها فى نسختى حَط (ويقع فى بعضها الثلج وهى فى حيّز الصرود) وقد مرّ ما يشبه ذلك فى ما تقدّم من هذه القطعة، ٦ [....] الظاهر أن يُفقد هنا بعض الكلمات ويوجد فى هذا المكان فى نسختى حَط (وأكثر رقيق) ثمّ بياض ثم (ونواحيها وتمتدّ على ظهر الغور ... وما والاها) وقد مرّ هذه الفقرة الذاكرة لرقيق الغور واتّصال جبال الغور بجبال الباميان فى الأصل فى آخر صفة بلاد الغور يعنى فى القطعة (٣٠)، وأمّا صَط فيوجد هنا فيه صفة ثانية لبلاد الغور آخرها أيضًا الفقرة المتقدّمة الذاكرة لرقيق الغور واتّصال جبال الغور فقد أدخل ناشر حَط تلك الصفة الثانية فى متنه هنا، وإذا اعتُبر ما يلى ذلك فى الأصل وكذلك فى نسختى حَط من ذكر مدينة شاوغر الواقعة فى ما وراء النهر فيغلب على الظنّ الاحتمال أنّ الصيغة الأصليّة من المتن قد كان ذُكر فيها رقيق الترك وتجهيزهم الى خراسان على طريق شاوغر وخوارزم وأنّ ذلك قد حُذف لسبب من الأسباب، ٦–٧ (وشاوغر ... وخوارزم) مكان ذلك فى حَط (وسأصف ما وراء جيحون وخوارزم) إلّا أنّه يوجد فى نسختى حَط (وساوغر من وراء جيحون وخوارزم) وجاء ناشر حَط بهذا التصحيح لما يوجد فى صَط وهو (وأمّا سواحل جيحون وخوارزم فإنّا نذكرها فى صفة ما وراء النهر) ويحتمل أنّ ذلك أيضًا تحريف صيغة المتن الأصليّة كما مرّ،

و[بآمل] أعظم معابر خراسان، وزم دون آمُل فى العمارة [إلّا أنّ بها حـط ٢٤٠ معبرًا من ما وراء النهر الى خراسان]، ويحيط | بهما جميعًا مفازة تتّصل من حدود بلخ الى بحيرة خوارزم والغالب على هذه المفازة الرمال وليس بها عيون ولا أنهار وبها أبْآر ومراعٍ الى أن تنتهى الى طريق مرو الى آمُل ثمّ تصير بينها وبين بلاد الغُزّيّة مفازة قليلة الأبْآر والسوائم،

(٢١) وأكثر السوائم بخراسان من الإبل بناحية سرخس وبلخ وأمّا الغنم فأكثرها ما يُجلب اليهم من بلاد الغُزّيّة ومن الغور والخلّج، وبخراسان من الدوابّ والرقيق والأطعمة والملبوس ممّا يحتاج الناس اليه ما يَسَعهم ويُنقل الى سائر الأقطار عنهم، وأمّا الدوابّ فأنفسها ما يقع من نواحى بلخ، وأنفس الرقيق ما يقع [من] بلاد التُرك ولا نظير لرقيق التُرك فى جميع رقيق الأرض ولا يدانيه فى القيمة والحُسن وغير غُلام رأيتُه قد بيع بخراسان بثلثة آلف دينار وتبلغ عندهم الجارية التُركيّة ثلثة آلف دينار ولم أر بجميع أقطار الأرض من الرقيق ما بلغ هذه القيمة من غلام ولا جارية رُوميّة ولا مُولّدة ولا سُمِعَ فى خبرٍ ولا أثرٍ إلّا ما كان معه آلة السماع مع الحذق البارع والأداء الصحيح ومن هذا الجنس كثير فى دور آل سامان وعند الجلّة والقُوّاد من أهل خراسان، وأنفس ثياب القطن والإبريسم ما يرتفع من نيسابور ومرو، وأخْيَر لُحمان الغنم وألَذُّهُ ما يُجلب من بلاد الغُزّيّة وأعذب المياه عندى وأخفّها ماء جيحون وذلك أنّ البرد يُسْرِعُ اليه والحمّ فى أقرب وقت من الزمان، وأيسر أهل خراسان أهل نيسابور وأنجب بلدان خراسان أهل بَلْخ ومَرْو فى الفقه والدين والنظـر والكلام وأزكى أراضى خراسان سقى نيسابور والأعذاء ما بين هراة ومرو الرُوذ،

١ [بآمل] مستتمّ عن حـط إلّا أنّه يوجد فى حـط (وبآمل معظم المقام بما وراء النهر)، ١—٢ [إلّا .... خراسان] من حـط، ٥ (الغُزّيّة) — (للغزيّة)، ٧ (والخلّج) — (والخلخ)، ٨ (والرقيق) — (والدقيق)، ١٠ [من] مستتمّ عن حـط، ١٢ (بثلثة) المرّتين — حـط (بخمسة)، ١٨ (وأخفّها) — (وأحقّها)، ١٩ (والحمّ) — (والحما)،

وليس بخراسان جروم إلّا ما كان بناحية قوهستان فيما يلى فارس وكرمان وأشدّها بردًا وثلوجًا نواحى الباميان وخوارزم وسيأتى على ما تقدّم الذِكْرُ له بما وراء النهر،

(٣٢) | ذكر المسافات بخراسان، ولم أستقص ذكر المنازل هاهنا والفراسخ حط ٣٢١
لأنّى بنيتُ الكتاب على بعض التحريــر فى مثل المواضـع المشهورة وقد ذكرتُ جوامع منها إذ كان ذلك غير متعذّر على من أراد تقصّى معرفته من كتاب أبى الفرج قُدامة وكتاب الجَيهانىّ [١٢١ ظ] وكتاب أبى القسم الكعبىّ، ومن نيسابور الى آخـر حدّ خراسان فيما يلى قومس الى قريـة الأكراد بقرب اسداباذ سبع مراحل ومن قرية الأكراد الى الدامغان خمس مراحل، ومن نيسابور الى سرخس ستّ مراحل ومن سرخس الى مرو خمس مراحل ومن مرو الى آمل على شطّ نهر جيحون ستّ مراحل، فالجميع من أوّل عمل نيسابور ممّا [يلى] قُومس الى وادى جيحون على السَمْت ثلث وعشرون مرحلة، [ومن نيسابور الى اسفرايين وهو آخـر عمل نيسابور خمس مراحل،] ومن نيسابور الى بُوزجان أربع مراحل ومن بوزجان الى بُوسنج أربع مراحل ومن بوسنج الى هراة مرحلة ومن هراة الى اسفزار ثلث مراحل ومن اسفـزار الى دزق وهو آخـر عمل هراة مرحلتان ومن دزق الى سجستان سبعة أيّام فالجميع من آخر عمل نيسابور على اسفزار الى دزق تسع عشرة مرحلـة، ومن نيسابور الى طوس ثلث مراحل على الدوابّ وقد يصعـد الناس رجّالةً من نيسابور العقبةَ التى

---

٢ (وسيأتى) تابعًا لتصحيح ناشر حط — (وسآتى)، ٧—٨ (وكتاب الجيهانىّ ... الكعبىّ) — حط (وجميع ما فيه من هذا النوع وغيره صحيح)، ٩ (سبع) — حط (ست) وفى صط كما فى الأصل، ١٢ [يلى] مستتمّ عن حط، ١٣—١٤ [ومن ... مراحل] مستتمّ عن حط، ١٤ (بوزجان) المرّتين — كأنّه صُحّح من (يوزجان)، ١٦—١٨ (دزق) — حط (دره) ويسمّى (دزه) فى القطعة (١٢) من صفة سجستان، ١٨ (على اسفزار الى دزق) -- (الى اسفزار على دزق)،

نيسابور فى سفحها الى طُوس فى مرحلةٍ، ومن نيسابور الى نَسا ستّ مراحل ومن نسا الى فراوه أربع مراحل، ومن نيسابور الى قاين قصبة قوهستان نحو تسع مراحل ومن قاين الى هراة نحو ثمانى مراحل، ومن مرو الى مرو الروذ ستّ مراحل ومن مرو الى هراة اثنتا عشرة مرحلة، ومن مرو الى ابيورد ستّ مراحل ومنها الى نسا أربع مراحل، ومن هراة الى مرو الروذ وهو طريق بلـخ ستّ مراحل، ومن هـراة الى سرخس خمس مراحل وقد مرّ الطريق من هراة الى نيسابور والى آخر حدّها ممّا يلى سجستان والى قصبة قوهستان، والطريق من بلخ الى مرو الروذ اثنا عشر يومًا ومن بلخ الى شطّ جيحون فى | طريق الترمذ يومان ومن بلخ الى حط ٣٢٣ اندرابه تسع مراحل ومن بلخ الى الباميان عشرة مراحل ومن الباميان الى غزنه نحو ثمانى مراحل، ومن بلخ الى بذخشان ثلث عشرة مرحلـة، ومن بلخ الى شطّ الوادى على طريق الختل والنزول برباط ميلـه لأبى الحسن محمّد بن الحسن ماه رحمه الله ثلث مراحل، وذلك أنّه كان نضّر الله وجهه من أرغب خلق الله فى الخيرات واقتناء الصالحات وله هذا الرباط وهو أجلّ رباطٍ حُسنًا فى نفسه ونفعًا فى موضعه لشدّة الحاجة اليه فى مكانه وكثرة ضرورة الناس الى الاستغاثة والاستعانة به فى المخاوف وعند إناخة العدوّ والثلوج وتوقّع المتالف وهو حصين فى ذاته منيـع بعلوّه وسمكه فسيح المبانى واسع الأفنيـة لو نزل به عسكر لأقلّه وملك عظيم لستر جيشه وأظلّه وأكنّه، هذا الى ما هو أجلّ منه من رباطاته فى أقطار ما وراء النهر وبخراسان وما له منها بالقواذيان ومن أحسنها رباطاته بالترمذ مع الجرايات التى على نزّالها والنفقات الدارّة على سُكّانها من المتفقّهة وطُلّاب العلم والبيمارستان الذى اتّخذه بالترمذ ووقف عليـه

٣ (قاين) المرّتين — (قاين)، ٤ (مرو الى هراة) — (مرو الروذ الى هراة)، ٤–٥ (مرو الى ابيورد) — (مرو الروذ الى ابيورد)، ٢٠ (بالقواذيان) — (بالقواريان) وفى حط (بالقباذيان)، ٢٢ (الذى) — (التى)،

من نفائس ضياعه ما يقوم بمُؤنه ورباطاته بشومان وصرمنجى والصغانيان وكلٌّ منها نفيس فى ذاته وعليه الحبس لنفقاته ومؤنه ومَرَمّاته،

(٣٣) وأمّا عرض خراسان فمن بذخسان على شطّ وادى جَيحون الى بحيرة خوارزم مسافته [١٢١ ب] من بذخشان على شطّ وادى جيحون فى سمت النهر نحو ثلاث عشرة مرحلة الى الترمذ ومن الترمذ الى زم نحو خمس مراحل ومن زم الى آمُل نحو أربع مراحل ومن آمُل الى مدائن خُوارزم نحو اثنتى عشرة مرحلة ومن كاث حومة خوارزم الى بحيرتها نحو ستّ مراحل فيكون الجميع أربعين مرحلةً،

(٣٤) وهذا ذكر المسافات بين المدن التى فى عملها المشهورة بخراسان وغيرها [وسنذكر لكلّ مدينة مشهورة جوامع من المسافات بين] المدن التى ما شُهِرَ من أمصارها وخَفِيَ مكانها لقلّة الصادر اليها والوارد منها، فإنّ من نيسابور الى بوزجان أربع مراحل ومن بوزجان عن يسار الجائى من هراة الى نيسابور على مرحلة مالن [مدينة وتُعرف بمالن كواخرز وليست | بمالن هراة ومن مالن] الى خايمند مرحلة ومن خايمند الى سنكان حط ٣٣٣ يوم ومن سنكان الى ينابذ يومان ومن ينابذ الى قاين يومان وسلومك إذا عدلتَ عن يسار سنكان على يومين ومن سلومك الى الزوزن يوم ومن الزوزن الى قاين ثلثة أيّام، ومن نيسابور الى ترشيز أربع مراحل

---

١ (والصغانيان) — (والصاغانيان)، ١٠ [وسنذكر ... بين] مستتمّ عن صط الذى يوجد فيه (وسنذكر ... بين المدن التى فى عملها) ويوجد فى الأصل (ومن) ففط وفى حظ مكان (لكلّ مدينة مشهورة) (لها) ففط، ١١ (مكانها) — (مكانه)، ١٢ (بوزجان) المرّتين — (يوزجان)، (عن) تابعًا لصط — (على)، ١٢—١٤ [مدينة ... مالن] مستتمّ عن حط، ١٤ (خايمند) المرّتين — (خايمن) وفى حط (جايمند)، (سنكان) المرّتين — (ستكان) وقد صحّح فى الموضع الثانى الى (بُستكان)، ١٥ (ينابذ) المرّتين — كأنّه صُحّح الى ذلك من (بيايذ)، (وسلومك) — (وسلومل)، ١٦ (سنكان) — (ستكان)، (ومن سلومك) — (من سلومل)،

ومن ترشيز الى كندر يوم ومن كندر الى ينابذ يومان ومن ينابذ الى قاين يومان، ومن نيسابور الى خسروجرد أربعة أيّام وسبزوار قبل خسروجرد بنحو فرسخين، ومن خسروجرد الى بهمناباذ مرحلة كبيرة وبين بهمناباذ وبين مزينان على طريق قومس نحو فرسخ، ومن نيسابور الى خان روان مرحلة ومن خان روان الى مهرجان [يومان ومن مهرجان الى اسفرايين يومان، وإذا خرجت من بهمناباذ الى مهرجان] فالى ازاذوار يوم ومن ازاذوار الى ديواره يوم ومن ديواره الى مهرجان يومان،

(٣٥) وأمّا مسافات مدن مرو فإنّ من مرو الى كشميهن مرحلة وهرمزفره بحذاء كشميهن على مقدار فرسخ عن يسارها وعليها طريق مفازة سيفايه التى تؤدّى الى خوارزم وباشان قبل هرمزفره بفرسخ على طريقها، وسنج على مرحلة من المدينة فيما بين طريق سرخس وطريق مرو [الروذ]، وجيرنج على ستّة فراسخ من المدينة قبل مدينة زرق بفرسخ على الوادى ومرورم على هذا الطريق [على] أربعة فراسخ من مرو على [الوادى، و]الدندانقان على مرحلتين | من مرو وهى على نفس طريق حط ٣٢٤
سرخس، والقرينين على أربع مراحل من مرو على وادى مرو، وخرق

١ (كندر) المرّتين — (كندرم)، (ينابذ) المرّتين — (بيابذ) وصُحّح فى الموضع الأوّل، ٢ (وسبزوار) — (وساروان) وفى حط (وسابزوار)، ٣ (بهمناباذ) المرّتين — (نهياباذ)، ٤ (مزينان) — (هرنيان)، ٥ (روان) المرّتين — (زوان)، ٥—٦ [يومان ... مهرجان] مستتمّ تابعًا لحط عن صط، ٦ (فإلى)، — (والى)، ٧ (ديواره) المرّتين — (ديواذه)، ٨ (كشميهن) المرّتين — (كهميسن)، ١٠ (سيفايه) — (سنقايه)، (وباشان) — (وباشان)، ١١ (وسنج) — (ومسسح)، ١٢ [الروذ] مستتمّ على التخمين ولا يوجد فى حط ولا فى صط، (زرق) — (درق)، ١٣ (ومرورم) — (ومن درق) وكذلك فى نسختى حط وصحّحه ناشر حط الى (ومرورم) تابعًا لصط ويجوز أنّه الموضع الذى كُتب (سمذار) فى صورة خراسان، [على] مستتمّ تابعًا لحط عن صط، (من مرو) — (الى مرو)، ١٤ [الوادى، و] مستتمّ عن حط، ١٥ (والقرينين) — (والقرين)، (وخرق) — (ودزق)،

على نحو ثلثة فراسخ من المدينة بين طريق سرخس وابيورد، والسوسقان يسرةَ خرق غير أنّها أبعد منها بفرسخ،

(٣٦) وأمّا مسافات مدن هراة وما يتّصل بها من بوسنج وباذغيس وكنج رستاق فإنّ من هراة الى اسفزار ثلث مراحل ومدن اسفزار هى أربع مدن وقد سمّيتُها وجميعها فى أقلّ من مرحلة، وبين هراة ومالن هراة يوم وبين هراة وكروخ ثلثة أيّام وبين هَراة وبوسنج يوم وبين بُوسنج وكره أربعة فراسخ عن يسار الذاهب الى نيسابور وبينهما وبين الطريق الجادّة نحو فرسخ، ومن بوسنج الى فركرد يومان ومن فركرد الى خركرد يومان و[من خركرد] الى الزوزن يوم، [ومن هراة الى باشان هراة مرحلة ومن باشان الى خيسار مرحلة ومن خيسار الى استربيان مرحلة ومن استربيان الى ماراباذ مرحلة خفيفة ومن ماراباذ الى اوفه مرحلة ومن اوفه الى خَشْت يومان وتدخل من خشت فى حدّ الغور، ومن هراة الى ببنه مرحلتان ومن ببنه الى كيف مرحلة ومن كيف الى بَغْشُور يوم،]

(٣٧) [مسافات مدن بلخ فمن بلخ الى خُلم يومان ومن خلم الى وروالیز يومان ومن وروالیز الى الطايقان يومان ومن الطايقان الى بذخشان سبعة أيّام، ومن خلم الى سمنجان يومان ومن سمنجان الى اندرابه خمسة أيّام ومن اندرابه الى جاربايه ثلث مراحل ومن جاربايه الى بنجهير يوم ومن عسكر بنجهير | الى فروان مرحلتان، ومن بلخ الى حـط ٢٣٥ بغلان ستّ مراحل منها الى سمنجان أربع مراحل والى بغلان مرحلتان ومن بلخ الى مذر ستّ مراحل ومن مذر الى كه مرحلة ومن كه الى

٣ (خرق) — (درق)، ٦ (وكروخ) — (وكزوخ)، ٧ (وكره) — (وكزه)، ٨ (فركرد) المرّتين — (فركرده)، (خركرد) — (خركرده)، ٩ [من خركرد] مستتمّ تابعًا لحط عن صط، (الزوزن) — (الروزن)، [ومن هراة ...] كان من هنا ابتداء الورقتين المفقودتين فى الأصل المحتويتين على الصفحات ١٢٢ ظ–١٢٣ ب وقد أُستتمّ المتن المفقود الى نهاية القطعة (٣٨) عن متن حط ويفقد فى حب، ١٦ (بذخسان) — حط (بَذَخْشان)،

الباميان ثلث مراحل، ومن الفارياب الى الطالقان ثلث مراحل ومن الطالقان الى مرو الروذ ثلث مراحل،]

(٣٨) [مسافات مدن قوهستان فمن قاين الى زوزن ثلث مراحل ومن قاين الى طبس مسينان يومان ومن قاين الى خور يوم ومن خور الى خوسب فرسخان ومن قاين الى الطبسين ثلث مراحل، فهذه جمل مسافات خراسان وتفصيلها،]

١ (الطالقان) — حط (الطايقان) وقد صُحّح فى الذيل، ٥ (خوسب) — حط (خَوْشت)،

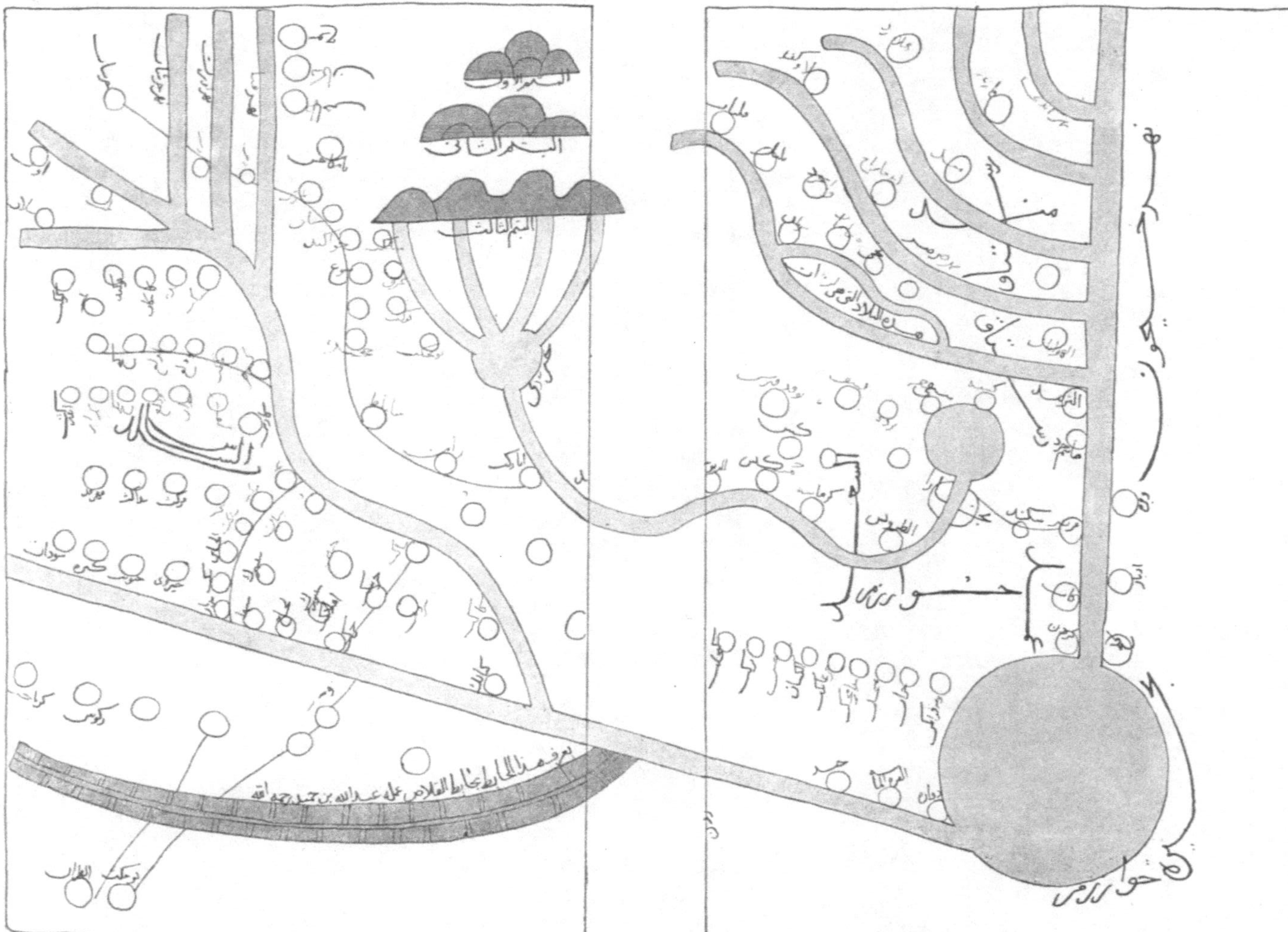

صورة ما وراء النهر التي توجد في نسخة كتاب الاصطخري المحفوظة في خزانة مدينة هامبورغ ،

[ما وراء النهر]

(١) [وأمّا ما وراء النهر وما يحيط به من شرقيّه ففامر والراشت وما يتاخم الخُتَّل من أرض الهند على خطّ مستقيم وغربيّه بلاد الغُزّيّة والخرلخيّة من حدّ الطراز ممتدًّا على تقويس حتّى ينتهى الى باراب وستكند وسُغْد سمرقند ونواحى بخارا الى خوارزم حتّى ينتهى الى بحيرتها وشماليّها الترك الخرلخيّة من أقصى بلد فرغانة الى الطراز على خطّ مستقيم وجنوبيّه نهر جيحون من لدن بذخشان الى بحيرة خوارزم على خطّ مستقيم أيضًا، وخوارزم والختّل فى ما وراء النهر لأنّ الختّل بين نهر وخشاب وخرباب وعمود جيحون خرباب وما دونه من وراء النهر وخوارزم مدينتها | وراء حَط ٣٣٦

النهر وهى الى مدن ما وراء النهر أقرب منها الى مدن خراسان وقد كررتُ ذلك مرارًا فيما تقدّم،]

(٢) [وهذه صورة ما وراء النهر وهى آخر صور الكتاب،]

إيضاح ما يوجد من الأسماء والنصوص فى صورة ما وراء النهر الموجودة فى نسخة كتاب الاصطخرىّ المحفوظة فى الخزانة البلديّة بمدينة هامبورغ،

---

٢ [وأمّا ... الى آخر القطعة] قد أُخذت هذه القطعة من حَط وتفقد فى حَب، (ففامر) — فى نسختى حَط (فغام)، ٤ (باراب) — فى نسختى حَط (بارياب) و(ناریاب)، (وستكند) تابعًا لحدود العالم ٢٤ ب وفى حَط (وبيسكند) إلّا أنّه يوجد فى النسختين (وسكندر)، ٨ (وخرباب) تابعًا لضبط هذا الاسم فى الأصل وفى حَط (وجرياب) وكذا كلّ مرّة، ١٢ [وهذه ... الكتاب،] من نسختى حَط إلّا أنّه لا توجد فيهما صورة، ١٣ قد كان يوجد صورة ما وراء النهر فى الأصل فى الصفحتين ١٢٢ ب و ١٢٣ ظ اللتين تفقدان فأتينا مكانها بصورتين من نسختين أخريين وهما نسخة كتاب الاصطخرىّ المحفوظة فى خزانة مدينة (هامبورغ) ونسخة كتاب ابن حوقل المحفوظة فى خزانة آيا صوفيا باستنبول المرقومة ٢٥٧٧، وهذه النسخة الأخيرة هى فى هذا الوقت الوحيدة من بين نسخ ابن حوقل المعلومة التى توجد فيها صورة ما وراء

القسم الأوّل، قد رسمت فى أسفل الصورة فى الزاوية اليمنى بحيرة مدوّرة توازى جانبها كتابة بحيرة خوارزم ويصبّ فيها نهر آتٍ من الفوق كتب عن يمينه نهر جيحون ويتّصل بجانبه الأيمن من المدن ويزه، اسباس، كركانج ويصبّ فى نهر جيحون خمسة أنهار أوّلها نهر (باحشو) وتقع بينه والنهر الثانى مدينة (فارغر) وبين الثانى والثالث منك وهلاورد وتقطع النهر الثالث كتابة رستاق بيك وبين النهر الثالث والرابع انديجاراغ ولاوكد وكتب من أسفل انديجاراغ قاطعًا للنهر نهرصرمنجى وينتسب هذا الاسم أيضًا الى المدينة الواقعة بحذاء النهر، وبين النهر الرابع والخامس من المدن تمليات، (هلبك)، واشجرد، شومان، (الصغانيان)، صرمنجى، (جرمنقان)، القواذيان، ويأخذ من النهر الخامس عند شومان شعبة ترجع من بعد الى العمود وكتب بين الشعبة والعمود هذه البلاد التى هى (لوخشاب)، وتقطع هذا النهر كتابة رستاق،

وتقع تحت مصبّ النهر الخامس عن يسار جيحون مدينة الترمذ ثمّ من أسفلها على شطّ جيحون هاشم جرد، فربر، كاث، كردر، وكتب فى الساحة عن يسار هاتين المدينتين عمل خوارزم، ويأخذ من فربر طريق الى اليسار على بيكند الى بخارا وهى من جانبى نهر يأتى من اليسار ويفضى فوق المدينة الى بحيرة مدوّرة، ويقع على النهر الى اليسار من المدن الطواويس، كرمينيه، خديمنكن، الدبوسيه وتقطع النهر كتابة السغد، ويقع فى الساحة فوق النهر من المدن كش، نوقد قريش، نسف، بزده وعلى طرف البحيرة اسكيفغن وكسبه،

النهر فإنّ نسخة حب والنسختين اللتين تحتويان معها على النصّ الثالث المبحوث عنه فى مقدّمتنا لا توجد فى واحدة منها صورة ما وراء النهر، ولكنّ نسخة آيا صوفيا قد فسدت صورها فسادًا قبيحًا كما يظهر من مقابلتها لصور أصلنا فإنّ أشكال تلك الصور أغلظ بكثير فكان ذلك سبب اختلاط مواقع الأسماء الموجودة فيها وقد فسد مع ذلك ضبط كثير من الأسماء، وأمّا النسخة الهامبورغيّة فهى من بين نسخ الاصطخرىّ النسخة التى تشاكل صورها صور أصلنا أكثر مشاكلة إلاّ أنّ ضبط الأسماء بها أقبح منه بالنسخة المتقدّمة، وممّا يصعّب قراءة النسخة الهامبورغيّة أنّ كثيرًا من أسمائها كأنّها قد تطلّست بنداوة مّا حتّى لا يكاد يمكن تمييز خطوطها أو تعفّنت تعفّنًا تامًّا، فلم نورد فى الحواشى ضبط الأسماء الموجودة فى الصورتين فاكتفينا بتصحيحها على قدر الإمكان ووضعنا الأسماء المشكوك فى صحّتها بين قوسين ( )،

ويصبّ فى بحيرة خوارزم نهر يأتى من اليسار تقع على جانبه الأعلى خواره، القرية الحديثة، جند، ويوازى النهر فى الساحة التى فوقه من المدن قرية قراتكين، نجاده، نجكث، مذيامجكث، خرغانكث، الكشانيه، اشتيخن، فرنكث، كينجكث، ويوجد تحت النهر فى طرف الصورة آخر اسم مدينة كدر،

القسم الثانى، رسمت فى القسم الأيمن من أعلى الصورة ثلاث سلسلات جبليّة كتب عندها البنم الأوّل، البنم الثانى، البنم الثالث، ويخرج من البنم الثالث أربعة أنهار نصبّ فى بحيرة جن ويخرج منها النهر الجارى الى بخارا فى القسم الأوّل من الصورة ويرى فوق النهر فى طرف الصورة آخر اسم مدينة سمرقند وتقع عن يساره مدينة ابارکث، ويأخذ من هذه المدينة طريق الى اليسار ثمّ الى الأعلى عليه زامين، ساباط، خجنده، (كند)، سوخ، خواكند، رشتان، زندرامش ثمّ عبر النهر اوش ثمّ عبر النهر الثانى (اورست) ثمّ عبر النهر الثالث خرشاب ويجوز أنّ هذا الاسم على الصحيح (اوزكند)، وكتب عند النهر الأوّل نهر قبا وعند النهر الثانى نهر اورست وعند النهر الثالث نهرخرشاب، ويوازى نهر قبا عن يمينه من المدن بامكاخس، طماخس، مسكان، سوخ وهذا الاسم الأخير غلط ولعلّ الصحيح (اسبره)، ويقع عن يسار أيسر الأنهار الخارجة من البنم الثالث بينه وبين الطريق المذكور من المدن بومجكث، فغكث، غزق، ارسيانيكث،

وتقع الثلاثة الأنهار المذكورة فى نهر يجرى الى الأسفل ثمّ الى اليمين ويصبّ هذا النهر فى نهر آخر يأتى من أوسط طرف الصورة الأيسر ويجرى الى اليمين الى أن يصبّ فى بحيرة خوارزم فى القسم الأوّل من الصورة، ويوازى هذا النهر عن أسفله سدّ كتب عنده يعرف هذا الحائط بحائط القلاص عمله عبد الله بن حميد رحمه الله ويقع من أسفل هذا الحائط فى الزاوية اليسرى بذخكث والطراز ومن فوق الحائط بينه والنهر من اليمين الى اليسار (جينانجكث)، (ستوركث)، (دنفغانكث)، (بنكث)، (خاتونكث)، بركوش، خركانكث،

ويقع على شطّ النهر من فوقه من المدن تكالك، حذينكث، غناج، (استيبغول)، بالايان، ثمّ تليها موازيًا للنهر جبوزن، جبغوكث، كبرنه، غدرانك، ويأخذ من بالايان طريق الى الفوق منتهيًا الى شطّ النهر الآتى من الفوق وعلى هذا الطريق من المدن بعد بالايان (نوكث)، بانجخاش، سكاكث، ثمّ مدينة لا يبين اسمها، ثمّ على النهر

(تونكث)، ويقع عن يمين هذا الطريق سامسيرك، (بسكث) ثمّ مدينة لا يبين اسمها، وفى الساحة عن يمينها اردلانكث وخمرك ثمّ خرشكث على الطريق من حذينكث الى بناكث على النهر وعن يمين خرشكث (غركند) وعن يمينها على النهر نجاكث، ويقع عن يمين النهر بينه وبين النهر المارّ بسمرقند (خرقانه)، (ديزك)، (ويذار)،

وتوجد فى الساحة عن يسار النهر المارّ على تونكث كتابة بلد الشاش ويوازيها من تحتها (بغنكث)، فرنكث، (كذاك)، (وردوك)، ويوازى الكتابة من فوقها صفّ من المدن وهى من اليمين الى اليسار (خاوس)، كهسيم، (خاش)، نموذلغ، اربلخ، (كنكراك) ابرذكث، ويلى هذا الصفّ من فوقه صفّ آخر كأنّه كُرّر فيه أسماء مدن الصفّ الأوّل، ثمّ يلى ذلك من الفوق موازيًا للنهر اخشيكث، (كند)، كاسان، (غرجند)، (دخكث)، (كركث)، ثمّ فوق ذلك عبر النهر شلاث وفوقه على شطّ النهر التالى (استياكند) و(اوال)،

إيضاح ما يوجد من الأسماء والنصوص فى صورة ما وراء النهر الموجودة فى النسخة المرقومة ٢٥٧٧ المحفوظة فى خزانة آيا صوفيا باستنبول،

القسم الأوّل، قد رسم فى أسفل الصورة فى الزاوية اليمنى قسم من بحيرة خوارزم على شكل ربع دائرة ويصبّ فيه نهر آتٍ من الفوق كتب عن يمينه المغرب وتقع عليه من هذا الجانب مدينة خوارزم وتقطع النهرَ فوق ذلك كلمة عمل، ويقع على شاطئ النهر الأيسر ابتداءً من الأسفل من المدن كردر، كاث، فربر، هاشم جرد، الترمذ، ويصبّ فوق الترمذ فى النهر نهرٌ يأتى من أعلى الصورة وتقع عن يمين ابتدائه مدينة شومان ثمّ الى الأسفل صغانيان ويلى هذا النهر نهر آخر عليه مدينة نوذز،

ويصبّ فى بحيرة خوارزم نهر آخر يأتى من اليسار ويقع على شاطئه الأسفل من المدن باراب، كدر، شاوغر، صبران، وكُتب تحت ذلك موازيًا لطرف الصورة بلد الغزّيّة، ومن فوق هذا النهر خواره، القرية الحديثة، جند، وسيج، شلجى، ويبتدئ من فوق مصبّ هذا النهر سدّ يوازى النهر ثمّ يعطف الى الأسفل قاطعًا للنهر وكتب من تحته هذا حائط عبد الله بن حميد ويعرف بحائط القلاص، ويوازى هذا السدّ من فوقه من المدن ابتداءً من اليمين بيكند، (مغكان)، قرية قراتكين، نجاده، نمجكث، مذيامجكث،

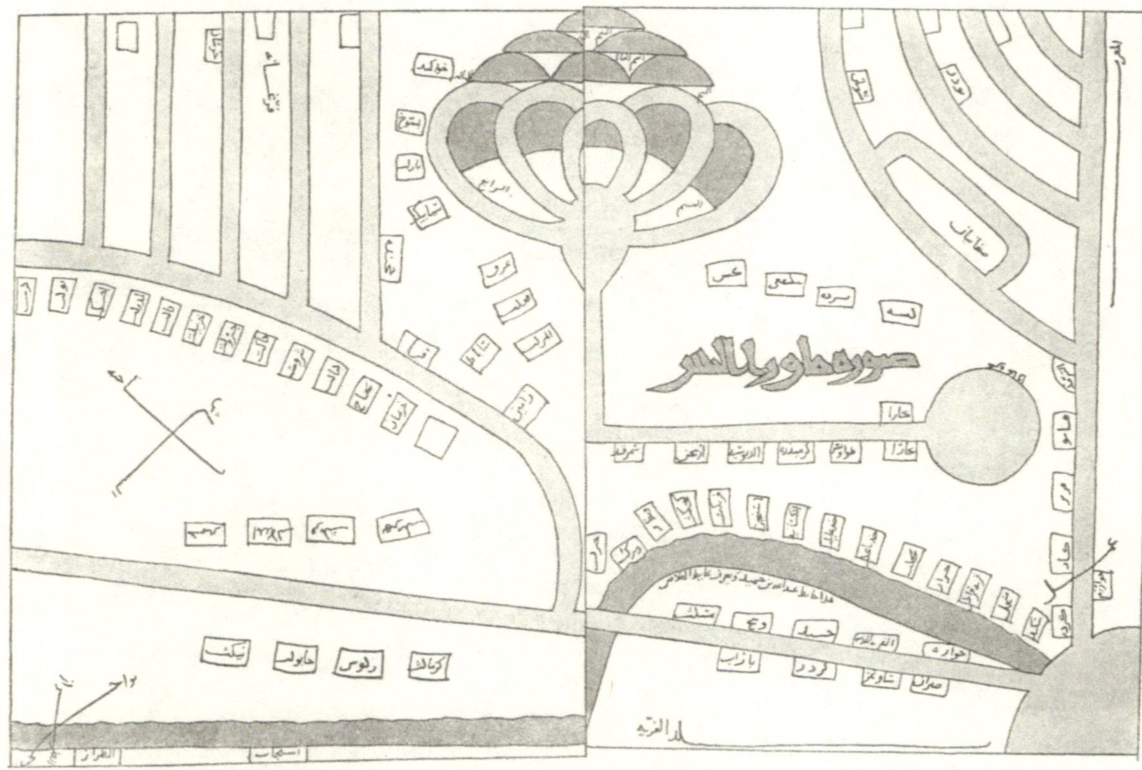

صورة ما وراء النهر التى توجد فى نسخة كتاب ابن حوقل المحفوظة فى خزانة آيا صوفيا باستنبول المرقومة ٢٥٧٧،

خرغانكث، الكشانية، اشتيخن، فرنكث، كبنجكث، ويذار، ديزك ثمّ مدينة كأنّها ديزك مرّة ثانية،

ويوازى ذلك من الفوق نهر يصبّ الى اليمين الى بحيرة بخارا، وتقع على هذا النهر من جانبيه مدينة بخارا ثمّ الى اليسار طواويس، كرمينيه، الدبوسيّة، اربنجن، سمرقند، وكتب فى الساحة من أعلى النهر بحروف كوفيّة صورة ما وراء النهر ويقع فوق هذه الكتابة من المدن كسبه، بزده، اسكيفغن، كش،

ويأتى النهر المارّ بسمرقند وبخارا من ستّة أنهار تخرج من جبال مصفوفة على أربعة صفوف يوجد نصفها الأيسر فى القسم الثانى من الصورة وكتب تحت الجبل الأعلى البتم الأوّل ثمّ تحت الثانى البتم الثانى ثمّ تحت الثالث البتم الثالث وتحت الصفّ الأسفل البتم الرابع،

القسم الثانى، يوازى طرف الصورة الأسفل باقى حائط القلاص وتقع تحته مدينة اسبيجاب ثمّ الطراز وكتب عن يسار ذلك على شكل صليبىّ نواحى الطراز، ويقع من فوق الحائط من المدن خركانكث، بركوش، خاتونكث، بنكث، ويمرّ من فوق ذلك النهر الجارى الى بحيرة خوارزم، ويقع فى الساحة فوقه من المدن (تونكث) فرنكث، اردلانكث، خمرك، وكتب فى الساحة فوق ذلك ناحية الشاش،

ويمرّ من فوق ذلك نهر يأتى من أوسط طرف الصورة الأيسر فينصبّ فى النهر المتقدم ذكره، ويقع من أسفل ذلك النهر ابتداء من اليمين من المدن مرغينان، غناج، (نجاكث)، اشروسنه، (بناكث)، جبغوكث، خذينكث، (سكاكث)، ابرذكث، اخشيكث، (نوكث)، (كركث)، ويتّصل بشطّ هذا النهر مدينتا قبا وزامين وبينهما الى الفوق ساباط، ثمّ عن يمين ذلك اباركث، فغكث، غزق، ويصبّ فى هذا النهر عن يسار قبا نهر يأتى من الفوق عليه نجخند ويقع فوق ذلك بين النهر وجبال البتم ارسبانيكث، (بارياب،) سوخ، خواكند، ويلى النهرَ المذكور الى اليسار أربع أنهار كتب بين النهر الثانى والثالث فرغانه وعلى شاطئ النهر الثالث خرشاب،

(٣) [وما وراء النهر إقليم من أخصب أقاليم الأرض منزلةً وأنزهها

٢٤ [وما وراء النهر ... الى آخر القطعة] قد أُخذت هذه القطعة من حب ٤٧ ظ الذى نصّه أقرب الى نصّ الأصل منه الى نصّ حط،

وأكثرها خيرًا وأهله يرجعون الى رغبةٍ فى الخير واستجابةٍ لمن دعاهم اليه مع قِبْلة غاية عالية وسلامة ناجية وسماحة بما ملكت أيديهم مع شدّة شوكة ومنعة وبأس ونجدة وعِدّة وعُدّة وآلة وكراع وبسالة وسلاح وعلم وصلاح، فأمّا الخصب بها فليس من إقليم ذُكر فى هذا الكتاب إلّا يقحط أهله مرارًا قبل أن يقحط ما وراء النهر مرّةً واحدةً ثمّ إن أُصيبوا ببرد أو بحرّ أو آفة تأتى على زرعهم وغلّاتهم ففى فضل ما يسلم فى عروض بلادهم ما يقوم بأودهم حتّى يستغنوا به عن شىء يُنقل اليهم من غير بلدهم، وليس بما وراء النهر مكان يخلو من مدن أو قرى تُسقى أو مباخس أو مراعٍ لسوائمهم، وليس شىء لا بُدّ للناس منه إلّا وعندهم منه ما يقوم بأودهم ويفضل عنهم لغيرهم، فأمّا أطعمتهم فى السعة والكثرة فعلى ما ذكرناه، وأمّا مياههم فإنّها أعذب المياه وأبردها وأخفّها قد عمّت جبالها وضواحيها ومدنها هذا الى التمكّن من الجمد فى جميع أقطارها والثلوج من جميع نواحيها، وأمّا الدوابّ ففيها من النتاج ما فيه كفايتهم على كثرة ارتباطهم لها وكذلك البغال والإبل والحمير والأغنام تجلبها ما يفضل عن كفايتهم من الخَرْلخيّة والغُزّيّة ولهم من نتاج الغنم الكثير والسائمة المفرطة، وكذلك الملبوس أيضًا فإنّ لهم من الصوف والقزّ وطرائف الكرابيس والبزّ ما ينفصل عنهم، وببلادهم من معادن الحديد ما يفضل

حط ٣٢٧ عن حاجتهم وينيف | على تجاراتهم وبها معادن الذهب والفضّة والزيبق الذى لا يقاربه فى الغزارة والكثرة معدن مّا بسائر بلدان الإسلام وإن

---

٢ (قبْلة غاية عالية) — حب (مله غَايَةً عَاليةٍ) وفى حط (قلّة غائلة)، (ناجية) — حط (ناحية)، ٣ (وسلاح) مستتمّ عن حط، ٦ (بحرّ) — حط (جراد)، ٨ (مدن) تابعًا لحط — حب (مدنهم)، (تُسقى) — حب (يسقى)، (مباخس) — حب (مناحس)، ١٢ (وضواحيها) — حط (ومراعيها)، ١٣—١٥ (على كثرة ... كفايتهم) عن حط ويفقد فى حب، ١٤ (تجلبها) — فى نسختى حط (بجبها) و(لحلبها)، ١٧ (ما يفضل عنهم) عن صط، ١٧—١٨ (معادن ... وبها) مستتمّ عن حط، ١٩—٣ (وإن كانت ... القوّة) مستتمّ عن حط.

كانت معادن بنجهير الوافرة الحظّ من هذه الخلال فهى لهم ومضافة اليهم، ولم أعلم أنّ فى شىء من بلد الإسلام النوشاذر إلاّ فى ما وراء النهر حتّى رأيتُ منه شيئًا بصقليه وليس كنوشاذرهم فى القوّة، ولهم الكاغذ الذى لا نظير لـه فى الجودة والكثرة، وأمّا فواكههم فإنّك إذا تبطّنتَ السُغد واشروسنه وفرغانه والشاش رأيتَ من كثرتها ما يزيد على سائر الآفاق حتّى ترعاها لكثرتها دوابّهم، وأمّا الرقيق فيقع اليهم من الأتراك المحيطين بهم وبإقليمهم ما يفضل عن كفايتهم ويُنقل الى الآفاق من بلادهم وهم خير رقيق وأفرههم وأحسن ما يحبط بالمشرق وأكثره ثمنًا، ولهم من المسك الذى يجلب اليهم من التُبّت وخرخيز ما يُنقل الى سائر الآفاق والأمصار فيفوق غيره جودًا وثمنًا، ويرتفـع من الصغانيان الى واشجرد من الزعفران والأوبار من السمّور والسنجاب والشعالب وغيرها ما يُنقل الى كلّ موضع مع طرائف من الخدنك والختوّ والبُزاة الرفيعة القرطاسيّة الشهب والدرهميّة المغرنقة وغير ذلك ممّا يتنافس به الملوك ويحتاج اليه ويستهديه،]

(٤) [وأمّا سماحتهم فإنّ الناس فى أكثر ما وراء النهر كأنّهم فى دار واحدة ما ينزل أحد بأحد إلاّ كأنّه رجل دخل فى داره لا يجد للمُضيف من | طارق يطرقه كراهيّة بل يستفرغ] [١٢٤ ظ] جهدَه فى إقامـة أوده من غير معرفـة تقدّمت ولا توقّـع لمكافاة بل اعتقادًا للسماحة فى أموالهم وهمّ كلّ امرئ على قدره فيما ملكت يده التنوّق والقيام على نفسه ومن يطرقه، وبحسبك أنّك لا ترى صاحب ضيعة يستقلّ بمؤنته إلاّ كانت حط ٣٢٨

٣ (إلاّ فى ما وراء النهر) مستتمّ عن صط، ٤ (والكثرة) عن حط، ٥ (واشروسنه) — حب (وأسْترُوشِنيَه)، ٨ (وأحسن ... وأكثره) عن حط وفى حب (واحسنهم) فقط، ٩ (اليهم) مستتمّ عن حط، (وخرخيز) — حب (وجرجير)، ١٠—١١ (ويرتفـع .... والأوبار) تابعًا لحط وفى حب (ويرتفع اليهم من أوبار) فقط، ١٢ (الخدنك) تابعًا لتخمين ناشر حط وفى حب (الحديد) وكذلك فى نسخ حط وصط، (والختوّ) تابعًا مع حط لصط وفى حب (والجثو)، ١٥—١٧ [وأمّا ... يستفرغ] هذا آخر المفقود فى الأصل وقد أُخذ من حب ٤٧ ظ—٤٨ ب، ١٥ (أكثر) عن حط،

همّته اقتناء قصرٍ فسيحٍ ومنزلٍ للأضياف رحيبٍ فتراه عامّة نهاره متنوّقًا فى إعداد ما يصلح لمن يطرقه وهو متشوّق الى واردٍ عليه ليكرمه فاذا حلّ بأهل ناحيةٍ طارقٌ تنافسوا فيه وتنازعوه، وليس من أحدٍ يتصرّف بما وراء النهر فى مكان به ناس من ضيعة أو غيرها بليل أو نهار عن مثل هذه الحال، وهم فيما بينهم يتبارون فى مثل هذا الشأن حتّى يجحف فى أموالهم وأملاكهم كما يتبارى سائر الناس فى الجمع ويتباهون بالملك والمكاثرة بأموالهم، ولقد شهدتُ آثار منزلٍ بالسُغْد معروفٍ بأن قد ضُربت الأوتاد على باب داره وصحّ عندى أنّ بابها مكُث لم يُغْلَقْ زيادةً على مائة سنةٍ لا يمتنع من نزولها طارق وربّما نزل به ليلاً عن بغتةٍ من غير استعدادٍ المائة والمائتان والأكثر من الناس بدوابّهم وحشمهم فيجدون من علفِ دوابهم وطعامهم ودثارهم ما يُغنيهم عن استعمال رحالهم من غير أن يتكلّف صاحب المنزل أمرًا بذلك أو يتجشّم عَنَاءً لدوام ذلك منهم ومنه قد أقيم على كلّ عمل من يستقلّ به وأُعدّ ما يحتاج اليه على دوام الأوقات ممّا لا يحتاج معه الى تجديد أمرٍ عند | طروقهم أيّاه وصاحب حط ٣٣٩ المنزل من البشاشة والإقبال والمساواة لأضيافه بحيث يعلم كلّ من شهد سرورَه بذلك وإيثارَه للسماحة فيما أتاه وتوخّاه، ومع ذلك فإنّك لا تجد فى بلدان الإسلام أهل الثروة إلاّ والغالب عليهم صرف نفقاتهم الى خاصّ أنفسهم فى الملاهى وما لا يرضاه الله والى المنافسات فيما بينهم والأشياء المذمومة إلاّ القليل وترى الغالب على أهل الأموال بما وراء النهر صرف نفقاتهم الى الرباطات وعمارة الطرق والوقوف على سُبُل الجهاد ووجوه الخير وعقد القناطر إلاّ القليل من ذوى البطالة، وليس من بلد ولا منهل مطروق ولا قرية آهلة إلاّ وفيها من الرباطات ما يفضل عمّن ينزل به ممّن يطرقه، وبلغنى أنّ بما وراء النهر زيادة على عشرة آلف

٦ (الجمع) تابعًا لحط وفى الأصل (الجميع)، ٧ (بأموالهم) تابعًا لحب وفى الأصل (بالملك)، (بأن) تابعًا لحط — (ان)، ٨ (أنّ) على التخمين — (بان) وكذلك فى حط، ١٩ (الأموال) — (الامول)،

رباط وفى كثير منها إذا نزل النازل أقيم علف دابّته وطعامه إن احتاج الى ذلك، وقلّما رأيتُ خانًا أو طرف سكّة أو محلّـة أو مجمع ناس الى حائطٍ بسمرقند يخلو من ماء مُسَبَّلٍ بِجَمَدٍ، وذكر لى من يرجع الى خِبْرَةٍ أنّ بسمرقند فى المدينة وحيطانها فيما يشتمل عليـه السور الخارج زيادةً على ألفى مكان يسقى فيها ماء الجمد مُسَبَّلٌ عليه الوقوفُ من بين سقاية مبنيّةٍ وحبابِ نحاسٍ منصوبةٍ وقلالِ خَزَفٍ مُثْبَتةٍ فى الحيطان مبنيّةٍ،

(٥) فأمّا بأسهم وشوكتهم فليس فى الإسلام ناحية أكثر حظًّا فى الجهاد منهم وذلك أنّ جميع حدود ما وراء النهر الى دور الحرب أقرب ومن ذلك خُوارزم | الى ناحية اسبيجاب فهم ثغر الترك الغُزّيّة وأمّا اسبيجاب حط ٣٤٠ الى أقصى فرغانه فثَغَـرُ الخرلخيّـة ثمّ تطوف حدود ما وراء النهر من الشقنيّة وبلد الهند من حدّ ظهر الخُتّل الى حدّ التُرك فى ظهر فرغانـه والمسلمون يقهرونهم وجميع من جاورهم بهذه النواحى ومستفيض أنّه ليس للإسلام دار حرب هم أشدّ شوكةً من الترك وهم ثغـر للمسلمين فى وجه التُرك يمنعونهم من دار الإسلام [١٢٤ ب] ويصدّونهم عن انتهاكها، وجميع ما وراء النهر ثغور تغزوها التُرك ويبلغهم النفير والإنذار بالغدوّ والعشىّ ومسفتاض عمّن كان مع نصر بن أحمد رحمه الله فى غزاة شاوغر يستوفر أنّهم كانوا يجزرون ثلثمائة ألف وأنّ أربعة آلف رجل انقطعوا عن العسكر فضَلّوا أيّامًا قبل أن يتهيّأ لهم الرجوع الى العسكر وما كان فيهم من غير ما وراء النهر كثير عَدَدٍ وكانوا يعرفون بأعيانهم، وفى بعض الأخبار أنّ المعتصم سأل عبد الله بن طاهـر أو قيل كتب اليه كتابًا يسئله عمّن يمكنه حشده من خراسان وما وراء النهر فأنفذ بالكتاب الى نوح بن أسد بن سامان فكتب اليه إنّ بخراسان وبما وراء النهر ثلثمائة

٣ (ماء مُسَبَّلٍ بجَمَدٍ) — (ماء مُسْبل بجَمَد) وفى حط تابعًا لصط (ماء الجَمْد مسبّلاً)، ٦ (خَزَفٍ) — (خرفٍ)، ١١ (الشقنيّة) — (السفنيه)، (الخُتّل) — (الخُتّل)، ١٧ (يجزرون) تابعًا مع حط لصط — (يحورون)، ١٩ (ما وراء) — (من وراء)،

ألف قرية إذا خرج منها فارس وراجل لم يبِن على أهلهم فقدهم وفى هذه الحكاية نظر فى وقتنا هذا، ويقال أنّ بالشاش وفرغانـه من الاستعداد والعتاد ما لا يُوصف مثله عن ثغـر من الثغور فى وقتنا هذا حتّى أنّ الرجل الواحد من الرعيّة عنـده من بين مائة دابّة الى خمس مائـة الى عشرين دابّة وليس بذى سلطان، وهم على بُعد دارهم أوّل سابقي | الى حـط ٢٤١ الحجّ بكثرة الأموال وسعة الاحتفال وجودة الجمال ولا يدخل البادية مثلهم كثرةً وهم مع ذلك أحسن الناس طاعةً لكبرائهم وألطفهم خدمةً لعظمائهم وفيما بينهم حتّى دعا ذلك الخلفاء من بنى العبّاس [الى] أن استدعوا من أهل ما وراء النهر رجالاً وكان الأتراك رجالهم لفضلهم على سائر الجيوش ودهاقينهم أُمراء فيهم، وجيوشهم من بين سائر الأجناس فى البأس والجُرأة والشجاعة والإقدام متقدّمون على من سواهم ودهاقين ما وراء النهر قوّادهم وحاشيتهم وخواصّ خدمهم للطفهم فى الخدمة وحسن الطاعة والهيئة فى الملبس والزىّ السلطانىّ حتّى لصاروا حاشية الخلافـة [قديمًا ورجالها سالفًا ورؤساء عساكرهم كالفراغنة والأتراك الذين كانوا شحنـة دار الخلافة] وغلبوا عليها مثل الافشين وابن ابى الساج من اشروسنه والاخشاذ من سمرقند والمرزبان بن كيسفى من السُغد [وعُجَيْف بن عَنْبَسة من السغد والبخارخذاة وغيرهم من أمراء الحضرة وقوّادهـا وجيوشها]،

(٦) [والملوك على هذا الإقليم وعلى سائر خراسان آل سامان وهم من أولاد بهرام جوبين الذى سار ذكره فى العجم بالبأس والنجدة] وليس

٤—٥ (خمس مائة .... دابّة) كذا أيضًا فى حـط وفى صـط (بين مائة دابّة الى خمس مائة)، ٨ [الى] مستتمّ عن حـط، ٩ (وكان) تابعًا لحـط وصـط وفى الأصل (فكان)، ١٢ (وخواصّ) تابعًا لحـط وصـط وفى الأصل (خواصّ)، ١٤—١٥ [قديمًا ... الخلافة] مستتمّ عن حـط، ١٦ (والاخشاذ) — (والاخشاد) وفى حـط (والإخْشِيذ)، (كيسفى) — كذا فى الأصل وفى حـط وصـط (تركسفى) تابعًا لكتب التواريخ التى يوجد فيها (تركش)، ١٦—١٨ [وعجيف ... وجيوشها] مستتمّ عن صـط ويفقد أيضًا فى حـط، ١٩—٢٠ [والملوك ... والنجدة] مستتمّ عن صـط ويفقد فى حـط،

بأرض المشرق مُلك أمنع جانبًا ولا أوفر عِدّةً ولا أكمل عُدّةً ولا أنظم أسبابًا ولا أكثر أعطيةً ولا أدرّ أطماعًا ولا أدوم عشرينيّاتٍ منهم مع قلّة جِبايتهم ونزور أخرجتهم وتفه الأموال فى خزائنهم، وذلك أنّ جباية خراسان وما وراء النهر لأبى صالح منصور بن نوح فى الوقت الذى كنتُ بنواحيهم محلولاً ومعقودًا تُحمل فى السنة دفعتين فى كلّ ستّة أشهر دفعةً عشرون ألف ألف درهم وإذا اقتُضِيا خراجان كانا أربعين ألف ألف درهم لأمور أوجبت قبضَ ذلك كذلك، فمنها أنّ الجريب عندهم الصغير خراجه من رُبع درهم الى ثُلثى درهم الى ثلثة أرباع درهم، ورأيتُه لنفقاته يُجرِى الأربعة | أطماعٍ فى كلّ سنة دارّةً غير منقطعةٍ ولا ممنوعةٍ وكلّ طَمَع حط ٢٤٢
منها فى رأس تسعين يومًا فيخرج أوّل ذلك الى غلمانه وخاصّته وقوّاده ثمّ الى سائر المتصرّفين ومبلغ كلّ طمع خمس آلف ألف درهم فتستوفى الأربعةُ الأطماع الخراجَ الواحدَ ويعمّ ذلك سائرَ أهل المملكة عند آخر السنة وتستوعب أعطيتُهم أكثَرَ جباياته المذكورة عن طيبة نفسٍ ومسرّةٍ وجَذَلِ قلبٍ وغِبْطَةٍ ظاهرةٍ بقوام المعدلة فيهم تامّة، ولم يَلِ له ولا لأبيه عملاً ولا خدمهم رجل فى سائر النواحى المتقدّم ذكر بعضها إلاّ وأرزاقه موفرة من هذا المال [١٣٥ ظ] مع المطالبة بما تقتضيه وتوجبه هذه الحال من المعدلة فى الرعيّة والنصفة للعامّة والأخذ على أيدى الخاصّة ولهذه الحال أعمالهم مشحونة بالقضاة والكُفاة والبنادرة والولاة منزلين على أرزاقٍ تتساوى وأحوالٍ فى المواجب تتدانَى، وذلك أنّ رزق القاضى كرزق صاحب البريد والعامل على جباية الأموال من البنادرة ووالى المعونة

٤—٥ (فى الوقت ... بنواحيهم) — حط (فى وقتنا هذا) وفى حب (فى الوقت الذى كتب ما بنواحيهم)، ٥—٨ (محلولاً ... أرباع درهم) يفقد ذلك فى حط وإنّما يوجد ما يشابهه فى حب، ٥ (تُحمل) — (يحمل)، ٦ (وإذا اقْتُضيا خراجان) — (واد اقتضيا خراجين)، ٩ (الأربعة) — (لاربعه)، ١٣ (أعطيتُهم) — (اغطِيتُهم)، (أكثر) — حط (نصف)، ١٨ (مشحونة) — (مسحونة)، (والبنادرة) — (والسدارة)، ٢٠ (المعونة) — حط (الصلاة والمعونة)،

رأيتهم بقدر كلّ ناحية وحسب كلّ كورة وليس ينقص رزق بعضهم عن بعض ولا يزيد ولها عِبَر قديمة ودستورات ورازنامجات، فإذا كان لعامل المعونة بالناحية رسم كان للبندار بها على رسمه وكذلك فإذا كان للقاضى عطاء كان لصاحب البريد قسط كقسطه ولن يبعُدَ من صاحبَيْهِ الأوّلَين بنقصٍ ولا زيادةٍ، ومن ذلك عشرينيّات أصحاب البريد بكور خراسان وما وراء النهر وفى ذكرهم ما يدلّ على حال كلّمن ذكرناه متصرّفًا فى أعمالهم،

سمرقند سبعمائة درهم وخمسين	اربنجن ثلثمائة درهم	اشروسنه ستّمائة درهم
خجندة ثلثمائة | درهم	الخُتّل أربعمائة درهم	آمُل وفربر أربعمائة درهم ح ط ٣٤٣
كورة زم ثلثمائة درهم	الجرجانيّة ستّمائة درهم	مرو تسعمائة درهم
سرخس خمسمائة درهم	ابيورد خمسمائة درهم	باذغيس ثلثمائة درهم
طُوس ثلثمائة درهم	الجوزجان ستّمائة درهم	الطالقان ثلثمائة درهم
قوهستان ثلثمائة درهم	نيسابور ثلثة آلف درهم	الصغانيان ثلثمائة درهم
اشتيخن والكشانيّة ثلثمائة درهم	الشاش سبعمائة درهم	ايلاق ثلثمائة درهم
فرغانه ألف درهم	بُست ثلثمائة درهم	كش ثلثمائة درهم
خوارزم ألف درهم	كنج رستاق وبغ ثلثمائة درهم	مرو الروذ ثلثمائة درهم
بلخ وأعمالها ألف درهم	هراة ألف درهم	بُوسنج ثلثمائة درهم
القواذيان مائتا درهم	الترمذ ثلثمائة درهم	شومان وصرمنجى ثلثمائة درهم

فإذا قبض أحد المتصرّفين المذكورين فى البريد درهمًا واحدًا كان للقاضى مثله إذا كان على تلك الناحية وحاكمًا فى تلك الجهة وكذلك لمن تصرّف معهما من البندار وصاحب المعونة، وهذا تمام لما أردتُ به الإبانة عن حال دولة أصحاب خراسان ومحلّها فى نفسها من الفخم والعظم،

٩ (الخُتّل) — (الخُتُّل) وكذلك كلّ مرّة فى الأصل، (وفربر) — (وفربن)، ١٤ (اشتيخن) — (اشتنخن)، ١٥ (كش) — (كس)، ١٦ (كنج رستاق وبغ) — (كنج ورستاق) وكتب تحت آخر رستاق (بع)، ١٨ (القواذيان) — (القواديان)،

(٧) وليس فى الإسلام جيش إلّا وهم شُذّاذ القبائل ومُلَفّقةُ النواحى والبلدان والأطراف إذا تفرّقوا بهزيمةٍ أو تمزّقوا بحادثةٍ لم يلتق منهم جمع بعد ذلك إلّا بالحيلة الصعبة والمبالغة فى الرغبة والرهبة غير جيش هؤلاء الملوك فإنّ جيوشهم الأتراك المملوكون رقًّا بمالهم وشروى مناطقهم، ومن الأحرار والدهاقين من يُعرف داره ومكانه وآله وجيرانه فإن قُتل منهم قوم أو ماتوا ففى وفور عددهم ما يفاد من بين ظهرانيهم مثله وإن تفرّقوا فى حادثةٍ | تراجعوا كلّهم الى مكان واحد لا يقدح فيهم ما يقدح فى سائر حط ٣٤٤
عساكر الإسلام، ولا سبيل لهم الى التفرّق فى العساكر والتنقّل فى الممالك كما يكون عليه رسم صعاليك العساكر وشحنة البلدان وذلك أنّهم غُـذُوا من حُسن السياسة بمحض الرياسة من التفقّد لأحوالهم عند الغيبة عنهم والنظر للبعيد كالقريب منهم إنْ أحْسَنَ لم يَسقُطْ إحسانُه وإن أَبْلَى لم تؤخَّرْ مكافاته وإن اجترم طولب لذنبه وجُرمه وإن أخطأ أُخذ بحوبه وإثمه وإن كان نسيبًا أو قريبًا وجب عليه قصاصٌ أو قَوَدٌ أُحيل على حكم الله تعالى أو بعيدًا لزمه حكمٌ أو طلبٌ لم يُعْدَل بـه عن حدود الله تعالى، وإذا اطّردت السياسة العقليّة صفّت الأمور الكلّيّة وتوفّرت المحامد وعلت المنزلة وتأثّل الخدم وأيسر الحشم، [١٢٥ ب] ولقد خرج بارس غلام إسمعيل بن أحمد فى فتنة عبد الله بن المعتزّ هاربًا من أحمد بن إسمعيل مولاه لأمر كان إسمعيل حمله عليه وندبه له وعهد اليه عهدًا فيه وليس هذا موضع ذكره فنزل العراق بِعدّة هالت السلطانَ والخليفةُ إذ ذاك المقتدر والأمور بعـدُ على حالها وأظهر من العُدّة والعدد والآلة والكراع والسلاح والمال والسواد ما لم يكن بحضرة السلطان جيش مثله يوازيه ولم يبن على جيش خراسان فَقْدُهُ فأُمِرَ بالمُضِىّ الى الثغر وإنّما كان عبدًا لهم مملوكًا من جماعة مماليكَ، وليس فى بلدان الإسلام ملوك قد

٧ (الى) تابعًا لحط — (فى)، ٩ (غُذُوا) — (غُدُوا)، ١٦ (وعلت) — (وعلّت)،

عُرفوا فى الملك يتوارثونه بينهم من أيّام العجم مثلهم وهم من جلّةِ الفُرس مَحْتِدًا ، وذلك أنّ أبا صالح منصور [بن نوح] بن نصر بن أحمد بن أبى إبرهيم إسمعيل الملك العظيم الخطير المحمود السيرة الكثير المناقب والمحاسن والآثار الشريفة والأعمال والأفعال البديعة الرائعة ابن أحمد بن أسد بن سامان خُذاه بن | جيثمان بن طغماث بن نوشرذ بن بهرام حـط ٢٤٥ شُوبين بن بهرام جشنس أعدل ملوك عصره سيرةً وأمثلهم طريقةً مع ضعفٍ فى جسمه وضألٍ فى نفس بنيته وأحزمهم رأيًا وأثقبهم فى الأمور تدبيرًا وأصحّهم فيما يَهُمُّ به منها عزيمةً وأصدقهم فى ذات الله نيّةً وأنظرهم ليومه وغده فأعماله معمورة وسيرته مشكورة ،

(٨) ولم أر ولم أسمع فى الإسلام بظاهر بلدٍ أحسن من ظاهر بُخارا لأنّك إذا علوتَ قهندزها لم يقع بصرك من جميع النواحى إلّا على خضرة تتصل خضرتها بلون السماء وكأنّ السماء مكبّة زرقاء على بساط أخضر تلوح القصور فيما بين ذلك كالتراس التبّتيّة والحَجَف اللمطيّة أو كالكواكب العُلويّة بياضًا ونورًا بين أراضى ضياع مقوّمة بالاستواء مُهَنْدَمة كوجه المرآة بغاية الهندسة، وليس بما وراء النهر من البلاد ولا غيرها من البُلدان أحسن قيامًا بالعمارة للضياع منهم مع كثرة متنزّهاتٍ فى سعة المسافة وفسحة المساحة من أرضهم وذلك لهم دون غيرهم لأنّ المشار اليه من متنزّهات الأرض سُغد سمرقند ونهر الأُبلّة وغوطة دمَشق | على أنّ حـط ٢٤٦ سابور وجُور فارس لا تقصران عن غوطة دمشق لأنّك إذا كنتَ بدمشق ترى بعينيك على فرسخ وأقلّ جبالاً فُرّاغًا قرعًا من النبات والشجر وأمكنةً خاليةً من العمارة وأكملُ النزهة ما ملأ البصر وسدّ الأفق وتناهى فى

---

٢ [بن نوح] مستتمّ عن حـط، ٤ (الرائعة) — (الرابغة)، (ابن) — (بن)، ٥ (جيثمان) — (جيميان) أو (حبيميان) وفى حـط (جثمان)، (نوشرذ بن) — (بوسرنغن)، ٦ (جشنس) — (خسبس) وفى حـط (خشنش)، (ملوك) تابعًا لحـط — (اهل)، ١٣ (والحَجَف) — (والحعف)، ١٥ (غيرها) — (غيرهم)، ١٦ (للضياع) — (وللضياع)، ١٩ (تقصران) — (تقصر)، ٢٠ (فُرّاغًا قرعًا) — (قُراعًا فرغًا)،

الطيب، وليس بنهر الأُبُلّة ولا بنواحيه مكان يستوقف النظر إلاّ نحو فرسخ وليس فيه مكان عالٍ ولا له فيدرك النظر أكثر من فرسخ ولا يستوى المكان المستتر الذى لا يُرى منه مقدار ما يُرى من مكان ليس بمستتر فى النُزهة ومكان يستوقف البصرَ منه سعةٌ فى العيان وسفرٌ فى المنظر ولذّةٌ واصلةٌ الى النفس، وسُغد سمرقند فلا نعرف به مكانًا وبلدةً إذا علا الناظر قهندزها وقع بصره على جبالٍ خاليةٍ من الشجر أو صحراء غبراء وذلك لأنّ مزارعهم محفوفة بالشجر مشحونة بالخضر، وقد قال أبو عثمٰن أنّ غبرة المزارع فى أضعاف خضرة النبات من الزينة غير أنّ الأرض الغبرة بالتربة المنتشرة متى عدمت تقويمَها من العمارة بالعيانَ سُلِبَتْ بَهْجَةَ النضرةِ وبُزّتْ حِلْيَةَ الزينةِ وعدمت حلاوةَ البهجةِ وقعدتْ بالمتنزّه عن اللذّة، ويشتمل ما وراء النهر من هذا الأمر على نصيبٍ وافـرٍ وقسطٍ زاخـرٍ، ويحيط ببُخارا وقراها ومزارعها سور قُطْره اثنا عشر فرسخًا فى مثلها كلّها عامرة زاهرة ناضرة، وأمّا سُغد سمرقند فهى أنزه الثلثة الأماكن الذى ذكرتُ وهى غوطة دمشق ونهر الأُبُلّة وقد قال أهل فارس شعب بوّان لأنّ من حدّ بُخارا على وادى السُغد يمينًا وشمالاً ضياعًا تتّصل | الى حدّ البتم لا تنقطع خضرتها ولا تنصرّم زهرتها ومقدارها فى المسافة ثمنية أيّام مشتبكة البساتين والخُضرة والرياض والميادين قد حُفّت بالأنهار الدائم جريُها والحياض فى صدور رياضها وميادينها فخضرة الأشجـار والزروع ممتدّة [١٣٦ ظ] على جانبىْ واديها ومن وراء الخضرة عن جانبى النهر مزارعها ويحرسها من وراء المزارع مراعى سوائمها وقصورها والقهندزات من كلّ مدينة وقرية منها تبِصّ فى أضعاف خضرتها كأنّها ثوب ديباج أخضر قد سُيِّر بمجارى مياهها وزُيّنت بترصيف قصورها فهى أزكى بلاد

حط ٣٤٧

٣ (أكثر من) تابعًا مع حط لصط وفى الأصل (نحو)، ٧ (قال) — (فان)،
٨—٩ (الغبرة بالتربـة) — (الغبرَةَ التربـةَ) وفى حط (الغبـراء بالتربـة)،
٩ (تقويمَها) — (تقويمُها)، (بالعيان) تابعًا لحط وصط — (بالغبار)،
١٠ (وبُزّت) — (وبَزّتْ)، ٢٢ (أزكى) — (اذكا)،

الله وأحسنها أشجارًا وأينعها وأطيبها ثمارًا على أنّ عامّة مساكنهم بالبساتين والحياض والمياه الجارية مرصوفة فما تخلو سكّة ولا محلّة ولا سوق ولا ناحية ولا دار ولا قصبة من نهر جارٍ أو بركة واقفةٍ، وبفرغانه والشاش واشروسنه وسائر ما وراء النهر من الأشجار الملتفّة والثمار الكثيرة والرياض المتّصلة ما لا يوجد مثله فى سائر الأمصار، وبفرغانه فى الجبال الممتدّة بينها وبين بلاد الأتراك من الأعناب والجوز والتُفّاح وسائر الفواكه مع الورد والبنفسج وأنواع الرياحين مباح ذلك كلّه لا مالك له ولا مانع منه، وفى جبال ما وراء النهر من الفستق المباح ما ليس ببلد غيره وباشروسنه ورد وريحان الى آخر الخريف وكذلك بالجرزوان من أرض الجوزجان وفى نواحى خراسان ورد غريب الألوان يوجد الى آخر الزمان من نواوير مختلفة فيكون باطن الورقة بلونٍ وظاهرها بغيره من صُفرة مظاهرة بسواد ومن حمرة تخالفها زرقة وكَحَلٌ،

(٩) وبما وراء النهر كور عظام وأعمال جسام وفيما يصاقب جيحون كورة بُخارا على معبر خراسان ويتّصل بها سائر السُغد المنسوب الى سمرقند واشروسنه والشاش وفرغانه وكش ونسف والصغانيان وأعمالها
حط ٣٤٨ والختّل وما يمتدّ على نهر جيحُون | من الترمذ والقواذيان واخسيسك وخوارزم، فأمّا باراب واسبيجاب الى الطراز وايلاق فمجموع الى الشاش وأمّا خُجَند فمضمونة الى فرغانه ويُجمع ما بين واشجرد والصغانيان الى عمل الصغانيان والخُتّل بما وراء النهر لأنّها بين وخشاب وخرباب وخوارزم حسب ما تقدّم ذكرها، وقد كان يجُوز أن تُجمع بخارا وكش

٤ (من) يلى ذلك فى حب (الأنهار المنخرّقة) ثمّ (والأشجار...)، ٥ (فى الجبال) — (من الجبال)، ١٠ (خراسان) — حب (ما وراء النهر وخراسان جميعًا)، ١٥ (وكش) — (وكس)، ١٦ (والقواذيان) — (والقواديان) وفى حط (والقُباذِيان)، (واخسيسك) تابعًا مع حط لصط وفى الأصل (اخشيكث)، ١٧ (باراب) — (بارياب)، (الطراز) — (الطرار)، ١٩ (وخرباب) — (وحرباب)، ٢٠ (وكش) — (وكس)،

ونسف كلّها الى السُغد ولكن أُفْرِدَتْ لتَكون أيسر فى التفصيل وأخفّ وليس فى جمع هذه الأطراف بعِضها الى بعضٍ ولا فى تفريقها كبيرُ دَرَكٍ غير الإبانة عمّا فى أعراضها من المدن والأنهار ومواقع الكور فى صفاتها وسآتى بما وراء النهر وأذكره بعد ذكر جيحون،

(١٠) فأمّا جيحون فعموده نهر خرباب ويخرج من بلاد وخان فى حدود بذخشان فتجتمع اليه أنهار فى حدود الخُتّل والوخش فيصير منها هذا النهر العظيم ومن هذه الأنهار نهر يلى خرباب يسمّى باخشوا وهو نهر هلبك ويليه نهر بربان ويليه الثالث نهر فارغر والرابع نهر انديجاراغ والخامس نهر وخشاب وهو أغزرها فتجتمع اليه هذه المياه قبل ارهن ثمّ تجتمع مع وخشاب قبل القواذيان ثمّ يقع اليه بعد ذلك أنهار تخرج من البتم وغيرها، ومنها أنهار الصغانيان وأنهار القواذيان فتجتمع بقرب القواذيان، وماء وخشاب يخرج من بلاد التُرك حتّى يظهر فى أرض الوخش ويصير فى جبل هناك فيعبر تحت قنطرة كبيرة ولا يُعلم ماء فى حدّ كثرته ثمّ يضيق مثل ضيقه فى هذا الموضع وهذه القنطرة الحدّ بين الخُتّل وواشجرد | ثمّ يجرى هذا الوادى فى حدود بلخ الى الترمذ ثمّ على كيلف حط ٣٤٩ ثمّ الى زم ثمّ الى امل حتّى ينتهى الى خوارزم والى بحيرتها، ولا ينتفع بماء هذا النهر بالخُتّل والترمذ الى ناحية زم أحد ويعمر به أهل زم وامل وفربر ثمّ ينتهى الى خوارزم فيعمر عليه أهلها عامّةَ بقاعهم،

(١١) وأوّل كورة على جيحون ممّا وراء النهر الخُتّل والوخش وهما

---

١ (أيسر) تابعًا لحط وصط — (اشهر)، ٧ (باخشوا) — (ناخشوا)، ٨ (بربان) — (بريان) وفى حط (بلبان)، (فارغر) — (فاوغر)، (انديجاراغ) — (يذخاراغ)، ١٠ (مع) تابعًا لصط — (فى)، ١١ (البتم) — (البنن)، ١٢ (ويصير) — (وتصير)، (فيعبر) — (فتعبر)، ١٢—١٤ (ماء ... ضيقه) تابعًا مع حط لصط الذى يوجد فيه (ماء فى كثرته ...) وفى الأصل (ما حد كثرته ثمّ يصير مسيل منبعه) وكذلك فى نسختى حط، ١٤ (القنطرة) — (القنطر)، ١٩ (الخُتّل) — (الخُتُّل)،

كورتان غير أنّهما مجموعتان فى عمل واحد وهما بين خرباب ووخشاب، ومن مدن الخُتّل هلبك ومنك وتمليات وفارغر [١٣٦ ب] وكاوبنج واندبجاراغ ولمنك رستاق كبير، ومدن الوخش هلاورد ولاوكند، ومنك [وهلاورد أكبر من هلبك غير أنّ مقام السلطان بهلبك]، والذى يتاخم الوخش والخُتّل وخـان والشقنيّة وهما دارا كفرٍ ويرتفع منهما المسك والرقيق وبوخان معادن للفضّة غزيرة وفى أودية الختّل ذهب وتبر كثير يُجمع فى السيول يجرى من بلاد وخان وبين وخان والتبّت مسافة قريبة، وأرض الختّل ذات زروع وثمار وهى ناحية على غايـة الخصب والسعة وبها من الدوابّ والمواشى الغزير الكثير،

(١٢) ومَن جاز الختّل والوخش الى نواحى واشجرد والقواذيان والترمذ والصغانيان وما فى أضعافها فإنّها كور مفردة بالأعمال الجليلـة والأهل الكثرة من الخاصّة والعامّة، وأمّا الترمذ فهى مدينة فى نحر جيحون لها قهندز وربض يحيط بها وبالربض أيضًا سور ودار الإمارة فى قهندزها والحبس خارج القهندز فى سوق المدينة ومسجد الجامع أيضًا والمصلّى داخل السور فى الربض وأسواقها وأبنيتها طين ومعظم سككها وأسواقها مفروشة بالآجرّ وهى عامرة آهلة فرضة لتلك النواحى على جيحون وأقرب الجبال اليها على نحو مرحلة وشربهم من ماء جيحون ونهر يجرى من الصغانيان يجرى الى جيحون من تحتها، ولها من المدن صرمنجى | وهاشم حط ٢٥٠
جرد، والقواذيان مدينة لها كورة وهى أصغر من الترمذ بكثير وتسمّى

٢ (وتمليات) — (وتمليات)، (وفارغر) — (وفاوغر)، (وكاوبنج) هو الموضع المضبوط اسمه (كاونك) فى ص ٤٤٧، ٣ (ولمنك رستاق كبير) كذا أيضًا فى حط ويوجد فى صط مكان ذلك (ورستاق بنك) يعنى (بيك)، (ولاوكند) — (ولاوزكند)، [وهلاورد ... بهلبك] مستتمّ عن حط، ٥ (والشقنيّة) — حط (والسفينة) وفى الذيل (والسقينة)، ١٣ (نحر) — (بحر) وفى حط (نفس)، ١٤ (والحبس ... فى مكان ذلك فى حط (وداخل السور)، ١٧ (يجرى) تابعًا لتصحيح ناشر حط – (كرى)،

فز ولها من المدن نودز وهى مدينة دون القواذيان أيضًا، وواشجرد نحو الترمذ فى الحال وشومان أصغر منها، ويرتفع من واشجرد وشُومان الى قرب الصغانيان زعفران كثير يُحمل الى كثير من النواحى والبلدان ويرتفع من القواذيان الفوّة ويُحمل منها الى بلد الهند الكثير الغزير وللسلطان فيها سهم ربّما سُعِّرَتْ على من آثارها من الأرض وقُبِّض عن سهمه عينًا أو ورقًا وصارت بأجمعها للسلطان، والصغانيان أكبر من الترمذ والترمذ أكثر أهلاً ومالاً وللصغانيان قهندز وهى أصل أبي عليّ أحمد بن محمّد بن المظفّر بن محتاج صاحب جيش خراسان ولم يُر بخراسان من الأسواريّة كهو فضلاً ونُبلاً وعفّةً وأصلاً فى عصره مع رياسةٍ وسياسةٍ شهد له الجميع بذلك غير أنّه خُتِمَ له بشرٍّ فظاهر بالعصيان لصاحبه وبالغ فى استئصال نعمه،

(١٣) واخسيسك مُحاذية لزمّ وزم فى أرض خراسان غير أنّ مجموعهما بالعمل الى ما وراء النهر وهى مدينة خصبة صغيرة والغالب على أطرافها السوائم من الإبل والغنم وعلى ظهر كلّ نحو منها مفازة وأبآر ومراعٍ ومساكن، وأمّا فربر فمدينة لبُخارا موصوفة فى جملتها،

(١٤) وخُوارزم اسم الإقليم وهو إقليم منقطع عن خراسان وعن ما وراء النهر وتحيط به المفاوز من كلّ جهة وحدّه متّصل بحدّ الغُزّيّة ممّا يلى الشمال والمغرب وجنوبيّه وشرقيّه خراسان وما وراء النهر وهى ناحية عريضة وأعمال واسعة ومدن كثيرة وهى آخر جيحُون وليس بعدها على النهر عمارة حتّى يقع ماء النهر فى البحيرة وهى ناحية على جانبى جيحون ومدينتها الكبرى فى الجانب [١٢٧ ظ] الشمالىّ من جيحون ولها فى الجانب الجنوبىّ مدينة كبيرة تسمّى الجُرْجَانيّة وهى أكبر مدينة بخوارزم من بعد قصبتها وهى متجر الغُزّيّة ومنها تخرج القوافل الى جرجان وكانت قوافلهم

١ (نودز) — (نودر)، ١٢ (واخسيسك) تابعًا مع خطّ لصَط — (واخشيكث)، (مجموعهما) — (مجموعها)، ٢٢ (الجُرْجَانِيّة) قد كُتب فى الأصل فوق كلّ واحدة من الجيمين شكل حرف (ک)،

تخرج الى الخزر على مرّ الأيّام والى خراسان، وبخوارزم من المدن سوى
حط ٢٥١ القصبة درغان وهزاراسب وخيوه | واردخشميثن وسافردز ونوزوار
وكردران‌خواش وكردر وقرية قراتكين ومذمينيه ومزداخقان
[والجرجانيّة]،

(١٥) وقصبتها فكانت تُعرف بكاث درخاش فهلكت واتّخذ أهلها بجوارها غيرها كالجُرجانيّة وكان لكاث قصبتها قهندز مع المدينة فخرّبها النهر وقد أتى عليهما والجامع الذى كان على ظهر القهندز فلم يبق منهما رسم ولا طلل، وكان فى وسط المدينة نهر يسمّى خركرور يشقّ المدينة والسوق وكانت المدينة على جانبى هذا النهر وطولها نحو ثُلث فرسخ فى مثله وكانت أسواقها عامرةً وتجاراتها دارّةً زاجيةً،

حط ٢٥٢ (١٦) وأوّل حدّ خُوارزم يسمّى | الطاهريّة ممّا يلى آمل موضع [تمتدّ]
فيه العمارة من جنوبىّ جيحون وليس فى شماليّه عمارة حتّى ينتهى الى قرية غارامخشه ثمّ يكون من غارامخشه الى مدينة خوارزم عامرًا [من جانبى جيحون جميعًا وقبل غارامخشه بستّة فراسخ نهر يأخذ من جيحون فيه عمارة]

---

٢ (وخيوه) — (وخنوه)، (واردخشميثن) — (واردخمشين)، (وسافردز) — (وسافرزن)، (ونوزوار) — (وبوران)، ٣ (وكردران‌خواش) — (وكردان وخواش)، (قراتكين) — حط (فراتكين)، (ومزداخقان) — (ومرداخقان)، ٤ [والجرجانيّة] مستتمّ عن حط، ٥ (بكاث درخاش) — (بكاث ورخاس) ويوجد هنا فى نسختى حط (وقصبتها كانت ورحاش [صحّحه ناشر حط الى (درجاش)] فهلكت واتّخذ أهلها بجوارها غيرها والجرجانيّة كانت قصبتها تعرف بالخوارزميّة كاث وكان لها قهندز ومدينة فخرّبها الخ) وأسقط ناشر حط فى متنه (والجرجانية كانت قصبتها) ولا حاجة الى تصحيح متن الأصل هنا، ٧ (والجامع ... القهندز) — حط (والجامع والحبس عند القهندز)، ٨ (طلل) — (طل)، (خركرور) — حط تابعًا لنسخ صط (جردور)، ١٠ (زاجية) يلى ذلك فى حط (وابتنوا غيرها من ورائها)، ١١ (الطاهريّة) — (الطاهِرة)، [تمتدّ] مستتمّ عن حط، ١٣ (غارامخشه) — حط (غارامخشنة)، (عامرًا) — (عامرٌ)، ١٣—١٤ [من جانبى ... عمارة] مستتمّ عن حط وكُتب فقرة (وقبل غارامخشه ... المدينة) بهامش الأصل بغير خطّ الناسخ،

الرساتيق الى المدينة ويُعرف هذا النهر [بنهر] غاوخواره وتفسيره أكل البقر وهو نهر عرضه نحو خمسة أبواع وعُمقه نحو قامتين يحمل السفن، وينشعّب من غاوخواره بعد أن يجرى خمسة فراسخ نهر يسمّى كزنه فيُعمر به بعض الرساتيق، وليس للعمارة على شطّ جيحون من نحو الطاهريّة الى هزاراسب كبير عرضٍ ويعرض الماء بهزاراسب فيصير نحو مرحلة الى مقابل المدينة ثمّ لا يزال يضيق حتّى يصير بالجُرجَانيّة نحو فرسخين ثمّ ينتهى الى قريــة تسمّى كيث على خمسة فراسخ من كركانج وهى قرية بقرب جبلٍ وليس فى العرض عمارة غيرها ووراء هــذا الجبل المفازة، ومن هزاراسب الى سائر ما على غربىّ جيحون أنهار كثيرة منها [نهر] هزاراسب يأخذ من جيحون ممّا يلى امل وهو نحو نصف غاوخواره وتعمل فيه السفن، ثمّ على نحو فرسخين من هزاراسب نهر يعرف بكردران خواش وهو أكبر من نهر هزاراسب، واليه نهر خيوه وهو نهر [أكبر] من كردران خواش وتجرى [فيه السفن الى خيوه، وبعده نهر مذرى وهو أكبر من غاوخواره مرّتين تجرى] فيه السفن الى مذرى ونهر خيوه على نحو ميل من نهر مذرى، [ومن نهر مذرى] الى نهر وذاك وتجرى فيه أيضًا حط ٣٥٣ السفن الى الجرجانيّة وبين نهر وذاك ونهر مذرى نحو ميل ومن نهر وذاك الى مدينة خوارزم نحو فرسخين، وأسفل من المدينة فى ناحية الجرجانيّة نهر يسمّى بوه فيجتمع ماء بوه وماء وذاك فى حدّ قرية تُعرف باندرستان أسفل منها الى ما يلى الجرجانيّة [ووذاك أكبر من بوه وتجرى

١ [بنهر] مستتمّ على التخمين، (أكل) — حب (آكل)، ٣ (كزنه) — حط (كريه)، ٧ (كيث) — (خيث)، (كركانج) تابعًا لتصحيح حط فى الذيل — (كوجاغ)، ٩ [نهر] مستتمّ عن حط، ١٠ (غاوخواره) — (غارخواره)، ١٢ [أكبر] مستتمّ عن حط، ١٣—١٤ [فيه ... تجرى] مستتمّ عن حط إلّا أنّه يوجد فى حط (مدرى)، ١٣ (مذرى) — حط (مدرى)، ١٥ [ومن نهر مذرى] مستتمّ تابعًا لحط عن صط، ١٦ (وذاك) — حط (وداك)، ١٨ (الجرجانيّة) — (الرحانيه)، (بوه) المرّة الأولى — (نوه) وفى حط (بويه)، ١٩ (باندرستان) — (باندرستان)، ١٩—١ [ووذاك ... الجرجانيّة] مستتمّ عن صط،

فيه السفن الى الجرجانيّة] على غلوة ثمّ يكون هناك سِكر يمنع السفن، ومن مجتمع ذين المائين الى الجُرجانيّة نحو مرحلة وبين نهر غاوخواره والمدينة اثنا عشر فرسخًا وعرض نهر خوارزم عند المدينة فرسخان، ولكردر [نهر يأخذ من أسفل مدينة خوارزم على أربعة فراسخ من أربعة مواضع متقاربة فيصير نهرًا] واحدًا [١٢٧ ب] مثل بوه ووذاك إذا جُمعا، ويقال أنّ جيحون كان مجراه قديمًا فى هذا الموضع وإذا قلّ ماء جيحون ثقل الماء فى هذا النهر، وكيث يحاذيها فى الجانب الشمالىّ المدينة المعروفة بمذمينيه وهى من جيحون على أربعة فراسخ غير أنّها من الجرجانيّة وإنّما صار هكذا لأنّ النهر تحوّل من كردر فقطع ما بين كيث ومذمينيه وليس على الشطّ بعد مذمينيه عمارة، وبين كردر وجيحون رستاق مزداخقان وبين مزداخقان وجيحون فرسخان وهى تحاذى الجرجانيّة ولكلّ قريـة بكردر والى المدينة نهر يرتفع من جيحون اليها وجميع هذه الأنهار بأسرها منه، ثمّ ينتهى جيحون الى بحيرة خوارزم بموضع فيه صيّادون وليس بـه قرية ولا أبنية ويُعرف هذا الموضع بخلنجان وعلى شطّ هذا البحر من مقابل خلنجان أرض الغُزّيّة فإذا كان الصلح والهُدنة جاؤوا من هذا الجانب الى قرية | قراتكين ومن الجانب الآخر الى الجرجانيّة وجميع الناحية ثغر، حط ٣٥٤

وفى نهر جَيحون قبل أن يبلغ نهر غاوخواره بنحو مرحلـة جبل يقطع جيحون فى وسطه قطعًا ويضيّق الماء هناك حتّى يعود عرض جيحون الى نحو الثُلث منه ويُعرف هذا الموضع بابوقشه وهو موضع يخاف على السفن فيه من شدّة جريه والهوْر الذى عند مخرجه،

٤–٥ [نهر يأخذ ..... نهرًا] مستتمّ عن حط، ٥ (واحدًا) — (وحد)، ٧ (ثقل) — حط (يقلّ)، ٩ و ١٠ (كردر) — (كردن)، ١١ (مزداخقان) — (مرداخقان)، ١٢ (بكردر والى المدينة) — حط تابعًا لصط (بين كردر والمدينة)، ١٤ (بخلنجان) — حط (بخليجان)، ١٥ (جاؤوا) — (جاو)، ١٧ (يبلغ) — (تبلغ)، ١٩ (بابوقشه) — (بابى قشه)،

(١٧) [وبين الموضع الذى يقع فيه نهر جيحون] وبين الموضع الذى يقع فيه نهر الشاش من هذه البحيرة نحو عشرة أيّام، ووادى جيحون ربّما جمد فى الشتاء وتعبر عليه الأثقال والبغال والأحمال والجمال ويبتدئ جموده من ناحية خوارزم حتّى يعلو الى حيث انتهى الجمد وكلّما علا كان البرد أشدّ والماء أجمد وأبردُ ما على جيحون من البقاع خوارزم، وعلى شطّ بحيرة خُوارزم جبل يُعرف بجغراغر يجمد عنده الماء ويبقى سائر الصيف وله أجمة قصباء، ودور بحيرة خوارزم نحو مائة فرسخ على ما يتواطأ عليه أهل الخبرة بها وماؤها مالح وليس لها مغيض ظاهر ويقع فيها نهر جيحون ونهر الشاش وغير ذلك من مياه تلك النواحى فلا يعذب ماؤها ولا يزيد فيه على صغرها، ويشبه والله أعلم أن يكون بينها وبين بحر الخزر خرق فيتّصل ماؤها بماء بحيرة الخزر وقد ذكر قوم ذلك ولم أقف له على حقيقة، وبين البحيرتين نحو عشرين مرحلة على السمت،

(١٨) وخُوارزم ناحية خصبة كثيرة الأطعمة والحُبوب والفواكه غير أنّه لا جَوْز بها ويرتفع منها من ثياب القُطْن والصوف أمتعة كثيرة تصل الى الآفاق، وفى خواصّ أهلها يسار وقيام على أنفسهم بالمروؤة الظاهرة وهم أكثر أهل خراسان انتشارًا وسفرًا، وليس بخراسان مدينة [كبيرة] إلاّ وفيها من أهل خُوارزم جمع كثير، ولسان أهلها مُفرد بلغتهم وليس بخراسان لسان على لغتهم، وزيّهم القراطق والقلانس المعوّجة ولهم فى تعويجها زىّ ورسم، وخلقهم لا يخفى فيما بين أهل خراسان ولهم [١٣٨ ظ] بأس على الغُزّيّة ومنعة وليس ببلدهم معدن ذهب ولا فضّة ولا شىء من جواهر الأرض وعامّة يسارهم من متاجرة | الأتراك واقتناء حـط ٣٥٥

---

١ [وبين الموضع .... جيحون] مستتمّ عن صـط وفى الأصل مكان ذلك (وبينه) وكذلك فى حـط، ٦ (بجغراغر) على التخمين — (بجغراغن) وفى حـط (جغراغز)، ٧ (ودور) — (ودون)، ١١ (خرق) — حـط (حور) وفى صـط (خروق)، (بماء) — (ماء)، (الخزر) — (الخزره)، ١٨ [كبيرة] مستتمّ عن حـط،

المواشى، وأكثر رقيق الصقالبة والخزر وما والاها مع رقيق الأتراك والأوبار من الفنك والسمّور والثعالب والدلق وغير ذلك من أصناف الأوبار فعندهم يُحطّ وبهم ينزل، ولهم تجّار يدخلون الى نواحى ياجوج وماجوج لاستخراج الخزوز والأوبار وقلّما يدخل لهم ذو لحيةٍ اليهم وأكثرهم خفيفو العوارض والأسبلة وأهلُ الغاف من ياجوج وماجوج مُرد جُرد فإذا دخل اليهم ذو لحيةٍ كثّاء نتفها الملك الذى يدخل بلده من نسل ياجوج وماجوج ثمّ أحسن الى التاجر الذى نتف لحيته وأغناه، [وهذا ما على جيحون من الكور]،

(١٩) وبُخارا فيها دار الإمارة على جميع خراسان وهى مستقيمة على رصيف كور ما وراء النهر [ثمّ يتبعها ما يتّصل بها]، واسمها بومجكث وهى مدينة فى مستواة وبناؤها خشب مشبّك ويحيط بهذا البناء المشتبك من القصور والبساتين والمحالّ والسكك المفترشة والقرى المتّصلة ما يكون اثنى عشر فرسخًا فى مثلها ويحيط بأجمعها سور يجمع هذه القصور والأبنية والقرى والقصبة ولا يُرى فى أضعاف ذلك كلّه قفار ولا خراب ولا بور، ومن دون هذا السور على خاصّ القصبة ما يتّصل بها من القصور والمساكن والمحالّ التى تُعدّ من القصبة ويسكنها من يكون من أهل القصبة

---

٣ (والأوبار) — (من الاوبار)، (والدلق) — حَط (والخزّ)، ٣—٧ (ولهم ... وأغناه) يفقد فى حَط ويوجد نحو هذا النصّ فى حَب، ٥ (الغاف) كذا فى الأصل ويفقد فى حَب، ٦ (كثّاء) على التخمين — (اثلّا) ويفقد فى حَب، ٧—٨ [وهذا ... كور] مستتمّ عن حَظ، ٩ (وبخارا فيها) قد صُحّح ذلك الى (وفيها) وكُتب بالهامش بغير خطّ الناسخ (ونبدأ من ما وراء النهر بكورة بخارا لأنّها أوّل الكور) وهذا ما يوجد فى صَط، ١٠ (رصيف) تابعًا لحَط وكان يوجد فى الأصل (رصف) ثمّ صحّح الى ما يشبه أنّه (ترصف)، [ثمّ .... بها] مستتمّ عن حَط وكُتب هنا بهامش الأصل بغير خطّ الناسخ (ثم اتبع ما يليه على الاتصال ان شاء الله اما بخارا) وهو نحو ما يوجد فى صَط، (بومجكث) — (نومخكث)، ١١ (بهذا) تابعًا لحَط — (بها)، (المشتبك) — (المشبك)، ١٣ (اثنى) — (اثنا)، ١٦ (تُعدّ) — (بَعُدَ)،

شتاء وصيفًا، ومن دون هذا السور سور آخر نحو فرسخ فى مثله ولها مدينة داخل هذا السور يحيط بها سور حصين ولها قهندز خارج المدينة متّصل بها وهو فى مقدار مدينة صغيرة وفيه قلعة ومساكن ولاة خراسان من آل سامان فى هذا القهندز، ولها ربض عريض طويل ومسجد الجامع بها على باب القهندز فى المدينة والحبس بها فى القهندز وأسواقُها فى ربضها، وليس بخراسان وما وراء النهر مدينة أشدّ اشتباكًا من بُخارا ولا أكثر أهلاً على قدرها منها وفى الربض منها نهر السغد يشقّ الربض وأسواقها وهو آخر نهر السُغد ويصير بها الى طواحين وضياع ومزارع ويسقط الفاضل منه فى مجمع ماء يجاور بيكند ويقارب فربر يُعرف بسام خاش، ولبخارا سبعة أبواب | حط ٣٥٦ حديد منها باب يُعرف بباب المدينة وباب يُعرف بباب نور وباب يُعرف بباب حفره [وباب يُعرف بباب الحديد] وباب يُعرف بباب القهندز وباب يُعرف بباب بنى أسد وهو باب مهر وباب يُعرف ببنى سعد، ولقهندزها بابان أحدهما يُعرف بالريكستان والآخر بباب الجامع يشرع الى مسجد الجامع، وعلى الربض دروب فمنها درب يخرج الى خراسان يُعرف بدرب الميدان وباب يلى المشرق ويُعرف بدرب إبرهيم ويلى هذا الدرب درب يُعرف بالريو ويليه درب يُعرف بالمردكشان ويليه درب كلاباذ وهذا الباب وباب مُردكشان يُخرج منهما الى نسف وبلخ ويلى درب كلاباذ درب النَوبَهار ويليه درب سمرقند فيفضى الى سمرقند وسائر ما وراء النهر ويلى درب سمرقند درب بغاشكور ثمّ يليه درب الراميثنه ثمّ يليه درب جدسرون وهو المفضى الى طريق خوارزم ويليه باب غشج، وفى وسط الربض على أسواقها دروب منها باب الحديد ويليه باب قنطرة حسّان ويليه بابان عند مسجد ماخ

---

٩ (خاش) — (جاش)، ١١ (نور) — (يُوز)، [وباب... الحديد] مستتمّ عن حط، ١٦ (بالريو) — (بالربو)، ١٩ (بغاشكور) — حط (فغاسكون)، ٢٠ (الراميثنه) — (الرامثنيه)، (جدسرون) — حط (حدشرون) ولعلّ الصحيح (درسرون)، (وهو) — (وهى)، ٢٢ (ماخ) — حط (ماج)،

ويليهما باب يُعرف بباب رخنه ويليه باب عند قصر أبى هشام الكنانىّ
[١٣٨ ب] ويليه باب عنـد قنطرة السُوَيقة ويليه باب فارجك ويليه
باب درواْزجه ويليه باب سكّة مغان ويليه درب سمرقند الداخل،

(٢٠) وليس فى مدينتها ولا فى قهندزها ماء جارٍ لارتفاعهما ومياههم
من النهر الأعظم الجارى من سمرقند ويتشعّب من هذا النهر فى المدينة
أنهار منها نهر يُعرف بنهر | فشيرديزه فيأخذ من نهر بُخارا فى مكان ط ٣٥٧
يُعرف بالورغ فيجرى فى درب المردكشان على جوبار إبرهيم حتّى ينتهى
الى باب البلعمىّ ويقع فى نهر نوكنده وعلى هذا النهر نحو ألفى بستان
وقصور وأراضٍ كثيرة شربها منه ومن فم هذا النهر الى مغيضه نحو فرسخ،
ونهر يُعرف بجوبار بكار يأخـذ من النهر المذكور آنفًا فى وسط المدينة
بموضع يُعرف بمسجد أحيد ويغيض بنوكنده وعلى هذا النهر شرب بعض
الربض ونحو ألف بستان وتغرس عليه الأشجار الآن لفسحة مائه وسعة
أراضيه، ونهر يُعرف بجوبار القواريريّين يأخذ من النهر فى المدينة بموضع
يُعرف بمسجد العارض فيسقى بعض الربض وهو أغزر وأعمر للأراضى
من نهر بكار، ونهر يعرف بجوغشج يأخذ من النهر عند مسجد العارض
فيسقى بعض الربض حتّى يخرج الى نُوكنده وهو نحو جوبار العارض،
ونهر يُعرف بنهر بيكند يأخذ من النهر فى المدينة عنـد رأس سكّة ختع
فيسقى بعض | الربض ويغيض بنوكنْده، ونهر نُوكَنده يأخذ من النهر عند ط ٣٥٨
دار حمدونه وهو مغيض للمياه وعليه شِرب بعض الربض ويغيض فى
المفازة وليس عليه شرب لأحد، ويليه نهر الطاحونة فيأخذ من النهر فى
المدينة بموضع يُعرف بالنوبهار وعليه بيوت بعض أهل الربض ويدير
أرحية كثيرة حتّى ينتهى الى بيكند ومنه شِرب أهل بيكند، ونهر يُعرف

٣ (درواْزجه) تابعًا لحـط — (خذواْزجه)، ٦ (فشيرديزه) — (فنتيرديزه)،
٨ (نوكنده) — (يزكنده)، ١١ (أحيد) — (احبد)، (بنوكنده) — (بيوكنده)،
١٥ (بجوغشج) — (بجوغينج)، ١٦ (نُوكَنده) — (بُوكَنده)، ١٨ (بنوكنْده) —
(ببوكنْده)، (نُوكَنده) — (بُوكنده)،

بنهر كشنه يأخذ من النهر فى المدينة عند النوبهار وعليه شرب أهل النوبهار من الربض فيفضى الى حصونٍ وضياعٍ كثيرةٍ وبساتين حتّى يجاوز كشنه الى مايمرغ، ونهر يُعرف بنهر رباح يأخذ من النهر المعروف بالريكستان فيسقى بعض الربض وينتهى الى قصر رباح فيسقى نحو ألف بستان وقصور هناك وأراضٍ كثيرة دون البساتين، ونهر الريكستان يأخذ من النهر بقرب الريكستان ومنه يشرب أهل الريكستان وأهل القهندز ودار الإمارة حتّى ينتهى الى قصور جلال ديزه، ونهر يأخذ من النهر فى المدينة بقرب قنطرة حمدونه تحت الأرض الى حياضٍ بباب بنى أسدٍ وتقع فضلته فى فارقين القهندز، ونهر يُعرف بنهر زغاركنده يأخذ من النهر بمكان يُعرف بورغ فيجرى على باب دروازجه وعليه بيوت دروازجه الى باب سمرقند حتّى ينتهى الى سبيذماشه ويجاوز ذلك بنحو فرسخ وعليه قصور وبساتين وأراضٍ كثيرة، وهذه الأنهار طائفة ببخارا وأجنّتها،

(٢١) | ولها رساتيق كثيرة ونواحٍ فاخرة نفيسة وأعمال جليلة وضياع حط ٣٥٩
فاخرة ليس مثلها لأهل بلدٍ بوجه ولا بسبب وإن كان لأهل ناحيةٍ وإقليمٍ من الأقاليم ما يضاهى بعضها فليس كهى على وفورها وغزورها ومنها الذر وبرغيذر وستجن ورستاق الطواويس وبردق وخرغانه السفلى ونقرينه [١٢٩ ظ] ونجارختفر ورستاق كاخشتوان واندياني كنديان وسامجن ما وراء وسامجن ما دون وفراوز السفلى وفراوز العُليا واروان،

١ (كشنه) كذا فى حط وصحّحه ناشر حط فى الذيل الى (كسبه)، ٣ (مايمرغ) — (فازيمرغ)، (رباح) — (باخ)، ٤ (رباح) — (رياح)، ٧ (جلال ديزه) — (خلال ديزه)، ٩ (زغار كنده) — (زنجان كده)، ١٧ (الذر) — (الدر)، (وبرغيذر) — حط (وبرغيدد) وصط (وفرغيدد)، (وستجن) — حط (وسخر)، (وبردق) — حط (وبورق)، (وخرغانه) — (وجرغانه)، ١٨ (ونقرينه) — حط تابعًا لنسخ صط (وبومه)، (ونجارختفر) — (ونجازحتفر) وفى حط (ونجارجفر)، (كاخشتوان) — (كاخشوار)، (واندیان كنديان) — (وابذبان كيديان)، ١٩ (وفراوز) المرّتين — (وفزاور)،

وجميع هذه الرساتيق داخل حائطها المحيط بعملها كالسور عليه ومن خارج هذا الحائط خـذه وشابخش ونشر وهو رستاق كرمينيه وخرغانه العليا ورستاق غرقند وبيكند وفربر،

(٣٢) والنهر الواصل الى بخارا من نواحى سمرقند فاضلة من جبال البتم ويُعرف بنهر السُغد وبالسُغد وسمرقند يُعرف بنهر بُخارا وينشعب منه فى حـدّ بخارا خارجًا عن القصبة قبل الحائط الخارج بناحية الطواويس الى أن ينتهى الى باب المدينة أنهار كثيرة تتفرّق فى القرى والمزارع التى يشتمل عليها | الحائط وعليها عمارة قرى بخارا، فمنها نهر حَط ٢٦٠
يُعرف بشافرى‌كام فيأخـذ من النهر فيسقى القرى حتّى ينتهى الى وردانه ومنه شربهم، ونهر يعرف بخرْغان‌روذ يأخذ من النهر فيسقى القرى حتّى ينتهى الى زاوش وعليه شربهم، ونهر يعرف بنجارختفر فيأخـذ من النهر فيسقى القرى حتّى ينتهى الى خرميثن ومنه شربهم، ونهر يعرف بنهر جرغ يأخذ من النهر الى جرغ قرية حسنة ومنه شربهم ويعود الفاضل فى النهر، ونهر يعرف بنوكنده يأخـذ من النهر فيسقى القرى حتّى ينتهى الى فرايه وعليه شربهم، ونهر يعرف بنهر برخشه فيأخـذ من النهر ويسقى القرى حتّى ينتهى الى برخشه ومنه شربهم، [ونهر يعرف بنهر كشنه يأخذ من النهر فيسقى القرى حتّى ينتهى الى كشنه وعليه شربهم،] ونهر يعرف

---

٢ (خذه) — حَط (جرّه)، (وشابخش) — (وسابخش) أو (وسانجش)، (ونشر) — حَط (ويسير)، (وخرغانه) — (وجرغانه)، ٣ (غرقند) — (غزفيد) وفى حَط (غركند)، ٥ (يُعرف) — (نهرٌ يُعرفُ)، ٦ (خارجًا) — (فارجًا)، ٩ (بشافرى كام) — حَط (بسافرى كام)، ١٠ (بخرغان روذ) — (بجرْغان روذ)، ١١ (زاوش) — (راوشن) وفى حَط (رواش)، (بنجارختفر) — (بنيجان خُتْفُر) وفى حَط (بنجارجفر)، ١٢ (خرميثن) — (جوميثن)، ١٣ (جرغ) المرّة الثانية — (جزغ)، ١٤ (بنُوكنده) — (بيُوكنده)، ١٥ (فرايه) — (فرايه) وفى حَط (فرانه)، (برخشه) المرّة الأولى — (برخشه)، ١٦—١٧ [ونهر... كشنه ... شربهم] مستتمّ تابعًا لحَط عن صَط، (كشنه) قد صحّح ذلك ناشر حَط فى الذيل الى (كسبه) كما فيما فوق،

بنهر الراميثنه يأخذ من النهر فيسقى القرى [حتّى ينتهى] الى الراميثنه ومنه شربهم، ونهر يعرف بفراوز السفلى فيأخذ من النهر فيسقى القرى حتّى ينتهى الى باريابه ومنه شربهم، ونهر يعرف باروان فيأخذ من النهر فيسقى القرى حتّى ينتهى الى بانب وعليه معوّلهم فى شربهم، ونهر يعرف بفراوز العليا فيأخذ من النهر فيسقى القرى حتّى ينتهى الى ريوقان ومنه شربهم، ونهر يعرف بنهر خامه فيأخذ من النهر فيسقى القرى حتّى ينتهى الى خامه ومنه شربهم، ونهر يعرف بنهر نوكنده فيأخذ من النهر فيسقى القرى حتّى ينتهى الى نوباغ الأمير ومنه شربهم، وما فضل من ماء نهر السُغد الذى يأخذ منه هذه الأنهار فإنّه يجرى فى نهر يعرف بالذر وهو النهر الذى يسقى ربض بخارا | والربض عليه ومنه أنهار المدينة المتقدّم ذكرها، وأكثر حط ٣٦١ هذه الأنهار تحمل السفن كثرًا وغُرزَ ماء وجميعها يأخذ من داخل حائط بُخارا من حدّ الطواويس الى أن ينتهى الى المدينة،

(٣٢) وجميع أبنية بخارا كلّها على اشتباك البناء والتقدير فى المساكن وارتفاع أراضى الأبنية فهى محصّنة بالقهندزات والاجتماع، وليس فى داخل هذا الحائط جبل ولا مفازة ولا أرض غامرة، وأقرب الجبال اليها جبل وركه ومنه حجارة بلدهم للفرش والأبنية ومنه طين الأوانى والنُورة والجصّ ولهم خارج الحائط ملّاحات ومحتطبهم من بساتينهم وما يُحمل اليهم من المفاوز من الغضا والطرفاء، وأراضى بخارا كلّها قريبة الى الماء لأنّها مغيض ماء السغد ولذلك لا يثبت الأشجار العالية فيها مثل الدُلب والجوز وما أشبههما، وإذا كان من هذا الشجر شىء فهو قصير غير نام،

١ (الراميثنه) المرّتين — (الرامنثيه)، [حتّى ينتهى] مستتمّ تابعًا لحط عن صط، ٣ (باريابه) — حط (باراب) و صط (فاراب)، ٤ (بانب) تابعًا مع حط ليافوت — (نايت)، (بفراوز) — (بفراوز)، ٥ (ريوقان) — (نوفان) وفى صط (اوبوقار)، ٧ (نوكنده) — (يوكنده)، ٨ (نوباغ) — (نوباع)، ٩ (بالذر) — (بالدز)، ١٦ (وركه) — (وزكه)، ١٨ (والطرفاء) — (والظرفاء)،

وفواكه بخارا أصحّ فواكه ما وراء النهر وألذّ طعمًا ومن عمارة بخارا أنّ الرجل رُبّما قام على الجريب الواحد من الأرض فيكون فيه معاشه وكفافه مع جماعةٍ من شَمْله وعِدَّةٍ من أهله، ومن كثرة عددهم [١٣٩ ب] واتّساع نفقاتهم أنّ ما يرتفع من بلادهم يقصر عن كفايتهم لوفورهم وتضاعفهم على ما يخرج من أرضهم فتُحمل اليهم الميَرُ من الطعام وسائر ما يحتاجون اليه من سائر ما وراء النهر، والجبل المتّصل قتره بقرية وركه فهو جبل يمتدّ الى سمرقند فيما بين كش وسمرقند حتّى يتّصل بجبال البتم عاطفًا على اشروسنه فى عِرض فرغانه وحتّى يخرج من ناحية شلجى والطراز ثمّ يمتدّ فيما اختبرتُه أنا ومن سلك ذلك الطريق معارضًا لقصد من أراد المشرق الى بحر الصين، | والمعادن التى باشروسنه وفرغانه (حط ٣٦٢) وايلاق وشلجى ولبان الى أرض خرخيز كلّها فى عمود هذا الجبل وما يتّصل به من الجبال، والنوشاذر الذى فى عمل البتم والزجاج والحديد والزيبق والنحاس والآنُك والذهب والفضّة والنفط والقير والزفت والفيروزج والنوشاذر الذى بفرغانه والحجارة التى ذكرتُها تُحرق عوضًا من الفحم بها والثمار التى تقدّم ذكرها بفرغانه فكلّ ذلك من هذا الجبل فى سفحه أو سنامه أو ما يتّصل به من رُباه ووهاده، وبه بناحية البتم وجبال الزابج من نواحى سمرقند مياه حرٌّ وبردٌ غير أنّ فيه عيون ماء يجمد في الصيف إذا اشتدّ الحرّ وقاظت السموم حتّى يصير الجَمَدُ كالأعمدة وينقطع جرى مياهها ويكون مياهها فى الشتاء حارّةً وتأوى اليها السوائم لدفائها ودفآء أسقاعها وبقاعها فى أوديتها،

٦ (وركه) — (وزكه)، ٧ (كش) — (كس)، ٨ (شلجى) — (سلجى)، ٩ (والطراز) — (والطرار)، (الطريق) كُتب تحت ذلك (السبيل)، ٩–١٠ (معارضًا ... الصين) يوجد مكان ذلك فى حط (مع سوختكين وقد عاد الى بلاده الى حدّ الصين)، ١١ (وشلجى) — (وسلجى)، (ولبان) تابعًا لصط وفى الأصل (البامیان) وكذلك فى حط، (خرخيز) — (خرخير)، ١٧ (الزابج) — حط (الزانج)، (حرٌّ) — (وحَرٌّ)،

(٣٤) ولبخارا مدن فى داخل حائطها وخارجة عنه فأمّا داخله فالطواويس وهى أكبر منبر لها ونمجكث وزندنه ومغكان وخجاده وهى كلّها من داخل الحائط ومن خارجه بيكند وفربر وكرمينيه وخديمنكن وخرغانكث ومذيامجكث، فأمّا الطواويس فكان لهم سوق ومجمع عظيم ينتابه الناس من أقطار أرض خراسان فى وقت معلوم من السنة ويرتفع منها من ثياب القطن ما يحمل منه لكثرته الى العراق وهى مدينة كثيرة البساتين والماء الجارى خصبة وفيها قهندز والمدينة عليها حصار ومسجد جامعها فى المدينة، وجميع المدن التى داخل الحائط فمتقاربة فى القدر والعمارة ولجميعها قهندزات عامرة [وأسواق جادّة وبساتين كثيرة ومجامع عظيمة وعلى كلّ واحدة منها حصار حصين]، | وكرمينيه أكبر من الطواويس وأعمر وأكثر عددًا وأخصب، وخديمنكن من كرمينيه وهى فى ضمنها وتُجاذها خرغانكث ومذيامجكث والعمارة فيها متقاربة أو لاحقة بالسويّة، ولكرمينيه قُرًى كثيرة وكذلك لكلّ منبر من هذه المدن كور وقرى ومزارع إلّا بيكند فإنّها وحدها لا شريك لها فى الانفراد من الأعمال وبها من الرباطات ما ليس ببلدان ما وراء النهر كهو أو ما يقاربه، ويقال أنّ بها نحو ألف رباط ولها سور حصين ولها مسجد جامع قد تُنوّق فيه وفى بنيانه وزُخْرِف محرابه وليس بما وراء النهر [أحسن] زخرفةً منه، وفربر مدينة من جيحون قريبة ولها قرى عامرة وهى فى نفسها خصبة مقصودة بفاخر المطاعم والمآكل اللذيذة الطيّبة،

حط ٣٦٣

٢ (ونمجكث) — (ومحكث) إلّا أنّه يوجد نقطة فوق الميم وفى حط (وبَمِجْكث)، (وزندنه) — (وربده)، (ومغكان) — (ومعكان)، (وخجاده) — (وحماره)، ٣ (الحائط) يلى ذلك فى حب (وفى كلّ واحد منها منبر)، (وخديمنكن) — (وخذميكن)، ٤ (وخرغانكث) — (وجرغامكث)، (ومذيامجكث) — (ومذيامخكث)، ٩—١٠ [وأسواق ... حصين] مستتمّ عن حب ٤٩ ب والظاهر أنّ هذه الفقرة ليست من المضافات المختصّة بالقرن السادس من الهجرة، ١١ (وخديمنكن) — (وخذميكن)، ١٢ (خرغانكث) — (جرغانكث)، (ومذيامجكث) — (ومذيامخكث)، ١٣ (كور) — (وكور)، ١٧ [أحسن] مستتمّ عن حط،

(٣٥) ولسان بُخارا لسان السُغد غير أنّــه يحرّف بعضه ولهم لسان بالدريّة، وأهلها يرجعون من الأدب والعلم والفقه والديانة والأمانة وحسن السيرة وجميل المعاملة [١٢٠ ظ] وقلّة الشرّ وإفاضة الخير وبذل المعروف وسلامة النيّة ونقاء الطويّة [الى] ما يفضلون به على سائر من بخراسان، ونقودهم الدراهم والدنانير كالعَرض ولهم دراهم يسمّونها الغطريفيّة وهى دراهم من حديد وصُفْر وآنُك وغير ذلك من الأخلاط بجواهر مختلفة قد رُكِّبَتْ ولا تجوز هذه الدراهم إلاّ ببخارا ومواضع مختصّة خلف النهر، ومنها دراهم تُعرف بالمحمّديّة والسكّة عليها فيها صورٌ مصوّرة بحروف غير مقروءةٍ وعلاماتها معروفة وهى من ضرب الإسلام وعَمَلِ السلف من آل أَسَد بن سامان، ومنها شىء يعرف بالمسيّبيّة وهى من ذخائرهم ويفضّلون الجميعَ على الدراهم الورِق الإسماعيليّة وكان أبو إبرهيم رأى اتّخاذ الفضّة أولى من هذه الدراهم فهو المبتدئ بضربها بما وراء النهر، ويتبايعون بالفلوس، ويغلب على زيّهم الأقبية والقلانس كزىّ من وراء النهر فى الملبوس، وداخل الحائط وخارجه أسواق متّصلة معلومة فى أوقات من الشهر دارّةٌ لمواعيد تجرى فيها للشرى والبيع فى المواشى والثياب والرقيق
حط ٢٦٤ وسائر الأمتعة من الصُفر والنُحاس والأوانى وأسباب القِنْية ممّا | يتّسع به أهلها ويرتفع من بخارا ونواحيها ما يُحمل الى العراق وسائر البقاع ثياب تُعرف بالبخاريّة كرابيس ثقال الأوزان غليظة السِلْك مُبْرَمة الغزل فيرغب العربُ فيها وكذلك البُسط وثيابٌ من الصوف للفُرش فى غاية الحُسن ومقاعد ومصلّيات محاريب،

(٣٦) ويتحدّث أهل بخارا على قديم الأيّام بطريف من أحاديثهم وهو أنّهم يتفاوضون عن غير خلاف أنّ من بَرَكة فلعتهم وقهندزهم أنّــه ما خرج منها جنازة والٍ قطّ ولا عُقد فيه لواء ولا راية خرجت منه فهزُمَتْ

٤ [الى] مستتمٌ تابعًا لحط عن صط، ٥ (بخراسان) — حط (بما وراء النهر)، (الغطريفيّة) — (العطرفيَّة)، ٧ (مختصّة) — (محصية)، ١٨ (بالبخاريّة) — (بالنجاريّة)، ٢٠ (ومقاعد) — (مقاعد)، ٢٣ (ولا راية) تابعًا لحب — (وراية)،

[أبدًا] وهذا من الاتّفاق العجيب، ويقال أنّ أصل بخارا فى قديم الأيّام ناقلة اصطخر، ومسكن وُلاة خراسان من آل سامان بخارا لأنّها أقرب مدن ما وراء النهر الى خراسان ومن كان بها فخراسان أمامه وما وراء النهر عن ظهره، ولهم من حسن الطاعة وقلّة الخلاف للولاة ولزوم ما هم بسبيله من منصرّفاتهم ما يُؤدّى الى اختيار المقام بينهم على محاسن من بسائر ما وراء النهر، وكان أوّل من اتّخذها دارًا وجعلها قرارًا من آل سامان أبو إبرهيم إسمعيل بن أحمد تجاوز الله عنه فإنّه جاءته ولايـة خراسان وهو مقيم بها فتبرّك بعرصتها واستدام المقام بها واستلذّه واستمرأه وبقيت الولاية بها فى أولاده وكان ولاة ما وراء النهر مقيمين قبل ذلك إمّا بسمرقند أو بالشاش وفرغانه وكان ولاة بخارا يردون مفردين من خراسان الى أن زالت أيّام الطاهريّة،

(٢٧) وأمّا نجاده فهى [عن] يمين الذاهب من بخارا الى بيكند على ثلثة فراسخ وبينها وبين الطريق نحو فرسخ، ومغكان على خمسة فراسخ عن يمين طريق بيكند وبينها وبين الطريق ثلثة فراسخ، وزندنه من المدينة على أربعة فراسخ فى شمال المدينة، ونمجكث على يسار الذاهب [١٣٠ ب] الى الطواويس على أربعة فراسخ وبينها وبين الطريق نحو نصف فرسخ، ومن كرمينيه الى خديمنكن فرسخ فيما يلى السُغد وبين خديمنكن وطريق سمرقند غلوة على يسار الذاهب الى سمرقنـد، ومذيامجكث وراء وادى السُغد | أعلى من خديمنكن بمقدار فرسخ، وخرغانكث حذاء كرمينيه على حَط ٣٦٥ فرسخ من وراء الوادى،

(٢٨) ويتّصل ببخارا من شرقيّها السُغد وأوّلها إذا جزتَ كرمينيـه

---

١ [أبدًا] مستتمّ عن حَط، ٦ (بسائر) — (يساير)، ١٢ (نجاده) — (حمادهُ)، [عن] مستتمّ عن حَط، ١٣ (ومغكان) — (ومعكان)، ١٤ (وزندنه) — (ورسد)، ١٥ (ونمجكث) — (ونومخكث)، ١٧ و ١٩ (خديمنكن) الثلث المرار — (خذميكن)، ١٨ (ومذيامجكث) — (ومذيامخكث)، ١٩ (وخرغانكث) — (وجرغانكث)،

الدبوسية ثمّ اربنجن والكشانية وسمرقند وكلّ هذا بلد السُغد على أنّ من الناس من يزعم أنّ بخارا وكش ونسف من السُغد وهى فى أعمال الديوان مفردة، وقصبة السُغد سمرقند وهى مدينة على جنوبىّ وادى سُغد مرتفعة عليه ولها قهندز ومدينة وربض وقد جُعل فى وقتنا هذا الحبس فى القهندز وكانت دار الإمارة فيه فخربت وعلوته فرأيت أحسن منظرٍ عاينه مُبصر وتمتّع به ناظر شجرٌ أخضر وقصورٌ تزهر وأنهارٌ تطّرد وعمارةٌ تتّقد لا يقع الطرف منه على مكان إلاّ ملأه وعلى باغٍ إلاّ استملحه واستصباه قد فُصّلت ميادينها وتناهت تحاسينها وقُصّصت به أشجار السرو فجُعل منها طرائف الحيوان من الأفيلة والإبل والبقر والوحوش المقبل بعضها على بعض كالمتناجيه والمطالب بعضها لبعض كالمتقابلة المتعاتبة، فيا لَهُ منظرًا ما أتلفه للأموال وآخذَه بجامع قلوب الرجال، هذا الى أنهار تطّرد وبرك مسجورة لا تزال ترتعد ظريفة المغانى وقصور ومستشرفات سامقة المبانى قد رُصّفت فهى مساكن جليلة ومجالس نفيسة وأحوال تدلّ على ملوكٍ جلّةٍ، (٣٩) وأمّا سمرقند فيشتمل عليها حصن ولها أربعة أبواب باب ممّا يلى المشرق يقال له باب الصين مرتفع عن وجه الأرض يُنزل عنه بدرج كثيرة العدد مطلّ على نفس وادى السُغد وممّا يلى المغرب باب النَوبهار وهو على نشزٍ من الأرض وممّا يلى | الشمال باب بخارا وممّا يلى الجنوب حط ٢٦٦ باب كش، وهى مدينة فيها أسواق [كبار] وفيها ما فى المدن العظام من المحالّ والحمّامات والخانات والمساكن، ولها مياه جارية تدخل اليها فى نهر بعضه رصاص معلّق وهو نهر قد بُنى عليه مسنّاة عالية من الأرض وفى

٢ (وكش) — (وكس)، ٦ (تتّقد) — (تتقد) وفى حط (لا تنفد)، ٩ (الأفيلة) — حط (الخيول)، ١٣ (جلّة) يلى ذلك فى حل الذى هنا نسخة حط الوحيدة (خالية واهية) فالظاهر أنّه سقط بين ذلك وما تقدّم بعض الكلمات كما أشار اليه ناشر حط ويفقد فى الأصل، ١٨ (كش) — (كس)، [كبار] مستتمّ عن حط، ٢٠ (وفى) تابعًا لحط — (فى)،

بعض المواضع تلّ فى وسط السوق بناحية الصيارفة من حجارة يجرى عليها الماء من الصفّارين الى أن يدخل المدينة من باب كش ووجه هذا النهر رصاص كلّه وذلك أنّ حوالى المدينة مُستفلّ لأنّه استعمل طينه فى سور البلد فبقى خندقًا عظيمًا بحسب ما خرج منه من التراب والطين واحتيج الى مسنّاة فى هذا الخندق حتّى يجرى الماء الى المدينة وهو نهر قديم جاهلىّ فى وسط أسواقها وبموضع يُعرف برأس الطاق من أعمر مواضع بسمرقند ولهذا النهر على حاشيته غلّات موقوفة على مرمّاته ومصالحه وعليه حَفَظَة من المجُوس شتاء وصيفًا فى شرطٍ عليهم بذلك ولا يؤخذ منهم الجزية لبيت المال لهذا السبب، ومسجد الجامع فى المدينة أسفل القهندز وبينهما عرض الطريق وفى المدينة مياه من هذا النهر وبساتين وفى المدينة دور الإمارة بمكان يُعرف باسفزار لآل سامان غير دار الإمارة التى بالقهندز، والمدينة من الربض على جانبه وعلى نحر نهر السُغد الذى هو بين الربض والمدينة وذلك أنّ السوق والربض ممتدّان من وراء وادى السُغد من مكانٍ يُعرف بافشينه على باب كُوهك حتّى يطوف بورسنين ثمّ يطوف على باب فنك وعلى | باب الريودد ثمّ الى باب قصر أسد ثمّ الى باب حط ٢٦٧ غذاوذ ثمّ يمتدّ الى الوادى والوادى للربض كالخندق ممّا يلى الشمال وقطر هذا السور المحيط بالربض نحو فرسخين فى فرسخين غير أنّ الربض سُرّتُه ومجمع أسواقه رأس الطاق ثمّ يتّصل به الأسواق والسكك والمحالّ وفى أضعافه محالّ مفترشة وقصور وبساتين فليس من سكّة ولا دار إلّا وفيها ماء جارٍ إلّا القليل، وقلّ دار تخلو من بساتين حتّى أنّك إذا صعدتَ

١ (فى وسط السوق بناحية) — حط (ووسط السوق وناحية)، (عليها) تابعًا لحط — (على)، ٢ (المدينة) — (باب المدينة) وكذلك فى حط، (كش) — (كس)، ١٣ (السوق والربض ممتدّان) مكان ذلك فى حط (سور الربض ممتدّ)، ١٤ (بافشينه) — (بافسينةَ)، (بورسنين) — (بورشنين)، ١٥ (قصر أسد) كذا فى حط وفى صط (فَرْخْشِيذ)، ١٦ (غذاوذ) — (غذاود) وفى حط (هداود)، ١٧ (سُرّتُه) — (سُرته) وفى حط (شربه)،

بنظرك نحو قهندزها فى المدينة لم يره البصر [١٢١ ظ] لاستتاره بالبساتين والأشجار فى دُورها وحافات أنهارها وأسواقها، والخانات وصنوف التجّار فى الربض إلّا شيئًا يسيرًا فى المدينة، وهى فرضة ما وراء النهـر وكانت دارَ الإمارة بما وراء النهر الى أيّام إسمعيل بن أحمد رحمه الله، وليس لسور الربض أبواب تُغلق من خشبٍ ولا حديدٍ لفتنٍ كانت فأمر السلطان بقلعها والأبواب شارعة بغير أبواب ومنها باب غـذاوذ وباب اسبشك وباب شوخشين [وباب افشينه] وباب ورسنين [وباب كوهك] وباب ريودد وباب فرخشيذ، ويزعم بعض الناس أنّ تبّعًا ابتنى مدينتها وأنّ ذا القرنين أتمّ بعض بنائها وأخبرنى أبو بكر الدمشقىّ قال رأيتُ على بابها الكبير صفيحة حديد وعليها كتابة زعم أهلها [أنّها] بالحميريّة وأنّهم يتوارثون علم ذلك من أنّها من صنعة تبّعٍ وبعض الكتابة إنّ من صنعاء الى سمرقند ألف فرسخ وهـذا دليل على أنّ بانى صنعاء أحدثها وكان حُكمه عليها ويقال أنّه كان يُقيم بصنعاء حولاً وبسمرقند مثلَه فوقعت الفتنة بسمرقند واحترق الباب الذى كانت عليه الصفيحـة

حط ٣٦٨ وأعاده أبو المُظفّر محمّد بن لقمٰن بن | [نصر بن] أحمد بن أسد كما كان من حديد وتغيّرت تلك الكتابة، وتُربة سمرقند من أصحّ تربة وأيبسها ولولا كثرة البخارات من المياه الجارية بها فى سككهم ودورهم وكثرة أشجار الخلّاف بينهم لأضرّ بهم فرط يُبْسِها على مـا يحكيه بعض الأطبّاء وبناؤهم من طين وخشب، وأهلها يرجعون الى جمالٍ وكانوا من الإفراط فى إظهار المروّات وتكلّف النفقات والقيام على أنفسهم بما يزيدون به على أكثر بلاد خراسان حتّى يجحف ذلك بأموالهم، وسمرقند مجمع رقيق ما وراء النهر وخير الرقيق بما وراء النهـر تربية سمرقند، وبينها وبين

---

٧ (شوخشين) — (شوخسين)، [وباب افشينه] مستتمّ عن حط، (ورسنين) — (ورسين) ويفقد هذا الباب فى حط، [وباب كوهك] مستتمّ عن حط، ٨ (ريودد) — (ربودد)، (فرخشيذ) — (فرخشيد)، ١٠ (صفيحة) تابعًا لحط — (صفحة)، [أنّها] مستتمّ عن حط، ١٥ [نصر بن] مستتمّ عن حط،

أقرب الجبال اليها مرحلة خفيفــة غير أنّه يتّصل بها جبل صغير يُعرف بكوهك يمتدّ أصله الى سور سمرقند وهو مقدار نصف ميل فى الطول ومنه أحجار بلدهم والطين المستعمل فى الأوانى والنُورة والزجاج، وبلغنى أنّ فيه فضّةً وذهبًا غير أنّه لا يسوغ العَمَل فيه، والبلد كلّه طرقُه وسككــه وأسواقه إلاّ القليل مفروش بالحجارة،

(٣٠) ومياههم من وادى السُغد وهذا الوادى مبدأه من جبال البتم على ظهر الصغانيان وله مجمع ماء يُعرف بجن مثل بحيرة حواليها القرى وتُعرف الناحيــة ببرغــر فينصبّ منها بين جبالها الماء حتّى ينتهى الى [بنجيكث ثمّ ينتهى الى] مكان يُعرف بورغسر وتفسيره رأس السكر ومنه تنشعّب أنهار سمرقند ورساتيق تتّصل بها من غربىّ الوادى من جانب سمرقند، وأمّا أنهار الجانب الشرقىّ على الوادى فإنّها تأخذ بحذاء ورغسر بمكان يُعرف بغوبار وذلك أنّ بهذا المكان تنفسخ الجبال وتظهر الأراضى التى يمكن فيها الزرع وجرى الأنهار، فيأخذ | من ورغسر أنهار منها نهر حط ٣٦٩ برش ونهر بارمش ونهر بشمين فأمّا نهر برش فإنّه نهر يمتدّ على ظهــر سمرقند ومنه أنهار المدينة والحائط والقرى التى تتّصل بها من مبتدئه الى منتهاه، وأمّا نهر بارمش فإنّه يلى هذا النهر من ناحية الجنوب وعليــه القرى من أوّله الى آخره نحو مرحلة، وأمّا بشمين فإنّه من بارمش ممّا يلى الجنوب ويسقى من أوّله الى آخره قُرًى كثيرةً غير أنّ انقطاعه دون انقطاع ذين النهرين، وأكبر هذه الأنهار برش ثمّ بارمش ويحملان جميعًا السفن، وينشعب [١٢١ ب] من هذه الأنهار أنهار يكثر إحصاؤها حتّى يُعمر بها القرى والمزارع ومن ورغسر الى آخــره رستاق يعرف بالدرغم

٤ (وسككه) تابعًا لحط – (من سككه)، ٧ (بجن) – (بجى)، ٨ (ببرغر) تابعًا لصط – (بورغسر) وفى حط (بوُرْغَر)، ٩ [بنجيكث ... الى] مستتمّ عن صط ويفقد أيضًا فى حط، (بورغسر) – (بورغسن)، ١١ (تأخذ) – (ناحية)، ١٢ (بغوبار) – (بقونان)، ١٣ (ورغسر) – (ورغر)، ١٤ (برش) – (ترش) وكذلك فيما بعد، (بارمش) – (تارمش) وكذلك فيما بعد، (بشمين) – (بشمنى) وكذلك فيما بعد، ١٨ (انقطاعه) – (انقطاعها)، ٢١ (ورغسر) – (ورغسن)،

على عشرة فراسخ فى الطول وعرضه نحو أربعة فراسخ الى نحو فرسخ، وهذه الرساتيق تُعرف بورغسر ومايمرغ وسنجرفغن والدرغم، وأمّا الأنهار التى تأخذ من غوبار فإنّها نهر اشتيخن والسناواب ونهر بوزماجن، [ونهر السناواب يمرّ على ظهر بوزماجن] فيسقى قرًى منها حتّى يتّصل برستاق ويذار ويجاوزه الى حدود عمل اشتيخن حتّى يكون من أوّله الى آخره كالقراح الواحد نحو مرحلتين، | ونهر بوزماجن دونه الى ما يلى المدينة يسقى رستاق بوزماجن، ونهر اشتيخن فإنّه لا يُنتفع به الى أن يجرى من مُبتدئه نحو أربعة فراسخ وتتشعّب منه الأنهار فيسقى مقدار تسعة فراسخ حتّى ينتهى الى اشتيخن ثمّ يسقى اشتيخن ورساتيقها وهو أعظم هذه الأنهار، وهذه أوّل أنهار الوادى فأمّا غربيّه فلا ينشعّب منه شىء الى أن يجاوز سمرقند، ومن مبتدأ هذا الوادى الى أن ينتهى الى سمرقند زيادة على عشرين فرسخًا فإذا جاوز سمرقند بنحو مرحلتين انشعب منه نهر يعرف بفى وليس بالسُغد نهر أوفرُ عمارةً منه ولا أكثر أهلاً ولا أغزر أكرةً ولا أعظم قصورًا وقرًى وماشيةً وعِزّةً ومنعةً من فى وهو ثُلْثُ السُغد وينشعب من فى أنهار كثيرة لم أصل الى علمها بالحقيقة ويسقى زيادة على مرحلتين، ثمّ ينشعب من وادى السُغد أنهار كثيرة على امتداده تُجاه كلّ مدينةٍ وبلدةٍ ورستاقٍ نهرٌ حتّى ينتهى من حدّ اربنجن الى

(حط ٣٧٠ in margin at line 6)

٢ (بورغسر) — (بورعسز)، (وسنجرفغن والدرغم) تابعًا مع حط لصط وفى الأصل (ونهر نوزماخن فيسقى الدرغم)، ٣ (غوبار) — (غويان)، (اشتيخن) — (اسنيخن)، (والسناواب) — (والشاوات)، (بوزماجن) — (يوزماخن)، ٣—٤ [ونهر ... بوزماجن] تابعًا لحط عن بعض نسخ صط الفارسيّة، ٥ (اشتيخن) — (استيخن) وكذلك فيما بعده، ٦ (بوزماجن) — (نوزماخن)، ٧ (بوزماجن) — (يوزماخره)، ٨ (مُبتدئه) — (مبتدأ)، ٩ (اشتيخن) المرّة الأولى — (استخن)، ١٣ (بفى) — (بقى) وفى حط (بِقىّ)، ١٤ (فى) — (قى)، (ثُلْثُ) قد صحّح ذلك ناشر حط الى (قلب) تابعًا لما قيل فى حط ص٣٧٤ من أنّ قىّ قلب السغد وإنّما يوجد هنالك فى الأصل يعنى فى القطعة (٣٣) اسم (الكشانية) مكان (قى)، ١٥ (فى) — (قى)، ١٦ (من) تابعًا لحط — (الى)،

كرمينيه والى حدّ بخارا ومنها أنهار اربنجن وأنهار الدبوسية وأنهار كرمينيه [الى أن ينتهى الى بخارا]، وأمّا شرقىّ هذا الوادى فتنشعب الأنهار منه بحذاء سمرقند ومنها نهر كينجكث وأنهارٌ أُخر لتلك القرى فيسقى رستاق كينجكث ورستاق المرزبان وغير ذلك وربّما كان للقرية الواحدة [منها نهران وثلاثة] وللقرى الكثيرة نهر مفرد يشتقّ من الوادى ثمّ تتفرّع منه أنهار لكلّ قرية تجاوره ما قام بأوَدها وتأخذ منه أنهار الكشانية | وتجاوزها حـَط ٣٧١ الى حدود حائط بخارا ويكثر عدد هذه الأنهار لكثرة القرى عليها، ومقدار هذا النهر من ورغسر الى حدّ بخارا حيث تأخذ منه أنهار بخارا المذكورة داخل حائطها ستّة أيّام مشتبكة القرى والبساتين والأنهار، فلو اطّلع مطّلع على وادى السغد من الجبل لرأى خضرة متّصلة لا يرى فى أضعافها غير قهندز أبيض أو قصر سامق مَشيد فأمّا فرجة منقطعة عن الخضرة أو أرض بائرة أو غامرة فقلّما تُرى هذه الحال، وعلى هذا الماء والٍ جليلٌ بسمرقند وقومٌ مثبتون منزلون لسدّ بثوقه ومجارى أنهاره وسُكوره وبورغسر كروم وضياع وناحية قد أزيل عنها الخراج وجُعل مكانه عليهم إصلاح تلك السكور، وإذا انشعبت من هذا الوادى هذه الأنهار التى ذكرتُها جرى منه تحت قنطرة جيرد على باب سمرقند من الماء ما يكون عند امتداده يقارب القنطرة وارتفاعها نحو ثلثة أبواع وزائد وعرضها كطولها وفيه يُحمل خشب السغد الى سمرقند وامتداد هذا الوادى فى الصيف من ثلوج جبال البتم واشروسنه وسمرقند، وربّما زاد الماء حتّى يقلب السكرَ لقنطرة جيرد فيُحيّرَ أهلَ سمرقند فى سدّ ذلك لكثرته وغزارته،

١ (الدبوسيه) — (الدنوسيه)، ٢ [الى ... بخارا] مستتمٌ عن حـَط، (الأنهار) — حـَط (الأيسر)، ٣ و٤ (كينجكث) المرّتين — (كينخكث)، ٤—٥ [منها ... وثلاثة] مستتمّ تابعًا لحـَط عن صـَط، ٥ (وللقرى) — (والقرى)، ٦ (وتجاوزها) — (وتجاوزه)، ٨ (ورغسر) — (ورغز)، ١٣ (والٍ) كما فى حـَط — (وُلاةٌ)، ١٤ (وبورغسر) — (وبورعس)، ١٦ (جيرد) — حـَط (جرد)،

(٢١) وأمّا رساتيق سمرقند فأوّلها [بُنجيكَث ومدينة بنجيكث بها منبر ثمّ يليه ورغسر ومدينته ورغسر] وتلى بنجيكث جبال الشاوذار وليس بها منبر [١٢٢ ظ] وبين الشاوذار وورغسر فيما يلى سمرقند رستاق مايمرغ | وسنجرفغن وليس بهما منبر غير أنّ بمايمرغ مكانًا يُعرف بالريودد حـط ٢٧٣ وكان به مُقام الاخشيذ مَلِك سمرقند وهى قرية فيها قصور الاخشيذيّة وسنجرفغن وورغسر كانا من مايمرغ فأُفردا عنها ويتّصل برستاق مايمرغ رستاق الدرغم وليس به منبر ويتّصل بالدرغم رستاق ابغر وليس به منبر، وبنجيكث رستاق كثير الثمار خصب الأشجار مطّرد الأنهار مُفضّل بغلّاته وجودته من جميع الوجوه يابسِها ورطبِها وليس بالكبير، وليس بجميع رساتيق سمرقند لمايمرغ نظير فى اشتباك أشجاره وكثرة قُراه واتّصال قصوره وأنهاره، وسنجرفغن رستاق صغير يشتمل على قرًى يسيرة، والشاوذار هو الجبل الذى عن جنوبىّ سمرقند وليس بنواحى سمرقند [رستاق] أصحّ هواءً ولا أجود زرعًا ولا أحسن فاكهةً [منه] وأهله أصحّ أهل نواحيهم أبدانًا وأجمل ألوانًا وطول هذا الرستاق زيادة على عشرة فراسخ وهو من أنزه الجبال وأحسنها فى عمارةٍ لا تنقطع وغلّاتٍ متّصلة لا تغبّ ولا تمتنع، وبالشاوذار عُمْرٌ للنصارى فيه مجمعٌ لهم ولهم به قلّايات ومساكن حسنة نزهة أدركتُ فيها قومًا من نصارى العراق انتجعوه لطيبته وقصدوه لعُزلته ونزهته وله وقوف ويعتكف به قوم منهم ويشرف على مُعظم السُغد ويُعرف هذا الموضع بوزكرده، وللشاوذار فجاج وكلّ فجٍّ

١—٢ [بُنجيكَث ... ورغسر] مستتمّ عن حـط، ٢ (بنجيكث) — (ينجنكث)، (الشاوذار) — حـط (الساوَدار)، ٣ (وورغسر) — (وورغز)، ٤ (وسنجرفغن) — (وسنجن فغن)، (بهما) — (بها)، (بالريودد) — (بالربودد)، ٦ (وورغسر) — (وورغز)، ٨ (وبنجيكث) — (وينجنكث)، ٨—٩ (مفضّل ... ورطبها) — حـط (وتفضل غلّاتها على غيرها من اللوز والجوز وغير ذلك)، ٩ (وجودته) — (وجودتها)، ١١ (وسنجرفغن) — (وشجرفغن)، ١٣ [رستاق] مستتمّ تابعًا لحـط عن صـط، [منه] عن حـط، ١٦ (تمتنع) — (تمسع)، ١٩ (بوزكرده) — (بوزكوده) وفى حـط (بوزكرد)،

منها فيه أنهار جارية الى ضياعٍ فى خلال ذلك حسنة زاكية وصيودٍ من غير جنس كثيرة وخِصْب وغِدْق من جميع وجوه العيش والتمتّع به، ورستاق الدرغم من أزكى هذه الرساتيق فى زروعه المسقيّة ويُفضّل ما يُحمل منه من الأعناب على سائر الرساتيق وطول الدرغم مرحلة متوسّطة، وأمّا أبغر فإنّها ناحية مباخس وقراها أعمر وأكثر عددًا من سائر رساتيق سمرقند وأموالهم المواشى وليس لهم سيح وبلغنى أنّ القفيز الواحد ربّما راع مائة قفيز | حط ٣٧٣ وزائدًا وطول ابغر نحو مرحلتين ويكون للقرية الواحدة من الحَوْزة نحو فرسخين وأكثر ويقال أنّ زرع ابغر إذا سَلِم كفى السغدَ بأجمعها، وهذه رساتيق سمرقند من حدّ الجنوب، وأمّا شماليّها فإنّ أعلاها يارکث وهى متاخمة لاشروسنه وليس بها منبر وماؤها من عيون فلا يصلون الى وادى السغد وبها مباخس وسيح ومباخسها أكثر ولهم مراعٍ زكيّة جدًّا، ورستاق فورنمذ ممّا يلى اشروسنه وليس له مدينة ويشتمل على قرى يسيرة، ثمّ يتّصل بيارکث رستاق بوزماجن ممّا يلى سمرقند ومدينته اباركث وهو أعرض رستاق فى شمال وادى السغد وأكثره قرًى ويمتدّ من غوبار الى قرب سمرقند مرحلةً فى مثلها، ويتّصل بهذا الرستاق رستاق كبوذنجكث وهو رستاق مشتبك أيضًا بالقرى والشجر ومدينته كبوذنجكث، وعلى ظهر هذا الرستاق رستاق ويذار ومدينته ويذار وهو رستاق خصب كثير الزرع له سهل وجبل ومباخس وسقى سيح ونواضح، وويذار وكثير من قرى هذا الرستاق لقوم من بكر بن وائل يعرفون بالسباعيّة وكانت لهم بسمرقند ولايات ودور ضيافاتٍ وأخلاق حسنة يتواصفونها ويذكرونها وأدركتُ منها طرفًا دلّ قليلُه على كثيرٍ سلف منه، ويتّصل بهذا الرستاق رستاق المرزبان بن كيسفى المستدعَى الى

١٠ (يارکث) — (يارکث)، ١٢ (زكيّة) — (ركيه)، (فورنمذ) — (فورنمذ) وفى حط (بُورْنمَذ)، ١٣ (بوزماجن) — (يوهاجر)، ١٤ (اباركث) — (ايارکث)، ١٥ (غوبار) — (غويان)، ١٦ (كبوذنجكث) — (كبوذنخكث)، ١٧ (كبوذنجكث) — (كبوذنخكث)، ٢٢ (كيسفى) كما فى ما فوق فى آخر القطعة (٥) — (كسنفى)،

العراق فى جملة دهاقين السُغد، والذى بهذا العمل من الرساتيق من شماليّه ستّة رساتيق ومن جنوبيّة ستّة رساتيق،

حـط ٢٧٤ (٣٢) [١٣٢ ب] فامّا نقود سمرقند | فالدراهم الإسماعليّة والمكسّرة العِراضُ والدنانير ولهم من نقود بخارا فى مقام الإسماعليّة دراهم تُعرف بالمحمّديّة تُركّب من جواهر شتّى وهى من النقد المتقدّم ذكره عند وصف بخارا،

(٣٣) واشتيخن مدينة مفردة على غاية النُزهة وكثرة البساتين والقرى والرياض والمتنزّهات والغياض على أنّ السغد كلّها متقاربة فى الخصب والنُزهة والأشجار والثمار والزروع والخضرة والنضرة إلّا الكشانية فإنّها قلب السغد وأعمرها، ولاشتيخن قهندز فى المدينة وربض وأنهار مطّردة وضياع ومن بعض قراها عُجَيْف بن عنبسة وله بها قرى ومزارع وأسواق اشتيخن التى استصفاها المعتصم وأقطعها المعتمدُ محمّدَ بن طاهر، والكشانية أعمر مدن السغد وهى واشتيخن متقاربتان فى الكبر غير أنّ قصبة الكشانية أكبر وأعمر وقراها أغزر وأهلها أجلّ وأظهر وحدود رساتيق حـط ٢٧٥ اشتيخن أبعد لأنّ حدّ اشتيخن من ظهر يغان من جبال تُعرف | بساغرج الى حدّ الكشانية نحو مرحلتين وجميعهما من شمال وادى السغد،

---

٧ إنّ القطع (٣٣)–(٤٤) نصّها فى صـط أقصر منه فى نسخ حـط وفى أصلنا إلّا أنّ هذا النصّ الأطول يوجد فى بعض نسخ الاصطخرىّ الفارسيّة فاستعمل ناشر حـط تلك النسخ فى إثبات نصّه وذلك ما أوجب إشارتنا فى الحواشى الى بعض المواضع التى تبع فيها ناشر حـط تلك النسخ الفارسيّة، ٩ (الكشانية) — يوجد فى حـط مكان ذلك (قِىّ)، ١٠ (ولاشتيخن) — (ولايستخن)، ١٣ (أعمر) تابعًا مع حـط لصـط — (من)، (متقاربتان) — (متقاربة)، ١٥ (يغان) يوجد فى حـط تابعًا لبعض نسخ الإصطخرىّ الفارسيّة (نعمان) وفى حـل (نعاث)، (بساغرج) تابعًا مع حـط لياقوت وفى الأصل (بشاوغر)، ١٦ (نحو مرحلتين) كذا أيضًا فى حـل التى هنا نسخة حـط الوحيدة واستتمّه ناشر حـط تابعًا لبعض نسخ الإصطخرىّ الفارسيّة ولتقويم البلدان لأبى الفداء ص ٤٩٢ فكتب فى حـط (نحو خمس مراحل فى عرض نحو مرحلة وقرى الكشانيّة نحو مرحلتين فى عرض نحو مرحلة)،

والدبوسية واربنجن فمن جنوبىّ الوادى على جادّة طريق خراسان واربنجن
أكبر وأعمر وأكثر رساتيق وقرى منها لأنّه ليس بالدبوسية كثير رساتيق
ولا قرى، وقلب مدن السغد الكشانية وأهلها أيسر أهل مدن السغد،
(٣٤) وكش مدينة لها قهندز وحصن وربض ومدينة أخرى متّصلة
بالربض والمدينة الداخلة مع القهندز خراب والخارجة عامرة ودار الإمارة
خارج المدينة والربض بمكان يُعرف بالمُصلّى والحبس والمسجد الجامع فى
المدينة الداخلة الخراب وأسواقها فى ربضها وهى مدينة مقدارها نحو ثُلث
فرسخ فى مثله وبناؤها من طين وخشب وهى مدينة خصبة جدًّا جروميّة
تُدرك فيها الفواكه أسرع ممّا تُدرك بسائـر مـا وراء النهـر وتأتى
بواكيرها الى بخارا | وهى وبئة، وللمدينة الداخلة أربعة أبواب فمنها باب حط ٢٧٦
الحديد وثانيه باب عُبيد الله والثالث باب القصّابين والرابع باب المدينة
الداخلة وللمدينة الخارجة بابان أحدها باب المدينة الداخلة والثانى باب
بركنان [وبركنان] قرية يُنسب اليها الباب، وللمدينة نهران كبيران
أحدها يُعرف بنهر القصّارين ويخرج من جبل سيام ويجرى فى جنوبىّ
المدينة والآخـر نهر اسروذ يخرج من رستاق كشك روذ فيجـرى على
شمال المدينة وهذان النهران يجريان على باب المدينة، وللرساتيق أنهار
منها نهر خروذه فيما يلى طريق سمرقند على فرسخ والآخر نهر على طريق
بلخ يُعرف بخشك روذ على فرسخ من المدينة ومجمع فضلات هذه المياه الى
وادٍ يجرى الى نسف، وفى المدينة والربض بعامّة دورهـا مياه جاريـة
وبساتين حسنة وطول عملها نحو أربعة أيّام فى مثلها ولها من المدن

---

١ (واربنجن) المرّتين — (واربيجن)، ١٢ (بركنان) — (بركثان)، [وبركنان] مستتمّ عن حط، ١٥ (كشك روذ) — (كشمك روذ)، ١٧ (خروذه) — حط تابعًا لبعض نسخ الاصطخرىّ الفارسيّة (جاجروذ) إلاّ أنّه يوجد فى حل التى هنا نسخة حط الوحيدة (حروده)، ١٨ (بخشك روذ) — (بخسك روذ)، (المدينة) قد أدخل بعد ذلك ناشر حط تابعًا لبعض نسخ الاصطخرىّ الفارسيّة (ونهر ثالث على طريق بلخ أيضًا يعرف بخُزار روذ على ثمانية فراسخ من المدينة)، ١٨ (الى) — (على)،

حط ٢٧٧ نوقد فريش وسوبخ من رستاق | خزار واسكيفغن أيضًا من رستاق خزار، ويرتفع بكش من الملح المستخرج من الأرض ما يُحمل الى كثير من آفاق خراسان وفى جبالها العقاقير الكثيرة وبها يسقط الترنْجبين ومنها بغال ما وراء النهر ويُجلب الى أقطار خراسان منها الفـره الجياد، ولها رساتيق ذات سوائم ونتاج ومن رساتيقهـا رستاق كشك ورستاق بوزماجن ورستاق سيام ورستاق ارغان ورستاق خروذه ورستاق خزارروذ ورستاق خزار ورستاق سورروذه ومنكوره الداخلـة ومنكوره الخارجـة ورستاق مايمرغ وهذه جميع رساتيق كش،

(٣٥) ونسف مدينة لها قهندز خراب وربض له أربعة أبواب فباب حط ٢٧٨ منها يُدعى باب النجاريّة وباب يسمّى باب سمرقند وباب | يسمّى باب كش [١٣٢ ظ] وباب غوبذين وهى مدينة على مدرج طريق بخارا الى بلخ فى مستواةٍ والجبال منها على مرحلتين فيما يلى كش والذى بينها وبين جيحون مفازة لا جبل فيها، ولها نهر واحد يجرى فى وسط المدينة وهو مجمع مياه كش فيصير منها هذا النهر [فيسرع الى العراء] ودار الإمارة على شطّ

---

١ (نوقد فريش) — (توقد فريش)، (وسوبخ) — (وسوبح) وفى حط (وسُونُج)، ٢ (المستخرج) — حط (المستحجر)، ٥ (رساتيقها) أُدخل ناشر حط بعد ذلك تابعًا لبعض نسخ الاصطخرىّ الفارسيّة (رستاق ميان كشّ ورستاق روذ ورستاق بلاندرين ورستاق راسامن)، (كشك) — (كسب) وقد أُدخل بعد ذلك ناشر حط تابعًا لبعض نسخ الإصطخرىّ الفارسيّة (ورستاق ارو)، (بوزماجن) تابعًا لتخمين ناشر حط — (نوماخر)، ٦ (ارغان) — (ارغاز)، (خروذه) كما فيما فوق — (خاوذ) وفى حط (جاجروذ) ويوجد فى حل (حاود)، (خزارروذ) — (خرارروذ)، ٧ (سور روذه) — (سور روده) وفى حط (سورروده)، (ومنكوره) المرّة الأولى (ومىكوره) وفى حط (وسنك كرده) تابعًا لبعض نسخ الاصطخـرىّ الفارسيّة، ٨ (مايمرغ) — (مايفرع)، ١١ (غوبذين) — (غوذين)، ١٤ (فيصير) — قد صُحّح الى ذلك من (فيصب)، [فيسرع الى العراء] مستنمّ عن حط، ١٤–١ (ودار الإمارة ... النهر) كُتب ذلك فى الهامش بغير خطّ الناسخ،

هذا النهر بمكان يُعرف برأس القنطرة وحبسها عند دار الإمارة ومسجد الجامع بناحية باب غوبذين والمصلّى بناحية باب النجاريّة داخل الباب وأسواقها فى الربض مجتمعةً ما بين دار الإمارة ومسجد الجامع، وليست لها قرى كثيرة ولا نواحٍ على قدرها ومحلّها، ولها منبران سوى المدينة أحدها بزده والآخر كسبه ولها قرى ولا منابر فيها وبزده أكبر من نسف والغالب على قراهم المباخس وإن كانت لهم أسقاء فقليلة، وليس بنسف ورساتيقها ماء جارٍ إلّا هذا النهر وينقطع فى بعض السنة وسقيهم بالنواضح لا بالسيح لمباقلهم وأجنّتهم والغالب | على نسف ونواحيها المضافة اليها حط ٢٧٩ الخصب والسعة،

(٣٦) وأمّا اشروسنه فإنّه اسم الإقليم [كما أنّ السغد اسم الإقليم] وليس بها مدينة بهذا الاسم والذى يطوف بها من أقاليم ما وراء النهر من شرقيّها بعض فرغانه وفامر وغربيّها حدود سمرقند وشماليّها الشاش وبعض فرغانه وجنوبيّها بعض حدود كش والصغانيان وشومان وواشجرد والراشت، ومدينتها الكبرى تسمّى بلسان الاشروسنيّة بومجكث ولها من المدن ارسيانيكث وكركث وغزق وفغكث وساباط وزامين وديزك ونوجكث وخرقانه وهذه مدنها، ومدينتها التى يسكنها الولاة بومجكث وهى مدينة يجزر رجالها نحو عشرة آلف رجل وبناؤها طين وخشب، ولها مدينة داخلة منها عليها سور بذاتها وسور على ربضها ولها سور آخر من وراء ذلك وللمدينة الداخلة بابان أحدها يُدعى باب الأعلى والآخر باب المدينة

٢ (غوبذين) — (عويدىن)، (النجاريّة) يجوز أن يقرأ هنا (البخاريّة)، ٣–٤ (وليست لها) — حط تابعًا لصط (ولنسف)، ٥ (كسبه) — (كسه)، ٦ (فقليلة) — (قليلة)، ١٠ [كما ... الإقليم] مأخوذ من حط، ١٢ (وفامر) — (وقامز)، ١٣ (والراشت) — (والزاشت)، ١٤ (بومجكث) — (نومنخكث) وفى حط (بُونْجِكَث)، ١٥ (ارسيانيكث) — (ارثيانيكث)، (وغزق) — (وعزق) (وفغكث) — (وفنكث)، (وزامين) — (ورامين)، (ونوجكث) — (ونوخكث)، ١٦ (بومجكث) — (نومنخكث)، ١٨ (ربضها) — (ربطها)،

وداخل المدينة مسجد الجامع والقهندز ودار الإمارة فى الربض فى مربّعة
الأمير، | ويجرى بالمدينة الداخلة نهر كبير عليه رحىً والسجن فى فهندز حط ٢٨٠
المدينة والجامع خارج القهندز وأسواقها فى المدينة الداخلة والربض جميعًا
وحائط الربض يشتمل على نحو فرسخ ويشتمل الخندق على دور وبساتين ونضور
وكروم وزروع ويحسب ذلك كلّه الى السور من المدينة وخارج السور من
الرستاق، ولها أربعة أبواب أحدها باب زامين وباب مرسمنده وباب
نوجكث وباب كهاباذ، ولهذه المدينة ستّة أنهار فأحدها يُعرف بسارين
وهو الذى يجرى فى المدينة والآخر ابرجن والآخر يماجن والآخر سنكجن
والآخر رويجن والآخر ستينكجن وجميعها من منبعٍ واحدٍ وعينٍ واحدة
ويكون مقدارَ ما يدير عشر أرحية ومن المدينة الى منبع الماء أقلّ من
نصف فرسخ، ويلى هذه المدينة فى الكبر زامين وهى على طريق فرغانه
الى السُغد ولها اسم آخر وهو سوسنده ولها مدينة قديمة على أنّها خربت
وصارت الأسواق والجامع ومجمع الناس | بسوسنده وليس على هذا البلد حط ٢٨١
الحادث سور وهو اليوم منزل للسابلة من السغد الى فرغانه ولها ماء جارٍ
وبساتين وكروم ومزارع [١٣٢ ب] وماؤهم من نهر سارين وشربهم منه،
وهى مدينة ظهرها جبال اشروسنه ووجهها الى بلاد الغُزّيّة وهى صحراء
ملساء لا جبال بها، وديزك مدينة فى السهل ولها رستاق يُعرف بفنكان
وبها يرابط أهل سمرقند وفيها رباطات تشتمل على عدد كثير وأجلّ
رباطٍ فى حدودها رباط خديسر وهو منها على فرسخين وهو من أشهر

١ (فى مربّعة) تابعًا لحط — (ومربّعة)، ٤–٦ (ويشتمل ... الرستاق) قد صُحّح ذلك فى الأصل وكان النصّ الأصلىّ (وعلى بساتين وكروم وزروع وذلك كلّه دون السور)، ٦ (مرسمنده) تابعًا مع حط لصط — (سمرقند)، ٧ (نوجكث) — (نوخكث)، (كهاباذ) تخمينًا — (كهلبان) وفى حط (كهلباذ)، ٨ (ابرجن) — حط (برجن)، (يماجن) — (يماخن) وفى حط (ماجن)، (سنكجن) — (سنكنجن)، ٩ (ستينكجن) — حط (سنبكجن)، ١٢ (سوسنده) — (سوسنده) وفى حط (سرسنده)، ١٥ (سارين) — حط (شاش)، ١٦ (بلاد) تابعًا لحط — (جبال)، ١٩ (خديسر) تابعًا مع حط ليافوت — (جُديس)، (فرسخين) — حط (فرسخ)،

رباطات بما وراء النهـر بناه الافشين وفى وسطه عين ماء ينبع وعليـه
أوقاف وضياع سبّلها قبل خروجه الى العراق، وهو من أقرب تلك
الرباطات الى بلاد العدوّ ولديزك ماء جارٍ وبساتين وهى خصبة، وسائر
المدن التى ذكرتُها متقاربة فى الكبر والنزهة والبساتين والمياه سوى مرسمنده
فإنّها مدينة جيّدة وليس بها بساتين ولا كروم ولها ماء جارٍ سيح ويمنعهم
الكروم والبساتين شدّة البرد أن تكون بها والماء بها واسع والتربة | جيّدة حط ٢٨٢
وبها رياض مؤنقة وكلأ ونضرة وأنورة ومتنزّهات، وأمّا خرقانه وزامين
وساباط فعلى طريق فرغانه الى الشاش ومن أراد من زامين الى خجنده
على طريق خاوس فطريقه على كركث، ومن سمرقند الى خرقانه تسعـة
فراسخ، وليس بجميع اشروسنه نهر تجرى فيه سفينة ولا بها بحيرة غير أنّ
مزارعها ومراعيها وقراها عامرة خصبة كثيرة الخير وكلّ مدينة من هـذه
المدن لها رستاق كبير ومن رساتيقها التى لا مدينة فيها بشاغـر ومسخا
وبرغر وفرتانغام ومينك وبسكن واسبيكث،

(٣٧) والبتم جبال شاهقة سامقة منيعة والغالب عليها النزهة والخضرة
والبقلة المعروفة بالطبرخون وهى قرى آهلة بالناس وبالبتم حصون منيعة
جدًّا وفيها معادن الذهب والفضّة والزاج والنوشاذر الذى يُحمل الى
كثير من الأماكن وبقاع الأرض، وفى كلّ جبل منه كالغار قد بُنى عليه
كالبيت واستوثق من أبوابه | وكواه وفيه عين يرتفع منها بخار يشبه بالنهار حط ٢٨٣

١ (رباطات) — (رباط)، ٤ (سوى) — (وسوى)، (مرسمنده) — (مرسميذه)، ٥ (جيّدة) — حط (جبليّة)، ٦ (تكون) — (يكون)، (والتربة جيّدة) — حط (والجليد بها جيّد)، ٧ (وأنورة) تابعًا لحط — (ولبوره)، (ومتنزّهات) — (متنزهاتٌ)، (خرقانه) — (حرقانه)، ٩ (خاوس) — (جاوس)، (كركث) — (كوكب)، (خرقانه) — (حرقانه)، ١١ (هذه) — (هذا)، ١٢ (بشاغر) — (نشاغر)، (ومسخا) — وفى حط (ومسحا)، ١٣ (وبرغر) — (ويرغر)، (وفرتانغام) — حط تابعًا لبعض نسخ الاصطخرىّ الفارسيّة (وبانغام) ويفقد فى حل، (ومينك) — (وميمنك)، (وبسكن) — (وبسك)، (واسبيكث) — حط (وإِسْبَسْكَث)، ١٥ (بالطبرخون) — (بالطرخون)، ١٧ (وفى) — (فى)،

بالدُخّان وفى الليل كالنار فإذا تلبّد هذا البخار فى حيطان هذا البيت وسقفِه قُلع منه النُوشاذر وداخل هذا البيت من شدّة الحـرّ ما لا يتهيّأ لأحد أن يدخله إلاّ احترق إلاّ أن يلبس اللبود المبلولة ويدخل كالمختلس ويأخذ ما يقدر عليه من ذلك وهذا البخار ينتقل من مكان الى مكان فيُحفر عليه حتّى يظهر فإذا خفى فى مكان حُفر عليه آخر الى أن يُوجد، وإذا لم يكن عليه مبتنًى يمنع البُخار من التفرّق لم يضرّ من قاربـه حتّى إذا اختنق فى بيتٍ أحرق من يدخله لشدّة الحـرّ، وللبتم جبال تُعرف بالبتم الأوّل والأوسط والبتم الخارج وماء سمرقند والسغـد وبخارا من البتم الأوسط بمكان يعرف بجن ويكون نحو ثلثين فرسخًا ويجرى من هذا الماء الى برغر [ثمّ] على بنجيكث الى سمرقند ويخرج من مسخا مياه فتقع الى برغر وتختلط بماء سمرقند، ونهر الصغانيان ونهر فرغانه فى ظهر مسخا من قرب رأس ماء جن ومينك ومينك الموضع الذى قاتل فيه قتيبة بن مسلم المسوّدة وهناك حصن يُعرف [١٣٤ ظ] بالافشين الأكبر وهـو صاحب المعتصم وكان قد اتّخـذه لنُزهتـه وكان يسكن المدينـة أيضًا، واشروسنه بلدة افتتحها أحمد بن [أبى] خلد، وآل أبى الساج الداوداذ بن داودشت من القرية | المعروفة بجنكاكث وسويدك وهما قريتان متدانيتان، حـ ٢٨٤ وبناحية مينك ومرسمنده تتّخذ آلات الحديد التى تعمّ خراسان ويجهّز الى العراق وذلك لأنّ الحديد بفرغانه ليّن ممكن لما يراد قِنيتُه فى أىّ صَنعة قصد منه وتنفتّق لهم الخواطـر بالغرائب التى يتّخذونها منه، وبمرسمنـده

٦ (مبغنىً) — (مبتنا)، ٩ (بجن) — (بجى)، ١٠ (برغر) — (برعز)، [ثمّ] مستتمّ تابعًا لحـط عن معجم البلدان جلد ١ ص ٤٩٠، (بنجيكث) — (بنجنكث)، ١٠ و ١١ (مسخا) المرّتين — (مسجا)، ١١ (ونهر فرغانه) — (نهر فرغانه)، ١٢ (رأس ماء جن) — (راس ما جى) وفى حـط (زامين وماجن)، (ومينك) المرّتين — (وميثك)، ١٥ [أبى] مستتمّ تابعًا لحـط عن البلاذرىّ ص ٤٣٠، ١٦ (بجنكاكث) تابعًا لحـط — (خيكاكن)، ١٧ (مينك) — (ميثك)، (ومرسمنده) تابعًا لتخمين ناشر حـط — (وسمنده)، ١٩ (وبمرسمنده) — (وبمسمنده)،

مجتمع سوق ينتابه الناس من الأماكن البعيدة وهو سوق مشهور فى رأس كلّ شهر مرّةً ،

(٣٨) وأمّا الشاش وايلاق فمقدار عرضهما مسيرة يومين فى ثلثة أيّام وليس بخراسان وما وراء النهر إقليم على مقدارها فى المساحة أكثر منابرَ وقرًى عامرةً وسَعةً وبسطةً فى العمارة الى قوّة شوكة منهم، وحدّ لها ينتهى الى وادى الشاش الذى يقع فى بحيرة خوارزم وحدّ لها باب الحديد ببرّيّة بينها وبين اسبيجاب يُعرف بالقلاص وهى مراعٍ وحدّ لها جبال منسوبة الى عمل الشاش غير أنّ العمارة المتّصلة الى الجبل وباقيه مفترق العمارة وحدّ لها الى وينكرد قرية للنصارى، والشاش فى أرض سهلة وليس فى
هذه العمارة المتّصلة جبل ولا أرض مرتفعةٌ حَزْنةٌ وهى أكبر ثغر | فى وجه حط ٢٨٥
العدوّ والتُرك، وأبنيتهم واسعة من طين وعامّة دورهم تجرى فيها المياه وهى كلّها مستترة بالخضرة ومن أنزه بلاد ما وراء النهر، ولها مدن كثيرة تتدانى وتتقارب مسافاتها فمنها

بنكث ودنفغانكث وجينانجكث ونجاكث وفناكث وخرشكث واستيبغو واردلانكث وخذينكث وكنكراك وكلشجك وغركنده وغناج وجبوزن ووردوك وكبرنه وغدرانك ونوجكث وغزك وابرذكث
وبغنكث وبركوش | وخاتونكث وجبغوكث وفرنكث وكذاك وتكالك حط ٢٨٦

---

٣ (عرضهما) — (عرضها)، ٩ (وينكرد) — (ونكرد)، ١٤—١٧ (بنكث... وتكالك) إنّ ضبط هذه الأسماء كلّها فى الأصل كما يأتى (بيكث ودنفقاكت وخينانجكث وجاكث وفناكث وخرشكث وستبيغو وادرلاكث وخذنبكث وكنكراك وكلشجك وغركنده وغناح وخيورن ووردوك وكيرنه ونمدارنك وبوجكث وغزك وابردكث وبغنكث وبركوش وخانويكث وخنغوكث وفرتكث وكذاك وتكالك) والأسماء التى يخالف ضبطها الموجود فى حط الضبطَ المقبول فى متننا هى (فناكث) — حط (بناكث)، (استيبغو) — حط (اشبينغو)، (خذينكث) — حط (خدينكث)، (كنكراك) كذا فى حط وقد صُحّح فى الذيل الى (كندراك)، (غركنده) — حط (غركند)، (ابرذكث) — حط (انوذكث)، (جبغوكث) — حط (جيغوكث)، (كذاك) — حط (كداك)، (تكالك) — حط (نكالك)،

وهذه مدن الشاش وأمّا مدن ايلاق فقصبتها تونكث ولها من المدن سكاكث وبانجخاش ونوكث وبالايان وتكث واربلخ ونموذلغ وخمرك ونوجكث وكهسيم ودخكث وخاش وخركانكث،

(٣٩) فأمّا بنكث وهى القصبة للشاش فإنّ لها قهندزًا ومدينةً وقهندزها خارج من المدينة غير أنّ حائط القهندز والمدينة شىء واحد وللمدينة ربض [١٢٤ ب] وعلى الربض سور ثمّ خارج هذا السور ربض آخر وبساتين ومنازل ويحيط به [سور آخر وللقهندز بابان أحدهما الى الربض والآخر الى المدينة] وسور المدينة عليه ثلثه أبواب فباب منها
حط ٣٨٧ يُعرف بأبى العبّاس | والآخر يعرف بباب كثير والثالث باب الجنبذ،
وعلى الربض الأوّل أبواب فمنها باب يعرف بباب رباط حمدين والثانى يعرف بباب الحديد الداخل والثالث بباب الأمير والرابع بباب الفرخان والخامس باب سوركه والسادس باب كرمانج والسابع باب سكّة سهل والثامن باب راشديجاق والتاسع باب سكّة خاقان والعاشر باب قصر الدهقان، وعلى الربض الخارج أبواب فمنها باب فرغذ وباب خاشكث وباب سكنديجاق وباب الحديد وباب باكرديجاق وباب سكرك وباب

---

١ (تونكث) — (تنونكث)، ٢—٣ (سكاكث ... وخركانكث) إنّ ضبط هذه الأسماء كلّها فى الأصل كما يأتى (سكاكث وانخجاش ونوكث وبالانان ونكث واربلخ ونموذلغ ونخمرك وفوجكث وكهسيم ودخكث وخاس وخركاكث) والأسماء المخالفة لضبط حط هى (اربلغ) — حط (اربليغ)، (نوجكث) — حط (بسكث)، ٤ (بنكث) — بيكث)، ٧—٨ [سور آخر ... الى المدينة] مستتمّ تابعًا لحط عن تقويم البلدان لأبى الفداء وعن بعض النسخ الفارسيّة للاصطخرىّ، (وسور المدينة عليه) — (عليه) فقط وصحّحه ناشر حط الى (وللمدينة)، ٩ (بأبى) تابعًا مع حط للمقدسىّ وبعض النسخ الفارسيّة — (بابن)، (كثير) تابعًا لنسختى حط وفى الأصل (كسر) وفى حط (كش)، (الجنبذ) — حط (الجبيد)، ١١ (الفرخان) — حط (فرخان)، ١٢ (كرمانج) — (كرماتج)، ١٣ (راشديجاق) — (راشدتجان)، ١٤ (فرغذ) — حط تابعًا لبعض النسخ الفارسيّة (فغكث)، (خاشكث) — حط (خاسكث)، ١٥ (سكنديجاق) — (سكندنجاف)، (باكرديجاق) — (باكردبحاو)،

دربفرياد، ودار الإمارة والحبس فى القهندز ومسجد الجامع على حائط القهندز وفى المدينة الداخلة بعض أسواقهم غير أنّ أكثر الأسواق فى الربض، وطول البلد من | السور الثالث الى أن يقطع عرضه كلّه مقدار حـ ٢٨٨ فرسخ ويجرى فى المدينة الداخلة والربض جميعًا المياه وفى الربض بساتين كثيرة ومياهه تزيد على الكثرة وأبنية متفرّقة، ويمتدّ من الجبل المعروف بسافلغ حائط فى وجه القلاص حتّى ينتهى الى وادى الشاش وكأنّ وضعَه واستحداثَه يمنع الترك من الدخول الى الإسلام بناه [عبد الله بن] حُميد بن ثور ومن خرج من هذا الحائط مقدار فرسخ كان هناك خندق من الجبل الى الوادى، وللشاش نهر آخر يقع فى الوادى يُعرف بنهر برك يخرج بعضه من بسكام وبعضه من جدغل وأصل منبعهما من بلد الترك الخرلخيّة فيقع فى وادى الشاش فى حدّ نجاكث، ولايلاق نهر يُعرف بنهر ايلاق يخرج من حدّ الترك فيقع فضله فى وادى الشاش حذاء بناكث ومنه شربهم وباقى بلد الشاش شربهم من ماء برك، وأمّا قصبة ايلاق فإنّها تونكث فهى أقلّ من نصف بنكث ولها قهندز ومدينة وربض حولها على نهر ايلاق ودار الإمارة فى القهندز | والمسجد الجامع حـ ٢٨٩ والحبس عند القهندز وأسواقها داخل المدينة وفى الربض جميعًا ولهم فى المدينة والربض ماء جارٍ، والشاش وايلاق جميعًا لا فصل بينهما فى البساتين والعمارة المتّصلة وهى ناحيتان كالمختلطة العمل من آخر ايلاق الى وادى الشاش بلد متكاثف الشجر والخضر والمراعى والبساتين ملتفّ القصور بأسباب النزه والتحاسين غير منقطع، وبايلاق معادن ذهب

---

١ (دربفرياد) — حـ (در ثغرباذ)، ٣ (أكثر) — (اكبر)، ٦ (بسافلغ) — حـ (بسابلغ)، ٧ [عبد الله بن] مستتمّ عن حـ، ٩ (برك) — (سرك) وفى حـ (تُرْك)، ١٠ (جدغل) — (حدعل)، ١٢ (ايلاق . . . حدّ) قد كُتب ذلك فى الهامش بغير خطّ الناسخ، (حذاء) — (حدى)، ١٤ (فإنّها) قد صُحّح الى ذلك من (من)، (تونكث) — (ينونكث)، (بنكث) — (بيكث)، ١٧ (والشاش) — (وللشاش)،

وفضّة فى جبالها ويتّصل ظهر هذا الجبل بحدود فرغانـه، وبايلاق دار ضرب للعين والورق فيروّج فيها مال كثير من النوعين جميعًا، ويلى بنكث فى الكبر خرشكث ويليها فى الكبر وصلاح الحال واستقامتها ستوركث [١٣٥ ظ] وباقى مدن الشاش دون ذلك فى الكبر، وأكبر مدن ايلاق تونكث وسائر المدن بها دونها وهى متقاربة في أحوالها، وليس بما وراء النهر دار ضرب إلّا ببخارا وسمرقند وايلاق فقط،

(٤٠) وأمّا اسبيجاب فإنّها مدينة نحو الثُلث من بنكث وتشتمل على مدينة وقهندز وربض فأمّا القهندز فخراب والمدينة والربض فعامران وعلى المدينة الداخلة سور وعلى الربض أيضًا سور يحيط به مقداره فرسخ وفى ربضه مياه وبساتين وأبنيتها طين وهى فى مستواةٍ وبينها وبين أقرب الجبال | اليها نحو ثلثة فراسخ، وللمدينة أربعة أبواب فباب منها يُعرف ببباب نوجكث وباب فرخاذ وباب سراكراثه وباب بخارا وأسواقها فى المدينة والربض جميعًا ودار الإمارة والحبس والجامع فى المدينة الداخلة وهى مدينة ذات خصب وسعة وليس بخراسان كلّها وما وراء النهر بلد لا خراج عليه إلّا اسبيجاب، وممّا يقع من المدن فى نواحيها بذخكث وسبانيكث والطراز واطلخ وشلجى وكدر وستكند وشاوغر وصبران ووسيج، فأمّا سبانيكث فإنّها قصبة كورة كنجده وأمّا كدر فإنّها قصبة باراب ووسيج أيضًا من مدن باراب ومنها أبو نصر الباراتىّ صاحب كتب المنطق المفسّر لكتب القدماء | والمتقدّم فى ذلك على كلّمن كان فى زماننا وعصرنا

حط ٢٩٠ ، حط ٢٩١

٣ (بنكث) — (بيكث)، (خرشكث) — (حرشيكث)، (واستقامتها) — (واستقامنه)، ٥ (تونكث) — (نوكث)، ٧ (بنكث) — (بيكث)، ١٢ (فرخاذ) — — حط (فرخان)، (سراكراثه) — حط (سواكرائه)، ١٥—١٦ (بذخكث ... ووسيج) إنّ ضبط هذه الأسماء كلّها فى الأصل كما يأتى (نذخكث وسبانيكث والطرار واملخ وسلجى وكدر وستكند وسافغن وصبران ووشح) والأسماء المخالفة لحط هى (بذخكث) — حط (بدخكث)، (وستكند) — (وبيسكند)، ١٧ (كنجده) — (كنجده) وفى حط (كنجيدة)، (ووسيج) — (ووشجّ)،

وأيّامنا، وصبران مدينة يجتمع بها الغزّيّة للصلح والهُدنة والتجارات إذا كان صلح وهى مدينة حصينة، وباراب اسم للناحية [ومقدارها] فى الطول والعرض أقلّ من يوم وبها منعة وأناس فيهم كثرة وهى ناحية سبخة لها غياض ومزارع فى عُرض الوادى الآخذ من نهر الشاش، وستكند بها منبر وهى مجمع الأتراك وقد أسلموا منهم أحياء شتّى ودخل فى اسم الإسلام قوم من الغُزّيّة والخرلخيّة ولهم بأس ومنعة فى الأتراك وبين باراب وكنجده والشاش مراعٍ خصبة بينها نحو ألف بيت من الأتراك قد أسلموا وهم مقيمون بها فى خركاهات [لهم على زيّهم ولا بناء لهم، والطراز متجر المسلمين من الأتراك وبينهم حصون منسوبة اليها ولم يتجاوزها أحد من الإسلام لأنّ العابر بها داخل فى خركاهات] الخرلخيّة، والمذكور من هذه الناحية حدودُ الشاش ونواحيها،

(٤١) وأمّا خجنده فإنّها متاخمة لفرغانه وهى فى جملتها وهى منفردة فى الأعمال | وهى على نهر الشاش فى غربيّه وطولها أكثر من عرضها وكند على حط ٢٩٢ فرسخ منها وكلّها كروم وبساتين وليس فى عملها مدينة غير كند وبساتينها ودورها متفرّقة ولها قرًى يسيرة ومدينة وقهندز وجامعها فى المدينة ودار الإمارة فى الميدان بالربض والحبس فى القهندز وهى مدينة نزهة بها فواكه حسنة وفى أهلها جمال ولهم مروؤة وهى مدينة تضيق عمّا يعمّهم من الزروع فيُجلب اليهم من سائر فرغانه واشروسنه ما يقيم أودَهم، [١٣٥ ب] وتنحدر اليهم السفن من نهر الشاش وهو نهر عظيم ويعظُم من أنهار تجتمع اليه فى حدود التُرك والإسلام وعموده نهر يخرج من بلد الترك فى

١ (للصلح) — (وللصلح)، ٢ (وباراب) — (وبارياب)، [ومقدارها] مستتمّ عن حط، ٤ (عُرض) — حط تابعًا للنسخ الفارسيّة (غربىّ)، (وستكند) — حط (وبيسكند) وقد أضاف ناشر حط بعده تابعًا للنسخ الفارسيّة وللادريسىّ (فى الجانب الغربىّ من وادى الشاش)، ٥ (منهم) — (من)، ٦ (باراب) — (ناریاب)، ٧ (وكنجده) — (وكجنده)، ٨—١٠ [لهم على ... فى خركاهات] مستتمّ عن حط، ١٠ (والمذكور ... الناحية) — حط (وهذا المذكور)،

حدود اوزكند ثمّ يجتمع اليه [نهر] خرشاب ونهر اورست وقبا ونهر جدغل وغيرها فيعظُم ويغزر ماؤه ويمتدّ على اخشيكث ثمّ على خجندة ثمّ على بناكث ثمّ على ستكند فيجرى الى باراب وإذا جاوز حدّ صبران جرى فى برّيّة | تكون فى حاشية بلد الأتراك الغُزّيّة فتمتدّ الى القرية الحديثة على حط ٢٩٣ فرسخ منها ثمّ يقع فى بحيرة خوارزم على مرحلتين من القرية الحديثة وهو نهر إذا امتدّ يكون نحو ثلثى جيحون وتُحمل فيه المير الى القرية الحديثة إذا كانت الهدنة وكان الأتراك فى صلح للمسلمين وبالقرية الحديثة مسلمون غير أنّها دار مملكة الغُزّيّة ويقيم بها فى الشتاء ملك الغُزّيّة وبقربها جند وخواره وبهما من المسلمين تحت سلطان الغُزّيّة وأكبر هذه الثلثة المواضع القرية الحديثة وهى من خوارزم على عشر مراحل ومن باراب على عشرين مرحلة،

(٤٢) وفرغانه اسم الإقليم وهو عمل عريض موضوع على سعة مدنها وقراها وقصبتها اخشيكث وهى مدينة على شطّ نهر الشاش على أرض مستوية بينها وبين الجبال نحو نصف فرسخ وهى على شمال النهر ولها قهندز فى مدينتها ولمدينتها ربض ودار الإمارة والحبس فى القهندز والجامع خارج القهندز ومصلّى العيد على شطّ نهر الشاش وأسواقها فى مدينتها وربضها وأكثر الأسواق فى مدينتها ومقدارها فى الكبر نحو ثُلث فرسخ وبناؤها من طين وعلى ربضها سور وللمدينة الداخلة أبواب أحدها باب بجير والآخر باب المرقشه | وباب كاسان وباب الجامع وباب رهابه، وفى مدينتها حط ٢٩٤ وربضها مياه جارية وحياض كثيرة وكلّ باب من أبواب ربضها يُفضى الى بساتين ملتفّة وأنهار جارية لا ينقطع مقدار فرسخين وبحذائها إذا

١ (اوزكند) — (اوركند)، [نهر] مستتمّ عن حب، (خرشاب) — (خرساب)، (اورست) تابعًا لحط — (اوش)، ٢ (اخشيكث) — حط (اخسيكث)، ٣ (بناكث) — (نياكث)، ٩ (وبهما) — (وبها)، ١٠ (باراب) — (بارياب)، ١٨ (وللمدينة) — (للمدينة)، (أبواب) — (بابواب)، ١٩ (المرقشه) — حط (المردقسة)، (رهابه) — (هابه) وفى حط (رهانة)،

عبرت نهر الشاش مروج ومراعٍ كثيرة ورمال مقدار مرحلــة، ويلى اخشيكث فى الكبر قبا وهى مدينة من أنزه تلك المدن وتقارب أخشيكث فى الكبر ولها قهندز ومدينة وربض والقهندز خراب والجامع فى القهندز وأسواقها فى ربضها ودار الإمارة والحبس فى الربض وعلى الربض سور محيط بــه ولها بساتين كثيرة ومياه تزيد على مياه اخشيكث وبساتينها، ويلى قبا فى الكبر اوش ولها مدينة عامــرة وقهندز عامــر ودار الإمارة والحبس فى القهندز وللمدينة ربض وعلى الربض سور وهى ملاصقة للجبل الذى عليه المرقب للأتراك الذى تُحرس فيه مقاثيهم وسرحهم ولها ثلثة أبواب فباب الجبل وباب الماء وباب مغكــذه وأبواب المدينة محصّنة، واوزكند آخر مدن فرغانه ممّا يلى دار الكُفر وهى نحو ثُلثى اوش ولهـا قهندز ومدينة محصّنة [وربض] والأسواق فيه وهى متجر على باب الأتراك ولها بساتين ومياه جارية، وليس بفرغانه مدينة إلّا ولها قهندز وهى محصّنة ذات بساتين [١٢٦ ظ] ومياه جارية،

(٤٣) وليس بما وراء النهر أكثر قرًى من فرغانه | وربّما بلغ حدّ القرية حط ٣٩٥
مرحلةً لكثرة أهلها وانتشار مواشيهم ومراعيهم، ومن كور فرغانه نسيا العليا ونسيا السفلى واسبره ونقاد وميان روذان وجدغل واورست وبسفر واشت، فأمّا نسيا العليا فهى أوّل كورة من فرغانه إذا دخلتَ اليها من ناحية خُجنده ومن مدنها وانكث وسوخ وخواكند ورشتان، ونسيا السفلى تتّصل بها ومن مدنها مرغينان وزندرامش ونجرنك واستيقان

١ (عبرت) عن حط — (عبر)، ٨ (تُحرس) — (بحرس)، ٩ (مغكذه) — (مفكنده)، ١٠ (واوزكند) — (واوركنده)، ١١ [وربض] مستتمّ عن حط، ١٤ (قرى) — (من قرًى)، ١٥ (ومن كور فرغانه) — (ومن كورها ومن كور فارغه)، ١٦ (واسبره) — (واسيزه)، (وجدغل) — (وجَدغَل)، ١٧ (وبسفر واشت) كذا فى الأصل وفى نسختى حط (وسعو واست) وصحّح ذلك ناشر حط تخمينًا الى (وبيسكند وسلات)، ١٨ (وسوخ) — كأنّه صُحّح الى ذلك من (ونسوخ) وفى حط (وسوج)، (وخواكند) — (وخواكنده)، ١٩ (مرغينان) — حط (مرغنان)، (ونجرنك) — (ونجريك) وفى حط (وبرنك)، (واستيقان) — حط (واشتيقان)،

واندكان وهلى، وهاتان الكورتان سهل ومروج وليس فى أضعافهما جبال،
حـ ٢٩٦ واسبره سهليّة جبليّة ومن مدنها طاخس وبامكاخس، وسوخ | مدينة على
حدة من الجبال ولها ستّون قرية وهى كورة جليلة منفردة بأعمالها وحالها
وما هى عليه من وفور عدّة أهلها، واوال اسم المدينة ولها قرًى وهى كورة
منفردة منعزلة، ونقاد مدينة جبليّة وهى باسم الكورة ومدينتها مسكان وليس
لها مدينة غيرها، واوش اسم المدينة وكذلك قبا ولهما قرى غزيرة العَدد
كثيرة العُدد وليس فى حدّ قبا مدينة غيرها ولا يتّصل بها عمل سواها،
وفى حدّ أُوش مدينة أُخرى تسمّى مدوا، واوزكند اسم المدينة ولها إقليم
واسع وقرًى فسيحة وليس فى عملها مدينة غيرها، وكاسان اسم المدينة واسم
الناحية أيضًا ولها قرى ومزارع وماشية وسوائم، وجدغل اسم الكورة
ومدينتها اردلانكث وليس فى عملها مدينة غيرها، وميان روذان اسم
الكورة ولها قرًى وافرة وغلّات غزيرة ومدينتها خيلام وبها مولد أبى
الجيش نصر بن أحمد فى دار خير بن أبى الخير، وكروان اسم المدينة
ولها ناحية فسيحة وقرى ذات عمارة، ونجم اسم لقرًى هناك مجتمعة كثير
بصفع هناك فيه من الرجال والكراع والحُماة ما يحمونه ويمنعونه ممّن
أراده، واورست لها قرى كثيرة، واستياكند وشلاث فلهما قرى وهما بابان
للترك ويفضى اليهما من ميان روذان كما أنّ اوزكند باب الترك ويُعرف
هذا الموضع بهفتده يعنى سبع قرى كانت للأتراك فافتتحت فى هذا
حـ ٢٩٧ العصر قريبًا وهى قريبة من | اوزكند وصارت للإسلام،

١ (وهلى) يوجد هذا أيضًا فى نسختى حـ وأسقطه ناشر حـ لفقدانه فى النسخ الفارسيّة، (أضعافهما) — (اضعافها)، ٢ (واسبره) — (وسيزه)، (طاخس) — حـ (طاخش)، (وبامكاخس) — حـ (وبامكاخش)، (وسوخ) — (وسبوخ)، ٤ (واوال) — (واواك)، (كورة) — (كور)، ٦ (ولهما) — (ولها)، ٨ (مدوا) — (مدرا)، ١١ (اردلانكث) — (اردولانكث)، ١٢—١٣ (أبى الجيش) — حـ تابعًا لبعض النسخ الفارسيّة (أبى الحسن)، ١٣ (وكروان) — (وكوران)، ١٤ (ونجم) — (ونحم)، ١٥ (بصفع) — (يصفع)، ١٦ (واورست) — (واورشت)، (واستياكند وشلاث) — (واستياكد وشلاب) وفى حـ (وبيسكند وسلات)، ١٩ (اوزكند) — (اوركند)،

(٤٤) وقد تقدّم القول أنّ بفرغانه من معادن الذهب والفضّة بناحية نقاد واخشيكث وغيرها ويرتفع الزيبق بسوخ من جبالها وبناحية نسيا العُليا زفت وجراغسنك وفضّة وذهب وفيروزج وحديد وصفر وآنك، وباسبره جبل الحجارة السود التى تحترق كالفحْم ويُبيّض برمادها الثياب، وباسبره جبال بلق فقطعة سوداء حالكة [وأخرى حمراء قانية] وأخرى صفراء فاقعة، وفى | جبال فرغانه شجر الطبرخون الذى يُحمل [١٣٦ ب] حط ٣٩٨ بزره الى الآفاق والكوذنجان ولا يكون إلّا عندهم ويرتفع من هذه النواحى ونواحى التُرك نوشاذر كثير كالذى يرتفع من البتم،

(٤٥) والمسافات بما وراء النهر فالطريق من وادى جَيحُون بفربر الى فرغانه فمن فربر الى بيكند مرحلة ومن بيكند الى بخارا مرحلة ومن بخارا الى الطواويس مرحلة ومن الطواويس الى كرمينيه مرحلة ومن كرمينيه الى الدبوسية مرحلة خفيفة ومن الدبوسية الى اربنجن مرحلة [خفيفة] ومن اربنجن الى زرمان [مرحلة ومن زرمان] الى سمرقند مرحلة ومن سمرقند الى اباركث مرحلة ومن اباركث الى رباط سعدٍ مرحلة وفى هذه المرحلة إذا صرتَ الى رباط أبى أحمد مفرق طريق فرغانه والشاش ومن رباط سعدٍ الى فورغذ مرحلة ومن فورغذ الى زامين مرحلة ومن زامين الى ساباط مرحلة ومن ساباط الى اركند مرحلة ومن اركند الى شاوكث مرحلة ومن شاوكث الى خُجنده مرحلة ومن خُجنده الى كند مرحلة ومن

---

٢ (نسيا) — (نسا)، ٣ (وجراغسنك وفضّة) — (وبخراغيشك فضّه)، ٤ (وباسبره) — (وباستره)، ٥ (وباسبره) — (وباسىره)، [وأخرى ... قانية] مستتمّ عن حط، ٧ (بزره) تابعًا لحط — (بذره)، (والكوذنجان) — حط (والكولكان)، ١١ (كرمينيه) المرّتين — (كرمسه)، ١٢ (اربنجن) المرتين — (اربيجن)، [خفيفة] مستتمّ تابعًا لحط عن صط، ١٣ [مرحلة ومن زرمان] مستتمّ عن صط إلّا أنّه أضيف فى الأصل فوق السطر بغير خط الناسخ (مرحلة ومنه)، ١٤ (اباركث) المرّتين — (ايارکث)، ١٦ (فورغذ) المرّتين — (فروغذ)، ١٧ (اركند) المرّتين تابعًا لصط — (اوزكند) ويفقد فى حط،

كند الى سوخ مرحلة ومن سوخ الى رشتان مرحلة و[من رشتان] الى زندرامش مرحلة ومن زندرامش الى قبا مرحلة ومن قبا الى اوش مرحلة كبيرة ومن اوش الى اوزكند مرحلة كبيرة وهذا هو الطريق القصد
حـَط ٣٩٩ من فربر الى اوزكند وهى آخر ما وراء النهر، ومن أراد من خُجنده | الى اخشيكث قصبة فرغانه خرج من كند الى خواقند مرحلة كبيرة ومن خواقند الى اخشيكث مرحلة [كبيرة] ومن هناك طريقان أحدهما فى المفازة والرمال سبعة فراسخ الى باب اخشيكث ثمّ يعبر نهر الشاش الى اخشيكث [والآخر يعبر النهر الى باب خمسة فراسخ ومن باب الى اخشيكث] أربعة فراسخ، فجميع المسافة من فربر الى اوزكند ثلث وعشرون مرحلة، وأمّا طريق الشاش الى أقصى بلد الإسلام فإنّك تخرج من اباركث الى قطوان دزه مرحلة وطريق الشاش وفرغانه واحد الى رباط أبى أحمد ثمّ تعدل عن يسارك الى الشاش إذا خرجتَ من رباط أبى أحمد فتنزل قطوان دزه وإن شئتَ نزلتَ خرقانه ومنها الى ديزك ومنها الى بئر الحسين ثمّ بئر حُميدٍ ثمّ وينكرد ثمّ استوركث ثمّ بنكث [ثمّ] الى رباطٍ بالقِلاص ويُدعى انفرن ثمّ الى غركرد قريـة ثمّ الى اسبيجاب ثمّ الى بذخكث ومن بذخكث الى الطراز يومان لا رباط بينهما ولا عمارة هناك، ومن أراد طريق بناكث فإنّه ينزل من اباركث رباط سعدٍ ومنـه الى زامين الى خاوس ومن خاوس الى بناكث ثمّ الى استوركث، والجميع من وادى جيحون الى الطراز اثنتان وعشرون مرحلة،

---

١ (سوخ) المرّتين — (بسوخ)، (رشتان) — (رستاق)، [من رشتان] مستتمّ عن صَط، ٥ و ٦ (خواقند) المرّتين — (خوافند)، ٦ [كبيرة] مستتمّ عن حَط، ٧ (يعبر) — (تعبر)، ٨ [والآخر ... اخشيكث] مستتمّ تابعًا لحـَط عن صَط، ٩ (المسافة) — (المفازة)، ١٠ (اباركث) — (اياركث)، ١٠–١١ (قطوان دزه) كما فيما يلى — (قطوان)، ١٣ (ديزك) — (خيرك)، ١٤ (وينكرد) — (دينكردد)، (بنكث) — (بيكث)، [ثمّ] مستتمّ تابعًا لتخمين ناشر حَط، ١٥ (انفرن) — (ايفرن)، (غركرد) — (عركرد)، ١٦ (لا) تابعًا مع حَط لصَط — (الى)، ١٧ و ١٨ (بناكث) المرّتين — (نياكث)، ١٧ (اباركث) — (ايارکث)،

(٤٦) والطريق من بخارا الى الترمذ وبلخ فمن بخارا الى فراجون مرحلة ومن فراجون الى ميانكال مرحلة ومن ميانكال الى مايمرغ مرحلة ومن مايمرغ [١٣٧ ظ] الى نسف مرحلة ومن نسف الى سوبخ مرحلة ومن سوبخ الى | الديذكى مرحلة ومن الديذكى الى كندك مرحلة ومن كندك حط ٤٠٠ الى باب الحديد مرحلة ومن باب الحديد الى رباط دارنك مرحلة ومنه الى هاشم جرد مرحلة ومنها الى الترمذ مرحلة ومن الترمذ تعبر جيحون الى سياه كرد مرحلة ومنها الى بلخ مرحلة والجميع ثلث عشرة مرحلة، والطريق من سمرقند الى بلخ فمن سمرقند الى كش يومان ومن كش الى كندك ثلث مراحل ويتّصل طريق بخارا وسمرقند الى بلخ من كندك، والطريق من بخارا الى خُوارزم فى مفازة يخرج من بخارا الى فرخشه مرحلة عامرة وتسير ثمانى مراحل فى مفازة لا منزل بها ولا رباط ولا ساكن وإنّما هو سير على المرعى والقصد فلذلك لا تُعرف منازله، ومن أحبّ أن يعبر من جيحون الى امل ثمّ يسير الى خوارزم فإنّ من بخارا الى فربر مرحلتين ومن فربر يعبر الوادى الى امل فيسير فى حدّ امل الى ويزه مرحلةً ومن ويزه الى مَردوس مرحلة ومن مردوس الى اسباس مرحلة ومن اسباس الى سيفايه مرحلة ومنها الى الطاهريّة مرحلة ثم الى هزاراسب مرحلة وذلك كلّه عمارة وهذا طريق يفضى الى مدينة الجُرجانيّة من خوارزم، فذلك من بخارا الى خوارزم اثنتا عشر مرحلة، والطريق الى اشروسنه فقد دخل فى طريق فرغانه لأنّك إذا دخلتَ فى خرقانه وزامين فهى من مدن اشروسنه،

١ (فراجون) — حط (قراجون)، ٢ (ميانكال) المرّة الثانية — (ميان كال)، ٣ (سوبخ) المرّتين — (سبوخ)، ٤ (الديذكى) المرّتين — (الويذكن)، (كندك) المرّتين — (كنذك)، ٥ (دارنك) تابعًا لحَل — (داربك) وفى حط (رازيك)، ١٣–١٤ (ثمّ يسير ... الى امل) قد أضيف ذلك بالهامش بغير خطّ الناسخ إلّا أنّه كتب هناك (اموى) مكان (امل)، ١٤ (ويزه) المرّتين — (وبره)، (مرحلة ومن مردوس) قد أضيف هذا فوق السطر بغير خطّ الناسخ، ١٦ (سيفايه) — (سنقابه)، ١٧ (مدينة) — حط (طريق)، ١٧–١٨ (فذلك ... مرحلة) قد أضيف ذلك فوق السطر بغير خطّ الناسخ، ١٩ (فى) — (من)،

(٤٧) والطريق من الخُتّل الى الصغانيان فمن معبر بذخشان على نهر خرباب الى منك ستّ مراحل ومن منك الى قنطرة الحجر على وخشاب مرحلتان وإذا نزلتَ على نهر وخشاب فإلى ليوكند مرحلتان وتنزل على الماء أيضًا الى هلاورد مرحلة وهلاورد وليوكند على شطّ وخشاب وهما مدينتا الوخش، ومن معبر ارهن الى هلاورد مرحلتان ومن المعبر الى هلبك يومان ومن هلبك | حط ٤٠١ الى منك يومان وكاوبنج فوق معبر ارهن على نهر خرباب بنحو فرسخ، وتمليات من قنطرة الحجر على أربعة فراسخ فى طريق منك، ومن معبر بذخشان الى رستاق بيك مرحلتان ومن رستاق بيك تعبر نهر انديجاراغ ثمّ تدخلها وبين رستاق بيك وانديجاراغ مرحلة ومن انديجاراغ تعبر نهر فارغر [ثمّ تدخل فارغر] وبينهما يوم ثمّ تعبر نهر بربان الى هلبك، وهذه مسافة ما بين [١٢٧ ب] الوخش والخُتّل، ومن الترمذ الى الصغانيان فإنّك تخرج من الترمذ الى جرمنقان مرحلة ومن جرمنقان الى صرمنجى مدينة حسنة وفيها رباط حسن لأبى الحسن ابن حسن ماه يُصدّق فيه بدينار خبزًا فى كلّ يوم مرحلة ومنها الى دار زنجى مدينة أيضًا حسنة [مرحلة] ولأبى الحسن رحمه الله فيها رباط ولم أنزله ولا دخلتُه، ومن دار زنجى الى الصغانيان مرحلتان ولأبى الحسن بها غير رباطٍ جليلٍ ونِعمٌ فخمةٌ، والصغانيان مدينة لآل محتاج وفيها وَلَدُ أبى علىّ أحمد بن محمّد بن المظفّر بن محتاج صاحب جيش نوح بن نصر

١ (الخُتّل) – (الخُتُّل)، ٢ (على وخشاب) – (الى وخشاب)، ٣ (ليوكند) – (اليوكند)، ٤ (وليوكند) – (ويوكند)، ٦ (منك) – (سك)، (وكاوبنج) – (وكاوبيج) وفى حط (وكاربنج)، ٧ (وتمليات) – (ونمليات)، ٨ و ٩ (بيك) الثلث المرار – (منك)، ١٠ (فارغر) – (فاوغر)، [ثمّ تدخل فارغر] مستتم عن صط، ١١ (بربان) تابعًا لتصحيح حط – (شومان)، (والخُتّل) – (والخُتُّل)، ١٢ و ١٣ (جرمنقان) المرّتين – (حرمنقان)، ١٥ [مرحلة] مستتمّ عن حط،

ابن أحمد على المعونة والصلاة بجميع خراسان على ضياعٍ لهم ونعمٍ هناك بأيديهم رعايةً من ولد نُوحٍ لسالف أبي علىّ وخدمة آبائه، والطريق من الصغانيان الى الختّل من الصغانيان الى واشجرد الى شومان مرحلتان ومن شومان الى انديان يوم ومن انديان الى واشجرد يوم ومن واشجرد الى ايلاق يوم ومن ايلاق الى دربند يوم ومن دربند الى خاوكان يوم ومن خاوكان الى القلعة يومان والقلعة من الراشت، ومن الصغانيان الى باسند مرحلتان ومن الصغانيان الى زينور مرحلة ومن الصغانيان الى بوراب | مرحلة ومن الصغانيان الى ريكر ستّ فراسخ والطريق على حـَط ٤٠٢ بوراب ويجاوزها بفرسخين ثمّ يجاوز ريكـر بثلثـة فراسخ على السَمت، ومن الترِمذ الى القواذيان مرحلتان ومن القواذيان الى الصغانيان ثلث مراحل، ومن واشجرد الى قنطرة الحجارة يوم، وهذه مسافات ما بين الصغانيان الى أقصى الخُتّل،

(٤٨) ذكر مسافات خُوارزم، فمن قصبة خوارزم وهى كاث الى خيوه مرحلة ومن خيوه الى هزاراسب مرحلة، ومن كاث الى الجُرجانيّة ثلث مراحل منها [الى] اردخشميثن مرحلة ومن اردخشميثن الى نوزوار مرحلة ومنها الى الجرجانيّة مرحلة وتعبر جيحون فى خلال ذلك، ومن هزاراسب

١–٣ (بجميع ... آبائه) مكان ذلك فى حـَط (من قبل أبي صالح منصور بن نوح رعاية لخدمة آبائه لأسلاف الأمير أبي صالح)، ٣ (الى الختّل من الصغانيان) قد أضيف هذا بالهامش بغير خطّ الناسخ، ٤ (انديان) المرّتين — (ايذنان)، ٥ (خاوكان) المرّتين — حـَط (جاوكان)، ٦ (الراشت) — (الزاشت)، ٧ (باسند) — (باشند)، (زينور) — (رنبور)، ٨ (بوراب) المرّتين — (تورات)، (ريكر ستّ) — يوجد فى الأصل (ريكدشت) ثمّ أُدخل فى المتن بغير خطّ الناسخ (ثلثة) ويوجد فى حـَط وصـَط (ريكدشت ٦) إلاّ أنّه يوجد فى نسختى حـَط (ريكا ستّ)، ٩ (ريكر) — (اوزكند)، (على السمت) — يوجد هنا فى صـَط (على سمت الطريق الى باسساب)، ١٠ (القواذيان) المرّتين — (القواديان)، ١٣ و ١٤ (خيوه) المرّتين — (خنوه)، ١٥ [الى] مستتمّ عن حـَط، (اردخشميثن) المرّتين — (اردخشمين)، (نوزوار) — (توروارم)،

الى كردران خواش ثلثة فراسخ ومنها الى خيوه خمسة فراسخ ومن خيوه الى [١٢٨ ظ] سافردز خمسة فراسخ ومن سافردز الى المدينة ثلثة فراسخ، ومن المدينة الى كردر تمضى الى درخاش مرحلتان ومن درخاش الى كردر مرحلة ومن كردر الى قرية قراتكين يومان، ومذمينيه وقرية قراتكين متقاربتان على أنّ الأقرب الى جيحون مذمينيه وهى مدينة الى وادى جيحون منها أربعة فراسخ وبين مزداخقان وبين نهر جيحون فرسخان وهى تجاه الجرجانيّة ومحاذية لها، وبين الجرجانيّة وبين جيحون فرسخ واحد،

(٤٩) والمسافات بين مدن بخارا فمن بومجكث وهى قصبة بخارا الى بيكند مرحلة ومن بومجكث الى خجاده ثلثة فراسخ عن يمين الذاهب من بخارا الى بيكند وبينها وبين الطريق نحو فرسخ، ومغكان من المدينة على خمسة فراسخ عن يمين طريق بيكند وبينها وبين الطريق نحو ثلثة فراسخ، وأمّا زندنه فإنّها من المدينة على أربعة فراسخ فى شمال المدينة، وبين كرمينيه وخديمنكن فرسخ ممّا يلى السُغد | ومن خديمنكن طريق سمرقند على حط ٤٠٢
غلوة من يسار الذاهب الى سمرقند ومن سمرقند الى اباركث أربعة فراسخ، ومن سمرقند الى ورغسر أربعة فراسخ ومن ورغسر الى بنجيكث خمسة فراسخ، ومن سمرقند الى ويذار فرسخان وويذار مدينة يُعمل بها الثياب الويذاريّة القُطنيّة وهى ثياب تلبس خامًا غير مقصورة وفيها قليل صفرة وكأنّها للينها خزّ وتُجلب الى فارس والعراق وسائر الأقطار فتستحسن ولها بقاء معروف وليس بخراسان أمير أو وزير أو قاضٍ أو عامّى [أو تانئ]

١ (خواش) — (خاس)، (ثلثة فراسخ ومنها) قد أضيف ذلك فوق السطر، (خيوه) المرّتين — (خنوه)، ٢ (سافردز) المرّتين — (سافرزن)، ٦ (مزداخقان) —(مرداخقان)، ٨ (والمسافات بين مدن بخارا) قد أضيف بالهامش بغير خطّ الناسخ، (فمن) — (ومن)، (بومجكث) المرّتين — (نُومخْكث)، ٩ (خجاده) — (خجنده)، (عن) — (على)، ١٢ (زندنه) — (ريديهُ)، ١٣ (خديمنكن) المرّتين — (خذميكن)، ١٤ (اباركث) — (ايارکث)، ١٥ (ورغسر) المرّتين — (ورغس)، (بنجيكث) — (بنجنكث)، ١٧ (الويذاريّة) — (الويذارى)، ١٩ [أو تانئ] عن حط،

أو وجُندىّ إلاّ والثياب الويذاريّة الظاهرة على ما يلبسه من فاخر الثياب فى الشتاء وجمالهم بها ظاهر وزينتهم بها فاشية وفيها نعمة وهى ثياب صفيقة ترفة ويبلغ الثوب منها من عشرين دينارًا الى دينارين ولبستُ غير ثوبٍ منها خمس سنين وتُستهدى من العراق وتُجلب فيُفتخر بلبوسها، ومن سمرقند الى كبوذنجكث فرسخان ومن سمرقند الى اشتيخن سبعة فراسخ على شمال سمرقند ومن اشتيخن الى الكشانية مرحلة والى اربنجن مرحلة،

(٥٠) والطريق من كش الى نسف ثلث مراحل ومن كش الى الصغانيان ستّ مراحل ومن كش الى نوقد قريش [خمسة فراسخ على طريق نسف، ومن كش الى سوبخ فرسخان] يسارًا واسكيفغن على فرسخ من سُوبخ وسوبخ أقرب الى اسكيفغن من نسف، ومن نسف الى كسبه أربعة فراسخ [١٣٨ ب] على طريق لبُخارا أسفل من الطريق الذى ذكرتُه وبين نَسَف وبزده ستّة فراسخ، وهذه مسافات مدن نسف،

(٥١) فأمّا المسافات باشروسنه فمن خرقانه الى ديزك خمسة فراسخ ومن خرقانه الى زامين تسعة فراسخ ومن زامين الى ساباط ثلثة فراسخ ومن زامين على طريق خاوس الى كركث ثلثة عشر فرسخًا عن يسار الذاهب الى فرغانه، وبين مدينة اشروسنه وساباط ثلثة فراسخ فيما يلى الجنوب والمشرق، وبين نوجكث وخرقانه فرسخان فيما بين المشرق والجنوب من خرقانه، وارسيانيكث على | حدّ فرغانه من شرقىّ مدينة اشروسنه على حـط ٤٠٤
تسعة فراسخ وفغكث على ثلثة فراسخ من المدينة فى طريق خجنده ومن فغكث

٤ (ومن) — (وبين)، ٥ (كبوذبخكث) — (كبوذنخكث)، (اشتيجن) المرّة الأولى — (شيتجن)، ٨ (نوقد) — (توقد)، ٨–٩ [خمسة فراسخ ... فرسخان] مستتمّ تابعًا لحـط عن صـط إلاّ أنّه يوجد هنالك (سونج) وقد كتب فى الأصل فوق السطر (خمسة فراسخ) فقط، ١٠ (كسبه) — (كسه)، ١٣ (خرقانه) — (حرقانه)، (ديزك) — (خزك)، ١٥ (خاوس) — (جاوش)، (كركث) — (كركـ)، ١٧ (نوجكث) — (بوجكث)، (وخرقانه) — (وفرغانه)، ١٩ (وفغكث) — (وفعكث)، (ثلثة) — حـط (تسعة)،

الى غزق فرسخان ومن غزق الى خجندة ستّة فراسخ، وهذه [مسافات مدن اشروسنه]،

(٥٢) المسافات بين مدن الشاش وايلاق واسبيجاب وما يتّصل بها، وبناكث على نهر الشاش ومنها الى [خرشكث فرسخ ومن خرشكث الى خذينكث فرسخ ومنها الى] استوركث ثلثة فراسخ ومنها الى دنفغانكث فرسخان ومنها الى [زالثيكث فرسخ ومنها الى] بنكث فرسخان وهذه المدن على طريق بناكث الى بنكث، وأمّا المدن التى على طريق بنكث وتونكث قصبة ايلاق فإنّ من بنكث الى نوجكث فرسخًا ومنها الى بالايان فرسخان ومنها الى نوكث فرسخ ومنها الى بانجخاش فرسخان ومنها الى سكاكث فرسخ ومنها الى تونكث فرسخ، وأمّا ما بين نهر برك ونهر ايلاق فيما يلى المشرق من طريق ايلاق فإنّ بنكث على فرسخين من جبغوكث ويليها على فرسخين فرنكث ويليها على فرسخ بغونكث ويليها على فرسخين ابرذكث وكذلك وغدرانك وكبرنه وغزك وتُدعى غزق كما تُدعى من خوارزم هزاراسف هزاراسب وكما تُدعى مدينة الرخج بنجواى فنجواى ووردوك وجبوزن وكلّها

---

١ (غزق) المرّتين — (غرق)، ١—٢ [مسافات ... اشرو سنه] مستتمّ تابعًا لحط، ٤ (وبناكث) — (وبيانخكث)، ٤—٥ [خرشكث ... ومنها الى] مستتمّ عن صط، ٥ (استوركث) — (استونكث)، (دنفغانكث) — (نفغانكث)، ٦ (بنكث) — (بيكث)، [زالثيكث ... الى] مستتمّ عن صط، ٧ (بناكث) — (بياكث)، (بنكث) — (بيكث) وكذلك كلّ مرّة فيما يلى، ٨ (نوجكث) — حط (تونكث)، (بالايان) — (بالابان)، ٩ (نوكث) — (تونكث) وفى حط (نوغكث)، (بانجخاش) — (بانحاش)، (سكاكث) — (شكالب)، ١٠ (تونكث) — (نوبكث)، (برك) — (ترك)، ١١ (جبغوكث) — (جنغوكث)، ١٢ (فرنكث) — (افرنكث)، (بغونكث) — (نغونكث)، ١٣ (وغدرانك) — (وغدوانك)، (وكبرنه) — (وكثربه)، (وغزك) — (وغرك)، (غزق) — (عرق)، (هزاراسف) — (هزاراسب)، ١٤ (مدينة) — (من مدينة)، (ووردوك) — (ووروزك)، (وجبوزن) — (وحنوزن)،

متقاربة فى مسيرة يوم فى مثله، وما بين بناكث وتونكث ونهر برك ونهر ايلاق من غربىّ طريق ايلاق فإنّها استيبغوا وكلشجك واردلانكث وبسكث وسامسيرك وخمرك وغناج كلّها فى مقدار مرحلة فى نحوها، وما بين بناكث وتونكث [١٢٩ ظ] ونهر الشاش ونهر ايلاق فإنّها غرجند وخاش ودخكث وتكث وكهسيم فى | مقدار مرحلتين فى أقلّ من مرحلة، وأمّا حط ٤٠٥ بين نهر ايلاق ونهر الشاش من غربىّ تونكث فإنّها اربلخ ونموذلغ فى مقدار خمسة فراسخ، وجينانجكث على طريق وينكرد الى بنكث وبينها وبين نهر [الشاش فرسخان، ونجاكث على وادى الشاش ويجتمع] [عندها بنهر برك وبينهما وبين] بناكث ثلثة فراسخ وكنكراك على نهر برك بقرب خذينكث على فرسخ، وبين نهر برك وحائط الشاش الذى من وراء القلاص ويُعرف بحائط عبد الله بن حميد خاتونكث وهى على فرسخين من المدينة وبركوش على ثلثة فراسخ من خاتونكث على سمتها ومنها الى خركانكث أربعة فراسخ على سمت المشرق، ومن بنكث الى اسبيجاب أربع مراحل ومن اسبيجاب [الى] اسبانيكث مرحلتان ومن اسبانيكث الى كدر قصبة

١ (بناكث) – (نياكث)، (وتونكث) – (ونوكث)، (ونهر برك) – (نهر نرك)، ٢ (استيبغوا) – (استبغوا)، (وكلشجك) – (وكلجشك)، (وبسكث) – (ونشكث)، ٣ (وسامسيرك) تابعًا مع حط لصط – (وشيسرك)، ٤ (بناكث) – (بيانكث)، (وتونكث) – (ونوكث)، (غرجند) – (غوجند)، (وخاش) – (وجاش)، ٥ (ودخكث) – (وفُخكث)، (ونكث) – (ويكث)، ٦ (تونكث) – (نونكث)، (ونموذلغ) – (ونمودلغ)، ٧ (وجينانجكث) – (وجنانجكث)، ٨ [الشاش ... ويجتمع] مستتمّ عن حط، ٨–٩ [عندها ... وبين] مستتمّ عن صط ويوجد فى حل التى هنا نسخة حط الوحيدة (الواديان عند نهر تيرك وبينهما وبين نهر) فصحّحه ناشر حط الى (الواديان عندها بنهر ترك وبينها وبين)، ٩ (بناكث) – (بهلكث)، (وكنكرك) – (وكيراك)، (برك) – (تزك)؛ ١٠ (خذينكث) – (خذنيكث)، (برك) – (تزك)، ١١ (القلاص) – (حائط القلاص)، ١٢ (وبركوش) – (وبركوس)، (خركانكث) – (جل مانكث)، ١٣ (بنكث) – (بيكث) كما يوجد كلّ مرّة، ١٤ [الى] عن حط، (اسبانيكث) المرّتين – (اسپانيكث)،

باراب مرحلتان خفيفتان ومن كدر الى شاوغر مرحلة ومن شاوغر الى صبران مرحلة خفيفة، ووسيج على غربىّ النهر فى نحر الشطّ أسفل من كدر بفرسخين، وباراب عن شرقىّ الوادى وبين كدر والنهر نصف فرسخ،

(٥٣) والطريق من اخشيكث الى شكت تسعة فراسخ وهى أوّل مدن ميان روذان ومن اخشيكث الى شلاث آخر ميان روذان نحو خمس مراحل ومن اخشيكث الى كاسان وهى فى شماليّها خمسة فراسخ ومن كاسان الى اردلانكث مرحلة ومن كاسان الى نجم وهى شرقىّ الى الشمال مرحلة ومن اخشيكث الى [حدّ] كروان نحو سبعة فراسخ، والراشت من اخشيكث على نحو سبعة فراسخ وحدّها يتّصل بايلاق وهى بين المغرب والشمال من اخشيكث وكروان بينها وبين كاسان [أربعة فراسخ] ومن اخشيكث الى كروان تسعة | فراسخ، وبارياب واخشيكث على شطّ نهر الشاش وكند حط ٤٠٦ بينها وبين نهر الشاش زيادة على فرسخ وكذلك بين وانكث والوادى زيادة على فرسخ [وبين خواكند والوادى خمسة فراسخ]، ومن قبا الى رشتان بينه وبين نهر الشاش نحو مرحلة ومن قبا الى استيقان ثلثة فراسخ ومن استيقان الى الوادى سبعة فراسخ وهى على طريق قبا الى اخشيكث، ومن سوخ الى بامكاخس خمسة فراسخ ومن سوخ الى اوال نحو عشرة فراسخ

---

٢ (ووسيج) – (ووشج)، ٥ (شكت) تابعًا مع حط لياقوت – (شلث)، ٦ (ميان روذان) – (مياروذان)، ٧ و ٨ (كاسان) الثلث المرار – (كاشان)، ٨ (نجم) – (نحم)، ٩ [حدّ] تابعًا لحط عن صط، (والراشت) – يوجد فى حل التي هنا نسخة حط الوحيدة (والزاسشت) وصحّحه ناشر حط الى (والى وانكث) ويفقد فى صط، ١١ [أربعة فراسخ] مستنمّ عن صط، ١٢ (وبارياب) – حط (وفاراب)، ١٣ (وانكث) – (وانكث)، ١٤ [وبين خواكند ... فراسخ] مستنمّ عن صط، (ومن قبا الى رشتان) تابعًا مع حط لصط – (ولقبا رستاق)، ١٥ (استيقان) المرّتين – (استفنيان)، ١٧ (سوخ) المرّتين – (بسوخ)،

على طريق اوجنه، ومن قبا الى نقاد سبعة فراسخ [وحدودها متّصلة، ومن اوش الى مدول فرسخان، ومن وانكث الى خيلام ثلثة فراسخ] [١٢٩ ب] ومن خيلام الى شلات سبعة فراسخ وشلات واستياكند ليس بهما منبر وهما ثغران وإنّما يُذكران لمحلّهما فى الجهاد وإنّهما آخر الإسلام،

١ (اوجنه) – (اوخته)، ١–٣ [وحدودها ... ثلثة فراسخ] مستتمّ عن حط، ٣ (واستياكند) – (وسيتاكند) وفي حط (وبيسكند)، ٤ (يُذكران) – (مذكرا)،

[خاتمة الكتاب]

(١) وقد تمّ هذا الكتاب بعون الله على التقريب لغائبه ونائيه وتوخّى الحقيقة فى شاهده ودانيه وما به من خَلَلٍ وزَلَلٍ وسَهْوٍ وخَطَلٍ فالعُذر الى قارئه ثمّ الى الله تعالى من تقصيرٍ إن كان فيه ولأنّ الإنسان بجُزوئيّته لا يبلغ أَرَبَهُ بِكُلّيّته إلاّ بتوفيقٍ وتأييدٍ من الحكيم المجيد، والحمد لله حقّ حمده وصلّى الله على محمّد خِيَرته من خَلْقه وأبرار عِتْرته وهو حسبى ونِعمَ المعين،

مفقود فى حط (٢) | وممّا يشهد لهذا الكتاب على غيره ممّا هو فى معناه وبسبيله من الكتب المؤلّفة فى أشكال الأرض أنّ أشهرهم بالتآليف فيها حكا عن بطلميوس أنّ عرض الأرض من القطب الجنوبىّ الى القطب الشمالىّ الذى تدور عليه بنات نعش قال واستدارة الفلك على الأرض فى مكان خطّ الاستواء ثلثمائة وستّون درجةً قال والدرجة خمسة وعشرون فرسخًا والفرسخ اثنا عشر ألف ذراع والذراع أربع وعشرون إصبعًا والإصبع ستّ حبّات شعير مصفوفة بطون بعضها الى بعض قال ويكون ذلك تسعة آلف فرسخ قال وبين خطّ الاستواء وكلّ واحد من القطبين تسعون درجة واستدارتها مثل ذلك قال والعمارة فى الأرض بعد خطّ الاستواء

---

١٠ (بطلميوس) – (بطليموس)، (الذى) – (التى)، ١٥ (تسعة) كما فى كتاب الممالك والمسالك لابن خرّداذبه ص ٤ – (سبعة)، (تسعون) كما فى كتاب ابن خرّداذبه – (تسعون ومائه)،

أربع وعشرون درجةً والباقى قد غمره ماء البحر الكبير المحيط قال ونحن على الرُبع الشمالىّ من الأرض والربع الجنوبىّ خراب لشدّة الحرّ فيه والنصف الذى تحتنا لا ساكن فيه قال وكلّ ربع من الشمالىّ والجنوبىّ سبع أقاليم، وهذا كلام عقلىّ مسلَّم لصاحبه وإن تزيّن به فى كتابه فجائز حسب ما حشا الناس كتبهم عن الناس، ثمّ قال عن نفسه والدنيا مسيرة خمس مائة عام مائتان منها بحار ومائتان منها قفار وتسعون عامًا بلاد ياجوج وماجوج وسبعة أعوام بلاد السودان وثلثة أعوام لسائر الخلق، فأخطأ فى أوّل قوله من ذكره [١٤٠ ظ] الدُنيا وهو يريد الأرض والدنيا فى لغة العرب الحيٰوة الدنيا وما ضاهى ذلك على طريق الاستعارة أو كقوله تعالى إذْ أنتُم بالعدوة الدُنيا وهم بالعدوة القُصوى وهذا كلام عامّىّ ركيك مرتبك لا يثبت ولا يمتسك لا يعرف للممالك حقيقة ولا من الأرض وجهة ولا طريقة، ويحه أين بلد ياجوج وماجوج الذى هو تسعون عامًا وجميع بلاد ولد يافث مع ما لياجوج وماجوج منها لا يبلغ مائتى مرحلة وهى من وسط المشارق الى آخر الشمال ممّا يجاور بعض بلد الروم على سِيف البحر المحيط، وأين بلد السودان الذى طوله سبعة أعوام فى السماء أم تحت الأرض وجميع بلدهم فى الإقليم الثانى وأوّله على البحر المحيط غانه ثمّ كوغه ثمّ سامه ثم غريوا ثمّ كزم ومعهم بعد المفازة التى بين الزنج والبحر المحيط النوبة والحبشة والزنج ويُعبر الى باقى سهمهم من بلد الهند بحر فارس والهند وجميع أرضهم لا تزيد على خمسين ومائتى مرحلة طولاً وأكثر عروض ممالكهم شهر أو نحوه، وأين ممالك جميع أهل الكُفر فى جنب ما للإسلام من البحر المحيط بالمغرب الى نحو البحر المحيط

١ (غمره) — (عمره)، ٣ (تحتنا) تابعًا لابن خرّداذبه ص ٥ — (بحيثُ)، ١٠ (إذْ ... القُصوى) سورة الأنفال (٨) الآية ٤٢، ١٧ (غريوا) — قد تطلّس حرف الياء بثقب فى الورقة، ٢٠ (وأكثر) — (واكبر)، (أو نحوه) — (ونحوه)،

بالمشرق ما عددتُه ووصفتُه وشكلتُه، وجميعه لا تبلغ مسافته أربع مائة مرحلة على الحقيقة ومن أجدّ به سيره ورُزّق السلامةَ قطعه فى سنة مع التوفيق، اللهمّ تجاوز عنّا واتركه ولا تؤاخذه إنّك مجيب قريب،

(٢) الحمد لله حمد الشاكرين والصلوة على رسوله سيّد المرسلين محمّد وآله الطاهرين،

فرغ من نسخ هذا الكتاب علىّ بن الحسن بن بندار فى يوم الثلثاء مستهلّ رجب سنة تسع وسبعين وأربع مائة،

CONTENTS OF THE SECOND FASCICULUS

PRINTED IN THE NETHERLANDS

OPUS GEOGRAPHICUM

AUCTORE

IBN ḤAUḲAL

(ABŪ 'L-ḲĀSIM IBN ḤAUḲAL AL-NAṢĪBĪ)

SECUNDUM TEXTUM ET IMAGINES CODICIS CONSTANTINOPOLITANI CONSERVATI IN BIBLIOTHECA ANTIQUI PALATII N°. 3346 CUI TITULUS EST

"LIBER IMAGINIS TERRAE"

EDIDIT COLLATO TEXTU PRIMAE EDITIONIS ALIISQUE FONTIBUS ADHIBITIS

J. H. KRAMERS

SUMPTIBUS PARTIM RECEPTIS A SOCIETATE C. E. N. „OOSTERSCH GENOOTSCHAP IN NEDERLAND" ET A FUNDATIONE C. E. N. „STICHTING-DE GOEJE"

LUGDUNI BATAVORUM
APUD E. J. BRILL
1939

BIBLIOTHECA GEOGRAPHORUM ARABICORUM

PRIMUM EDIDIT M. J. DE GOEJE †

NUNC CONTINUATA CONSULTANTIBUS

R. BLACHÈRE H. A. R. GIBB P. KAHLE J. H. KRAMERS
H. VON MŽIK C. A. NALLINO † A. J. WENSINCK

PARS SECUNDA

OPUS GEOGRAPHICUM

AUCTORE

IBN ḤAUḲAL

EDITIO SECUNDA

FASCICULUS SECUNDUS

LUGDUNI BATAVORUM
APUD E. J. BRILL
1939

BIBLIOTHECA GEOGRAPHORUM ARABICORUM

II, II

كتاب صورة الأرض

تأليف

أبى القسم ابن حوقل النصيبى

وهو يحتوى على نصّ النسخة المرقومة ٣٣٤٦ المحفوظة فى خزانة السراى العتيق فى استنبول وكذلك على صُوَر هذه النسخة وقد استُتِمّ بمقابلة نصّ الطبعة الأولى وبعض المصادر الأخرى،

الطبعة الثانية

(القسم الأوّل)

طُبِع
فى مدينة ليدن بمطبعة بريل
سنة ١٩٣٨

مقدّمة القسم الأوّل

قد رأينا أن نضع مقدّمة كاملة فى القسم الثالث من طبعة كتاب ابن حوقل الحاضرة تحتوى أيضًا على فهرس الأسماء وعلى بعض الإشارات اللغويّة فنكتفى هنا بما لا بدّ منه من التنبيهات،

اعتمدنا فى هذه الطبعة على نسخة واحدة وهى النسخة المرقومة ٣٣٤٦ بخزانة السراى العتيق فى استنبول وقد نسخت فى سنة ٤٧٩ الهجريّة المقابلة لسنة ١٠٨٦ الميلاديّة، وما يوجد فيها من نصّ كتاب ابن حوقل هو يخالف نسختى خزانتى (ليدن) و(اوكسفورد) اللتين اعتمد الأستاذ (ده غويه de Goeje) عليهما فى الطبعة الأولى فى الجزء الثانى من (نشريّات جغرافيّى العرب Bibliotheca Geographorum Arabicorum) المطبوعة فى (ليدن) سنة ١٨٧٣، كما استعمل (ده غويه) أيضًا فى طبعته النسخة العربيّة المرقومة ٢٢١٤ فى المكتبة الأهليّة (باريس) وأطلق عليها فى طبعته اسم الموجز الباريسىّ (Epitome Parisiensis) وهو مختصر نصّ النسخة الاستنبوليّة المذكورة إلّا أنّه توجد فيها عدّة إضافات عن الفترة الواقعة بين سنة ٥٢٤ هـ. وسنة ٥٨٠ هـ. (١١٢٩ مـ. —١١٨٤ مـ.)، فيكون إذًا تحت تصرّفنا ثلاث نصوص متباينة هى (١) النصّ الموجود فى النسخة الاستنبوليّة التى اعتبرناها مصدرًا لهذه الطبعة الثانية و(٢) النصّ الموجود فى الطبعة الأولى التى نشرها (ده غويه) و(٣) النصّ المختصر المذكور آنفًا، وسنذكر فى المقدّمة الكاملة بعض النسخ الأخرى المحتوية على النصّين الأوّل والثالث مع مقارنة جميع تلك النسخ وسرد ما بينها من الاتّفاق والاختلاف،

وأمّا النصّ الثانى فمعرفتنا به كافية من طبعة ابن حوقل الأولى حيث يتيسّر للباحث مقارنة الاختلافات الصغرى بها دون إعادة نقلها هنا،

ومـمّا يدلّ على عظم شأن النصّ الأوّل أنّه يوجد فيه بعض قِطَعٍ غير معلومة الى الآن من قلم ابن حوقل وهى تتعلّق خاصّةً بوصف القسم الغربىّ من مملكة الإسلام كما ورد فى بلاد البجة وتأريخهم وفى تعداد أكثر من مائتى قبيلة من قبائل البربر وفى الوصف المطوّل فى أحوال صقلّية وفى صفة الواحات إذا استثنينا عدّة إضافات قصيرة وأمّا القسم الشرقىّ فقد جاءت به فقرة غير معلومة الى الآن فى وصف مدينة اصبهان،

ويوجد بالعكس فى النصّ الثانى بعض الفقرات التى لا أثر لها فى النصّ الأوّل من أهمّها الخبر عن ابتداء أسفار المؤلّف فى مقدّمة الكتاب والفقرات المختصّة ببعض الخلفاء الفاطميّين والخبر الوارد فى آخر صفة السند عن ملاقاة المؤلّف لأبى إسحٰق الفارسىّ ومحاورتهما فيما كانا قد رسماها من الصُوَر، وقد أدخلنا الفقرات الزائدة المختصّة بالنصّ الثانى فى متن النصّ الأوّل بين قوسين مربّعين [ ]،

فإذًا تحتوى هذه الطبعة الثانية على كلّ ما هو معلوم الآن من مادّة كتاب ابن حوقل فتُصبح الطبعة الحاضرة متكافئة مع الطبعة الأولى التى نفدت منذ زمن طويل، وقد وضعنا بالهامش أرقام صفحات الطبعة الأولى وأضفنا أيضًا بعض الفقرات المنسوبة الى ابن حوقل فى مؤلّفات أخرى أورد فيها نصٌّ هو على ما يظهر أكمل من النصّ الموجود فى النسخ المعروفة، وقد قابلنا عند الحاجة أحيانًا نصّ الإصطخرىّ كما فعله أيضًا ناشر الطبعة الأولى،

وأدرجنا كذلك فى هذه الطبعة ما يوجد من الإضافات فى النصّ الثالث المختصّ بالقرن السادس الهجرىّ، وهى التى كان الأستاذ (ده غويه) قد أدرجها فى الحواشى التى بأسفل الصفحات من طبعته وما يختصّ منها بالمائة صفحة الأولى فى الحواشى الباقية التى جاءت بص. ٤٣٢–٤٣٥ من الجزء الرابع لنشريّات جغرافيّى العرب (ليدن ١٨٧٩)، إلاّ أنّه يظهر الآن أنّ كثيرًا من هذه الإضافات تتعلّق أصلاً بالنصّ الأوّل الموجود فى النسخة الاستنبوليّة،

وأمّا باقى هذه الإضافات فينسب أكثرها الى زمان المختصر على ما قرّره ناقله فى أكثر الأحوال تقريرًا صريحًا مع ضبط التواريخ، ولا يبقى إلّا فقرات قليلة يرتاب فيما إذا كان من الممكن نسبتها الى النصّ الأوّل أو الثالث، وقد أدرجنا إضافات النصّ الثالث فى متننا بحروف صغرى بين قوسين مربّعين [ ] أيضًا،

وفصّلنا الأبواب المحتوى كلّ واحد منها على صفة إقليم واحد فى عدد من القِطَع وهذا التفصيل غير راجع الى متن الأصل الذى من أضعف خاصّيّاته ضبط علامات الوقف (،)، وقد رُتّبت هذه القِطَع على أساس محتويات النصّ المادّيّة وأيضًا بمقابلة نصّ الاصطخرىّ حتّى يمكننا بذلك الترتيب فهم العلاقات الموجودة بين نصوص تأليف ابن حوقل المختلفة وكذلك بين هذه النصوص وبين نصّ الاصطخرىّ، ومع ذلك نرجو أن يُسهّل ذلك التفصيل استعمال الطبعة الحاضرة،

إنّه يوجد فى معظم نسخ الاصطخرىّ وابن حوقل من الصُوَر التى لا بدّ منها فى إدراك معنى المتن كما لا بدّ من المتن فى إدراك الصُوَر، وبناء على ذلك أدخلنا فى هذه الطبعة كلّ الصور الموجودة فى النسخة الاستنبوليّة فى شكل رسوم تخطيطيّة وأدخلنا كذلك فى المتن بعد كلّ واحد من التنبيهات المشيرة الى صورة إقليمٍ فصلاً يوضح فيه ما يوجد فى تلك الصورة من الأسماء والنصوص وكثير من تلك الأسماء لا يوجد فى المتن نفسه، فأمكننا بهذه الطريقة إدراج تلك الأسماء فى فهرس الأسماء فى آخر الكتاب بالإشارة الى الصفحات التى فيها إيضاح الصورة، ولا توجد صُوَر خصوصيّة للأندلس ولصقلّية إذ كانت هذه الأقاليم داخلة أوّلاً فى صفة بلاد المغرب،

وقد ضبطنا الأسماء الموجودة فى الصور وكذلك الأسماء الواردة فى المتن على قواعد متشابهة وهى أنّا اعتنينا فى كلّ موضع بضبط الهجاء وتصحيح الأخطاء الظاهرة، وقد أشرنا فى كلّ موضع فى الحواشى الى ضبط الأصل كما أظهرنا فيها أيضًا الضبط الموجود فى الطبعة الأولى

إذا خالفناها، فأمّا ما يوجد فى النسخ السائرة من الروايات العديدة التى قد طوّلت حواشى بعض الصفحات فى طبعتى الاصطخرىّ وابن حوقل المتقدّمتين تطويلًا مفرطًا فلم نورد منها إلّا ما استدعى إيراده سببٌ خاصّ، فلا تزال الاستفادة من اختلافات النسخ المشار اليها فى كلّ موضع من الطبعتين المتقدّمتين لازمة إلّا أنّنا رأينا تأخير بيان سبب ضبطنا الى حين ترجمة المتن وشرحها،

والمؤلّفات الأخرى التى استشهدنا بها فى بعض الأحيان هى منقولة عن الطبعات المشهورة وسنورد جدولها فى المقدّمة الكاملة، ونقلنا آيات القرآن عن طبعة (فلوغل Flügel) الثانية (ليبسيك ١٩٠٦)،

والاصطلاحات والاختصارات المستعملة فى الحواشى كما هو آتٍ:

الأصل = النسخة المرقومة ٣٣٤٦ فى خزانة السراى العتيق باستنبول،

حَط = طبعة ابن حوقل الأولى فى الجزء الثانى من نشريّات جغرافيّي العرب،

حَل = نسخة ابن حوقل التى فى خزانة الجامعة بـ(ليدن)،

حَو = نسخة ابن حوقل التى فى خزانة (البدليانة Bodleiana) بـ(اوكسفورد)،

حَب = النسخة الباريسيّة المحتوية على النصّ الثالث المختصر من ابن حوقل،

صَط = طبعة الاصطخرىّ فى الجزء الأوّل من خزانة جغرافيّي العرب،

قطعة = قسم من الأقسام التى انقسم اليها كلّ باب،

فقرة = قسم من المتن هو أقصر من قطعةٍ،

فهرس القسم الأوّل

[١ ظ]

لابن حوقل النصيبىّ

كتاب صورة الأرض

وصفة أشكالها ومقدارها فى الطول والعرض وأقاليم البلدان ومحلّ الغامر منها والعمران من جميع بلاد الإسلام بتفصيل مدنها وتقسيم ما تفرّد بالأعمال المجموعة اليها،

يوجد فى حط العنوان الآتى

هذا كتاب المسالك والممالك والمفاوز والمهالك وذكر الأقاليم والبلدان على مرّ الدهور والأزمان وطبائع أهلها وخواصّ البلاد فى نفسها وذكر جباياتها وخراجاتها ومستغلّاتها وذكر الأنهار الكبار واتّصالها بشطوط البحار وما على سواحل البحار من المدن والأمصار ومسافة ما بين البلدان للسفارة والتجّار مع ما ينضاف الى ذلك من الحكايات والأخبار والنوادر والآثار، تأليف أبى القسم بن حوقل رحمه الله، مختصر فى صور بلاد الإسلام وأخبارها بالكمال والتمام، جمع الإمام العالم أبى القاسم محمّد الحوقلىّ البغدادىّ رحمه الله تعالى معوّل فيما جمعه على كتاب الإمام العالم أبى القاسم محمّد بن خرداذبه وقدامة بن جعفر الكاتب تغمّدهم الله برحمته وصلّى الله على محمّد وآله وصحبه وسلّم حسبنا الله ونعم الوكيل،

حط٤ [١ ب] بسم الله الرّحمن الرّحيم

(١) الحمد لله المحمود بنِعَمه المشكور على آلائه وقِسَمه وصلّى الله على خير خلقه محمّد وأبرار عترته وسلّم،

(٢) أمّا بعد فإنّ أحقّ من رقى الى المكارم فحلّ منها فى الذِروة وسما الى الرغائب فلذّ منها بالصِفْوة من قدّمته خلائقه وفضّلته سوابقه وأصبح ومُناويه مخصومٌ وثانيه معدومٌ والمستسلم اليه آمنٌ والمتمسّك بحبله ساكنٌ واللاجئ اليه موَفَّقٌ والمُثْنِى عليه مُصَدَّقٌ فهو للعلم وأهله حليفٌ وبالأدب والمُعتزى اليه خصيصٌ شريفٌ قد رسخت فيهما أعراقه ووشجت وانتسجت بهما هِمَّه وأخلاقه ذاك أبو السَرِىّ الحَسَن بن الفضْل بن أبى السرِىّ الاصبهانىّ سليل السَراةِ وشِهاب الكُفاة وغَيْث العُفاة زِمام الفضائل وقُطب الخصائل والأحق بقول القائل

كَمْ عَارِفٍ بِى لَسْتُ أَعْرِفُهُ * وَمُخَبَّرٍ عَنِّى وَلَمْ يَـرَنِى
يَأْتِيهِمِ خَبَرِى وَإِنْ نَزَحَتْ * دَارِى وَبُوعِدَ عَنْهُمْ وَطَنِى

والى الله أرغب فى إطالة مُدّته ورفع درجته وسموّ منزلته إنّه مجيب قريب،

(٣) وقد عملتُ له كتابى هذا بصفة أشكال الأرض ومقدارها فى الطول والعرض وأقاليم البلدان ومحلّ الغامـر منها والعمران من جميع بلاد الإسلام بتفصيل مدنها وتقسيم ما تفرّد بالأعمال المجموعة اليها، ولم أقصد الأقاليم السبعة التى عليها قسمة الأرض لأنّ الصورة الهندِيّة التى بالقَواذِيَان وإن كانت صحيحة فكثيرة التخليط وقد جعلتُ لكلّ قطعة أفردتُها تصويرًا

---

٤ تفقد القطعة (٢) فى حَل وحَو وأخذها ناشر حَط عن حَب، ٩–١٠ (أبو السرىّ ... الاصبهانى) يوجد مكان ذلك فى حَب (سيف الدولة ابن حمدان)؛ ١١ (والأحقّ) — (واللاحق)، ١٢ (وَمُخَبَّرٍ) — (وَمُخَبِّرٍ)، ١٨ (بالقَواذِيَان) — (بالقَوارِيَان)،

وشكلاً | يحكى موضع ذلك الإقليم ثمّ ذكرتُ ما يحيط به من الأماكن والبقاع حَط ٥ وما فى أضعافها من المدن والأصقاع وما لها من القوانين والارتفاع وما فيها من الأنهار والبحار وما يُحتاج الى معرفته من جوامع ما يشتمل عليه ذلك الإقليم من وجوه الأموال والجبايات والأعشار والخراجات والمسافات فى الطُرقات وما فيه من المجالب والتجارات إذ ذلك علمٌ يتفرّد به الملوك الساسة وأهل المروآت والسادة من جميع الطبقات ،

(٤) [وكان ممّا حضّنى على تأليفه وحثّنى على تصنيفه وجذبنى الى رسمه أنّى لم أزل فى حال الصبوة شغفًا بقراءة كتب المسالك متطلّعًا الى كيفيّة البين بين الممالك فى السير والحقائق وتباينهم فى المذاهب والطرائق وكميّة وقوع ذلك فى الهمم والرسوم والمعارف والعلوم والخصوص والعموم وترعرعتُ فقرأتُ الكتب الجليلة المعروفة والتواليف الشريفة الموصوفة فلم أقرأ فى المسالك كتابًا مقنعًا وما رأيتُ فيها رسمًا متبعًا فدعانى ذلك الى تأليف هذا الكتاب واستنطاقى فيه وجوهًا من القول والخطاب وأعاننى عليه تواصل السفر وانزعاجى عن وطنى مع ما سبق به القدر لاستيفاء الرزق والأثر والشهوة لبلوغ الوطر بجور السلطان وكلب الزمان وتواصل الشدائد على أهل المشرق والعدوان واستئناس سلاطينه بالجور بعد العدل والطغيان وكثرة الجوائح والنوائب وتعاقب الكلف والمصائب واختلال النعم وقحط الديم ،]

(٥) [فبدأتُ سفرى هذا من مدينة السلام يوم الخميس لسبع خلون من شهر رمضان سنة إحدى وثلثين وثلثمائة وفيه خرج أبو محمّد الحسن بن عبد الله بن حمدان منهزمًا عنها الى ديار ربيعة من أيدى الأتراك وقد

٧ تفقد القطعة (٤) فى الأصل وهى مأخوذة من حَط ، ٩ (البين بين) — فى حَل وحَو (البين) ، (فى السير) — فى حَل (والسير) ، ١٠ (وكميّة) — فى حَل (ولميه) وفى حَو (ولمه) ، ١٢ (فلم ... متبعا) — فى حَل مكان ذلك (المسالك) فقط ، ١٣ (واستنطاقى) — فى حَل (واستنطاقى) ، ١٩ تفقد القطعة (٥) فى الأصل وهى مأخوذة من حَط ،

عملوا على القبض عليه بعد أن استتبّت له الأمور بها واتّسعت به الأحوال فيها وشرفت به الأعمال وتناهى فى الصولة ولقّب بناصر الدولة وأنا من حداثة السنّ وغرّته وفى عنفوان الشباب وسكرته فوىّ البضاعة ظاهر الاستطاعة ،]

(٦) وقد ذكرتُ فى | آخر كتابى هذا كيف تعاورَتْنى الأسفار واقتطعَتْنى حط ٦
فى البرّ دون ركوب البحار الى أن سلكتُ وجهَ الأرض بأجمعه فى طولها وقطعتُ وتر الشمس على ظهرها، ووصفتُ رجالات أهل البلدان وأعيان ملوكها من ذوى السلطان وأهل الإمكان والمقدّمين فى كلّ ناحيةٍ وبلد بالإحسان الى ذكر النادرة بعد النادرة من محاسنهم والفضيلة بعد الفضيلة من مكارمهم،

(٧) ولم أستقصِ ذلك كراهيةَ الإطالة المؤدّية الى ملال قارئه ولأنّ الغرض فى كتابى هذا تصوير هذه الأقاليم التى لم يذكرها أحدٌ علمتُه ممّن شاهدها، فأمّا ذكر مدنها وجبالها وأنهارها وبحارها والمسافات فيها وبعض ما أنا ذاكرُهُ فقد يوجد فى الأخبار متفرّقًا ولا يتعذّر على من أراد تقصّى شىء من ذلك من سافرة أهل كلّ بلدٍ وإن كانت المتعصّبة للبلدان والقبائل جاريةً على خلاف ما توخّيتُه [٢ ظ] وشرعتُ فيه ورسمتُه من قصدها لحقائقها وإيرادها على ما هى عليه من طرائقها،

٥ (كيف) — (كَيْفِيَّة)، ١٢ (وجبالها) — (وحالها)،

[صورة الأرض]

(١) وقد حرّرتُ ذكر المسافات واستوفيتُ صور المدن وسائر ما وجب ذكره واتّخذتُ لجميع الأرض التى يشتمل عليها البحر المحيط الذى لا يُسلك صورةً تضاهى صورة القَواذيان من جهةٍ وتخالفهـا فى مواضع، وأعربتُ عن مكان كلّ إقليم ممّا ذكرتُـه واتّصالِ بعضه ببعض ومقداره كلّ ناحيةٍ فى سعتها وصورتها من مقدار الطول والعرض والاستدارة والتربيع والتثليث وسائر مـا يكون عليه أشكالُ تلك الصورة والعملُ وموقعِ كلّ مدينةٍ من مدينةٍ تجاورها وموضِعِها من شمالها وجنوبها وكونها بالمرتبة من شرقها وغربها ليكتفى الناظر ببيان موقع كلّ إقليم وموضعه ومكانه ومـا توخّيتُه من ترتيبه وأشكاله وقصصتُه من أحوالـه وأخباره، وقد يقع له فيما كان يعتقده شكٌّ فى طول الأرض وكبرها | وحالها فى تقارب عرضها حـط ٧
وطولها وصغرها ولا يقارب هذا التأليف عنده كتاب الجَيْهانىّ ولا يوافق رسم ابن خُرَّدَاذْبَه وسبيل قارئه أرشده الله أن يُنعم النظر فيما شكّ منـه ويتأمّله تأمّل من حُمل عنه بتحرّى الصِدْق فيه كثيرٌ من غَثاثة الناقلين وكِذْب المسافرين الذين لا يعلمون ولا قصدُهم الحقّ فيما يبغون، وَلْيَعْلَمْ أنّ الأسباب المُحرّضة على تأليفه المقتضية لعمله اللذّةُ بالإصابة فى المقصد والمحبّة للظَفَر بإبانـة كلّ بلد والذكـر الجميل من أهل التحصيل فى كلّ مشهد،

(٢) وقد فصّلتُ بلاد الإسلام إقليمًا إقليمًا وصُقْعًا صُقْعًا وكورةً كورةً

---

٤ (القَواذيان) — (القَواريان)، ٥* (وأعربت) — (أعربت)،

لكلّ عملٍ وبدأتُ بذكر ديار العَرَب فجعلتُها إقليماً واحدًا لأنّ الكعبة فيها ومكّة أُمّ القُرَى وهى واسطة هـذه الأقاليم عندى، وأتبعتُ ديار العرب بعد أن رسمتُ فيها جميع ما تشتمل عليه من الجبال والرمال والطرق وما يجاورها من الأنهار المنصبّة الى بحر فارسٍ ببحر فارس لأنّه يحتفّ بأكثر ديارها وشكّلتُ عطفه عليها ولأنّ بحر فارس يعطف من جزيرة مَسْقط مغرِّبًا الى مَكّة والى القُلْزم عن خمسين فرسخًا من عُمان ويُدعَى ذلك الموضع رَأسَ الجُمْجُمَة، ثمّ ذكرتُ المَغْرِب ورسمتُـه فى وجهين وبدأتُ بشكل ما حاز منه أرضَ مِصْر الى المَهْدِيّة والقَيْرَوَان وما فى براريّها من المدن وإن قلّت وأعقبتُها بباقى صورته من القيروان والمهديّة الى أرض طنجة وازيلى ورسمتُ على بحره مدنه الساحليّة وشكّلتُ طُرُقـه الى جميع أنحائها وكيفيّتها مُغَرِّبَةً ومُشَرِّقَةً فى سائر جهاتها، ثمّ ذكرتُ مصر فى شكلين حسب ما جرى رسم المغرب به ولطول العمل أعربتُ فيهما عن حال مدنها ومواقعها على المياه الجارية فى أرضها وما كان برسمها فى

حط ٨ البعد عن المياه وخططتُ جبالها ومياهها بخلجانها وشُعَبها | واتّصال بعضها ببعض وانفصالها الى البحر على حيالها وما يصبّ من ماء الفيّوم الى بحيرة أقْنى وتَنهمتَ، ثمّ صوّرتُ الشأم وأجناده وجباله ومياهه من أنهاره وبحره وما على ساحله من المدن وبُحيرة طَبَرِيّة وبُحيرة زُغَر وتيه بنى إسرائيلَ وموقعه من ظاهر الشأم، ثمّ بحر الروم وكيفيّته فى ذاتـه وشكله فى نفسه وما عليه من الجانب الشرقىّ [٢ ب] للروم من المدن والأعمال المحاذيـة لبلد المغرب وذكرتُ مـا بقلوريه للروم من المدن والانكبرذه والزنقـة المعروفة ببلبونس والخليج الخارج من بحـر الروم الى المجاز المحيط على القُسطَنطِينيّة ومياهَ بلد الروم وأكابر أنهاره ومدنه وكنتُ استوفيتُ صورة الاندلُس فى أشكال المغرب فلم أُعِدْ شيئًا منها وقـد رسمتُ فى هذا البحر

---

٢ (ومكّة أُمّ) تابعًا لحط وفى الأصل (وامّ)، ١٤ (وخططتُ) — (وَحَططتُ)، ١٧ (زُغَر) — (زَغْر)، ٢٢ (القُسطَنطِينِيّة) — (القُسطَنطِينَة)، ٢٣ (الاندلُس) — (الاندُلُس)،

الجزائـر المشهورة المسكونة وما دعت الحاجة الى ذكره إذ كان مسكونًا مشهورًا، ثمّ ذكرتُ الجزيــرة المشهورة المعروفة بديار ربيعةَ ومُضَرَ وبَكْرٍ وكيفيّةَ دِجْلَةَ والفُرات عليها واشتمالها على حدودها الى ذكر جبالها وسائــر طرقها وأحوالها، وأعقبتُها بصورة العراق ومياهها وبطائحهـا وانصباب مياهها الى البحر وما يُفَرَّعُ ويُفْرَغُ اليها من أنهارها، وذكرتُ خوزستان على حدودها وأنهارها وما اقتضته صورتها وحالها، وقفّيتُها بصورة فارس على تصوير جميع أنهارها وبُحيراتها ومواقع مدنها وصورة بحرها الى ما عليه من المدن الساحليّة، وأتبعتُها بصورة كرمان برّها وبحرها وسَهْلها وجَبَلها وسائر طُرُقها وسُبُلها، ثمّ صوّرتُ بلاد السِنْد ومدنها وطرقها وسبلهـا وبحرها وما عليه من مدنها وأثبتُّ فيها نهر مهرانَ وكيفيّة مصبّه عن المُلْتَان وما يصاقبه من بلاد الهند والإسلام، ثمّ تلوتُها بصورة اذربيجان وشكّلتُ مـا فيها من الجبال والطرق والأنهار العَذْبَة كالرَسّ والكُر الى أن رسمتُ بُحيرة خِلاطٍ وبُحيرة كَبُوذان وكلتاهما غير متّصلتين بشئ من البحار وأثبتُّ فيها جبل القبق، ثمّ صوّرتُ الجبال وأعمالها ومواقع بلدانها على ما هى به وما الحذق منها بدخول بعض مفازة خراسان وفارس على حدودها، وذكرتُ | اليها صورة الجيل والديلم وطَبرستان ومـا يليها من بحر الخَزَر حط ٩

وبعض سبله إذ لم أُحط علمًا بكُلّيّته، وأتبعتُها بصورة بُحيرة طَبَرستان وجزيرتيها ومصبّ ما اليها من المياه وما يصاقبها من الجبال وكمّيّة مـا للإسلام منها وحدودَ ما لغيره من أقطارها، وشكّلتُ المفازة التى بين فارس وخراسان وجميع ما فيها من الطرق الى النواحى المجاورة لها والمضافة الى حدودها وما يليها من أعمال سجستان على ما يجاورها من بلاد الغُور وجبالها ومصبّ مياهها الى بُحيرة زَرَه، وصوّرتُ خراسان وما فى ضمنها من طخيرستان وجبال الباميان وطُوس وقُوهستان بجميع مياهها الجارية وجبالها المشهورة ورمالها وطرقها المعروفة، ثمّ صوّرتُ نهر جَيحون وما وراءه من

٢٢ (زَرَه) — (زَر)،

أعمال بُخَارَا وسَمرقَند واشروسنه واسبيجاب والشاش وخوارزم الى جميع ما يشتمل عليه من المياه ويحيط به من الطرق والمسالك ،

(٢) [٢ ظ] ما فى بطن هذه الورقة صورة جميع الأرض ،

[٢ ب و ٤ ظ]

إيضاح ما يوجد فى صورة الأرض من الأسماء والنصوص ،

قد كُتب عند طرف الصورة الفوقانىّ الجنوب وتحت ذلك يمنةً ويسرةً صورة جميع الأرض ومع الطرف الأسفل الشمال ، ثمّ مع الطرف الأيمن المغرب ومع الطرف الأيسر المشرق ،

قد قُسمت الأرض قسمين وهما برّ جنوبىّ وبرّ شمالىّ ، ورُسم فى البرّ الجنوبىّ نهر النيل وكُتب على قسمه الجنوبىّ بلد النوبه دنقله وعلوه ثمّ على قسمه الشمالىّ الصعيد الأعلى ثمّ نواحى مصر ، وعلى ساحل هذا البرّ عن يمين فوهة النيل بلد المغرب وفوق ذلك فى داخل البرّ أوّلاً نواحى برقه واعمالها ، ثمّ متصاعدًا الى اليمين نواحى سرت واجدابيه ، نواحى طرابلس واعمالها ، نواحى افريقيه واعمالها ، ثمّ فى زاوية البرّ على ساحل البحر المحيط بالأرض بلد طنجه واعمالها ، وبعد ذلك تابعًا للساحل اودغست للمسلمين ، غانه للكفار ، كوغه للكفار ، سامه للكفار ، غريوا للكفار ، كزم للكفار ، ووراء هذه الأسماء الممالك التى على البحر المحيط ، ثمّ على الساحل برارى الجنوب ثمّ فى زاوية البرّ حيث يبتدئ بحر فارس اصل بحر فارس وعلى ساحل هذا البحر بلد الزنج ، مفازه بين الزنج والحبشه ، بلد الحبشه ، وبين ذلك والنيل مفازة البُجه وبراريها ، وفى الجانب المقابل من النيل الواحات وأعمالها ، ويقرأ وراء ذلك فى البرّ بلد ولد جالوت ، ثمّ نواحى سجلماسه والسوس الأقصى واغمات ،

وانفصلت عن البرّ الشمالىّ قطعة فى يمين الصورة بخليج يُقرأ عنده خليج قسطنطينيه ، ويقرأ فى هذه القطعة بلد الروم مع أنّ أوّل كلمة بلد فى القطعة الأخرى من البرّ ، وعلى ساحل القطعة الصغرى فى وسط الخليج القسطنطينيه ويليها على الساحل نواحى مجذونيه ، ثمّ كسميلى ، بلبونس ، بذرنت ، جون البنادقين ، اذرنت ، قلوريه ، نواحى الانكبرذه ، نواحى افرنجه وجليقيه وفى الزاوية بلد الاندلس ، وفى الطرف التحتانىّ من البحر المحيط برارىّ الشمال ،

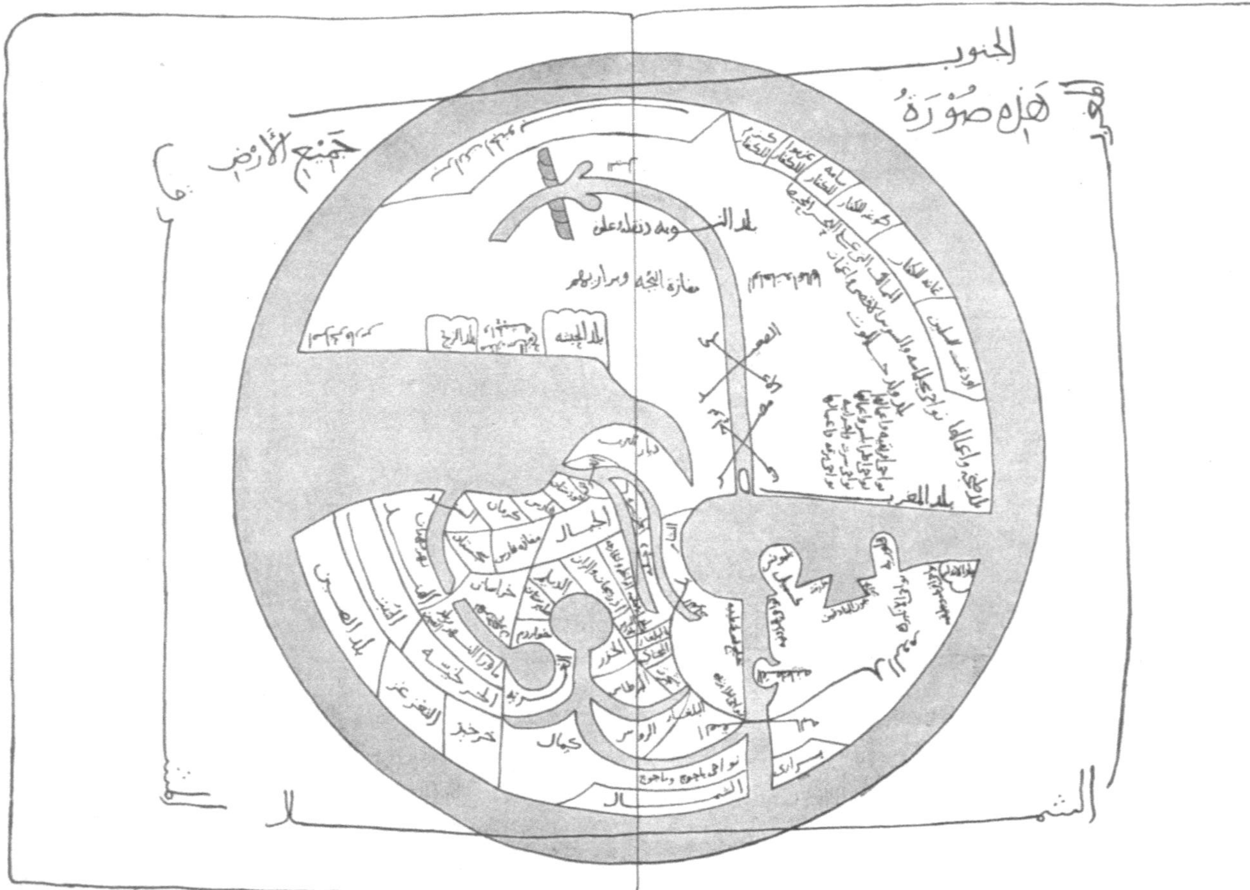

صورة الأرض التى توجد فى الصفحتين ٢ ب و ٤ ظ من الأصل،

وكلمة الشمال هذه كُتبت عن يسرة الخليج فى القطعة الأخرى .من البرّ الشمالىّ ، ويقرأ فى هذه القطعة وراء كلمة الشمال نواحى ياجوج وماجوج ثمّ متصاعدًا الى الفوق الصقالبه وهو قسمًا فى القطعة الصغرى من البرّ ثمّ وراء ذلك فى جهة الشرق البلغار والروس ، ثمّ على الخليج نواحى اطرابزنده ، ومن فوق النهر الجانب للبلغار والروس بشجرت ، البرطاس ، الخزر، البجناكيه ، البلغار مرّة ثانية ثمّ بلد السرير، ومن فوق ذلك بلد ارمينيه الداخله والخارجه ويسرةً اذربيجان والران ، وعن يمين ارمينيه نهر دجله ثمّ الفرات وبينهما الجزيرة وبين الفرات والبحر يقرأ الشام ، ثمّ عند مصبّ النهرين العراق ومن فوق ذلك ديار العرب ،

ثمّ يقرأ عن يسار العراق على البحر خوزستان ثمّ فارس ، كرمان ، السند ووراء ذلك الجبال، مفازه فارس، سجستان ووراء ذلك الديلم، طبرستان، خوارزم، الغزيه، خراسان، ومجانبًا لخراسان نهر جيحون ووراءه ما وراء النهر ويقرأ بعد ذلك من بلد الصين، ثمّ من فوق ذلك الهند وفيه نهر مهران، ثمّ وراء ذلك الخرلخيّه، التُبت ووراء ذلك على البحر المحيط خرخيز، التغزغز، بلد الصين ،

(٤) [٤ ب] فهذه جميع الأرض عامرها وغامرها وهى مقسومةٌ على الممالك وعماد ممالك الأرض أربع فأعمرها وأكثرها خيرًا وأحسنها استقامةً فى السياسة وتقويم العمارات ووفور الجبايات مملكة ايران شهر وقُطبها إقليم بابل وهي مملكة فارس ، وكان حدّ هذه المملكة فى أيّام العجم معلومًا فلمّا جاء الإسلام أخذت من كلّ مملكة بنصيب فأخذت من مملكة الروم الشأم ومصر والمغرب والاندلس وأخذت من مملكة الصين ما وراء النهر وانضمّت اليها هذه الممالك العظيمة ، ومملكة الروم يدخل فيها حدود الصقالبة ومن جاورهم من الروس والسرير واللان والأرمن ومن دان بالنصرانيّة ، ومملكة الصين يدخل فيها سائر بلدان الأتراك وبعض التُبّت ومن دان بدين أهل الأوثان منهم، ومملكة الهند يدخل فيها السند وقشمير وطرف من التُبّت ومن دان بدينهم، ولم أذكر بلدان السودان فى المغرب

٥ (بلد السرير) قد تطلّس أكثره فى الأصل،

٦ (ارمينيه) قد تطلّس أكثره فى الأصل،

والبُجة والزنج ومن فى أعراضهم من الأمم لأنّ انتظام الممالك بالديانات والآداب والحِكَم وتقويم العمارات بالسياسة المستقيمة | وهؤلاء مُهْمِلون فى هذه الخصال ولا حظّ لهم فى شىء من ذلك فيستحقّوا به إفراد ممالكهم بما ذكرتُ به سائر الممالك، غير أنّ بعض السودان المقاربين هذه الممالكَ المعروفةَ يرجعون الى ديانة ورياضة وحِكَم ويقاربون أهل هذه الممالك كالنُوبة والحبشة فإنهمّ نصارى يرتسمون مذاهبَ الروم وقد كانوا قبل الإسلام يتّصلون بمملكة الروم على المجاورة لأنّ أرض النوبة مصاقبةٌ أرضَ مصر والحبشةُ على بحر القلزم وبينهما وبين أرض مصر مفاوزُ معمورةٌ فيها معادنُ الذهب ويتّصلون بمصر والشأم من طريق بحر القلزم، فهذه الممالك المعروفة ولمّا زادت مملكة الإسلام بما اجتمع اليها من طرائف هذه الممالك المذكورة شَرُفَتْ وعَظُمَتْ، حط ١٠

(٥) وقسمة الأرض على الجنوب والشمال فإذا أخذتَ من المشرق من الخليج الذى يأخذ من البحر المحيط بأرض الصين الى الخليج الذى يأخذ من هذا البحر المحيط من أرض المغرب بين أرض الاندلس وطنجة فقد قسمتَ الأرض قسمين وخطّ هذه القسمة يأخذ من بحر الصين حتّى يقطع بلد الهند ووسطَ مملكة الإسلام حتّى يمتدّ على أرض مصر الى المغرب، فما كان فى حدّ الشمال من هذين القسمين فأهله بِيض وكُلّما تباعدوا فى الشمال ازدادوا بياضًا وهى أقاليم باردة، وما كان ممّا يلى الجنوب من هذين القسمين فأهله سود وكُلّما ازدادوا تباعدًا فى الجنوب ازدادوا سوادًا وأعدل هذه الممالك فى الخطّ المستقيم وما قاربه،

(٦) وسأذكر كلّ إقليم من ذلك بما يعرف قربه ومكانه من الإقليم الذى يضامّه ويصاقبه إن شاء الله، فأمّا مملكةُ الإسلام فإنّ شرقيّها أرض الهند وبحر فارس وغربيّها مملكة السودان السكّان على البحر المحيط المتّصلين ببرارىّ اودغست وصحاريها تجاه اوليل وشماليّها بلاد الروم وما يتّصل

٣ (فيستحقّوا) — (فليستحقّوا)، ١٥ (قسمتَ) — (قسمتُ)، ١٩ (تباعد[٣]) — (تباعدوا)، ٢٤ (اوليل) تابعًا لحط وفى الأصل (اولبك)،

بها من الأرمَن واللاّن والران والسرير والخزر والروس والبلغار والصقالبة وطائفة من الترك ومن شمالها بعضُ مملكة الصين | وما اتّصل بها من حَط ١١ بلاد الأتراك وجنوبيّها بحر فارس، وأمّا مملكة الروم فإنّ شرقيّها بلاد الإسلام وغربيّها وجنوبيّها البحـر المحيط وشماليّها حدود عمل الصين لأنّى ضممتُ ما بين الأتراك وبلد الروم من الصقالبة وسائـر الأمم التى تلى الروم [٥ ظ] الى بلد الروم، وأمّا مملكةُ الصين فإنّ شماليّها وشرقيّها البحر المحيط وجنوبيّها مملكة الإسلام والهند وغربيّها أيضًا البحـر المحيط لأنّ يَاجُوج ومَاجُوج ومن اليهم الى البحر المحيط من هذه المملكة، وأمّا أرض الهند فإنّ شرقيّها بحرفارس وغربيّها وجنوبيّها بلاد خراسان وشماليّها مملكة الصين، فهذه حدود هذه الممالك التى ذكرتُها،

(٧) وأمّا البحار فأشهرُها اثنان وأعظمها بحر فارس ثمّ بحر الروم وهما خليجان متقابلان يأخذان من البحـر المحيط وأفسحهما طولاً وعرضًا بحرفارس، والذى يقترى بحرفارس من الأرض فمن حدّ الصين الى القُلزُم فإذا قطعتَ من القلزم الى الصين على خطّ مستقيم كان مقداره نحو مائتى مرحلة، وكذلك إذا شئتَ أن تقطع من القلزم الى أقصى حجر بالمغرب على خطّ مستقيم ألفيْتَهُ مائة وثمانين مرحلة، وإذا قطعتَ من القلزم الى أرض العراق فى البرّيّة على خطّ مستقيم وشققتَ أرض السَماوَة ألفيتَه نحو شهر ومن العراق الى نهر بلخ نحو شهرين ومن نهر بلخ الى آخر بلاد الإسلام فى حدّ فرغانة نيّف وعشرون مرحلـة ومن هناك الى أن تقطع أرض الخَرلخِيّة كلّها وتدخل فى عمل التغزْغز نيّفٌ وثلثون مرحلة ومن هذا المكان الى البحر المحيط من آخر عمل الصين نحو شهرين، وأمّا من أراد قطْعَ هذه المسافة من القُلزُم الى الصين فى البحر طالت المسافة عليه لكثرة المعاطف والتواء الطرق فى هذه البحور، وأمّا بحر الروم فإنّه يأخذ من البحر المحيط فى الخليج الذى بين المغرب والاندلس حتّى ينتهى الى الثغور التى كانت تُعْرَف بالشأميّة ومقدارُه فى المسافة نحو أربعة أشهر وهو أحسن استقامةً

١٥ (حجر) — (حمر)، ٢٢ (طالت) — (طالة)،

حط ١٢ واستواء من بحر فارس وذلك أنّك إذا أخذتَ من | فم هذا الخليج أدّتك ريحٌ واحدةٌ الى أكثر هذا البحر، وبين القلزم الذى هو لسان بحر فارس وبين بحر الرومِ على سَمْت الفَرَمَا ثلث مراحلَ ويزعم بعض المفسّرين فى قول الله تعالى بينهما برزَخٌ لا يبغيان أنّه هذا الموضعُ ويزعم أهل التأويل غير ذلك غير أنّ بحر الروم يجاوز الفرمـا بنيّف وعشرين مرحلة وهو متصّل فى مسافات المغرب بما يُغنى عن إعادته، ومن مصر الى أقصى المغرب نحو مائة وثمنين مرحلة فكأنّ مـا بين أقصى الأرض من المغرب الى أقصاها من المشرق نحو أربع مائة مرحلة،

(٨) وأمّا عرضُها من أقصاها فى حدّ الشمال الى أقصاهـا فى حدّ الجنوب فإنّك تأخذ من ساحل البحر المحيط حتّى تنتهى الى أرض ياجوج وماجوج ثمّ تمرّ على ظَهْر أرض الصقالبة فتقطع أرض البُلغار الداخلـة والصقالبة وتمضى فى بلد الروم الى الشأم وأرض مصر والنوبة ثمّ تمتدّ فى برّيّةٍ بين بلاد السودان وبلاد الزنج حتّى تنتهى الى البحر المحيط فهذا خطّ ما بين جنوبىّ الأرض وشماليها، وأمّا الذى أعلَمُهُ من مسافة هذا الخطّ فإنّ من ياجوج الى بُلغار وأرض الصقالبة فنحو أربعين مرحلة ومن أرض الصقالبة فى بلد الروم الى الشأم نحو ستّين مرحلة ومن أرض الشأم الى أرض مصر نحو ثلثين مرحلة ومنها الى أقصى النوبة نحو ثمنين مرحلة حتّى تنتهى الى البرّيّة التى لاتُسلك فذلك مائتا مرحلـة وعشر مراحل كلّها عامرة مسكونة، وأمّا ما بين ياجوج وماجوج والبحر المحيط فى الشمال ومابين برارىّ السودان والبحر المحيط [فى الجنوب] فقفْرٌ خرابٌ ما بلغنى أنّ فيه عمارة ولا حيوانًا ولا نباتًا ولا يُعلم مسافةُ هاتين البرّيّتين الى شطّ البحر كم هى وذلك أنّ سلوكهما غير ممكن لفرط البرد الذى يمنع من العمارة [٥ ب] والحياة فى الشمال وفرط الحرّ المانع من العمارة والحياة فى

حط ١٣ الجنوب، وجميع ما بين المغرب | والصين فمعمور كلّه والبحر المحيط محتفّ بالأرض كالطوق ومأخذ بحر فارس وبحر الروم من البحر المحيط،

٤ (بينهما ... يبغيان) سورة الرحمان (٥٥) الآية ٢٠، ٢٠ [فى الجنوب] مستتمّ عن حط،

(٩) فأمّا بحر الخَزَر فليسَتْ له مادّة من شيء من ذين البحرين بوجهٍ ولا سببٍ وقد حُكِيَتْ عن هذا البحر حكاياتٌ كثيرةٌ عن كبار المؤلّفين ولقد قرأتُ فى غير نسخةٍ لجَغرافِيا أنّه يستمدّ من بحر الروم عن بَطْلميوسَ وأعوذ بالله أن يكون مثلُ بَطْلميوسَ يذكر المحال أو يصف شيئًا بخلاف ما هو به، وهذا البحر في قرارٍ من الأرض مادّتهُ الماء العذب والذى يفرع اليه ويفرّغ فيه فنهر آتُل وهو أكبرُ موادّه وهو نهر الروس ونهر الكر والرس ومياه الجِيل والدَيْلَم وطبرستان ونواحى الغُزِّيّة وجميعها مياه عذبة وإنمّا تربتها فاسدة حُمّائِيّة فالماء يَأْجَن ويَأْسَن فيها لذلك، وهو بحر لو أخذ السائر على ساحله من الخَزَر على أرض اذربيجان الى الديلم وطبرستان وجُرجان والمفازة على جبل سياه كويه لرجع الى مكانه الذى سار منه بغير أن يمنعه مانع من ماء مالح سوى الأنهار العذبة التى ذكرتُها، فأمّا بُحيرة خُوارِزم فكذلك أيضًا لاتتّصل ببحر غيرها، وفى أراضى الزَنج وبلدانهم خُلجان وكذلك فى أعراض بلد الروم خلجان وبحار لا تُذكر لقصورها عن هذه البحار وكثرتها، وقد أخذ من البحر المحيط خليج يمرّ على ظهر بلد الصقالبة ويقطع أرض الروم على القسطنطينيّة حتّى يفرع فى بحر الروم،

(١٠) وأرض الروم حدّها من هذا البحر المحيط علي بلد الجلالقة وافرنجه وروميه واثيناس الى القسطنطينيّة ثمّ الى أرض الصقالبة ويشبه أن يكون نحو مائة وسبعين مرحلة وذلك أنّ من حدّ الثغور فى الشمال الى أرض الصقالبة نحو شهرين وقد ثبت أنّ من أقصى الجنوب الى أقصى الشمال مائتى مرحلة وعشر مراحل، والروم المحض من حدّ رُومِية الى حدّ الصقالبة

---

١ (بوجهٍ) — (وَجْهٍ) وتوجد القراءة المقبولة فى حب ويفقد فى حط، ٧ (الغُزّيّة) — (الغَزنَةِ) ويكتب فى حب (البرّيّة)، ١٥ (القسطنطينيّة) — (القسطنطينة)، ١٦ (فى بحر الروم) يكتب مكان ذلك فى حب (فى بحر المغرب مسيرته نحو مائة وسبعين مرحلة)، ١٧ (الجلالقة) — (الجلالفه)، ١٨ (وروميه) — (ورميه)، (واثيناس) — (واشيناس)، ٢١ (رُومية) — (رُوميّة)،

وما ضممتُه الى بلد الروم من الافرنجه والجلالقة وغيرهم فإنّ لسانهم مختلفٌ غير أنّ الدين والمملكة واحدٌ كما أنّ لمملكة الإسلام ألسنةً والبلد واحدٌ،

(١١) ومملكة الصين على ما يزعم [أبو إسحق الفارسىّ و] أبو إسحق إبرهيم بن البتكين حاجب صاحب خراسان أربعة أشهر فى ثلثة أشهر، حط ١٤ فإذا أخذتَ من | فم الخليج حتّى تنتهى الى دار الإسلام بما وراء النهر فهو نحو ثلثة أشهر وإذا أخذتَ من حدّ المشرق حتّى تقطعَ الى حدّ المغرب فى أرض التُبّت وتمتدّ فى أرض التَغَزْغُزِ وخَرْخِيزَ وعلى ظهر كيماك الى البحر فهو نحو أربعة أشهر، ولمملكة الصين ألسنةٌ مختلفةٌ وجميع الأتراك من التَغَزْغُزِ وخَرْخِيزَ وكيماك والغُزّيةِ والخَرلِخية فألسنتهم واحدةٌ وبعضهم يفهم عن بعضٍ، ولأرض الصين والتُبّتِ لسان مخالف لهذه الألسنة كألسنة صِنهاجة اودغست وأهل سرت وأهل قسطيليه وغيرهم من البربر فإنّ لهم ألسنة خاصّيّة ولسان البربر يجمعهم ويفهم بعضهم عن بعض به، ومملكة الصين كلّها منسوبةٌ الى صاحب الصين المقيم بخُمدان كما مملكة الروم منسوبةٌ الى الملك المقيم بالقسطنطينيّة ومملكة الهند منسوبة الى الملك المقيم بقَنُّوج كنسبة مملكة الإسلام الى الملك المقيم ببغداذ،

(١٢) وفى ديار الأتراك ملوك متميّزون بممالكهم فأمّا الغُزّيّة فإنّ حدود ديارهم ما بين الخزر وكيماك وأرض الخرلخيّة وبلغار وحدود دار الإسلام ما بين [٦ ظ] جُرجان الى باراب واسبيجاب، وديار الكِيماكِيّة وهم من وراء الخرلخيّة فى ناحية الشمال فيما بين الغُزّيّة وخرخيز وظهر الصقالبة، فأمّا يَاجُوج فهم فى ناحية الشمال إذا قطعتَ ما بين الصقالبة والكيماكيّة والله أعلم بمقاديرهم وبلادهم جبال شاهقة لا يتوقّلها الدوابّ ولا يرتقيها

---

٣ [أبو إسحق الفارسىّ و] مأخوذ من حط، ١١ (اودغست) — (اودعست)، (سرت) — (سرب)، ١٣ (بخُمدان) — (بخمذان)، ١٧ (وبلغار وحدود الإسلام) تابعًا لصط وفى الأصل (طبرستان وحدود الديلم) وفى حط تابعًا لنسختيه (وبلغار وحدود الديلم)، ١٩ (وخرخيز) — (وحرحىر)، ٢٠ (فهم) — (وهم)، (قطعتَ) تابعًا لحط وصط ويفقد فى الأصل،

إلّا الرّجالة ولم ألق بهم أخبر من إبرهيم بن البتكين حاجب صاحب خراسان فأخبرنى أنّ تجاراتهم إنّما تصل اليهم على ظهور الرجال وأصلاب المعز وأنّ تجّارهم من نواحى خوارزم رُبّما أقاموا فى صعود جبلٍ ونزوله الأسبوعَ والعشرةَ الأيّام، وأمّا خرخيز فإنّهم ما بين التَغَزْغُز وكِيماك والبحر المحيط وأرض الخرلخيّة والغزّيّة، وأمّا التغَزْغُز فقبيل عظيم لهم دار واسعة ما بين التبّت وأرض الخرلخيّة وخرخيز ومملكة الصين، والصين ما بين البحر المحيط والتَغَزْغُز والتبّت والخليج الفارسىّ، وأرض الصَقَالبة عريضة طويلة نحو شهرين فى مثلها، وبُلغار مدينة صغيرة ليس لها أعمال كثيرة وكانت مشهورة لأنّها كانت فرضة لهذه الممالك فاكتسحها الروس وأتوا على خَزَران وسمندر واتل فى سنة ثمان وخمسين وثلثمائة وساروا من فورهم الى بلد الروم والاندلس وافترقوا فرقتين، | حط ١٥ والروس قوم هَمَج سُكّان بناحية بُلغَار فيما بينهم وبين الصقالبة على نهر اتل، وقد انقطعت طائفة من التُرك عن بلادهم فصاروا بين الخزر والروم يقال لهم البجناكيّة وليس موضعهم بدار لهم على قديم الأيّام وإنّما انتابوها فغلبوا عليها وهم شَوْكة الرُوسيّة وأحلافهم وهم الخارجون قديمًا الى الاندلس ثمّ الى بَرذعه، والخَزَر اسم لجنس من الناس وكان بلدهم صغيرًا ذا جانبين يسمّى اتل أحدُ جانبيها باسم النهر والجانبُ الآخر خَزَران وهذا النهر يجرى من بلد الرُوس وليس لهذا المصر كثير رساتيق ولا سعة مملكةٍ وهو بلدٌ بين بحر الخزر والسرير والروس والغُزِّيّة، والتُبّت بين أرض الصين والهِند وأرض الخرلخيّة والتغزغز وبحر فارس وبعضهم فى مملكة الهند وبعضهم فى مملكة الصين ولهم ملك قائم بنفسه يقال أنّ أصله من التبابعة والله أعلم،

(١٢) وأمّا جنوبىّ الأرض من بلاد السُودان فإنّ بلدهم الذى فى أقصى المغرب على البحر المحيط بلد ملتفّ ليس بينه وبين شئ من الممالك إتّصال غير أنّ حدًّا له ينتهى الى البحر المحيط وحدًّا له ينتهى الى برّيّةٍ بينه وبين أرض المغرب وحدًّا له ينتهى الى برّيّةٍ بينه وبين أرض مصر

١٦ (اتل) — (آتَل)، ١٨ (والسريرا) — (والسرير)،

على ظهر الواحات وحدًّا لـه ينتهى الى البرّيّة التى ذكرتُ أنّها لا تُنْبِت ولا عمارة فيها لشدّة الحرّ، وطولُ أرضهم ألف فرسخ فى نحوها عرضًا غير أنّها الى البحر لا الى ظهر الواحات أطول من عرضها، وأرض النوبة فلها حدّ الى أرض مصر من نواحى الصعيد وحدّ الى هذه البرّيّة التى [بين أرض السودان ومصر وحدّ لها الى أرض البُجة وبراريّ بينها وبين القلزم وحدّ لها الى هذه البرّيّة التى] لا تُسلك، وأرض البُجـة فديارٌ صغيرةُ العرض طويلةٌ تمرّ فى الجنوب بين نهر النيل وبحـر القُلْزُم وهم فيما بين الحَبَشَة والنُوبة من حدود قوص الى البرّيّة التى لا تُسلك وعدد رجالهم وذكر حالهم وملوكهم واعتقاداتهم وما تقلّبت بهم الحال عليه فى الإسلام كثير طريف ولا أعرف لهم فى سيرة من السِيَرَ ذكرًا وسآتى من أخبارهم بجُمَل يستحسنها من اعترضها عند الحاجة اليه، [وأمّا الحَبَشَة فإنّها على بحر القلزم وهو بحر فارس فينتهى حدّ لها الى بلاد الزنج وحدّ لها الى البرّيّة التى بين النُوبة وبحر القلزم وحدّ لها الى البُجة والبرّيّة التى لا تُسلك،] وأرض الزَنج أطول أراضى السُودان ولا تتّصل بمملكةٍ [٦ ب] [غير الحبشة] — والحَبَشَة ناحية ومملكة عريضة لهم فى وقتنا هذا مَلِكَةٌ لهم عليهم نحو ثلثين سنةً وأخبارها من طرائف الأخبار— وهى تُجاه اليَمن وفارس وكرمان الى أن تحاذى بعضَ أرض الهِنْد، | وأرض الهند تجاه بلاد الزنج من جانب حط ١٦ بحر فارس الشرقىّ وطولها من عمل مُكران فى أرض المنصُورة والسندهند وهم البدهه وسائر بلدان السند الى أن تنتهى الى قَنُوج ويجوزها الى أرض التبّت نحو أربعة أشهـر وعرضها من بحر فارس على أرض قَنُوج نحو ثلثة أشهر،

(١٤) ومملكة الإسلام فى حيننا هذا ووقتنا فإنّ طولها من حدّ فرغانه

٤—٦ [بين ... البرّيّة التى] مستنمّ عن حَط وصَط، ١١—١٣ [وأمّا الحبشة ... لا تُسلك] مأخوذ من حَط وصط، ١٤ [غير الحبشة] مستنمّ عن حَط وصَط، ١٥—١٦ (والحبشة ... الأخبار) لا يوجد فى حَط ولعلّه حاشية، ١٩ (ويجوزها) — (وبُحورها)،

حتّى يقطع خراسان والجبال والعراق وديار العرب الى سواحل اليمن فهو نحو خمسة أشهر وعرضُها من بلد الروم حتّى يقطع الشأم والجزيرة والعراق وفارس وكرمان الى أرض المنصورة على شطّ بحر فارس نحو أربعة أشهر، وإنّما تركتُ فى ذكر طول الإسلام حدّ المغرب الى الاندلس لأنّه كالكُمّ فى الثوب وليس فى شرقىّ المغرب ولا فى غربيّه إسلامٌ لأنّك إذا جاوزتَ مِصْر فى أرض المغرب كان جنوبىّ المغرب بلاد السُودان وشماله بحر الروم ثمّ أرض الروم، ولو صلح أن يُجْعَل طول الإسلام من فرغانه الى أرض المغرب والاندلس لكان مسيرة ثلثمائة مرحلة لأنّ من فرغانه الى وادى بلخ نيفًا وعشرين مرحلة ومن وادى بلخ الى العراق نحو ستّين مرحلة ومن العراق الى مصر نحو ثلثين مرحلة وقد ثبت فى مسافات المغرب أنّ من مصر الى أقاصى المغرب مائة وثمانين مرحلة ومن مصر الى أن تُحاذى آخر أرض الاندلس بأعمال طنجة نصف هذه المسافة، ولمّا قصدتُ تفصيل بلاد الإسلام إقليمًا إقليمًا ليُعْرف موضعُ كلّ إقليم من مكانه وما يجاوره من سائر الأقاليم ولم تتّسع هذه الصورة التى جَمَعَتْ سائر الأقاليم لما يستحقّه كلّ إقليم فى صورته من مقدار الطول والعرض والاستدارة والتربيع والتثليث وما يكون عليه أشكاله جعلتُ لكلّ إقليم مكانًا يُعْرِبُ عن حاله [وما يجاوره من سائر الأقاليم ثمّ أفردتُ لكلّ إقليم منها صورةً على حِدَةٍ بيّنتُ فيها شكل ذلك الإقليم وما يقع فى أضعافه من المدن وسائر ما يحتاج الى علمه] ممّا آتى على ذكره فى موضعه إن شاء الله،

٤ (الاندلس) — (الأندلس)، ١٧–١٩ [وما يجاوره ... الى علمه] مأخوذ من حـ وصـ،

[ديار العرب]

حظ ١٧ (١) | فابتدأتُ بديار العَرَب لأنّ القِبلة بها ومَكّة فيها وهى أُمّ القرى وبلد العرب وأوطانهم التى لم يشركهم فى سكناها غيرهم،

(٢) والذى يحيط بها بحر فارس من عبّادان وهو مصبّ ماء دِجلة فى البحر فيمتدّ على البحرين حتّى ينتهى الى عُمان ثمّ يعطف على سواحل مهرةَ وحَضْرموتَ وعَدَنٍ حتّى ينتهى على سواحل اليمن الى جُدّةَ ثمّ يمتدّ على الجار ومَدْينَ حتّى ينتهى الى اَيْلَةَ ثمّ قد انتهى حينئذٍ حدٌّ ديار العرب من هذا البحر وهذا المكان من البحر لسان ويعرف ببحر القُلْزُم والقُلْزُم مدينة على طرفه وسِيفه فإذا استمرّ على تاران وجُبَيْلاَن وصل الى القلزم وينقطع حينئذٍ وهو شرقىّ ديار العرب وجنوبيّها وشىء [من غربيّها، ثمّ يمتدّ عليها] من اَيْلَة على مَدائن قَوْمِ لُوطٍ والبُحيرة الميّتة التى تُعرف ببحيرة زغر الى الشراة والبلقاء وهى من عمل فلَسطِينَ واذرِعاتَ وحَوْرَان والبَثَنِيّة وغُوطَة دِمَشقَ ونواحى بَعْلَبَكَّ وهى من عمل دِمشْقَ وتدمُر وسلمية وهما من عمل حمص ثمّ الى الخُناصِرة وبالس وهما من عمل قِنَّسْرِين، وقد انتهى الحدّ الى الفُرات ثمّ يمتدّ الفُرات على ديار [٧ ظ] العرب حتّى ينتهى الى الرقّة وقرقيسيا والرَحبة والدَالِية وعَانَة والحديثة وهِيتٍ والأنبار الى الكوفة ومستفرغ مياه الفُرات الى البطائح، ثمّ تمتدّ ديار العرب على نواحى الكُوفة والحِيرة على الخورنق وعلى سواد الكوفة الى حدّ واسطٍ فتصاقب ما جاور دِجلَةَ وقاربها عند واسط مقدار مرحلة ثمّ تستمدّ وتستمرّ على سواد البَصرة وبطائحها حتّى ينتهى الى عبّادان،

---

٩ (وجُبَيْلاَن) — (وجبلان)، ١٠—١١ [من .... عليها] مستتمّ عن حَط وصَط، ١١ (زغر) — (زَغر)، ١٢ (وحَوْرَان والبَثَنِيّة) — (والحورا والسسه)، ١٤ (الخُناصِرة) — (الحنا صِره)،

(٣) وهذا الذى يحيط بديار العرب فما كان من عبّادان الى ايلة فإنّه بحر فارس ويشتمل على نحو ثلثة أرباع ديار العرب وهو الحدّ الشرقىّ والجنوبىّ وبعض الغربىّ وما بقى من حدّ الغربىّ من ايلة الى بالس فمن الشأم وما كان من بالس الى عبّادان فهو الحدّ الشمالىّ ومن بالس الى أن | تجاوز الانبار فمن حدّ الجزيرة ومن الانبار الى عبّادان فمن حدّ حط ١٨ العراق، ويتّصل بأرض العرب بناحية ايلة برّيّة تُعرف بتِيه بنى إسرئيل وهى برّيّة وإن كانت متّصلة بديار العرب فليست من ديارهم وإنّما كانت برّيّة بين أرض العمالِقَة واليُونانيّة وأرض القِبْط، وليس للعرب بها ماء ولا مرعًى فلذلك لا تدخل فى ديارهم،

(٤) وقد سكن طوائف من العرب من ربيعة ومُضَر الجزيرة حتّى صارت لهم بها ديارٌ ومراعٍ ولم أر أحدًا عَزَا الجزيرةَ الى ديار العرب لأنّ نزولهم بها وهى ديارٌ لفارس والروم فى أضعاف قرًى معمورةٍ ومدن لها أعمال عريضة فنزلوا على خفارة فارس والروم حتّى أنّ بعضهم تنصّر ودان بدين النصرانيّة مع الروم مثل تغلب من ربيعة بأرض الجزيرة وغَسّان وبهراء وتَنُوخ من اليمن بأرض الشأم،

(٥) وديار العرب هى الحجازُ التى تشتمل على مكّةَ والمدينةِ واليمامةِ ومخاليفِها ونجدُ الحجاز متّصلٌ بأرض البحرين وباديةِ العراق وباديةِ الجزيرة وباديةِ الشأم واليمنُ المشتملةُ على تهامةَ ونجدِ اليمن وعمانَ ومهرةَ وبلادِ صنعاء وعدن وسائرِ مخاليف اليمن، فما كان من حدّ السرّين حتّى ينتهى على ناحية يلملم ثمّ على ظهر الطائف ممتدًّا على نجد اليمن الى بحر فارس مشرقًا فمن اليمن ويكون ذلك نحو الثُلثين من ديار العرب، وما كان من حدّ السرّين على بحر فارس الى قرب مدين راجعًا فى المشرق على الحِجْر الى جبلى طيّء ممتدًّا على ظهر اليمامة الى بحر فارس فمن الحجاز، وما كان من اليمامة

١ (ايلة) — (الايلة)، ١١ (عزا) — (عرا)، ١٥ (وبهراء) كما فى حط تابعًا لصط وفى الأصل (ومهرة) وكذلك فى حل وحو، ١٧ (ومخاليفها) — (ومخاليفُها)، ٢٠ (نجد اليمن) تابعًا لصط — (بحر اليمن)، ٢٢ (الحِجْر) تابعًا لصط — (الحجاز)،

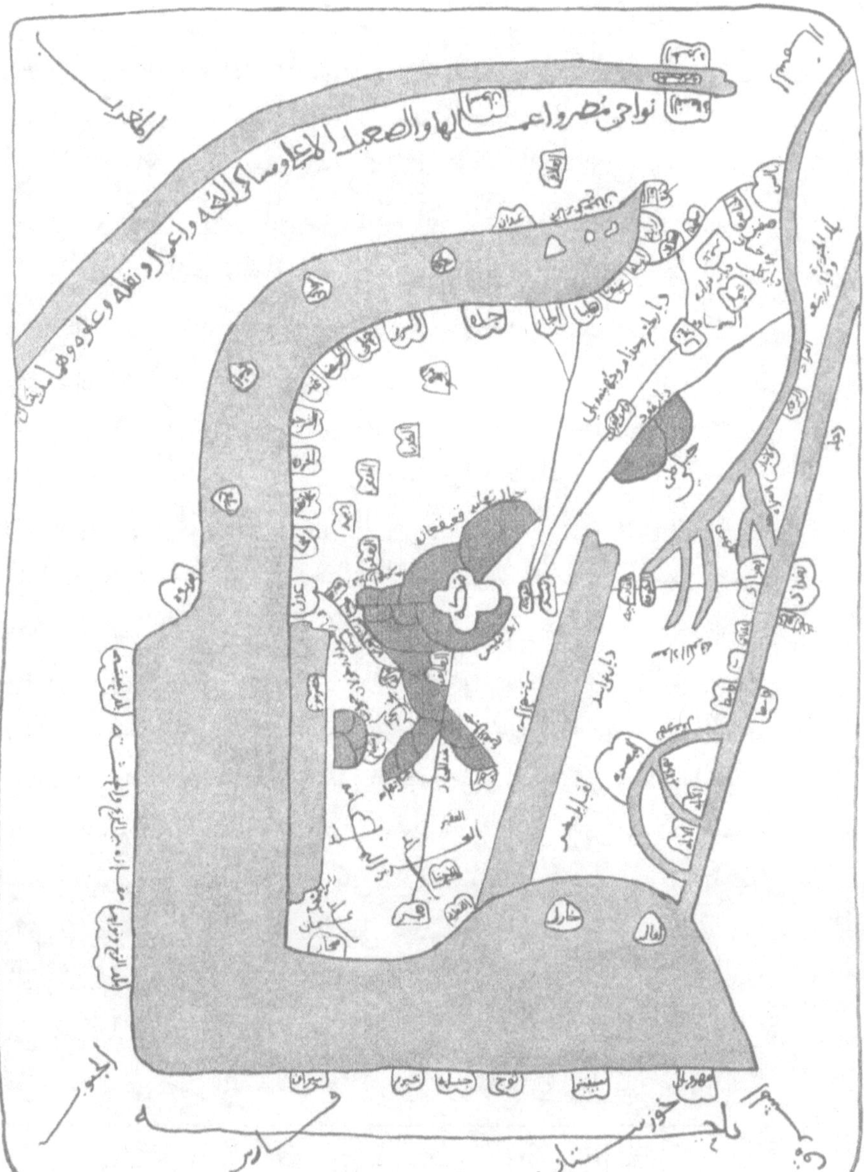

صورة ديار العرب التى توجد فى الصفحة ٧ ب من الأصل،

الى قرب المدينة راجعًا على بادية البصرة حتّى يمتدّ على البحرين [الى البحر] فمن نجدٍ، وما كان من حدّ عبّادان الى الانبار مواجهًا لنجد | والحجاز حط ١٩ على ديار أسد وطيّء وتميمٍ وسائر قبائل مضر فمن بادية العراق، وما كان من حدّ الانبار الى بالس مواجهًا لبادية الشأم على أرض تَيْماء وبرّيّة خُسَاف الى قرب وادى القُرى والحِجْر فمن بادية الجزيرة، وما كان من بالس الى أيلة مواجهًا للحجاز على بحر فارس الى ناحية مَدْين معارضًا لأرض تبوك حتّى يتّصل بديار طَيّء فمن بادية الشَأْم، على أنّ من العلماء بتقسيم هذه الديارِ من زعم أنّ المدينة من نَجْدٍ لقربها منها وأنّ مَكّة من تِهامة اليَمَن لقربها منها،

(٦) وما فى بطن هذه الصفحة فهو صورة ديار العَرَب،

[٧ ب]

إيضاح ما يوجد من الأسماء والنصوص فى صورة ديار العرب،

قد كُتب فى زاويتى الصفحة العليايين المغرب والشمال، ورُسم فى هذا القسم نهر النيل وتحت ذلك الرسم النصّ الآتى نواحى مصر واعمالها والصعيد الاعلى ومساكن البُجه واعمال دنقله وعلوه وهما مدينتان وعلى النهر من المدن الفسطاط والجيزة وبينهما الجزيره ثمّ اسوان، وبين النيل وبين ساحل البحر العلاقى،

ويقرأ على ساحل البحر فى أسفل أيسره بلد الزنج ونواحيه، مفازة بين الزنج والحبشة، بلد الحبشة ثمّ بربره ثمّ قرب منتهى الساحل الفوقانىّ عيذاب ثمّ جزائر بنى حدان، ثمّ عند منتهى البحر القُلزم، وفى البحر من الجزائر سنجله، سواكن، باضع، زيلع،

وعلى ساحل البحر من الجانب المقابل يلى القلزم من المدن رايه، ايله، عينونه، طبا، الجار، جده، السرين، حلى، الحمضه، عثر، الشرجه، الحرده، غلافقه، المخا،

١ [الى البحر] مستتمّ عن حط وصط، ٤ (تَيْماء) — (تيما)، ٥ (والحِجْر) تابعًا لصط — (والحجاز)، ٧ (فمن) تابعًا لحط ويفقد فى الأصل، ٨ (بتقسيم) — (ينقسم)، ١٨ (عيذاب) — (عدان)، ١٩ (سنجله) — (سنحله)، ٢١ (رايه) — (رابه)، ٢٢ (غلافقه — (علافقه)،

عدن، ثمّ حضرموت ثمّ فى الزاوية بلاد عمان وفيها رأس الجمجمه ومدينة صحار، ثمّ تلى ذلك على الساحل مدينة القطيف، وفى هذا القسم من البحر جزيرتا خارك واوال،

وفى وسط الصورة رُسمت مدينة مكه تحيط بها كتلة جبال متلاصقة وفيها أيضًا من أسفل مكة الطائف، ويُقرأ عند هذه الجبال من الجانب الأيسر جبال تهامه، قعيقعان، ديار راحه، وبين هذا الطرف من الجبال والبحر من المدن المعقد، زبيد، المذيخره، الكدرا، المهجم، ويأخذ من عدن على البحر طريق الى الجبال وعليه من المدن صنعا، صعده، نجران، بيشه، جرش، تباله، ثمّ يُقرأ عند جانب الجبل مكتوبًا على شكل صليبىّ نجد الحجاز، ثمّ رُسم بين الجبل وحضرموت جبل شبام وفيه مدينة شبام، ويقرأ بين جبل شبام وعدن ديار همدان وخولان، وتتشعّب الجبال الوسطيّة عن أسفلها الى طرفين كُتب بينهما نجد الحجاز وعند الطرف الأيسر جبال تهامه وعند الطرف الأيمن جبل الفرع ومدينة الفرع، وبين هذه البقاع والبحر بلد اليمامه وبلد البحرين وفيهما من المدن العقير، الاحسا، هجر، ثمّ يأخذ عن يمين القطيف على البحر الى أعلى رمل الهبير، ويُقرأ عند طرف الجبل الذى بين مكّة ورمل الهبير ابو قبيس،

وعن يمين مكّة بينها ورمل الهبير أيضًا من المدن المدينه وفيد، والطريق المارّ على هاتين المدينتين بعد اجتيازه رمل الهبير يمرّ على القادسيه والكوفه الى بغداذ على نهر دجله، ويأخذ من المدينة طريق الى وادى القرى ثمّ تبوك ثمّ معان ثمّ سلميه ثمّ الخناصره ثمّ بالس على نهر الفرات، وبين تبوك والفرات يُقرأ السماوه، ديار فزاره، ديار كلب، بريه خساف، صفين وأثناء ذلك من المدن تيما وتدمر، وبين وادى القرى والفرات ديار ثمود وجبلى طى، وبينه والبحر ديار لخم وجذام وجُهينه وبلى،

وبين الفرات ودجلة يُقرأ بلد الجزيره وديار ربيعه ثمّ على الفرات من المدن الرقه، الانبار وعند الخليج الآخذ من الانبار الى دجله الصراه ويجرى من بغداذ الى هذا الخليج نهرعيسى، وعلى دجلة بين بغداذ والبحر من المدن كلواذى، المدائن، واسط، الابله، ومن الابلّة يأخذ نهر الابله الى البصره وينصبّ تجاهها فى نهر معقل، ويقرأ بين البصرة ورمل الهبير ديار بنى اسد ثمّ فى قرب الساحل لقبائل مضر،

٥ (راحه) على التخمين وفى الأصل (راحس حه) كأنّه تصحيح (حس) الى (حه)، (المذيخره) — (المديخره)، ١٢ (الاحسا) — (الاحشا)، ١٦ (سلميه) — (سلمه)،

وفى أسفل الصورة على البحر من المدن مهروبان، سينيز، توج، جنابه، نجيرم، سيراف ويُقرأ وراء ذلك فى البرّ كلمة ناحيه التى أضيف اليها اسما خوزستان وفارس المكتوبان عليها فى شكل الصليب، وفى زاويتى الصورة السفلايين المشرق والجنوب،

(٧) [٨ ظ] وكانت هذه الديار عظيمةً خطيرةَ الملوك مَلَكَها الفراعنة والتبابعة ومنهم من ملك أكثر أهل الأرض فى سالف الزمان كتُبَّعٍ الذى مدّن مدينتى صَنْعَاء وسَمَرْقَنْدَ وكان يقيم بهذه حولاً وبهذه آخَرَ ومن أهلها فِرْعَوْنُ إبرهيمَ وهو سِنَانُ بن عُلْوانَ وفرعون مُوسَى مُصْعَبُ بن الوَلِيد، وبُعِث فيها كثيرٌ من الأنبياء وكان من أكرمهم نبيُّنا صلّى الله عليه وسلّم، ولم يلك فيما سلف من الزمان ولا على مرّ الدهور والأيّام ممّن عَلَتْ كلمتُه واتّسعت مملكتُه واستفحلت جبايته كتُبَّعٍ وذى القَرْنَيْن من ثبت الملك فيه وفى عَقِبه وجُبِيت اليه الأموال وتخرّق فى المروءة والإفضال كمن ملكها من أهلها فى الإسلام مع أكثر الأرض من حيث لم يَرِمْ أكثرهم عن مواطنهم ولا بَرِحُوا عن أماكنهم يُدْعَى لهم فى أطرافها ويدرّ عليهم الأموال من أخلافها،

(٨) فأمّا أموالها فى وقتنا هذا الواصلة الى سلاطينها وملوكها وأربابها وأصحاب أطرافها فمن جلّتهم خلف أبى الجيش إسحق بن إبرهيم بن زياد بعد أهل البحرين والذى تحت يده من الشَرْجة الى عَدَن طولاً على ساحل البحر وأرض تِهَامَة اليَمَن ويكون مقدار ذلك اثنتى عشرة مرحلة وعرضُه من الجبال الى ساحل اليمن من عمل غلافقة ويكون مقداره مسيرة أربع مراحل، | وأكثر أمواله المقبوضة من العشور وهى ما يُنِيف على خمس مائة حـط ٢٠ ألف دينار عَثْرىّ ومن قبالات زبيد عن جميع ما يدخلها ويخرج عنها وتشتمل عليه من وجوه الأموال مائتا ألف دينار عَثْرىّ، وأكثر ملوك الجبال فى وقتنا هذا يخطُبون له على منابرهم، ويصل اليه من جباية عَدَن

١٥ (فى وقتنا هذا) يكتب فى حسب مكان ذلك (فى تأريخ ثلثمائة وستّين للهجرة)،

١٧ (الشَرْجة) — (الشرحة)،

عن المراكب العُشريّة ممّا لا يقع بمواقفةٍ وضمانٍ ويعمل بالأمانات فربّما زادت المراكب ونقصت والمرتفع له فى السنة عن هذا المكان على التقريب مائتا ألف دينار عَثَرىّ وربّما زادت الزيادة العظيمة وربّما نقصت اليسير، ويوجد العنبر بسواحل عَدَن وما يليها وله على ذلك ضريبة تصل اليه، وله على صاحب جزائـر دهلك مواقفةٌ من هدايا ترد عليه فيها العبيد والعنبر وجلود النمور المرتفعة الى غير ذلك، وله على مَلِكَةِ الحَبَشَة هدايا ومبارّ فلا تنقطع هداياها ومبارّها، [قال كاتب هذه الأحرف دخلتُ عدن سنة أربعين وخمس مائة وكان العميدبها بلال بن جَرِيرٍ والمشرف عليه خالِى أحمد بن غياث من قبل سلطانها محمّد بن سبا وكان ضمان عُشر المراكب بحسب مائة ألف وأربعة عشر ألف دينار مرابطيّة وهذا أكثر ممّا ذكره مصنّف الكتـاب بأضعـاف،] ويتلوه فى المُكْنَة والمَقْدُرة ابن طَرَفٍ صاحب عَثَرٍ ويشتمل ملكه على وجوه من الأموال وضروب من الجبايات ويكون الواصل اليه كنصف ما يصل الى ولد أبي الجيش بن زياد من المال، ويتلوه الجِرَامىّ صاحب حَلْى وهو دون ابن طَرَفٍ فى المُكْنَة والسلطان والجباية وهؤلاء الثلثة ملوك تِهامَة اليَمَن وابن طَرَفٍ والجِرامىّ جميعًا فى طاعة ابن زياد وقتنا هذا ويخطبون على اسمه وقد خطب الجميـع لصاحب المَغْرِب فى هذا الوقت، وكان من أجلّ ملوك تِهامَة اليَمَن المعروفين بملوك الجبال أسعدُ بن أبى يَعْفُر فانّه ملكها سنين كثيرة وملك صَنْعَاء وخطب لآل زيادٍ وضرب دراهمه باسمهم بغير هديّة أو مبرّة تصل منه اليهم وكانت أمواله دون أربع مائة ألف دينار تنصرف فى مروءته والى أضيافه وقاصديه وكان من سُلالة التبابعة وكذلك فجميـع ما يجتبيه ولاة اليمن منصرف الى أضيافهم وقاصديهم، وجميع من بالجبال من ملوكها فجبايته دون هذه العِدّة من المال

---

١ (بالامانات) — (بالاماتٍ)، ٧—١٠ [قال . . . بأضعاف] من مضافات حَب ص. ٦ ظ، ١٢ (أبي الجيش) — (أبى الحسن)، (الجِرّامىّ) يكتب فى حَط (الخزامىّ)، (حَلْى) تابعًا لحَط وفى الأصل (عَثْرٍ)، ١٦ (خطب . . . الوقت) يوجد مكان ذلك فى حَط (خطب لمولانا عَم فى سنتنا الماضية)، ١٧ (أسعد) تابعًا لحَط وفى الأصل (سعد)،

ومرافقهم بقدر كفايتهم لمؤنهم، وأمّا الحسنيّ صاحب صعدة فله جباية كثيرة ومستغلّات من المدابغ وضرائب على القوافل كثيرة تضاهى ارتفاع ابن طَرَفٍ ونفقاته فى طُرُقِ المَعْرُوفِ [٨ ب] من حيث أمر الله تعالى أن تُصرف الصدقاتُ والأعشارُ والخراجاتُ وربّما زادت جبايته ونقصت، حط ٢١ وصاحب السرّين فالواصل اليه كفاءه ما يقوم به وبأهله وليست بحالٍ تُذْكر وله على المراكب الصاعدة والنازلة من اليمن رسمٌ يأخذه من الرقيق والمتاع الوارد مع التجّار،

(٩) وأمّا البَحْرَيْن ومدنها وهى هجر والاحساء والقَطيفُ والعقيرُ وبيشَةُ والخَرج واوالُ وهى جزيرة كان لأبى سعيد الحسن بن بهرام ولولده سليمن بها الضريبة العظيمة على المراكب المجتازة بهم والى وقتنا هذا هى لمخلّفيهما ونسلهما ويكون نسل أبى سعيد لظهره بين مرّةٍ ورجلٍ نحو الأربع مائة نَسَمَة، وبها أموال وعشور ووجوه مرافق وقوانين ومراصد وضروب مرسومة من الكلف الى ما يصل اليهم من بادية البَصرة والكوفة وطريق مكّة بعد إقطاع ما بالبحرين من الضياع بضروب ثمارها ومزارعها من الحنطة والشعير والنخل لأتباعهم المعروفين كانوا بالمؤمنين ومبلغها نحو ثلثين ألف دينار وما عدا ذلك من المال والأمر والنهى والحلّ والعقد وما كان يصل اليهم من طريق مكّة ومال عُمانَ وما وصل اليهم من الرَمْلَةِ والشامِ فمنساوٍ فيه آراء ولد أبى سعيدٍ الباقين ومفاوضة أبى محمّد سَنْبَر بن الحسن بن سَنبَرٍ وكان أكمل القوم وأشدّهم ثمّ تمكّنًا من نفسه، فإذا همّوا بقِسمة ما يصل اليهم من مال السنة كان ذلك ليومٍ معلومٍ مُذْ لم يزالوا فيعزل منه الخُمس بسهم صاحب الزمان والثلثة الأخماس لولد أبى سعيدٍ على قوانين وضعوها بينهم وكان الخُمس الباقى للسَنابِرَة مسلّمًا الى أبى محمّد ليفرّقه فى ولد أبيه وولده ويكونون نحو عشرين رجلاً، وكان ولدُ أبى طاهرٍ فيهم يُعْظَمون ويُكْرَمون وكان أجلّهم سَابُور فلمّا قتله

---

١٨ (فمنساو) — (فمُنساوٍ)، ١٩ (وكان أكمل) — يوجد مكان ذلك فى حط (ورأيتُه وسنّه دون الخمسين سنة وهو أكمل)،

أعمامُه تشتّتت كلمتهم وتغيّرت أحوالهم، وكان لهم من الثلثة الأخماس مالٌ حط ٢٢ معلومٌ دون | الجرايات عليهم من الغنائم بحسب منازلهم دون ما لهم من الضياع والنعمة المختصّة بهم الى سنة ثمانٍ وخمسين فإنّهم لمّا فتكوا بسَابُور استوحش بعضهم من بعض وانقبضوا عن الالتقاء بالجَرْعَاء وغيرهـا، وكان من رسومهم ركوبُ مشائخهم وأولادهم فُرادى فيجتمعون الى قبلة الاحساء بالمكان المعروف بالجرعاء ويلعب أحداثُهم بالرماح على خيولهم وينصرفون أفذاذًا بغاية التواضع وقد لبسوا البياضَ لا غيرَ، وكان من رسومهم أن تقع شُوراهم بالجَرعاء فيمن يُخرجونـه لما فَدَحَهم وأهمّهم فإن اتّفق رأيهم على خروجهم بأجمعهم لم يتخلّفوا ونفذوا وتركوا فى البلـد أوثقهم وأشفّهم منزلةً عندهم ولمّا أنفذوا قديمًا أبا علىّ بن أبى المنصور الى عُمان وتعذّر عليه فتحُها ساروا بأجمعهم اليها فافتتحوها، ولمّا أنفذوا أبا علىّ بن أبى المنصور الى الشّأم وعاد عنها ظُنّت به خيانةٌ فيما صار اليه من الغنائم فرُدّ اليها كسرى بن أبى القسم وصخر بن أبى إسحق فكان منهم مع أبى محمّد الحسن بن عبيد الله بن طُغج ما سيرد فى مواضعه من أخبارهم وبالله القوّة،

(١٠) [ثمّ إنّ المطيع سلّ سخائمهم وسعى فى تألُّف قلوبهم وجمع كلمتهم فى سنة ستّين على ما بلغنى سنة إحدى وستّين من مشافهة أبى الحسين علىّ بن أحمد الجزرىّ صاحب أبى الحسين علىّ بن محمّد بن الغمر ورأيتُه بصقلّية وكأنّه ورد المغرب ليقرأ الأخبار بها وأخبرنى بأشياء كالسرّ عنده ثمّ خمش وجه الحديث وقال ومن بقى من العِقْدَانيّة بالأحساء وغيرها هلكوا كُلّهم،] وكان فى جُملتهم رجال جِلّةٌ ذوو حلومٍ وعقولٍ دون من

١ (تشتّتت) — (تَشَتَّتْ)، ١٦—٢١ [ثمّ ... كُلّهم] مأخوذ من حط، ١٧ (ابى الحسين) يفقد فى نسختى حط، ١٨ (أبى الحسين علىّ) كذا أيضًا فى نسختى حط وقد بدله الناشر بـ(أبى طريف عدىّ) ولا حاجة الى ذلك لما يتلو فى متن الأصل، ٢٠ (العِقْدَانيّة) وفى نسختى حط (العبدانيه)، ٢١—٣ (وكان ... أبو طريف) يوجد مكان ذلك فى حط (كأبى طريف) فقط،

صحبهم من الجفاة الاغتام الأغفال الطغام كبنى الغمر وأجلّهم كان المُقيمُ بالجعفريّة من ظاهر البَصرة وهو أبو الحسين علىّ بن محمّد بن الغمر ويتلوه أخوه المُقيم بالكُوفَة أبو طريف عدىّ بن محمّد بن الغمر وأبو الحسن علىّ بن أحمد بن بشر الحارثِىّ المتولّى رجالهم وأموالهم من سائمتهم [٩ ظ] وكُراعهم وكان المُقيم فيهم الحدودَ على من وجبَتْ منهم وكان قد ناهز المائة سنة، وثور بن ثور | الكلابىّ صاحب جيشهم مسنّ أيضًا كافٍ حط ٣٢
مع كبر سِنّه وكان صاحب سراياهم الى كلّ مكان وكان أكبر منه حالةً وأتمّ درايةً أبو الحسن علىّ بن عثمن الكلابىّ كان يَزعم أنّ سنيه مائة وعشرون سنة وكان ممّن لقى أبا زكريا الطامىّ وشاهد دعوتَهم الأُولى وناموسَهم القديم فصيحُ اللسان حسنُ البيان جرئُ الجَنان وترسّل لهم الى غير مكانٍ وناب منابة قاضيهم ابن عرفَةَ فى أسباب المراسلة الى بنى حَمدان وغيرهم [فعقد عليه بيعتهم وأخذ عليهم العهود بموالاتهم] وقد انتشر حَبْلهم وفلّ حَولهم وفُلّ حَدّهم [بما جروا اليه من قتل سابور بن سليمان وأمورهم كالواقفة فيما بينهم]، وسمعتُ غير حاكٍ فى سنى نيّف وخمسين يحكى عن أبى طريف عدىّ بن محمّد بن الغَمر والقاضى ابن عرفَةَ عن تقارُب ألفاظهم فى القول أنّ سادتهم يتوزّعون من مال البصرة والكوفة وما يقبضونه من الحجّاج ويرد عليهم من مال عُمان والغنائم دون الخُمس الخارج عنهم لصاحب الزمان ألف ألف دينار وربّما زادت المائة والمائتى ألف دينار،

(١١) فأمّا ما ينتهى اليه علمى من أحوال مدنها وما يُحتاج الى علمه من المشهور والمُهْمَل من أخبارها فلا أعلم بأرض العرب نهرًا ولا بحرًا يحمل سفينةً لأنّ البُحيرة الميّتة التى تُعرف بزغر وإن كانت مصاقبةً

٦ (وثور بن ثور) — (وثور بن وثور)، ١٢ [فعقد ... بموالاتهم] مأخوذ من حَط، ١٣—١٤ [بما ... بينهم] مأخوذ من حَط، ١٤ (وسمعتُ ... يحكى) يوجد مكان ذلك فى حَط (وسمعتُ أبا الحسين الجزرىّ بالبصرة وصقلّية ومكّة يحكى)، ١٥ (ابن عرفَةَ) — (بن عرفَةَ)، ٢٢ (بزغر) — (بزعرّ)،

للبادية فليست منها، ومجمع الماء الذى بأرض اليمن فى ديار سبأ إنّما كان موضـعَ مسيل ماءٍ فبُنى على وجهـه سدٌّ فكان يجتمع فيــه مياه كثيرة يستعملونها فى القرى والمزارع حتّى كفروا النعمة بعد أن كان الله تعالى جعل لهم عماراتٍ قرًى متّصلةً الى الشأم فسلّط على ذلك المكان آفةً فصار لا يمسك الماء وهو قوله تعالى وجَعلنا بينهم وبين القرى التى باركنا فيها الى قوله ومزّقناهم كُلَّ مُمزَّقٍ فبَطل ذلك الماء الى يومنا هذا، فأمّا الجداول والعيون والسواقى فكثيرةٌ،

(١٢) وأنا مبتدئٌ من ديار العرب بذكر مكّة ومكّة مدينة فيما بين شعاب الجبال وطولها من المَعْلاة الى المَسْفَلَةِ نحو ميلين وهو من | حدّ ٢٤ حط الجنوبىّ الى الشمالىّ ومن أسفل جياد الى ظهـر قُعَيْقِعَان نحو الثُلُثين من هذا وأبنيتها من حجارة والمَسْجِد فى نحو وسطها والكَعْبة فى وسط المسجد وباب الكعبة مرتفع من الأرض نحو قامةٍ تجاه المشرق وهو مصراعان وأرض البيت مرتفعة عن الأرض مـع الباب ويحاذيه قُبَّةُ زَمْزَمَ ومقامُ ابرهيم صلّى الله عليه بقُرب من زَمْزَمَ بخطوات وبين يدى الكعبة ممّا يلى المغرب حصار مبنىّ مدوّر له بابان مع ركنَىْ البيت إلّا أنّه لم يدخل فيه ويُعرف بالحِجْر والطوافُ يحيط به وبالبيت وأحد الرُكنين الذى يحاذّ الحِجْرَ يُعرف بالعراقىّ والرُكْن الآخر يُعرف بالشأمىّ والرُكنان الآخران أحدهما عند الباب والحَجَر الأسود فيه مركّب على نحو قامة إنسانٍ والركن الآخر يعرف باليمانىّ، وسقاية الحاجّ المعروفة بسقايــة العبّاس على ظهـر زمزم وزمزم فيما بينها وبين البيت، ودار النَدْوَةِ من المسجد الحرام فى غربيّـه وكانت لعبد الله بن جُدْعَانَ التيمىّ وكان يملأها بالفَالُوذَج وله منادٍ ينادى عليها فى الموسم هَلُمّوا الى الفالُوذ وهى أوّل دارٍ أُسِّسَتْ بمكّة وفيه وفيها يقول الشاعر

[٩ ب] لَهُ دَاعٍ بِمَكَّةَ مُشْمَعِلٌّ * وَآخَرُ فَوْقَ دَارَتِهِ يُنَادِى،

٥–٦ (وجعلنا ... مُمزّقٍ) سورة سبأ (٣٤) الآيتان ١٧–١٨، ١٦ (الذى) — (التى)، (الحِجْرَ) — هنا (الحَجَرَ)، ١٧ (الآخران) — (الاخيران)،

(١٣) ومن وقف على الصَفَا رأى الحَجَر الأسود والسعى بين الصفا والمَرْوَةِ، والمروة حَجَرٌ من حدّ قُعَيْقِعَانَ وهو الجبل الذى عن غربىّ الكعبة وأبو قُبَيْس أرفع وأعلى منه تجاهَهُ من نحو المشرق ويقال أنّ حجارة البيت من قُعَيْقِعَانَ، ومِنًى على طريق عَرَفَاتٍ من مكّة وهى أيضًا شعبٌ طوله دون الميلين وعرضه دون رمية السهم وبينه وبين مكّة ثلثة أميال وبمنًى أبنية كثيرة كالقصور لأهل كلّ بلد من بلدان الإسلام، ومَسْجِدُ الخِيفِ فى أقلّ من وسطها ممّا يلى مكّة وجَمْرَة العَقَبَة فى آخر منًى ممّا يلى مكّة وليست العقبة التى تُنسب اليها الجمرةُ من منًى والجمرة الأولى والوسطى هما معًا فوق مسجد الخِيف الى ما يلى مكّة، والمُزْدَلِفَة مبيتٌ للحاجّ ومجمع صلاتى المغرب والعشاء الآخرة إذا | صدر الحاجّ من عرفاتٍ حط ٢٥ بالمُزْدَلِفَة وهو مكانٌ بين بطن مُحسّر والمأزمين فأمّا بطن مُحسّر فهو وادٍ بين عرفاتٍ والمُزْدَلِفَةِ، والمأزمَانِ شِعْبٌ بين جبلين يُفضى آخره الى بطن عُرَنَةَ وهو وادٍ بين المأزمَيْن وبين عَرَفَةَ، وعرفةُ ما بين وادى عُرَنَةَ الى حائط بنى عامرٍ الى ما أقبلَ على الصخرات التى يكون بها مَوْقِفُ الإمام والى طريق حَضَنٍ وبحائط بنى عامر نخيلٌ وكذلك فى غربىّ عَرَفة وعُرَنَةُ بقرب المسجد الذى يجمع فيه الإمام بين صلاتى الظُهْرِ والعَصْرِ فى يوم عَرَفَة ونخيل الحائط والعين تُنسب الى عبد الله بن عامر بن كُرَيْز، وليس عرفاتٌ من الحَرَم وإنّما حدّ الحرم من المَأزمَيْن فإذا جُزتَهما الى العَلَمين فمن الحِلّ وكذلك التَنْعيمُ الذى يُعرف بمسجد عائشةَ ليس من الحرم والحرم دونه نحو عشرة أميال فى مسيرة يوم وعلى الحرم كلّه منارٌ مضروبٌ متميّزٌ به عن غيره،

(١٤) وليس بمكّة ماء جارٍ إلّا شىءٌ أُجْرِىَ اليها من عينٍ قد كان عمل فيها بعضُ الولاة فاستتمّ فى أيّام المُقْتَدِرِ ويُمْتَح الى مسيلٍ قد جُعِل

٨ (العقبة) — (جمرة العقبة) وكذلك فى نسخ حط وصط كلّها، ١٠ (والعشاء) — (وعشاء)، ١٣ (عُرَنَة) — (عُرْنَةَ)، ١٤ (الصخرات) تابعًا لصط وفى الأصل (الصحراء) وكذلك نسخنا حط، ١٧ (كُرَيْز) — (كرير)،

له الى باب بنى شَيْبَة فى قناةٍ قد عُمِلَتْ هناك وكانت أكثر مياههم من السماء إلى مواجنَ وبركٍ كانت بها عامرةً فخربت باستيلاء المتولّين على أموال أوقافها واستئثارهم بها وليست لهم أبْآرٌ يُشرب منها وأطيبُها زَمْزَمُ ولا يمكن الإدمانُ على شُرب مائها، وليس بجميع مكّة شجرٌ مُثْمِر غير شجر البادية وإذا جُزْتَ الحرمَ فهناك عيون وأبْآر وحوائط كثيرة وأودية ذات خُضَر ومزارع ونخيل ويقال أنّ بفخّ نخيلاتٍ يسيرةً متفرّقة وهى من الحَرَمَ ولم أرها، وثبيرٌ جبل مشرف يرى من مِنًى والمُزْدَلِفَةِ وكانت الجاهليّة لا تدفع من المزدلفة إلّا بعد طلوع الشمس إذا أشرقت على ثبيرٍ، وبالمزدلفة المَشْعَرُ الحرام وهو مصلّى الإمام يصلّى فيه المغرب والعشاء الآخرة حط٢٦ والصبح، والحُدَيْبِيَّةُ | بعضها من الحِلّ وبعضها من الحَرَم وهو مكان صَدّ المشركون فيه رسول الله صلّى الله عليه وسلّم عن المسجد الحرام من أبْعَدِ الحِلّ الى البيت وليس هو فى طول الحرم [١٠ ظ] ولا عرضه إلّا أنّها فى زاويةٍ للحَرَمِ فلذلك صار بينها وبين المسجد أكثرُ من يوم،

(١٥) فأمّا المدينة فهى أقلّ من نصف مكّة وهى فى حرّةٍ سَبِخَة الأرض ولها نخيل كثيرة ومياه نخيلهم وزروعهم من الأبْآر يسقون بها العبيد وعليها سور والمسجد فى نحو وسطها وقبرُ النبىّ صلّى الله عليه وسلّم من المسجد فى شرقيّه قريبًا من القبلة قريبًا من الجدار الشرقىّ فى بيتٍ مرتفعٍ بين سَقْفِهِ وسَقْف المسجد فُرْجَةٌ ولا باب له وله زاويتان والمنبر الذى كان يخطب عليه النبىّ صلّى الله عليه وسلّم قد غُشِى بمنبرٍ آخَر والروضةُ أمام المنبر بينه وبين القبر والمصلّى الذى كان النبىّ صلّى الله عليه وعلى برزةِ عِتْرَتِهِ يصلّى فيه الأعياد فى غربىّ المدينة داخلَ سورها وبَقِيعُ الغَرْقَدِ خارجَ السور بباب البَقيع فى شرقىّ المدينة، وقُبَاء خارج المدينة على نحو ميلين الى ما يلى القبلة وهو مجمعُ بيوت الأنصار يُشبه القرية، وأُحُدٌ جبل فى شمالىّ المدينة وهو أقرب الجبال اليها على نحو فرسخين منها، وبقربها مزارع فيها ضياع لأهل المدينة ووادى العَقيق فيما بينها وبين الفُرع والفُرع

٤ (شجرٌ) — (شجرة)، ١١ (من) — (ومن)، ٢١ (الغَرْقَدِ) — (العرقد)،

من المدينة على أربعة أيّام فى جنوبيّها وبها مسجد جامع غير أنّ أكثر هذه الضياع خراب وقتنا هذا وكذلك حوالَى المدينة ضياع كثيرة قد خربت، والعَقِيقُ وادٍ من المدينة فى قبلتها على أربعة أميال فى طريق مكّة وأَعْذَبُ ماءٍ فى الناحية أبْآر العقيق، ورُوى عن النبىّ صلّى الله عليه وسلّم أنّ غُبار المدينة أمان من الجُذام ومن أقام بها وجد فى ترابها وهوائها رائحةً ليست فى الأرائيح طِيبًا خِلقةً فيها وجوهريّةً لا تتغيّر وهى أنقَى طينًا من الطيب بسابور وألذُّ نسيمًا من نهر الأُبُلّة ولا تتغيّر المعجوناتُ والطيبُ بها ما أقاما،

(١٦) وأمّا اليَمَامَةُ فوادٍ والمدينة به تسمّى الخضرمَةَ دون مدينة الرسول صلّى الله عليه وسلّم وهى أكثر نخيلاً وثمرًا | من المدينة ومن سائر الحجاز، حط ٢٧ وكانت قرارًا لربيعة ومضر فلمّا نزل عليها بنو الأُخَيْضِرِ جَلَتْ العربُ منها الى جزيرةِ مِصرَ فسكنوا بين النيل وبحر القُلْزُم وقرّتْ ربيعةُ ومضرُ هناك وصارت لهم ولتميم كالدار التى لم يزالوا بها وابتنَوا بها غير مِنْبَرٍ كالمُحْدِثَةِ التى بظاهر اسوانَ وكالعلاقى وهو المنهل يجتاز به الحَجيج الى عيذاب وهم أهل معدن الذهب وإقامتهم عليه فى أمورٍ سآتى على ذكرها فى أماكنها، وليس بالحجاز بعد مكّة والمدينة أكبر من اليمامة ويليها فى الكبر وادى القُرَى وهى ذاتُ نخيلٍ أيضًا، والبحرين فى ناحية نجدٍ وأكبر أعمالها ومدنها هَجَرُ وهى أكثر تمورًا وليست من الحجاز وهى على شطّ بحر فارس ومُقامُ القرامطة بها وهى دارهم، ولها قرًى كثيرة وقبائل من مضر ذوو عُدّةٍ وعددٍ اغْتُصِبَت لضَعْف السلطان من أربابها،

(١٧) والجَارُ فرضة المدينة وهى على ثلث مراحل منها على شطّ البحر وهى أصغر من جُدَّةَ، وجُدَّةُ فرضة لأهل مكّة على مرحلتين منها على شطّ البحر وكانت عامرةً كثيرة التجارات والأموال ولم يكن بالحجاز بعد مكّة

٦ (أنْقَى) — (آنْقَاْ)، ١١—١٧ (وكانت ... أيضًا) يفقد ذلك فى حط، ١٤ (عيذاب) — (عيدابِ)، ١٧ (وأكبر) — (وأكثر)، ١٩ (القرامطة) — (القُرامِطةِ)،

أكثر مالاً [١٠ ب] وتجارةً منها وكانت تجاراتهم تقوم بالفُرْسِ فلمّا أقام بها ابن جعفر الحسنىّ تشتّت أربابها ورزحت أحوالها،

(١٨) والطائف مدينة صغيرة نحو وادى القرى كثيرة الشجر والثمر وأكثر ثمارها الزيت وهى طيّبة الهواء وفواكه مكّة وبُقولها منها وهى على ظهر جبل غَزْوانَ وبغزوان ديار بنى سعدٍ وسائر قبائل هُذيل وليس بالحجاز فيما علمتُه مكان هو أبرد من رأس هذا الجبل ولذلك اعتدل هواء الطائف وبلغنى أنّه ربّما جَمُدَ الماء فى ذروة هذا الجبل وليس بالحجاز مكان يجمُد فيه الماء سوى هذا الموضع،

(١٩) والحِجرُ قرية صغيرة قليلة السكّان وهى من وادى القرى على يوم بين جبال وبها كانت ديار ثَمُودَ الذى قال الله تعالى وتَنحتُونَ من الجبالِ بيُوتًا فرهينَ، وذكر أبو إسحق الفارسىّ أنّ بيوتها منقورةٌ كبيوتنا فى أضعاف جبالها وتُدعَى تلك الجبال الأثالبَ وهى جبال فى العيان متّصلة حتّى إذا توسّطتَ كانت كلّ قطعةٍ منها قائمةً بذاتها يطوف بكلّ قطعة منها الطائف ودونها جبالُ رمالٍ لا يكاد يُرتَقَى الى ذُراها إلّا بمشقّة شديدة وبها بئر ثَمُودَ التى قال الله تعالى فى الناقة لها شِربٌ ولكم شِربُ يَومٍ مَعْلُومٍ،

(٢٠) وتَبُوك بين الحِجْر وبين أوّل الشأم على أربع مراحل فى نحو نصف طريق الشأم وهى حصن وله عين ماء ونخيل وحائط يُنسب الى النبىّ | صلّى الله عليه وسلّم، ويقال أنّ أصحاب الأيْكَةِ الذين بعث الله اليهم شُعَيْبًا كانوا بها ولم يكن شعيب منهم وإنّما كان من مَدين، ومَدين على بحر القُلْزُم محاذية لتَبُوكَ على نحو ستّ مراحل ومَدين أكبر من تبُوك وبها البئر التى استسقى منها موسى عليه السلام لسائمة شُعيب وهى بئر مغطّاة قد حـ ٢٨

٥ (غَزْوانَ) — (غَزوَانَ)، ٦ (مكان) — (مكانًا)، ١٠ (وتَنحتُونَ الخ) سورة الأعراف (٧) الآية ٧٢ و سورة الشعراء (٢٦) الآية ١٤٩، ١٢ (الأثالبَ) — (الاثالثَ)، ١٥ (لها شِربٌ الخ) سورة الشعراء (٢٦) الآية ١٥٥، ١٦ (بين الحِجْر) — (بين حِجْر) وذلك فى هامش الأصل،

عُمِل عليها بيت وماء أهلها من عينٍ تجرى لهم ومدين اسم القبيلة التى كان منها شُعَيْب وإنّما سُمّيت القرية بهم ألا ترى أنّ الله تعالى يقول وإِلَى مَدين أخاهُم شُعَيْبًا،

(٢١) والجُحْفَة منزل عامر وبينها وبين البحر نحو ميلين وهى من الكبر ودوام العمارة نحو مدينة فَيْدٍ وليس بين مكّة والمدينة منزلٌ يستقلّ بالعمارة والأهل سائرَ السنة كهى [ولا بين المدينة والعراق مكان يستقلّ بالعمارة والأهل جميع السنة مثل فيـد،] وهى فى ديار طىّء وجبلا طىّء منها على مسيرة يومين وبها نخيل وزروع قليلة لطىّء وبها ماء تافه ويسكنها بادية من طىّء ينتقلون عنها فى بعض السنة ينتجعون المراعى، وخَيْبَرُ حصن ذو نخيل كثيرة وزرع،

(٢٢) ويَنْبُعُ حصن بـه نخيل وماء وزرع وبها وقوف لعلىّ بن أبى طالب عليه السلام يتولّاه أولاده، وبقرب يَنْبُعَ جبل رَضْوَى وهو جبل منيف ذو شِعاب وأوديـة ورأيتُهُ من يَنْبُعَ كخضرة البقل، وزعم بعضُ أصحابنا أنّه طاف فى شعابه وفيها ماء كثير وأشجار وهو الجبل الذى تزعم طائفة الكَيسانيّة أنّ محمّد بن علىّ بن أبى طالب فيه حيًّا مقيمًا، ومنـه يُحمل حجارة المِسَنّ الى سائر الآفاق، وفيما بينه وبين ديار جُهينة وسائـر البحر ديار للحسنيّين يسكنونها ببيوت الشَعر نحو سبع مائـة بيت بادية كالأعراب ينتجعون المراعى والمياه بـزىّ كزىّ الأعراب لا تُميَّز بينهم فى خَلْقٍ ولا خُلُقٍ، وتتّصل ديارهم فيما يلى المشرق بوادى ودّانَ [١١ ظ] وهو من الجُحفة على مرحلـة وبينهم وبين الأبواء التى على طريق الحاجّ فى غربيّها ستّة أميال، وبها رئيس الجعفريّين من ولد جعفر بن أبى طالب

٣ (وإلى مَدين الخ) سورة الأعراف (٧) الآية ٨٣، ٥ (يستقلّ) — (يشتغل)، ٦—٧ [ولا بين... فيد،] مأخوذ تابعًا لحط من صط ويكتب الأصل (كهى وفيد) فقط، ١٣—١٤ (وزعم ... طاف) يُقرأ مكان ذلك فى حط (قال أبو إسحق طُفْت)، ١٥ (حيًّا) — (وحيا)، ١٩ (ودّان) — (وردانَ) وكذلك أيضًا فى نسختى حط،

وله بالفرع والسابرة ضياع كثيرة وعشيرة وأتباع وبينهم وبين ولد الحسن حط ٢٩ | ابن علىّ بن أبي طالب عليهما السلام حروب ودماء حتّى لقد استولت طائفة من اليمن يُعرفون ببنى حربٍ على ضياعهم وصاروا حَرْبًا لهم وأَلْبًا عليهم وقد ضَعُفوا بخلافهم، وتيماء حصن أعمر من تَبُوكَ وهى فى شمال تبوك ولها نخيل وهى ممتار البادية وبينها وبين أوّل الشأم ثلثة أيّام،

(٣٢) ولا أعلم فيما بين العراق والشأم واليمن مكانًا إلّا وهو فى ديار طائفةٍ من العرب ينتجعونه فى مراعيهم ومياهم إلّا أن يكون بين اليمامة والبحرين وبين عمان ومن وراء عبد القيس برّيّة خالية عن الأَبْآر والسكّان والمراعى قفرة لا تُسْلَك ولا تُسكَن، فأمّا ما بين القادسِيّة الى الشُقُوق فى الطول والعرض من قرب السماوة الى حدّ بادية البَصرة فسكّانها قبائل من بنى أسدٍ، فإذا جُزْت الشُقُوق فأنت فى ديار طَيّء الى أن تجاوز معدن النَقرة فى الطول وفى العرض من وراء جبلى طيّء محاذيًا لوادى القُرى الى أن تتّصل بحدود نجد من اليمامة والبحرين، ثمّ إذا جُزْتَ المعدن عن يسار المدينة فأنت فى بنى سُلَيْم وإذا جُزْتَهُ عن يمين المدينة فأنت فى جهينة، وفيما بين المدينة ومكّة بكر بن وائل فى قبائل من مُضَر من الحسنيّين والجعفريّين، والغالب على نواحى مكّة ممّا يلى المشرق بنو هلالٍ وبنو سعدٍ فى قبائل من هُذَيل وعن غربيّها مُدلج وغيرها من قبائل مُضَر، وأمّا بادية البَصرة فهى أكثر هذه النواحى أحياء وقبائلَ وأكثرها تَيِم حتّى يتّصلوا بالبحرين واليمامة ثمّ وراءهم عبد القيس، وأمّا بادية الجزيرة فإنّ بها أحياء من ربيعة واليمن وأكثرهم كلبُ اليمن وفى قبيلة منهم يُعرفون ببنى العُلَيْص خرج صاحب الشام الذى فلّ جيوشَ مِصْرَ وأوقع بأهل الشأم حتّى قصده المُكْتَفِى الى الرقّة فأُخِذَ له بالدالية، وبادية السماوة من دَوْمَة الجَنْدَل الى عين التمر وبرّيّة خُساف من بادية الجزيرة، وبرّيّة

١ (السابرة) — كذا فى الأصل وفى حط (السائرة) وفى نسختى حط (السايـرة)، ١١ (النَقرة) — (النُقرة)، ١٣ (تتّصل) — (يتّصل)، ١٤ (سُلَيم) — (سليم)، ٢١ (العُلَيْص) — (العليص)، ٢٢—٢٣ (من دَوْمة) تابعًا لحط وفى الأصل (ودَومة) وكذلك يوجد (و) مكان (من) فى نسخ حط وصط كلّها،

خُساف فيما بين الرقّة وبالس عن يسار الذاهب الى الشأم، وصفّين أرض من هذه البادية بقرب الفُرات مابين الرقّة وبالس وهو الموضع الذى كان به | حربُ علىّ عليه السلام ومعوية ورأيتُ هذا الموضع فرأيتُ عجبًا حط ٣٠ وذلك أنّا كُنّا سائرين من تحته فى الفُرات وهو رُبْوَة عظيمة فعدذنا عليها ثمنية قبور أو تسعة ومن فوقها رُبْوَة أعلى منها فعددنا عليها بضعةَ عشر قبرًا ظاهرةً بيّنةً لمن يتأمّلها ولم تختلف جماعة كنتُ فيهم فى عدد قبور الموضعين ثمّ صعدنا المكان الذى عددنا فيه هذه القبور فلم نـر فيه ولا لقبر واحد أثرًا، وأخبرنى من يُعْرَف بمعرفة تلك الناحية أنّـه رأى فيها بيتَ مال علىّ بن أبى طالب صلوات الله عليه للفئ قائمًا بنفسه، وأمّا بادية الشأم فإنّها ديار لفزارةَ ولخمٍ وجُذَام وبلىٍّ وقبائل مختلطةٍ [١١ ب] من اليمن وربيعةَ ومُضَرَ وأكثرُها يمَن،

(٢٤) والرمل المعروف بالهَبِير هو الرملُ الذى أصله بالشُقُوق الى الأجْفُرِ عرضًا وطوله من وراء جبلى طئ الى أن يتّصل مشرقًا بالبحر ويمضى من وراء جبلى طئ الى أن يرد الجفار من أرض مِصْرَ ثمّ يساير النيل وجبل المُقَطَّمِ عن جانبى النيل الى بلد النُوبة فيعبر من فوق الفيّوم النيل فيتّصل بالمغرب الى أرض نَفْزَاوَه ويمضى مغربًا الى سجلماسه وأرض أَوْدَغَسْت الى البحر المحيط مسيرة خمسة أشهر ومنـه عِرْقٌ يضرب من القَادِسِيَّةِ الى البحرين ويعبر البحر فيمرّ على مشارق خوزستان وفارس الى أن يرد الى سجستان ويعطف منه شئ على مفازة فارس وخراسان الى الطبسين وقُوهستان ويمرّ مشرقًا الى مروٍ آخذًا على جيحون فى برّيّة خوارزم الى خوارزم ثمّ يعبر جيحون وقد شقّه جيحون وقطع فيه الى قرية قراتكين ويأخذ فى بلاد الخرلخيّة وبعض التُبّت الى بلد الصين والبحر المحيط فى

٣–٨ (ورأيتُ ... أثرا) هذه القطعة توجد فى حط ص. ١٥٤ أثناء صفة الجزيرة مرويّةً عن غير المصنّف، ١٢ (بالهَبِير) — (بالهبير)، ١٦ (نَفْزَاوَه) — (نفراوه)، ١٧ (أَوْدَغَسْت) — (اودعست)، ٢٠ (وقوهستان) — (وقوهستان ابى غانم) وكذلك فى نسختى حط،

جهة المشرق وهو على ما وصفتُه وسُقتُه من المحيط بالمشرق الى المحيط بالمغرب وذاهبٌ من نواحى اودغست وصحاريها على البحر المحيط على بلاد غانه وكوغه وجميع بلاد السودان الى البرّيّة التى لا تُسلك وقد فرش الجنوب من الأرض أيضًا وفيه جبالٌ منه عظامٌ لا تُتوقَّل ولا تُرتقى وبعضُه فى أرضٍ سهلةٍ ينتقل من مكان الى مكان [وبعضه لا تعرف له حركة فهو لا يزول عن مكانه] ومنه أصفر ليّنُ اللَّمْسِ وأحمرُ قانئٌ وأزرقُ سماوىٌّ وأسودُ حالكٌ وأكحلُ مُشْبَعٌ كالنيل وأبيضُ كالثلج وبعضُه يحكى الغُبار نعمةً وبعضُه خشنٌ جريشُ اللمس أحرشُ، [وقد عادت صفة الرمل من بعد أحوال مصر عند ذكر الجفار]،

حط ٤١ (٢٥) | وأمّا تِهَامَةُ فإنها قطعة من اليمن جبال مشتبكة أوّلها مُشْرِف على بحر القُلْزُم ممّا يلى غربيّها وشرقيّها بناحية صَعدةَ وجُرَشَ ونجران وشماليّها حدودُ مكّة وجنوبيُّها من صَنْعَاء نحو عشر مراحل وقد صوّرتُ بعضَ جبال تِهَامَةَ فى صورة ديار العرب،

(٢٦) وبلاد خولان تشتمل على قرًى ومزارع ومياه معمورة بأهلها وهى مفترشة وبها أصناف من قبائل اليمن، ونجرانُ وجُرَشُ مدينتان متقاربتان فى الكبر وبها نخيل وتشتملان على أحياء من اليمن كثيرةٍ، وصَعْدَةُ أكبر وأعمر منهما وبها يُتَّخَذُ ما كان يتّخذ بصنعاء من الأدم ويُتّخذ بنجران وجرش والطائف أدم كثير غزيـر وأكثره من صَعْدَةَ وبها مجمع التجّار والأموال والحسنىُّ المعروف بالرَسّىّ بها مقيم،

(٢٧) وليس بجميع اليمن مدينة أكبر ولا أكثر مرافق وأهلاً من صَنْعَاء وهو بلد فى خطّ الاستواء وهو من اعتدال الهواء بحيث لا يتحوّل الإنسان عن مكان واحد شتاء ولا صيفًا عُمْرَهُ ويتقارب بها ساعاتُ الليل

٣–٤ (وجميع ... أيضًا وفيه) يكتب مكان ذلك فى حط (راجعًا الى ماسة وبعضه)، ٤ (تُرتقى) — (ترتقا)، ٥–٦ [وبعضه ... عن مكانه] مأخوذ من حط، ٨–٩ [وقد عادت ... الجفار] مأخوذ من حط، ٩ (بعد أحوال مصر) — حل (بعد ابى النصر) وحو (بع ... بصر)، ١٩ (بالرَسّىّ) — (بالرسى)،

والنهار لأنّ محور الشمس عليها معتدل والجُذام بها ظاهر لقلّة سَطْوة الشمس فيها وتافهِ تحليلها عن جسومهم، وفيه كانت ديار ملوك اليمن فيما تقدّم وبها آثار بناء عظيمٍ قد خرب فهو تلّ كبير يُعرف بغُمْدَانَ وكان قصرًا لملوك اليمن وليس باليمن بناء أرفع منه على خرابه،

(٢٨) [١٢ ظ] والمُذَيْخِرَةُ جبلٌ كان فيه الجعفرىّ وبلغنى أنّ أعلاه كان عشرين فرسخًا فيها مزارع ومياه وفيه ينبت الوَرْسُ وهو نبات أحمر فى معنى الزعفران يُباع منوانِ بدينارٍ فيُصبغ به وهو منيع مُنيف لا يُسلك وكأنّه من أسفله جبل بالمغرب يُعرف بجبل نفوسة فى الحَصَانة وكثرة المياه والأشجار وطِيب التُربة وكثرة الثمار يسكنه الخوارج وهو دار هجرةٍ لهم ومات به عبد الله بن وهبٍ الراسبىّ وعبد الله بن إباضٍ ولا يُسلك إلّا من طريقٍ واحدٍ وكانت المُذيخرة قديمًا لأسعد بن أبى يَعْفُر ثمّ غلب عليها محمّد بن الفضل الداعى لأهل المغرب،

(٢٩) وشِبَام جبل عظيم منيع أيضًا فيه قرىً ومزارع وسكّان كثير وفيه جامعٌ وهو متميّز من جبال اليمن ويرتفع منه العقيق والجِزْع والحجر المعروف بالجُمست | ويصيبها المَطالِبيّون بالناحية غشيمًا كسائر الحجارة حط ٢٢ فإذا عُمِلَتْ ظهر جوهرها بالنار والعمل [وبلغنى أنّها تكون فى صحارى فيها حصى ملوّن تلقط من بينها]،

(٣٠) وعَدَن مدينة صغيرة وشهرتها لأنّها فرضة على البحر ينزلها السائرون فى البحر وباليمن مدن أكبر منها ليست كشهرتها، وباليمن أيضًا من الخوارج طائفةٌ بقرب هَمْدَان وخولان وجَمْعُ بلدةٌ وهى من أعمر بلادٍ بتلك النواحى مخاليفَ ومزارعَ وأغزرها مياهًا،

---

٥ (والمُذَيْخِرَةُ) — (وَالمُذَيخَرةُ)، ١١ (المُذيخرة) — (المُديخره)، (لأسعد) — (لسعد)، ١٦ (عُمِلَتْ) — (عُلمتْ)، ١٦—١٧ [وبلغنى ... بينها] مأخوذ من حط، ١٨ (وشهرتها) — (وسهرتها)، ١٩—٢٠ (وباليمن ... وهى) يكتب مكان ذلك فى نسختى حط (وبلاد الاباضيّة بقرب همدان وخولان وجمع وهى) وكتب ناشر حط مكان (جمع) (خيوان) تابعًا لنسخ صط التى يقرأ فيها (وبلاد الاباضية بقرب خيوان وهى)،

(٣١) وحضرَموْتُ فى شرقىّ عدن بقرب البحر ورمالها كثيرة غزيرة تُعرف بالأحقاف وهى مدينة صغيرة ولها ناحية وأعمال عريضة وبها قبر هودٍ النبىّ صلّى الله عليه وبقربها بَرْهُوتُ وهو البئر التى لا يُعلم أنّ إنسانًا نزلها، وبلاد مَهْرَةَ فقصبتها تُسمّى الشِحْر وهى بلاد قفرة ألسنتهم مستعجمة جدًّا لا يكاد يُوقف على كلامهم وليس بها نخل ولا زرع وإنّما أموالهم الإبل والمَعَزُ والإبلُ والدوابُّ تعلف السمك الصغار المعروف بالورق وهم وسائر حيوانهم لا يعرفون الخبز ولا يأكلونه وأكْلُهم السموك والألبان والتمور ولهم نُجُبٌ من الإبل تُفضّل فى السَيْر وحُسْن الرياضة على جميع النجب واللُبان الذى يستعمل بالآفاق من هناك وديارهم مفترشة به وبلادهم بَوادٍ نائية ويقال أنّها من أعمال عُمان وطول مَهرة أربع مائة فرسخٍ، [قال كاتب هذه الأحرف إنّ المستولى على هذه البلاد لمّا دخلتُها فى سنة أربعين وخمس مائة والمتحكّم فيها أحمد بن منجويه وكان دار ملكه بمرباط وهى مدينة صغيرة على شاطئ البحر وعلى مسيرة يوم ونصف منها مدينة ظفار وهى أيضًا له،]

(٣٢) وعُمَان ناحية ذات أقاليمَ مستقلّةٌ بأهلها فسحة كثيرة النخل والفواكه الجروميّة من الموز والرُمّان والنبق ونحو ذلك وقصبتُها صُحار وهى على البحر وبها من التجّار والتجارة ما لا يُحصى كثرةً وهى أعمر مدينةٍ بعُمان وأكثرها مالاً ولا يكاد يُعرف على شطّ بحر فارس بجميع الإسلام مدينةٌ أكثر عمارةً ومالاً من صُحار ولها مدن كثيرة ويقال أنّ حدود أعمالها ثلثمائة فرسخٍ، وكان الغالب عليها | الشُراة الى أن وقع بينهم وبين طائفةٍ من بنى سامة بن لُؤَيٍّ وهم فى أكثر تلك النواحى فخرج منهم رجلٌ حط ٣٣

١ (وحَضْرَمَوْتُ) — وحضرموت)، ٣ (التى) — (الذى)، (نزلها) — (نزله)، ٤ (مَهْرَةَ) — (مهرهَ)، (وهى) — (وهو)، ٦ (والإبلُ) يوجد فى حب هنا (الأتُن)، ٩ (واللُبان) — (والبان)، ٩—١٠ (بَوادٍ نائية) — (بوادى نايةٍ)، ١١—١٣ [قال ... أيضًا له،] من مضافات حب ٢ ظ، ١٤ (مستقلّةٌ — (مستقبلةٌ)، ٢٠ (بن لُؤَيٍّ) — (من لُوىّ)،

يُعرف بمحمّد بن القسم السامىّ الى المُعْتَضد فاستنجده عليهم فبعث معه بابن ثور ففتح عُمان للمعتضد وأقام بها الخُطبة له وانحازت الشُراة الى ناحيةٍ لهم تُعرف بنزوى الى يومنا هذا بها إمامهم وبيتُ مالهم وجماعتُهم [١٢ ب] على غَدْرٍ فيهم شديد وغيلةٍ ظاهرة بالجميع، وعُمان بلاد حارّة جروميّة وبلغنى أنّ بمكان منها بعيد من البحر ربّما وقع ثلج رقيق ولم أر من شاهد ذلك إلّا بالبلاغ،

(٣٣) وبأرض سَبَأٍ من اليمن طوائفُ من حِمْيَرَ وكذلك بحضرمَوْتَ، وديارُ همدان وأَشْعَرَ وكِنْدَةَ وخولانَ فبلاد مفترشة فى أعراض اليمن وفى أضعافها مخاليف وزرع وبها بوادٍ وقرًى تشتمل على بعض تهامةَ وبعضِ نجدٍ، ونجدُ اليمن من شرقىّ تهامةَ وهى قليلةُ الجبال مستويةُ البقاع ونجد اليمن غيرُ نجد الحجاز غير أنّ جنوبىّ نجد الحجاز يتّصل بشمال نجد اليمن وبين البحرين وبين عُمان برّيّة منيعةُ السلوك، وباليمن قرود كثيرة وبلغنى أنّها تكثر حتّى لا تطاق إلّا بجمع عظيم فإذا اجتمعوا كان لهم كبيرٌ يعظّمونه ويتبعونه كاليَعسوب للنحل، وبها دابّة تُدعى العُدارُ بلغنى أنّها تطلب الإنسان فتقع عليه وإن أصابت منه تلك الدابّة جرحًا تَدَوَّدَ جوفُ الإنسان فانشقّ، ويُحكى عن الغيلان بها من الأعجوبة ما لا أستحسن حكايتَه لأنّ المنكِرَ لما لا يُعلَمُ أعذَرُ من المُقِرّ بما يُجْهَلُ،

(٣٤) وأمّا المسافات بديار العرب فإنّ الذى يحيط بها من عبّادان الى البحرين نحو إحدى عشرة مرحلة ومن البحرين الى عُمان نحو شهر ومن عُمان الى أوائل مهرة نحو مائة فرسخ، وسمعتُ أبا القسم البصرىّ يقول من عُمان الى عدَن ستّمائة فرسخ منها خمسون فرسخًا الى المَسْقط عامرةً وخمسون لا ساكن فيها الى أوّل بلد مهرة وهى الشِحْر وطولها أربع مائة فرسخ والعرض | فى جميع ذلك من خمسة فراسخ الى ثلثة فراسخ وكلّها رمل حط ٣٤

---

٢ (ثور) — (نور)، ٨ (وأشعر) تابعًا مع حط لصط وفى الأصل (وأسعد)
وكذلك فى نسختى حط، ١٤ (العُدارُ) تابعًا لحط وصط وفى الأصل (العُرارُ)
وكذلك فى نسختى حط، ١٩ (عُمان) — (عُمّان)،

ومن آخر الشحر الى عدن مائة فرسخ ومن عدن الى جُدّة شهر ومن جدّة الى ساحل الجُحْفَة نحو خمس مراحل ومن ساحلِ الجُحْفَة الى الجار ثلث مراحل ومن الجار الى آيْلة عشرون مرحلة [ومن ايلة الى بالس نحو عشرين مرحلة ومن بالس الى الكوفة نحو عشرين مرحلة] ومن الكُوفة الى البَصْرة اثنتا عشرة مرحلة ومن البصرة الى عبّادان مرحلتان وهذا هو دائرها وما يحيط بها،

(٣٥) فأمّا المسافات فى أضعافها فإنّ من الكوفة الى المدينة نحو عشرين مرحلة ومن المدينة الى مكّة مسافة عشر مراحل فى طريق الجادّة ومن الكوفة الى مكّة طريق أخصر من هذا الطريق بنحو ثلاث مراحل إذا انتهى الى معدن النَقِرة عَدَلَ عن المدينة حتّى يخرج على معدن بنى سُليم ثمّ الى ذات عِرْقٍ حتّى ينتهى الى مكّة، وأمّا طريق البصرة فإلى المدينة ثمانى عشرة مرحلة ويلتقى مع طريق الكوفة بقرب معدن النَقْرة، وأمّا طريق البحرين الى المدينة فنحو خمس عشرة مرحلة، وأمّا طريق الرقّة الى المدينة فنحو عشرين مرحلة على جبلى طىّء وكذلك من دِمَشق الى المدينة ومثلها من فلسطين الى المدينة، ومن مِصْر الى المدينة على الساحل عشرون مرحلة ومجتمعهم مع أهل الشأم بايلة وفى ضمن المصريّين بحجّ المغاربة وربّما تفرّدوا بأنْفُسِهم إلاّ أنّهم يتّفقون [١٢ ظ] فى مُناخٍ واحدٍ وربّما تقدّموا فيكون بينهم أن ينزل أحدهم ويرحل الآخرون أو يتأخّرون على هذا السبيل، وايلة من ناحية الشأم أوّل حدود البادية، ولأهل مصر وفلسطين إذا جازوا مَدْين طريقان أحدها الى المدينة على بَدًا وشَغْبٍ قرية بالبادية كانوا بنو مروان أقطعوها الزُهرىّ وبها قبره حتّى ينتهى الى المدينة على المَرْوَة وطريق يمضى على ساحل البحر حتّى يخرج بالجُحفة فيجتمع بها

٣–٤ [ومن ايلة . . . عشرين مرحلة] مستتمّ عن صط ويفقد فى الأصل وكذلك فى نسختى حط، ١٦ (ومُجتمعهم) — (ويجتمعهم)، ١٧ (وربّما . . . . واحدٍ) يوجد مكان ذلك فى حط (إلاّ أنّهم لا يتّفقون فى مناخ واحد)، ٢٠ (بَدًا وشَغْبٍ) — (بدا وشغبٍ)، ٢٢ (على المَرْوَة) تابعاً لحط وصط وفى الأصل (على البرّيّة)،

أهل العراق ودمشق وفلسطين وأهل مصر، وطريق | الرقّة وقتنا هذا منقطعٌ إلاّ لقوم من العرب يحجّون فيه أفذاذًا ويسلكونه عباديدَ وسائر الطرق مسلوكة فى وقتنا هذا غيرَهُ، حط ٣٥

(٣٦) ومن عدن الى مكّة نحو شهر ولهم طريقان أحدهما على ساحل البحر وهو أبعد وهى جادّةُ تِهامة والسائر عليها يأخذ على صَنْعَاء وصعدة وجُرَش وبِيشة وتَبالة حتّى ينتهى الى مكّة وطريق آخر على البوادى غير طريق تهامة يقال لـه الصُدُور فى سفح جبلٍ نحو عشرين مرحلة وهو أقرب غير أنّه على أحياء اليمن ومخاليفها يسلكه الخواصّ منهم، وأمّا أهل حضرموت ومهرة فأنّهم يقطعون عرض بلادهم حتّى يتّصلوا بالجادّة بين عدن ومكّة والمسافة منهم الى الاتّصال بهذه الجادّة اثنتان وعشرون مرحلة فيصير جميع طريقهم نيّفًا وخمسين مرحلة، وطريق عُمان يصعب سلوكه فى البرّيّة لكثرة القفار وقلّة السكّان وإنّما طريقهم فى البحر الى جُدّة فإن سلكوا على السواحل من مهرة وحضرموت الى عدن أو الى طريق عدن بعُد عليهم وقلّ ما يسلكونه، وكذلك ما بين عمان والبحرين فطريقٌ شاقٌّ يصعب سلوكه لتمانـع العرب وتنازعهم فيما بينهم، وأمّا ما بين البحرين وعبّادان فغير مسلوك كان الى هذه الغاية وقد سُلِكَ وهو قفر والطريق منها على البحر، ومن البصرة الى البحرين على الجادّة إحدى عشرة مرحلة وعلى هذا الطريق أتى سليمٰن بن الحسن متزوّدًا الماء من البحرين الى البصرة ولا ماء فيه وهو على الساحل نحو ثمانى عشرة مرحلة وفى قبائل العرب ومياههم وهو طريق عامر غير أنّه مخوف،

(٣٧) فهذه جوامع المسافات التى يُحتاج الى علمها فأمّا ما بين ديار العرب لقبائلها من المسافات فقلّما تقع الحاجـة اليه لغير أهل البادية والى معرفته،

---

٦ (وبِيشة) — (ودشه)، ١١ (نيّفًا وخمسين)، — (نيفٌ وخمسون)،

[بحر فارس]

(١) والذى يجب أن يُذكَر بعد ديار العرب بحر فارس لأنّه يشتمل
حـط ٤٦ على أكثر حدودها وتتّصل | ديار العرب به وبكثير من بلدان الإسلام وتَعْتَوِرُهُ ثمّ أذكر جوامعَ ممّا يشتمل عليـه هذا البحر، وأبتدئ بالقُلْزُم وساحله ممّا يلى المشرق فإنّه ينتهى الى ايلة ثمّ يطوف بحدود ديار العرب التى ذكرتُها وأثبتّها قبل هذا من هُنَا الى عبّادان ثمّ يقطع عرض الدِجْلة وينتهى على الساحل الى مهروبان ثمّ الى جنّابه ثمّ يمرّ على سِيف فارس الى سيراف ثمّ يمتدّ الى سواحل هُرمُوز من وراء كرمان الى الدَيْبُل وسواحل المُلْتَان وهو [١٢ ب] ساحل السِنْد وقد انتهى حدّه بلد الإسلام ثمّ ينتهى الى سواحل الهِنْد ماضيًا الى سواحل التُبَّت فيقطعها الى أرض الصين، وإذا أخذتَ من أرض القُلْزُم من جانب البحر الغربىّ على ساحله سِرْتَ فى مفاوز من حدود مصر حتّى تنتهى الى جزائــر تعرف ببنى حدان وكان بها مراكبُ لمن أثِر الحجّ تخطف بالحُجّاج الى الجار وجُدّة ثمّ تمتدّ فى مفاوز للبُجَة كان بها معدن الزُمُرُّد وشىء من معادن الذهب الى مدينةٍ على شطّ البحر يقال لها عَيْذَاب وهى محاذية للجار ثمّ يتّصل السِيف الى سَوَاكِن وهى ثلث جزائر يسكنها تُجّار الفُرس وقوم من ربيعة ويُدعى فيها لصاحب المغرب وهى محاذية لجُدَّة وبين سَوَاكِن وعيذاب سُنُجلَةُ جزيرة بين رأس جبل دَواى وجبل ابن جَرشم وهى لطيفة وبها مغاص للؤلؤ ويُقصَد فى كلّ حين بالزاد والرجال وبينها وبين جُدَّة

---

١٥ (عَيْذَاب) — (عيداب)، ١٥—٦ (وهى ... الثقيل) يفقد ذلك فى حـط،
١٨ (عيذاب) — (عيداب)، ١٩ (للؤلؤ) — (للؤلو)،

يوم واحد وليلة والمتسحّل منها يصل الى جزيرة باضِع وبينهما مجراوان ، ثمّ يخطف المُستحل عنها الى دَهْلَك أربعة مجارٍ ومن دَهْلَك الى زَيلع ستّة مجارٍ، وباضِع جزيرة ذات خَيْر ومَيْر وماشية وهى محاذية لِحَلْى، وجزيرة دَهْلَك محاذية لعَثْر وجزيرة زَيلع فكأنّها بين غلافقة وعَدَن وجزيرة نجه وبربرة محاذيةٌ لأعمال عدن ومن هذه الجزائر أكثر جلود الدباغ بعدن واليمن من البقرىّ والمُلَمَّع والأَدَمِ الثقيل ، ثمّ يمتدّ البحر على بحر الحَبَشَة ويتّصل بظهر بلد النُوبة حتّى ينتهى الى بلدان الزَنْج وهى من أوسع تلك الممالك فيمضى السِيف محاذيًا لجميع بلدان الإسلام ، وقد انتهت مسافة هذا البحر من شرقه وغربه وقد تعترض فيها جزائر وأقاليم تختلف لا يعلمها إلّا من سافر فى البحر الى أن يُحاذى أرضَ الصين ،

(٣) وهذه صورةُ بحر فارس ،

[١٤ ظ]

إيضاح ما يوجد فى صورة بحر فارس من الأسماء والنصوص ،

يقرأ فى أعلى الصفحة صورة بحر فارس وفى الزاويتين العليايين الجنوب والمشرق ، وفى أعلى الصورة يعطف ساحل البحر يمينًا ويسارًا وكُتب عند العطف الى اليمين فى البرّ البحر المحيط وفى داخل البرّ برارى الجنوب الغامِرَه ثمّ على الساحل الداخلىّ من الجانب الأيمن مبتدئا من الأسفل بلد الحبشه ، مفازة بين الزنج والحبشه ، بلد الزنج ، وبعد ذلك الى الأسفل بربره ، زيلع ، سواكن ، عيذاب ، جزائر بنى حدان وعند منتهى البحر القلزم ، وبين سواكن وعيذاب فى البرّ جبل دواى وجبل بن جرشم ، ويوازى هذا الساحل فى داخل البرّ نهر النيل وعند مبتدئه جبل القمر وعلى ضفّة النيل فى أسفل الصورة دنقله واسوان ، ويُقرأ بين النيل والساحل البجه وبلد النوبه وفيه مدينة علوه ثمّ بين اسوان وعيذاب العلاقى ، وعن يسار ذلك الصعيد ، وفى الجانب الآخر من النيل الواحات ،

٤ (وجزيرة نجه) — (وجزيرترنجه) ، ١٨ (عيذاب) — (عيداب) ،
٢١ (البجه) — (النحه) ،

ويبتدئ من عند القلزم ساحل ديار العرب وعليه من المدن رايه، ايله، عينونه، طبا، الجار، جده، السرين، حلى، الحمضه، عثر، الشرجه، الحرده، غلافقه، المخا، عدن، عمان، وفى داخل هذه الديار مدينة مكه، وبلد العرب وبلد الحجاز، وعن يسار عمان بلد البحرين ثمّ نهر دجله، وعند مبتدأ هذا النهر نواحى العراق،

ويلى ذلك الى الأعلى قطعة من البرّ يُقرأ فيها نواحى خوزستان ثمّ نواحى فارس ثمّ نواحى كرمان، وعلى ساحل تلك القطعة من المدن مهروبان، سينيز، توج، جنابه، سيراف، حصن بن عماره، سوروا ثمّ هرموز عند منتهى خليج من البحر، والقطعة التى تليها يقرأ فيها نواحى المنصوره والملتان وبلد السند، وفيه نهر مهران، ثمّ بلد الهند ونواحى التبّت وعن يسار ذلك بلد الصين، وعلى ساحل هذه القطعة الديبل، كنبايه، سندان، صيمور وفى بلد الصين على البحر خمدان، ويُقرأ على ساحل البرّ عند عطفه الى الشمال البحر المحيط،

وفى بحر فارس من الجزائر مبتدئًا من أعلى الصورة سوباره، سربزه، سرنديب ثمّ قرب ساحله الأيمن، قنبلا، وفى الخليج بين ديار العرب وفارس لافت، خارك، اوال، وفى الخليج بين ديار العرب وساحل البجة دهلك، باضع، سُنجله،

وفى أسفل الصورة فى الزاويتين يقرأ المغرب والشمال،

[١٤ ب] قد صوّرتُ هذا البحر وذكرتُ حدوده وسأصف ما يحيط به وما فى أضعافه مفصّلاً ليقف عليه من قرأه،

(٢) فأمّا ما كان عليه من القُلْزُم الى أن يحاذى بطن اليمن فإنّه يُسمّى بحر القُلْزُم ومقداره نحو ثلثين مرحلةً طولاً وعرضه أوسع ما يكون عِبْرُهُ ثلث ليالٍ ثمّ لا يزال يضيق حتّى يُرَى فى بعض جنباته الجانبُ الآخر حتّى ينتهى الى القُلْزُم ثمّ يدور على الجانب الآخر من بحر القُلْزُم وهو وإن كان بحرًا ذا أودية ففيه جبال كثيرة قد علا الماء عليها وطرقُ السُفُن بها معروفة ولَنْ يهتدَى فيها إلاّ بربّانٍ يتخلّل بالسفينة فى

---

٢ (غلافقه) — (علافقه)، ٩ (الديبل) — (الدبل)، ١٣ (قنبلا) — (قبلا)، ١٤ (سُنجله) — كأنّه (سُبحله)، ١٨ (اليمن) تابعًا مع حط لصط وفى الأصل (البحر) وكذلك فى نسختى حط،

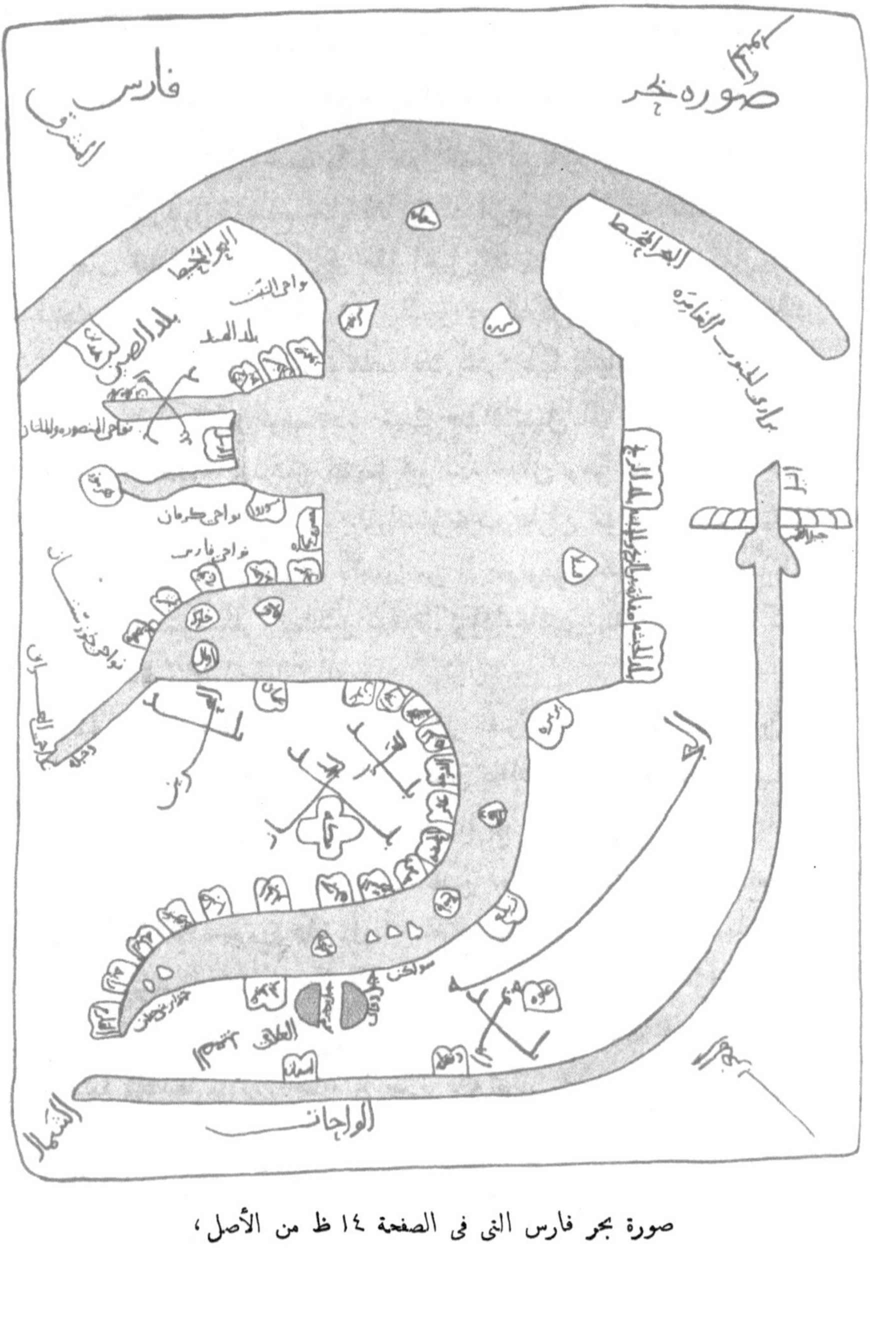

صورة بحر فارس التى فى الصفحة ١٤ ظ من الأصل ،

حط ٣٧ أضعاف تلك الجبال بالنهار فأمّا | بالليل فلا يُسلك والماء به على غاية
الصفاء فترى تلك الجبالُ فيه، وفى هذا البحر ما بين القُلْزُم وأَيْلة مكان
يُعرف بتارَان وهو أخبثُ ما فى هذا البحر من الأماكن وذلك أنّه دوّارةُ
ماء كالدُرْدُور فى سفح جبل إذا وقعت الريح على ذُرْوته انقطعت الريح
قسمَيْن فتنزل على شعبتَيْن فى هذا الجبل متقابلتين فتخرج الريح من كُمَّى
هاتين الشُعْبتين المتقابلتين فتُثير البحرَ وتتبلّد كلّ سفينة فيه تقع فى تلك
الدوّارة باختلاف الريحَيْن وتتلف فلا يَسْلَمُ المركب بالواحدة إلّا ما شاء
الله، وإذا كان الجنوب أَدْنَاً مهبٍّ فـلا سبيلَ الى سلوكه ومقدار هذه
الصورة الصَعْبَةِ والمكانِ القبيحِ نحو ستّة أميال وهو الموضع الذى غَرِق
فيه فِرْعَوْنُ على ما يذكره الرُواة، وبقرب تاران موضعٌ يُعرف بجبيلانَ
يهيج أيضًا وتتلاطم أمواجه باليسير من الريح وهو موضع مخوف أيضًا فلا
يُسلك بالصبا، مَغْرِبًا وبالدَبور مشرقًا، وإذا حاذى ايْلَة ففيه سَمَكٌ كثيرٌ
كبيرٌ مختلفُ الألوان والأنواع،

(٤) فإذا قابلَ بطنَ اليمن يسمّى بحر عَدَنَ الى أن يحاذى عَـدَنَ ثمّ
يسمّى بحر الزنج الى أن يحاذى عُمَانَ عاطفًا على بحر فارس، وهو بحر
يعرض حتّى يقال أنّ عِبْرَهُ الى بلد الزنج سبعمائة فرسخ وهو بحر مُظْلِم
أسودُ لا يُرى ممّا فيه شىء وبقرب عَدَنَ معدن اللُؤلُؤ يخرج ما يقع منه
الى عَدَنَ، فإذا جُزْتَ عُمَانَ الى أن تخرج من حدود الإسلام وتتجاوز الى
قرب سَرَنديبَ فيسمّى بحر فارس وهو عريض البَطْن جدًّا وفى عُدْوَتِهِ
بلدان الزَنْج، وفى هذا البحر هوارات كثيرة ومعاطف صعبة وأجوان
مختلفة وأشدّها ما بين جنّابه والبَصْرة فإنّه مكان يسمّى هَوْرَ جَنَّابَـه وهو
مكان مخوف لا يكاد تسلَم منه سفينة فى هيجان البحر، وفيه مكان يُعرف
حط ٣٨ بالخَشَبات | من عَبّادَان على نحو ستّة أميال على جَرْيِ ماء دِجْلَةَ الى
البحر ورُبّما يَرِقُّ الماء حتّى يخاف على السُفْن الكبار أن تَسْلُكَهُ خشية

٦ (فتُثير) — (فيثير)، ٩ (الصورة) كذلك فى نسختى حط وغيّرها ناشر حط تخمينًا الى (الهورة)، ١٥ (عُمَانَ) — (عُمانًا)،

أن تجلس على الأرض إلّا فى وقت المدّ وبهذا الموضع أربعُ خَشَبات منصوبة قد بُنِىَ عليها مَرْقَب يسكنه ناظور يوقِد بالليل ليُهتدَى بـه ويُعْلَمَ بـه المدخلُ الى الدِجْلة وإذا ضلّت السفينة فيه خِيف انكسارها لرِقّة الماء، وتُجاه جَنّابَه مكانٌ يُعرف بخارَك [١٥ ظ] وبه موضعُ اللؤلؤ يخرج منه الشىء اليسير إلّا أنّ النادر إذا وقع من هذا المكان فاق فى القيمة غيرَه ويقال أنّ الدُرّة اليتيمة وقعت من هذا المعدن وبعُمان وبسَرَنديب فى هذا البحر معدنان للؤلؤ ولا أعلم معدنًا للؤلؤ إلّا ببحر فارس، ولهذا البحر مدٌّ وجزرٌ فى اليوم والليلة مرّتان من حـدّ القُلْزُم الى حدّ الصِين حيث انتهى وليس لبحر المغرب من جانب المغرب ولا لبحر الروم من الجانب الشرقىّ مدّ ولا جزر إلّا ما بالبحر المحيط فى شمال الاندلس فإنّه من ناحية جبل العيُون الى لَبْ الى اكشنبه الى نواحى شلب وقصر بنى ورديسن الى المعدن ونواحى لشبُونَه وشنترين وشَنْتَرَه فإنّ فيه مدًّا وجزرًا وزيادةً تظهر ويرتفع الماء هناك فوق العشر الأذرع كارتفاعه بالبَصْرة ثمّ ينضب حتّى يرجعَ الى قدره الأوّل، وفى هذا البطن الذى نسبتُه خصوصًا الى فارس جزائر منها لافت وأوال وخارك وغيرها من الجزائر المسكونة التى ذكرتُها وعددتُها أيضًا فى غربىّ بحر القُلْزُم فيها مياه عذبة وزروع وماشية وضرع، وهذه جملة من صفة هذا البحر فى حدود الإسلام وسأصف مـا على سواحله صفةً جامعةً وأبتدئ بالقُلْزُم منتهيًا بالصفة لما على جنباته الى غايته إن شاء الله،

(٥) فأمّا القلزم فمدينة على شفير البحر ونحره ومنتهى هذا البحر اليها وهى فى عقم هذا البحر من آخر لسانه وليس بها زرع ولا شجر ولا ماء وماؤهم يُحمل اليهم من أبآر بعيدة ومياه منها على نأى وهى تامّة العمارة بها فُرضة مِصرَ والشَأم ومنها تُحمل حُمولات | الشأم ومصر الى الحجاز حط ٣٩

٣ (بُنِىَ) — (دُنِىَ)، ٧ (للؤلؤ) — (للّولو) وكذلك مرّة ثانية، ١٠—١٢ (إلّا ... ويرتفع) يكتب فى حط مكان ذلك (غير بحر فارس وهو أن يرتفع) فقط، ١٥ (خارك) — كأنّه (خارل)،

واليَمَن وسواحل هذا البحر وبينها وبين مصر مرحلتان، ثمّ تنتهى الى شطّ البحر فلا تكون بها قرية ولا مدينة سوى مواضع بها ناس مقيمون على صَيْد من هذا البحر وشىء من النخيل يسير حتّى تنتهى الى تاران وجبيلان وما حاذى جبل الطُور الى آيْلَة، وايلة هذه مدينة صغيرة عامرة بها زرع يسير وهى مدينة لليَهُود الذين حُرِّمَتْ عليهم صُيود السَبْت وجُعِل منهم القِرَدَةُ والخنازيرُ على ما يذكر أهل الرواية وبها فى أيدى يهودها عهدٌ لرسول الله صلّى الله عليه وسلّم، ثمّ الى مَدْيَن والجار وجُدَّة مواضعُ غير مأهولة بالناس، وما انتهى على هذا البحر فى عطوف اليَمَن الى عُمان والبحرين الى عبّادان فقد وصفتُهُ فى صفة ديار العرب،

(٦) وأمّا عَبّادَان فحصن صغير عامر على شطّ البحر ومجمع ماء دِجْلة وهو رباط كان فيه المحاربون للصفريّة والقَطَرِيّة وغيرهم من متلصّصة البحر وبها على دوام الأيّام مرابطون، [قال كاتب هذه الأحرف اجتزتُ بعبّادان سنة ثمان وثلاثين وخمس مائة وهى جزيرة فى وسط الدجلة وماء الفرات عند مصبّهما فى البحر واختلاط ماء البحر بهما وفيها رباط يسكنه جماعة الصوفيّة والزُهّاد وليس بينهم المرأة البتّة وفى هذه الجزيرة مسجد من جانب الشرق وفيه ودائع وأمانات غير مسلّمة الى أحد من الناس وقد قرّر الجماعة بتلك البقعة أنّ كلّ من أخذ من عبّادان شيئًا على سبيل الجناية والسرقة فإنّ السفينة تغرق لا محالة بزعمهم حتّى أنّهم قد رسّخوا فى قلوب الناس أنّ تراب عبّادان إن حمله أحد بغير أمر أولئك الجماعة فإنّ تلك السفينة التى فيها من ذلك التراب تغرق وليس كما زعموا، وبعبّادان بئر يزعم الشيعة أنّ الرجل إذا وقف عليها وأقسم على الماء بكلّ اسم خلق الله فإنّ الماء لا يتحرّك فإذا أقسم عليه بعلىّ رضوان الله عليه فإنّ الماء يفور ويصعد الى شفير البئر فمضيتُ الى تلك البئر وأقسمت عليها بما زعموا فوالله ما تحرّك ماؤها ولا تزعزع من موضعه ففكّرتُ وقلتُ هذه الجزيرة فى وسط الماء وهذا الماء فى اليوم والليلة يمدّ ويجزر مرّتين ومادّة هذه البئر من ذلك الماء ولا يبعد أن يتحرّك الماء فى البئر عند الزيادة وقد اتّفق فى تلك الساعة من لا يهتدى الى حقائق الأشياء، أمّا المدّ والجزر فإنّه من أعجب الأشياء وذلك أنّه يبتدئ بالمدّ عند طلوع القمر ولا يزال يتزايد الى أن يصير القمر فى وسط السماء ثمّ يبتدئ بالجزر الى أن يحصل القمر فى أفق المغرب ثمّ يبتدئ بالمدّ

١٢–٢٣ [قال ... الأصل] من مضافات حب ٨ ظ،

الى أن يصير القمر فى درجة الرابع وَتَدَ الأرضِ ويبتدئ بالنقصان الى وقت طلوع القمر ويعود فى الزيادة وتختلف أوقاتـه باختلاف طلوع القمر ومغيبه وتبارك الله أحسن الخالقين، نعود الى نسخة الأصل،] ثمّ يقطع عرض الدِجْلة فيصير على ساحل هذا البحر الى مَهْرُوبان من حدّ فارس ويعترض فيه أماكن تمنع من السلوك إلاّ فى الماء وذلك أنّ مياه خوزستان تجتمع الى الدَوْرَقِ وحِصْنِ مَهْدِىّ والباسيان فتتّصل بماء البحر ومَهْرُوبَانُ مدينة صغيرة عامرة وهى فُرضة الرَجَانِ وما والاها من أدانى فارس وبعض خوزستان ثمّ ينتهى [١٥ ب] البحر على الساحل الى سينيز وهى مدينة أكبر من مَهْرُوبان ومنها يقع هذا السينيزىّ الذى يُحمل الى الآفاق ثمّ ينتهى البحر الى جَنَّابَه وهى مدينة أكبرُ من مَهروبان أيضًا وهى فُرضة لسائر فارس خصبة شديـدة الحرّ وعلى نحر البحر بهذا السِيف مـا بين جَنّابـه ونجيرَم قرًى ومزارعُ ومساكن متفرّقة شديدةُ الحرّ، ثمّ ينتهى الى سِيرَافَ وهى الفُرضة العظيمـة لفارس وهى مدينة جليلة وأبنيتها ساج | وتتّصل أبنيتها الى جبل يُطِلّ حط ٤٠ على البحر وليس بها ماء يُحمد ولا زرع ولا ضرع وهى من أغنى بلدٍ بفارس ثمّ يتجاوزها على الساحل فى مواضعَ منقطعـة تعترض بها جبال ومفاوز الى أن ينتهى الى حصن ابن عُمارةَ وهو حصن منيع علىّ على نحر البحر وليس بجميع فارس حصن أمنع منه ويقال أنّ صاحبه هو الذى قال الله تعالى فيه وكان وراءهم ملك يأخُذُ كُلَّ سفينةٍ غَصْبًا، وينتهى على ساحل هذا البحر الى هرمُوز وهى فُرضة لكرمانَ مدينة غنّاء كثيرة النخل حارّة جدًّا، [وتُعرف بالنِير وهى مساكن بين جبلين فى شعبٍ ممتدّ وصلتُها سنة تسع وثلثين وخمس مائة وكان عميدها إذ ذاك محمّد بن المرزبان من أهل شيراز الملقّب بصاحب السيف والقلم ولعمرى إنّه كان مستحقًّا لهذا اللقب إذ كانت لـه أريحيّة خازميّة ومروءة حاتميّة وأهلها ذوو مروءة ظاهرة ورياسة كاملـة وكان بها عدّة من التجّار ذوى اليسار من جملتهم رجل يعرف بحسن بن العبّاس له مراكب تسافر الى

٦ (فتتّصل) — (فيتّصل)، ١٤ (ماء) — (ما)، ١٦ (ابن عُمارةَ) — (بن عُمارةَ)، ١٨ (وكان ... غصبًا) سورة الكهف (١٨) الآية ٧٨، ٢٠—٤ [وتُعرف ... والشرح] من مضافات حب ٨ ب،

أقصى بلاد الهند والصين ومبلغ مُضاربيه ... وكان له غلمان زنوج يضربون على باب مسجده خمس نُوَبٍ فنُقل ذلك الى ملك كرمان وهو محمّد بن ارسلان شاه فقال لو ضرب خمسين نوبة لما اعترضتُ له رجلٌ يتحصّل فى خزائنى من مراكبه فى كلّ سنة نحو من مائة ألف دينار وأُنافسه فى الريح الهابّة، عُدنا الى الصفة والشرح،] ثمّ يسير عليه آخذًا شطّهُ الى الدَيْبُل وهى مدينة عامرة وبها مجمع التجارة وهى فرضة لبلد السِنْد وبلد السند فهو المَنْصُورة وأراضى الزُطّ والمعروفون بالبدهه متّصلين بالمُلْتان، ثمّ ينتهى الى ساحل بلدان الهِنْد الى أن يتّصل بساحل التُبّت والى ساحل الصين ثمّ لا يُسْلَك بعد ذلك،

(٧) وإذا أخذتَ من القُلْزُم غربىّ هذا البحر فإنّه ينتهى الى برّيّة قفرة لا شىء فيها إلّا ما قدّمتُ ذكره من الجزائر والبُجَة فى أعراض تلك البرّيّة وهم أصحابُ أخبيةِ شَعْرٍ وألوانهم أشدّ سوادًا من الحَبَشَة فى زىّ العرب ولا قُرى لهم ولا مدن ولا زرع إلّا ما يُنقل اليهم من مدن الحَبَشَة ومِصْرَ والنُوبة وينتهى فى حدّهم ما بين الحبشة وأرض مصر وأرض النوبة معدن الزُمُرّد والذهب ويأخذ هـذا المعدن من قرب اسوان على أرض مصر نحو عشر مراحل حتّى ينتهى على البحر الى حصنٍ يُسمّى عَيْذابَ وبه مجمعُ لربِيعةَ تجتمع اليه يُعرف بالعَلاقىّ فى رمال وأرض مستوية وفى بعضها جبالٌ | ما بينها وبين اسوان وأموالُ هـذا المعدن تقع الى مصر وهو معدن تِبْرٍ لا فِضّةَ فيه وهو بأيدى ربيعةَ وهم أهله خاصّةً، مفقود فى حط

(٨) وكانت البُجَةُ أمّةً تعبد الأصنام بهذه الناحية وما استحسنوه الى سنة إحدى وثلثين فإنّ عبد الله بن أبى سَرْح لمّا فتح مدينة اَسوانَ وكانت مدينة أزليّة قديمة وكان عَبَرَ اليها من الحجاز قَهَرَ جميعَ من كان بالصَعيد وبها من فراعنةِ البُجَةِ وغيرِهم وأسلم أكثر البُجَةِ إسلامَ تكليفٍ

٥ (الدَيْبُل) — (الديبل)، ٧ (والمعروفون) — (المعروفون) وكذلك فى نسختى حط وغيّره ناشر حط الى (المعروفين) كأنّه تابع للزُطِّ وقد لا يصحّ ذلك التغيير لأن الزطّ والبدهه أمّتان مختلفتان كما يظهر فى صفة بلاد السند، ١٥ (عَيْذَابَ) — (عَيدابَ)، ١٦—١٧ (وفى بعضها جبال) يقرأ مكان ذلك فى حط (لا جبل بها) ثمّ يُفقد كلّ ما يتبع الى ابتداء القطعة (١١)، ٢١ (قَهَرَ) — (وقَهَرَ)،

وضبطوا بعضَ شرائط الإسلام وظاهروا بالشهادتين ودانوا ببعض الفرائض وفيهم كَرَمٌ وسماحةٌ فى إطعام الطعام فسامحهم فى الأَخْذ عليهم وهم باديةٌ أغتامٌ متوغّلون فى الجبال والآجام فى عددٍ لا يُحاط به فجرتْ أحكامُهم على سُنَنٍ كانتْ لهم جاهليّةٍ الى بعض أحكامٍ يستعملونها إسلاميّةٍ وسآتى بما رأيتُه منهم معاينةً ومشاهدةً ونقلتُه مفاوهةً ومشافهةً،

(٩) حدّثنى أبو المنيع كثير بن أحمد [١٦ ظ] الجَعْدِىّ الاسْوَانِىّ أنّ اسوان افتتحها عبد الله بن أبى سَرْحٍ سنة إحدى وثلثين وافتتح هيف وهى المدينة التى تجاه اسوان عن غربىّ النيل وقد تُدْعَى قريةَ الشقافِ وافتتح ابلاق وهى مدينة في وسط ماء النيل على حجرٍ ثابتةٌ فى وسط الماء منيعةٌ كالجزيرة وبينها وبين اسوان ستّة أميالٍ وبحذائها على النيل من جهة المشرق مَسْجِدُ الرُدَيْنِىّ وقَصْرُ آليه وتحت المسجد بيعة للنُوبَة وهو آخرُ حدّ الإسلام وأوّلُ حدّ النُوبَة، ولم يزل المسلمون مستظهرين على جميعِ من جاورهم هناك من النُوبَة والبُجَة الى سنة أربع ومائتين فإنّ البُجَة كانت تمتار من قفطٍ وهى مدينةٌ تحاجز قُوص وكان للبُجَة رئيسٌ يدخل الى قفط يُعرف بمُحَا فيمتار البرّ والتمرَ على مرّ أوقاته فيُكْرَمُ ويُعْظَمُ وكان لأهل قِفْطٍ أيضًا رئيسٌ يُعرف بإبرهيم القفطِىّ فخرج حاجًّا فى جماعةٍ من أهله يريد عَيْنُونَا والعِبْرُ اليها من ناحية جزائــر بنى حَدان على طريق طلفه فنطرّق بمُحَا البِجَاوِىّ وجماعته التى صحبته على طريق الزيارة وكان بتلك الأرض فى غاية الخِبْرَة فاجتمعت البُجَة الى مُحَا رئيسهم فقالت لا بُدّ من قَتْلِ هذا المسلم لمعرفته بديارنا ومقارّنا ومظانّ مياهنا ولسنا نأْمنه فدافعهم عن ذلك فغلبوه على رأيه واتّفقوا على إتاهته فأتاهوه فمات عطشًا ومن كان معه وكان له ولدٌ صغيرٌ فرقّ له بعضُ البُجَة فسرّبه بالحيلة الى ناحية اتفوا من الصَعيد فأوصله أهلُها الى قِفْطٍ فأخبرهم بحال أبيه فأسرّوا ذلك ولم يُظْهِرُوه وأتى مُحَا على عادته ليمتار فى ثلثين رجــلاً من وجوه قومه

---

٣ (أغتامٌ) — (أغنامٌ)، ٢٣ (فأخبرهم بحال أبيه) — (فاخْبَرَهُ بحال ابنه)،

فأنزلوهم فى بعض بِيَعِهم وأتوا عليهم أجمعين، واتّصل ذلك بالبُجَة فساروا اليهم وقد جلا بعضُ أهل قفطٍ مغربين ففتحوها فى أحد شهور سنة أربع ومائتين وسبوا منها سبع مائـة نَسَمَةٍ وقتلوا منها خلقًا واسعًا وكان بقفطٍ حَسَنيّ له محلّ فقصَدَ البُجَة فـرُدّ عليه بعضُ السَبْى وانحدر أهلُ قِفْطٍ الى مِصْر والسلطان ببعض شأنه مشغولٌ فأقاموا يرفعون بمِصْرَ سبع سنين وكان بحوف مصر رجلٌ يُعرف بحَكَم النَابغيّ من قيس عيلان ثمّ من بنى نَصْرِ بن معْوية ذو يسارٍ وخَيْرٍ وجهادٍ فقصدوه وشكَوا اليه فقال تجيئُونى بكتاب القاضى وشيوخِ البَلَدَ لأكْفِيَكُمْ ففعلوا ذلك فسار معهم فى سنة اثنتى عشرة ومائتين حتّى ورد الى قفط فى ألف رجلٍ من قومه خمس مائة فارسٍ وخمس مائة راجلٍ وغزا البُجَة فأقام ببلدهم ثلث سنين يجوس ديارَهم ويسبيهم ومُناخُه بالمكان المعروف يومنا هذا بماء حَكَمٍ وهو عن مرحلةٍ من عَيْذَاب وعلى أربع مراحل من العلاقىّ واسترجع السبىَ عن آخرِهِ وقَفَلَ مُعاوِدًا الى اسوانَ فنزلها ثمّ انحدر فأقام بطَوْدٍ مدينةٍ كانت قريبًا من قُوص وملكها ومات بها بعد استجارة العَلَوِىّ العُمَرىّ بحَكَمٍ النابغىّ فستَرَهُ وطالبه بـه السلطان فحلف أيمان البَيْعَةِ أنّه لا يعرف له مكانًا حانثًا فخرج عن يمينه عن كلّ ما حَنِثَ فيه، ثمّ دارت الأيّام وأتى هذا العَلَوِىُّ الى منزلِ حَكَمٍ فسَلَبَهُ بطَوْدٍ وقَهَرَهُ وشرّدَهُ عنه خلافًا [١٦ب] لما عامله به من الإحسان اليه وأخبارُها تطول، وعند فتح قِفْطٍ [....] ما بُنِيَ سُورُ اسوانَ وقوص فى سنة اثنتى عشرة وأعيدت الى ما كانت عليه قبل تخرّبها،

(١٠) ثمّ إنّ البُجَة افتتحت انبُوا مدينةً من الصعيد كان بينها وبين

٦ (بحوف) — (بجوف)، ٧ (تجيئُونى) — (تحيُونى)، ١٢ (عَيْذَاب) — (عَيْذَابِ)، ١٨ [....] تُفقد هنا فقرة توشك أن كانت تملأ سطرًا واحدًا فى النسخة التى استُنسخ منها الأصل وقد يجوز استتمام المفقود بـ(تخرّبت المدينة وبعد خروج البجة منها رجع أهلها وبنوا سورَ قفط مثل) أو ما فى معناه،

٢٠ (تخرّبها — (تخرّب)،

أَسْوَانَ مرحلةٌ سنة اثنتين وثلثين ومائتين من المتوكّل وكان يلى أَسْوَانَ وعينونا والحَوْرَاء عُبيد بن جَهْمٍ مولى المأمون وكانت انبُوا مُضافةً اليه فركب من عَيْنُونَا والحَوْرَاء فى جلاب فارسى بأقاصى جزيرة مِصْرَ بمُعسكره فأثخن فى البُجَة قتلاً وسَبْيًا واستردّ ما سباه البُجَةُ من انبُوا وعاد الى اسْوَانَ وعبر الى عَيْنُونَا، وكان فى بعض أصحابه من عاين التِبرْ وآثارَ العمل فيه للرُوم بالجزيرة عند أوّل دخولهم مع عُبيد بن جَهْمٍ مولى المأمون فنكصوا الى البلد من سَنَتِهم وصادف ذلك دخولَ محمّد بن يوسُفَ الحسنىّ الأُخَيْضر اليَمامَةَ وانقشاعَ أهلها من جَوْرِهِ الى أرض مِصْرَ والمعدن فى آلاف كثيرةٍ فغلبوا على من كان بها من أهل الحجاز لسنّهم وفورِهم وتكامل بالعلاقىّ قبائل رَبيعَة ومُضَرَ وهم جميع أهل اليمامة فى سنة ثمان [وثلثين] ومائتين ووقع بين رجلٍ منهم ورجلٍ من البُجَة شَحْناء فسبّ البجاوىّ النبىّ صلّى الله عليه فكتب بذلك الى المُتوكّل فأنفذ رجلاً من ولدِ أبى موسى الأشعرىّ يُعرف بمحمّد القُمىّ وكان فى محبسه مطالَبًا بدمٍ لا وَلِىَّ له فأَنْجَدَهُ بما طلبه من الرجال والسلاح وخَيَّرَهُ حين أطلقه فيما يحتاج اليه فاختار ألف رجل منهم خمس مائة فارس وخزانةً بعشرة آلاف دينار فقبضها بمِصْرَ وسار بها الى اسوان وأتى العلاقىّ فأخذ من ربيعةَ ومُضَرَ واليمنِ ثلثة آلف رجل من كلّ بطنٍ ألف رجل فلقى ملك البُجَة وكان إذ ذاك عَلِىْ بابا وهو فى مائتى ألف معهم ثمنون ألف نجيب فلمّا التقى الجمعان وعاين ذلك المسلمون هَالَهُمْ وعَظُمَ عليهم فقال لهم القُمىّ ما لنا من محيصٍ فقاتِلوا عن دمائكم وأحسابكم فإنّكم حاصلون وهَمَّ عَلِى بَابَا بكبس المسلمين لوقته فحال بينه وبين ما أراد الليلُ فرمى القُمىُّ حَسَكَ الحديد سورًا على عسكره وبقيّةُ هذا الحَسَكِ وهذه الخزانةِ باسْوَانَ الى الآن وأنشأ القُمىّ كُتُبًا فى طوامير كتّانٍ بالذهب وجعلها بخطٍّ جَليلٍ على الأسنّة ونادى عند طلوع الشمس هذه كُتُب أميرِ المؤمنين اليكم معاشرَ البُجَةِ وهم صافّونَ فلمّا رأت البُجَة ذلك استطرفَتْهُ وتحلّلَتْ من المصافّ

٢ (عينونا) — (عينوناً)، ١١ [وثلثين] يفقد فى الأصل، ٢٤ (ونادى) — (وبادأ)،

وقصدَتْهُ وكان القُمِّيّ قد حمل البُنود على الفوالج والطبول فلمّا التفتْ البُجَة بالطوامير ضُرِبت الطبول الزَنْجيّة فاضطربتْ صفوفهم فحمل عليهم القُمّيّ وقد التفّتْ جِمالهم وشردت فهلك بتلك الغِـرّة عامّتهم ووطئتْهم الجمال فقَتَلَ وأسر وسبى وأخذ عَلِى بابا أسيرًا وكان قد قعد على رَبْوةٍ وحلف ألاّ يزول أو تنقلِعَ الربوةُ فلمّا أسره القُمّيّ عاد به وبما معه من الغنيمة الى اسوان فباع ذلك وكان مبلغُهُ خمسين ألف أُوقِيَةٍ تِبْرًا، وأنفذ الى يرقى ملك النوبة فأتاه طائعًا فانحدر بالجميع الى بغداذ فى سنة ثمان هذه المُؤَرَّخَة فأدخلهما الى السلطان فنُودِىَ عليهما فبلغ ملك البُجَةِ سبعة دنانير وملك النُوبَةِ تسعةً فأجرى لكلّ واحدٍ منهما فى كلّ يوم مثلَ ثَمَنِهِ وعاد الى [١٧ ظ] اسوان بعد موافقتهما على أداء الجزية، وأتى العلاقىّ وكان خلّف عليها أَشْهَبَ رَبِيعَةَ من بنى عُبَيد بن ثعلبةَ الحنفىّ وهو جدّ أبى عبد الله محمّد بن أحمد بن أبى يزيد بن بشر صاحب المُحْدَثة وهى المدينة التى لربيعةَ محاذّةٌ لاسْوَان وأبو عبد الله هذا ابن عمّ أبى بكر إسحق بن بشرٍ صاحبِ العلاقىّ وكان قد مَسّ الناسَ بالجَوْر فرُفِعَ عليه الى القُمّيّ فقبض عليه فلم يجد لديه شَيْئًا وكانت مروءةُ أشهبَ تستغرق عائده فحبسه طويلاً ثمّ أطلقه وقد أحفظ أشهبَ فِعْلُ القُمّيّ به وكان فى جملة رجاله فعَمِل على قَتْلِهِ وقيل للقُمّيّ ذلك فقال لأنْ يَلْقَى الله بدمى أحبّ الىّ من أن ألقاهُ بدمه فقتله أشهبُ فى سنة خمس وأربعين ومائتين،

(١١) وزال مُذ ذلك أمر السلطان بالعلاقىّ وهلك المتوكّل وضبطت البُجَةُ أطرافها والإسلامُ فى بعضها مريضٌ، وبلدهم بين النيل والبحر ويصل اليهم التجّار بالصوف والقُطْن والحيوان من الرقيق والإبل فيكون غايةُ ما يقطعونه من بلدهم ويمكنهم التصرّف فيه نواحى قلعيب وهى مواضعُ ذوات مياهٍ فى أوديةٍ متّصلةٍ بجبلٍ يُعْرف بهلاحيب وأكبر أوديتـه وادى بَرَكَه

٢ (ضُرِبت) — (طرُبَت)، ٧ (يرقى) على التخمين وفى الأصل (برقى)، ٩ (فأجرى) — (فاخرى)، ١٠ (موافقتهما) — (موافقتهما)، ٢٤ (بَرَكَه) — (بركَةَ)،

وبين قلعيب وبركه غياضٌ عاديّةٌ ذوات أشجارٍ وربّما كان دائر الشجرة من أربعين ذراعًا الى خمسين ذراعًا وستّين ذراعًا وأفنيتها مراتع الأفيلة والزرافات والسَبُع والكركدنّ والنمر والفهد الى سائر الوحوش سائمةً راتعةً فى غِيلِها ومياهها وغياضها، ويتّصل بحدّ ملاحيبَ من شقّه الشرقىّ وادٍ يُعْرَف بصيغيوات كثير الماء أيضًا والشجر والخَمَر والوحش وبنواحى بركه بطون كدبم وهى المعروفة بعجات من البُجَةِ ويتّصل بها ممّا يلى سواحل البحر الجاسَة بطون كثيرة فى السهل والجبل، وكأنّ هذا الجبل آخذٌ بأوديته من نواحى البحر المالح الى دُكن وهى أرضٌ مزارعُ أحوافٌ يجرى اليها ماء النيل ويَزْرَع عليها الذُرَةَ والدُخْنَ أهلُ النُوبة ومن يحضر معهم من البُجَة وفى شقّ بركه قبائل كثيرة تُعرف ببازين وباريه وهم أمم كثيرة قتالهم بالقسىّ والسهام المسمومة والحِراب بغير درق، ومن رسم باريه قَلْعُ ثناياها وبَحْرُ آذانها ويسكنون فى جبالٍ وأوديةٍ ويقتنون البقر والشاء ويزرعون، والذى بين وادى بركه وجبلها المدعوّ ملاحيبَ راجعًا الى الإسلام قلعيب وانبوريت وجبال دَروريت ومياه متّصلة وبلدان عامرة لبيواتيكه من قبائل البُجَة تزيد على الإحصاء ولا يُبْلَغُ عددها لتوغّلهم فى أعماق الصحارى، وبركه تقارب جزيرة باضع وبينهما يومٌ وتكون نحو ثلث مراحل مملوءة ببطون قعْصَه وهى أجلّ بطون البُجَة الداخلة وأكثرها مالاً وأعزّها، ومن دون هؤلاء الماتين المتّصلون بدُهْرَا وَسيتراب وغركاى ودُحنت الى الجبل المعروف بسمار وتحاذى سَواكن بطون تُعرف برقابات وَحنديبا وهم خُفَراء على الحدربيّة وخفارتهم لعبدك وهم تحت يده، وعبدك خال ولد أبى بكرٍ إسحق بن بشرٍ صاحب العلاقىّ، [١٧ ب] وبعض هؤلاء القوم فى خفارة كُوك خال أبى القسم حسين بن علىّ بن بشر،

٥ (بصيغيوات) — (بصيغيوات)، ٨ (البحر) — (بحر)، ١٠ (ببازين) — (ببازَة)، (وباريه) — (وبازيه)، ١١ (باريه) — (بازيه)، ١٨ (وأعزّها) — (واعزّها)، (المتّصلون) — (المتّصلين)، ١٩ (برقابات) — (برفابات)، ٢٠ (الحدربيّة) — (الحدربية)، (عبدك) — كأنّه (عبدل) مرّتين،

وعبدك وكوك رئيسا الحدارب أجمعَ وفيهم رئيسان رئيسٌ لأهل كُلّ بيتٍ ذِمَامٍ ورئيسٌ يسوسهم، فأمّا بطون الحدارب فمنهم العريتيكه والسوتباروا والحوتمه والعَكنبيرَا وَالنجريروا والجنيتيكه، والواخيكه والحربيب بطنٌ واحدٌ ويتفخّذ لهؤلاء القوم كلّ بطنٍ الى نحو مائة فخذٍ ولكلّ فخذٍ رئيسٌ أو رئيسان وجميعهم منتجعون لا حاضرةَ لهم وتكون بلادهم التى تمطر وتُزرع وينتجعونها بمواشيهم طولاً نحو شهرين مسيرةً والعرض من البحر الى النيل ومشاتيهم على البحر المالح والسواحل ومصائفهم الأودية التى فى وسط البلد ذوات مياهٍ مراعٍ تقوم بهم وخريفهم فيما قارب النيلَ مغرّبين عن بلادهم بديارٍ قليلةِ الشجر كثيرةِ نباتِ الأرض والغُدْرانِ وطعامُهم اللحم واللبن خاصّةً وضُعَفاؤهم يأكلون الوحش كالغزال والنعام والحمار وهم مسلمون بالاسم ومياسيرهم لا يرون أكلَ الصيد ولا مخالطةَ آكلِهِ ولا استعمالَ آنيةِ من استجاز ذلك واستحلّه ولا يحلبون فيها ولا يشربون، ولُغتهم لُغَةٌ تعمّ البُجَةَ وجميعها أعجميّةٌ ولبعضهم لغةٌ يتفرّد بها،

(١٢) | وتتّصل بلادُهم ببلاد النُوبة والحَبَشَة وهم | نصارى وتقرب حط ٤٠، ٤١
ألوانهم من العرب بين السواد والبياض وهم مفترقون مجتمعون الى أن يحاذوا عدن وما كان من جلود النمور والجلود البقريّة الملمّعة وأكثر جلود اليمن التى تُدْبَغُ للنعال فيقع من ناحيتهم الى عدن وعُدوة اليمن، والجميعُ أهل سِلْمٍ وليست دارهم بدار حربٍ وعلى شطّ البحر بنواحيهم منهلٌ يقال له زيلع فُرضةٌ للعبور الى الحجاز واليمن، ثمّ يتّصل ذلك بمفاوز النوبة والنوبة نصارى أيضًا وبلدهم أوسعُ من الحبشة فى نواحيه وعمارتهم أكثر ممّا بالحَبَشَة ويخترق نيل مِصْرَ فيما بين مدنهم ونواحيهم وقراهم عامرةٌ خصبةٌ كثيرة الثمر والزرع والخُضَر،

١—٢ (وفيهم .... يسوسهم) — (وفيهم رييسا لاهل كل بيتٍ ذمام ورييس يسوسهم)، ١٥—١٦ (الى أن يحاذوا) — (الى يحاذون)، ٢١—٢٢ (وقراهم .... والخضر) يقرأ مكان ذلك فى حط (وقراها حتّى يتجاوز ذلك الى قفار ومفاوز وبرارىّ يتعذّر مسلكها) ثمّ تفقد القطعتان (١٣) و (١٤) إلاّ أنّ كلمات (ومفاوز وبرارىّ يتعذّر مسلكها) توجد فى آخر القطعة (١٤)،

(١٣) | ومن أعمر بـلادهم نواحى علوه وهى ناحية لها قرًى متّصلة وعمارات مشتبكة حتّى أنّ السائر ليجتاز فى المرحلة الواحدة بقرًى عدّة غير منقطعةِ الحدودِ ذوات مياه متّصلة بسواقٍ من النيل وكان ملكهم وأنا بالناحية اسابيوس كرجوه بن جُوتى وقـد خلا له فى مُلْكه سبع عشرة سنةً وتُوُفِّى فجلس ابن أُخته اسطابنوس بن يركى وهو مقيمٌ فيهم الى وقتنا هذا ومن سُنّة جميع السودان إذا هلك الملك أن يَقْعُدَ ابن أُخته دون كلّ قريبٍ وحميمٍ من ولد وأهل، وطول بلده من ناحية المقُرّه الذى هو آخر مُلْك دُنْقَلَه فى طاعة العَلَوىّ الى بلد كُرسى آخذًا على النيل ومسافةُ ذلك بالطول شهرٌ واحدٌ وعرضُه من النيل الى تفلين ويكون ذلك ثمانى مراحلَ مشرِّقةً وفى خلال ذلك النهر المعروف بسنسابى ويفرع الى النيل وأصله من ناحية الحَبَشَة والنهر المعروف بالدُجْن يأتى من بلد الحَبَشَة فينقطع فى أعمال دجن ومزارعها ودجن هذه قرًى متّصلةٌ ذواتُ مياهٍ ومشاجرَ وزرعٍ وضرعٍ، والى وسط هذا الوادى تفلين قُرًى أيضًا للبادية منهم [١٨ ظ] ينتجعونها للمراعى حينَ المطر ولهم ملك مسلمٌ يتكلّم بالعربيّة من قِبَل صاحب عَلْوَه ويختصّ أهل تفلين بالإبل والبقر ولا زرع لهم فيهم مسلمون كثيرون من غير ناحية على دينهم يتجرون ويسافرون الى مكّة وغيرها، ويجاور تفلين بازين أُممٌ مقيمةٌ فى أخصاصٍ كالقرى لهم الماشية من البقر والزرع ورياستهم بأيدى شيوخهم وليس فيهم إلّا راجلٌ وسلاحهم الحراب والمُرّان ولا فارسَ فيهم وليس لأحدٍ عليهم طاعةٌ ولا دينَ لهم ولا هم متّصلون بشريعةٍ غير الإقرار بالله وَحْدَهُ والتسليم له وٱسْمُهُ جلّ وعزّ عندهم أُننه، ومن تفلين الى وادى بركه ثلثة أيّام وقد تقدّم أنّ وادى بركه يجرى من بلد الحَبَشَة مجتازًا على بازين وآخذًا الى ناحية البُجَة وينصبّ بين سواكن وباضعٍ فى البحر المالح، وفى أعالى بلد علوه نهرٌ يجرى من المشرق يُعرف باورٍ وعليه مرنكه قبيلٌ من النُوبَةِ فينصبّ فى النيل ومن أعلاه عن يومين نهرُ اتمتى وعليه من النُوبة المعروفين بكرسى أمّةٌ كثيرة

منقود فى حط

٤ (اسابيوس) — (اساتيوس)، ٥ (يركى) — (يزكى)، ١٤ (حينَ) — (وحين)،

ويتّصلون ببلد الحبشة على هذا النهر وهذه الأنهار كبارٌ غزارٌ تتّصل بنهر سُوبَه الى بلد المُقرّه وهو بلد دُنْقَلَه ويتّصل باسوانَ، وذكر قومٌ أنّهم يجتازون فى أعالى هذا النهر أعنى النيل من أعالى بلد كرسى ببلد طبُلى وهو منتهى مُلْك عَلْوَه على النيل فلا يخالطونهم ولا يتاجرونهم عرَاةً حاسرين ولا يُعْلَمَ ما غِذاؤهم ولا كيفيّةُ سيرتهم وأهلُ كُرْسىِ أصحاب زفالٍ وهو الجِلْد الذى يتّزرون به عرضًا ويستخرج طوله من تحت الأفخاذ فيُغْرَزُ عند السُرّة فيما انعقد من الزفال، ومن غرب النيل نهرٌ يجرى من ناحية المغرب كبير غزير الماء يُعرف بالنيل الأبيضِ وعليه قومٌ من النُوبَةِ وبين النيل الأبيض وعَمود النيل المتقدّم ذكره ببلد عَلْوَه جزيرةٌ لا يُعْرف لها غايةٌ بها جميعُ الوحش ويسكنها النُوبَةُ والكرسى ومن لا يُقْدَر لامتناع جانبه أن يحاطَ بمعرفته، ومن غربيّ هذا النيل الأبيض أُمّةٌ يُعرفون بالجبليّين فى طاعة ملك دُنقله هو ملك المُقرّه ومريسَ ومَرِيسُ فهى من حدّ اسوان الى آخر بلد المقرّه، وبين عَلْوه وبين الأمّة المعروفة بالجبليّين مفازةٌ ذات رمالٍ الى بلد امْقل وهو ناحيةٌ كبيرةٌ ذات قُرًى لا تُحصى وأُممٍ مختلفةٍ ولغاتٍ كثيرةٍ متباينةٍ لا يُحاط بها ولا تُبْلَغُ غايتهم يُعرفون بالاحديين وفيهم معادن الذهب الجيّد والتبر الخالص والحديد متّصلين بالمغرب الى ما لا يُعْرَف منتهاه زيُّهم زىّ المغاربة أربابُ جمالٍ وخيلٍ براذينَ غير تامّةِ الخَلق لقصرها وقرب لبودها وسلاحُهم فيه درق كدرق المغاربة بيضٌ وحرابٌ وسيوفُهم أيضًا غير تامّةٍ وفيهم جُنْدٌ يلبسون السَراويلات المفتّحةَ الطوالَ ونعالهم كنعال المغاربة وهم على النصرانيّة وهم فى طاعة ملك علوه وبينهم وبين ملك عَلْوه خمس مراحل ثلثٌ منها مفازةٌ، وملوك النوبة اثنان ملك المُقرّه وهو ملك دُنقله وملك عَلْوه وملك المقرّه تحت ملك عَلْوه،

٢ (المُفرّه) — (المُيقرّةِ)، ١٣ (المقرّه، وبين عَلْوه وبين) — (المقرة وبلد علوة، وبين)، ١٤ (كبيرة) — (كثيرة)، ١٨ (تامّةٍ) — (تامـةٍ)،

(١٤) وأمّا [١٨ ب] بَلَدُ الحَبَشَةِ فمَلِكَتهم مرأةٌ مُذ سِنون كثيرةٌ وهى القاتلةُ لملك الحبشة المعروف كان بالحضانى وهى مقيمةٌ الى يومنا هذا مستوليةٌ على بلدها وما جاورها من بلد الحضانى فى دَبور بلد الحَبَشَة وهو بلدٌ عظيمٌ لا غايةَ له | ومفاوز وبرارىّ يتعذّر مسلكها، حط ٤١

(١٥) ثمّ ينتهى ذلك الى أرض الزنج ممّا يحاذى عدن، وجميع بلد المقرّه فى يد ملك دُنْقَلَه وبيد ملك علوه من معادن التبر الغزيرِ الكثيرِ ما ليس مثله فى نواحى غيرهم من المواضع المشهورة باستخراجه وليس فيهم من يعرِضُ له ولا يستخرجه خوفًا من أن يشتهر فيغلبَ الإسلامُ عليه وهذه المعادن تمتدّ فى بلد الزنج على البحر وفيما بَعُدَ منه الى أن تتجاوز حدود الإسلام وتحاذِىَ بعضَ بلدان الهند، وقد ذكر قومٌ أنّ فى أطراف الزنج صرودًا فيها زنج بيضٌ وقد قدّمتُ أنّ بلدهم قليل العمارة قَشِفٌ تافهُ الزرع إلّا ما اتّصل منه بمستقرّ الملك،

٥–٩ (وجميع .... تتجاوز) يقرأ مكان ذلك فى حط (الى أن يمتدّوا على البحر ويتجاوزوا جميع) فقط، ٦ (دُنْقَلَه) — (دَنقَلةَ)،

[المغرب]

(١) وأمّا المغرب فبعضه ممتدّ على بحر المغرب فى غربيّه ولهذا البحر جانبان شرقىّ وغربىّ وهما جميعًا عامران،

(٢) [وأمّا الغربىّ فمن مصر وبرقة الى افريقية وناحية تنس الى سبتة وطنجة فللعرب خاصّةً وازيلى وما فى أضعاف هذا الإقليم، وأمّا الشرقىّ فهو بلد الروم من حدود الثغور الشأميّة الى القسطنطينيّة الى نواحى رومية وقلورية والانكبردة والافرنجة وجليقية ثمّ باقى ذلك الى آخره للعرب فى يد أصحاب الاندلس،]

(٣) [وقد صوّرتُ مدنه وذكرتُ أعماله وارتفاعها وما فيها من التجارات والمجالب الى ما سوى ذلك ممّا لجزيرة الاندلس على البحر وكنتُ جمعتُها وبلد الروم ثمّ رأيتُ تفريقهما ووضع كلّ صورةٍ منهما على حِدَةٍ من صاحبتها وسآتى بحدودها بعدُ، والذى يساير أرض الاندلس ويحاذيه من
حط ٤٢ بلد الإسلام صقلّيّة وصقلّيّة | تجاه اقليبية من أرض افريقية ثمّ تمتدّ أرض الاندلس على البحر،]

(٤) وقد بدأتُ بذكر حدّه المحيط به من قَبوله وحدُّه من مِصْرَ الإسكندريّة على النيل وأرض الصعيد حتّى يمضى على ظهر الواحات الى بريّةٍ تنتهى الى أرض النُوبة آخذًا الى البحر المحيط وممتدًّا الى حقيقة الغرب بنواحى أرض غانه وأرض اودغست ثمّ يستمرّ عاطفًا

---

٢ يكتب فى نسختى حط مكان القطعة (١) (وأمّا المغرب فهو ممتدّ على بحر الروم ولبحره عمارتان تنقسم بنصفين فنصف من شرقىّ هذا البحر للعرب والروم ونصف من غربيّه،) إلاّ أنّه يوجد فى نسختى حط (بلد الروم)، ٤ تفقد القطعة (٢) فى الأصل وهى مأخوذة من حط، ٩ قد أُخذت القطعة (٣) كذلك من حط،

الى الشمال مارًّا على بلاد برغواطه وماسه الى فُوهة بحر الروم الذى يَأخذ من البحر المحيط بين أرض طَنْجَة وأرض الاندلس وراجعًا حدُّه من أرض طنجة على البحر الى نواحى تنس والى تُونس والمهديّة من أرض افريقية مُقبلاً على أرض اطرابلس وبرقة الى الإسكندريّة،

(٥) [وازيلى يحاذى أرض الاندلس المذكورة المحاذية لبلد الروم وأرض صقلّية ، ثمّ تمتدّ أرض الاندلس على البحر فتواجه من أرض المغرب تونس وهكذا الى طبرقة الى جزائر بنى مزغنّان الى تنس الى وهران الى نكور الى سبتة ثمّ الى ازيلى،]

(٦) [ثمّ البحر المحيط الجنوب فيمرّ على ماسة ومغارب سجلماسة وظاهر السوس الأقصى ويمتدّ على ظواهر اودغشت وغانة وكوغة وقبول سامة وغريوا فى بلد لا عدد لأهلها الى أن يصل الى البرّية التى لا تُسلك الى الحين ويكون بين دبرته وبلاد الزنج برارىّ عظيمة ورمال كانت فى سالف الزمان مسلوكة وفيها الطريق من مصر الى غانة فتواترت الرياح على قوافلهم ومفردتهم فأهلكت غير قافلة وأتت على غير مفردةٍ وقصدهم أيضًا العدوّ فأهلكهم غير دفعة فانتقلوا عن ذلك الطريق وتركوه الى سجلماسة ، وكانت القوافل تجتاز بالمغرب الى سجلماسة وسكنها أهل العراق وتجّار البصرة والكوفة والبغداذيّون الذين كانوا يقطعون ذلك الطريق فهم وأولادهم وتجاراتهم دائرة ومفردتهم دائمة وقوافلهم غير منقطعة الى أرباح عظيمة وفوائد جسيمة ونعم سابغة قلّ ما يدانيها التجّار فى بلاد الإسلام سعةَ حالٍ ولقد رأيتُ صكًّا كُتِبَ بدينٍ على محمّد بن أبى سعدون باودغشت وشهد عليه العدول باثنين وأربعين ألف دينار،]

(٧) وأمّا الاندلس فهى جزيرة تتّصل بالبرّ الأصغر من جهة جليقيه

٢ (بين أرض طنجة) الى آخر القطعة — يوجد مكان ذلك فى حـَط (بنواحى طنجة) فقط ، ٥ قد أُخذت القطعة (٥) من حـَط ، ٩ قد أُخذت القطعة (٦) من حـَط ، ١١ (وغريوا) — فى نسختى حـَط (وعربوا) وقد غيّر ذلك ناشر حـَط الى (وغيارو) تابعًا للبكرىّ ، ١٣ (مسلوكة) — يُفقد فى نسختى حط ،

حـط ٤٣ وافرنجه وهى فى جملة المغرب ويحيط | بها الخليج المذكور من مغربها والبحر المحيط من بعض شمالها وشرقها وحدُّها من نحو بلد جليقيه على كورة شنترين الى لشبُونه الى اكْشَنبه والى نواحى جبل العُيُون وما لديه من النواحى الى جزيرة جبل طارقٍ الى مالقه والى المريّه ثمّ الى بلاد مرسيه وبَلنسيَه الى نواحى طرطُوشه ثمّ يتّصل ببلاد الكُفْر ممّا يلى البحر بناحية افرنجه وممّا يلى المغرب ببلاد غَلجشكش وهم جيل من الانكبرذه ثمّ الى بلاد بشكُونس ثمّ بلاد الجلالقة حتّى ينتهى الى البحر،

(٨) وقد صوّرتُها بذاتها ورسمتُ فيها مواقع مياهها ومجاريها وأمكنة مدنها ومواقعَها من شرقها وغربها وجنوبها وشمالها فى جملة صورة المغرب، وابتدأتُ منها بصورة ما بين مصر الى القيروان والمهديّة وما فى أضعاف ذلك وأتبعتُها بباقى صورته من القيروان والمهديّة الى طنجة ممّا يحتاج الى رسمه وذكره ومثاله والى الله الرغبة فى التوفيق لما جانس الحقّ ووافق الصِدْق وهو حسبى ونعم المعين،

(٩) وهذه صورة المَغْرِب،

[١٩ ظ]

إيضاح ما يوجد فى القسم الأوّل من صورة المغرب من الأسماء والنصوص،

قد رُسم البحر فى وسط الصورة ويوجد على ساحله الأسفل من المدن مبتدئًا من اليسار سرت، اجدابيه، برقه، ثمّ جبل برقه ثمّ مدينة الاسكندريه، ويُقرأ من وراء جبل برقة بين برقه ووادى مخيل ثلث مراحل وأسفل ذلك مراقيه وعن يسار الاسكندريّة مرحله، ويقابل سرت فى أسفل الصورة فى البرّ جزيرة ودان وعن يمين ذلك مقابلاً لاجدابية جزيرة اوجله، ويقرأ بين اجدابية وبرقة فى البرّ المحهديه، بهربو، تاكست، وفى داخل البرّ الأسفل يوجد جدول يشتمل على عدّة من الأسماء وهى من اليسار الى اليمين الراشده وغابه ركوط، قصور حسان، مغمداس، قبر العبادى، اليهوديه، منهوشاى ومنها الى زق زم، نخيل قحطبه، الفاروج، بنى ابلوا، وادى مسوش، الجرنوبه، جراوه او تيم ليلين، وادى مخيل، قصر بنى تازيلا، كرم الجبار وبالقرب منه حمويه، جب

٥ (يتّصل) — (تتّصلُ)، ٦ (غَلجشكش) — (غلجسكش)، ٢٥ (تازولا) — (تازولاَ)،

الربل، قصور الروم، مغائر الرقيم، العقبه ودمنها رماده، قصر الابيض، حانوت بنى ابى ساره وهو حوانيت الرمل، خرائب القوم، سكه الحمار او قباب معان، جب العوسج، الكنائس، الطاحونه، الحنيّه، ذات الحمام، فم الغراب، العى، ترنوط، ذات الساحل،

ورُسم عن يمين الاسكندرية فوهة نهر النيل وعليه دون تشعّبه مدينة الفسطاط وتقابلها فى الجانب الآخر الجيزه وبينهما الجزيره، ويقرأ فى أعلى النيل وقاطعًا له حدود مصر واعمالها، وأعلى ذلك حدود الشام، ثمّ حدود الثغور، ثمّ عن يسار ذلك نواحى اقليميه، ويلى ذلك عن يساره على البحر انطاليه، ومن عند ذلك يأخذ خليج من البحر الى أعلى الصورة ويقرب هذا الخليج فى البرّ عن يمينه بحيرة نيقيه ثمّ بحيرة نقموذيه، وعن يمين هذه البحيرة عند طرف الصورة الأعلى يقرأ بلد الناطليق ثمّ بلد هرقله ثمّ ارض الصرهوه، وكُتب موازيًا للطرف الأعلى من الصورة كلّه صورة المغرب وبلد الروم، وفى البحر من الجزائر قبرص واقريطش،

وعلى وسط الخليج من الجانب الأيسر مدينة القسطنطينيه ويقرأ أسفلها على الساحل نواحى مجذونيه، ثمّ أسفل ذلك فى لسان البرّ المدوّر الخارج فى البحر أرض بلبونس دورها الف ميل وفيها امم للروم وبها نيف وسبعون حصنًا ويضيق طرفها من جهة البرّ ويدعا بكسميلى اى ستّة اميال،

[١٩ ب]

إيضاح ما يوجد فى القسم الثانى من صورة المغرب من الأسماء والنصوص،

قد رُسم على ساحل البحر من أسفله من المدن مبتدئا عن اليمين اطرابلس، قابس، اسفاقس، المهديه، سوسه، اقليبيه، تونس، طبرقه، مرسى الخرز، بونه، مرسى الدجاج، جزائر بنى مزغناى، تامدفوس، اشرشال، برشك، ومقابلاً لاطرابلس فى أسفل الصورة فزان ويقرأ بينهما وادى الرمال او قصر ابن اسود وعن يمين ذلك المحتنى او حليا، ورُسم عن يسار ذلك جبل يقرأ عنده جبل نفوسه وسكانه الشراه ويتّصل بالجبل مدينتا شروس وجادوا، ويقرأ بين جبل نفوسه ومدينة قابس مبتدئًا من اليسار وادى اجاس، بئر زناته او ازروار، تامديت او تاجرجت، ابار العباس او فاضلات، المثقوب وبينهما صبره، بئر الصفا وهى بئر الجمالين، وعن يسار قابس مبتدئًا عن اليسار اللحميين، حدوبس، فلانس، فندق ابن لقمن، عين الزيتونه،

٣ (العى) غير بيّن ولعلّه تصحيف (المنبر)، ٧ (انطاليه) — (انطاكيه)، ١٠ (الصرهوه) — (الضرهوه)، ٢٠ (مزغناى) — (زغناى)، (اشرشال) — (اشرسال)، (برشك) — (شرتفل) ٢٤ (تاجرجت) غير بيّن،

ثمّ يلى ذلك من الجانب الأيسر فى وسط البرّ مدينة القيروان وفى الساحة التى أسفل القيروان من المدن قلشانه، مجانه، قاصره، القصور، قفصه، الحمه، نفزاوه، سماطه، قسطيليه، ننطه، تامليل، مداله، ورُسم عن يسار هذه المدن جبل اوراس وعن يساره من المدن بسكره، تهوذا، بادس، ويأخذ من القيروان طريق الى جبل اوراس عليه مدينتا سبيبه وباغاى، وطريق آخر هو أقرب من الساحل يأخذ على الاربس، تيفاش، قصر الافريقى، تيجس، القسطنطينيه، ميله، مقره، ثمّ الى المسيله وهى على نهر ينصبّ فى البحر عند اشرسال، وبين ميله وهذا النهر مدينة سطيف، وبين تيفاش وباغاى مدينتا ابه وقصر الزيت، ويأخذ من باغاى طريق الى مقره عليه دار ملول وطبنه وطريق آخر الى طبنه عليه بلزمه ونقاوس، وعلى الطريق الآخذ من تيجس الى مقره مدينة دكمه، ويأخذ من المسيله من جانب النهر المقابل طريق الى اليسار عليه ابن مامه وطريق آخر يميل الى الأعلى عليه تامزكيدا، اشير، سوق كران، مليانه، وبين سوق كران والنهر مدينة حائط حمزه على الطريق الآخذ الى سطيف، ويقرأ موازيًا للطرف الأسفل من الصورة [وهذه نواحى السـ]ـودان المختصّة بلادهم على البحر المحيط وبين هـذا النصّ والطرف غريوا، كزم، زغاوه، ثمّ بين جبل نفوسـه والطرف نواحى كوكو،

وفى البحر رُسم من الجزائر مالطه، قوسره، صقليه، سردانيه، قرشقه، وفى قسمه الأعلى جنوه،

وتخرج قطعة مدوّرة الشكل من البـرّ الأعلى الى البحر يُقرأ فى داخلها آرضُ قَلَوْرِيَهْ وعلى ساحلها من المدن مبتدئًا من اليمين قسانه، رسيانه، قطرونيه، سبرينه، استلوا، جراجيه، قسطرقوقه، بوّه، ابن ذقتل، ريّو، منتيه، كسشه، مسنيان ثمّ مدينة لا اسم فيها وفوق هذه المدينة فى الجبل شلورى ثمّ عن يسار ذلك فى الجبال وعلى الساحل ملف، نابل، غيطه، بيش، قرره، وعن يمين أرض قلوريه رُسم خليج مثلّث الشكل يدخل فى البرّ وعلى طرفيه مدينتا بذرنت واذرنت، ويقرأ عند ساحل هذا الخليج فى البرّ هـذا جون البنادقين وفيه جزائر كثيرة مسكونة وأمم كالشاغرة

٦ (تيفاش) — (تيفاقين)، (القسطنطينيه) — (القسطيطينه)، ٨ (ملول) — (ملوك)، ١١ (كران) تطلّس أكثره، (مليانه) تطلّس أكثره، ١٣ [وهذه نواحى السـ] يوجد ذلك فى القسم الثالث من صورة المغرب، ١٤ (غريوا) تطلّس أكثره واُستتمّ على التخمين، ٢٠ (قسطرقوقه) — (فطرقوقه)، ٢٢ (قرره) قد تطلّس أكثره إلّا الحرف الأوّل، ٢٤ (كالشاغرة) — (كالشاغىه)،

وألسنة مختلفة من افرنجيين ونمتين وصقالبه وبرجان وغير ذلك، وعن يسار هذا النصّ بينه وبين الجبال مضيق سكن،

[٣٠ ظ]

إيضاح ما يوجد من الأسماء والنصوص فى القسم الثالث من صورة المغرب،

يوجد على ساحل البرّ الأسفل من المدن ابتداءً عن اليمين تنس، وهران، واسلن، ارجكوك، مليله، نكور، سبته، طنجه وبينهما مرسى موسى، ثمّ ازيلى، ومن وراء ازيلى فى البرّ زلول، جرمانه، الحجر، تاوارت، البصره، الاقلام، وعن يسارها بحيرة ريغه ثمّ أسفل ذلك كرت، وعند رباط على البحر مصبّ نهرٍ وعلى ذلك النهر تجاه رباط سله ثمّ مليله، حجنه، دخله، فاس وتجاهها فاس مرّة ثانية، ومن وراء هذه المدن فى البرّ بنى سدال، الحبش، بنى رجيك، وعن يسار سله تخرج قطعة من البرّ الى البحر يُقرأ فيها هذه زنقة فى البحر المحيط وهى حومة بلد برغواطه وديارهم، وأسفل هذه الزنقة مصبّ نهرٍ وبين هذا النهر والساحل من المدن رباط ماسه وتامدلت، وعلى النهر اغمات والسوس، ومن وراء النهر مقابل السوس اودغست، ثمّ فوق ذلك سجلماسه فى عطف نهر آخر، ويأخذ من فاس طريق الى تنس على البحر وعليه من المدن نمالته، كرانطه وهما على نهر فاس كرماطه، مزاوروا، تابريدا، صاع، جراوه، تنمسان، ترفانه، افكان وفى الجانب الآخر من نهرها افكان مرّة ثانية ثمّ يلل، شلف، غزه، تاجنا، وأسفل تنس على طرف الصورة الخضرا وهى على نهر يأتى من الأسفل وعند مبتدأ هذا النهر تاهرت، وأسفل ذلك فى البرّ سامه ثمّ أسفل ذلك عند طرف الصورة غانه، وكُتب موازيًا لهذا الطرف هذه نواحى ممالك الس وتمام هذا النصّ فى القسم الثانى من صورة المغرب كما مضى فى إيضاحه، وفى البحر شُكّلت جزيرتا ميرقه وجبل الفلال،

وأمّا البرّ الأعلى فيقرأ فى قسمه الأيمن عند البحر بشكونس، افرنجه، روميه، بلاد غلجشكش، وعن يسار ذلك على ساحل البحر الجزيره، بلنسيه، قرطاجنه، المريه، الجزيره ومن وراء هذه المدن فى البرّ طرطوشه، مرسيه، كورة تدمير، مدينه التراب، بجانه، مالقه، وادياش، وجيان فى عطف نهرٍ، ورُسم وراء هذا النهر نهر آخر يُقرأ

١ (ونمتين) — (ويمنين)، ٨ (رباط) — (برباط)، ٩ (سله) — (مداله)، ١٣ (تامدلت) قد قُطعت حرفا (تا)، ١٧ (يلل) — (بلل)، (الخضرا) قد تطلّس أكثره، ٢٣ (غلجشكش) — (غلجشكس)،

عنده هذا نهر قرطبه ويأخذ على اشبيليه ويقع فى بحر الغرب محاذى لمرسى موسى من أرض طنجه ومدينة قرطبه من جانب النهر المقابل فى عطفه، وبين هذين النهرين من المدن ابتداء عن اليمين تطيله، سرقصه، وشقه، وشاطبه ولبيره على النهر الأوّل ثمّ عن يسار ذلك استجه، تاكرنه، قلّب، قلسانه، شريش، قرمونه، مراد، غرغيره، وبين آخر نهر قرطبه والبحر يقرأ اقليم اخشنبه وفيه من المدن على البحر لب، شلب، قصر بنى ورداسن ووراء ذلك فى البرّ لبله، جبل العيون، اخشنبه ثمّ اشبيليه على النهر، وفى أعلى الصورة نهر ثالث ينصبّ فى البحر ويُقرأ عنده هذا الوادى عليه مدن للمسلمين وأعمال ورساتيق ويعرف بوادى تاجو والجليقيه عليه غير مدينة ويشقّ أكثر جليقيه الى ان يقع بين المعدن ولشبونه من أرض الاندلس فى البحر المحيط، وعند مصبّ هذا النهر مدينة المعدن، وبين هذا النهر ونهر قرطبه من المدن طليطله، طلب ايره، مخاضه البلاط، مكناسه، قصراش، ترجيله، مدلين، مارده، قنطرة السيف، بطليوس، ثمّ أسفل ذلك ملقون، قلعة رباح، كركويه، وبين نهر تاجه وطرف الصورة على البحر لشبونه وشنتره ووراء ذلك فى البرّ شنترين، بيزه، جلمانيه، البش وفى القسم الأيمن من الصورة يونه، سموره، ليون،

[٣٠ ب] فهذه صورة المغرب ومكان كلّ عمل ومدينة منها وموقعها من شمالها وجنوبها وشرقها وغربها حسب ما أدّت الاستطاعة اليه ووقفتُ بالمشاهدة والخبر الصحيح بالمفاوهة عليه،

(١٠) فأمّا بَرقَة فمدينة وسطة ليست بالكبيرة الفَخْمة ولا بالصغيرة الزريّة ولها كور عامرة وغامرة وهى فى بقعة فسيحة تكون مسيرتها يومًا وكسرًا فى مثله ويحيط بالبقعة جبل من سائر جهاتها وأرضها حمراء خَلُوقيّة التربة وثياب أهلها أبدًا مُحْمَرّةٌ ويُعرف أهلها بالفُسطاط من بين أهل المغرب بحمرة ثيابهم وتغيّرهم ويطوف بها من كلّ جانب منها بادية يسكنها الطوائف من البربر | وهى بريّة بَحْرية جَبَلِيّة، ووجوه أموالها جمّة حط ٤٤
وهى أوّل منبر ينزله القادم من مصر الى القيروان وبها من التجارة وكثرة الغرباء فى كلّ وقت ما لا ينقطع طُلّابًا لما فيها من التجارة وعابرين

٤ (تاكرنه) — (ثاكرنه)، ٦ (ورداسن) — (وداسن)، (اشبيليه) — (سبته)،
٨ (تاجو) — (باجه)، ١١ (مكناسه) — (سكتان)، ١٢ (ملقون) — (ملموز)،
١٣ (بيزه) — (نعذ)، ١٤ (يونه) — (لونه)،

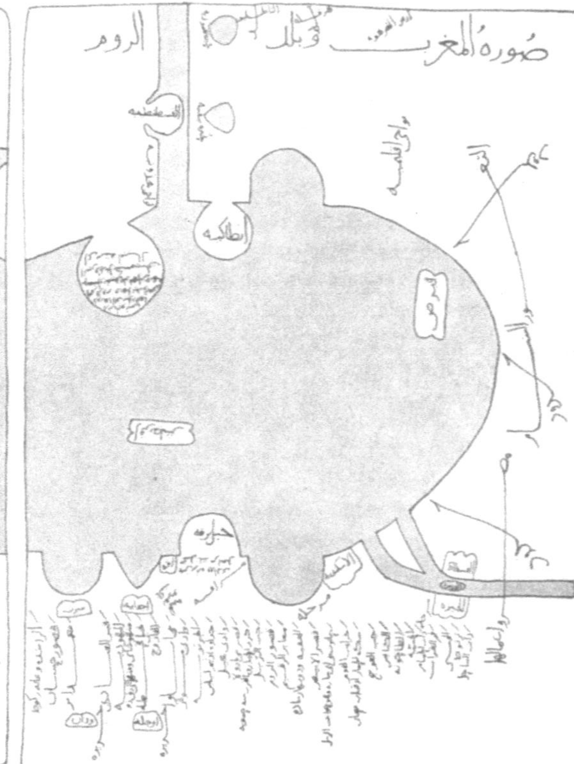

القسم الأوّل من صورة المغرب الذى فى الصفحة ١٩ ظ من الأصل،

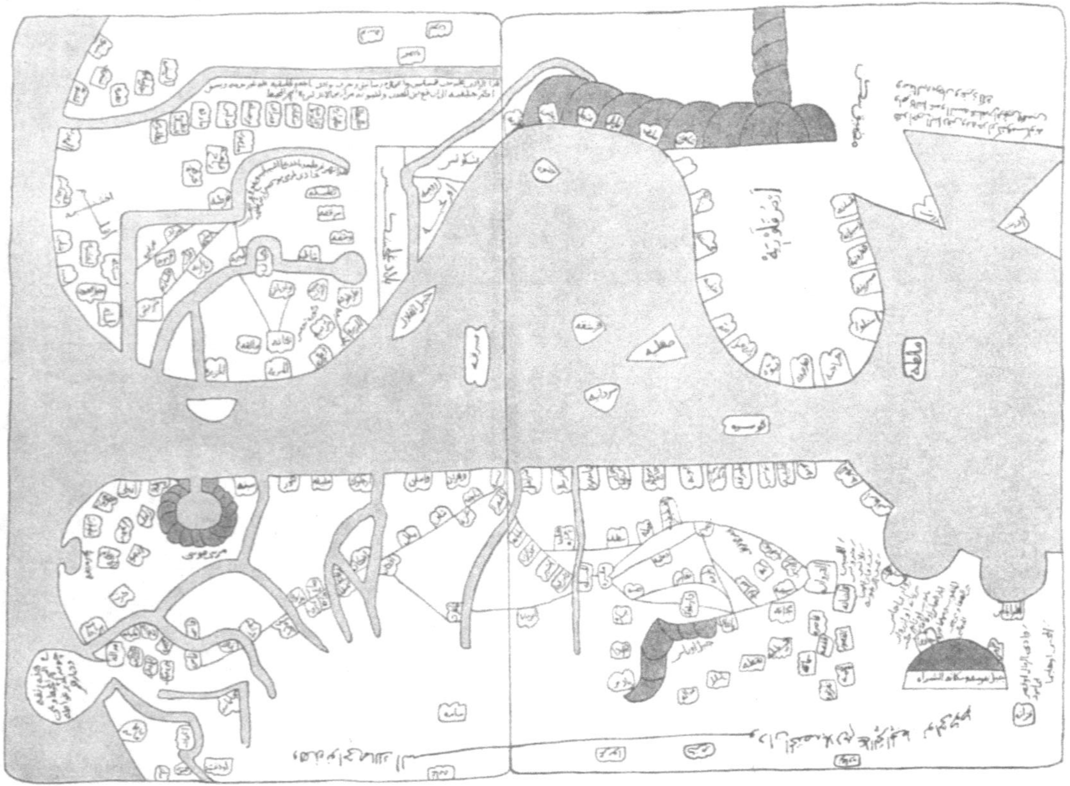

القسمان الثانى والثالث من صورة المغرب اللذان فى الصفحتين ١٩ ب و ٢٠ ظ من الأصل،

عليها مُغرّبين ومُشرّقين وذلك أنّها تتفرّد فى التجارة بالقطران الذى ليس فى كثير من النواحى كهو والجلود المجلوبة للدباغ بمصر والتمور الواصلة اليها من جزيرة اوجله ولها أسواق حادّة حارّة من بيوع الصوف والفُلفل والعسل والشمع والزيت وضروب المتاجر الصادرة من المشرق والواردة من المغرب، وشرب أهلها من ماء المطر بمواجن يدّخر بها، وأسعارُها بأكثر الأوقات فائضة بالرخص فى جميع الأغذية،

(١١) واليها مدينة اجدابيه على صحصاح من حجر فى مستواة بناؤها بالطين والآجرّ وبعضها بالحجارة ولها جامع نظيف ويطيف بها من أحياء البربر خلق كثير ولها زرع بالبَخْس وليس بها ولا ببرقة ماء جارٍ وبها نخيل حسب كفايتهم وبمقدار حاجتهم وواليها القائم بما عليها من وجوه الأموال وصدقات بربرها وخراج زروعهم وتعشير خُضَرهم وبساتينهم هو أميرها وصاحب صلاتها وله من وراء ما يقبضه للسلطان لوازم على القوافل الصادرة والواردة من بلاد السودان وهى أيضًا قريبة من البحر المغربىّ فترد عليها المراكب بالمتاع والجهاز وتصدر عنها بضروب من التجارة وأكثر ما يخرج منها الأكسية المقاربة وشُقّة الصوف القريبة الأمر وشِرب أهلها من ماء السماء،

(١٢) وجزيرة اوجله منها على أيّام بين غربها وجنوبها وهى ناحية ذات نخيل عظيمة وغلّات من التمر جسيمة ويليها وقتنا هذا رجلٌ من ناحية صاحب برقة ولم يكن ارتفاعها وما لها الداخل على خزانة السلطان فى جملة مال برقة فلمّا ضُمّت الى برقة غزُر مالها وكثُر وزادت الحال فى ذلك، ومنها الى جزيرة ودّان طريق قصد فى الرمال وودّان ناحية [ومدينة فى جنوب مدينة سُرت وكانت مضمومة اليها وهى جزيرة] لا تقصر فى رخص التمور وكثرتها وجودتها عن اوجله وإن كانت اوجله أوسع قُسوبًا وأفسح ناحيةً | فتمور وَدّانَ الرطبة العذبة وأرطابهم أغزر وأكثر، حط ٤٥

٧ (صحصاح) — (ضحضاح)، ٢٢ [ومدينة ... جزيرة] مأخوذ من حط،

(١٣) وسُرْت مدينة ذات سور صالح كالمنيع من طين وطابية وبها قبائل من البربر ولهم مزارع فى نفس البرّ تُقْصَد نواحيها إذا مُطِرت وتُنتجع مراعيها ولها من وجوه الأموال والغلّات والصدقات فى سائمة الإبل والغنم ما يزيد على حال اجدابيه ومالها فى وقتنا هذا وبها نخيل تُجتنى أرطابها وليس بها من القسب والتمر ما تُذْكَرُ حاله لأنّ نخيلهم بقدر كفايتهم ولهم أعناب وفواكه وأسعارهم صالحة على مـرّ الأوقات، والمتّلى صدقاتهم وجباياتهم وخراجاتهم وما يجب على القوافل المجتازة بهم صاحب صلاتهم [٢١ ظ] واليه جميع مجارى أمر البلد والنظر فيه وفيما ورد اليه وصدر فى استيفاء ضرائبه ولوازمه واعتبارِ السجلّات والمناشير بمواجب ما على الأمتعة وتَصَفُّحِها خوفَ الحيلـة الواقعة دون الأداء عنه بافريقيـة ودَخْلُها أوفر من دخل اجدابيه لما ذكرتُ، وهى عن غلوة سهمٍ عن البحر فى مستواة من رمل وترد المراكب أيضًا عليها بالمتاع وتصدر عنها بشىء منه كالشبّ السُرتىّ فإنّه بها غزيـر كثير وبالصوف أيضًا ولحوم المعز أغذى فيها من الضأن وأنفعُ وتقوم لحوم الضأن فيها مقام لحم المعز بغيرها لأنّها غير ملائمة لأهلها وللسافرة المجتازين من أجل مراعيها وشِرب أهلها من ماء المطر المختزن فى المواجل، وعدد البربر بها أوفر وأغزر وأكثر منه بما جاورها وللبربر حاضرة بنفس قصبة سُرْت وبينهم خلافٌ على مرّ الأوقات وحروب ربّما ثارت فى بعض الأحايين قريبة ولا تدوم وعاملُهم قائم بنفسه من تحت يد سلطانهم الأعظم،

(١٤) فأمّا اطرابُلس فكانت قديمًا من عمل افريقية وسمعتُ من يذكر أنّ عمل افريقية لمّا كانت اطرابلس مضافة اليها معروفٌ معلومٌ وكان من صبره وهى منزل من اطرابلس على يوم وبه ضريبة على القوافل وقتنا هذا ولم أعرفها قديمًا ولا سمعتُ بها على الخارج من اطرابلس الى القيروان

١٠ (وتَصَفُّحِها) — (وتصنحها)، ١٨ (ربّما) — (بما)، (ولا تدوم) مكان ذلك فى حـَط (وليست كحروب أهل السوس وأهل فاس فى الدوام)، ١٩ (من تحت ... لأعظم)، مكان ذلك فى حـَط (لا من تحت أحد غير مولانا أمير المؤمنين عـَم)،

وعلى القادم من القيروان الى اطرابلس غير ما يقبضه المتولّى عمل اطرابلس من كلّ جملٍ ومحملٍ وحِمْلٍ ُوذلك كالذى بلبدَه وهى أيضًا قرية بينها وبين اطرابلس الى جهة المشرق مرحلتان من الضريبة | على (حط ٤٦) الجمال والأحمال والحامل والبغال والرقيق والغنم والحمير الى ما عـدا ذلك من الأسباب الواردة وأخذ الصدقات والخراج واللوازم من ناحية قصرَىْ ابن كمو وابن مظكود والبربر المقيمين هنالك من هُوارة وغيرهم اليه، وهى مدينة بيضاء من الصخر الأبيض على ساحل البحر خصبة حصينة كبيرة ذات ربض صالحة الأسواق وكان لها فى ربضها أسواق كبيرة فنقل السلطانُ بعضَها الى داخل السور وهى ناحية واسعة الكور كثيرة الضياع والبادية وارتفاعُها دون ارتفاع برقـة فى وقتنا هذا وبها من الفواكه الطيّبة اللذيذة الجيّدة القليلة الشِبْه بالمغرب وغيره كالخَوْخ الفرسك والكُمَّثْرَى اللذين لا شِبه لهما بمكان وبها الجهاز الكثير من الصوف المرتفع وطِيقان الأكسية الفاخرة الزُرْق والكُحْل النفوسيّة والسُود والبيض الثمينة الى مراكب تحطّ ليلاً ونهارًا وترد بالتجارة على مرّ الأوقات والساعات صباحًا ومساء من بلد الروم وأرض المغرب بضروب الأمتعة والمطاعم، وأهلُها قومٌ مرموقون من بين من جاورهم بنظافـة الأعراض والثياب والأحوال متميّزون بالتجمّل فى اللباس وحسن الصور والقصد فى المعاش الى مروآتٍ ظاهرة وعِشْرة حسنة ورحمة مستفاضة ونيّات جميلة الى مراء لا يفتر وعقول مستوية وصحّة نيّةٍ ومعاملة محمودة ومذهبٍ فى طاعة السلطان سديدٍ ورباطاتٍ كثيرة ومحبّةٍ للغريب أثيرة ذائعة ولهم فى الخير مذهبٌ من طريق العَصَبيّة لا يدانيهم أهل بلدٍ إذا وردت المراكب ميناهم عرضت لهم دائمًا الريح البحريّة فيشتدّ الموج لانكشافه ويصعب الإرساء فيبادر أهلُ

٤–٥ (الى ما ... الواردة) يوجد مكان ذلك فى حط (ما يصل الى صاحب طرابلس بأجمعه ونظرُهُ من نواحى سُرت)، ١٣ (النفوسيّة — (النُفُوسيَّة)، ١٦ (مرموقون) — (مرموقين)، ١٧ (متميّزون) — (مُتَمَيّزين)،

البلد [٢١ ب] بقواربهم ومراسيهم وحبالهم متطوّعين فيُقَيَّد المركبُ ويُرسى
حط ٤٧ به فى أسرع وقت بغير | كُلْفة لأحد ولا غرامةِ حَبّةٍ ولا جزاء بمثقالٍ،

(١٥) وقَابس مدينة منها على ستّ مراحل الى جهة القيروان وجادّة الطريق ذاتُ مياه جارية وأشجار متهدّلة وفواكه رخيصة وبها من البربر الكثير ولهم من الزروع والضياع ما ليس مثله لمن جاورهم الى زيتون وزيت وغلّات وعليها سور يحيط به خندق ولها أسواق فى ربضها وجهاز من الصوف كثير ويُعمل بها الحرير الكثير الغزير وبها جلود تُدبغ بالقَرَظ وتعمّ أكثر المغرب فتأتى من طيب الرائحة ونعمة اللمس بمثل حال الأديم الجُرَشىّ وبها صدقات وزكوات وضرائب وجوالٍ على اليهود وسائمة كثيرة ولها عامل بنفسه وهى خصبة فى أكثر أوقاتها وأهلُها قليلو الدماثة غير محظوظين من الجَمال والنظافة وفيهم سلامة وفى باديتهم شرٌّ شِمِرٌّ ودِينٌ قَذِرٌ وذلك أنّهم لا يخلون من الشراية والقول بالوعد والوعيد مع الغيلة لبنى السبيل والاعتراض على أموالهم فى الكثير والقليل والويل لمن نام بينهم والحرب على من جاورهم واستجار بهم مخالفين أكثرَ أيّامهم لسلطانهم مواربين فى الحقوق عليهم ولم تزل هذه العادة بهم الى أن سار منهم الكثير الى قابس فأحرقوا ربضها وحاصروها واستباحوا أموال تجّارها وأهلِ الذمّة منها وأمكن الله تعالى منهم فأهلك جميع من رصدها ثمّ سار عليهم زعيم صنهاجة فجعل عشرة منهم فى كساء،

(١٦) ومدينة سُفاقس مدينة جُلّ غلّاتها الزيتون والزيت وبها منه ما ليس بغيرها مثله وكان سِعْرُه عندهم فيما سلف من الزمان بحال غيّرته الفتن فى وقتنا هذا ربّما بلغ من ستّين قفيزًا بدينار الى مائة قفيز بدينار على حسب السنة وريْعها وزيتُ مصر فى وقتنا هذا فمن ناحيتها يُجلب لقلّته بالشأم، وهى ناحية على نحر البحر ولها مرسى ميّت الماء وعليها سور من حجارة وأبواب حديد منيعة وفيها محارس مبنيّة للرباط بها وأسواقها

---

٣ (وقابس) — (وفايش)، ١٠ (قليلو) — (قليلى)، ١٦ (قابس) — (فايش)، ١٨ (كساء) كما فى حط وفى الأصل (كسى)، ١٩ (سُفاقس) — سُقاقس)،

عامرة وهى قليلة الكروم وفاكهتها من قابس تسدّ حاجة أهلهـا وشربُ أهلها من مواجل بها ومواجنها صالحة الطعوم حافظة لما استُودِعَتْ، ولهم من صيود السمك ما يكثر ويعظم تصاد بحظائر قد زُرِبَتْ وعُملت فى الماء فتؤخذ بأيسر سعيٍ، وبناؤها بالحجارة والجِير وبينها وبين المهديّـة مرحلتان ولها عامل عليها للسلطان بذاته،

(١٧) والمهديّة مدينة صغيرة استحدثها المهدىّ القائم بالمغرب | وسمّاها حط ٤٨ بهذا الاسم وهى فى نحر البحر وتحوّل اليها [من رقّادة القيروان] فى سنـة ثمان وثلثمائة وهى من القيروان على مرحلتين فرضة لما والاها من البلاد كثيرة التجارة حسنة السور والعمارة منيعة ولها سور من حجارة وله بابان ليس لهما فيما رأيتُه من الأرض شبيهٌ ولا نظيرٌ غير البابين اللذين على سور الرّافِقة وعلى مثالها عُمِلا ومثل شكلهما اتُّخذا كثيرة القصور نظيفة المنازل والدور حسنة الحمّامات [٢٢ظ] والخانات خصبة رفهة الفواكه والغلّات طيّبة الداخل نزهة الخارج بهيّة المنظر أدركتُها سنة ستّ وثلثين وملوكها كُماة وجيوشها حُماة وتجّارها طُراة وقد اختلّت أحوالها والتاثت أعمالها وانتقل عنها رجالها بانتقال ملوكها عنها وبُعْدِهم منهـا وكان أوّلَ نحسٍ أظلّها أبو يزيد مخلد بن كيداد وخروجُه بالمغرب على أهلها وانثالت المناحس عليها الى الآن وقد بقى بها بعض رَمَقٍ،

(١٨) [وانتقل عنها رجالها بانتقال المنصور عليه السلام عنها وبُعْـده عنها وسكناه بالمنصوريّة من ظهر القيروان وذلك لما دهمه من أبى يزيد مخلد بن كيداد وقصده المخالفة عليه واطّراد ما اطّرد لـه عند خروجه بالمغرب فى أحزاب الكفر والنفاق والإباضيّة والنكاريّة المرّاق فإنّـه صارت به الحال عند نجومه لما سبق به القدر وتقدّم به القضاء الى أن

١ (قابس) — (فايش)، ٣ (زُرِبَتْ) — (زُرِيَتْ)، ٦ (صغيرة) وفى حط (كبيرة)، ٧ [من رقّادة القيروان] مستتمّ عن حط، ١٥—١٧ (وانتقل... رَمَقٍ) يوجد مكان ذلك فى حط ما سيأتى فى القطعة (١٨)، ١٨ أُخذت القطعة (١٨) من حط كما مرّ ذكره، ٢٢ (نجومه) — حل وحو (نحومه)،

استولى على المغرب بأجمعه وحاصر المهديّة وضيّق على أهلها وموالينا عليهم السلام حتّى أذن الله تعالى ببواره وهو فى غاية الثقة بأنصاره والسرور باغتراره فخانه فجوره وأسلمه سروره وخرج اليه مولانا أمير المؤمنين المنصور بالله صلّى الله عليه وسلّم فى فئةٍ شعارها الإيمان وعادتها من الله الظفر والإحسان وعدوّ الله فى عدد لا يُحصى وأمّة أذن الله فيها بالفنى ...... يمرّ مرًّا كرجع الطرف أبطؤوه فى قبض أنفسهم والنصر منتظم فزحزحهم عن مستقرّهم وصياصيهم وبذل السيف فى نواصيهم وانهزم اللعين وقد عاين الموت وشارف الفوت يطلب من الأرض معاذًا وفيها من سوء مـا اقترفه لواذًا فمنّاه أهل القيروان الغرور وأنزلوه كالمقهور وقد وصل اليهم فى مرحلة واحدة فمنّوه الأباطيل وزخرفوا له الأقاويل فأقام ووصل المنصور أمير المؤمنين صلوات الله عليه فنزل عن غربىّ القيروان فى منزل نزله بالسعادة وعلت فيه طير النصر والسلامة فتيمّن بنزوله وتبرّك بحلوله فأنجزه الله ما وعده وبلّغه ما | حط ٤٩ أمّله فهزم أبا يزيد عن مكانه وأمكن الله من حزبـه وأعوانه فمنّ على أهل القيروان بالعفو والغفران واتّبع أبا يزيد فكان بينهما ما يطول شرحه ويتفاقم إنباؤه الى أن أخذه ورجع الى العسكر المنصور والمكان المذكور فاختطّ به أحسن بلد فى أسرع أمد وانتقل اليه واستوطنه وأقام به واستحسنه صلوات الله عليه يوم الثلثاء لليلة بقيت من شوّال سنة سبع وثلثين وثلثمائة،]

(١٩) وأمّا سُوسه فمدينة بين الجزيرة والمهديّة طيّبة رفهة خصبة على نحر البحر ولها سور حصين وماؤها معين وبها مواجن قليلة وأعمال صالحة نبيلة وفى أهلها دَهْقَنَةٌ والغالب عليهم السلامة وهى إحدى فُرَض البحر ولها أسواق حسنة وفنادق وحمّامات طيّبة وهى من القيروان على

---

٢ (الثقة) — حَل (النكبه) حوَ (النقه)، ٥ (بالفنى) يوجد بعد ذلك خرم فى نسختى حط، ١٨ (الثلثاء) يوجد فى حَل وحوَ (ا.....) فقط، ١٨—١٩ (سنة سبع وثلثين وثلثمائة) استتمّ ذلك ناشر حَط ويُفقد فى نسختيه،

مرحلة وكانت لها ضياع جمّة ووجوه من الجباية غزيرة وغلّات واسعة ورباطات كثيرة، وبين المهديّة وسوسه رباط يسكنه أُمّة من الناس على مرّ الأيّام والساعات يُعرف بالمنستير ويقصده أهل افريقية لوقت من السنة فيقيمون بــه أيّامًا معلومةً ويحضر بفاخــر الأطعمة ونفيس المآكل ويقيم جمعهم به مدّةً ثمّ يتفرّقون الى أوطانهم وهو على نحر البحر، وبينه وبين المهديّة أيضًا قصر رباط يُعرف بشقانص دونــه عندهم فى المنزلة وهو حصين منيع وبه أيضًا أمّة مقيمة على صيد السمك، [وهما قصران عظيمان على حافة البحر للرباط والعبادة عليهما أوقاف كثيرة بافريقيّة والصدقات تأتيهما من كلّ أرض،]

(٣٠) والجزيرة إقليم له مدينة تُعرف بمنزل باشوا واسعة العمل خصبة أوسع من سوسه على سلطانها دخلاً وأكثر منها جبايةً وأهلاً ولها كورة تضاف اليها وغير غلّة يعوّل التجّار عليها وبها فى غير موضع وَخَم ظاهر الثقل فى مياهها ولا يدخلها غريب إلّا مرض وإذا دخلها السودان صلحوا بــه وصلحت نفوسهم وطابت بالخدمة قلوبهم وجميع الفواكه بها ولباشُوا هذه أسواق فى كلّ شهر تحضر لأيّامٍ معروفةٍ،

(٣١) واليها مدينة تُونس وهى قديمة أزليّة ذات مياه جارية قليلــة والانتفاع بها كثير والعائــدة الى أربابها صالحة وهى خصبة فى ذاتهــا متّسعٌ بغلّاتها ويُعمل بها غضار حسن الصِباغ وخَزَف حسن كالعراقىّ المجلوب وكان اسمها فى قديم الزمان ترشيش فلمّا أحدث | فيها المسلمون حط ٥٠ البنيانَ واستحدثوا البساتين والحيطان سُمّيت تُونِسَ وهى مصاقبة لقرطاجنه

٣ (افريقية) — (افريقيّة)، ٧—٩ [وهما ... أرض] مأخوذ من حط، ١٠ (والجزيرة ... الى آخره) — قال ياقوت فى معجم البلدان ج. ١ ص. ٤٧٠ (قال ابن حوقل وجزيرة شريك إقليم له مدينة تُعرف بمنزل باشّو ...)، ١٣ (غريب) تابعًا لحط وفى الأصل (مريض)، (دخلها) — (دخله)، ١٧ (والانتفاع) يوجد مكان ذلك فى حط (وإن كانت تسقى بالدوالب فالانتفاع)، ١٨ (غضار) — (غضّار)،

المشهور أمرها بالطيب وكثرة الفواكه وحسنها وجودة الثمار وصحّة الهواء واتّساع الغلّات ومن غلّاتها القطن ويُحمل الى القيروان فيظهر الانتفاع به وكذلك القِنَّبُ والكَرَوْيَا والعُصْفُر والعسل والسمن والحبوب والزيت وكثير من الماشية مختصّة بها،

(٢٢) وسطفُورَه إقليم أيضًا على البحر جليل له ثلث مدائن فأقربهنّ الى تونِس انبلُونه ثمّ متيجه [ثمّ بنزرت] وبنزرت مدينة على البحر خصبة أصغر من سُوسه فى ذاتها وعامل المعونة ينزل من أعمالها فى بنزرت فيها ثمار كثيرة، وأنهار سطفوره واسعة غزيـرة والارتفاع بها والجَدَى على السلطان قليل [٢٢ب] والحيتان بها وبتونس ما يزيد على الكثرة ولا يدانيه مـا باطرابلس من الرخص والسعة [ولها وادٍ عجيب يخرج فيه فى كلّ شهر نوع من السمك وإذا أهلّ الهلال لا تجد من ذلك النوع واحدة ويظهر غيره] وأهل هذا الإقليم جلد وناسه ذوو بأس فى البرّ والبحـر صُبُرٌ على الشقاء والكدّ مع قلّة الخَوَر والضَجَر وإن كان بلدهم فى هذا الوقت قد خلا وجلا،

(٢٣) وطَبَرْقه قرية وهي عُدوة لأهل الاندلس اليها ينتهون ومنها الى الاندلس يركبون [وهى قرية وبئة وبها عقارب قاتلة نحو عقارب عسكر مكرم فى وحاء القتل وسرعته] ومضاء المِيتَة وقربها، ومن أراد طبرقـه من تونس على الجادّة اجتاز على مدينة باجه وهى مدينة قديمة أزليّة كثيرة القمح والشعير ولها من الغلّات والزروع ما ليس بجميع المغرب كهو عندى كثرةً وجودةً ونقاءً الى جوهرٍ في نفس حبوبها وهى صحيحة الهواء كثيرة الرخاء واسعة الفضاء غزيـرة الدخل على السلطان وافرة الأرباح على تجّارها والمزارعين بها، وطبرقه المذكورة مع صغـر مقدارها وتفه منزلتها فانّما اشتهرت لكثرة ورود المراكب بالاندلسيّين والتجّار عليها ونزولهم فيها

---

٦ [ثمّ بنزرت] مستتمّ عن حط، ١٠—١٢ [ولها ... غيره] مأخوذ من حط،
١٦—١٧ [وهى ... وسرعته] مستتمّ عن حط،

وتعشيرهم كان فى سالف الزمان بها وهى تجاه أوائل الاندلس من المكان الذى هى به وتحاذى أيضًا بعض بلاد افرنجه،

(٣٤) وعلى الساحل منها بهذا النحر على نحو مرحلة مرسى الخَرَز وفيه معدن المرجان ومرسى الخرز أيضًا قرية غير أنّها نبيلة لمكان المرجان وحضور من يحضرها من التجّار ولا أعرف فى شىء من البحار له نظيرًا فى الجودة ولا يوجد المرجان فى مكان غير هذه القريــة المدعوّة بمرسى الخرز [ومدينة تنس] وبمدينة سبتة المحاذية من الاندلس لمدينة جبل طارق وهى | المعروفة بالجزيرة [الخضراء] والذى بها من المرجان قليل حط ٥١ الجوهر حقير المقدار فى جنب ما يخرج من مرسى الخرز ولسلطان المغرب بها أُمناء على ما يخرج منه وناظر يلى صلاتها ومعاونها وما يلزم ما يخرج من هذا المعدن وللتجّار بها أموال كثيرة من أقطار النواحى عند سماسرة وقوف لبيع المرجان وشراه، ويُعمل بها فى أكثر الأوقــات فى إثارة المرجان الخمسون قاربًا وما زاد على ذلك ممّا فى القارب العشرون رجلًا الى ما زاد ونقص والمرجان نَبْت ينبت كالشجر فى الماء ثمّ يَسْتَحْجِر فى نفس الماء بين جبلين عظيمين والعاملون فيها يُكثرون الأكل والشُرب والخَلاعة ولهم بها مكاسب وافرة وينتبذون نبيذ العسل فيشربونه من يومه ويُسكرهم الإسكارَ العظيمَ ويعمل من الصُداع ما لا يعمله نبيذ الذُرة وغيره من الأشربة، وهى ناحية قليلة الزرع يُجلب اليها ما يقوتها ممّا يجاورها من فاكهة وغيرها وفيها من صيود السمك ما لم أر ببلد مثله سِمَنًا وربّما منع جانِبُه من أكلِ ما يصاد بها وسيّما وقت الغلّات،

(٣٥) ومدينة بُونه مدينة مقتدرة ليست بالكبيرة ولا بالصغيرة ومقدارها فى رقعتها كالاربس وهى على نحر البحر ولها أسواق حسنة وتجارة مقصودة وأرباح متوسّطة وفيها خِصْب ورُخْص موصوف وفواكه وبساتين قريبــة

---

٣ (النحر) — (النَحرِ)، ٧ [ومدينة تنس] مأخوذ من حط، ٨ [الخضراء] مستتمّ عن حط، ٩—١٠ (ولسلطان ... منه) يوجد مكان ذلك فى حط (والمنصور عليه السلام فيها أمين)، ٢٠ (جانِبُه من أكلِ ما) — (جانِبَهُ من اكْلِهِ ممّا)،

وأكثر فواكهها من باديتها والقمح بها والشعير فى أكثر أوقاتها كما لا قدر له، وبها معادن حديد كثيرة ويُحمل منه الى الأقطار الغزيرُ الكثيرُ [ويُزرع بها الكتّان] ولها عامل قائم بنفسه ومعه من البربر عسكر لا يزول كالرابطة ومن تجارتها الغنم والصوف والماشية من الدوابّ [٣٢ ظ] وسائر الكُراع وبها من العسل والخير والمير ما تزيد به على ما داناها من البلاد المجاورة لها وأكثر سوائمهم البقر ولهم إقليم واسع وبادية وحَوْزة بها نتاج كثير وقلّ من بها تفوته الخيل السائمة للنتاج، وبينها وبين جزائر بنى مَزْغَنّاى مراسٍ فمنها جيجل مرسى ومنه الى بجايه [مرسى] ومنه الى مرسى بنى جنّاد ومنه الى مرسى الدَجّاج وهى مدينة عليها سور منيع على نحر البحر وفى شفيره وليس لها مرسىً مأمون وبها من رخص الأسعار أيضًا فى الفواكه والمآكل والمطاعم والقمح والشعير والألبان والمواشى ما يُغْرِق غيرهم ممّن يجاورهم وبها من الأشجار | حط ٥٢ والثمر والتين خاصّةً العظيم الجسيم ما يُحمل منه الى البلاد النائية عنه،

(٣٦) وجزائر بنى مزغناى مدينة عليها سور على سِيف البحر أيضًا وفيها أسواق كثيرة ولها عيون على البحر طيّبة وشربهم منها ولها بادية كبيرة وجبال فيها من البربر كثرة وأكثر أموالهم المواشى من البقر والغنم سائمةً فى الجبال ولهم من العسل ما يُجهّز عنهم والسمن والتين ما يُجهّز ويُجلب الى القيروان وغيرها ولها جزيرة فى البحر على رمية سهم منها تحاذيها فإذا نزل بهم عدوّ لجؤوا اليها فكانوا فى منعة وأمنٍ ممّن يحذرونه ويخافونه، وتامدفوس مرسىً ومدينة خربت وفيها بقيّة قومٍ يسكنونها

٣ [ويُزرع بها الكتّان] مأخوذ من حط، ٧ (تفوته الخيل) — (تفوته الحيل)، ٨ (مَزْغَنّاى) — (زَغناى) وفى حط (مزغنّان)، (جيجل) — (جنجل)، [مرسى] مستتمّ عن حط، ٩ (جنّاد) — (جناد)، (الدَجّاج — (الدجاج)، ١٢ (ما) — (وما)، ١٤ (مزغنّاى) — (زغناى) وفى حط (مَزْغَنّان) إلاّ أنّه يوجد فى حل (مَزْغَنّا)، ١٩ (لجؤوا) — (لجوٓ)، ٢٠ (وتامدفوس) وفى حط (وتامَدْفُوسْت)،

سكنى الصابين الى أوطانهم، واشرشال مدينـة قديمة أزليّة قد خربت وفيها مرسًى وبها آثار قديمة وأصنام من حجارة ومبانٍ عظيمة، ومنها الى برشك مدينة كان عليها سور فتهدّم ولهـا مياه جارية وأبآر مَعين وبها فواكه حسنة غزيرة وسفرجل معنّق كالقرع الصغار وهو طريف وأعناب الغالب على أهلها البربر ولها بادية يشتارون العسل من الشجر والأجباح لكثرة النحل بالبلد وأكثر أموالهم الماشية ولهم من الزرعِ والحنطة والشعير ما يزيد على حاجتهم،

(٢٧) وتنس مدينة عليها سور ولها أبواب عدّة وبعضها على جبل قد أحاط به السور وبعضها فى سهل وهى من البحر على نحو ميلين على وادٍ كثير الماء وشربهم منه وهى مدينة فوق الصغيرة وليس على البحر فيما قاربها على شكلها بنواحيها فى الكبر وبها فواكه حسنة وهى من الخصب فى جميع الوجوه الرفهة بأمرٍ مستفاضٍ وهى أكبر المدن التى يتعدّى اليها الاندلسيّون بمراكبهم ويقصدونها بمتاجرهم وينهضون منها الى مـا سواهـا ولسلطانها بهـا وجوه من الأموال كثيرة كالخراج والجوالى والصدقات والأعشار ومراصد على المتاجر الداخلة اليها والخارجة والصادرة والواردة ولها بادية من البربـر كثيرة وقبائل فيها أموالهم جسيمة غزيرة وبها من الفواكه والسفرجل المعنّق ما لا أزال أحكيه لحسنه ونعمته وحلاوته وطيب رائحتـه،

حط ٥٢ (٢٨) ومنها الى مدينة وهران مراسٍ لا مدنَ لها مشهورة | كمرسى عطا وليس به أحد يسكنه وقصر الفلوس وإن كانت مدينة محدثة فلها سور وهى لطيفة جدًّا وسورها من ترابٍ طابية وماؤها من عين ماء جارية بها وغلّاتهم من القمح والشعير والمواشى عندهم كثيرة، ولمدينة وهران مرسًى فى غايةٍ [٣٢ ب] السلامة والصَوْن من كلّ ريح وما أظنّ له مثلاً فى جميع

---

١ (واشرشال) — (واسرشال) وفى حط (وِشرْشال)، ٣ (برشك) تابعًا لحط وفى الأصل (شرتفل) كما فى صورة المغرب ويجوز أن يكون ذلك تصحيف (برشك)، ١١ (شكلها) — (شِلكها)، ١٢ (يتعدّى) — (يُعدّى)،

نواحى البربر سوى مرسى مُوسى فقد كنفته الجبال وله مدخل أمِن وعليها سور وماؤها من خارجها جارٍ عليها فى وادٍ عليه بساتين وأجنّة كثيرة فيها من جميع الفواكه وفى حاضرتها دهقنة [وحذق وفيهم حميّة مع الغريب وهى فرضة الاندلس اليها ترد السلاع ومنها يحملون الغلال] والغالب على باديتها البربر من يزداجه وهم فى وقتنا هذا فى ضمن يوسف بن زيرى ابن مناد الصِنهاجىّ خليفة صاحب المغرب،

(٢٩) ومن وهران الى واسلن مدينة خصبة لها سور عظيم حصين وماؤها فيها ولها بساتين كثيرة وكنتُ أعرفها قديمًا لحميد بن يزل ولها مرسًى وهى خصبة كثيرة الأهل وأكثر أموالهم الماشية ولهم منها الكثير الغزير، ومنها الى ارجكوك مدينة أيضًا لطيفة لها مرسًى وبادية وخصب وسعة فى الماشية والأموال السائمة ومرساها فى جزيرة لها فيها مياه ومواجن كثيرة للمراكب وأهلها والمحتاجين اليها فى سقى سوائمهم وهى جزيرة معمورة بالناس، وارجكوك على وادٍ يُعرف بتافنا وبينها وبين البحر نحو ميلين، وكانت مليله مدينة ذات سور منيع وحال وسيع وكان ماؤها يحيط بأكثر سورها من بئر فيها عين عظيمة وكانت أزليّة فاكتسحها أبو الحسن جوهر الداخل مصر برجال المغاربة وقد تغلّب عليها بنو بطويه بطن من البربر وكان بها من الأجنّة ما يسدّ حاجتهم ومن الزروع الكثيرة والحبوب والغلّات الجسيمة فزال أكثرها، ونكور مدينة مقتصدة فى وقتنا هذا وكانت قديمًا أعظم ممّا هى وآثارها بيّنة ولها مرسًى تُرسى فيه المراكب فى بطن جزيرة تُعرف بالمزمّة،

حـط ٥٤ (٣٠) ومنها الى مدينة سبتة وهى لطيفة على نحر البحر | وبها بساتين وأجنّة تقوم بأهلها وماؤها من داخلها يستخرج من أبآر بها معين ومن

٣—٤ [وحذق .... الغلال] مأخوذ من حـط، ٥ (يزداجه) — (يزداجَةَ)، (يوسف بن) يفقد فى حـط، ٧ (واسلن) كذلك فى نسختى حـط وكتب فى حـط (آسَلَن)، ١٠ (ارجكوك) وفى حـط (أَرْجَكُول)، ١٤ (وسيع) — (وشيع)، ١٧ (الزروع) — (الزرع)، ١٩ (وكانت) — (وكان)، ٢٠ (بالمزمّة) — (بالمزمه)،

خارجها أيضًا من الأبآر شىء كثير عذب ولها مرسىً قريب الأمر وقد تقدّم أنّ بها معدنًا للمرجان صالحًا يعمل فيه قويربات لطاف وهى وقتنا هذا لبنى أُمَيّة ولم يكن لهم فى عدوة المغرب غيرها ولها من ظاهرها بربر يأخذ صدقاتهم ولوازمهم وخراجَهم من كان بها واليًا عليها وكذلك من كان بمرسى مُوسى فى ضمنهم [وكأنّى بها راجعة الى مولانا عليه السلام]، ومنها الى طَنْجَة مدينة أزليّة آثارها بيّنة وأبنيتها بالحجارة قائمة على وجه البحر سكنها أهلها قديمًا سنين فى صدر الإسلام ثمّ استحدثوا لهم مدينة عن مسيرة ميل منها على ظهـر جبل والذى أوجب استحداثها خوفُ آل إدريس عليها عند استحواذهم على سبتة فى وقتهم وأكثر أموال أهلها من الزرع حنطة وشعير وحبوب وماؤها مجلوب اليها فى قنىّ من مكان بعيد لا يُعلم أصلُه ولا يُعرف من أين مجيئه وإنمّا يظنّون جهاته وهى خصبة صالحة الأسعار وليس عليها سور،

(٢١) وزُلُول مدينة لطيفة فى شرق ازيلى لها أسواق قريبة وكان عليها معوّلُ حسن بن كنون الحسنىّ الفاطمىّ وهو مستحدثها وشِربهم كشرب أهل طنجة مجهول المبتدأ غير معلوم الأصل، وأَزِيلَى مدينة عليها سور منعلّقة على رأس جُرْف خارج من البحر المحيط الى أرض المغرب [٣٤ ظ] وهى لطيفة وسورها من حجارة وبعضها على البحر المحيط وحظّهم من الزروع والحنطة والشعير وافـر وماؤها من أبآر فيها معين لذيذ وفيها أسواق، وإذا أخذ منها الآخذ يريد الجنوبَ على سِيف البحر المحيط لقيـه وادى سفدد وهو وادٍ كبير عظيم غزيـر الماء يحمل المراكب عذبٌ ومنه شِرب أهل تشُمّس وهى مدينة لطيفة قديمة أزليّة أوّليّة جاهليّة وعليها سور من البناء الأوّل تركب وادى تشمّس هذا المعروف بسفدد وبينها وبين البحر نحو ميل ويُمدّ سفدد شعبتان تقع فيه إحداهما من بلد دنهاجه من جبلى

٥ [وكأنّى ... السلام] مأخوذ من حـَط، ١٥ (وأَزِيلَى)—(وَاريلى)، ٢١ (تشُمّس) — (تسمّس)، ٢٢ (تشمّس) — (تسمّس)، ٢٣ (دنهاجه) يضيف الأصل بعد ذلك (والآخر) وهو زائد لا يوجد فى نسختى حـَط،

حط ٥٥ البَصرة والثانية | من بلد كتامة وكلتاهما ماء كثير وفيه يحمل أهل البصرة تجاراتهم فى المراكب ثمّ يخرجون الى البحر المحيط ويعودون الى البحر الغربىّ فيسيرون منه حيث شاؤوا وبين مدينة تشُمُس هذه وبين مدينة البَصْرة دون المرحلة على الظهر،

(٣٢) [ثمّ تَعْطِف على البحر المحيط يسارًا وعليه من المدن قريبة منه وبعيدة جرمانه وتاوارت والحجر على نحر البحر ودونها فى البرّ مشرقًا الاقلام ثمّ البصرة ثمّ كرت،] والبَصْرَة مدينة مقتصدة عليها سور ليس بالمنيع ولها مياه عن خارجها من عيون عليها بساتين يسيرة من شرقيّها ولها غلّات كثيرة من القطن المحمول الى افريقية وغيرها ومن غلّاتهم القمح والشعير والقطانىّ وسهمهم من ذلك وافر وهى خصبة كثيرة الخير حسنة الأسواق والعمارة طيّبة الهواء صحيحة التربة وفيها قوم لهم خطر وميل الى السلامة والعلم ولهم محاسن فى خلقهم قد عمّت نساءهم ورجالهم والغالب عليهم حسن القدود والشطاط واعتدال الخلق وجمال الأطراف ويشملهم السِتر والسلامة والمعروف، وبين البصرة والمدينة المعروفة بالاقلام أقلّ من مرحلة وهى مدينة استحدثها يحيى بن إدريس ولها سور منعهم عند منابذتهم موسى بن أبى العافية ولها مياه كثيرة وهى فى وسط شعراء وجبال شامخة عالية والمدخل اليها من مكان واحد وفيها منبر ومسجد جامع لآل إدريس واليها لجؤوا عند محاصرة موسى لهم عند مواقعتهم لبنى أُميّة آنفًا وقد كان قبضها منذ قريبٍ بنو أميّة وقد عادت اليهم وهى خصبة حصينة وإنّما قبضها آل أُميّة منهم بالجوع وتواصل الحصار،

(٣٣) وكُرت أيضًا مدينة لطيفة فى سفح جبلٍ منيعةٌ أيضًا بغير سور

---

٣ (تشُمُس) — (تسُمُس)، ٥—٧ [ثمّ تعطف ... كرت] مأخوذ من معجم البلدان لياقوت ج.١ ص.٦٥٢ و٢٢٨ وينقد فى الأصل وكذلك فى حط، ٦ (جرمانه وتاوارت والحجر) — فى ياقوت (جرماية وثاوران والحِجا)، ١٨—٢٠ (عند مواقعتهم ... الحصار) يوجد مكان ذلك فى حط (والى وقتنا هذا هى فرارهم وهى حصينة خصيبة كثيرة الثمار)، ١٩ (بنو أُميّة) — (بنى أميَّةَ)، ٢١ (وكُرت) — (وكرب)،

ولها مياه كثيرة وأجنّة واسعة ومزارع عظيمة وغلّاتهم من القمح والشعير والقطن كثيرة وأهلها تجّار والغالب عليهم البربر وجميعهم وجميع أهل هذا الصقع المذكور وهو إقليم طنجة لآل إدريس تصل اليهم جبايته ويجتبون خراجه ومن المدن المضافة اليهم والداخلة فى قبضتهم بالمجاورة ماسيته وهى [مدينة] لها سور فى قبلة مدينة البصرة وهى على وادٍ عذب يجرى الى وادى سُبه وهو وادى فاس، وهى مدينة عليها سور يمنعها ولها غلّات كثيرة ورخص وخصب ولها بادية من البربر ومن غلّاتهم القطن والقمح والشعير ولهم مياه كثيرة | وسقى يغزر عائدته عليهم، والحجر مدينة حَط ٥٦ عظيمة محدثة على جبل عظيم شامخ لآل إدريس وهى حصن منيع فيه أملاكهم وهى من أعظم مدنهم عندهم منزلةً وأكبرها خطرًا [٢٤ ب] وماؤها فيها ولها بساتين فيها وليس عليها طريق ولا اليها سبيل إلّا من جهة واحدة يسلكه الراجل بعد الراجل وهى خصبة رفهة كثيرة الخير،

(٣٤) وبجيرة أَرْيغ بحيرة أصلها من البحر المحيط صغيرة تُرسى فيها المراكب الاندلسيّة التى تحمل غلّات الناحية وفيها يركب أهل البصرة ويشحنون من نواحيهم وناحية بلد بياته، ومنها عن مرحلة الى جهة الجنوب مصبّ وادى سُبُه وهو وادى فاس ومن ورائه الى ناحية بَرغُوَاطه على نحو بريد وادى سَلَه واليه ينتهى سكنى المسلمين،

(٣٥) وبسله رباط يرابط فيه المسلمون وعليه المدينة الأزليّة المعروفة بسله القديمة وقد خربت والناس يسكنون ويرابطون برباطاتٍ تحفّ بها وربّما اجتمع فى هذا المكان من المرابطين مائة ألف إنسان يزيدون فى

٥ [مدينة] مستتمّ عن حَط، ٦ (سُبه) — (سُبَةَ)، ٨ (والقمح) — (القمح)، ٩ (لآل) يوجد مكان ذلك فى حَل وحَو (لابى) وفى هامشهما (بيان هو ادريس بن ادريس بن عبد الله بن حسن بن حسين [والصحيح (حسن)] بن علىّ بن أبى طالب بانى مدينة فاس بالمغرب)، ١٥ (بياثه) كما فى حَط تابعًا لحَل وفى حَو (بياته) وفى الأصل (بيانه)، ١٧ (سَلَه) — (سلة) وفى حَط هنا وفيما بعد (سَلًا)، ١٩ (القديمة) — (قديمة)،

وقت وينقصون لوقت ورباطهم على بَرغُواطه قبيل من قبائل البربر على البحر المحيط متّصلين بهذه الجهة التى سُقْتُ عمارة بلد الإسلام اليها يغزون ويسبون، وذلك أنّ رجلاً كان يُعرف بصالح بن عبد الله دخل العراق ودرس شيئًا من النجوم وصلحت منزلته فى علمها الى أن قوّم الكواكب وعمل التقاويم والمواليد وأصاب فى أكثر أحكامه وكان لـه خطٌّ حسنٌ وفهمٌ بأطراف من العلم وعاد فنزل بينهم وكان بربريّ الأصل مغربيّ المولد مضطلعًا بلُغة البربر يفهم غير لسان من ألسنتهم فدعاهم الى الإيمان به وذكر أنّه نبيّ ورسول مبعوث اليهم بلغتهم واحتجّ بقول الله تعالى وما أرسلنا من رَسولٍ إلاّ بلسانِ قَومِهِ وأنّ محمّدًا صلّى الله عليه نبيّ حقّ عربيّ اللسان مبعوث الى قومه والى العرب | خاصّةً وأنّه صادق فيما أتى به من القرآن والأحكام وإيّاه أراد الله عزّ وجلّ بقوله وصَالحُ المؤمنين والملئكةُ بعد ذلك ظَهير ووعدهم غير كسوف فوجدوه وأنذرهم غير شىء فأدركوه وأصابوه على حكايته فأفسد عقولهم وبدّل معارفهم وافترض عليهم طاعتَه فى سنن ابتدعها وأحوال فرضها واخترعها وأوجب عليهم صوم شعبان وإفطار شهر رمضان وعمل لهم كلامًا رتّله بلغتهم وشرع فيه مَحَابَّهُ على نحلتهم فهم يتدارسونه ويُعظّمونه ويُصلّون به وهلك فخلفه وصىٌّ كان لـه أقامه يُكْنَى أبا العُفَير فزاد فيما رسمه أشياء ذكر أنّ لـه فيها الزيادةَ والنقصانَ والحلَّ والعقدَ فيما قدّمه صالح لهم من الأحوال فدعاهم الى النُسْك وترك الدنيا والإقبال على التقلّل والزهد وتناهى هو وخاصّته فى ذلك الى أن حُفِظَ عليه صَبْرُه عن الغذاء خُمْسًا من الدَهْرِ وسُبْعًا وتُسْعًا وهو فى جميع ذلك يذكر أنّه يوحى اليه وأنّ الملائكة تأتيه بما يأمرهم به وينهاهم

حط ٥٧

---

٤ (منزلته) — (منزله)، ٨–٩ (وما أرسلنا ... قومه) سورة ابرهيم (١٤) الآية ٤، ١١–١٢ (وصَالحُ ... ظهير) سورة التحريم (٦٦) الآية ٤، (وصَالحُ) — (صَالحُ)، ١٥ (مَحَابَّهُ) — (محابه)، ١٩ (وتناهى) — (وتناها)، ٢١ (خمسًا ... وتُسعًا) يوجد مكان ذلك فى حط (خمس ليالٍ وسبعًا وتسعًا)،

عنه، وكان صالح يُحِلّ لهم الطيّبات ويبيحهم اللذّات ويسوسهم فى المحظورات وفيهم الآن من يقـرأ القرآن بغايـة الاحترام ويحفظ منـه السُوَر ويتأوّل آياته على موافقته لكتابهم وقرآنهم، وكان أهل البصرة ومدينة فاس يغزونهم فى بعض الأوقات ويسالمونهم ويتاجرونهم ويجلبون اليهم التجارات [٣٥ ظ] على ما يرونه وُلاتهم وفى برغُواطه أمانةٌ وبذلٌ للطعام وتجنّبٌ للكبائـر من الحرام والمحظورات من الآثام وقد يصل اليهم أهل آغْمات والسُوس أيضًا بالتجارة وكذلك قوم من أهل سِجِلْمَاسَه وبلدهم بلد مستقلّ بنفسه عن الحاجة الى مـا فى غيره وفيهم جمال بارع وشدّة وبأس وصبر على القلاء والمِراس وكنتُ ألفيتُ محمّد بن الفتح المعروف بالشاكر لله بسجِلْمَاسه يدعو الى غزوهم فى سنة أربعين وثلثمائة وأظنّه هلك ولم يبلغ منهم مَحابَّه لقلّة إجابة من كان يدعوه الى غزوهم من البربر وخوفهم من اطّراد حيلة لمحمّد بن الفتح الشاكر لله عليهم فى ذلك،

(٣٦) وهذه جملة أحوال المدن المشهورة والمراسى والقرى المعروفة على نحر بحر المغرب من حدّ برقة الى البحر المحيط ممّا انتهيتُ اليـه وأدركتُه بالعيان أو أخذتُه عمّن نشأ فيه، وليس من حدّ برقة وأعماله الى نواحى افريقية فيما يواجه البحر المغربىّ من البرّ غير عشر مراحل فما فوقها بلدٌ يُذكر حط ٥٨ ولا يُعرف إلّا ما ذكرتُه والغالب على ما واجه هذا البحر من أرض مِصْر الى نواحى عمل افريقية البرارىّ والمفاوز التى بين بلاد السودان وأرض المغرب وفى أطرافها سُكّان من البربر وفى قلب البرّ أيضًا مياه عليها قوم منهم، وأمّا ما حاذى أرض افريقية الى آخر أعمال طنجة عن مرحلة الى عشر مراحل فزائدٌ وناقصٌ فبلاد مسكونة ومدن متّصلة الرساتيق والمزارع والضياع والمياه والوُلاة والسلاطين والملوك والحُكّام والفقهاء وكلّ ذلك فى جملة صاحب المغرب وحوزته وقبضته أو فى يـد خليفته، ومـا عداه

١ (لهم) — (له)، ٢ (ويحفظ) — (من يحفظ)، ١١ (مَحابّه) — (مُحَابَّهُ)، ١٦ (غير عشر) تابعًا لحط وفى الأصل (عشرة) فقط، ٢٠ (حاذى) — (حاذا)، ٢٢—٢٣ (فى جملة صاحب المغرب) مكان ذلك فى حط (فى دعوة أمير المؤمنين المعزّ لدين الله)،

وأوغل فى برارىّ سجلماسه واودغست ونواحى لمطه وتادمكه الى الجنوب ونواحى فزان ففيه مياه عليها قبائل من البربر المهملين الذين لا يعرفون الطعام ولا رأوا الحنطة ولا الشعير ولا شيئًا من الحبوب والغالب عليهم الشقاء والاتّشاح بالكساء وقوام حياتهم باللبن واللحم وسأذكر ذلك وأصفه بعد فراغى من ذكر المسافات على استقصاء إن شاء الله،

(٣٧) ذكر الطريق من افريقية الى تاهرت وفاس، فمن القيروان الى الجهنيين قرية مرحلة، ومنها الى سَبيبه مدينة أزليّة كثيرة المياه والأجنّة وعليها سور من حجارة حصين ولها ربض فيه الأسواق والخانات وشربهم من عين جارية كثيرة تسقى بساتينهم وأجنّتهم وهى على مرّ الأيّام كثيرة الفواكه رخيصة الأسعار ويغلب على غلّاتهم الكمّون والكرويا والبقول ويُزرع عندهم الكتّان ولهم ماشية كثيرة مرحلة، ومنها الى مَرماجنه قرية مرحلة وهى لهوارة وفيها أسواق حسنة، ومنها الى مجانه مدينة ذات سور من طابية مرحلة وهى كثيرة الزعفران والزرع وبها معادن حديد وفضّة ومنها الحجارة المجلوبة للمطاحن بجميع المغرب ولهم وادٍ غزير الماء يزرعون عليه وأسواق صالحة، ومن مَجانه [٣٥ ب] الى تيجس طريق قصد على مناهل وقرى خمس مراحل ويفارق طريق باغاى قبل أن يصل الى نهر ملاق، ومنها الى مسكيانه قرية عليها سور قديمة كثيرة المياه والزرع ولها سوق وماؤها جارٍ من عيون فيها من الحوت | الكثير الرخيص وسوقها حط ٥٩ ممتدّ كالبساط مرحلة وهى أكبر من مرماجنه وتُجمعان أبدًا لعاملٍ واحدٍ، ومنها الى مدينة باغاى وهى كبيرة عليها سور أزلىّ من حجارة ولها ربض عليه سور والأسواق فيه وكانت الأسواق قديمًا فى المدينة فنُقلت ولها ماء جارٍ من وادٍ يأتيهم من القبلة ومنه شربهم مع أبآرٍ لهم عذبة ولهم من البساتين الكثير مرحلة وهو بلد بربرىّ البادية وأكثر غلّاتهم الحنطة والشعير وعاملها على صلاتها ومعاونها ووجوه أموالها عامل بنفسه لا من تحت يد أحدٍ وجبل أَوْرَاسٍ منها على أميال وفيه المياه الغزيرة والمراعى

١٥ (تيجس) — (بحس)،

الكثيرة والعمارة الدائمة وكان أهلـه قوم سَوْء وطولـه نحو اثنا عشر يومًا وسُكّانه مستطيلين على من جاورهم من البربر وغيرهم فهلكوا وأتى الله بُنيانَهم من القواعد، ولباغاى طريق يأخذ الآخذ على بلزمه الى نقاوس الى طُبْنه ويتّصل هذا الطريق بطريق مجانه الى تيجس فيمرّ عليه الى بُونه ومن أحبّ فيه من تيجس الى القسطنطينيّة الى ميله الى سطيف الى المسيلة وصل اليها ومن أراد من سطيف الى حائط حمزة الى اشير بلد زيرى كان أقصدَ له إن كان يريد المغرب،

(٣٨) ومن بَاغاى الى دوفَانه قرية من جبل اوراس لها سكّان من اللهان وكان البلد لهم ولبنى عمّهم من اللهان مرحلة، ومنها الى دار ملول وكانت مدينة قديمة فرزحت أحوالها وصارت منزلاً ينزله المجتازون وفيها مرصد قديم على جميع ما يجتاز بها وماؤها من عين بها مرحلة، ومنها الى طبنه مدينة قديمة وكانت عظيمة كبيرة البساتين والزروع والقطن والحنطة والشعير ولها سور من طابية مرحلة وأهلها قبيلتان عرب وبرقَجانه وأكثر غلّاتهم السقى ويزرعون الكتّان وجميعُ الحبوب فيها غزيرة كثيرة وكانت وافرة الماشية من البقر والغنم وسائـر الكراع والنَعَم فحدث بينهم البغى والحسد الى أن أهلك الله بعضهم ببعض وأتى على نعمهم فصاروا بعد السعة والدعة الى الضيق والذلّة والصَغار والشتات والقلّة مشرّدين فى البلاد مطرّحين فى كلّ جبل ووادٍ وبقيّتهم صالحة، ومن طبنه الى | مَقره حـط ٦٠ منزل فيه أيضًا مرصد مرحلة، ومن مَقره الى المَسيلة مرحلة وهى مدينة محدثة استحدثها علىّ بن الاندلسىّ أحد خدم آل عُبَيد الله وعبيدهم وعليها سور حصين من طوب ولها وادٍ يقال له وادى سهَر فيه ماء عظيم منبسط على وجه الأرض وليس بالعميق ولهم عليه كروم وأجنّة كثيرة تزيد على كفايتهم وحاجتهم ولهم من السفرجل المعنّق ما يُحمل الى القيروان

٢—٣ (وأتى ... القواعد) سورة النحل (١٦) الآية ٢٨، ٣ (طُبْنه) — (طبنَة)، ٥ (القسطنطينيّة) — (القسطنطينيه)، ٢٠ (آل عُبَيد الله وعبيدهم) فى حـط مكان ذلك (القائم عم)،

وأصله من تنس ومن غلّاتهم القطن والحنطة والشعير وتكثر عندهم المواشى من الدوابّ والأنعام والبقر وعليها من البربر بنو برزال وبنو زنداج [٣٦ ظ] وهوارة ومزاتة وعليهم صدقات وخراج غزير، ومنها الى جُوزَا منهل ينزله الناس لا ساكن به وفيه ماء من عيون عذبة مرحلة، ومن جُوزَا الى هاز قرية كانت قديمة عظيمة فخربت وهى فى وقتنا هذا مفازة فيها ماء عيون مسجونة مرحلة وهو بلد يغلب عليه الرمل، ومنها الى جُرتيل قرية كبيرة كثيرة الزرع والمياه وشِربهم من عيون بها مرحلة وسكّانها زناتة، ومنها الى ابن ماما مدينة صغيرة ذات منبر عليها سور طوب ولها خندق وماء فى وادٍ عذب كثير الماء يُزرع عليه وعلى المطر أيضًا مرحلة، ومنها الى اغير قرية صغيرة يشقّها الطريق ويقطعها جانبين مرحلة، ومنها الى تاهرت مرحلة، وتاهرت مدينتان كبيرتان إحداهما قديمة أزليّة والأخرى محدثة والقديمة ذات سور وهى على جبل ليس بالعالى وبها كثير من الناس وفيها جامع وفى المحدثة أيضًا جامع ولكلٍّ إمامٌ وخطيبٌ والتجّار والتجارة بالمحدثة أكثر ولهم مياه كثيرة تدخل على أكثر دورهم وأشجار وبساتين وحمّامات وخانات وهى أحد معادن الدوابّ والماشية والغنم [والبغال] والبراذين الفراهية ويكثر عندهم العسل والسمن وضروب الغلّات،

(٣٩) ومن القيروان الى المسيلة طريق غير هذا الطريق على بلاد كتامة والأربس وهو من القيروان الى جلولا مدينة عليها سور وفيها عين ماء جارية وعليها بساتين كثيرة قد حفّت بها ونخيل غزيرة مرحلة
خفيفة، ومنها الى | أجر قرية ماؤها من الأبآر ولهم زروع كثيرة من القمح والشعير مرحلة خفيفة، ومنها الى طافجنه قرية لها فحص واسع، ولهم من الغلّات المتّصلة بنواحى الاربس من الحنطة والشعير أمر عظيم مرحلة خفيفة أيضًا، ومنها الى الاربس مدينة لها إقليم واسع وغلّات جُلّها حط ٦١

٢ (بنو) — (بنى) المرّتين، ١١ (إحداهما) — (احديهما)، ١٤ (تدخل) — (يدخل)، ١٦ [والبغال] مأخوذ من حط،

الزعفران ولها سور حصين من حجر وفيها من داخلها عينان جاريتان
إحداهما تسمّى عين رباحٍ والأخرى عين زيادٍ وعين زياد أطيب وعليها
معوّلهم فى شِربهم وماؤها صحيح وبها معدن الحديد وهى ذات فواكه
صالحة، وأُبه مدينــة عن غربىّ الاربس ومنها على اثنى عشر ميلاً وبها
من الزعفران ما يضاهى ما بالأَربُس فى الكثرة والجودة وأرضهما واحدة
مختلطة وعملهما كعمل واحد وفى وسطها عين ماء جارية منها شِربهم وهى
غزيرة وعليها سور من طابية خصبة كثيرة الفواكه والثمار وعليها جبل
مطلّ، ومن الاربُس الى تامديت مدينة لها سور وشِربهم من عيون بها
وأكثر غلّاتهم القمح والشعير مرحلتان بينهما قرية تعرف بمَرْمَاجنه، ومن
تَامديت الى تيفاش مرحلة وهى مدينة أيضًا أزليّة أوّليّة قديمة عليها سور
قديم بالحجر والجير وبها عين ماء جارية ولهم من الأجنّة والبساتين ما
يقوتهم وعليها شعراء كبيرة، ومنها الى قَصر الافريقىّ مدينة لا سور عليها
والغالب على غلّاتها القمح والشعير وتحتها وادٍ يجرى [٢٦ ب] ينتفع به من
كان فى أعالى عملها ومنه شِربهم مرحلة، ومنها الى اركول قرية لها أجنّـة
وعيون ومياه جاريـــة كثيرة وقمح وشعير وغلّات صالحة وجميــع مياههم
عذبة مرحلة، ومنها الى تيجس مدينة لها سور وربض قد استدار من
قبلتها الى بحريّها وسوق صالح وماء جارٍ من عين تُعرف بتبودا وفى
وسط المدينه ماء كثير من عينِ طيّبةٍ مرحلة، ومن تيجس الى نمزدوان
قرية لها حاضرة وبادية ولها | بالبعــد منها عيون وشربهم منها وهو بلد حط ٦٢
قمح وشعير مرحلة، ومنها الى مهريّين قرية فى فحص ماؤها من أبآر ولها
سوق والغالب عليها البربر وهى لكُتَامة ومَزاتة مرحلة، ومنها الى تامسنت
قرية وسوق لكتامة ومزاتة ولها أجنّة وماء يجرى وأبآر معينة مرحلــة،
ومنها الى دَكْمه قرية لها سوق والغالب عليها كُتامــة وشِربها من أبآر
وغلّاتهم من القمح والشعير وافرة مسيرة مرحلة، ومنها الى اوسجيت مرحلة

٢ (إحداهما) — (احديهما)، ٤ (وأُبه) — (وأُبهْ)، ١٢ (تقوتهم) — (تفوتهم)، ١٨ (عينِ) — (طينِ)، ٢١ (وهى) — (وهو)، ٢٣ (عليها) — (عليه)،

وهى قرية فيها بعض حوانيت لبربر كُتامة ولها مياه كثيرة يزرعون عليها، ومنها الى المسيلة مرحلة خفيفة، ومن المسيلة الى اشير مرحلتان ينزل المارّ بينهما فى وادى المالح وهو وادٍ يجرى بماء مالح ويرحل منه الى اشير وسأصفها فيما بعد،

(٤٠) ومن المسيلة الى افريقية طريق ثالث يأخذ من المسيلة الى مَقَرَه ومنها الى طبنه [ومن طبنه] الى بسكره مرحلتان ومن بسكره الى تهوذا مرحلة ومنها الى بادس مرحلة ومن بادس الى تامديت مرحلة ومن تامديت الى مداله مرحلتان ومن مداله الى نفطه مرحلة ومن نفطه الى قسطيليه بعض مرحلة ومنها الى قفصه وسيأتى ذكر هذا الطريق فيما بعد إن شاء الله،

(٤١) ذكر الطريق من فاس الى المسيلة، فمن فاس على سُبُه وهو نهر عظيم الماء كثيره واليه مصبّ وادى فاس وجميعًا يقعان فى البحر بنواحى سَلَه وعليه قرًى تتّصل إحداها بالأخرى الى نمالته مرحلة وهى أيضًا على وادٍ يقال له ايناون ولنمالته وادٍ غير ايناون يأتيها من القبلة ويُعرف بوادى نمالته عليه كروم وبساتين كثيرة، ومنها الى كرانطه وهى مدينة على وادى
حط ٦٣ ايناون | ولها وادٍ آخر يأتيها من القبلة عليه من الفواكه والكروم والسقى الكثير الغزير، ومن كرانطه يأخذ الطريق على باب زناتة وهو وادٍ وقرًى متّصلة ذوات أسقاء وبعض هذه القرى متّصلة بمياه ايناون ومخرج ذلك الى قلعة كُرماطَه وهو سوق وحصن على ايناون وبها من الزرع والضرع والسائمة الكثير العظيم مرحلة، ومن كرماطه على فجّ الجبل المعروف بتازا الى مَزاورو وهى مدينة لطيفة كثيرة القمح والشعير مرحلة، ومنها على وادى مسون طريق الى تابريدا وهى مدينة لطيفة على وادى مَلْوِيَه مرحلة

٥ (افريقية) — (الافريقيَةِ)، ٦ [ومن طبنه] مستتمٌّ عن حط، (ومن بسكره) — (من بسكره)، ٧ (تامديت) المرّتين كذلك فى حط ولعلّ الأصحّ (تامليل) التى فى الصورة بين نفطه ومداله، ٩ (قسطيلية) — (قسطناه)، (قفصه) — (ففصه)، ١١ (سُبُه) — (سُبَه)، ٢١ (على) — (الى)،

ووادى مَلْوِيَه يقع الى وادى صاع ويصبّان جميعًا الى البحر ما بين جراوة أبى العَيْش ومليله، ومنها الى صاع مدينة لطيفة على وادٍ [٣٧ ظ] عظيمٍ يدخل على جميع دورهم ويشقّ الصحراء اليهم مرحلة، ومن صاع الى جراوة أبى العيش وبينها وبين البحر ستّة أميال وكانت عامرة آهلة مرحلة، ومنها الى ترفانه مدينة عليها سور ولها سوق وأنهار مطّردة وفواكه واسعة عظيمة وكروم جسيمة [مرحلة]، ومنها الى العلويّين قرية على نهر يأتيها من القبلة ولها عليه فواكه عظيمة مرحلة، ومنها الى تنمسان مرحلة لطيفة وهى مدينة أزليّة ولها أنهار جارية وأرحية عليها وفواكه ولها سور من آجرّ حصين منيع وزرعها سقى وغلّاتها عظيمة ومزارعها [كثيرة]، ومنها الى قرية تُعرف أيضًا بالعلويّين مرحلة وهى قرية عظيمة آهلة على نهر ولها أجنّة وعيون، ومنها الى تاتانلوت وهى قرية جليلة كبيرة ذات أجنّة وأرحية على واديها وفواكه مرحلة، ومنها الى عيون سى قرية كبيرة لها عيون وأنهار تطّرد مرحلة، ومنها الى وادى الصفاصِف وهو الوادى النازل من افكان الى افكان مرحلة وافكان مدينة لها أرحية وحمّامات وقصور وفواكه وكانت ليعلى بن محمد ذات سور من تراب فى غاية الارتفاع والعرض وواديها يشقّها بنصفين، ومنها الى تاهرت بالعرض الى الشرق ثلث مراحل | ولافكان على واديها أعمال عريضة وأجنّة ومزارع، ومنها حـط ٦٤ الى المُعسكر قرية عظيمة لها أنهار وأشجار وفواكه مرحلة، ومن المُعسكر الى جبل توجان الى عين الصفاصِف قرية كبيرة لها عين وأنهار وأشجار ومنها سقى يَكَل مرحلة، ومنها الى يَكَل مدينة ذات أنهار وفواكه مرحلة،

---

٢ (ومليله) — (وميله)، ٥ (ترفانه) كما فى الصورة وفى حـط (ترنانة)، ٦ [مرحلة] مأخوذ من حـط، (العلويّين) — (العلوسن)، ٧ (مرحلة لطيفة) يلى ذلك فى الأصل (ومن تنمسان) وهو زائد ويفقد فى حـط، ٩ [كثيرة] مأخوذ من حـط وكتب فى الأصل (ومزارعها مرحلة) وفى حـط (ومزارعها كثيرة مرحلة)، ١٠ (بالعلويّين) — (بالعلوس) أو (بالعلوىس)، ١١ (كبيرة) — (كثيرة)، ١٩ (توجان) عن طبع المقدسىّ ص. ٢٢٩ وفى الأصل (يوجان) وفى حـط (توجين)،

ومن يَلَل الى شلف مدينة ذات سور وحصن ونهر وشجر ومزارع مرحلة، ومنها الى غزه مدينة صالحة [مرحلة] وفيها سوق وحمّام ويصاقب أعمالَها سوق إبرهيم وهى مدينة أيضًا صغيرة فيها حمّام وسوق وهى على نهر شلف، ومن سوق إبرهيم الى تَاجنه مدينة صغيرة فيها سوق ولها فواكه وتين عظيم كثير يُجهَّز عنها مرحلة، ومنها الى تنس مرحلة، ومن تنس الى بنى واريفن مرحلة لطيفة بين جبال عظام شواهق سوامق وبنو وَارِيفن قرية أزليّة لها كروم وسوانٍ كثيرة وهى على نهر شلف، ومنها الى الخضراء مدينة على نهر ولها فواكه وسوانٍ وبها السفرجل المعنّق الفراسىّ مرحلة ولها ناحية خصبة وفيها سوق وجامع وحمّام، ومنها الى مليانه مدينة أزليّة ولها أرحية على نهرها وسقى كثير من واديها ولها حظّ من نهر شلف مرحلة، ومنها الى سوق كران وهو حصن أزلىّ له مزارع وسوانٍ وهو على نهر شلف أيضًا مرحلة، ومن سوق كران الى ريغه وهى قرية ولها سوق صالح ولها فواكه وأجنّة وأنهار تطّرد ومزارع مرحلة، ومنها الى رطل مازُوغه قرية لطيفة حسنة فيها ماء عذب مرحلة، ومنها الى اشير مدينة بحصن يسكنها آل زيرى بن مناد ولها سور حصين وأسواق وعيون تطّرد وأجنّة ومزارع وإقليم حسن القدر مرحلة، ومن اشير الى تامزكيدا وبها عين ولها أنهار عذبة مرحلة، ومنها الى الوادى المالح مرحلة، ومنها الى المسيلة مرحلة، [وقد أتيتُ بهذا الطريق مقلوبًا لأنّى سلكتُه من المغرب الى افريقيّة]

حط ٦٥ (٤٢) وفاس مدينة جليلة يشقّها نهر وهى جانبان يليهما أميران مختلفان [٢٧ ب] وبين أهل الجانبين الفتن الدائمة والقتل الذريع المتّصل ونهرها كبير غزير الماء عليه أرحية كثيرة وهى مدينة خصبة مفروشة بالحجارة أحدثها إدريس بن إدريس فى كلّ يوم من أيّام الصيف يُرْسَل فى أسواقها من نهرها الماء فيغسلها فتبرد الحجارة وجميع ما بها من الفواكه

٢ [مرحلة] يفقد فى الأصل، ٦ (شواهق) — (سواهى)، ٨ (الفراسىّ) — (الفراسى) وفى البكرىّ ص. ٦٧ (فارس)، ١٢ (صالح ولها) — (صلح وله)، ١٨ [وقد ... افريقيّة] مأخوذ من حط،

والغلّات والمطاعم والمشارب والتجارات والمرافق والخانات فزائدٌ على سائر ما قرُب منها وبعُد فى أرض الهبط موقعه وظاهرٌ بكثرته حدّه وموضعه ومستفاضٌ بوفوره مكانه ومرفقه ،

(٤٣) ومنها الى سِجِلْمَاسه ثلث عشرة مرحلة وسِجِلْمَاسه مدينة حسنة الموضع جليلة الأهل فاخرة العمل على نهر يزيد فى الصيف كزيادة النيل فى وقت كون الشمس فى الجوزاء والسرطان والأسد فيُزرع بمائه حسب زروع مصر فى الفلاحة وربّما زرعوا سنة عن بذر وحصدوا ما راع من زرعه وتواترت السنون بالمياه فكلّما أغدقت تلك الأرضُ سنةً فى عقب أخرى حصدوه الى سبع سنين بسُنْبُل لا يشبه سُنْبُل الحنطة ولا الشعير بحبّ صُلْبِ المكسَر لذيذ المطعم وخلقه ما بين القمح والشعير ولها نخيل وبساتين حسنة وأجنّة ولهم رطب أخضر من السِلق فى غاية الحلاوة وأهلها قوم سراة مياسير يباينون أهل المغرب فى المنظر والمخبر مع علم وستر وصيانة وجمال واستعمال للمروؤة وسماحة ورجاحة وأبنيتها كأبنية الكوفة الى أبواب رفيعة على قصورها مشيّدة عالية ،

(٤٤) وعن يسار طريق فاس الى سجلماسه إقليم اغمات وهو رستاق عظيم فيه مدينة كثيرة الخير والتجارة الى سجلماسه وغيرها ، ومن سجلماسه الى اغمات نحو ثمانى مراحل ومثلها الى فاس ، ومن ورائها الى ناحية البحر المحيط السُوس الأقصى وليس بالمغرب كلّه بلد أجمع ولا ناحية أوفر وأغزر وأكثر خيرًا منها قد جمعت فنون المآكل كلّها ذات الصرود والجروم فبها الأُترجّ والجوز واللوز والنخل وقصب السكّر والسِمسِم والقِنَّب وسائر البقول التى لاتكاد تجتمع بغيرها وأهل السُوس فرقتان مختلفتان مالِكيّون أهل سنّة ومُوسَوِيّون شيعة يقطعون على موسى بن جعفر من أصحاب علىّ بن ورصند والغالب على الجميع الجفاء والغِلظة فى العِشرة وقلّة رقّة الطبع والمالكيّون من فظاظ الحشويّة وبينهم القتال | المتّصل حط ٦٦
والدماء الدائمة ولهم بالبلد مسجد جامع تصلّى فيه الفرقتان [فرادى] عشر

٨ (عقب) — (عقت)، ٢٥ [فرادى] مأخوذ من حط ،

صلوات إذا صلّت فرقة تلتها الأخرى بعشرة أذانات وعشر إقامات وبالمالكيّين من جباسة الأخلاق وبحسب ما نالوا من رفاهة العيش نالوا من الجهل والطيش، ومن السوس الى سجلماسه اثنتا عشرة مرحلة،

(٤٥) ومن سجلماسه الى اودغست شهران [على سمت المغرب فتقع منحرفةً محاذاةً عن السوس الأقصى كأنّهما مع سجلماسه مثلّث طويل الساقين أقصر أضلاعه من السوس الى اودغست]، واودغست مدينة لطيفة أشبه بلاد الله بمكّة وبمدينة الجرزوان فى بلد الجوزجان من بلاد خراسان لأنّها بين جبلين ذات شعاب، ومن اودغست الى غانه بضعة عشر يومًا [بالمفردة] ومن غانه الى كُوغه نحو شهر ومن كُوغه الى سامه دون الشهر ومن سامه الى كُرم نحو شهر أيضًا ومن كُرم الى كُوكُو شهر ومن كوكو الى مرندة شهر ومن مرندة الى زويله شهران ومن زويله الى اجدابيه شهر ومن زويله الى فزان خمس عشرة مرحلة ومن فزان الى زغاوه شهران، [وعلى سمت اودغست المتقدّم ذكرها فى نقطة المغرب اوليل وهو على نحر البحر وآخر العمارة واوليل معدن الملح ببلاد المغرب بينها وبين اودغست شهر] [٢٨ ظ] ومن اوليل الى سجلماسه راجعًا الى الإسلام شهر وكسر، ومن سجلماسه الى لمطه معدن الدرق اللمطيّة عشرون يومًا [ومن اوليل الى لمطه معدن الدرق خمسة وعشرون ميلاً ودون لمطه من بلاد المغرب تامدلت

٤–٦ [على ... اودغست] قد أُخذ ذلك ممّا يوجد فى معجم البلدان لياقوت ج. ١ ص. ٣٩٩–٤٠٠ برسم (اوذعشت) منقولاً عن ابن حوقل ويفقد فى الأصل وكذلك فى نسختى حط، ٩ [بالمفردة] مأخوذ من حط، ١٠ (كُوكُو شهر) — حط (كَوْكَوْ شهران)، ١١–١٢ (ومن زويله) — حط (ومن اجدابيه)، ١٢–١٤ [وعلى ... شهر] قد أُخذ ذلك ممّا يوجد فى معجم البلدان لياقوت ج. ١ ص. ٤٠٧ برسم (اوليل) منقولاً عن ابن حوقل ويوجد أوّله أيضًا فى ج. ١ ص. ٣٩٩ برسم (اوذعست)، ويوجد فى الأصل مكان ذلك (ومن اودغست الى اوليل معدن الملح شهر) فقط، ١٥ (وكسر) — حط (ونصف)، ١٦–١ [ومن ... اودغست] مأخوذ كذلك من الموضعين المذكورين لياقوت أوّله من ج. ١ ص. ٤٠٧ وآخره من ج. ١ ص. ٣٩٩،

وعلى جنوبها اودغست]، ومن سجلماسه الى القيروان على نفزاوه ونواحى قسطيليه شهران،

(٤٦) وأكثر بربـر المغرب الذين من سجلماسه الى السوس واغمات وفاس الى نواحى تاهرت والى تنس والمسيلة وبسكره وطبنه وباغاى الى اكربال وازفون ونواحى بونه [الى مدينة قسطنطينيّة الهواء وكتامة وميله وسطيف] يضيفون المارّة ويطعمون الطعام ويتخلّق قوم منهم بخلق ذميم من بذل أنفسهم لأضيافهم على سبيل الإكرام ولا يحتشمون من ذلك وأكبرهم وأجلهم كأصغرهم فى بذله نفسَه لضيفه حتّى يُلحّ به، [وقد جاهـد على ذلك أبو عبد الله الداعى لبعضهم الى أن بلغ بهم كلّ مبلغ فما تركوه،]

(٤٧) وأمّا القُسْطَنطينيّة التى لكُتامة فمدينة قريبة الأمـر تدانى ميله ونقاوس فى حالها، ومدينة نقاوس مدينة كبيرة عليها سور من حجارة قديمة أزليّة ولها ميـاه كثيرة وأجنّة عظيمة وبها جميـع الفواكه كاللوز والجوز والكروم وزرعهم غزيـر كثير، ومدينة بلزمه حصن لطيف فيه رجال جلد وله | ماء جارٍ وهو فى وسط فحص عليه سور تراب وزروعهم حـَط ٦٧ تسقى بمائهم وهو بلد محدث للعرب وفيه بقاياهم الى الآن وهو من الرخص والسعة وكثرة الكراع والماشية والعزّ والمنعة فى غايةٍ حسنةٍ، وممّا ظاهـر هذه الديار الى نواحى البادية على طريق سجلماسه من افريقية مدينـة سُمَاطه وهى من نفزاوه مدينة صالحة وتدانيها مدينة بشّرى وهى أيضًا

٥—٦ [الى ... وسطيف] مستنمّ عن ما يوجد فى معجم البلدان لياقوت ج. ١ ص. ٥٤٢ برسم (البربر) من نصّ هذه القطعة منقولاً عن ابن حوقل، ٥ (قسطنطينيّة الهواء) تابعًا لبعض نسخ ياقوت وفى الطبع (قسطنطينة الهوارة)، ٦—٨ (ويتخلّق ... يُلحّ به) يوجد مكان ذلك فى نصّ ياقوت المذكور (ويُكرمون الضيف حتّى بأولادهم الذكور لا يمتنعون من طالبٍ البتّة بل لو طلب الضيف هذا المعنى من أكبرهم قدرًا وأكثرهم حميّةً وشجاعةً لا يُمتنع عليه)، ٧ (أنفسهم) — حـَط (أولادهم) وتفقد فقرة (ولا يحتشمون ... يُلحّ به) فى حـَط، (يحتشمون) — (يحتشمون)، ٨—٩ [وقد ... تركوه] مأخوذ من حـَط ويوجد أيضًا باختلافات يسيرة فى الموضع المذكور من ياقوت، ١٠ (القُسْطَنطينيّة) — (القسْطنطينه)،

ذات سور ومدينة نفطه أيضًا مصاقبة لهذه الحدود ولها سور ونخيل واسعة، وقَسْطِيليه مدينة أيضًا كبيرة عليها سور حصين ولها نخيل كثيرة والتمر والقَسْب بها كثير وهى مَغُوثة افريقية بتمورها وفيها الأُترجّ الكثير الحسن الطيّب الزكىّ وأكثر الفواكه بها على حالٍ معتدلةٍ فى الطيبة وماؤها غير طيّب ولا مرىء يجرى سواقيها فى خلال أجنّتها ونخلها أكثر منه بغيرها ممّا يجاورها وسعر الطعام بها فى سائر الأقوات غالٍ لأنّه يُجلب اليها ولا يُزرع بها من الشعير ولا القمح إلّا زرع تافه وهى من السعة والبيوع والأشربة فى الأسواق وكثرة الوارد والصادر عليها ملتمسين للمير والتجارة بما لا يدانيها فيه مدينة ممّا قاربها وجهاز الصوف فى جميع جهاته من الشقّة والكسى والحنبل الى سائر ما يُعمل منه يُحمل منها الى جميع الأقطار، ومدينة الحمة مدينة غير طيّبة الماء أيضًا ولها شىء من النخيل وبينها وبين مدينة قفصه القصور الثلثة، وقَفصه مدينة أيضًا مستقلّة ذات سور ونهر يجرى أطيب من ماء قسطيليه ولها أجنّة وكروم ونخيل وهى تصاقب من جهة إقليم قموده قاصِره ومدينة مَذكود ومدينة نفايض ومدينة كمونس الصابون وهى مُدينات قريبة الأحوال وكانت قبل سنة ثلثين فى غاية الكمال فأتى عليها أبو يزيد مخلد بن كيداد الإباضىّ،

(٤٨) وأمّا جبل نفوسه فجبل عالٍ منيف يكون نحو ثلثة أيّام فى أقلّ من ذلك وفيه منبران لمدينتين تسمّى إحداها شروس فى وسط الجبل وفيها مياه جارية وكروم وأعناب طيّبة وتين غزير وأكثر زروعهم الشعير وأيّاه يأكلون وإذا خُبِزَ كان أطيب طعمًا من خبز الحنطة ولشعيرهم لذّة
[٣٨ ب] ليس لخبز من أخباز | الأرض لأنّه ينفرد بلذّة ليست فى خبز حط ٦٨

٢ (وقَسْطِيليه) — (وقسطيليه)، ١٠ (الشقّة) — (السقه)، ١٤ (قموده) — (قموده)، (مَذكود) كان كتب فى الأصل (مَذكور) وكأنّه صحّح الى (مَذكود)، (نفايض) – حط (نقاوص)، ١٨ (شروس) يلى ذلك فى حط (والأخرى تسمّى مسيف) وهو زائد،

إلّا ما كان من سميذٍ أو حُوّارَى قد تأنّق صانعه فيه، .وبالجبل مدينة ثانية تُعرف بجادوا من ناحية نفزاوه وفيها منبر وجامع، والجبل بأجمعه دار هجرتهم على قديم الأيّام لهم وبه معشر الإباضيّة والوَهْبيّة ثَوَوا بعد عبد الله بن إباضٍ وعبد الله بن وهبٍ الراسِبيّ لأنّهما قدماه وماتا به ولم يدخل أهل هذا الجبل فى عهد الإسلام الى سلطانٍ ولا سكنه غير الخوارج مذ أوّل الإسلام بل مذ عهد علىّ عليه السلام وقت انصرافهم عنه بمن سلم معهم من أهل نهروان وقد أقام من خَلَفهم على منهاج سَلَفِهم بـه وبما قاربه من مدن الخوارج وهى نفزاوه ولاوجه وبادس وبسكره يعتقدون آراءهم ويمشون على سننهم وللسلطان على أهل هذه المدن حكم وأمره فيهم نافذٌ وكذلك فيمن كان منهم،

(٤٩) وكورة تاهرت من افريقية عند الجميع وكانت فى القديم مفردة العمل والاسم فى الدواوين، [ومدينة سَطيف كثيرة الخير تقارب ميلة والمسيلة وتصاقب القسطنطينيّة وبربرها بالصورة التى ذكرتُها من بذل الطعام والأولاد وكان أصل ما استباحهم بـه أبو عبد الله الداعى على بذل أولادهم لأضيافهم، فإنّى سمعتُ أبا علىّ بن أبى سعيد يقول أنّه ليبلغ بهم فرط المحبّة فى إكرام الضيف أن يؤمر الصبىُّ الجليل الأب والأصل الخطير فى نفسه بمضاجعة ضيفه ليقضى منه نهمته وينال منه الحرام وربّما وقعت شهوة أحدٍ الباطلَ فى جليلٍ من فرسانهم وشجعانهم فلا يمتنع عليه منه مطلبٌ من الباطل ويرى ذلك كرمًا وفخرًا والإباء عنـه عارًا ونقصًا

١ (حُوّارَى) — (حُوّارٍ)، ١—٢ (وبالجبل ... بجادوا) يوجد مكان ذلك فى حط (وفيه مدينة جادو) وهى فى نصّ حط مدينة ثالثة، ١٢—٢٠ [ومدينة سطيف ... المغرب] مأخوذ من حط وهو كالحاشية فى نصّ حط لأنّ ما يتلوه يرجع الى تاهرت، ١٣ (القسطنطينيّة) وفى نسختى حط (القسطيليه)، ١٥—١٩ (فإنّى سمعتُ ... نقصًا) يوجد ذلك أيضًا فى معجم البلدان لياقوت برسم (البربر) ج. ١ ص. ٥٤٢ منقولاً عن ابن حوقل إلاّ أنّ الفقرة فى ياقوت أقصر بقليل،

وليس نرى بكتامة التى بسطيف ولا بغيرهـا شيئًا من هذا الأمـر ولا يجيزونه ولا يستحسنون ذكره، وكتامة التى بهذه الناحية منشيّعون وبهم ظهر أبو عبد الله الداعى وأخذ المغرب،] وقد تغيّرت [تاهرت] عمّا كانت عليه وأهلها وجميع من قاربها من البربر فى وقتنا هذا فقراء بتواتر الفتن عليهم [ودوام | القحط وكثرة القتل والموت وكذلك كتامة فى حالها] حط ٦٩ من جهة خليفة أهل المغرب بالمغرب وهو بلكين يوسف بن زيرى وقد استباح الجميع، [فأمّـا أهل قسطيلية وقفصة ونفطة والحامّة وسُماطة وبشّرى وأهل جبل نفوسة فشراة إمّا إباضيّة من أصحاب عبد الله بن إباض أو وهبيّة من أصحاب عبد الله بن وهب وتجاورهم من البربر زناتة ومزاتة قبيلتان عظيمتان الغالب عليهم الاعتزال من أصحاب واصل بن عطاء وكان أبو يزيد مخلد بن كيداد الإباضىّ الخارج على القائم محمّد بن عُبيد الله عليه السلام من أهل سماطة ومن فراعنتهم قتل خليلاً صاحب ديوان المغرب وميسورًا الخادم صاحب جيش المغرب واتّسق له من الظلم والعدوان ما جعل الله بغيه نكالاً عليه،]

(٥٠) وكانت القيروان أعظم مدينة بالمغرب وأكثرها تجرًا وأموالاً وأحسنها منازل وأسواقًا وكان فيها ديوان جميع المغرب واليها تُجبى أموالها وبها دار سلطانها وبظاهرهـا المكان المدعوّ رقّادة وهو مدينة كانت منازل لآل الأغلب،

(٥١) وسمعتُ أبا الحسن بن أبى علىّ الداعى المعروف كان بحمدان قرمط وهو صاحب بيت مال أهل المغرب يقول فى سنة ستّ وثلثين وثلثمائة دخل المغرب من جميع وجوه أمواله وسائر كوره ونواحيه وأصقاعه

١ (بسطيف) كتب ناشر حَط تابعًا لنسختيه (تستضيف) إلاّ أنّه استحسن تصحيحه الى (بسطيف) بمقابلة نصّ الإدريسىّ ص. ٩٩، ٣ [تاهرت] مأخوذ من حَط، ٤ (وأهلها ... البربر) — حَط (وجميع هؤلاء البربر)، ٥ [ودوام ... حالها] مأخوذ من حَط ويفقد فى حَط ما يلى ذلك، ٧—١٤ [فامّا ... عليه] مأخوذ من حَط، ١٧ (المكان) — (فى المكان)، (رقّادة) — رقادةَ)،

عن خراج وعُشر وصدقات ومراعٍ وجوالٍ ومراصد وما يؤخذ عمّا يرد من بلد الروم والاندلس فيُعْشَر على سواحل البحر وما يلزم الخارج من القيروان الى مصر ويلزم ما يــرد منها من الوَرِق والمقوّم بقيمة العين والعَيْن المجتبى من هذه الوجوه فيكون من سبع مائة ألف دينار الى ثمان مائة ألف دينار قال ولو بُسطت يده فيه لبلغ ضعفه وإن قصر عن ذلك فالقليل، وسمعتُ هــذه الحكاية بعينها واللفظ بصيغته من زيادة الله أبي نصر بن عبد الله بن القديم فى سنة ستّين يذكرها عن نفسه وكان صاحب الخراج بافريقية وجميع المغرب وكأنّهما تفاوضا القول وعلما وجوه ذلك وما يدخل فيه من ارتفاق أصحاب الأعمال واستئثارهم بما يزيد على القوانين فى أيديهم وما أَبْعَدَ أن يكون ذلك كذلك لما تبيّنتُه فى ضمان برقة وحالها وكان جميع المغرب فى أيّام آل عُبيد الله يُعمل بالأمانة من غير ضمان حتّى تُقُبِّلَتْ برقة وليس بجميع المغرب ضمان غيرها،

(٥٢) فأمّا ما يُجَهَّز من المغرب الى المشرق فالمولّدات الحسان الرُوقة كالتى استولدهنّ بنو العبّاس وغيرهم وأكابــر رجالهم وولدْن غير سلطان عظيم كسلامة البربريّة أمّ أبي جعفر عبد الله بن محمّد بن علىّ بن عبد الله بن عبّاس وقراطيس أمّ أبي جعفر هٰرون الواثق بن المعتصم وقَتُول أمّ أبي منصور محمّد القاهر بن المعتضد وغير من ذكرتُ [٣٩ ظ] من ملوك المشرق وأمرائه والغلمان الروقة الروم | والعنبر والحرير والأكسية حط ٧٠ الصوف الرفيعة والدنيّة الى جباب الصوف وما يُعمل منه والأنطاع والحديد والرصاص والزيبق والخدم المجلوبون من بلاد السودان والخدم المجلوبون من أرض الصقالبة على الاندلس، ولهم الخيل النفيسة من البراذين والبغال الفُره والإبل والغنم وما لديهم من ماشية البقر وجميع الحيوان الرخيص، فأمّا أسعارهم على تنائى مدنهم وديارهم فعلى غاية الرخص

---

٤ (المجتبَى) — (المجتبا)، ٤—٥ (من سبع مائة ألف دينار الى ثمان مائة ألف دينار) — حط (فوق سبع مائة ألف ألف دينار ودون الثمان مائة ألف ألف دينار)، ١٠ (أَبْعَدَ) — (أَبْعَدُ) وفى حط (يبعد)، (تبيّنتُه) تابعًا لحط وفى الأصل (تبينه)،

فى الأطعمة والأغذية والأشربة واللُحمان والأدهان ولهم من جيّد الفواكه والتمور والأرطاب وسائر الاغذية [وعندهم من الجمال الكثيرة فى براريّهم وسكّان صحاريهم التى لا تدانيها فى الكثرة إبل العرب،]

(٥٢) هذا الى طاعتهم لمن ملكهم فثقّفهم ونفارهم عمّن أهملهم وأغفلهم وليس فى بلدانهم من الفواحش الظاهرة وتعاطى الأمور المنكرة كالعيدان والطنابير والمعازف والنوائح والقيان والمخنّثين والفسق الشنيع ما بكثير من المواضع، وقد يعرض فى بعض نواحيهم من التهوّر الشديد والجنون العتيد وبذل السيف وبدار الطيش ويوجد عندهم فيمن رقّ أدبه | وحسُن عَمَلُه من هذا وجوه فاسدة وحجج فيمن يقول به ويستحسنه داحضة، (مفقود فى حط) وفيهم خاصّة بغير هذه الصفة لم يزالوا تَسْمُو هِمَمُهم وتتوق نفوسهم الى ورود المشرق بسعة أخطارهم وفاشى مروآتهم فيزدادون ظرفًا وأدبًا ومحتدًا وفروسيّةً وعملاً فى جميع وجوه الفضل وسُبُل النُبْل، وكان ممّن قَدِم مصر بهذه الحال قديمًا محمّد بن هواشا وكانت فيه آلة من آلات الخير وكان تانئًا فاكتنفه السلطان بمصر واستخدمه لبسالته وشجاعته ورياسته فتقدّم فى كلّ حال من الجميل والخير وكان يتخرّق فى نفقاته ويتّسع فى صدقاته ويتناهى فى معروفه وطَلِباته وكان إذا نُصِبت موائده فُتِحَت أبوابه ورُفِعت ستوره وحجابُه وبلغ الداخل عليه جميع آماله بل أناف على رجائه بإجماله وحُسن فعاله، واليه توهيب بن سعيد وكان يتعاطى الزيادة على ابن هَواشا وغيره من منتحلى المحاسن ومكتسبى المكارم، وبنو مُصعب وكانوا ثلثة نفر من بعد هؤلاء بزمانٍ وأدركتُ من شاهدهم فى غاية الكمال من أمور الدنيا والآخرة واختلّت أحوالهم بتغيّر الزمان والسلطان وانتقال الولايات بمصر فلم يفارقوا عاداتهم ولم يُخِلّوا برسمٍ لمن كان برسمهم الى القيام بمن جاور أسبابهم واتّصل بأتباعهم وقُبِروا مستورين

٢-٣ [وعندهم ... العرب] مأخوذ من حط، ٤ (أهملهم) — (اهلهم)، ٨ (ويوجد ... أدبه) — حط (وقد يوجد أيضًا ذلك فيهم فيمن رقّ أدبه) ثمّ يفقد كلّ ما يتبع الى آخر القطعة (٥٢)،

فى آخر نعمهم، وأبو الحسن البلزىّ وكان أميرًا مع الماذرائيّين مجبورًا على الإمارة يذهب بنفسه عن أحوال الوزارة الى التواضع بذمّ الدنيا وقلّة الحفل بالمُقْبِل منها ولَحِق الاخشيذ فأحسن اليه وبالغ فى إكرامه وزاد فى أرزاقه وجرايته وكان يقول أبو الحسن طريق المعروف والسبيل الى صلاح الخاصّة والعامّة والقاضى حَقَّهُ كالقاضى حَقّ نفسِهِ لأنّ اكتسابه المحامد به حال لا تجدها مع سواه ولا تراها مع غيره،

(٥٤) | ويقارب القيروانَ سجلماسه فى صحّة الهواء [٣٩ ب] ومجاورة البيداء مع تجارة غير منقطعة منها الى بلد السودان وسائر البلدان وأرباح متوافرة ورفاق متقاطرة وسيادة فى الأفعال وحسن كمال فى الأخلاق والأعمال يخرجون برسومهم عن دقّة أهل المغرب فى معاملاتهم وعاداتهم الى عملٍ بالظاهر كثير وتقدُّم فى أفعال الخير شهير وحنوّ بعضٍ على بعضٍ من جهة المروءة والفتوّة وإن كانت بينهم الحِنات والتِرات القديمة تواضعوها عند الحاجة واطّرحوها رياسةً وسماحةً وكَرَمَ سجيّةٍ تختصّهم وأدب نفوسٍ وقف عليهم بكثرة أسفارهم وطول تغرّبهم عن ديارهم وتعزّبهم من أوطانهم، ودخلتُها فى سنة أربعين فلم أر بالمغرب أكثر مشائخَ فى حسن سمتٍ وممازجةٍ للعلم وأهله الى سعة نفوسٍ عالية وهم سامقة سامية، وسائر أرباب المدن دونهم فى اليسار وسعة الحال وتتقارب بالعصبيّة أوصافهم وتتشاكل أحوالهم ولقد رأيتُ باودغست صكًّا فيه ذِكْرُ حقٍّ لبعضهم على رجل من تُجّار اودغست وهو من أهل سجلماسه باثنين وأربعين ألف دينار وما رأيتُ ولا سمعتُ بالمشرق لهذه الحكاية شبهًا ولا نظيرًا ولقد حكيتُها بالعراق وفارس وخراسان فاستُطْرِفَتْ، ولم يزل المُعْتَزّ أيّام ولايتها وهو أميرها يجتبيها من قوافل خارجة الى بلد السودان وعُشرٍ وخراجٍ وقوانين قديمةٍ [على] ما يباع بها ويُشتَرَى من إبل وغنم وبقر الى ما يخرج عنها ويدخلها من نواحى افريقية وفاس والاندلس والسوس |

حط ٧٠ — حط ٧١

١ (الماذرائيّين) — (المَادرائسّن)، (مجبورًا) — (مجبور)، ٢١ (المُعْتَزّ) — حط (المعزّ)، ٢٢ [على] مستتمّ عن حط،

واغمات الى غير ذلك ممّا على دار الضرب والسكّة زُهاء أربع مائة ألف دينار تختصّ بها وبعملها وقد ذكرتُ أنّ ارتفاع المغرب من أوّله الى آخره من ثمان مائة ألف دينار الى ما زاد على ذلك بيسير وربّما نقص الكثير وجباية سجلماسه تختصّ بها وبعملها وتكون خمسة أيّام فى ثلثة،

(٥٥) والبربر السكّان بالمغرب فقبائل لا يُلحق عددهم ولا يُوقف على آخرهم لكثرة بطونهم وتشعّب أفخاذهم وقبائلهم وتوغّلهم فى البرارىّ وتبدّدهم فى الصحارى وجميعهم من ولد جالُوت إلّا اليسير منهم وفيهم ملوك ورؤساء ومقدّمون فى القبائل يطيعونهم فلا يعصونهم ويأمرونهم فلا يخالفونهم والمال فيهم من الماشية كثير غزير ومن المتعزّبين المُوغلين فى البرارىّ صِنهاجة اوْدَغست وسمعتُ أبا إسحٰق ابرهيم بن عبد الله المعروف بفَرَغَ شُغْلُهُ وهو صاحب الدَيْن والصكّ الذى قدّمتُ ذكره باودغست يقول سمعتُ تنبروتان بن اسفيشر يقول وكان ملك صنهاجة أجمع أنّه يلى أمرهم مذ عشرون سنة وأنّه لايزال فى كلّ سنة يرد عليه قوم منهم زائرين له لم يعرفهم ولا سمع بهم ولا مَقَلَهم قال ويكونون نحو ثلثمائة ألف بيت من بين نَوّالة وخُصّ وكان المُلْك فى أهل هذا الرجل لهذا القبيل مذ لم يزالوا، وحدّثنى أيضًا أبو إسحٰق إبرٰهيم بن عبد الله أنّ قبيلة من قبائل البربر قصدت ناحية اودغست للإيقاع بآل تَنْبَرُوتان فى جمعٍ كثيفٍ وعُدَةٍ قويّةٍ وعِدّةٍ عظيمة تلتمس غِرّةً وتهتبل فرصة عن طوائل حدثت مع بعض صنهاجة وبلغ ذلك تنبروتان ملكهم هذا وأُعيد عليه ذِكْرُهم وحالُهم ومقصدُهم فى طريقهم [٢٠ ظ] دفعاتٍ فلم يُعد جوابًا فيه ودعا برُعاةٍ كانوا لأُخته وكانت أيسر أهل قبيلتها وأكثرهم مالاً من حيث لا يعلم أحدٌ وقال لهم أنتم على مياه فلانةَ وفلانةَ وبنو فلان يردون ناحيتكم ليلة كذا وكذا فإذا كان فى سُحرة تلك الليلة فاعتمدوا هَيْج الإبل التى هناك بأجمعها على الشرف الفلانىّ ونفارها على القوم واكتموا على ما أقوله عن

---

٦ (وتوغّلهم) — (وتغوّلهم)،

أنفسكم لتنالوا بـه منّى خيرًا إن شاء الله وأتى القوم فنزلوا ونفّر الرُعاة الإبل فصوّبت على المكان والجيش الذى به فأتت على جميع من كان منهم مع إبلهم وسلاحهم دوسًا لهم ووطئًا عليهم حتّى استفاض جميع من باودغست ومن بعُد عنها من أعدائهم أنّه لم يُعْرَف لواحدٍ منهم حِليةٌ بوجهٍ من الوجوه ولا أثر لشىء ممّا كان معهم حتّى جعلوه شِذَرَ مِذَرَ وكان رُعاتها هناك مائةً ومع كلّ راعٍ منهم مائة وخمسون جملاً وأصبحوا اليه يهنّئونه وقد كفاهم الله شرّهم،

(٥٦) وملك اودغست هذا يخالط ملك غانه وغانه أيسر مَن على وجه الأرض من ملوكها بما لديه من الأموال والمدّخرة من التبر المثار على قديم الأيّام للمتقدّمين من ملوكهم وله ويهادى صاحب كُوغه وليس كُوغه بقريب من صاحب غانه فى اليسار وحسن الحال ويهادونه وحاجتهم الى ملوك اودغست ماسّة من أجل الملح الخارج اليهم من ناحية الإسلام فإنّه لا قوام لهم إلّا به وربّما بلغ الحمل الملح فى دواخل بلد السودان وأقاصيه ما بين مائتين الى ثلثمائة دينار،

(٥٧) وفيما بين اودغست وسجلماسه غير قبيلة من قبائل البربر متعزّبون لم يروا قطّ حاضرةً ولا عرفوا غير البادية العازبة فمن ذلك [شرطـة وسمسطة و]بنو مَسُوفَا قبيل عظيم من المقيمين بقلب البرّ على مياه غير طائلة لا يعرفون البُرّ ولا الشعير ولا الدقيق وفيهم من لم يسمع بهما إلّا بالـمَثَل وأقواتهم الألبان وفى بعض الاوقات اللحم | وفيهم من الجلد والقوّة [ما ليس لغيرهم ولهم ملك يملكهم ويدبّرهم تكبره صنهاجة وسائـر أهل تلك الديار لأنّهم يملكون تلك الطريق وفيهم] البسالة | والجُرأة والفروسيّة على الإبل والخفّة فى الجرى والشدّة والمعرفة بأوضاع البرّ وأشكاله والهداية فيه والدلالة على مياهه بالصفة والمذاكرة ولهم الحسّ الذى لا يدانيه فى الدِلالة إلّا من قاربهم وسعى سعيهم، فإنّـه يُحكى عن أهل فرغانه واشروسنـه

حط ٧٣

مفقود فى حط

١٦—١٧ [شرطة وسمسطة و]مأخوذ من حط ولعلّ الصحيح (سرطه وسططه)، ١٩—٢١ [ما ليس ... وفيهم] مأخوذ من حط، ٢١ (البسالة) — (والبسالة)،

واسبيجاب وخوارزم من الهداية والاستدلال فى الظلام والليل البهيم بغير نجوم والنهار المنطبق بالقتام والركام وسقوط الثلج بحيث يُنْكِر المرء من لديه على خطواتٍ ولا يراه للضباب وهم فى ذلك يجرون ويسيرون وقد استوت فجاج الأرض وأوعارها وجبالها وأوديتها بما استولى عليها من الثلوج فصارت كالمستوية الأرجاء وهم غازون فيقول قائلهم أين نحن وعلى أىّ أشجارٍ نسير وبأىّ وادٍ وعلى أىّ قُتْرٍ من الجبل الفلانىّ أنتم فلا يخرِم مُجيبُه فيما يجيبه بـه عن نفس الحقيقـة والموضع الذى سأله عنـه ولقد قال أحدهم لمن سأله نحن على الشجرة الفُلانيّة من بلد كذا وكذا وما رآه سائله بل أنت عن تلقائها فوُجد الأمر على قول المُجيبِ، ورأيتُ مِن بعض هذا القبيل وقد أُثيرت جِمالٌ أراد هذا الرجل بعضَها وقد قعد على طريقها وهى نافرة [٢٠ ب] شاردة وكانت بأجمعها فحولاً بُزّلاً فقبض على كُراعه وهو نافر وقـد ساواها فى العَدْو فمنعه الحركةَ الى أن ضرب به الأرض ونحره فكأنّه نحر عَنْزًا أو قصد جَدْيًا، وهم خلق تامّ وحول وجلد عامّ فى نسائهم وفى رجالهم ولم يُر لأحدهم ولا لصنهاجة مذ كانت من وجوههم غير عيونهم وذلك أنّهم يتلثّمون وهم أطفالٌ وينشؤون على ذلك ويزعمون أنّ الفم سَوْءةٌ تستحقّ الستر كالعورة لما يخرج منه إذ ما يخرج منه عندهم أنتن ممّا يخرج من العورة، | وهم لوازم على المجتازين حط ٧٢ عليهم بالتجارة من كلّ جَمَل وحِمْل ومن الراجعين بالتبر من بلـد السودان وبذلك قوام بعض شؤونهم،

(٥٨) ومن بأدانى سجلماسه والمغرب من البربر يأكلون البُرّ ويعرفونه والشعير ويزرعونـه والتمور والطيّبات [وفى أعراضهم أصحاب البرانس المقيمون بين السوس واغمات وفاس وهم لوازم على المجتازين من فاس الى سجلماسة يلزمونهم على ما معهم من التجارة ويخفرونهم]، وفى كثير منهم

٦ (أىّ) — (آيّتٍ)، (وبأىّ) — (وبِآيّتٍ)، ٢٠ (ومن ... البربر) يوجد مكان ذلك فى حط (ومن دون سجلماسة غير مخذ من زناتة ومزاتة متعزّبين فى باديتهم غير أنّهم)، ٢١–٢٣ [وفى ... ويخفرونهم] مأخوذ من حط،

الشراية [والتديّن القوىّ بها والتمسّك بها] وفى بعضهم الاعتزال والعلم ومن بالسوس ونواحى دَرعه شيعة وفى أخبارهم أنّ بعض شُراتهم ركب فى رِفْقةٍ من قومه فلقى نفرًا من أصحاب واصل بن عطاء بنواحى زناتة فبدر اليهم وقال من أنتم وكان المسؤول لَبِسًا جَدِلاً فقال مُشْرِكون نحبّ أن نسمع كلام الله وكان يجب عليهم لوازم فيما معهم من المتاع فقال السائل أريحوا وانزلوا على هذا الماء لتسمعوا وتبلُغوا مَأْمَنَكم كما أمر الله تعالى فأنزلوهم وأضافوهم وعلفوهم وأكرموهم وبلّغوهم ولم يُلزِموهم شيئًا [وأجازوهم الى متوسّط بلاد المغرب]، وجميعهم يبيحون البلاد للمراعى والزرع والمياه لورود الإبل والماشية، وفى كثير منهم ألوان حسنة ومحاسن فائقة فى خِلقهم وأبدان نقيّة حتّى يأخذوا فى جهة الجنوب فنستحيل ألوانهم وأبشارهم، وفيهم أصحاب [ماشية و]خيل وبغال ونتاج يقتنون الرَمَك ويستنتجون البغال وغيرها ومنهم من لا يقدر لعَوْز الماء على غير الإبل [واليسير من المعز] ولنأى الماء عنه،

(٥٩) وبين المغرب والبلدان التى قدّمتُ ذكرها وبلد السودان مفاوز وبرارىّ منقطعة قليلة المياه متعذّرة المراعى لا تُسلك إلّا فى الشتاء وسالكها فى حينه متّصلُ السفر دائمُ الورود والصَدَر،

(٦٠) ومن بالسواحل من البربر بنواحى الهبط وأرض طنجة وازيلى وفاس والسوس وتامدلت ففى خفضٍ من العيش وطيبة المآكل وخاصّة

١ [والتديّن ... بها] مأخوذ من حـط، ٢ (وفى أخبارهم ...الخ) أكثر نصّ هذه الحكاية فى حـط مخالف لنصّ الأصل والمعنى واحد، ٦ (لتسمعوا ... مَأْمَنَكم) قابل سورة التوبة (٩) الآيتين ٥ و٦، ٧—٨ [وأجازوهم ... المغرب] مأخوذ من حـط، ٨—٩ (وجميعهم ... والماشية) يوجد مكان ذلك فى حـط (وهوارة ومكناسة ومديونة وجميع البربر من أهل البادية المقيمين فى الضواحى ينتجعون المراعى ويرتادون المياه ويزرعون على المطر حيث وجدوه)، ١٠ (وأبدان) مكان ذلك فى حـط (ووجوه)، (فنستحيل ألوانهم وأبشارهم) مكان ذلك فى حـط (فكلّما أوغلوا فيه ازدادوا سوادًا حتّى ينتهوا الى بلد السودان فيكون من ينتجعه أشدّ سوادًا)، [ماشية و] مأخوذ من حـط، ١٢—١٣ [واليسير من المعز] مأخوذ من حـط،

من بالهبط فى ضمن عبد الله بن إدريس بن إدريس بن عبيد الله بن
حـط ٧٣ إدريس بن إدريس بن عبد الله بن الحسن بن الحسن بن علىّ بن | أبى
طالب صلوات الله عليهم أجمعين وفى غايةٍ من الخصب ورخص الأسعار
واللذيذ من الأغذية الحسنة وكانت حالهم فيما تقدّم أَزْيَدَ من هذا الوقت
صلاحًا، وقد تغيّر بعض ما أدركتُه فى سنى نيّف وثلثين من حالهم،

(٦١) [وفى وقتنا هذا فقد تدانت أحوالهم وصلحت أمورهم وعمر طريقهم
ولم يزل أهل هذا النسب منظورًا اليهم مرعيّة حقوقهم عند بنى أميّة على
سالف الدهر وأدركتُ عبد الرحمان أبا المطرّف بن محمّد بن عبد الله
بن محمّد بن عبد الرحمان بن الحكم بن هشام بن عبد الرحمان بن
معاوية بن هشام بن عبد الملك بن مروان يحافظ عليهم مرّةً ويسوقهم
بالعصا مرّةً لما كان تظاهر به أبو العيش من قبح السيرة وخبث المعاملة
لبنى السبيل وكثر الغيلة، وذلك أنّ عبد الرحمان هذا وأهله يملكون
الاندلس ويحاذون هذه الناحية وبينهم أصل الخليج الخارج الى بلد الروم
عن قرب مسافة ما بين العدوتين حتّى أنّهم ليرى بعضهم ماشية بعض
وصور أشجارهم وزروعهم ويتبيّنون الأرض المفلوحة من أرض البور وعرض
الماء فى ذلك يكون اثنى عشر ميلاً، وأمّا حكم أصحاب طنجة المذكورين
عند المهدىّ والقائم ومن تقدّم من ملوك المغرب فعلى سبيل الرعاية
والصيانة كانوا يفدون ويزورون ويكرمون ويبجّلون ويحملون ويوصلون
ويصرفون على ما يحبّون،]

مفقود فى حـط (٦٢) | وقد أعدتُ فى غير موضع ما استكثرته من عدد أحياء البربر
وقبائلهم الذين تجمعهم أُبوّة جَالُوت وكأنّى ببعض المتصفّحين لكتابى هذا
يستثقل ذلك ولا ينزله منزلتَه، وقد أعدتُ بهذه الصفحة وما يتلوها ذكر
ما وقع الىّ من أسماء قبائل صنهاجة وبطونها وأفخاذها وعصبتهم، وهم
٢٤ انِكِيفُو وبنى ماركسن وبنى كاردميت وبنى سيغيت [٢١ ظ] وبنى

٥ (وقد ... حالهم) يوجد مكان ذلك فى حـط ما فى القطعة (٦١)، ٦ قد اخذت هذه القطعة من حـط كما مرّ ذكره،

صالحٍ وبنى مَسُوفَاْ وبنى وارث ربنى تُوتَك وسرطه وسططه وترجه ومداسه وبنى لموتونا ومغرسه ومومنه وفريّـه ولمطه ومَلوانه وانيكارت فهذه قبائل صِنهاجة الخُلّص، وأمّا بنى تانماك ملوك تادمكه والقبائل المنسوبة اليهم فيقال أنّ أصلهم سودان ابيضّت أبشارهم وألوانهم لقُربهم الى الشمال وبُعدهم عن أرض كُوكُو وهم لأُمَّاتِهم من ولد حام، وهندزه ومكيته وكلماتَه وانكرياغن وكركه وايللغموتن وكطوطاوه وسكره وبلغلاغه واندمين وهاكته وانمزيرن وايمزواغن وكيلنموتى وكيلمكزن وكيلفروك وفداله وكلساندت وكيل دفر وبنى بزار وايمكدرن وايكوفان وانككلن وايسطافن وايفكرن، ويقول آخرون بل من صنهاجــة أنفسهم واحتجّ ملحق بنى تانماك ببنوّة حام بقول الكندىّ أنّ البيضان إذا تناسلوا فى بلد السودان سبعة أبطن عادوا فى سحنتهم وبسوادهم وإذا توالد السودان فى بلـد البيضان سبعة أبطن عادوا فى صورتهم وخلقهم من البياض والنقاء وليس بمثل هذه الدعوى يتكلّم على الأنساب ويقرّ منكر بنى تانماك بأنّ بنى تماكيزت منهم، ومساطه آل يوسف بن زيرى بن مناد خليفة آل عبيد الله أصحاب المغرب على المغرب وبلكين يوسف بن زيرى بن مناد هو صاحب المغرب يومنا هذا ومَلِكُه مذ يوم شخوص أبى تميم عنه، ومن قبائل صنهاجة الخارجة [............] وبنى عمر زيرى وقبيلته يسّوه وايفرين وايمكيتن وايتوتين وايترويين وايوازين واسواله وبنى كسيله وبنى ورتاف وايزقارن وتلكاته، وسيّد ملوك تادمكه فى وقتنا هذا فسهر بن الفاره واين‍او بن سبنزاك وهم الولاة وفيهم رياسة وعلم وفقه وسياسة الى علم بالسير واضطلاع بالأثر والخبر وهم بنو تانماك،

---

٣ (ومغرسه) — (مغرسه)، ٣ (تانماك) — (نانماك)، ٥ (لأُمَّاتِهم) — (لاماتهم)، ٨ (ايمكدرن) — (امكدرن)، ١٧ [.........] الظاهر أن يُفقد هنا بعض الكلمات فى الأصل ولا يستبعد أن كان أوّل الفقرة المفقودة كلمتي (عن صُلب) كما فيما بعد فى مبتدأ ذكر قبائل زناتة ثمّ اسم الجدّ الذى تنسب اليه القبائل التالية أسماؤها، ١٨ (زيرى) — (زبرى)، ٢١ (واضطلاع) — (واضطلاح)،

(٦٣) ومن قبائل البربر الخارجة عن صُلب زناتة بنو مغراوه وبنو وتاجن وبنو يلوما وبنو يزللن وبنو بزمرنتا وبنو زاوين وبنو امندرين وزواوه ومكلاته وبنو ملنتيس وبنو واريتن ونزارته وبنو سنوس وبنو يانكانس واى سراوسن وبنو يُوكسّن وبنو يوجين وبنو يُوجلين وبنو تيكرت ومريطاطه وبنو بغمريتن وبنو يلغيل وبنو يلاسيكشن يريد قوم الله وبنو نفوريت ومنجصه ودانَه وزواوه ونَفزه وبنو واريفن وبنو يرنيان وبنو امزيور وبنو وارُونيفن وبنو صندرين وبنو بطوى وبنو غرميست وكرنتايه وفنزازه وبنو ورياغن وبنو مطكوداسن وبنو مومناسن وبنو مستيزين وبنو غمرت وبنو يسوكين وبنو طارق وبنو مُومان وبنو احوب وبنو مستنيتن وبنو ورتيزان وبنو غليان وبنو ومانُوا وبنو وريلينس وبنو وفا وبنو يليان وبنو لُسوه ورجْمه وبنو ويسروكن وبنو تدرج وبنو وصين وبنو مصنان [٣١ ب] وبنو بوليت وبنو سبلين وبنو سيكرين وبنو غفاوسن وصدينه وبنو وكلادن وبنو وطوف وبنو غرزوات وبنو سغماز وبنو يرزال وبنو تزارت وبنو زوراغ وبنو شلكان وبنو يُوراسن وبغمره، وهؤلاء عصبة زناتة من لواتة ومزاتة وهم بنو خطاب ملوك مزاتة وهم من مزاتة أنفسهم، وبنو يكدلين وبنو يزدرن وبنو عكاره ورماته ونجاسه، وسيّد بنى خطاب اليوم أبو عبد الله مبارك بن عيسى بن خطاب بزويله مطاع فى أدانيه وأباعده ورهطه بنو مزليكش وفيهم المملكة وهم آل خَطاب عِلْية مزاته، وبلكاوه واسيله وفطناسه وسمتيسه وكِلله وبنو درف وبنو مندره وبنو دوسين وبُونيسه الأشرار الأنكاد الأقذار وبنو اجرفزان وباجايه وبنو سدوين وبنو غيلين وبنو يرمزيان وبنو الهكم وزهاته وبنو

٦ (يريد قوم الله) قد كُتب ذلك فى الأصل تحت (وبنو يلاسيكشن)، ٨ (بطوى) — (بطوى)، (غرميست) — كأنّه (عزميست)، ١٦ (وبغمره) — (وبعمره)، ١٩ (بزويله) — (برويله)، ٢١ (وبنو درف) — (وبو درف)،

عبـد الملك وبنو يفوكسن ونسيده ووردیغه ورزیفه وكرداسه ورهَاوه وبنو ايكلان وورزيغه وبنو سفتلن وبنو يطوفه وبنو الاسوار وبنو عاصم وبنو يزتاسن وبنو مكسن وبنو ويان وبنو زعرور وبنو اسمعيل وبلاجه وعنزوره واكوده ومزوره وفرطيطه ومفرطه وبنو كملان، ومن قبائل زناتــة أيضًا [....]، وبنو يفرن قبيل يعلى بن محمد وهم وولديه فى غاية البلاء مع يوسف بن زيـرى وقتنا هذا، وبنو واسين ومَطاره وبنو واصل وبنو حمزة وبنو وابوط ومكناسه وبنو تيغرين ومسغُونه وبنو ياكرين، وملوك زناتة بنو ورززمَار وكان منهم محمّد بن الخير بن محمّد بن خزر وعطيّة ومقاتل ولقمن وخزرون بن فلفل قاتل أبي عبد الله بن المعتزّ صاحب سجلماسه وكان أبو عبد الله بن المعتزّ قتل أخاه المنتصر وهم اثنا عشر رجلاً فأمّا محمّد بن الخير فإنّه قتل نفسه بيده إذ بايته يوسف بن زيرى خوفًا من أن يأسره وكان أجمل قومه وكان محمّد أبو عبد الله بن خزَرٍ وعَطِيَّةُ فارِسَىْ زناتة ومقاتل أخوهما بالسوس حىّ، وبنو ستاته وبنو دركمون وبنو مسكن وبنو لنت وكورايه وسندراته وبنو زنداج وبنو ورسفيان وورداجه وبنو دمر وبنو سنجاسن،

(٦٤) ولو قلتُ أنّى لم أصل الى علم كثير من قبائلهم لقلتُ حقًّا إذ البلاد التى تجمعهم والنواحى التى تحيط بهم مسيرة شهور فى شهور والعلماء بأنسابهم وأخبارهم وآثارهم هلكوا وكنتُ قد أخذتُ عن بعضهم رسومًا أثبتّها ولم أرجع منها الى غير ما قدّمتُه من ذكر قبائلهم،

---

٤ (وعنزوره) — (عنزوره)، ٥ [....] لعلّه يفقد هنا بعض الأسماء من أسماء القبائل، ٨ (وبنو ياكرين) — (بنو ياكرين)، ١٢ (إذْ بايَتَهُ) — (اد بأْيَتَهُ)، ١٥ (وبنو زنداج) — (بنو زنداج)، ١٥—١٦ (وبنو ورسفيان) — (بنو ورسفيان)، ١٦ (وبنو دمر) — (بنو دمر)، (وبنو سنجاسن) — (بنو سنجاسن)،

[الاندلس]

حط ٧٣ (١) فأمّا الاندلس فهى من نفائس جزائــر البحر ومن الجلالة فى القدر بما حوته واشتملت عليه بحالٍ ساتى بأكثرها ودخلتُها فى أوّل سنة [٣٢ ظ] سبع وثلثين وثلثمائــة والقيّمُ بها أبو المُطرّف عبد الرحمن بن محمّد بن عبد الله بن محمّد بن عبد الرحمن بن الحكم بن هشام بن عبد الرحمن بن معوية بن هشام بن عبد الملك بن مروان، وطولها شهــر فى عرض نيّف وعشرين يومًا وفيها غامر وأكثرها عامر مأهول ويغلب عليها المياه الجارية والشجر والثمر والأنهار العذبة والرخص والسعة فى جميع الأحوال الى نيل النعيم والتملّك الفاشى فى الخاصّة والعامّة فينال ذلك أهل مِهَنِهم وأرباب صنائعهم لقلّة مؤنهم وصلاح بلادهم ويسار ملكهم
حط ٧٤ بقلّة كُلَفِهِ ولوازمِهِ وسقوط شُغله بشىء يحذره وحال تخيفه إذ لا رِقبة عليه لأحد من أهل جزيرته ولا خشية لــه من عدوّ ينصب لمملكته مع عظم مرافقه وجباياته ووفور خزائنه وأمواله وممّا أَدُلُّ بالقليل منــه على كثيره وغزيره أنّ سكّة دار ضربه على الدنانير والدراهم ضمانُها فى كلّ سنة مائتا ألف دينار ويكون عن صرف سبعة عشــر بدينارٍ ثلثة آلف ألف وأربع مائة ألف درهم هذا الى صدقات البلد وجباياته وخراجاته وأعشاره وضماناته ومراصده وجواليه وما يقبض من الأموال الوافرة على المراكب الواردة اليهم والصادرة عنهم والرسوم على بيوع الأسواق، [ومن أعجب أحوال هذه الجزيرة بقاؤها على من هى فى يده مع صغر أحلام أهلها وضعة

---

٦ (شهر) — حط (دون الشهر)، ١١ (تخيفه) — (تخيفُه)، ١٥ (بدينار) كما فى حط وفى الأصل (دينار)، ١٨—٣ [ومن أعجب ... ولذّاتها] ماخوذ من حط،

نفوسهم ونقص عقولهم وبعدهم من البأس والشجاعة والفروسيّة والبسالة ولقاء الرجال ومراس الأنجاد والأبطال وعلم موالينا عليهم السلام بمحلّها فى نفسها ومقدار جباياتها ومواقع نعمها ولذّاتها،]

(٢) فأمّا مغرب هذه الجزيرة فمن مدخل خليج المغرب المذكور ومصبّ مائه على البحر المحيط من نواحى لبله وجبل العيون آخذًا على لب وشلب الى أن يتّصل بشنتره والنهر الآخذ من سموره مدينة الجلالقة الى موضع مصبّه من البحر المحيط، وشمالها فمن شنتره ذاهبًا على نواحى سموره وليون ويونه من بلاد جليقيه الى أقاصى بلد جليقيه، ومشرقها فمن مشارق جليقيه الى الخليج المغربىّ على نواحى سرقصه وضواحى وشقه | وطرطُوشه حـط ٧٥ وجميع بلاد الافرنجه من جهة البرّ، وجنوبيّها الخليج المذكور من بجانه الى تُجاه جزيرة صِقليه على بلاد بلنسيه ومُرسِيه والمريّه ومالقه والجزيرة الى ركن البحر المحيط،

(٣) وأوّل أرضها المعمورة على الخليج الرُومىّ فمن اَشْبيليه ثمّ الجزيرة ويستمرّ على المريّه الى افرنجه ويعود على أرض جَليقيه الى شنتره الى اخشنبه على البحر المحيط، وأمّا حدّ شُذُونه ومُرسِيه وما صاقبها من أرض بلنسيه الى طُرطُوشه وهى آخر المدن التى على البحر المتّصل ببلد الافرنجه فهى ثغور تتّصل من جهة البرّ ببلاد غَلجشكش وهى بلاد حربٍ للروم ثمّ تتّصل ببلد بشكونس وهم أيضًا نصارى الجلالقة، فينتهى من الاندلس حدّان حدٌّ الى دار الكُفر وحدٌّ الى البحر المحيط، وجميع ما ذكرتُه من المدن على البحر فمدن كبار عامرة مشحونة بالمرافق التى يفتخر بها أهل النواحى فى بلادهم ومنابرهم، ولم تزل الاندلس فى أيدى بنى مروان الى هذه الغاية،

---

٧ (شنتره) — (سنتره)، ١١ (والمريّه) — (والمربه)، ١٤ (المريّه) — (المزبه)، ١٥ (اخشنبه) — (اخشينه)، ١٦ (التى) — (الذى)، ١٧ (غَلجشكش) — (عَلجشكش)، ١٨ (فينتهى) — (فىنهى)،

(٤) ومن مشاهير مدنها القديمة جِيَان وطليطله ووادى الحجارة وجميع مدنها قديمة أزليّة لم يُحْدَثْ بها فى الإسلام غير مدينة بُجانه [وهى المريّة] وهى على حدود رستاق لبيرة وشنترين أيضًا على ظهر البحر المحيط [٣٢ ب] مُحدثة،

(٥) وبالاندلس غير طرازٍ يرد الى مصر متاعُه وربّما حمل منه شىء الى أقاصى خراسان وغيرها، ومن مشهور جهازهم الرقيق من الجوارى والغلمان الرُوقة من سبى افرنجه وجليقيه والخدم الصقالبة وجميع من على وجه الأرض من الصقالبة الخِصيان فمن جَلَب الاندلس لأنّهم عند قربهم منها يُخْصَوْن ويفعل ذلك بهم تُجّار اليهود والصقالبة قبيل من ولد يافث وبلدهم مستطيل واسع ولغُزاة خراسان من ناحية البُلغار بهم اتّصال فهم إذا سُبُوا الى هنالك تُركُوا فُحُولةً على أحوالهم مقرورين على صحّة أجسامهم [وذلك أنّ بلد الصقالبة طويل فسيح] والخليج الآخذ من البحر المحيط بنواحى ياجوج وماجوج يشقّ بلدهم ويستمرّ مغرّبًا الى نواحى اطرابزنده ثمّ الى القسطنطينيّة ويقطع ناحيتهم بنصفين، [فنصف بلدهم بالطول يسبيه الخراسانيّون ويصلون والنصف الشمالىّ يسبيه الاندلسيّون من جهة جليقية وافرنجة وانكبردة وقلورية وبهذه الديار من سبيهم الكثير باقٍ على حاله،] وسأذكر جميع ما بها من المجالب فى جملة ما يرد من المغرب من التجارة والجهاز،

حط ٧٦ (٦) | ومن معاظم كور الاندلس ريه ومدينتها ارجذُونَه ومنها كان عمر بن حفصون الخارج على بنى أُميّة وفحص البلوط متّصل بديار ابن حفصون وريه كورة واسعة خصبة، واسفقه رستاق أيضًا حسن ومدينته

١ (مشاهير) — (مشاهر)، ٢—٣ [وهى المريّه] مأخوذ من حـط، ٦ (الجوارى) — (الجوارِ)، ١٢ [وذلك...فسيح] مأخوذ من حـط، ١٤ (القسطنطينيّة) — (القسطنطينه)، ١٤—١٦ [فنصف ... على حاله] مأخوذ من حـط، ١٥ (ويصلون) كذلك فى حل وفى حو (وفصلون)، ١٩ (ريه) — (ريهُ)، ٢٠ و ٢١ (حفصون) — (حفصويه)، ٢١ (واسفقه) — حـط (وأُسْقُفَه) إلاّ أنّه يوجد فى حو (واسعبه)،

غافق، وبالاندلس غير ضيعة فيها الألوف من الناس لم تُمَدَّنْ وهم على دين النصرانيّة رومٌ وربّما عصَوا فى بعض الأوقات ولجأ بعضهم الى حصنٍ فطال جهادهم لأنّهم فى غاية العتوّ والتمرّد وإذا خلعوا رِبقة الطاعة صعُب ردّهم إلّا باستئصالهم وذلك شىء يصعب ويطول، ومَارِدَه وطليطله من أعظم مدن الاندلس وأشدّها منعةً، وثغور الجلالقة مارده ونفزه ووادى الحجارة وطليطله تلى مدينتى الجلالقة التى تُعرف بسموره وليون وليون مسكن سلطانهم وعُدّتهم بعـد سموره واوبيط من كبار مدنهم وهى بعيدة عن بلد الإسلام، وليس فى أصناف الكفر الذين يلون الاندلس أكثر عددًا من الافرنجه غير أنّ الذى يلى المسلمين منهم ضعيفة شوكتهم قليلة عِدّتهم وعُدّتهم وفيهم إذا مُلِكوا طاعة وحسن نصيحة ومحاسن كثيرة، واليهم يرغَب أهل الاندلس عن الجلالقـة بأولادهم والجلالقة أحسن وأصدق محاسن وأقلّ طاعةً وأشدّ بأسًا وقوّةً وبسالةً وفيهم غدر وهم فى عرض طريق الافرنجه،

(٧) وأعظم مدينة بالاندلس قُرطُبه وليس بجميع المغرب لها شبيه ولا بالجزيرة والشأم ومصر ما يدانيها فى كثرة أهل وسعة رُقعة وفُسحة أسواق ونظافة محالّ وعمارة مساجد وكثرة حمّامات وفنادق ويزعم قوم من سافرتها الواصلين الى مدينة السلام أنّها كأحد جانبى بغداذ وذلك أنّ عبد الرحمن بن محمّد صاحبها ابتنى فى غربها مدينةً وسمّاها بالزَهْرَاء فى | حـط ٧٧ سفح جبلٍ حجرٍ أملس يعرف بجبل بطلش وخطّ فيها الأسواقَ وابتنى الحمّامات والخانات والقصور والمتنزّهات واجتلب اليها العامّةَ بالرغْبَة وأمر مناديَه بالنداء فى جميع أقطار الاندلس ألا من أراد أن يبتنى دارًا أو أن [٣٣ ظ] يتّخذ مسكنًا بجوار السلطان فله من المعونة أربع مائة درهم فتسارع الناس الى العمارة وتكاثفت الأبنية وتزايدت فيها الرَغْبَة وكادت الأبنية أن تتّصل بين قرطبه والزهراء ونقل اليها بيتَ ماله وديوانَه

٦ (بسموره) — (بساره)، ٧ (واوبيط) — (ورزنيط)، ١٨ (بالزَهْرَاء) — (بالزَهْرَة)، ٢١ (أن يبتنى) — (يبتنى)، ٢٢ (فله) — (وله)، ٢٤ (والزهراء) — (والزهره)،

ومحبَسَه وخزائنه وذخائره، [وقد نُقِل جميع ذلك وأعيد الى قرطبة تطيّرًا منهم بها وتشأّمًا بموت رجالهم فيها ونهب سائر ذخائرهم،]

(٨) وسمعتُ غير محصّل ثقة ممّن يستبطن جبايات البلد وحاصِلَ عبد الرحمن بن محمّد أنّ لديه ممّا اتّجه له جمعُه من الأموال الى سنة أربعين وثلثمائة ما لم ينقص من عشرين ألف ألف دينار إلّا اليسيرَ القليلَ دون ما فى خزائنه من المتاع والحلى المصوغ وآلة المراكب وما يتحمّل به الملوك من القنية المصوغة، ولمّا تُوفّى عبد الرحمن بن محمّد سنة خمسين وثلثمائة صار الأمر الى ابنه أبى العاصى الحكم بن عبد الرحمن فصادر رجالَ أبيه وقبض نعم خدمه والوزراء الذين لم يزالوا فى صحبته فكان الحاصل منهم عشرين ألف ألف دينار يتواطأ فى علم ذلك أهل الخِبرة بهم ويتساوَون فى معرفة وجوهه ولم يكن لهذا المال فى وقته فى بلد الإسلام شبَهٌ إلّا ما كان فى يد الغضنفر أبى تغلب بن الحسن بن عبد الله بن حمدان فإنّه كان ممّا يتعامله خاصّتهم بالجزيرة والعراق ومقدارُه يزيد على ذلك حتّى قيل أنّه كان خمسين ألف ألف دينار وأدال الله منه فأخرجه عن يده ومحقه وبدّده وكذلك عادة الله تعالى في كلّ ما كُسِبَ من حرامٍ واجتمع بالبغى والظلم والآثام، وصورة ما بالاندلس من المال الذى قدّمتُ ذكره صورة ما للشقىّ بن الشقىّ وقد استحوذ عليه أبو عامر بن أبى عامرٍ صاحب السكّة بالاندلس وقتنا هذا فهو يَلَذُّ تفَرِيقَهُ وشَقِيَ بـه من جَمَعَهُ وباء بإثمه من لم يَحْظَ به،

(٩) وقُرْطُبَه وإن لم تَكُ كأحد جانبى بغداذ فهى قريبة من ذلك ولاحقة به وهى مدينة ذات سور من حجارة ومحالّ حسنة ورحاب فسيحة وفيها لم يزل مُلك سلطانهم قديمًا ومساكنُه وقصرُه من داخل سورها المحيط بها وأكثر أبواب قصره فى داخل البلد من غير جهة ولها بابان يشرعان فى نفس سور المدينة الى الطريق الآخذ على الوادى من الرصافة، والرُصَافَةُ

١—٢ [وقد نُقل ... ذخائرهم] مأخوذ من حط، ٧ (القنية) — (الفنيه)، ١٨ (تَفْرِيقَهُ) — (تفريقَةُ)،

٧٨ حط وأبنيتها مشتبكة مساكن أعالى ربضها متّصلة مبانيها بربضها الأسفل | مستديرة على البلد من شرقه وشماله وغربه فأمّا الجنوب منــه فهو الى واديه وعليه الطريق المعروف بالرصيف والأسواق والبيوع والخانات والحمّامات ومساكن العامّة بربضها، ومسجد جامعها جليل عظيم فى نفس المدينة والحبس منه قريب، وقرطبه هذه بائنة بذاتها عن مساكن أرباضها غير ملاصقة لها والمدينة قريبة الحال ودُرْتُ بسورها غير يومٍ فى قدر ساعة وهى نفسها مستديرة حصينة السور وسورها من حجر، ولم تكن الزَهراء بذات سور تامّ وبها مسجد جامع حسن طيّب فى نفسه [دون جامع البلد فى المحلّ والقدر والكبر] ولقرطبه سبعة أبواب حديد، وهى فخمة واسعة الحال بحسن الجدّة وكثرة المال والتصرّف فى وجوه التنعّم بجيّد الثياب والكسى من ليّن الكتّان وجيّــد الخزّ والقزّ والمتعة بفارهِ المركوب والمأكول والمشروب،

(١٠) وليس لجيوشهم حلاوة فى العين لسقوطهم عن أسباب الفُروسيّة وقوانينها وإن شجُعت أنفسهم [٣٢ ب] ومرنوا بالقتال فإنّ أكثر حروبهم تتصرّف على الكيد والحيلة ومـا رأيتُ ولا رأى غيرى بها إنسانًا قطُّ جرى على فرسٍ فارهٍ أو برذَوْنٍ هجينٍ ورجلاه فى الركابين ولا يستطيعون ذلك ولا بلغنى عن أحدٍ منهم لخوفهم السقوط وبقاء الرِجْل فى الركاب على قولهم وهم يفرسون على الأعراء من الخيلِ وما أطبقَتْ قطّ جريدةُ عبد الرحمن بن محمّد ولا من سبقه من آله وآبائه على خمسة آلف فارس ممّن يقبض رزقَه ويختم عليه ديوانه لأنّه مكفىّ المؤونة بأهل الثغور من أهل جزيرته ما ينوبه من كيد العدوّ ومن يجاوره من الروم ولا عدوّ عليه سواهم وقلّما يكترث بهم، وربّما طرقه فى بعض الأحايين مراكب الروس والتُرك البجناكيّة وقومٌ فى جملتهم من الصقالبة والبُلْغار فينكوا فى أعماله وربّما انصرفوا خاسرين خائبين،

٧ (الزَهراء) — (الزَهرةُ)، ٨—٩ [دون ... والكبر] مأخوذ من حط، ١٦ (جرى) فى الأصل قبل (إنسانًا)، ١٧ (الرِجْل) — (الرَجُل)، ٢٣ (فينكوا) — (فينْكَنُ)،

حـط ٧٩ (١١) وبالاندلس الزيبق والحديد والرصاص | ومن الصوف قِطَع كأحسن ما يكون من الأرمنيّ المحفور الرفيع الثمن الى حُسن ما يُعمل بها من الأنماط ولهم من الصوف والأصباغ فيه وفيما يعانون صِبغَهُ بدائع بحشائشَ [تختصّ] بالاندلس تُصبغ بها اللبود المغربيّة المرتفعة الثمينة والحرير وما يؤثرونه من ألوان الخزّ والقزّ ويُجلب منها الديباج ولم يساوِهم فى أعمال لبودهم أهل بلدٍ على وجه الأرض وربّما عُمِل لسلطانهم لبود ثلاثينيّة يُقوّم اللبـد منها بالخمسين والستّين دينارًا غير أنّه قـد جُعِلَ عروضها خمسة وستّة أشبار فهى من محاسن الفَرْشِ، ويُعمل عندهم من الخزّ السكْب والسفيق ما يزيد ما استُعمِل منه للسلطان على ما بالعراق ويكون منه المُشمَّع فيمنع المَطَـر أن يصل الى لابسه، وأمّـا أسعارهم فتُضاهى النواحِىَ الموصوفـة بالرُخص وكثرة الخير والسعة وفواكهُهم مع طيبةٍ فيها وسطةٌ فكالمُباحة التى لا ثَمَنَ لها، ويُعمل فى أقطار بلدهم من الكَتّان الدنىّ للكسوة ويُجْلب الى غير مكان حتّى ربّما وصل الى مصر منها الكثير فأمّا أرديتهم المعمولة ببجانـه فتُحمل الى مصر ومكّة واليمن وغيرها ويستعمَل عندهم للعامّة وللسلطان من الكتّان ثياب لا يُقصِّر عن الدبيقىّ ما كان منها صفيقًا ومن السلس الدقيق مـا يستحسنه من لبس الشَرب ويضاهى رفيعَ الشطوىّ الجيّد، وقلّ سوق بها يصير اليه أهله إلاّ على الفارِه من المركوب [ولا يعرف فيهم المهنة والمشى إلاّ أهل الصنائع والأرذال] وتختصّ بالبغال الفُره وبها يتفاخرون ويتكاثرون، ولهم منهـا نتاج ليس كمثله فى معادن البغال المذكورة وأصقاعها المشهورة من ارمينيه والران وباب الأبواب وتفليس وشروان لأنّهـا تبْدُنُ وتَصْنُعُ وتُنجِبُ ويُجْلَبُ اليهم منها شئ حسن الشِيَةِ عظيم الخَلق كثير الثمن من جزيرة ميرقه وهى جزيرة لعبد الرحمن بن محمّد فيها المسلمون منقطعةٌ تلى ناحية

٣ (من الصوف) — (فى الصوف)، ٤ [تختصّ] مستتمّ على التخمين، ١٨—١٩ [ولا ... والأرذال] مأخوذ من حـط، ٢٠ (نتاج) قد أُضيف بعد ذلك فى حـط (فى جزائرها)، ٢١ (وتَصْنُعُ) كذا فى الأصل،

افرنجه واسعة الخير كثيرة الثمار رخيصة الماشية لكثرة المراعى غزيرة النتاج والمواشى معدومة الجوائح قليلة الآفة وليس بها عاهة ولا وحش يؤذيهم فى سائمتهم ورأيتُ منها غير بغل بيع بخمس مائة دينار واليها يرغب ملوكهم بمراكبهم وإيّاها يستوطئون ويؤثرون [٣٤ ظ] فيما يركبون فأمّا ما يبلغ منها المائة والمائتى دينار فأكثر من أن يُحصى وليس ذلك لأنها أزيد على البغال الموصوفة بحسن السَيْر وسرعة المشى فقط بل جَمَعَتْ مع ذلك عِظَم الخلق وحسن الشِيَة الى اختلاف الألوان الصافية والشعور الدهينة المشرقة والصحّة على مرّ الأيّام مع الصبر على الكدّ والعَسْفِ،

(١٢) ذكر المسافات بها، فمن قُرطُبه الى مراد مرحلة ومن مراد الى غرغيره مرحلة ومن غرغيره الى آشْبيليه يومان وهى مدينة كثيرة الخير والفواكه والكروم والتين خاصّةً | وهى على وادى قُرطُبه ومن آشْبيليه الى لَبله يومان حـط ٨٠ وهى مدينة قديمة أزليّة كثيرة الخير صالحة القدر عليها سور ومنها الى جَبَل العُيون يومان وهى أيضًا قديمة أزليّة كثيرة الخير ومن جبل العيون الى لب ثلثة أيّام وهى مدينة قديمة ذات سور ومن لب الى اخشنبه مدينة مشهورة عظيمة غزيرة الخير كثيرته أربعة أيّام ومن اخشنبه الى مدينة شلب ستّة أيّام ومن شلب الى قصر بنى ورداسن خمسة أيّام وهى أيضًا مدينة حصينة ومنها الى المعدن وهو فم النهر ثلثة أيّام وهى فى نفسها صالحة القدر ومن فم النهر الى لشبُونَه يوم ومن لشبُونه الى شنترَه يومان ومن شنترَه الى شنترين يومان ومن شنترين الى بيزه أربعة أيّام ومن بيزه الى جلمانيه [يومان ومن جلمانيه] الى البش يوم ومن البش الى بطليوس يعبر النهر يوم ومن بطليوس الى قنطرة السيف أربعة أيّام ومن قنطرة السيف الى مارده يوم ومن مارده الى مدلّين يومان ومن مدلين

١١ (يومان) وفى حـط (يوم)، ١٧ (بنى ورداسن) — (ابن وداسن)،
٢١ [يومان ومن جلمانيه] مستتمّ عن حـط إلاّ أنّه كتب فى حـط (جِلْيانة)،
٢٢ (يوم) وفى حـط (يومان) إلاّ أنّه يوجد فى نسختى حـط (يوم)،

الى ترجيله يومان ومن ترجيله الى قصراش يومان ومن قصراش الى مكناسه يومان ومن مكناسه الى مخاضة البلاط يوم ومن المخاضة الى طلبيره خمسة أيّام ومن طلبيره الى طليطله ثلثة أيّام، ومن قرطبه الى بطليوس على الجادّة ستّ مراحل ومن قرطبه الى بلنسيه اثنا عشرة مرحلة ومن قرطبه الى المريّه فرضة بجانة سبعة أيّام ومن المريّه الى مرسيه خمسة أيّام،

(١٣) وجميع هذه المدن المذكورة مشهورة بالغلّات والتجارات والكروم والعمارات والأسواق والبيوع والحمّامات والخانات | والمساجد الحسنة يقام حَط ٨١
فيها جميع الصلوات وليس بجميع الاندلس مسجد خراب وفيها مدن يزيد بعضها على بعض فى المحلّ والجباية والارتفاع والولاة والقضاة والمخلّفين على رفع الأخبار ويقال لأحدهم مُخَلَّفٌ وليس بها مدينة غير معمورة ذات رستاق فسيح الى كورة فيها ضياع عداد وأكرة وسِعة وماشية وسائمة وعدّة وعتاد وكراع وزروعهم فإمّا بخوس حسنةُ الرَّبع كثيرة الدخل أو أسقاء على غاية الكمال وحسن الحال،

(١٤) ومن قرطبه الى كركويه المدينة وفيها منبر وأسواق وحمّامات وفنادق أربعة أيّام والمنزل فى كلّ ليلة بقرية آهلة ومن كركويه الى قلعة رِبَاح مدينة كبيرة ذات سور من حجارة وهى على وادٍ لها كبير منه شِربُ أهلها ويزرعون عليه وبها أسواق وحمّامات ومتاجر مرحلة والطريق على قرى ذات عمارة ومن قلعة رباح الى ملقون مدينة على نهر لها سور من تراب [٣٤ ب] وهى دون قلعة رباح فى الكبر ونهرها يُعرف باسمها ومنه شرب أهلها [مرحلة] ومنها الى ابنش قرية فيها فندق وعين منها شربهم كثيرة الأهل مرحلة ومن ابنش الى طليطله مرحلة وهى مدينة كبيرة جليلة مشهورة أكبر من بُجانَه ذات سور منيع وهى على وادى تاجو وعليه قنطرة عظيمة طولها خمسون باعًا ويصير واديها الى الوادى المنصبّ الى

٢ (مكناسه) المرّتين — (سكتان) كما فى الصورة، ١٤ (كركويه) — (كوكويه)،
٢٠ [مرحلة] مستتمّ عن حَط ويفقد أيضًا فى نسختى حَط، (ابنش) — (انبش)،
٢١ (ابنش) — (انبش)،

شنتره، ومن طليطله الى مُغام قرية كبيرة وبها معدن الطفْل الاندلسىّ مرحلة ومن مغام الى الغَرّاء مدينة كبيرة ذات أسواق ومحالّ ويكون نحو واذياش مرحلة، ومنها الى وادى الحجارة مدينة كبيرة وثغر مشهور الحال مسوّر بحجارة ذات أسواق وفنادق وحمّامات وحاكمٍ ومخلّفٍ وبها يسكن ولاة الثغور كأحمد بن يعلى وغالب وعليها أكثر جهاد جَليقيه، ومنها الى شعراء القواريـــر وفيها منهل تنزله الرفاق مرحلة، ومنها الى مدينة سالم
| مرحلة ومنها غالب بن عبد الرحمن صاحب الجيش ولها سور عظيم حـ ٨٢
ورستاق وإقليم واسع وناحية كثير الماشية رفهة فى جميع أسبابهـا فائضة الخير واسعته وهى أكثر الاندلس حَرْبًا وغَزْوًا، فهذه جملة من أخبار جزيرة الاندلس،

٦ (شعراء) تابعًا لحـ وفى الأصل (شعر)،

[صقليه]

(١) ويلحق بها فى حسن الحال ممّا هو بيد أهل الإسلام صقلّيه وهى جزيرة [على شكل مثلّث متساوى الساقين زاويته الحادّة من غربىّ الجزيرة] طولها سبعة أيّام فى أربعة أيّام [وهى فى شرقىّ الاندلس فى لجّ البحر وتحاذيها من بلاد الغرب بلاد افريقية وباجة وطبرقه الى مرسى الخرز وغربيّها فى البحر جزيرة قرشقه ومن جنوب صقلّية جزيرة قوسره وعلى ساحل البحر شرقيّها من البرّ الأعظم الذى عليه قسطنطينيّة مدينة ريو ثمّ نواحى قلوريه]، والغالب عليها الجبال والقلاع والحصون وأكثر أرضها مسكونة مزروعة وليس لها مدينة مشهورة معروفة غير المدينة المعروفة ببلرم قصبة صقليه وهى على نحر البحر وهى خمس حارات متجاورة غير متباينة ببعيد مسافة وإن كانت حدودها ظاهرة بيّنة،

(٢) ومنها المدينة الكُبرى المسمّاة بُلرِم وعليها سور عظيم من حجارة شامخ منيع يسكنها التُجّار وفيها مسجد الجامع الأكبر وكان بيعةً للروم قُبَيل فتحها وفيه هيكل عظيم ويقول بعض المنطقيّين أنّ حكيم يُونان يعنى ارسَطُوطَالِس فى خشبة معلّق فى هذا الهيكل الذى قد اتّخذه المسلمون مسجدًا وأنّ النصارى كانت تعظّم قبرَه وتستشفى به لما شاهدت يُونَانَ عليه من إكباره وإعظامه قال والسبب فى تعليقه بين السماء والأرض ما كان الناس يلاقونه عند الاستسقاء والاستشفاء والأمور المهمّة التى

٢–٣ [على شكل .... الجزيرة] مأخوذ من معجم البلدان لياقوت ج. ٣ ص. ٤٠٩ فيما نقله عن ابن حوقل برسم (صقلية)، ٣–٨ [وهى فى .... قلوريه] مأخود كذلك من معجم البلدان ج. ٣ ص. ٤٠٩، ٦ (قرشقه) — فى معجم البلدان (قرشق)، (قوسره) — فى معجم البلدان (قوصرة)،

توجب الفزعة الى الله تعالى والتقرّب اليه فى حين الشدّة وخوف الهلكة وعند وَطْئ بعضهم لبعضٍ وقــد رأيتُ خشبة يُوشك أن يكون هــذا القبر فيها،

(٣) وتُجاهها مدينة تُعرف بالخَالِصَة ذات سور من حجارة وليس |حط ٨٢ كسور بلرم يسكنها السلطان وأتباعه وفيها حمّامان ولا أسواق فيها ولا فنادق وفيها مسجد جامع صغير مقتصد وبها جيش للسلطان ودار صناعةٍ للبحر والديوان ولها أربعة أبواب من قَبولها ودَبورِها وغربِها وشرقيّها البحر وسورٌ لا باب له، وحارةٌ تُعرف بحارة الصقالبة وهى أعمر من المدينتين اللتين ذكرتُهما وأجلّ ومرسى البحر بها وبها عيون جارية بينها وبين صقلّية [٣٥ ظ] ومياه كالحدّ بينهما، وحارةٌ تُعرف بحارة المسجد المعروف بابن سقلاب وهى كبيرة أيضًا وليس بها مياه جارية وشرب أهلها من الآبار وعلى طرفها الوادى المعروف بوادى عبّاسٍ وهو عظيم كبير ومطاحنهم عليه كثيرة وبساتينهم وأجنّتهم غير مُنتَفِعة بــه، والحارة الجديدة وهى كبيرة تقارب حارة المسجد وليس بينهما فرق ولا فاصلة ولا عليهما ولا على حارة الصقالبة سور، وأكثر الأسواق فيما بين مسجد ابن سقلاب والحارة الجديدة كسوق الزيّاتين بأجمعهم والدقّاقين والصيارفة والصيادنة والحدّادين والصياقلة وأسواق القمح والطرازيّين والسمّاكين والأبزاريّين وطائفةٌ من القصّابين وباعة البقل وأصحاب الفاكهة والريحانيّين والجرّارين والخبّازين والجدّالين وطائفة من العطّارين والجزّارين والأساكفة والدبّاغين والنجّارين والغضائريّين والخشّابين خارج المدينة وببلرم طائفة من القصّابين والجرّارين والأساكفة وبها للقصّابين دون المائتى حانوت

١ (الفزعة) — (العرعه)، ١١ (كبيرة) — (كثيرة)، ١٧ (والصيادنة) — حط (والصيادلة)، (والحدّادين والصياقلة) — حط (والحرّازين والصياقلة والنحّاسين)، (والطرازيّين) — (والاطراريين)، ١٧—٢٠ (والطرازيّين .... والخشّابين) يوجد مكان ذلك فى حط (وكذلك سائر الصنّاع على اختلافهم) فقط،

لبيع اللحم والقليل منهم فى المدينـة برأس السماط ويجاورهم القطّانون والحلّاجون والحذّاؤون وبها غير سوق صالح، ويدلّ على قدرهم وعددهم صفة مسجد جامعهم ببلرم وذلك أنّى حزرتُ المجتمع فيه إذا غصّ بأهله بلغ سبعة آلف رجل ونيّفًا لأنّه لا يقوم فيه أكثر من ستّة وثلثين صفًّا للصلاة وكلّ صفّ منها لا يزيد على مائتى رجل،

(٤) وبصقلّيه من المساجد فى مدينة بلرم والمدينة المعروفة بالخالصة حـط ٨٤ والحارات المحيطة بها من وراء سوريهما عامرة | أكثرها قائمة على عُروشها بحيطانها وأبوابها نيّف وثلثمائة مسجد يتواطأ أهلُ الخِبرة منهم فى علمها ويتساوون فى معرفتها وعددها وبظاهرها ممّا حفّ بها ولاصقها وبين أجنّتها وأبراجها ومحالّ كانت متّصلة بالأقرب فالأقرب منها على الوادى المعروف بوادى عبّاس ومجاورة للمكان المعروف بالمُعسكر فى ضمن البلد متبدّدة فى فحص عبّاس وبعضها فى أثر بعض الى المنزل المعروف بالبيضاء قرية تُشْرِف على المدينة وبينهما نحو نصف فرسخ وقد خرِبت هلك أربابها بما دار عليهم من الفتن يعرِف ذلك جميعهم غير مختلفين فى مقدارها وإنّها تزيد على مائتى مسجد، ولم أر لهذه العدّة من المساجد بمكان ولا بلدٍ من البلدان الكبار التى تستولى على ضِعف مساحتها شِبْهًا ولا سمعتُ من يدّعيه إلّا ما يتذاكره أهل قُرْطُبه من أنّ بها خمس مائة مسجد ولم أقف على حقيقة ذلك من قرطبه وذكرتُه فى موضعه على شكٍّ منّى فيه وأنا محقّقه بصقلّيه لأنّى شاهدتُ أكثرَه، ولقد كنتُ واقفًا ذات يومٍ بها فى جوار دار أبى محمّد عبد الواحد بن محمّد المعروف بالقَفصىّ النقيه الوثائقىّ فرأيتُ من مسجده فى مقدار رمية سهمٍ نحو عشرة مساجد يُدركها بصرى ومنها شىء تُجاه شىء وبينهما عرض الطريق فقط، وسألتُ عن ذلك فأُخبرتُ أنّ القوم لشدّة انتفاخ رؤوسهم كان يحبّ كلُّ واحدٍ منهم أن يكون له مسجد مقصور [٣٥ ب] عليه لا يشركه فيه غير أهله وغاشيته وربّما كانا

١ (والقليل) — (والغليل)، ٤ (وثلثين) — (وثلثون)، ١١ (بالمُعسكر) — (بالعَسكر)، ١٣ (نحو نصف فرسخ) — حـط (نحو من فرسخ)،

أخوان منهم متلاصقة داراهما متصاقبة الحيطان وقد عمل كلٌّ واحد منهما مسجدًا لنفسه ليكون جلوسه فيه وحده، وفى جملة هذه العشرة المساجد التى ذكرتُها مسجدٌ يصلّى فيه أبو محمّد ابن القفصىّ هذا وبينه وبين دار ولدٍ له يتفقّه دون الأربعين خطوة وقد ابتنى ابنُه مسجدًا الى جانب داره وهو أحد حدودها الأوّلَ جديدًا مُغْلَقَ الباب أبدًا ويحضر أوقات الصلاة وهو جالس فى دِهليز داره المجاورة الملاصقة لمسجده فلا يصلّى فيه، وكأنّ رغبته كانت فى ابتنائه أن يقال مسجد الفقيه بن الفقيه وهو حَدَثٌ له من نفسه محلّ عظيم وخَطر جسيم وكأنّه لعظم خطره عنده أنّه يُظَنُّ أبو أبيه أو أنّه بغير أبٍ لِبَأْوِهِ وصَلَفِهِ | وحسن ركبته وزيّه وفى حط ٨٥ هذه الأربعين خطوة التى ذكرتُ بين مسجده ومسجد أبيه مسجدٌ آخر مُغْلَقٌ له إمام وفيه مكتب،

(٥) وبها رباطات كثيرة على ساحل البحر مشحونة بالرياء والنفاق والبطّالين والفُسّاق متمرّدين شيوخٌ وأحداثٌ أغثاثٌ رِثاثٌ قد عملوا السجّادات مُنْتَصِبين لأخذ الصدقات وقذف المحصَنات نِقَمٌ مُنْزَلة وبلايا شاملة وحتوف مصبوبة منصوبة وأكثرهم يفودون ومنهم من لا يرى ذلك لشدّة الرياء والسُمْعَة وأكثرهم بالزور تطوّعًا يشهدون مع جهلٍ لا يفرّق فيه بين فرض الوضوء وسُنّته ويقصدهم من أعوزَهُ المكانُ لبطالته والموضع لعيارته فيَؤُونَهُ وربّما شاركوه بتافهٍ من المأكول على أحوالٍ يَقْبُحُ ذكرها وليس هذا الكتاب ممّا يُذكر فيه مثلها، وأحسب تأسيسها كان على غير التقوى حسب ما أُسِّسَت عليه المساجد المتقدّم ذكرها فهارت وباد أهلها بما جَنَوه من الفتن والعصيان وشَقِّ عَصَا السلطان والله أعلم،

(٦) وكنتُ ذكرتُ أحوال الخالصة وأبوابها وما فيها ولم أذكر بُلْرِم وهى

١ (أخوان) — (اخوين)، ٤ (دون الأربعين) — (بنحو عشرين)، ٨ (خطره) — (خطرها)، ٩ (يُظَنُّ) — (يَظُنُّ)، ١٨ (لعبارته) — (لعبارتِهِ)، (فيَؤُونه ..... الى آخر القطعة) يوجد مكان ذلك فى حط (وإنّما أووا الى هناك لعجزهم وعدم السكى ومهانة أنفسهم) فقط،

المدينة القديمة وأشهر أبوابها باب البحر وسُمّى بذلك لقربه من البحر ويليه باب أحدثه أبو الحسين أحمد بن الحسن بن أبي الحسين لشكوى أهل هذه الناحية بُعْدَ مخرجهم فعمله على نشزٍ مطلٍّ على نهر وعين تُدعى عين شفاء وبها يُعرف هذا الباب وقتنا هذا ولمن قرب منه مرفق بهذه العين، ثمّ باب يُعرف بشنتغاث وهو باب قديم واليه باب يُعرف بباب رُوطه ورُوطَه نهر كبير يهبط من هذا الباب اليه وأصله تحت هذا الباب وفيه ماء صالح عليه أرحية كثيرة متقاطرة، ثمّ باب الرياض وهو أيضًا مُحْدَث استحدثه أبو الحسين أحمد بن الحسن وكان بجواره باب يُعرف بابن قرهب فى موضع غير حصين وكانت المدينــة قوتلت عليه قديمًا فدخل على أهلها منه معرّة وضرر جسيم فسدّه أبو الحسين وأزالــه وبجواره باب الأنباء وهو أقدم أبوابها واليــه باب السودان تجاه الحدّادين ثمّ باب الحديد ومنه المخرج الى حارة اليهود واليه باب استحدثه أبو الحسين أيضًا ولم يُسَمَّ باسمٍ ويُخرج منه الى حارة أبي جمين وجميعها تسعة أبواب، وهذه المدينة مستطيلة ذات سوق قد أخذ من شرقها الى غربها [٣٦ ظ] يُعرف بالسماط مفروش بالحجارة عامر من أوّله الى آخره بضروب التجارة ويُطيف بها عيون كثيرة منصبّة من غربها الى شرقها ويكون مقدارهــا ما يُدير رَحًى وعلى مائها غير رحًى تَطْحَن فى غير مكان ويجاور مصبّ ماء هذه العيون من حيث بدؤ مسيلها الى حيث مصبّها فى البحر أراضٍ
حط ٨٦ كثيرة تغلب عليها السباخ وآجام فيها قصبٌ | فارسىٌّ وبحائر ومقاثٍ صالحة وفى خلال أراضيها بقاعٌ قد غلب عليها البربيرُ وهو البردىّ المعمول منه الطوامير ولا أعلم لما بمصر من هذا البرَبير نظيرًا على وجه الأرض إلّا ما

٢ (أبو الحسين) — حط (أبو الحسن)، (الحسن) — (المحسن)، ١٠ (أبو الحسين) — حط (أبو الحسن)، ١١ (الحدّادين) — حط (باب الحدّادين)، ١٢ (أبو الحسين) — حط (أبو الحسن)، ١٣ (أبي جمين) — حط (ابى حماز)، ١٧ (رَحًى) — (رحًا) وفى حط (رحوين)، (مائها) تابعًا لحط وفى الأصل (بابها)، ١٨ (الى حيث) — (الى حين)، ٢١ (لما) — (بما)،

بِصِقِلِّيه منه وأكثره يُفْتَل حبالاً لمراسى المراكب وأقلّه يُعمل للسلطان منه طوامير القراطيس ولن يزيدَ على قلّة كفايته،

(٧) وشرب أهل المدينة وهم المجاورون لسورها من نحو باب الرياض الى نحو عين شفاء من مياه هذه العيون وباقى أهلها وأهل الخالصة وجميع أهل الحارات شربهم من آبار دورهم خفيفًا كان أو ثقيلاً من الماء ويلذّ لهم على كثرة المياه العذبة الجارية عندهم وذلك لكثرة أكلهم البصل، وشرب أهل المُعسكر فمن العين المعروفة بالغربال وماؤها صالح وبالمعسكر عين تُعرف [بعين التسع دون الغربال فى كثرة الماء وعين تعرف] بعين أبي سعيد دونها وعين تُعرف بعين أبي عليّ وكان من بعض ولاتهم فهى مضافة اليه وشرب الناحية المعروفة بالغربيّة فمن العين المعروفة بعين الحديد وهناك معدن للسلطان من الحديد يصرف ما يُستثار منه لحاجته فى مراكبه وقرسطياته وكان هذا المعدن لبنى الأغلب يُجْدِى عليهم الكثيرَ [وهو بقرب قرية تعرف ببلهرا وفيها عيون وأنهار تتفجّر منها وهى تمدّ وادى عبّاس وتقوّيه وهى كثيرة البساتين والكروم]، ويحيط بالبلد عيون غير مشهورة ويُنْتَفَعُ بمياهها كالقادوس فى ناحية القبلة وبها الفوّارة الصغيرة والفوّارة الكبيرة على أنف الجبل من البلد وهى أغزر عيونهم ماء وتنصرف هذه المياه الى أجنّتهم، ولقرية البيضاء عين حسنة تُعرف بالبيضاء وتصاقب الغِرْبَال والغربيّة وشرب الناحية المعروفة ببرج البطّال من العين المعروفة بعين أبي مالكٍ وأكثر مياه الدبور من أراضى المدينة لأجنّتهم فبالسوانى، وهم أجنّة كثيرة الخير وبساتين أعذاء بخوسٌ لا تُسْقَى كالشأم وأكثر مياه البلد والحارات من الآبار ثقيلة غير مرئة وإنّما صرفهم الى شُربها رغبةً عن شُرب الماء الجارى العذب قِلّةُ مُرُوآتهم وكثرة أكلهم للبصل وفساد حواسّهم بكثرة تغذّيهم بالنىّ منه وما فيهم من

٧ (وبالمعسكر) — (وبالعسكر)، ٨ [بعين ... وعين تعرف] مستتمٌ عن حط، (التسع) وفى حل (بالبسع)، ١٢ (وقرسطياته) — (وقرسطيانه)، ١٣—١٤ [وهو... والكروم] مأخوذ من حط،

لا يأكله كلّ يوم أو يؤكل فى داره صباحَ مساء من سائر طبقاتهم وهو حط ٨٧ الذى أفسد تخيّلهم وضرّ أدمغتهم وحيّر | حواسّهم وغيّر عقولهم ونقص أفهامهم وبلّد معارفهم وأفسد سحنةَ وجوههم وأحال أمزجتهم حتّى رأوا الأشياء أو أكثرها على خلاف ما هى به،

مفقود فى حط (٨) | وممّا يؤيّد قولى ويشهد ببرهانه ما حكاه يوسف بن إبرهيم الكاتب فى كتاب أخبار الأطبّاء عند نزوله بدمشق على عيسى بن الحكم وهو المسيح المتطبّب قال ذاكرتُه بالبصل فلم يزل فى ذمّه ووصف معائبه وكان عيسى وسلمُويه بن بيان يسلكان طريق الرُّهبان ولا يحمدان شيئًا يزيد [٣٦ ب] فى الباءة ويقولان أنّ ذلك يُتلف الأبدان ويُذهب الأنفس فلم أستحسن الاحتجاج عليه بزيادة البصل فى الباءة فقُلتُ قد رأيتُ منه فى سفرى هذا منفعةً فسأل عنها فقلتُ إنّى كنتُ أذوق الماء فى بعض المناهل فأجده كريهًا فآكل البصل وأُعاود شُرْبَه فأجد حالَه قد نقصت وكان عيسى قليل الضحك فاستضحك من قولى ثمّ استرجع بجزَعٍ منه وقال يعزز علىّ أن يغلط مثلُك هذا الغلط لأنّك صرتَ الى أسمج نُكتةٍ فى البصل فجعلتَها منقبةً يا هذا أليس متى حدث بالدماغ فساد فسدت الحواسّ حتّى ينقص حسّ الشمّ وحسّ الذوق والسمعِ والبصرِ فقلتُ أجَل فقال إنّ خاصيّة البصل إحداث فسادٍ فى الدماغ وإنّما قلّل حسّك لملوحة الماء ولكراهيته ما أحدثه البصل فى دماغك من الفساد، وهذه قضيّة عقليّة فأمّا نتيجتها فليس بالبلد عاقل ولا فاضل ولا عالم بالحقيقة بفنّ من فنون العلم ولا ذو مرووةٍ ولا متديّن والغالب عليه الرَّعاع وأكثر أهله سُقّاط أوضاع لا عقول لهم ولا دينٌ كاملٌ وأكثرهم برقجانه وموالٍ يدّعون ولاء قومٍ افتتحوها وقد هلكوا،

(٩) وحدّثنى غير إنسان منهم أنّ عثمن بن الخرّاز وَلِىَ قضاءهم وكان وَرِعًا قد رَكَنَ الى قوم منهم فى العدالة والشهادة ووقف آخرين عن قبولهم

---

٤ (الأشياء) — (الاشاء)، ٧ (المسيح) — (المسيّح)، ٨ (الرُّهبان) — (البُرهان)،

فرفعت اليه امرأة اعتورتها مطالبةٌ فى دارٍ لها باطلةٌ فسألها البيّنة وادّعت مِلْكَ اليد الى شهودٍ وشهاداتٍ معها وأحضرتهم عنده فاستزادها شهودًا وكان يسكن الى شهادة أبى إبرهيم إسحٰق بن الماجلىّ المُعلّم وكان له بأمرها علم وسألته إقامة الشهادة وهو ينكل عنها الى أن ضمنت له رِشوةً رباعيّات على أدائها فشهد لها بذلك واتّفق أنّ عثمن بادر بإمضاء تنفيذ الحكم بشهادة إسحٰق وعمل على التسجيل لها بذلك وطلب إسحٰق ما ضَمِنَتْه المرأة له فدفعتْه وأبت أن تُعْطِيَهُ ما ضمِنته له ظنًّا بحقّها وثقةً أنّ الشهادة قد قامت وأنّها لا تحتاج الى إسحٰق ولا غيره وأحضر الحاكمُ إسحٰق ليبدأ بشهادته على نفسه بإنفاذ الحُكم للمرأة بشهادته فقال أعزّ الله الحاكم هذه الشهادة أنا راجعٌ عنها لأمور قد أشكلت علىّ منها وكان الحاكم قد حفظ على إسحٰق فى الشهادة ما لا يجوز معه الرجوعُ فاستراب قصّته وكشف عنها بالفحص الشديد فظهرت له القصّة على وجهها فكان لا يقبل شهادته ولا شهادة غيره وخرّج جماعتَهم وأسقط شهادتهم، وصارت أكثر أحكامه جاريةً على الصُلح وشكّ فيهم فلم تُثنه اليهم رغبةٌ ولا رهبةٌ الى أن هلك بينهم وحضرته المنيّة فقال ليس بجميع البلد من يُوصَى اليه ودفع ديوانَه الى رجل كان بها من الغرباء يعرف بالغضائرىّ من أهل القيروان وكان يزكّيه وظهرت هذه القصّة لأهل البلد فكانت إحدى وسائل ابن الماجلىّ فى إجلابهم واختيارهم له وتصييره حاكمًا عليهم وخطيبًا لهم رغبةً من بعضهم فى مظاهرته على ما يرجوه من الخيانة، وكان إسحٰق على قولهم خفيف الوزن شديد الجهل كثير الإعجاب بتخلّفه غيرَ ركيزٍ ولا مهيبٍ ولا فى سمت القضاة وحسبك بعلّم برقجانىّ [٣٧ ظ] جُعِل قاضيًا،

(١٠) وحدّثنى رجُل من المقيمين بها يُعرف بأبى الحٰرث فحل بن فلاح اللهيصىّ ثمّ الكتامىّ ورأيتُه يُخبر كثيرًا من أخبار البلد أنّه كان ورجل سمّاه بين يدى إسحٰق بن الماجلىّ بعد أن ولى الحكم بها يومًا وهو فى

١ (فرفعت) — (فرُفِعَت)، ٦ (وطلب إسحق) — (وطَلَبَ عثمنُ)،
٢٤ (بعد أن ولى) — (بعد اولى)،

محراب الجامع جالسًا وبيده قضيّة لهما فى مَهْر وهو مُقبل على قراءتها فكلّما مرّ له فصل [داوم] على تقريظهِ لحُسن ما تأتّى لـه من المعانى الجيّدة والشروط البديعة واستيفاء أسباب البلاغة وهما سكوت وهو مع كلّ فصل يفعل ذلك الى أن قام من المحراب وكان فيه متصدّرًا كالقضاة فجلس بين أيديهما ولم يزل يقرأه ويُعيد وصفه ويقول ما أراكما تسمعان هذه الحكومة التى ما حكم بمثلها والله أحد على وجه الأرض وأعاد قراءتها ثمّ رجع الى مكانه من المحراب، قال وكان ربّما مدّ يده الى الخصوم بالضرب، وأخبرنى جماعة منهم أنّ رجلًا تَقَدَّم اليه بخصم له فراجعه فى مناظرته وكان بين يديه مِقَصّ كبير فأخذه وأومأ به الى الرجل ليضربه فى وجهه فأقبل الرجل على نعل إسحٰق وكانت بين يديه فتناولها فقال ولِمَ مسستَ نعلى لتضربنى بها فقال لا ولكن خَشْيَةَ أن تقصد بالمقَصّ وجهى لِأَتَّقِىَ بها منك، وله أخبار كثيرة فى أنواعٍ من الجنون والخُبَاط كان من مجانين المعلّمين وحُمقاهم وكان من كبارهم وعِلْيَتِهم،

(١١) والغالب على البلد المُعلّمون والمكاتب به فى كلّ مكان وهم فيه على طبقاتٍ مختلفةٍ ومنازل شتّى متباينةٍ من الصُراع والخُباط على ما يفوق جنونَ مُعلّمى كلّ بلد وحمقى كلّ ناحية حتّى أنّهم المتكلّمون على السلطان فى سِيَره واختياراته والإطلاق بالقبائح من ألسنتهم بمعائبه وإضافة محاسنه الى قبائحه، | وبالبلد منهم ما يقارب ثلثمائة مُعلّمٍ ولم ينقص من ذلك إلّا القليل وليس حط ٨٧
كهذه العدّة بمكان من الأماكن ولا فى بلد من البلدان وإنّما توافرت عدّتهم مع قلّة منفعتهم لفرارهم من الغزو ورغبتهم عن الجهاد وذلك أنّ بلدهم ثغر من ثغور الروم وناحية تُحادّ العدوّ والجهادُ فيهم لم يزل قائمًا والنفير دائمًا مذ فُتحت صقلّيه وولاتهم لا يفترونه وإذا نفروا لم يفترقوا بالبلد أحدًا إلّا من بذل الفدية عن نفسه أو أقام العذر فى تخلّفه مع رابطة السلطان وكان قـد سبق الرسم بإعفاء المعلّمين قديمًا بينهم من

٢ [داوم] مستنمّ على التخمين، (تأتّى) — (تأتّا)، ١٧ (وإضافة) — (وَاصافةٍ)، ١٨ (وبالبلد .... الخ) قد أُختصر هذا النصّ بكثير فى حط،

النوائب وحُملت عليهم المغارم ففزع الى التعليم بُلْههم وحسّنه لديهم جهلُهم مع قلّة الانتفاع به والجَدْوى منه فإنّ فيهم الكثير تمرّ به السَّنَةُ فلا يُصيب من جميع صبيانه وهم كثير عشرة دنانير فأىّ منزلة أقبحُ وصورةٍ أخسُّ وأوتحُ من رجلٍ باع ما أوجب الله تعالى عليه من الجهاد وشرفه والغزو وعزّه بأخسّ منزلة وأوضع حِرفة وأسقط صنيعة على أنّها فى أعيان البلاد مع تخريج أولاد السَّراةِ وأهل الإمكان عنصرُ الخذلان ومظانُّ الحرمان وبالإجماع منهم ومن كلّ إنسان أنّ المُعلّم أحمق محكوم عليه بالنقص والجهل والخفّة وقلّة العقل، ومن أعظم الرزيّة وأشدّ البليّة وأقطع النازلة أنّ جميع أهل صقلّيه لِصغَر أحلامهم ونقص [٣٧ ب] درايتهم وبُعد أفهامهم يعتقدون أنّ هذه الطائفة أعيانهم ولُبابهم وفقهاؤهم ومُحَصِّلوهم وأرباب فتاويهم وعدولهم وبهم عندهم يقوم الحلال والحرام وتعقد الأحكام وتنفذ الشهادات وهم الأدباء الخُطَبَاء، | ولقد رأيتُ ولدًا كان لإسحٰق مفقود فى حط ابن الماجلىّ المعلّم القاضى المتقدّم ذكره يخطبهم نحو حولين بجزم الأسماء مع الصِلة ويجُرّ الأفعال من أوّل خطبته الى آخرها، وخاطبتُ أديبًا كان من أهلها يسعى ويدّعى الدراية بجميع الأحوال وقد نصب هذا الخطيب ما لم يُسَمَّ فاعله أو رفع منصوبًا وأظنّه كان مفعولاً به فقلتُ أما سمعتَ الخطيب وما كان منه وذكرتُه له وقد ذهب عنّى اللفظ فقال كأنّه والله يا سيّدى كما تقول غير أنّا نحن لا نأبَهُ لمثل هذا،

(١٢) ومن كبائر المذكورين من المعلّمين بها فى السير والعدالة وهو بالضدّ للغَباء والجهالة وأشدّهم تقدّمًا عندهم أبو عبد الله محمّد بن عيسى ابن مطر المعلّم فى مسجد الزُهْرى بالسماط وقد سافر يشرّق ودخل المشرق وكتب الحديث، وأبو الحسن علىّ بن بانة المعروف بابن ألف سَوْطٍ وهو اليه فى العدالة ويراه قوم منهم فوقه فى العلم والفقه وظلف النفس وكلاهما غبىٌّ عَمٍ ناقصٌ رزىُّ المنظر والمَخْبَر، وحدّثنى أبو عبد الله محمّد بن عيسى

١٣ (الصِلة) — (الصِلّة)، ١٥ (الدراية) — (الدارية)، ٢١ (يشرّق) على التخمين وفى الأصل (تزق) أو (نزق)، ٢٤ (عَمٍ — عَيِى)،

المعروف بالناشى القروىّ المتكلّم وكنّا معًا بصقلّيه قال بينا أنا واقفًا بالسماط بقرب مكتب ابن مطرٍ أُحادث إخوانًا لى إذ وقف بهم ابن مطر فسلّموا عليه وسلّم علىّ فرددتُ عليه وأخذ فى صفتى ومـا أعتقده بأقبح عبارةٍ وأبشع لفظٍ وإشارةٍ وقال فى خلال قوله لى يعزز علىّ بُعدك عن الحقّ فقلتُ لعن الله أبعدنا عن الحقّ وأقلّنا علمًا به فالتاث لونه وتغيّر فقال له القوم قد أنْصَفَكَ لأنّه إنّما لعن الأبعد من الحقّ ولم يقصد إلاّ الأقلّ علمًا بالله فقال الستَ عراقىّ المذهب فقلتُ لا وذلك أنّ أهل العراق يُدْعُون مُرجئةً وإنّما وُسِمُوا بذلك لتركهم القطع على أهل الكبائـر بالخُلُودِ وأخذتُ أصف المسئلة بيننا وبينهم فقال ما أرى قولكم إلاّ قريبًا من قولنا فقلتُ يا هذا إنّما أَصف لك رأى أهل العراق المذموم عندى وأنا ضدّهم فقال وكيف فقلتُ نحن نقطع على تخليد أهل الكبائر فى النار فقال ما ظننتُ يقول بهذا غير أهل العراق وهو بجهله صباحَ مساء يكفّرهم فى كلّ مقعَد ومشهد ويكفّر المعتزلة ولا يعلم اعتقادها بين الفرقتين التى هى أشهر أهل المذاهب ويُطلق اللعن عليهما وهو لا يفرّق بين الوعيدىّ من المرجئ وهذه المنزلة أعلى منازل البله ورحم الله ناقلاً فلقد ظلمهُ نَقَلَةُ الأخبار بقطعهم عليه بالانفراد بالجهل، وكُنْتُ جالسًا بصقلّيه يوم الجُمعة لعشر خلون من رجب سنة اثنتين وستّين على دُكّان المعروف بابن الانطاكىّ فى سماط بُلرم وكان يومًا مَطيرًا فى الساعة السادسة وعلى القيام الى الجامع وابن الانطاكىّ معًا والجامع منّا على غلوةٍ [٣٨ ظ] إذ أَقْبلَ ابن ألف سَوْط من نحو الجامع ومنزله بالقرب منه فقلنا الى أين فقال قـد صلّى الناس وأنا أمضى أتقدّم لأشهد جنازة الخطيب وكان ابن الماجلىّ الخطيب الذى قدّمتُ ذكر تخلّفه تُوُفِّىَ ليلة الجمعة هذه ومضى يريد باب البحر وأطال ثمّ رجع وقد أئسنا من الصلاة فقلنا الى أين فقال بلغنى أنّهم ما صلّوا بَعْدُ فعُدْتُ لعلّى ألحقُ الصلاة ومضى فبقينا حيارى فى أمره نتعاود قلّة تحصيله وما يُدْفَعُ الناس اليه فى شهادة مثله إذ أقبل فقلنـا

٤ (بُعدك) — (ببعدك)، ١٥ (ناقلاً) — (بَاقلاً)، ١٦ (بقطعهم) — (يقعطهم)،

هيبهِ فقال قد صلّوا وأنا ماضٍ لأُصلّى فى المُصلّى وهذا الرجل عندهم أثبت القوم عدالةً وأشفّهم منزلةً وهذه صورته،

(١٣) | وأكثرتُ عنه وعن ابن مطرٍ وجماعتهم واصفًا قلّةَ فِطَنهم وكلالَ حط ٨٧ أفهامهم وحدّةَ جهلهم وسرعة طيشهم وموت يقظتهم وبراعة لؤمهم مع دوام غفلتهم وبشاعةَ تعاطيهم وكثرةَ معائبهم وسُخْفَ أغذيتهم المؤكّدةِ جهلَهم وسوء تخلّيهم فى كتابٍ | جعلتُه أبوابًا عشرةً بدأتُ منها بذكر ما يتفاخر به أهل مفقود فى حط الأمصار والقبائل والبلدان وما يلحقهم من الفضائل وكيفيّة لَحاقها بالكور والمدن والرذائل المقصرة ببعضها عن الفخر والطيب والحُسن وَوَسَمْتُهُ بكتاب صِقِلّيه ولم أترك لهم من فضيلةٍ ورذيلةٍ الى جميع ما خُصّوا به ومُنِعُوهُ وأُعْطُوه وما حُرِمُوه الى غِلَظ طباعهم وسوء أخلاقهم وما انفردوا به من المطاعم المنتنة والأعراض القَذِرة الدَرِنَة وغلبة كثرة الجفاء وطول المراء وسمّيتُ جميع معلّميهم الى ما وصل اليّ من أخبارهم ومحلّهم فى الرقاعة وخلعهم على مرّ الأيّام للسلطان والطاعة وحال الفرقة التى ليست كفرقة من فرق الإسلام ولا نحلة من النحل ولا فى بلد من البلدان ولا بدعة من البدع ولا مشاكلةٍ لنحلة فى دين من الأديان، وهم المُشَعمِذون أكثر أهل حصونهم وباديتهم وضياعهم رأيهم التزويج الى النصارى على أنّ ما كان بينهم من ولدٍ ذكرٍ لحق بأبيه من المشعمذين وما كانت من أنثى فنصرانيّة مع أمّها لا يصلّون ولا ينطهّرون ولا يزكّون ولا يحجّون وفيهم من يصوم شهر رمضان ويغتسلون إذا صاموا من الجنابة وهذه منقبةٌ لا يشرَكهم فيها أحدٌ وفضيلةٌ دون جميع الخلق أحرزوا بها فى الجهل قَصَبَ السَبْقِ، ولقد أعددتُ كتابى هذا بذكرهم فيه ولكنّ نفوس أهل النُبلِ وقلوب أهل الفضل متطلّعة الى علم الكلّ ولذكرها فى الخزائن منزلة ليست على ما هى به فى الحقيقة،

(١٤) ومن أرثّ ما رأيته بها وأغثّه خمسة معلّمين فى مكتبٍ واحدٍ

---

٣ (وأكثرت) — (وعن اكثرتُ)، ٣—٦ (وأكثرت .... كتاب) يوجد فى حط مكان هذه الفقرة (وقد وضعتُ فيهم كتابًا فيه جميع أخبارهم)، ٢١ (أعددتُ) — (عددتُ)،

يعلّمون فيه الصبيان شركاء متشاكسون على باب عين شفاء يرؤسهم شيخ يعرف بالمِلْطاط جِبسٌ ضِبْسٌ أشقر أزرق من أقدم الناس على شهادة زورٍ وولَدانٍ له ورجلٌ يُعرف بابن الوَدانى وآخر يُدعى بأخى رَجاء على مراتب فى شِرْكتهم، وخرجتُ من صقلّيه وقد مات ابن الودانى فلو شاهدهم أكثر الناس حزنًا وأشدّهم إخباتًا وسَمْتًا عند وفاته [٣٨ ب] وتفجّعَهم له وحنينَهم عليه وتساكرهم فى بُكائهم عند عزائهم لقهقه وضحك أو أبلس لجهلهم كالمرتبك،

(١٥) وأمّا حال يسارهم فإنّهم مع قلّة مؤنهم ونزور نفقاتهم وكثرة غلّاتهم ليس فيهم رجل ملك بَدْرَةَ عَينٍ ولا رآها قطّ إلاّ عند سلطانٍ إن كان ممّن يدخل اليه ومحلّه محلُّ من يُؤْذَنُ له عليه، وبالأموال والجبايات واليسار يعتبر أحوال أهل المدن والكور والأقاليم وكذلك النُبل والفضل الى غير ذلك مع أنّ مال جزيرة صقلّيه وقتنا هذا وهو أجلّ أوقاتها وأكثره وأغزره بأجمعه من سائر وجوهه وقوانينه خُمْسها ومستغلّاتها ومال اللطف والجوالى المرسومة على الجماجم ومال البحر والهدية الواجبة فى كلّ سنة على أهل قلوريه وقبالة الصيود وجميع المرافق وجهاتها وهذه جملة ارتفاعها ......، فأمّا غلّاتها وخصبها وما هى عليه فى أسباب المآكل والمشارب فكالمواضع المشار اليها فى صدر الكتاب بالخصب والسَعة قديمًا وفيما مضى ودخلتُها وقد استحالت جميع أمورها من الخصب الى الجَدْب وخُلق أربابها من أهل باديتها فكأرباب الجزائر العُجْم الغُتْم الصُمّ البكْم وسكّانها الذين لم يصفهم الأسفار من وراء بهيميّةٍ غامرةٍ لألبابهم وغفلةٍ عن الحقوق والمواجب ظاهرةٍ فى معاملاتهم وقول من الحقّ بعيد وشنآن للغريب والطارئ عليهم عظيم شديد لا يألفون ولا يُؤلّفون آخذين لذلك عن حاضرتهم لأنّهم أيضًا فى بُغْضِ التجّار والغرباء المجهّزين بمنزلةٍ

٦ (لقهقه) — (لقهقهه)، ١٣ (خُمْسها) — (حمسها)، ١٤ (الجماجم) — (الحماحم)، ١٦ (......) يوجد هنا فى الأصل سطر خالٍ لإدراج مبلغ الارتفاع، ١٩ (وخُلق) — (وخُلو)،

ليست لجِيل من أجيال العالم الجُفاةِ ولا فى أهل الجبال الأجلاف الجُساة مع قوام مصالحهم بالجلّابين وفقرهم وفاقتهم الى المسافرين لأنّها جزيرة لم تختصّ بوجه من فضائل البلدان غير القمح والصوف والشَعر والخمر وصُبابة من القند الى شىء من ثياب الكَتّان والحقّ فيها أحقّ أن يُتّبَعَ فإنّه لا نظير لها جودةً ورُخْصًا ويباع مستعمَلها ممّا يُقطع قطعين من الخمسين رباعيًّا الى ستّين رباعيًّا فيزيد على ما يُشترى من أمثاله بمصر بالخمسين والستّين دينارًا كثيرًا، وجميع ما تقع اليه الضرورات وتدفع الحاجة اليه من سائر الطلبات مجلوب الى بلدهم ومحمول الى جزيرتهم، وقد جمعتْ مع فساد عقول أهلها وأديانهم فساد التربة والقمح والحبوب ولا يحول الحَول عليها عندهم إلّا وقد فسدَتْ ورُبّما ساست فى الأنادر قبل دخول المطامير والأهراء وليس يشبه وسَخهم فى دورهم وسَخَ أقذار اليهود ولا ظُلمةُ منازلهم وسوادُها سوادَ الأتاتين والأفران وأجلّهم منزلةً يسرح الدَجاجُ على مقعده وتذرق الطيور على مصلّاه ومخدّته،

(١٦) وهذه جُمَلٌ من أوصاف المغرب وما استقلّ به ممّا يُضاف اليه ويقع فى جملته،

---

١٢ (تذرق) — (تدرق)،

[مصر]

حط ٨٧ (١) | فأمّا مصر فلها حدّ يأخذ من بحر الروم من الإسكندريّة ويزعم قوم من بَرْقَة فى البرّيّة حتّى ينتهى الى ظهـر الواحات ويمتدّ الى بلـد النُوبَة [٣٩ ظ] ثمّ يعطف على حدود النُوبَة من حدّ اَسْوان على أرض البجَة فى قبلىّ اسْوَان حتّى ينتهى الى بحر القلزم ثمّ يمتدّ على بحر القلـزم [ويجاوز القلزم الى طُور سِينًا ويعطف على تِيه بَنِي إسرائيل مارًّا الى بحـر الرُوم] فى الجِفار خلف العَريش ورَفَح ويرجع على الساحل مَارًّا على بحر الروم الى الإسكندريّة ويتّصل بالحدّ الذى قدّمتُ ذكره من نواحى بَرْقَة،

(٢) وما فى بطن هذه الصفحة صورة مِصْرَ،

[٣٩ ب]

إيضاح ما يوجد فى القسم الأوّل من صورة مصر من الأسماء والنصوص،

قد صوّر بحر القلزم موازيًا لطرف الصورة الفوقانىّ وعلى هذا البحر من طرفه الأيسر مدينة القلزم، ثمّ كُتب تحت خطّ الساحل هذه الديارُ للبُجهِ ونَزَلَتْ عليهم أحياء رَبيعةَ ومُضَرَ وصاهَر روساء ربيعةَ أكابرَ البُجَة وخالطوهم فهى مشحونة بقبائل الجميع وأعزّ القوم ربيعَةُ وعن يمين هذا النصّ مدينة العلاقى، ثمّ تحت الكتابة المذكورة وموازيًا لسلسلة الجبل هذا جبل المُقطّم ويمتدّ الى بلد الحبشه ويقطع بلد النوبه فى عمارات دنقله وعلوه، ومن أسفل الجبل مع خطّه بهذه الناحية رمل أحمر وأبيض غزيرٌ كثيرٌ يتّصل برمل الجفار ويشقّه النيل فيتّصل من غربىّ النيل برمال نفزاوه ويمرّ بظاهر سجلماسه الى اودغست، ثمّ تحت ذلك نواحى اهريت وشرونه وبياض وصول والبرنيل، وصُوّر نهر النيل فى وسط الصفحة وكُتب على كلّ واحد من جانبيه الصعيد تُربط الكتابتان بكلمة بلد فمعناها بلد الصعيد، وذُكر على جانب النيل الأعلى من المدن

٦–٧ [ويجاوز .... الرُوم] مستتمّ عن حط،

ابتداء من اليمين اسوان، المحدثه، قوص، اخميم، انصنا، اتفيح، اسكر، الحى، الحرس، حلوان، الفسطاط ثمّ شِكلا مدينتين لا اسم فيهما، وعلى جانب النيل المقابل قريه، اتفو، اسنا، ارمنت، هو، البلينا، بوتيج، اسيوط، منساره، الاشمونين، طحا، الفيس، سمسطا، دلاص، اهناس، اطواب، الجيزه، وبين الفسطاط والجيزة فى النيل الجزيره وعند الجيزة مثلّثان مكتوب فيهما هذان الهرمان، وعلى شاطئ خليج النيل الذى يتشعّب بين منساره والاشمونين راجعًا الى النيل بين اهناس واطواب من المدن طوفه، البهنسه، اللاهون، بوصير فوريدس، ويتشعّب من هذا الخليج عند اللاهون شعبة على جانبيها الفيوم، وكُتب بين الفيوم والهرمين هذه بحيرة افنى وتنهمت وتمتدّ مسيرة يومين فى وسط جبال رمل أصفر وبها من الطير فى الشتاء ما ليس بمكان ما يدانيه ولا يقاربه،

ثمّ من أسفل النيل فى يمين الصورة ناحية الواحات وتحت ذلك مساكن بنى هلال، وكُتب تحت السلسلة الجبليّة الموازية لطرف الصورة التحتانىّ هذا جبل الواحات يمتدّ من بحيرة افنى على النيل الى أن يصل الى جبل القَمر وجُلّهُ عَامِرٌ،

[٤٠ ظ]

إيضاح ما يوجد فى القسم الثانى من صورة مصر من الأسماء والنصوص، يُقرأ فى طرف الصورة الفوقانىّ هذه صُورَةُ مِصْر وينطبق ذلك أيضًا على القسم الأوّل من الصورة، وكُتب فى النصف الأعلى من الصورة الحَوْف وفى النصف الأسفل الريـف،

وينشعّب النيل وسط طرف الصورة الأيمن شعبتين وبينهما مدينـة شطنوف، وعلى الجانب الأيمن من الذراع الآخذة الى الأعلى من المدن دجوه، بنها العسل، تفهنه، القنطره وكُتب عند منتهاها خليج سردوس بجفّ، وتأخذ من هذه الذراع شعبتان الى الأيسر تبدأ الأولى من عند تنوهه والأخرى من عند صهرجت وبين هاتين الشعبتين من المدن زفتا جواد، سند بسط، تطايه، وعن يسار صهرجت على شعبتها اشيه وعند منتهى الشعبة الآخذة من اشيه الى اليسار كُتب خليج دقدوس، وعن يسار تنوهه على شعبتها مدينة مخنان وتأخذ تجاه مخنان شعبة عليها أوّلاً تطايه المتقدّم ذكرها ثمّ دمسيس من جانبيها ثمّ فى الجانب الأعلى تنا، ابـو صير، سمنود، اوش وفى الجانب الأسفل

٢ (قريه) — (فريه) وهى (قرية الشقاف)، (أتفو) — (اتفو)، ٣ (بوتيج) — (بوتيج)، ٤ (الجيزه) — (الجيره)، ٧ (اللاهون) — (الاهون)، ١٩ (بجفّ — (بجف)، ٢٠ (صهرجت) — مهرجت)،

طلخا، قجنجيه، دميره وأوّل اسم دميره فى الجانب الآخر من ذراع تنوهه، وبين محنان ودميره فى الجانب الأعلى محلّة شرقيون وفى الجانب المقابل مليج، زمزور، وعلى ظهر الشعبة المحيطة بهاذين البلدين من الأسفل طوخ، محلّة روح، وتأخذ تجاه دميره شعبة الى اليسار فتجتمع مع شعبة أخرى تبدأ من عند دقهله على العمود وكُتب بين الشعبتين خليج دقهله، وبحذاء دقهله كُتب من أسفل العمود نواحى البرمونات وعن يسار ذلك من المدن شارم ساح، شارم بارم، بوره، ثمّ تأخذ من العمود شعبنان إحداهما الى الأسفل الى نقيزه وكُتب عند هذه الشعبة خليج زعفران والأخرى كُتب عندها اشتوم دمياط وبينها وبين العمود دمياط ثمّ على البحر شطا، وعند شطا فى البحر جزيرة تنيس،

وعن يمين الذراع الآخذة من شطنوف الى الأسفل من المدن ذات الساحل، ابو يحنس، ترنوط تقابلها ترنوط مرّة ثانية ثمّ بستامه، طنوب ثمّ بعد عطف الذراع الى اليسار شابور، محلّة نقيده، دنشال، قرطسا، شبرو ابو مينا، قرنفيل، الكريون وهى من جانبى الذراع ثمّ قرية الصبر، الاسكندريه وهى من الجانبين وفوق الإسكندريّة على ساحل البحر اجنا، ودون شطنوف عن يسار هذه الذراع الجريسيات وبعد الجريسيات تأخذ شعبة الى اليسار وعلى جانبها الأعلى من المدن شبرو الاو، منوف، تتا، فيشه بنى سليم، البنداريه، محلّة المحروم، صا، دياى، الصافيه، دمى جمول، سنديون، فوه، دسيو، نطويه الرمان، وعلى الطريق من شطنوف الى صا من المدن سبك العبيد، منوف العليا، محلّة صرد، صخا، شبرلمنه، ثمّ من أسفل الشعبة الآخذة من عند شبرو الاو طنتنا، قليب العمال، ببيج، وتليها شعبة الى الأسفل ثمّ محلّة ببيج، فرنوه، محلّة مسروق، محلّة ابى خراشه، فيشه، سندبيس، سنباذه، بلهيب، ديروط، محلّة الامير، محلّة بوله، وكُتب فى الجزيرة بين شعبتى صا ومحلّة ببيج سنهور،

[لم أجد سبيلًا الى إيراد صورة مصر فى صفحة واحدة فأثبتُّها فى صفحتين

١ (طلخا) — (طخا)، ٥ (دقهله) — (دهقله)، ١٠—١١ (ابو يحنس) — (ابو ينحس)، ١١ (ترنوط) ثانى مرّة — (ربوط)، (بستامه) — (بشامه)، ١٤ (الجريسيات) — (الحريسيات)، ١٥ (تتا) كأنّه آخر (طنتنا) التى هى فى الجانب المقابل، ١٦ (دمى جمول) — (دى حمول)، (سنديون) — (دسيو)، ١٨ (شبرلمنه) — (شبرلمت)، ١٩ (ببيج) — (سح)، (محلّة ببيج) — (محله سح)، ٢١ (سنهور) — (سنهوز)، ٢٢—٤ [لم أجد .... الإسكندريّة] مأخوذ من حط،

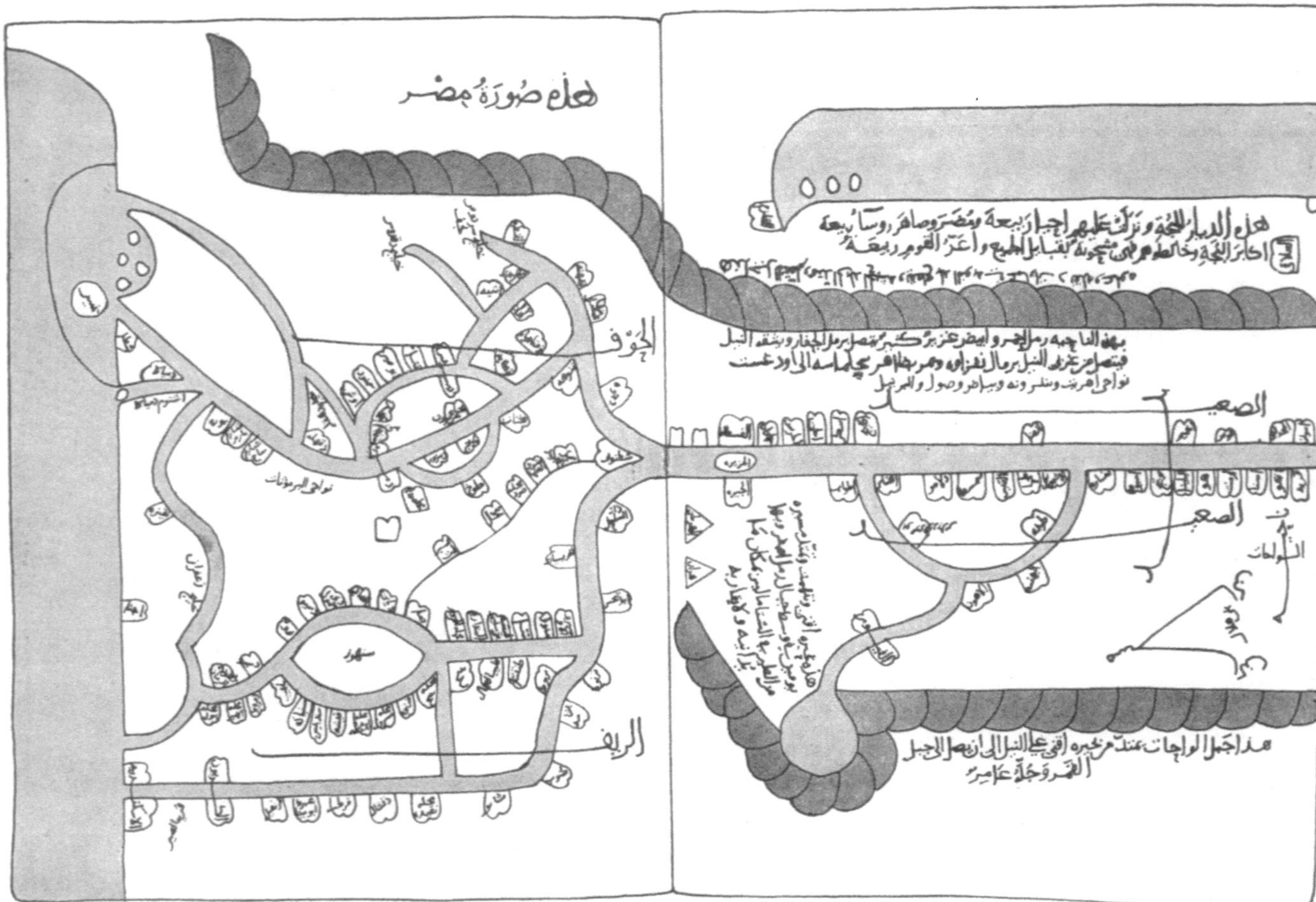

صورة مصر التى توجد فى الصفحتين ٣٩ ب و ٤٠ ظ من الأصل،

والصورة الأولى صورة الصعيد من اسوان الى الفسطاط وشطنوف عند انفصال النيل منها والثانية من انفصال النيل فى خليجين أحدها يأخذ من شرقىّ شطنوف الى تنّيس وأعمال دمياط والآخر عن غربىّ شطنوف آخذًا الى رشيد من ساحل الإسكندريّة،]

(٢) | [٤٠ ب] مِصْرُ اسم للإقليم وقد ذكرتُ حدوده وهو قديم جليل حَط ٨٨ عظيم جسيم العائدة فى سالف الزمان وإن قصر عن ذلك فى آنفه فلوجوه منها أنّـه كان قديمًا مَقْعَدَ الملك يسكنه عظام الفراعنة وكبار الجبابرة كمُصعب بن الوَليد فرعون موسى والوليد بن مُصعب فرعون يوسف ومن كان بين عصريهما من أكابر الفراعنة، ووجدتُ بخطّ أبي النمر الوَرّاق فى أخبار أبي الحُسين الخصيبىّ قال حدّثنى أبو خازم القاضى قال قال لى أبو الحسن بن المُدبّر لو عمرت مصر كلّها لوَفَتْ بأعمال الدنيا، وقال تحتاج مصر الى ثمٰنية وعشرين ألف ألف فدّانٍ وإنّما يَعمر منها ألفا ألف فدّان، قال وقال له أنّه كان يتقلّد الدواوين بالعراق يريد ديوان المشرق والمغرب قال ولم أبِتْ قطّ ليلةً من الليالى وعلىّ عملٌ أو بقيّةٌ منه وتقلّدتُ مصر فكنتُ ربّما بِتُّ وقد بقى علىّ شىء من العَمَل فأستتمّه إذا أصبحتُ، قال وقال له أبو خازم القاضى جبا عمرو بن العاص مصر لعمر بن الخطّاب رضى الله عنه اثنى عشر ألف ألف دينار فصرفه عنها عثمنُ بعبد الله بن أبي سَرْحٍ فجباها أربعة عشر ألف ألف دينار فقال عثمن لعمرو أبا عبد الله علمتَ أنّ اللقحة درّت بعدك فقال نعم ولكنّها أجاعت أولادها، وقال أبو خازم إنّ هذا الذى جباها عمرو وعبد الله ابن أبي سَرْح إنّما كان من الجماجم خاصّـةً دون الخراج وغيره قال فاستثبتّه فى ذلك فقال هذا الصحيح عندنا، وبها الهرمان اللذان ليس على وجه الأرض لهما نظير فى مُلْك مسلمٍ ولا كافرٍ ولا عُمِل ولا يُعمل كهما

---

٢ (فى) كذا فى حَط وفى نسختيه (من)، ١٠ (خازم) — حَط (حازم) وقابل تأريخ مصر وولاتها نشر (گست) ص. ٥٠٩، ١٢ (ألفا) — حَط (ألف)، ١٣ (أنّه) — (إنّهُ)، ١٧ (اثنى) — (اثنا)، ٢٠ (خازم) — حَط (حازم)،

وقرأ بعض بنى العبّاس على أحدها إنّى قد بنيتهما فمن كان يدّعى قوّةً فى مُلْكِهِ فليهدِمْهما فالهَدْم | أيسر من البناء فهمّ بذلك وأظنّه المأمون أو المعتصم فإذا خراج مِصْرَ لا يقوم بـه يومئذٍ وكان خراجها على عهده بالإنصاف فى الجباية وتوخّى الرفق بالرعيّة والمَعْدِلَة إذا بلغ النيل سبع عشرة ذراعًا وعشر أصابع أربعة آلف ألف دينار ومائتى ألف وسبعة وخمسين ألف دينار والمقبوض على الفدّان ديناريْن بِعَيْنِ ايين فأعرض عن ذلك ولم يعد فيه شيئًا، حط ٨٩

(٤) | ولمصر عادة وسُنّة لم تزل مُذ عهد فراعنتها فى استخراج خراجها وجباية أموالها واجتلاب قوانينها وذلك أنّه لا يستتمّ استيفاء الخراج من أهلها إلاّ عند تمام الماء وافتراشه على سائر أرضها وتطبيقها ويقع إتمامه فى شهر تُوتٍ، فإذا كان ذلك وربّما كانت زيادة على ذلك أُطلق الماء فى جميع نواحيها من ترعها ثمّ لا يزال يترجّح فى الزيادة والنقصان الى حين طلوع الفجر بالسماك وهو لثمان تخلو من شهر بابه فإذا انحسر الماء وقعت باكورة البذور بالأقراط والكتّان والحبوب والقُرْط الرُطبَة، وببابه يتكامل رِىّ الأرض عند ثمانٍ تخلو منه وقد لا يستتمّ الماء فيه فيعجز بعض الأرض عن أن يركبها الماء فيبرزح الخراج عن الكمال، وبهاتُور يبتدأ فى الحرث ويُحصد الأرزّ ويكون الزرع البذرىّ فى أكثر نواحيهم وضياعهم، وبكيهك يُزْرَع فيه [٤١ ظ] من أوّلـه الى آخره الزروع المتأخّرة ولا يـزرع بعده فى شىء من أرض مِصْرَ غير السمسم والمقاثى والعُطب، وبطُوبـه يطالَب الناس بافتتاح الخراج ومحاسبة المتقبّلين على مفقود فى حط

٥–٦ (وسبعة وخمسين) كذلك فى حب وفى حط (وتسعة وسبعين)، ٦ (بِعَيْنِ ايين) — (بعس ايين) ولا توجد هاتان الكلمتان فيما نقل المقريزىّ من هذا النصّ عن ابن حوقل فى الخطط نشر (ويه‌ت) ج. ٢ ص. ١٢٤ و ٦٥ ولعلّ الصحيح (بِعَيْنِ أَيْنِ كانا)، ٨ تُفقد القطعة (٤) فى حط ويوجد أكثر نصّها فى خلال ما ذكر المقريزىّ فى الخطط طبع بولاق ص. ٢٧٠–٢٧٤ من الشهور القبطيّة، ١٤ (بالأقراط) — (بالاقراطِ)، (والقُرط) — (والقُرظ)، ١٥ (رِىّ) — (دِىّ)،

الثُمن من السجلّات من جميع ما بأيديهم من المحلول والمعقود، وبأمشير يؤخذ الناس فيه بإتمام رُبع الخراج من السجلّات، وببَرْمَهَات يُطلب الناس فيه بالرُبع الثانى والثُمن من الخراج ويُزرع قصب السكّر وما يشبهـه، وببرمُوده تقع المساحة على أهل الأعمال ويُطالب الناس بإغلاق نصف الخراج عن سجلّاتهم ويحصد بذرىّ الزرع، وببشنس تُقرّر المساحة ويُطالب الناس بما يُضاف الى المساحة من أبواب وجوه المال كالصَرف والجهبذة وحقّ المراعى والقُرط والكتّان على رسوم كلّ ناحية ويستخرج فيـه إتمام الربع ممّا تقرّرت عليه العقود والمساحة ويطلق الحصاد لجميع الناس، وبُونَه يُستخرج فيه بتمام نصف الخراج ممّا بقى ولم يوزن بعد المساحة، وبابيب يُستتمّ فيه ثلثة أرْبَاع الخراج وهو أصل زيادة ماء النيل ويكون ضعيفًا وفيه يُزرع الأرزّ بالفيّوم ويُحصد فى هَاتُور وكيهك، ومَسرى يُغلق فيه الخراج وفيه جمهور زيادة مـاء النيل وفى ذين المُشهَّرين تتأخّـر البقايا على دقّ الكتّان لأنّه يُسَلُّ فى تُوت ويُدَقّ فى بابـه، وإذا أُطلق ماء النيل شرب منه من بمشارق الفرما من ناحية جرجير وفاقُوس من خليج تنّيس ومغائضه وشرب من خليج الإسكندريّة وما يفيض منه [من] بناحية النقيديّـة وارسنيس وزرع عليه أهل الباطن وأهل البُحَيْرة فى فجاج وأودية فيكون ذلك لماصلةَ قبيل من زَناتة ومجانة وبنى بـزالٍ وقبائل البربر واستُوفى منهم الخراج، وبين المكانين مسيرة شهرٍ عمرانٌ فى محلولٍ ومعقودٍ وليس كهذه الحال تجرى أحوال الخراجات بسائـر أصقاع الأرض لأنّ النيل إنّما يأتيهم إذا حصلت الشمس فى الجوزاء والسرَطَان بإمطار بلد السودان فى بلـد الجنوب على مسافة شهورٍ من أرض مِصْرَ وأكثر مـا يصل أهل مصر بعضهم الى بعض عند زيادة النيل فى المراكب لأنّ الماء يحجب بإحاطته أكثر مدنها وضياعها ويستولى عليها فى جميع أراضيها فطرقات بعضهم الى بعض فى الماء بالمراكب،

٩ (وبونه) — (بُونة)، ١٥ [من] مستتمّ على التخمين، ١٧ (وبنى بزال) كذا فى الأصل ولعلّ الصحيح (وبنى برزال)،

حط ٨٩ (٥) | وللفسطاط طريق على الظهر فى البرّ الى الإسكندريّة من جانب الصحراء وقد ذكرتُه فى صفة المغرب ومراحله على ذات الساحل الى ترنُوط، ولها طريق آخر إذا نضب الماء يأخذ بين المدائن والضياع وينزل فى كرائم المدن وذلك إذا أخذتَ من شطنوف الى سُبك العبيد فهو منزل فيه منبر لطيف وبينهما اثنا عشر سفسًا ومن سبك العبيد الى مدينة منوف وهى كبيرة فيها حمّامات وأسواق وبها قوم تُنّاء وفيهم يسار ووجوه من الناس منهم جابر المنوفىّ لا رضى الله عنه ولها إقليم عظيم وعمل يليه عامل جسيم وبينهما ستّة عشر سفسًا، ومن منوف الى محلّة صُرَد منبر فيه [حمّام] وفنادق [٤١ ب] وسوق صالح ستّه عشر سفسًا، ومن محلّة صُرَدَ الى صَخَا مدينة كبيرة ذات حمّامات وأسواق وعملٍ واسع وإقليمٍ جليلٍ له عامل بعسكر وجُند وكثرة أصحاب وله غلّات وبه الكتّان الكثير وزيت الفُجْل الى قُموح عظيمة ستّة عشر سفسًا، ومن صَخَا الى شبرلمنه مدينة كبيرة بها جامع وأسواق صالحة ستّة عشر سفسًا، ومن شبرلمنه الى مسير مدينة لها جامع وأسواق كثيرة القمح وفنون الغلّات وبها عامل عليها الماء وقسمته ستّة عشر سفسًا، ومن مسير الى سنهور مدينة ذات إقليم كبير ولها حمّامات وأسواق وعامل كبير فى نفسه وكانت بها من النعم للكُتّاب والدهاقين فى ضروب الكتّان والقموح وقصب السكّر وغير ذلك ما بلغنى أنّه قد تناقصت وقتَنا هذا حالُها فيما ذكرتُه وأذكره من سائر مدنها ستّة عشر سفسًا، ومن سنهور الى البُجوم إقليم مدينته باسمه

حط ٩٠ عظيمة بها عامل | عليها وعسكر [وجامع] وحمّامات وفنادق وأسواق واسعة ستّة عشر سفسًا، ومن البجوم الى نستراوه مدينة كانت حسنةً وهى على بحيرة البشمور ويحيط بها المياه كثيرة الصيود من السموك وعليها

---

٥ (منزل) — (ممرا)، (سفسًا) — (سقفا)، ٩ [حمّام] مستتمّ عن حط، ١٤ (شبرلمنه) وفى الصورة (شبر لمت) وفى حط (شبرامية)، ٢٠ [وجامع] مستتمّ عن حط، ٢١ (نستراوه) — (نستراه)،

قبالة كبيرة للسلطان وكان بها قوم مياسير ويُوصل اليها بالمعدّيات إذا زاد الماء وإذا نضب وُصِل اليها بالجسور عشرون سقسًا، ومن نستراوه الى البرلّس مدينة كثيرة الصيد أيضًا من هذه البحيرة وبها حمّامات وهى مدينة جميلة الأمر عشر سقسات، ومن البرلّس الى اجنا حصن على شطّ البحر المالح فيه منبر وخلق كثير وأسواق ورجال وصيّادون للصير به حمّام عشر سقسات، ومن اجنا الى رشيد مدينة على النيل قريبة من مصبّ فُوّهته الى البحر ويُعرف هذه الفوّهة وهى المدخل من البحر بالاشتُوم ثلثون سقسًا وكانت بها أسواق صالحة وحمّام ولها نخيل كثيرة وارتفاع واسع وضريبة على ما يُحمل من الإسكندريّة ويُحمل اليها من متاع البحر الى سائر أسباب التجارة، وهذا الطريق الآخذ من شطنوف الى رشيد رُبّما امتنع سلوكه عند زيادة النيل لغلبة الماء وكثرته على وجه الأرض فربّما أُخذ بعض الطريق على الظهر وبعضه فى المراكب والماء وربّما سُلِك من جهة البرّ على ما قدّمتُ ذكره ووصفه فيما ابتدأتُ به فى صفة طريق المغرب من الفسطاط،

(٦) وقد ذكرتُ أنّ الماء الآخذ من شطنوف مغرّبًا عن الماء الآخذ الى دمياط وتنّيس يشرع الى ضيعة تعرف بالجريسيّات وهى مع شطنوف فى برّ واحد ذات منبر وبها سوق صالح وبينهما ستّة سقسات، ومن الجريسيّات الى أبى يحنس قرية ينفصل من دونها الماء فى خليجين آخرين أيضًا عشر سقسات، فيجرى أحدهما مغرّبًا الى الإسكندريّة ويشرع على ترنوط وهى جانبان متحاذيان على الخليج وبها منبر فى الجانب البحرىّ منها وبيع كثيرة وقسيسون ورهبان وأسواق عامرة وحمّام ولها عامل بعسكر ذى عدّة وغلّات واسعة | وبينهما عشر سقسات، [٤٢ ظ] ويشرع حط ٩١

١ (ويُوصل) كما فى حط وفى الأصل (ويصل)، ٢ (نستراوه) — (نستراه)، ٥ (للصير) — (للطير)، ١٠ (الى) — (على)، ١٢ (فربّما أُخِـذ) كما فى حط وفى الأصل (فَأَخِذَ)، (الطريق) — (الربطو)، ٢١ (وقسيسون) — (وقسيسين)،

أيضًا هذا الماء على بستامه ضيعة عظيمة ذات منبر وأسواق كثيرة وبادية تزيد على ألفى رَجُل وغلّاتهم واسعة وبينهما اثنا عشر سفسًا، ثمّ يمضى الماء منها الى شَابُور مدينة كثيرة العبيد والمقاتلة واسعة الغلّات فيها حمّام وعامل تحته خيل للحماية ستّة عشر سفسًا، ومنها الى محلّة نِقيده وهى ضيعة كبيرة عامرة بها منبر وعامل عليها ولها حمّام وناحية كبيرة وغلّات غزيرة وضياع برسمها وفى ضِمنها [جليلة ستّة عشر سفسًا، ومن محلّة نقيده الى دنشال بلد عامر فيه جامع وحمّام وكروم كثيرة وبرسمه ضياع جليلة] وعمل مضاف اليها ستّة عشر سفسًا، ومن دنشال الى قرطسا وهو بلد كبير فيه حمّام ومنبر وبرسمه ناحية وضياع وافرة غزيرة فوق ما تقدّم ذكره ممّا بالمدن المضافة اليها الكور والضياع وبقرطسا كروم وفواكه غزيرة عظيمة ويُجْلَب منها ستّة عشر سفسًا، ومن قرطسا الى شبرو ابومينا ضيعة كبيرة بها جامع وخلق كثير وبادية ومزارع وغلّات واسعة اثنا عشر سفسًا، ومن شبرو ابومينا الى قرنفيل ضيعة بها جامع وعمارة آهلة غنّاء اثنا عشر سفسًا، ولها وبرسمها ضياع تُعرف بالجابِريّة تدخل فى صفقتها، ومن قرنفيل الى برسيق ضيعة بها منبر وبيع وأسواق ولها كورة كبيرة اثنا عشر سفسًا، ومن برسيق الى الكريون مدينة كبيرة حسنة فيها جامع وحمّام وفنادق وكروم تُجلب أعنابها الى الأماكن وبرسمها كورة ذات ضياع وهى جانبان على خليج الإسكندريّة ومنها تركب التجّار فى الصيف عند زيادة النيل الى مِصْرَ ولها عامل عليها ومعه خيل ورَجْل ستّة عشر سفسًا، ومن الكريون الى قرية الصير منهل فيه صيّادون للصير ثمنية سفسات، ومن قرية الصير الى الإسكندرية ثمنية سفسات وهذه مسافات على خليج الإسكندريّة،

(٧) وأمّا الشعبة الخارجة تجاه تَرْنُوطَ مشرّقةً فنشرع الى شبرُو الاو

١ (بسنامه) تابعًا لحط وفى الأصل (بشامه)، ٦—٧ [جليلة .... جليلة] مستتمّ عن حط، ١١ (منها) — (اليها)، ١٥ (برسيق) — حط (ابرشيق)، ٢٣ (فنشرع) — (وتَنشَرِعُ)، (شبرو الاو) — (شبرول الاو)،

حط ٩٢ وهى ضيعة ذات ثلث حاراتٍ كبارٍ كثيرة | الأهل غزيرة السكّان بهـا حمّام وجامع وقاضٍ وعامل ولها كورة جليلة واسعة ومن أبى بجنس اليها ستّة سفسات، ومن شبرو الاو الى منُوف. مدينة كبيرة عظيمة واسعـة الغلّات والخيرات والكتّان وبها والٍ عليها وبها حاكم وحمّامات وجامع وأسواق كثيرة حسنة وكور عدّة برسمها واسعة ستّة عشر سفسًا، ومن منُوف الى طنتنا ضيعة جليلة حسنة عظيمة الأهل بها جامع وحمّام ولها ضياع برسمها وعامل ذو عدّةٍ وعتادٍ وفيها أسواق وجامع لطيف ولها موعد لسوق يقف بها فى كلّ جُمعة أربعة عشر سفسًا، ومن طَنتَنا الى فيشة بنى سُلَيْم ضيعة فيها حمّام وسوق وجامع وكورة مضافة اليها اثنا عشر سفسًا، ومن فيشة بنى سُليم الى البنداريّة ضيعة فيها جامع وأسواق وبرسمها ضياع ولها عامل وفيها حمّام طيّب عشرة سفسات، ومن البنداريّة الى محلّة المَحْرُومِ مدينة بها سلطان وشحنة لها وقاضٍ [وخيل ورَجْل] وجامع وحمّام وأسواق [٤٢ ب] عشرة سفسات، ومن محلّة المحروم الى قَليب العُمّال وهى من الجانب الغربىّ عن الخليج مدينة فيها جامع وحمّام ولهـا كورة ذات ضياع وأسواق وبها حاكم وبها سلطان عشرة سفسات، ومن قليب العُمّال الى ببيج مدينة كبيرة فيها جامع وبيع كثيرة عامرة ودهاقين تُجْتَبَى جماجمُهم وبها جامع وحاكم وسلطان وبرسمها ضياع كثيرة غزيرة عشرة سفسات، وبين ببيج ومحلّة ببيج الخليج الآخذ من بين شَابُورَ ومحلّة نقيده وهما جانبان أيضًا وينفصل هذا الخليج أيضًا قطعتين فيشرع إحداهنّ الى فرنُوه مغرّبةً من ناحية ببيج ومحلّة ببيج والأخرى مشرّقةً الى صا وصا هذه مدينة فيها جامع وبيع كثيرة وحاكم وسلطان وأسواق وحمّام وبها العين المعروفة بعين موسى عليه السلام ويقال أنّه سُجِن بها ستّـة سفسات، ومن صا الى دَيّاى ضيعة كبيرة فيها جامع وبرسمها كورة ذاتُ

---

١ (وهى) — (فهى)، ٦ (طنتنا) — حط (طندتا)، ٨ (طنتنا) — (طَنتنَا) وفى حط (طندتا)، ١٢ [وخيل ورَجْل] مأخوذ من حط، ١٩ (نقيده) — (نفيدَة)، ٢٢ (صا) — (صا وصا)، (كورة) — (كورٌ)،

ضياع وعامل وحاكم وبيع وأحوالها متقاربــة فى الزجاء عشرة سقسات،
ومن دَيّاى الى الصافية ضيعة كبيرة كثيرة قصب السكّر وبها غير مَعْصَرَةٍ | حط ٩٣
للسكّر وبها جامع وبيع وحاكم وعامل وأسواق حسنة عشرة سقسات، ومن
الصافية الى دمى جمول ضيعة كبيرة أيضًا كثيرة قصب السُكّر والمعاصر
وعُمل السُكّر بها والقند ولها منبر وسوق وحاكم ستّة سقسات، ومن دمى
جمول الى سنديون ضيعة آهلــة واسعة الغلّات وبها جامع وبيع وسوق
وحاكم ثمنية سقسات أو تزيد قليلاً، ومن سنديون الى بُلهيب ستّــة
سقسات، وأمّا الشعبة الآخذة من ببيج ومحلّة ببيج الى فرنُوه فإنّ فرنُوه
منها على نحر الماء وفى غربيّه وهى مدينة كثيرة الباديــة وهى الغالبة عليها
وبها جامع وسلطان وحاكم وبيع عداد وأسواق لا بأس بها وبينهما اثنا
عشر سقسًا، ومن فرنُوه الى محلّة مَسْرُوق مدينة لها كورة عظيمة فيها الموز
الحسن الكثير والفواكه الواسعة وتجلب فواكهها الى الفسطاط وبها حمّام
وجامع وبيع وحاكم وصاحب معونة خمسة عشر سقسًا، ومن محلّة مَسْرُوقٍ
الى محلّة أبى خراشة مدينة كثيرة الأسواق وبهــا جامع وحمّام وحاكم
وصاحب معونةٍ فى عسكر صالح ولهــا كورة ذات غلّات كثيرة ستّــة
سقسات ومن محلّة أبى خراشة الى فيشة ضيعة فيها منبر ولها بادية لا بأس
بها اثنا عشر سقسًا، ومنها الى سنديبس ضيعة فسيحة كثيرة الدهاقين
والبيع والخنازير صالحة الارتفاع خمسة عشــر سقسًا، ومن سَنَدَبيس الى
سنباذة ضيعة تشاكل سنديبس خمسة عشر سقسًا، ومنها الى بلهيب نحو
عشرة سقسات، ويجتمع ببلهيب الخليجان المتشعّبان من ببيج أحدها
آخذًا على فَرنوه والآخر على صا قُدّام بلهيب وهى مدينة كبيرة بها جامع
وبيع وبها حاكم وصاحب | الإسكندريّة فى الربيع وهى على ساحل [٤٢ ظ] | حط ٩٤

٤ (والمعاصر) — (والمعاصير)، ٩ (الغالبة) — (العاليه)، ٢١ (صا) — (صًا وصا)، ٢٢ (الإسكندريّة) — (للاسكندريه)،

معونة وجامع وأسواق ولا حمّام بها وجميع ما على شطّى النيل من بلهيب الى رشيد ضياع لا منابر فيها ويطول ذكرها،

(٨) ولِمصْرَ وأعمالها غير كتابٍ مؤلَّفٍ مستوفًى بصفات ضياعها وجباياتها وخواصّها وقد تغيّرت مذ وقت دخل المغاربة أرضها ورزحت من جميع أسبابها وبقيت منها رسوم وبقايا دِمَنٍ خاليةٍ تشهد بما سلف فيها من الأمور الرفيعة العالية، فلذلك حرّرتُ أوصافها ولم أستقص حالها،

(٩) وأمّا الشعبة الآخذة من شطنوف مشرّقة الى دِمْيَاطَ وتِنّيس فقد ذكرتُ بين أشكال مدنها مسافاتها ويُسْتَغْنَى بذلك عن إعادة لفظٍ فيه وتكرير قول منه ولو أمكن مثل ذلك فى جميع هذه الخلجان لكان أجمل وأحسن ولمّا تعذّر ولم يمكن فيه إعادة ذكره بالكلّيّة اقتصرتُ على المشهور المعروف حسب ما توخّيتُهُ من ذكر سواد كلّ بلد وريف كلّ ناحية ووصفها جملةً غير مفصّلةٍ بعد تصوير مدنها وبقاعها وطرقها مُوَصَّلَةً ومُفَصَّلَةً إذ كان ذلك القصدَ والبِغْيَةَ، ولمّا كان العلم بكُلّيّتِهِ بإزاء قُوَى أبناء البشر بكلّيّتهم فلن يبلغَ الإنسانُ الواحد منه بجُزئيّة إلّا قدْرَ ما اقتضته سعادتُه،

(١٠) فأمّا ما يُحيط بجميع مصر من الحدّ المشتمل عليها فقد تقدّم ذكره فى غير مكان ومن القُلزُم الى أن تعطف على التيه بساحل البحر ستّ مراحل ومن حدّ التيه الى أن تتّصل ببحر الروم نحو ثمانى مراحل ويمتدّ الحدّ على البحر الى أوّل الحدّ الذى ذكرتُه نحو اثنتى عشرة مرحلة،

(١١) ومن الرَّمْلة الى مدينة الفُسْطَاط إحدى عشرة مرحلة فمن ذلك

---

١ (من بلهيب) كما فى حط وفى الأصل (الى بلهيب) وكذلك فى نسختى حط، ١٤ (أبناء) — (بناء)، ١٦—١٧ (فقد تقدّم .... مكان) يوجد مكان ذلك فى نسختى حط (فمن ساحل بحر الروم من العريش [الى أن] يتّصل بأرض النوبة من وراء الواحات نحو خمس وعشرين مرحلة ومن حدّ النوبة ممّا يلى الجنوب على آخر حدود النوبة نحو ثمان مراحل ومدينة النوبة العظمى تعرف بدُنْقُلَة [ومنها] الى اسوان نحو أربعين مرحلة) وقد أُستتمّ ذلك على التخمين،

حـط ٩٥ أن تخرج من الرَّمْلة الى ابنى مدينة نصف مرحلة ومنها الى يَزْدُودَ | مدينة أيضًا قَصِدة تمامُ مرحلةٍ ومن يزدُود الى غَزَّة مدينة حسنة كثيرة الخير ولها ربض مرحلة ومنها الى رَفَحٍ مدينة صالحة وجامع حسن مرحلة، ومن رفح الى العريش مدينة ذات جامعين مفترقة المبانى والغالب عليها الرمل وهى قريبة من الساحل ولها فواكه وثمار حسنة مرحلة، وذكر عبد الله بن عبد الحكم الفقيه صاحب الكتب المؤلّفة أنّ الجفار بأجمعه كان أيّام مُصْعَبِ بن الوَلِيدِ فرعون مُوسَى فى غاية العمارة بالمياه والقرى والسكّان وأنّ قول الله تعالى ودَمَّرنا مَا كَان يَصْنَعُ فِرْعَوْنُ وَقَوْمُهُ وَمَا كَانُوا يَعْرِشُونَ [عن هذه المواضع] وأنّ العمارة كانت متّصلة منـه الى اليمن قال ولذلك سمّيت العَرِيشُ عَرِيشًا، ومن العَرِيشِ [الى] الوَرَّادَةِ منزل قريب الحال مرحلة، ومن الوَرَّادَةِ الى البَقَّارَةِ قريـة مرحلة، ومن البقّارة الى الفَرَمَا مدينة صالحة على نحر بحر الرُومِ كثيرة النخيل والرطب والسمك غير طيّبة الماء يردها التجّار فى البرّ والبحر ليـلاً ونهارًا [٤٢ ب] من الفُسْطَاطِ والشأم لأنّها على الطريق مرحلة وسَابِلَتُها غير منقطعين، ومن الفرمَا الى جرجير مرحلة وهى مدينة، ومن جرجير الى فاقُوس مدينة صالحة أيضًا مرحلة ورُبّما لم يمكن السائرَ الى جرجير السيرُ من فاقُوس فسار من الفَرَمَا الى الهامـة الى بلبيس وبلبيس مدينة أيضًا مرحلـة، ومنها الى الفسطاط مرحلة،

(١٣) وطول أرض مصر من اسْوَان الى بحر الروم نحو عشرين مرحلة فمن ذلك أنّ من اسوَان الى اتفوا أربعة أبْرُدٍ ونصف ومن اتفُوا الى اسْنَى بريدان ومن اسنى الى ارمنت بريدان ومن ارمنت الى قوص بريد

---

١ (ابنى) — (لبنى)، ٨ (ودَمَّرنا) — (دَمَّرنا)، (ودَمَّرنا .... يَعْرِشُونَ) سورة الأعراف (٧) الآية ١٣٣، [عن هذه المواضع] مستمّ تابعًا لحـط عن المقريزىّ، ١٠ [الى] يُفقد فى الأصل، ١٤ (وَسَابِلَتُها) — (وسلب بلمتها)، ١٧ (الفَرَمَا) — (الفَرْمَا)، ١٩ (نحو عشرين) — حـط (خمس وعشرون)، ٢٠ (اتفوا) — (انفوا)،

ونصف ومن قوص الى البلينا أربعة أبردٍ ونصف ومن البلينَا الى اخميم بريد ونصف ومن اخميم الى قاو بريدان [ومن قاو الى اسيوط بريد ومن اسيوط الى منسارة بريدان] ومن مَنْسارة الى الاشمونين بريدان وهى تجاه انصنى، ومن الاشمونين الى طحا بريدان فى الحاجر، ومن طحا الى مصر عشرة أبرد [ثمّ تركب فى السفينة الى أىّ موضع وبلدة تريد فإنّ طرقاتهم فى الماء بالمراكب]،

(١٣) وعلى النيل مضيقان بين جبلين قد قطع كلَّ واحدٍ منهما — مفقود فى حـط — ليستمرّ الماء فى طريقه أحدهما بين اسنى وارمنت لضيق القرية المدعوّة قرية القَسِّ وقد خربت والمضيق الثانى يُعرف بالحنس على ثلثة أبرد من اسوان الى أسفل منها وبينه وبين اتفوا بريد ونصف، وبالنيل موضعان يُعرفان بالجنادل أحدهما فوق اسوان بثلثة أميال فى حدّ الإسلام وهو جبل قُطِعَ أيضًا لطريق الماء وتُرِكَ ما قُطِعَ منه على غاية الوعورة فالماء ينسرّب فيه بين أحجار عظام لاتقدر المراكب أن تسير فيه لوعورته وإذا جاءته حملت فى البرّ متاعها الى أن تلحق بسيل الماء المستقيم ومقداره رميتا سهم وبينه وبين آخر حدّ الإسلام ثلثة أميال وكأنّه تُرِكَ رِدْءا لمن قصد بلد العدوّ أو رِدْءا لمن أراد مصر من ناحية العدوّ، والجنادل الثانى بالقرب من دنقله ويُسمع صوت الماء وجريه فيها ليلاً ونهارًا على أميال كثيرة،

(١٤) ومن صفات مدنها وبقاعها أنّ مدينتها العُظمى تسمّى الفُسْطَاطَ — حـط ٩٦ — وهى على شمال النيل لأنّه يجرى فى نحوها بين المشرق والجنوب وهى مدينة

١ (البلينا) — (البلنيا) المرّتين، ٢—٣ [ومن قاو .... بريدان] مستتمّ عن حـب ١٢ ب ويفقد أكثر هذه الفقرة فى حـط، ٤ (طحا) — (صحفا) المرّتين، ٥—٦ [ثمّ تركب ... بالمراكب] مستتمّ عن حـب ١٢ ب، ٨ (لصيق) — (لضيق)، ٢٠ (على شمال ... والجنوب) يوجد مكان ذلك فى حـط (فى شرقىّ النيل وذلك أنّ النيل ينزل عليها من الجنوب ويصبّ فى الشمال الى الشرق ما هو) ويلى ذلك خرم فى نسختى حـط،

حسنة ينقسم لديها النيل قسمين فيُعْدَى من الفُسْطَاطِ الى عدوةٍ أُولى فيها أبنية حسنة ومساكن جليلة تُعرف بالجزيرة ويُعْبَرُ اليها بجسر فيه نحو ثلثين سفينة ويعبر من هذه الجزيرة على جسر آخر الى القسم الثانى كالجسر الأوّل الى أبنية جليلة ومساكن على الشطّ الثالث تُعرف بالجيزة، والفُسْطَاطُ مدينة كبيرة نحو ثُلْث بغداذ ومقدارها نحو فرسخ على غاية العمارة والخِصْب والطيبة واللذّة ذات رحاب فى محالّها وأسواق عظام ومتاجر فخام وممالك جسام الى ظاهر أنيق وهواء رقيق وبساتين نَضِرَة ومتنزّهات على مرّ الأيّام خَضِرَةٍ، وبالفسطاط قبائل وخِطَط للعرب تُنسب اليها محالّهم كالكُوفة والبَصْرة إلّا أنّها أقلّ من ذلك فى وقتنا هذا وقد باد أكثرها بظاهر المعَافِر وهى سبخة الأرض غير نقيّة التربة، والدار تكون بها طبقات سبعًا وستًّا وخمس طبقات وربّما سكن فى الدار المائتان من الناس، وبالفسطاط دار [٤٤ ظ] تُعْرَفَ بدار عبد العزيز بن مروانٍ وكان يسكنها ويصبّ فيها لمن فيها فى كلّ يوم عهدنا هذا أربع مائة راويةٍ ماء وفيها خمسة مساجد وحمّامان وغير فرنٍ لخبز عجين أهلها، ومُعْظَم بنيانهم بالطوب وأكثر سِفْل دورهم غير مسكون، وبها مسجدان لصلاة الجمعة بنى أحدهما عمرو بن العاص فى وسط الأسواق والآخر بأعلى | المَوْقِف بناه أبو حط ٩٧
العبّاس أحمد بن طولون، وكان خارج مصر أبنيةٌ بناها أحمد بن طولون مساحتها ميل فى مثله يسكنها جنده تُعرف بالقطائع كبناء بنى الأغلب خارج القيروان لرقّادة وقد خَرِبَا جميعًا فى وقتنا هذا ورقّادة أشدّ تماسكًا وصلاحًا، وقد استحدثت المغاربة بظاهر مِصْرَ مدينة سمّتها القَاهِرة استحدثها جَوْهَرٌ صاحب أهل المغرب عند دخوله الى مِصْرَ لجيشه وشَمله وحاشيته وقد ضمّت من المحالّ والأسواق وحَوَتْ من أسباب القِنية

١٩ (لرقّادة) — (لِرُقَادَةَ)، (ورقّادة) — (وَرُقَادَةُ)، ٢٠—١ (وقد ... بالحمّامات) يوجد مكان ذلك فى حط (وأخلق الله عوض القطائع بالقاهرة وهى مدينة أجدّها أبو الحسن جوهر فتى أمير المؤمنين ومصباح دولته صلوات الله عليه لجيوشه وحشمه وقد ضمّت من المحالّ والأسواق والحمّامات)،

والارتفاق بالحمّامات والفنادق الى قصور مَشِيدة ونِعَم عتِيدَة وقد أحدق بها سور منيع رفيع يزيد على ثلثة أضعاف مـا بنى بها وهى خالية كأنّها تُركت محالاًّ للسائمة عند حصول خوفٍ، وبها ديوان مصر ومسجد جامع حسن نظيف غزير القوّام والمؤذّنين وقد ابتنت بعض نساء أهل المغرب جامعًا آخر بالقرافة موضع بظاهر مصر كان مساكن لقبائل اليمن ومن اختطّ بها هناك قديمًا عند فتحها وهو من الجوامع الفسيحة الفضاء الرائعة البناء أنيق السقوف بهىّ المنظر، وبالجزيرة والجيزة أيضًا جامعان آخران دون جامع القرافة فى نبله وحسنه،

(١٥) وبمصر نخيل كثيرة وبساتين وأجنّة صالحة وتمتدّ زروعهم بماء النيل من حدّ اسوان الى حدّ الإسكندريّة والباطن ويقيم الماء فى أرضهم بالريف والحوف منذ امتداد الحرّ الى الخريف وينضب على ما قدّمتُ ذكره فيزرع ولا يحتاج الى سقى ولا مطر من بعد ذلك، وأرض مصر لا تُمْطَرُ ولا تُثْلَجُ، وليس بأرض مصر مدينة يجرى فيها الماء من غير حاجة الى زيادة النيل إلاّ الفيّوم والفَيّوم اسم الإقليم وبالفَيّوم مدينة وسطة ذات جانبين تُعرف بالفيّوم ويقال أنّ يوسف النبىّ عليه السلام اتّخذ | لهم مجرًى وزنه ليدوم لهم دخول الماء فيه وقوّمه بالحجارة المنضّدة وسمّاه حط ٩٨ اللاهون،

(١٦) وماء النيل فلا يعلم أحد مبتدأه وذلك أنّه يخرج من مفاوز وراء أرض الزَنْج لا تُسْلَكُ حتّى ينتهى الى حدّ الزَنْج ويقطع فى مفاوز النُوبة وعماراتهم فيجرى لهم فى عمارات متّصلة الى أن يقع فى أرض مصر، [قال كاتب هذه الأحرف زعم مؤلّف الكتاب أنّ النيل لا يعلم أحد مبتدأه وأنّه

٤–٥ (وقد ابتنت ... بالقرافة) مكان ذلك فى حط (وبنت السيّدة جامعًا رابعًا بالقرافة)، ١١ (الخريف) – (الحريف)، ١٧ (اللاهون) – (الاهون)، ٢١–١٢ [قال ... الموفّق] من مضافات حب ١٣ ظ وتلى ذلك فى الورقة ١٣ ب صورة النيل وهذه الصورة تشاكل صورة النيل التى فى نسخة كتاب صورة الأرض الذى للخوارزمىّ ويوجد تلك الصورة فى اللوح الثالث المضاف لكتاب صورة الأرض (نشر هانس فون مژيك) وانظر رسمها فى ص. ١٤٩،

يخرج من مفاوز وراء بلاد الزنج وقد رأيتُ فى رسالة جُغرَافيا أنّ مبدأ النيل بطيحتان مدوّرتان يصبّ الى كلّ واحدة خمسة أنهار من جبل القَمر ويخرج من هاتين البطيحتين من كلّ واحدة أربعة أنهار الى بطيحة مدوّرة فى الإقليم الأوّل قطرها جزآن ومركزها عند طول نَج والعرض من الإقليم الأوّل ب لاَ ثمّ يخرج من هذه البطيحة نهر هو نيل مصر ويصبّ اليه نهر يجرى من عين يخرج من خطّ الاستواء عند طول نطلاَ ويأتى الى قرب من بلد النوبة فينقسم قسمين يصبّ أحدها الى النيل عند طول نَج لاَ والعرض عند يو لاَ فى الإقليم الأوّل والثانى مصبّه فى الاقليم الثانى عند طول نَج لاَ وعرض يح لاَ ثمّ يمتدّ ولا يزال ينعطف انعطافات كثيرة ليس هذا موضع شرحها حتّى يأتى الى اسوان ثمّ يمرّ الى مصر مماسًّا لها عند طول ند لاَ والعرض كَط لاَ ثمّ يتفرّق من مصر فى سبعة خلجان الى البحر الأوّل الى الإسكندريّة عند طول نا مَ والآخر عند طول نَج لاَ والثالث عند طول نَج لَ والرابع عند طول نَج مَ والخامس عند نَج نهَ والسادس عند طول ند كَ والسابع عند طول ند لَ كما نصوّره فى الصفحة الأخرى من هذه الورقة والله الموفّق،]

وهو نهر يكون عند امتداده أكبر من دِجْلة والفُرَات إذا اجتمعا وماؤه أشدّ عذوبةً وحلاوةً وبياضًا من سائر أنهار الإسلام [وهو متّصل بالبرّيّة التى لا تُسلك لجنّها]، وذكره بطلميوس فى كتاب جغرافيّا فلم يَعْزُ أَصْلَهُ الى مكانٍ، ويكون فيه التماسيح والسقنقور وسمكةٌ تُعرف بالرعّادة لا يستطيع أحد أن يقبض عليها وهى حيّة حتّى ترتعشَ يده وتسقط منها فإذا ماتت فهى كسائر السمك، والتمساح دابّة [٤٤ ب] من دوابّ الماء مستطيل الذنب والرأس ورأسه نحو نصف طول ذنبه وله أنياب لا تقبض بها على دابّة ما كانت من سَبُع أو جَمَل إلاّ مدّه فى الماء وله على كلّ شىء سلطان إلاّ الجاموس فإنّه لا قوام له بالكبير منها ويخرج من الماء فيمشى فى البرّ ويقيم فيه خارج الماء اليوم والليلة ونحو ذلك وليس سلطانه فى البرّ كسلطانه فى الماء وقد يتضرّى بعضها فى البرّ على الناس فيكون من جاوره معه فى

---

٤ (نَج) — (مح)، (بَ) — (ب)، ٦ (طول نَج) — (طوم)، (يَو) — (لو)، ٧ (الثانى) — (الأوّل)، (نجَ) — (با)، (يَح) — (مح)، ١٠ (نجَ) — (مح) وكذا مرّتين فى السطر التالى، ١١ (نَج نهَ) — (مح نه)، (ندَ) — (لد)، ١٤—١٥ [وهو ... لجنّها] مأخوذ من حط، ١٥ (جغرافيّا) — (جعرافيّا)، ١٦ (بالرعّادة) — (بالرعادة)، ٢٢ (يتضرّى) — (تَيَضرّا)،

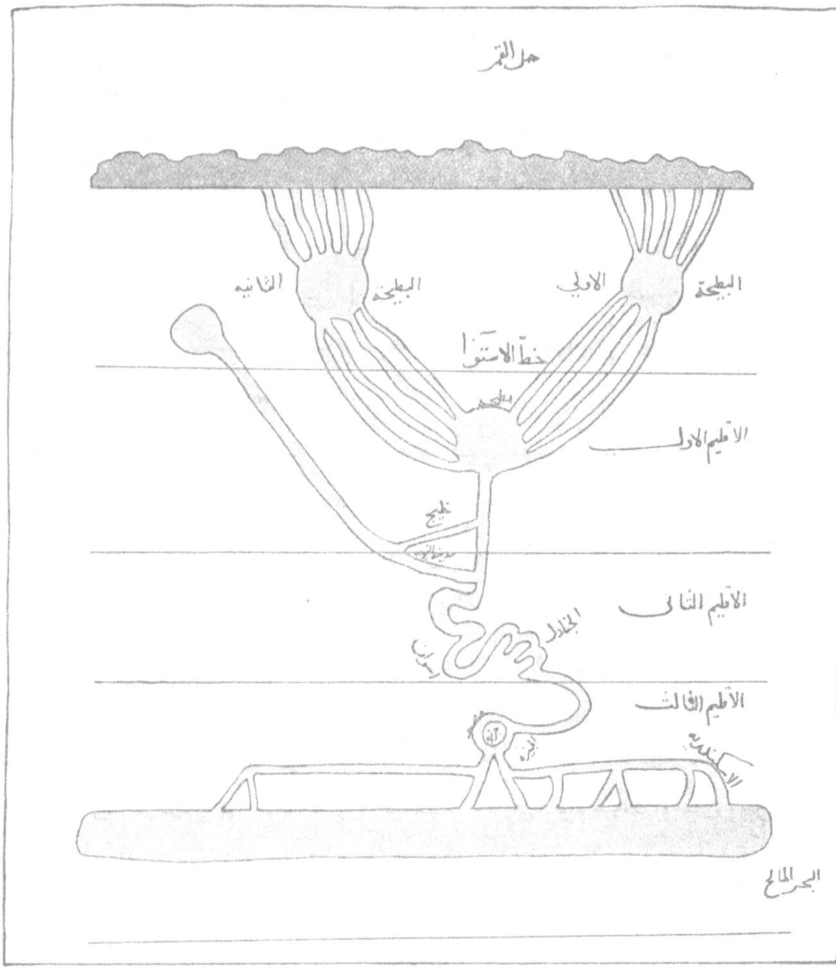

إيضاح ما يوجد من الأسماء والنصوص فى صورة النيل المرسومة فى الورقة ١٣ ب من نسخة حب، قد رُسم فى أعلى الصورة جبل القمر ومن أسفله البطيحة الأولى والبطيحة الثانية ثمّ تحت البطيحتين خط مستقيم افقىّ كُتب عنده خطّ الاستواء، وفى الساحة تحت هذا الخطّ كُتب الإقليم الأوّل وفيه كلمتا بطيحة وخليج، ويلى ذلك الى الأسفل خطّ ثانٍ كُتب عليه مدينة النوبه وفى الساحة تحت هذا الخطّ الإقليم الثانى وفيه من الأسماء الجنادل واسوان، ومن أسفل ذلك خطّ ثالث كُتب فى الساحة تحته الإقليم الثالث وفيه من الأسماء مصر، جزيره، الجيزه، الاسكندريه، وفى أسفل الصورة فى الزاوية اليمنى البحر المالح،

أذيّةٍ حتّى يُحْتالَ فى قتله وله جِلد لا يعمل فيه شىء من السلاح إلّا تحت إبْطَيْه وباطنَ فخذيه، والسقنقور صنف يتولّد منه ومن السمك فلا يشاكل السمك لأنّ له يدين ورجلين ولا التمساحَ لأنّ ذنبه أجرد أملس غير مضرّس وذنب التمساح مسيّف مضرّس ويتعالج بشحم السقنقور للجماع ولا يكون بمكان إلّا فى النيل [من حدّ اسوان] أو بنهر مهران من أرض
حط ٩٩ الهند والسند وكذلك التمساح، وكانت مدينة اسوان | ثغرًا على النوبة قديمًا إلّا أنّهم اليوم مهادنون،

(١٧) وبصعيد مصر من جنوب النيل معدن الزبرجد فى برّية منقطعة عن العمارة ويكون من حدّ جزائر بنى حدان الى نواحى عيذاب وهى ناحية للبُجة وقوم من العرب من ربيعة وليس بجميع الأرض معدن للزمرّد غيره وفى شمال النيل جبل يمتدّ عليه الى الفسطاط يُعرف بالمُقطّم فيه وفى نواحيه حجر الخماهن وشىء من البلّار وتحاده ناحية الزُمُرُّد ويمتدّ هذا الجبل الى أقاصى بلد السودان وفيه بنواحى مِصْرَ قبر محمّد بن إدريس الشافعىّ الفقيه رحمه الله فى جملة المقابر التى فى سفحه لأهل مِصر ويقال أنّه دُفِن بها من الأنبياء يُوسُفُ ويعقوب والأسباطُ ومُوسَى وهٰرون وبها وُلِدَ عيسى عليه وعليهم السلٰم بكورة اهناس ولم تزل نخلة مَرْيَمَ [تُعرف] باهناس الى آخر أيّام بنى أُميّة،

(١٨) ومن مشاهير مدنها وعجيب آثارها الإسكندريّة وهى مدينة على نحر بحر الروم رسومها بيّنة وآثار أهلها ظاهرة تَنْطِق عن مُلكٍ وقُدرة وتُعرِف عن تمكّنٍ فى البلاد وسُمُوّ ونصْرة وتُفْصِحِ عن عِظَة وعِبْرة كبيرة الحجارة جليلة العمارة وبها من العَمَد العظام وأنواع الأحجار الرُخام الذى لا تقلّ القِطْعة منه إلّا بألوف ناس قد عُلِّقَتْ بين السماء والأرض على فوق المائة ذراعٍ ممّا يكون الحجر منها فوق رؤوس أساطين دائر

٥ [من حدّ اسوان] مستتمّ عن حط، ٩ (عيذاب) — (عيذابـ)، ١٢ (الخماهن) تابعًا لحط ولحب وفى الأصل (الجماهر)، ١٣ (أقاصى بلد السودان) مكان ذلك فى حط (النوبة)، ١٧ [تُعرف] مستتمّ عن حط، ٢٠ (وسُمُوّ ونصْرة) — (وسُمُوّه ونصرة)،

الأُسْطُوَانِ منها ما بين الخمس عشرة ذراعًا الى عشرين ذراعًا والحجر فوقه [عشر أذرع] فى عشر أذرع فى سَمْك عشر أذرع بغرائب الألوان وبدائع الأصباغ،

فلو سُئِلَتْ عن أهلها لرأيْتَهَا * مخبِّرَةً من حالهم بالعظائم،

ولها طرقات مفروشة بأنواع الرُخام والحجر الملوّن وفى بِيَعها عمد لصفاء صقاله وحسن ألوانه يبين كالزُمُرُّد الأخضر وكالجزع الأصفر منه والأحمر وجُلّ أبنيتها بالعمد المُسمَّر ومنه شىء على قضبان نحاس قد دُبِّر بأنواع أخلاط لئلّا يغيّره الزمان وتحت الأُسْطوانة منـه الثلثة سرطانات نحاس وأربعة والأُسطوانة فى الهواء عليها ضروب الصور المعروفة والمجهولة، [وفيها المنارة المشهورة المبنيّـة بالحجارة المركّبة | المضبّبة بالرصاص] حط ١٠٠ [٤٥ ظ] وليس بجميع الأرض لمنارتها نظير يدانيها أو يقاربها فى أشكالها ومبانيها وعجائبها ومعانيها تشتمل على آيـة بيّنة ويُستدلّ بها على مملكة كانت قاهرةً لمَلكٍ عظيم ذى حال جسيم وسلطان عقيم، وهى المنارة المشهورة فى جمهور الأرض أخبارها التى جميع العامّة والخاصّة من أهل الدراية مُجمعون على أنّ مؤسّسها اخترعها لرصد الفلك وأدرك ما أدركه من علم الهيئة بها وفيها وجميع ما أُخبر به من حال الفلك فإنّما حصل له ولمن خلفه بانكشاف فضائها وسعة سمائها وقلّة أبخرة صحرائها لأنّ لكلّ ارضٍ سرابًا على مقدارها وليس لها سراب وسَمْكها كان يزيد على ثلثمائة ذراع فوقعت منه قُبّة عظيمة كانت رأس المنارة لطول العهد لا كما يدّعى المحاليّون فى حماقاتٍ ورقاعاتٍ مصنّفةٍ أنّها بُنيت لمرآة كانت فيها يُرى سائر ما يدخل الى بحر الروم من درمُون حمّالٍ الى شلندى مستعدٍّ للقتال ويزعم قوم أنّ بانيها وبانى الهرمين مَلِك واحد ويروى آخرون غير ذلك،

(١٩) ومن حدّ الفسطاط فى غربىّ النيل أبنية عظام يكثر عددها مفترشة فى سائر الصعيد يُدعى الأهرام، وليست كالهرمين اللذين تجاه

---

٢ [عشر أذرع] مستتمّ عن حب، ١٠ [وفيها .... بالرصاص] مأخوذ من حط،

الفسطاط وعلى فرسخين منها ارتفاع كلّ واحدٍ منهما أربع مائة ذراع وعرضه كارتفاعه مبنيّ بحجارة الكذّان التى سمك الحجر وطوله وعرضه من العشر الأذرع الى الثمان حسب ما دعت الحاجة الى وضعه فى زيادته ونقصه وأوجبته الهندسة عندهم لأنّهما كلّما ارتفعا فى البناء ضاقا حتّى يصير أعلاها من كلّ واحد مثل مَبْرَك جملٍ وقد مُلِئت حيطانهما بالكتابة اليونانيّة، | [حط ١٠١] وفى داخل كلّ واحد منهما طريق كان يسير فيه الناس رجّالة الى أعلاه وفى ذين الهرمين مخترق فى باطن الأرض واضح من أحدهما الى الآخر وقد ذكر قوم أنّهما قبران وليسا كذلك وإنّما حدا صاحبَهما أن عملهما أنّه قضى بالطوفان وهلاك جميع ما على وجه الأرض إلّا ما حصّن فى مثلهما فخزن ذخائره وأمواله فيهما وأتى الطوفان ثمّ نِضبَ فصار ما كان فيهما الى بيصر بن نوح وقد خزن فيهما بعض الملوك المتأخّرين أهـراءه،

(٣٠) ومن جليل مدنها وفاخر خواصّها ما خُصّت به تنّيس ودمياط وهما جزيرتان بين الماء المالح والعذب أكثر السنة فى وجه النيل لا زرع فيهما ولا ضرع بهما وفيهما يُتّخذ ويُعمل رفيع الكتّان وثياب الشرب والدبيقىّ والمصبّغات من الحُلَل التنّيسيّة التى ليس فى جميع الأرض ما يدانيها فى القيمة والحسن والنعمة والترف والرقّة والدقّة وربّما بلغت الحُلّة من ثيابها مائين دنانير إذا كان فيها ذهب، وقد يبلغ ما لا ذهب فيه منها مائة | [حط ١٠٢] دينار وزائدًا وناقصًا وجميع ما يُعمل بها من الكتّان فربّما بلغ مثقال غزلٍ من غزولها دنانير، وإن كانت شطا ودبقوا ودميره وتونه وما قاربهم بتلك الجزائر يُعمل بها الرفيع من هذه الأجناس فليس ذلك بمقارب للتنّيسىّ والدمياطىّ والشطوىّ ممّا كان الحمل على عهدنا [٤٥ ب] يبلغ من عشرين ألف دينار الى ثلثين ألف دينار لجهاز العراق

٥ (حيطانهما) — (حيطانها)، ٦ (اليونانيّة) يلى ذلك فى نسختى حط (السريانيّة) إلّا أنّ هذه الكلمة مكتوبة فى حو فوق (اليونانية)، ١٣ (تنّيس) — (تِنِيسُ)، ١٨ (مائين دنانير) — حط (مائة دينار)، ١٩ (فربّما) — (وربّما)،

فانقطع بالمغاربة وخصّ بقطعه اللعين أبو الفرج بن كِلّس وزير العزيز فإنّه استأصل ذلك بالنوائب والكُلَف والمغارم والسُخَر الدائمة للصُنّاع حتّى لجعل جزيةً على جميع الداخلين والخارجين الى تنيس، وبمصر غير طراز رفيع وسآتى على ذكره،

(٢١) وأمّا النيل فأكثر جريه الى الشمال وكذلك جرى نهر الأرْدُنّ وعرض العمارة عليه بجنبتيه من حدّ اسوان ما بين نصف مرحلة الى يوم الى أن ينتهى الى الفسطاط فتعرض العمارة على وجه الأرض فيصير عرضها من حدّ الإسكندريّة الى الحَوْف الذى يتّصل بعمارة القُلزم نحو ثمنية أيّام وأكثر ولم يكن فى أرض مِصْرَ سيّما ما جاور النيل قفار غير معمورة بل كانت آهلة قبل فتح الإسلام فلم يبق بها ديّار ولا مخبر،

(٢٢) وأمّا الوَاحَاتُ فإنّها بلاد كانت معمورة بالمياه والأشجار والقُرَى والرُوم قبل فتحها وكان يُسلك من ظهرها الى بلاد السُودان بالمغرب على الطريق الذى كان يؤخذ ويُسلك قديمًا من مِصْر الى غانه فانقطع ولا يخلو هذا الطريق من جزائر النخيل وآثار الناس وبها الى يومنا هذا ثمار كثيرة وغنم وجمال قد توحّشت فهى تتوارى وللواحات من صَعِيد مصر اليها فى حدّ النُوبة نحو ثلثة أيّام فى مفازة حدّ ولم تزل سافرتهم وسافرة أهل مصر على غير طريق تتصرّف الى المغرب وبلد السُودان فى برارىّ ولم ينقطع ذلك الى حين أيّام دولة أبى العبّاس أحمد بن طُولُون | وكان لهم طريق الى فزان والى برقة فانقطع بما دار على الرفاق فى غير سنة بسافية الريح للرمل على الرفاق حتّى هلكت غير رفقة فأمر أبو العبّاس بقطع الطريق ومنع أن يخرج عليه أحد، مفقود فى خط

(٢٣) وبلد الواحات ناحيتان ويقال لهما الداخلة والخارجة وبين الداخلة والخارجة ثلث مراحل وأجلّهما الناحية الداخلة وهى واسطة البلد وقرار آل عبدون ملوكها وأصحابها وفيها مساكنهم وأموالهم وعُدّتهم وذخائرهم وهما حارتان بينهما نصف بريد وبكلّ حارة منهما قصر الى جانبه مساكن

٩ (معمورة) — (معمور)، ٢٥ (منهما) — (منها)،

لحاشية من ينزله وخاصّته وأصحابه وأضيافه وفيهما حرمهم، وتُعرف إحدى الحارتين بالقلمون والأخرى بالقصر، والناحيــة الخارجة تُعرف ببيريس وبيخيط وهما خمسة أصقاع ويشتمل كلّ صُقْع منها على منابــر تتقارب فى المنزلة والحال، ولم تزل مذ أوّل ما فتحها المسلمون فى أيدى آل عبدون ومَرْجِعهم الى حىّ من لواتة قبيل من البربر ملوك هذه الناحية يرجعون الى مروؤة فاشية ومظاهرة بالحُرّيّة ورغبة فى القاصدين ومحبّة للمنتجعين على جميع ضروب القصد مكرمين للتجّار نازلين على أحكامهم فى الأرباح وكان من أحرصهم على هذه الوتيرة يتقبّل المحاسن ويحبّ حسن الأحدوثة والشكر ويرغب فى جميل الذكر أبو الحسن مكبّر بن عبد الصمد بن عبدون رحمه الله [٤٦ ظ] بكبر نفسه وسعة قلبه وكثرة طَوْلــه وفاشى مروؤته يزيد على من سلف له من أهله فى جميع المقاصد الكريمة ويركب منها الطرقات الصعبة الجسيمة ولمّا مضى قام مكانه وعمر موضعَه عبدون ابن محمّد بن عبدون فى ضمن عبدٍ له يُعرف بمصبح بن ميمون مغربىّ الأصل مولّــد بالواحات وهو رجل نَدْبٌ وشيخ شَهْمٌ، ونواحيهم كثيرة المياه والأشجار والغياض والعيون الجارية العذبة منصرّفة فى نخيلهم وزروعهم وأجنّتهم وأكثر غلّاتهم بعد القمح والشعير الأرزّ ولديهم من العنّاب الكثير والفوّة الواسعة الغزيرة ما يُغدق به الى كثير من النواحى، وهى كالناحية المعتزلة فى مركز دائــرة من النيل ومن أىّ نحوٍ قصدتَ الواحات من أنحائها كان الوصول اليها من ثلاث مراحل الى أربع مراحل، والناحية الخارجة منها المعروفة ببيخيط وبيريس أقرب الى النيل ومن قصدها من ناحية النوبة ويبرين وأعمالهم اجتاز بعين النخلة بماء عدٍّ لا ساكن عنده ولا يجد الماء الى بيريسَ، ومن اجتاز بها من أرض مصر وقصدها من اسنى وارمنت تزوّد ماء النيل الى بيريس، ومن قصدها من البُلينا واخميم واسيوط والاشمون من أسافل الصَعِيدِ كان وصوله الى بيخيط وتزوّد ماء

٢ (الحارتين) — (الناحيتين)، ٨ (يتقبّل) — (يتقيّل)، ٩ (والشكر) — (والسكر)، ١٤ (شَهْمٌ) — (سَهْمٌ)، ٢٢ البُلينا) — (البُلنيا)،

النيل، ومن قصدها من اسوان وأعلى الصعيد اجتاز بدنقل بماء عِدٍّ فى أحساء تُحْفَرُ باليد وعليه نخيل كثيرة بغير ساكن وتزوّد الماء الى بيريس ومسيرة كلّ طريق ممّا ذكرتُه اليها ثلث مراحل، وأكثر هذه الطرق فى عِقاب وأودية وجميع من قصدها من هذه الأربع نواحى يقطع الوادى المعروف بدَواى وأحساء بنى فضالة، ومن قصد الواح الداخلة وهى داره مملكة آل عبدون من ناحية القيس والبهنسة كان وصوله الى بهنسة الواح إذ بها ناحية تُعرف بالبهنسة أيضًا وبينها وبين الفرفرون مرحلة والفرفرون قرية ذات قصور، وبين بهنسة مِصْرَ والقيس وبهنسة الواح أربع مراحل وهى فى جملة الواح الداخلة وتُصيب الماء فى هذا الطريق بموضع يُعرف بماء النخلة وفيه نخلة، والغالب على أهل الفرفرون القبط النصارى وبالفرفرون والبهنسة قصران لآل عبدون يليهما مساكن كمساكن القلمون ولا حُرمَ فيهما ولا ذخيرة بل هى عُدّة لنزول أهلها بها عند نُزَهِهم ويليهما مساكن الأكَرة وبالبهنسة وببيخيط وبيريس قُرًى ظاهرة وباطنة وأمم عليهم لوازم للسلطان وجزية ولا يمدّ آلُ عبدون وخدمهم أيديهم فى شىء من الجباية سوى الخراج والجزية من النصارى وليس بجميع الواحات يهودىّ واحد فما فوقَهُ وبالواحات من بنى هِلاَلٍ عِدّة غزيرة وأمّة كثيرة وهى مصيفهم وقت الغلّة وميرتهم منها وليس بجميع الواحات حمّام ولا فندق يسكنه الطارئ والقادم اليها وإذا قَدِمَ التجّار والزوّار على آل عبدون أنزلوهم أين كانوا من قرارهم ولزمتهم الأنزال ودرّت عليهم الضيافات الى حين رحيلهم وعندهم بجميع نواحيهم المطاحن بالإبل والبقر وقلّما يُمْطَرون ومياه عيونهم حارّة فهى تقوم لهم مقام الحمّامات وقد يُقْصَد الواحات من ناحية المغرب ومن جزيرة [٤٦ ب] فيها نخيل وسُكّان من البربر تُعرف بسنتريّة فيكون أوّل وصولهم منها الى ناحية بهنسَتِها، وبجميع الواحات بِيَع قديمة أزليّة معمورة لأنّ البلد كان نصرانىّ الأصل قديمًا وكان غزير الدَخْل كثير المال فشاب وشَمِط بجور السلطان

٩ (وتُصيب) — (وبُصيبُ)، ١٦ (عِدّة) — (عُدّة)، ٢٣ (بسنتريّة) — (بسنترة)،

وقد استحدث المسلمون بهذه النواحى الخمس نحو خمسة عشر منبرًا ولكلّ قريــة من قُرَى هذه الخمس نواحى مساجد معمورة بالصلوات الخمس، وجميع من بها من القِبْط فى ولاء آل عَبْدُونَ عتاقة وغلّات البلد فوق حاجتهم وبه من القموح والتمور الجليلة الكبار الحَبّ والعُنّاب والقطانى الى جميع الفاكهة والبقول مــا يزيد على حاجتهم ويُنيف على فاقتهم وإرادتهم وبين آل عبدون والنُوبــة هُدْنَــة بعد حروب جرت وغارات دامت واتّصلت وهذه جملة من خبرها وأوصافها،

(٢٤) | وأمّا البُحَيْرَةُ التى هى بأرض مِصرَ وفى شمال الفَرَمَا وتتّصل حط ١٠٢
ببحر الرُومِ [تُعرف ببحيرة تنّيس] فهى بحيرة إذا امتدّ النيل فى الصيف عذُب ماؤها وإذا جزر فى الشتاء الى أوان الحرّ غلب ماء البحر عليها
| فمَلُحَ ماؤها وغاص فيها ماء النيل وفيها مدن كالجزائر فيها يطيف ماء حط ١٠٣
البحيرة بها ولا طريق اليها إلّا فى السُفن من أجلّ جزائرها تنّيس ودمياط ودميره ودبقوا وشطا وتونه، وهى قليلة العُمق يُسار فى أكثرها بالمرادى وتلتقى السفينتان تحطّ إحداها الأخرى هذه صاعدة وهذه نازلة بريح واحدة مملّأة شرُعهما بالريح متساوية فى سرعة السير، وبهذه البحيرة سَمَكَة تُعرف بالدُلفين فى خِلْقة الزِقّ الكبير وتكثر فى مياه بحر الرُوم فى منحدر الماء العذب من البحر وذكر قوم فى مؤلّفات حماقات رقاعاتهم أنّ لها خاصّيةً مشهورة وذلك أنّها لا تزال تَدْفَعُ الغريق عند غرَقِه وهو يجود بنفسه وتَغُثُّهُ بإرهاقه ودَفْعِهِ مرّةً وشيلِه ورفعه تارةً الى أن تُخرجه الى الساحل أو الماء الرقيق والناس يكذبون لمّا كانت ذوات الأربع لا تنطق، وذكر هذا المؤلّف فى بعض كتبه وغيره أنّ بالإسكندريّة سمكةً تُعرف بالعَروس حسنة المنظر نَفِشةً لذيذةَ الطعم إذا أكله الإنسان رأى فى منامه كأنّــه

---

٢ (معمورة) — (معموة)، ٩ [تُعرف ... تنّيس] مأخوذ من حط، ١١ (وفيها) — (ففيها)، ١٢ (ودمياط) — (ودمياط ودمياط)، ١٥ (مملّأة) تابعًا لحط وفى الأصل (مملا)، ١٦ (الزِقّ الكبير) — حط (الزقّ المنفوخ)،

يُؤتَى [إن لم يتناول عليها الشراب أو يكثر من أكل العسل] بل يرى أنّ كثيرًا من السودان يفعلون به ورأيتُها وأكلتُها أنا وجماعة من ذوى التحصيل فشهدوا بكذب هذه الحكاية،

(٢٥) ومن حدّ هذه البحيرة الى حدّ فلسطين والشأم أرض رمال كلّها متّصلة حسنة اللون تُسمّى الجفار بها نخيل ومنازل ومياه مفترشة الرمل غير منفصلة ويتّصل هذا الرمل برمل نفزاوه من أرض المغرب ورمل سجلماسه ويأخذ الى أرض اودغست وذلك أنّه يأخذ من الجفار مغرّبًا عنها مع جبل المقطّم ويمتدّ على ساحل النيل من شرقه وغربه وحيتانه والنيل يشقّه بنواحٍ كثيرة فمنها باهريت وشرونه وبياض وصول والبرنيل واتفيح واسكُر والحى الى نواحى بُوصير قوريدس واهناس ودلاص وسمسطا والقيس وطحا والاشمونين فيأخذ على أرض الفيّوم وبحيرة اقنى [٤٧ ظ] وتنهمت والبحيرة فى وسطه وتحت جبال منه فيمضى على بلد الشنوف ويستبطن طريق الباطن ويأخذ على غربىّ عقبة برقة مارًّا على الطريق الأعلى وخلف طريق الجادّة ويقع شىء منه الى ساحل بحر برقة [وينقطع] ولا ينقطع ما على الطريق الأعلى منه حتّى يرد قبلة اجدابيه وسُرْت فيكون فى وسطه ويأخذ عن الطريق مغرّبًا الى صحارى جبل | نفوسه ونفزاوه حـط ١٠٤
ويرتفع الى لمطه ورمال سجلماسه ويتّصل برمل اودغست المتّصل بالبحر المحيط، ويتّصل رمل الجفار من ناحية القبلة فى نفس البرّ الى آيْلة ورمال القُلْزُم ويفترش بالساحل وطريق جادّة مِصْر ويمضى الى مدينة يثربٍ ممتدًّا على ما جاور أرض لخمٍ وجُذامَ وجُهَيْنَةَ وبَلِيٍّ وما دنا من أرض

---

١ (يُؤتَى) — (يوتا)، [إن لم ... العسل] مأخوذ من حـط، ٦ (نفزاوه) — (نفراوه)، ٨ (على) — (الى)، ٨—٩ (على ساحل ... باهريت) يوجد مكان ذلك فى حـط (على قبلة مصر مادًّا على ساحل النيل الى نواحى اسوان وتعبر النيل فى غير موضع فيكون على جانبيه فأوّل ما تعدى النيل من الشرق الى الغرب فمن نواحى اهريت)، ٨ (وحيتانه) كذا فى الأصل، ٩ (البرنيل) — (البرتيل)، ١٢ (غربىّ) — حـط (قبالة)، ١٤ [وينقطع] مستتمّ عن حـط، ١٧ (بالبحر) — (ببحر)،

تبوك ويجتاز بوادى القرى مارًّا بديار ثَمودَ مشرّقًا الى جبلى طَيّء ويتّصل برمل الهبير ورمل الهبير متّصل برمل البحرين ورمال بادية البَصْرة وعُمانَ الى أرض الشِحْرِ ومَهْرَة وجميع أرض الشِحْر ومهرة رمل من البحر الى الجبل [ويعبر البحر فيكون تجاه الشحر ومهرة من بلاد الزنج رمل كهيئة رمل الشحر] ويحاذى رأسَ الجُمْجُمة من نواحى حصن ابن عمارة وأرض هرمُوز، فيمرّ شمالاً الى أقاصى خراسان على أعمال الطَبَسين وهَرَاةَ ورمال مــرو وسرَخس ويشرّق بعضه الى أعمال السِنْدِ والديبل [وسُوبارة] وسندَان وصَيْمُور مارًّا فى برارىّ الهند الى التبّت وبلاد الصين فيشرع فى البحــر المحيط، وجميع الرمل الذى على وجه الأرض متّصل متناسب لا أعرف فيه بلدًا رَمْلُه ذو فصل إلاّ القليلَ، وكذلك جبال الأرض كلّها متناسبة متّصلة إلاّ القليل اليسير منها، ويتّصل حدّ الجفار ببحر الروم وحدّ بالتيه وحدّ بأرض فلسطين من الشام وحدّ ببحيرة تنّيس وما اتّصل به من حَوْفِ مِصْر الى حدود القُلْزُم، وبالجفار حيّات شِبْرِيّة تثب من الرمل الى المحامل والرُكّاب على الدوابّ فربّما لسبتهم وآذتهم،

(٢٦) وأمّا تِيهُ بنى إسرائيل فيقال إنّ طوله نحو أربعين فرسخًا وعرضه قريبًا منه وهو أرض فيها رمال وبعضه جلد وبه عيون ونخيل مفترشة قليلة ويتّصل حدّ له بالجفار وحدّ له بجبل طُور سِيناء وما اتّصل بــه وحدّ له بأراضى بيت المقدس وما اتّصل بها من فِلَسْطين وحدّ له ينتهى الى ظهر حَوْف مِصْر الى حدّ القُلْزُم،

حط ١٠٥ (٢٧) | ومدينة الاشمونين وإن كانت صغيرةً فهى عامــرة ذات نخيل وزروع ويرتفع منها من الكتّان وثياب منه يجهّز كثير الى مصر وغيرها، وتجاهها من شمال النيل مدينة بُوصِير وبها قُتِلَ مروان بن محمّد الجعدىّ ويقال أنّ سَحَرَة فرعون الذين حشرهم يوم موسى من بُوصِير،

٤–٥ [ويعبر ... الشحر] مأخوذ من حط، ٥ (الجُمْجُمَة) — (الجُمحه)، (ابن) — (بن)، ٧ [وسوبارة] مأخوذ من حط، ١٣ (حَوْفِ) — حط (ريف)، ١٩ (ظهر حوف) فى حط مكان ذلك (مفازة فى ظهر ريف)،

(٢٨) ومدينة اسوان كثيرة النخيل غزيرة الغلّات من التمور قليلة الزروع وهى أكبر مدن الصعيد، والبُلينا وَاَخْمِيم مدينتان متقاربتان فى العمارة صغيرتان عامرتان بالنخل والزرع وذو النُون المصرىّ من أهل اخميم وكان بغاية النُسْك والورع، | ولها جهاز من الكتّان المعمول منفقود فى حـَط شقَقَ ومناديل الى الحجاز ومِصْر، وبها بربًا من أعظم البرابى وأطرفها وهو مخزن لذخائر القوم الذين قضوا من أهل مِصْر [٤٧ ب] بالطوفان قبل وقته بقِرَانَيْن واختلفوا فى مائيّته فقال بعضهم يكون نارًا فتحرق جميعَ ما على وجه الأرض وقال آخرون بل يكون ماءا وعملوا هذه البرابى قبل الطوفان ومنها بمصر وفى أرضها وصعيدها خاصّةً ما لم أر على وجه الأرض لشىء من أبنيتها شِبْه رصانةٍ فى الأحجار وإحكامٍ فى التركيب وهندسةً فى الأركان وعُلُوًّا فى السَمْكِ الى تصاوير تزيد على العَجب من أنواعٍ لم يُرَ قطّ لها شَبَهٌ فى نفس أحجارها قد بُثّتْ فى صخرها وعمدها،

(٢٩) | وبالفيّوم مدن كبار جليلة وطرز مشهورة وكور عظام للسلطان حـَط ١٠٥ والعامّة وفيها من الأمتعة للجلب ما يُسْتَغْنَى بشهرته عن إعادته كالبهنسة المعمول بها الستور والاستبرقات والشُرع والخيام والأجِلّة والستائر والبُسط والمضارب والفساطيط العظام بالصوف والكَتّان بأصباغٍ لا تستحيل وألوانٍ تثبت فيها من صورة البقّة الى الفيل، ولم يزل لأصحاب الطرْز من خدم السلطان بها الخُلفاء والأُمناء وللتُجّار من أقطار الأرض فى استعمال أغراضهم بها من الستور الطوال الثمينة التى طول الستر من ثلثين ذراعًا الى ما زاد ونقص ممّا قيمة الزوج منها ثلثمائة دينار وناقص وزائد، وطَحَا مدينة أيضًا فيها غير طراز ومنها أبو جعفر الطحاوىّ الفقيه العراقىّ صاحب كتاب اختلاف فقهاء الأمصار، والفيّوم نفسها مدينة ذات جانبين على وادى اللاهون طيّبة فى نفسها كثيرة الفواكه والخيرات

٢ (أكبر) — (أكثر)، (والبُلينا) — (والبُلنيا)، ١١ (تزيد) — (تريد)، ١٢ (بُثّت) — بُنّت)، ١٥ (والأجِلّة) — (والاحلة)، ٢٣ (اللاهون) — (الاهون)،

غير صحيحة الهواء ولا موافقةٍ للطارئ عليها ولا للغريب النازل بها، وأكثر غلّاتها الأرزّ وإن كانت لا تعدم من أصناف الغلّات شيئًا وبظاهرها آثار حسنة والناحية مسمّاة باسمها، والفيّوم ناحية كانت فى قديم الأيّام وسالف الزمان عليها سور يشتمل على جميع أعمالها ويحيط بسائر مدنها وبقاعها ورأيتُ أكثره من جانب البرّيّة بيّنةً أبراجُهُ وقد غلب على أكثرها الرمل فطمّ منها ومنه وسقطت الحاجة اليه بالإسلام ودخول دولته على أهله وهذا السور يُعرف بحائط العجوز وليس هو مختصًّا بعمل الفيّوم دون أعمال النيل الى آخر عمل النوبة بل يحيط بالنيل من نواحى مِصر على جنبتى النيل جميعًا الى أعمال النُوبة،

(٤٠) والفَرَمَا مدينة على شطّ بحيرة تنّيس وهى مدينة خصبة وقد مرّ شىء من ذكرها وبها قبر جالِينُوسَ اليُونَانِىّ، ومن الفَرَما الى تنّيس فى البحيرة دون الثلثة فراسخ وهى مدينة كثيرة الرطب جيّدته صالحة الفاكهة كثيرتها، وبتنِّيس تلّان عظيمان مبنيّان بالأموات منضدين بعضهم على بعض ويسمّى هذان التلّان بُوتُومَ ويُشبه أن يكون ذلك من قبل أيّام حط ١٠٦ موسى عليه السلام وبَعْثِهِ لأنّ أهل مِصْر فى أيّام مُوسَى كان | فى شريعتهم الدفن ثمّ صارت للنصارى ودينهم أيضًا الدفن ثمّ صارت للإسلام، وعليهم أكفان [٤٨ ظ] من خشن الخيش وعظامهم وجماجمهم فيها صلابة الى يومنا هذا،

(٤١) وبالفسطاط قرية تُعرف بعين شمسٍ عن شمال الفُسطاط ومنف فى جنوبىّ الفُسطاط واحدة تجاه الأخرى ويقال كانا مسكنين لفرعون وبها آثار عجيبة يتنزّه فيهما وعلى رأس جبل المُقطّم فى قُلّته مكان يُعرف بتَنّور فرعون يسع خمس مائة كُرّ حنطة وهذا من نوع الخرافة ويقال أنّ فِرْعَون كان إذا خرج من أحد المتنزّهين أصعد فى المكان الآخر من يعادله لِيُعَايَنَ شَخْصُهُ بالوهم ولا تُفقد هيئتُه، وفى نيل مِصْر مواضع لا

١٣ (كثيرتها) — (كثيرته)، ١٤ (بُوتُومَ) — حط (بُوتُون)، ١٧ (خشن) تابعًا لحط وفى الأصل (جنس)، ٢١ (جبل) — (الجبل)،

يضُرُّ فيها التمساح كعدوة بُوصير والفسطاط، ولعين شمس الى ناحية الفُسْطاط نبتٌ يُزرع كالقضبان يُسمّى البَلْسَم يُتّخذ منه دُهن البَلَسَانِ لا يُعرف بمكان من الأرض إلّا هناك ويُؤكَلُ لحاء هذه القضبان فيكون له طعم صالح وفيه حرارة وحروفة لذيذة، وشَبْرُوا ضيعة فى وقتنا هذا جليلة فى محلّ مدينة يُعمل فيها شراب العسل عند زيادة النيل فلا يخالط العسلَ والماَء ثالثٌ من خِلْط وهذا الشراب مشهور فى جميع الأرض لذّتُه ومحلّ نشوته وخَمَر رائحته، والى جانبها قرية تُعرف بدمنهور ويُعمل بها بعض ما يُعمل بشبروا وجميع مَالِها للسلطان، وفاقوس وجرجير مدينتان من أرض الحَوْف والحَوْف ما كان من النيل أسفل الفُسْطاط وما كان من النيل جنوبيّه يُعرف بالريفِ، ومُعْظَمُ رساتيق مِصْر وقراها فى الحَوْف والريف،

(٣٢) وأهلها نصارى قبط ولهم البِيَع الكثيرة الغزيرة الواسعة وقد خرب منها الكثير العظيم وفيهم قلّة شرّ إلّا مع عُمّالهم والمتقبّلين لنواحيهم وكان فيهم أهل يسار وذخائر وأموال واسعة وصدقاتٍ ومعروفٍ وأدركتُ من اليسار فيهم والمعروف منهم على المسلمين ما يطول شرحه ولم يك بشىء من البلدان ما يقاربه أو يدانيه، ومن أولاد القبط غَيْلَانُ أبو مروان رئيس الغيلانيّة فِرقةٍ من الشيعة وآسيةُ بنت مُزَاحِمٍ ومَارِيَةُ أُمّ إبرهيم ابن نبيّنا عليه السلم وهَاجَرُ أُمّ إسمعيل بن إبرهيم عليهما السلم، وربّما ولدت المرأة [القِبطيّة الولدين والثلاثة والأربعة فى بطن واحد بحمل واحد وليس ذلك] بمكان ولا فى شىء من البلدان ولا ذلك بالخصوص بل ربّما جرى فى السنة دفعات وذلك أنّ ماءهم على قولهم أُنيثٌ يُريدون ماء النيل وفيه خاصّيّة لذلك على قولهم، وممّا يقارب ذلك وليس بالمنتشر العلم ولا فى جميع الأقطار أنّ غنم تُركستان تلد الشاةُ فى

---

٤ (شَبْرُوا) — حَط (شُبْرَة)، ١٩—٢٠ [القِبطيّة ... ذلك] مستتمّ عن حَب وتوجد فى حَط فقرة مشاكلة لذلك، ٢٢ (وفيه) — (وفيها)،

السنة ستّةَ وسبعةَ رؤوسٍ من الحُملان والمَعَزِ كما تلد الكلبة وأكثر أهل تركستان وبلاد خوارزم يذبحون ما زاد | على الاثنين من أولاد الغنم حط ١٠٧ وينتفعون بجلودها وذلك أنّ جلودها حُمْر قانئة الصِبْغ يباع الجلد منها من ربع دينار الى دينارين وأكثر وأقلّ حسب صِبْغته ويكون فيها أيضًا جلود سُود فيبلغ الجلد لنقائه وحلوكته وحسنه الدنانير الكثيرة وربّما كان فيما ابيضّ من جلودها ما يُعمل منه أغشية للسروج فى غاية البياض وله أيضًا [٤٨ ب] ثمن صالح ومنها مقاربة يُباع عشرة جلود بدرهم، وسألتُ عن علّة ذلك أبا إسحٰق إبرهيم بن البتكين الحاجب فقال إنّ أغنامهم تَرعَى نهارًا وتنفش ليلًا فقواها زيادة وما ترعاه صحيح ملائم لها وهذا كما يذكره الخراسانيّون أنّ هواءهم يَغْذُو حيوانهم ويزيد فى صحّتهم ويُنقى أبشارَهم ويدفع عنهم الأمراض والأعلال صحّة مياههم وهذا ما لا يحتاجون معه الى دليل غير المشاهدة فإنّها تُعرب عن صدقهم ويشهَدُ لهم العيان بذلك،

(٤٣) ومعادن الذهب فى حدود البُجة ومستحقّ المكان من الإقليم الثانى من قسمة الفلك وكذلك التِبْر فى جميع الأرض فهو بالإقليم الأوّل والثانى إلّا ما بالجوزجان منه فإنّه شىء تافه يسير ولا أعرف العلّة فيه ويقال أنّ أرض عَيْذاب من البُجة وهى من مدن الحبشة وأرض المعدن مبسوطة لا جبل فيها وهى رمال ورضراض ومجمع تجارات أهل المعدن بالعلاقىّ وليس للبُجة قُرًى ولا خِصْبٌ وهم بادية يقتنون النجب وليس فى النجب أسْيَرُ من نجبهم ورقيقُهم ونجبُهم وسائر ما بأرضهم يقع الى مِصْر فى جملة التجّار المِصْريّين أو ما قدم به بعضهم،

(٤٤) وبمصر بغال وحمير لا يُعرف فى شىء من بلدان الإسلام والكُفر

---

١٠ (يَغْذُو) — (يَغْذُوا)، (صحّتهم) — (صحّة)، ١٤ (ومعادن ... البُجة) يوجد مكان ذلك فى حط (فأمّا معدن الذهب فمن اسوان اليه خمسة عشر يومًا والمعدن ليس فى أرض مصر ولكنّه فى أرض البجة)، ١٧ (عَيْذاب) — (عيداب)،

أَسْيَرُ منها ولا أحسن ولا أثمن غير أنّها مُخْطَفة الخلق غير عَبْلَة الأبدان ولا رَطْبَة الجسوم وقد تجلب الى بعض الأماكن فتتغيّر وتمتلئ أبدانها وهى الغاية فى سرعة السير وحسن المشى والوطأة، ولهم من وراء اسوان حمير صغار فى مقدار الكباش الكبار مُلمّعة الجلود يُشبه تلميعها جلود البقر وقد يكون منها الأصفر المدنّـر والأشهب المدنّر فتكون فى غاية الحسن وإذا أُخرجت من مواضعها وبلادها لم تعش ولهم حمير تُعرف بالسفلاقيّة وكانت فرش الصعيد وأرض مصر والبُجة فقلّت زعموا أنّ أحد أبويها وحشىّ والآخر أهلىّ فهى أسير حميرهم،

(٣٥) فأمّا ارتفاع مصر وقتنا هذا وما صارت اليه جباياتها ودخلها فسآتى به وقد ذكرتُ ذلك فيما سلف [ووقتنـا هـذا كأرزح الأوقات جبايةً فإنّه على غاية الصون من دخول المطامـع عليه وحذف ما كان يرتفق به الجباة والمقاطعون] وقد جُبِيَت سنة تسع وخمسين وثلثمائةً على يد أبى الحسن | جوهـر صاحب أهل المغـرب وهى السنة الثانية من حـط ١٠٨
دخوله اليها ثلثة آلف ألف دينار وفوق أربع مائة ألف دينار، [وذلك أنّهم كانوا فيما سلف من الزمان يؤدّون عن الفدّان ثلاثة دنانير ونصفًا وزائدًا عن ذلك القليل الى نقص يسير فقبض منهم فى هذه السنة المذكورة عن الفدّان سبعة دنانير ولذلك ما انعقد هذا المال بهذا الوفور،] وأمّا أخرجة مِصر فقبالةٌ تقـع على كلّ فدّان مقاطعة ويُعْطى الأكرةُ على ذلك مناشير ووثائق لكلّ ناحية على المساحة والفدّان بشىء معلومٍ ويؤدّون ذلك نحو ما على ما قدّمتُ ذكره من الثُمن أوّلًا ثمّ إتمام الرُبع ثانيًا ثمّ

٦ (بالسفلاقيّة) — حـَط (بالسقلاقية)، ١٠—١٢ [ووقتنا . . . والمقاطعون] مأخوذ من حـَط، ١٣ (صاحب أهل المغرب) — حـَط (عبد أمير المؤمنين المعزّ لدين الله)، ١٤ (وفوق أربعة مائة) — حـَط (ومائتى)، ١٤—١٧ [وذلك . . . الوفور] مأخوذ من حـَط ويُفقد فى حـَط كلّ ما يلى ذلك، ١٨ (تقع) — (يقع)، (مقاطعة) — (مُقَاطِعَةٍ)، (ويُعْطَى) — (ويعطا)،

مطالبة بالثُمن الثالث واستيفاء من بعد تمام النصف من مال الخراج في شهر برَموده، ومطالباتهم بالنجوم [٤٩ ظ] ليرتفقوا في المعاملة بجميل السيرة ولا يلحقهم عنف ولا ينالهم مضايقة ولا رهق من الأذيّة عن سائر ما يزرعونه وليس هذه سنن إسلاميّة بل هي أوضاع توخّتها الفراعنة ليؤدّى الأكرة من الأرزّ في الحنطة والشعير ومن الحنطة والشعير في القصب والكتّان،

١ (مال) — (ما)،

[الشأم]

(١) وأمّا الشأم فإنّ غربيّها بحر الروم وشرقيّها البادية من أَيْلَة الى الفُرات ثمّ من الُفرات الى حدّ الروم وشماليّها بلاد الروم وجنوبيّها مِصْر وتِيه بنى إسرائيل وآخر حدودها ممّا يلى مصر رَفَح وممّا يلى الروم الثغور المعروفة كانت قديمًا بثغور الجزيرة وهى ملطيه والحَدَث ومرعش والهارونيّة والكنيسة وعين زربة والمصّيصة وأَذَنه وطرسوس [هذا فى زمانه وأمّا فى زماننا هذا فإنّ شماليّها الى طرف بحر طرابزون والخزر بيد المسلمين قد افتتح الكثير منها فى تأريخ ثمانين وخمس مائة والحمد لله ربّ العالمين،] والذى يلى المشرقىّ والمغربىّ فالنواحى التى قدّمتُ ذكرها فى تصوير الشأم وفى إعادتها تطويل،

(٢) وهذه الصورة التى فى باطن هذه الصفحة صورة الشأم،

[٤٩ ب]

إيضاح ما يوجد فى صورة الشأم من الأسماء والنصوص،

قد كُتب فى النصف الأيمن من الصورة موازيًا لساحل بحر الروم الساحل وعليه من المدن ابتداء من الأعلى الفرما، ميماس، تيدا، عسقلان، الماحوز، يافا، قيساريه، عكا، اسكندريه، صور، عذنون، صرفنده، صيدا، الجيه، الناعمه، بيروت، جونيه، الماحوز، جبيل، بثرون، انفه، القلمون، اطرابلس، انطرطوس، مراقيه، بلنياس، جبله، اللاذقيه، فاسره، السويديه، الصخره، الاسكندرونه، بياس، وفى أسفل الصورة ينصبّ

٥ (والحَدَث) — (والحدب)، ٦ (وأَذَنه) — (وارَنَهُ)، ٦—٨ [هذا ... العالمين] من مضافات حَبَ ١٥ ظ، ٩ (فالنواحى) — (والنواحى)، ١٤ (الفرما) قد قطع أعلاه، ١٤ و ١٦ (الماحوز) — (الماحون)، ١٧ (اللاذقيه) — (الارقنه)، (الاسكندرونه) — (الاسكندريه)،

فى البحر ثلثة أنهار عليها من المدن كفربيا، المصيصه، عين زربه، اذنه، طرسوس، ورُسمت فى البحر ثلث مدن وهى الكنيسه، ارسوف، نسدين، وكتب فى البرّ عن يسار قيساريه وعكا وبينهما حيفه والقصور المضافة الى حيفه، وتوازى الساحل سلسلة جبليّة وكتب فى أعلى الساحة التى بينها والبحر نواحى مصر ومغرب الشام وبلد فلسطين وفى هذا القسم مدينتا الرمله وكفرسابا، ثمّ يليهما الى الأسفل اتّصالاً للجبل بانياس، اقذار، عرقه، حصن برزويه، بغراس، الهارونيه، الكنيسه، وبين حصن برزويه والصخرة نهر وكُتب فى أسفل هذا القسم شمال الشام،

وكُتب فى الجانب الأيسر من الجبل عند أعلاه جبل طور سينا وعن يسار ذلك تيه بنى اسرايل، وعن يسار ذلك مدينة القلزم وبحر القلزم ومن أسفل ذلك جنوب الشام، وكُتب من طرفى هذا القسم الأعلى من الجبل آخر مخطوط فلسطين وفيه مدينتا بيت ابرهيم وبيت المقدس ومن أسفلهما نابلس، ثمّ بحيرة طبريه ونهر الاردن الذى يفضى الى بحيرة زغر وعليها مدينة زغر، وكُتب عند الجبل فيما يسامت بانياس جبل لبنان وتقابله فى البرّ مدينة دمشق وبين دمشق وزغر من المدن البلقا، رقم، رواث،

وكتب عند القسم الأوسط من الجبل جبل بهرا وهنا مدينة حمص وبين حمص ودمشق طريق عليه من المدن جوسيه، اللبوه، بعلبك، الزبدانى، ومن أسفل حمص مدينة فاميه، ثمّ كُتب عند القسم التالى من الجبل جبل السُماق وقرب ذلك مدينة انطاكيه ويأخذ منها طريق الى حلب ثمّ الى بالس على نهر الفرات، وعلى الطريق من حلب الى حمص من المدن قنسرين، كفرطاب، شيزر، حماه، وبين شيزر وانطاكيه مدينتا معره النعمن ومعره مصرين، وكُتب على خطّ مستطيل من بالس الى القلزم حدّ الشام وعليه من المدن الرصافه، الخناصره، تدمر، سلميه، معان، وتحت الخطّ هذه صُورة الشام وذلك عنوان الصورة وعن يسار ذلك نواحى ديار العرب والبادية،

وعلى نهر الفرات من جانبه الأيسر الرافقه، الرقه، الجسر، جربلص وكُتب وراء ذلك مشرق الشام، وبين حلب وجربلص مدينه منبج ثمّ على ضفّة الفرات من هذا الجانب سميساط، ملطيه وعن يينهما شمشاط، ويأخذ من شمشاط طريق الى الجبل وعليه

---

٢ (نسدين) أو (نسديز)، ٥ (كفرسابا) — (كفرطاب)، ٢٥ (ملطيه) — (مطلبه)،

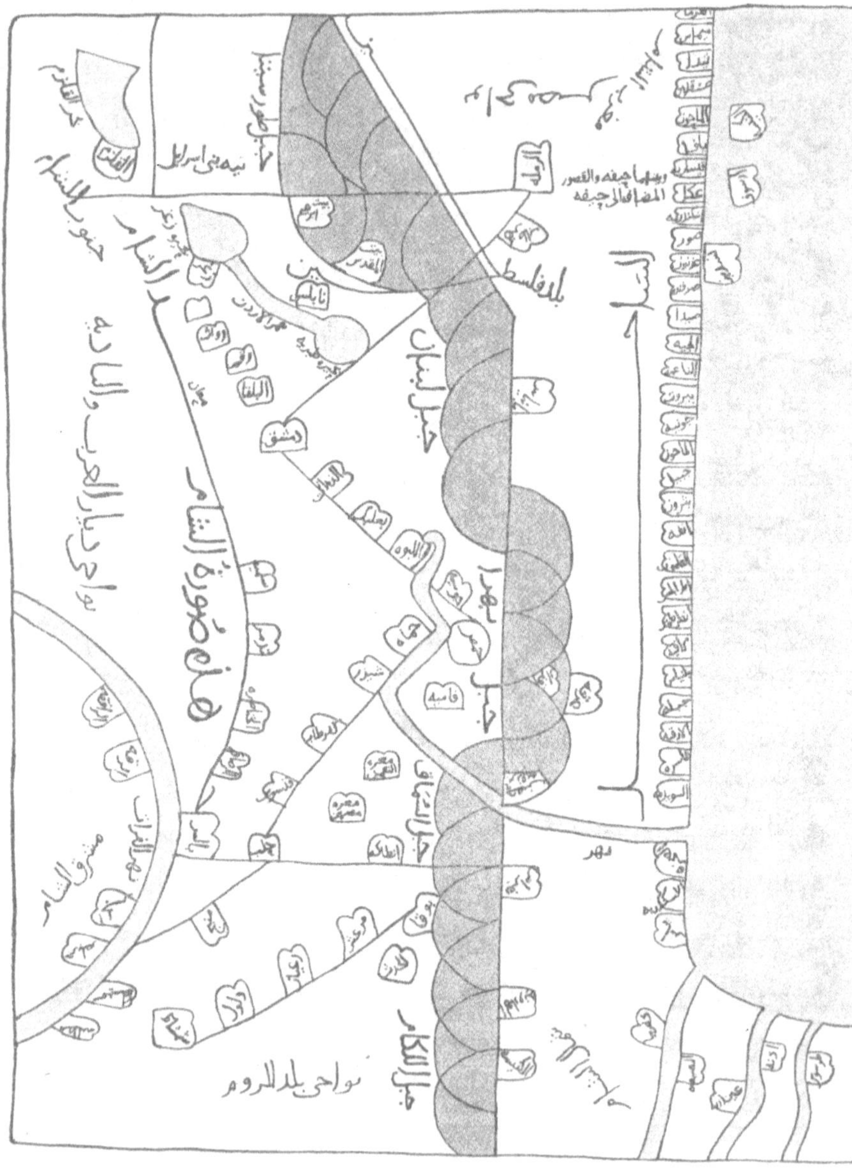

صورة الشأم التى فى الصفحة ٤٩ ب من الأصل ،

دلوك، رعبان، مرعش، بوقا وأسفل بوقا مدينة الحدث، واسم الجبل فى هذا القسم جبل اللكام ثمّ كتب فى أسفل الصورة نواحى بلد الروم،

(٣) [٥٠ ظ] قد جمعتُ الثغور الى الشأم وبعض الثغور كانت تُعرف بثغور الشأم وبعضها تعرف بثغور الجزيرة وكلّها من الشأم وذلك أنّ كلّما كان وراء الفرات فمن الشأم وإنّما سمّى من مَلَطِيه الى مَرْعَش ثغور الجزيرة لأنّ أهل الجزيرة بها كانوا يرابطون ويغزون لا أنّها من الجزيرة وأعمالها، وكور الشأم فهى جُنْدُ فِلَسْطِين وجند الأُرْدُنّ وجند دِمَشْقَ وجند حمصٍ وجند قِنّسرِينَ والعَواصم والثُغور، وبين ثغور الشأم وثغور الجزيرة جبل اللُكام وهو الفاصل بينهما وجبل اللُكام جبل داخل فى بلد الروم ومتّصل بجميع جبال بلاد الروم [ويقال أنّه ينتهى الى

حط ١٠٩ حدّ مائتى فرسخ] | ويظهر فى الإسلام ما ظهر منه بين مرعش والهارونيّة وعين زَرْبَة فيسمّى اللُكام الى أن يجاوز اللاذِقِيّة ثمّ يُسمّى جبل بهرَاء وتَنُوخَ الى حمص ثمّ يسمّى جبل لُبْنان ثمّ يمتدّ على الشأم حتّى ينتهى الى بحر القُلْزُم من جهةٍ ويتّصل بالمقطّم من أُخرى،

(٤) وهو جبل على وجه الأرض أوّله بالمشرق من بلد الصين خارجًا من البحر المحيط على وخان من نواحى خُمدان فيقطع بلاد التُبّت [لا فى وسطها بل] على مغاربها ومشارق بلاد الخرلخيّة الى أن يأتى من حدود الإسلام فَرْغَانه فتمرّ منه قطعة الى الجنوب من فرغانه وقطعة الى الشمال ويمرّ صدر هذا الجبل على فرغانه الى جبال البتم وعلى جنوب اشروسنه فتكون جبال البتم منه وشرب سمرقند ومياهها منه ثمّ يأخذ الى سمرقند من جنوبها أيضًا فيمرّ الى نسف على شمال السُغْد الى كش ونسف ونواحى

١ (دلوك) — كأنّه (دلول)، (رعبان) — (رعيان)، ٥ (مَرْعَش) — مَرعَس)، ١٠—١١ [ويقال ... فرسخ] مأخوذ من حط، ١١ (بين) كما فى حط و صط وفى الأصل (من)، ١٦—١٧ [لا ... بل] مستتمّ عن حط، ١٩ (البتم) — (التيم)، (اشروسنه) — (اشنوسنه)، ٢٠ (البتم) — (السم)، ٢١ (كش) — (كس)،

زم فيقطعه نهر جيحون ويمضى فى وسطه بين شعبتين منه وكأنّه قُطِعَ ليستَمِرّ الماء فى وسطه ويجتاز على البلاد التى هُنْدِسَ مُضِيُّهُ اليها ويستمّر الجبل الى الجُوزَجان ويأخذ على الطالقان الى أعمال مَرْو الرُوذ الى طُوس فيكون جميع مدن طُوس فيه ومنه الى نيسابُور ويكون نيسابور فى سفحه على غربه وهو شرقها ويتّصل به جبال جرجان وطبرستان الى الرَىّ من شماله وهو آخذ من نيسابور الى الرَىّ عن يمين القاصدِ من خراسان الرىّ فيكون الرىّ فى سفحه ومن غربيّه ويتّصل من هناك بجبال الجبل والديلم | وبجبال اذربيجان والقبق واللّان وبلد الروم ويتّصل من حط ١١٠
جنوبه بجبال اصبهان وشيراز الى أن يصل الى بحر فارس ولا يزال يساير الطالب من الرَىّ العراقَ عن يمينه الى حُلْوَان على همذان وقرميسين وحُلْوَانُ أوّل حدود العراق وينعطف هذا الجبل عن فرسخ من حلوان عن طريق العراق عادلاً عن سَمت المغرب الى الشمال فيمضى على سهروَرْد وشهرزُور الى أن يأتى الى دِجْلة بنواحى تكريت فيكون منه جبل بارمّا الذى عن شرقىّ دجلة وجبل الشقوق الذى عن غربيّها ويصعد من ناحية بارَمّا فيكون منه جبلا زينا وزامر اللذان [٥٠ ب] فى شرقىّ حديثة الموصِل ويمرّ على حياله يساير دجلة فمرّةً يقرب وتارةً يبعد الى الجبل المعروف من فيشابُور بجبل ثمنين الى جبل الجُودىّ مارًّا الى آمد وينشعب منه جبال الدَاسِن وجبال ارمينيه الخارجة [المتّصلة] بجبال ارمينيه الداخلة التى اتّصلت بجبال اذربيجان وطبرستان وهى جبال تتّصل بجبل القبق من باب الأَبْوَاب فى شمال بحيرة الخزر الى بلاد يَاجُوج ومَاجُوج، ولا يزال هذا الجبل يستمرّ من أعمال آمد [وميّافارقين] ونواحى دجلة الى الفرات فيكون سميساط فيه ويتّصل بحدود مرعش التى

٦ (يمين) — (بيمينهِ)، ٧ (الرىّ) مكان ذلك فى حط (للعراق)، ١١ (أوّل) — (وا)، ١٣ (سهروَرْد) — (شهروَرْد)، ١٥ (زينا) — (زبنا) وفى حط (زينى)، ١٨ [المتّصلة] مستتمّ عن حط، ٢١ [وميّافارقين] مأخوذ تابعًا لحط من حب ١٥ ب،

ما ابتدأتُ ذكرَه منها الى أن وصّلتُه الى بيت المقدس من جبل لُبنان، ثمّ يمرّ على يسار الذاهب من الرَمْلَة الى الفُسطاط الى المقطّم ولا يزال الى آخر الصعيد الأعلى ويتّصل بجبال النوبة من جنبتى النيل الى قلعيب من جانب النيل الشرقىّ والى جبل القمر من جانب النيل الغربىّ ويقطع النيل شعبتين منـه بنواحى الفيّوم وليست بمضيق كالمضيقين اللذين ذكرتهمـا للنيل بأعلى الصعيد تجاه بحيرة اقْنَى وتنهمت فيمضى الشعبة الغربيّة بين الباطن وظاهر الشنُوف الى جبل برقة وتكون عقبة برقة التى فى مغرب
حـط ١١١ رمادة منه ولا يزال ماضيًا فى | وسط البرّ يراه من أخذ الطريق العالية
الى قبلة برقة ويمتّد على حاجـز أعمال أجدابيه وسُرْت على صدر جبل نفوسه فيصير عند بلوغه الى نفزاوه جبالَ رمالٍ سامقةٍ شاهقةٍ لا تتوقّل ولا تُصعد إلّا بشدّة ويضرب عرقٌ منه من جبل برقة فى باطن البرّ الى فزان وعلى زويله راجعًا الى القبلة، ثمّ لا يـزال هذا الجبل يظهـر فى مواضع مستحجرًا وفى مواضع جبال رملٍ ودهس الى سجلماسه ويغوص فى تلك البرارىّ على ما ذكر سالكوها الى اودغست والبحر المحيط وأظنّـه كفوهم ولم أُشاهده بكلّيّته وشاهدتُ البعض منه كما يوجبه ما تواطأت عليه الأخبار من ثقات أهل الناحية ورؤساء الأدلّاء بها وفيها وسائر ما وصلتُه من أخباره وقصصتُه من أنبائه وآثاره فبالمشاهدة منّى لذلك والمعاينـة لأشكالها،

(٥) وأمّا جند فِلَسْطِين وهو أوّل أجناد الشأم ممّا يلى المغرب فإنّه تكون مسافته للراكب طول يومين من رفح الى حدّ اللجُون وعرضه من يافا الى رِيحا مسيرة يومين، ونواحى زغر وديار قوم لوط والشراة والجبال فمضمومة الى هذا الجنـد وهى منها فى العمل الى ايلـة، وديار قوم لُوط والبحيرة الميّتة وزغـر الى بيسان وطبريّة يسمّى الغَوْر لأنّها بين جبلين وسائر مياه بلاد الشأم يقع اليها وبعضها من الاردُنّ وبعضها من فلسطين،

١٢ (وفى مواضع) — (وفى موضع)، (ويغوص) — (ويغوض)، ١٥ (تواطأت) — (تواطت)، ١٦ (رُؤساء) — (رسآء)، ٢٣ (وزغر) — (وزغر)،

ونفس فلسطين هو ما ذكرتُه ومياه فلسطين من الأمطار والطَلّ وأشجارها وزرعها أعذاء بخوس لا سَقْىَ فيها إلّا نابلس [٥١ ظ] فيها مياه جارية، وفلسطين أزكى بلدان الشأم ريوعًا ومدينتها العظمى الرَمْلة وبيت المقدس تليها فى الكبر وهى مدينة مرتفعة على جبالٍ يُصْعَدُ اليها من كلّ مكان يقصدها القاصد من فلسطين وببيت المقدس مسجدٌ ليس فى الإسلام مسجد أكبر منه وله بناء فى قبلته مُسَقَّفٌ فى زاوية من غربىّ المسجد ويمتدّ هذا التسقيف على نصف | عرض المسجد والباقى من المسجد خالٍ حط ١١٢
لا بناء فيه إلّا موضعَ الصخرة فإنّ هناك حجرًا مرتفعًا كالدكّة عظيم كبير غير مستوٍ وعلى الصخرة قبّة عالية مستديرة الرأس قد غُشِّيَتْ بالرصاص الغليظ السَمْكِ وارتفاع هذه الصخرة من الأرض التى تُعرف بصخرة موسى تحت هذه القبّة الى صدر القائم وطولها وعرضها متقارب وعليها حصار حائط ملوّح ويكون نصف قامة ومساحة الحجر بضعَ عشرةَ ذراعًا فى مثلها ويُنزل الى باطن هذه الصخرة بمراقٍ من بابٍ يُشبه السَرْدَاب الى بيت يكون طوله نحو خمس أذرع فى عَشْرٍ لا بالمرتفع ولا بالمستدير ولا بالمربّع وسمكه فوق القامة، وليس ببيت المقدس ماء جارٍ سِوَى عيون لا ينتفع الزروع بها وعليها شُجيرات وهى من أخصب بلاد فلسطين على مرّ الأوقات، وفى سورها موضع يُعرف بمحراب داؤود النبىّ عليه السلم وهو بنية مرتفعة ارتفاعها نحو خمسين ذراعًا من حجارة وعرضها نحو ثلثين ذراعًا بالحزر وبأعلاه بناء كالحُجرة وهو المحراب الذى ذكره الله تعالى بقوله وهَل أتاك نبأُ الخَصم إذْ تَسَوَّرُوا المحرابَ، وإذا وصلتَ الى بيت المقدس من الرملة فهو أوّل ما يلقاك وتراه من بيت المقدس وبمسجدها لعامّة الأنبياء آثار ومحاريب معروفة، ولبيت المقدس بناحيه الجنوب منه على ستّة أميال قرية تُعرف ببيت لحمٍ وبها مولد عيسى عليه السلم ويقال أنّ

---

٣ (ريوعًا) — (ريوغًا)، ٨—٩ (عظيم كبير غير مستوٍ) — (عظيمة كبيرة غير مستوية)، ١٧ (وفى سورها) — حط (وفى المسجد)، ٢٠ (وهَل ... المحراب) سورة صٓ (٣٨) الآية ٢٠، ٢٣ (ببيت لحم) — (ببيت لحمٍ)،

فى بيعةٍ منها بعض النخلة التى أكلتْ منها مريم وهى مرفوعة عندهم يصونونها ، ومن بيت لحم على سمته أيضًا فى الجنوب مدينة صغيرة كالقرية تُعرف | بمسجد إبرهيم عليه السلم وبمسجدها المجتمع فيه للجُمعة قبر إبرهيم وإسحٰق ويعقوب عليهم السلم صفًّا وكلّ قبر من قبورهم تجاهه قبر امرأةٍ صاحبهِ وهذه المدينة والناحية فى وهدةٍ بين جبال كثيفة الأشجار، وأشجار هذه الجبال وأكثر جبال فلسطين زيتون وتين وجُمَّيز الى سائر الفواكه والفواكه أقلّها ويرى أهل مصر أنّها مضافة اليهم، ونابلس مدينة السامريّة ويزعم أهل بيت المقدس أن ليس بمكان من الأرض سامريّ إلاّ منها أصله وبالرملة منهم نحو خمس مائة مَجْزِيّ، وآخر مدن فلسطين ممّا يلى جفار مصر مدينة يقال لها غَزّة وبها قبر أبى نضلة هاشم بن عبد مناف سيّد قُريش أجمعَ وبها مولد محمّد بن إدريس الشافعىّ أبى عبد الله الفقيه النبيل رحمه الله [وقبره بالفسطاط] ومنها أيْسَرَ عمر بن الخطّاب فى الجاهليّة لأنّها كانت مستطرقًا لأهل الحجاز وكان عمر بها مُبَرطسًا، [٥١ ب] وبفلسطين نحو عشرين منبرًا على صغر موقعها ولا أُحيط بأجمعها وهى من أخصب البلاد واليها أشار الله تعالى اسمه بقوله فى البركة سُبحَان الذى أسْرَى بعبده ليلاً من المسجد الحرام الى المسجد الأقصى الذى باركنا حَوْلَهُ،

حط ١١٣

(٦) | والذى أدركتُ عليه عقودَ فلسطين والأردنّ أيّامَ أبى المسك كافور رحمه الله والمتّلى لها من قبَلِهِ فى سنى سبع وثمان وتسع وثلثين الى سنى ثمان وتسع وأربعين حينًا محلولةً وحينًا معقودةً أبو منصور أحمد بن

مفقود فى حط

٣ (لحم) — (لخم)، ٥ (كثيفة) — (كسفةٍ)، ٦ (وجُمَّيز) — (وجُمَّيْن) وفى حب مكان ذلك (وخرنوب)، ٧ (ويرى ... اليهم) يوجد فى حب بعد (أصله فى س. ٩)، ٩ (مَجْزِيّ) — (مجرى)، ١٢ [وقبره بالفسطاط] مأخوذ من حط، ١٥—١٧ (سُبحَان ... حَوْلَه) سورة الإسراء (١٧) الآية ١، ١٨ تُفقد القطعة (٦) فى حط ويوجد فى حب مكانه (وأمّا جباية فلسطين فى زمان المؤلّف وذلك بتأريخ أربعمائة للهجرة خمس مائة ألف دينار وكذلك جباية دمشق وأعمالها)،

العبّاس بن أحمد وأبو عبد الله بن مقاتل وأبو إسحٰق إبرهيم بن إسحٰق وقد عُقِدَت على خزرون حينًا بخمس مائة ألف دينارٍ، وكذلك جند دِمَشْقَ فعُقِدَتْ على خزرون وعلى أبى الحسن علىّ بن محمّد بن جانى وعلى ابن مالكٍ فكانت تكون فى يد كلّ واحدٍ منهم سِنين بخمس مائة ألف دينار، وكان كافور له فى تَغطرسه منزلةٌ لا يزيد عليها وهو أن إذا عَقَدَ على بعض عُمّالِهِ أو ألجأ عليه شيئًا من أعماله طالَبَهُ قبل وجوب المال عليه بشىء منه على طريق القرض منه وكانوا بحسن نظره لهم أغنياء أَمْلِيَاء ويحتسب بذلك لهم ممّا تحت أيديهم ويجب عليهم، ولم يُعقد بمصر فى وقته على أحدٍ من أوليائه عقدُ تدبيرٍ إلّا ورَبِحَ فيه مثلَه من حيث يَعْلَمُهُ ويتقرّره ويقول إذا لم يُخْتَصَّ الأولياء بالنعم صارت الى الأعداء عند الأخذ بالكَظْمِ فهم صنائعى وأُولادى،

(٧) والجبال والشَرَاةُ فناحيتان متميّزتان أمّا الشَرَاةُ فمدينتها اذرح حـط ١١٣
والجبال مدينتها روَاثُ وهما بلدان فى غاية الخصب والسعة وعامّة سُكّانهما العرب متغلّبون عليها،

(٨) وأمّا الأرْدُنُّ فمدينتها الكبرى طبريّة وهى على بحيرة عَذْبة الماء طولها اثنا عشر فرسخًا فى عرض فرسخين أو ثلثةٍ وبها عيون جارية حارّة ومُسْتَنْبطُهَا على نحو فرسخين من المدينة فإذا انتهى الماء الى المدينة على ما دخله من الفتور بطول السَيْر إذا طرُحت فيه الجلود تمعّطت لشدّة حـط ١١٤
حَرّه ولا يمكن استعماله إلّا بمزاج ويعمُّ هذا الماء حمّامَاتِهم وحياضَهم، والغَوْرُ مع أوّل هذه البحيرة ثمّ يمتدّ على بيسان حتّى ينتهى الى زغر ويرد البحيرةَ الميّتة والغَوْرُ ما بين جبلين غائرٌ فى الأرض جدًّا وبه فاكهةٌ وأبٌّ ونخيل وعيون وأنهار ولا يسقط به الثلوج وبعض الغور من حدّ الأردنّ الى أن يجاوز بيسان فإذا جاوزه كان من حدّ فِلسطين وهذا البطن إذا امتدّ فيه السائر أدّاه الى آيْلَةَ، وكأنّ الغَوْرَ من بين البلاد لحُسنه وتبدّد

٣ (جانى) — (جابى)، ٤ (ابن مالكٍ) — (بن مالكٍ)، ١٠ (ويتقرّره) — (وىسقره)، ٢٤ (وكأنّ الغَوْرَ) — (وكان الغَوْرُ)،

نخيله وطيبه ناحيةٌ من نواحى العراق الحسنة الجليلة، ومدينة صُورٍ من أحصن الحصون التى على شطّ البحر عامرة خصبة ويقال إنّه أقدم بلد بالساحل وإنّ عامّة حكماء اليونانيّة منها، وبالأُرْدُنّ كان مسكن يعقوب النبىّ عليه السلم وجبّ يوسف على اثنى عشر ميلاً من طبريّة ممّا يلى [٥٢ ظ] دِمَشْقَ وجميع مياه طبريّة فمن بحيرتها،

(٩) وأمّا جند دِمَشْقَ فقصبتها دِمَشْقُ وهى أجلّ مدينةٍ بالشأم فى أرض مستوية قد دُحِيَت بين جبال تحتفّ بها الى مياهٍ كثيرةٍ وأشجارٍ وزروعٍ قد أحاطت بها متّصلةً وتُعْرَف تلك البقعة بالغُوطَةِ عرضها مرحلة فى مرحلتين وليس بالشأم مكان أنزه منها ومخرج مائها من تحت بيعة تُعْرف بالفِيجة [مع ما يأتى اليه من عين بَرَدَى من جبل سَنِير] وهو أوّل ما يخرج مقدار ارتفاع ذراعٍ فى عرض باعٍ ثمّ يجرى فى شعب تتفجّر فيه العيون فيأخذ منه نهر عظيم أجراه يزيد بن معٰوية يغوص الرَجُل فيه عمقًا ثمّ ينبسط منه نهر المزة ونهر القناة ويظهر عند الخروج من الشعب بموضع يقال له النيرب ويقال أنّه المكان الذى عناه الله تعالى [بقوله] وآوَيناهُمَا الى رَبْوَةٍ ذاتِ قرارٍ ومَعِينٍ ثمّ ينقل من هذا الماء

حط ١١٥ | عمود النهر المسمّى بَرَدًا وعليه قنطرة فى وسط مدينة دِمَشْقَ لا يعبره الراكب غُزْرَ ماءٍ وكثرةً فيُفْضِى الى قرى الغوطة ويجرى الماء فى عامّة دورهم وسككهم وحمّاماتهم، وبها مسجد ليس فى الإسلام أحسن منه ولا أقين بقعةً فأمّا الجدار والقبّة التى فوق المحراب عند المقصورة فمن أبنية الصابئين وكان مُصلّاهم ثمّ صار فى أيدى اليونانيّين وكانوا يعظّمون فيه دينهم ثمّ صار لليَهُودِ وملوك من عَبَدَةِ الأصنام والأوثان وقُتِل فى ذلك

---

٤ (ميلاً) تابعًا لحط وفى الأصل (فرسخًا)، ٩ (بالشأم) تابعًا لحط — (بالمغرب)، ١٠ (بالفِيجة) تابعًا لحط وصط وفى الأصل (بالغُنْجَةِ)، [مع ما ... سنير] مأخوذ من حط، ١٣ (المزة) — (المره)، ١٥ [بقوله] مستتمّ عن حط، (وآوَيناهُمَا ... ومَعِين) سورة المؤمنين (٥٢) الآية ٣٢، ١٩ (أقين) — (اقس)، ٢١ (صار) — (صارت)،

الزمان يحيى بن زكريّاء عليهما السلم فنُصِبَ رأسه على باب هذا المسجد المسمّى باب جَيْرُون ثمّ تغلّبت عليه النصارى فصارت فى أيديهم بيعةً لهم يعظّمون فيها دينهم حتّى جاء الإسلام فصار المكان للمسلمين واتّخذوه مسجدًا وعلى باب جيرون نُصِب رأس الحُسين بن علىّ بالموضع الذى نُصِبَ فيه رأس يحيى بن زكريّاء عليهم أجمعين السلم، فلمّا كان فى أيّام الوليد بن عبد الملك عمره فجعل أرضه رُخامًا مفروشًا وجعل وجه جدرانه رخامًا مجزّعًا وأساطينه رُخامًا مُوشًّى ومعاقد رؤوس أساطينه ذهبًا ومحرابه مُذهّبَ الجملة مُرَصَّعًا بالجواهر، ودَوْرُ السقف كلّه ذهب مُكَتَّبٌ كما يطوّق ترابيعَ جدارِ المسجد ويقال إنّــه أنفق فيه وحدَه خراج الشأم سِنين َ، وسطحُه رصاص فإذا أرادوا غُسله بثقوا الماء اليه فدار على رُقْعَةِ المسجد بأجمعه حتّى إذا فُجِرَ منه انبسط عنه وعن جميع الأركان بالسويّة وكان خراج الشأم على عهد بنى | مروان ألف ألف دينار وفوق ثمان مائة ألف حط ١١٦ دينار، ومن حدّ دمشق بعلبك وهى مدينة على جبل وعامّة أبنيتها من حجارة وبها قصور من حجارة قد بُنِيَت على أساطين شاهقة وليس بأرض الشأم أبنية حجارة أعجب ولا أكبر منها، وهى مدينة كثيرة الخير والغلّات والفواكه الجيّدة بَيِّنَة الخصب والرخص وهى قريبة من مدينة بيروت التى على ساحل بحر الروم وهى فُرضتها وساحلهــا وبها يرابط أهل دمشق وسائر جندها وينفرون اليهم عند [٥٢ ب] استنفارهم وليسوا كأهل دِمَشْقَ فى جساء الأخلاق وغِلَظ الطباع وفيهم من إذا دُعِىَ الى الخير أجاب وأصغى وإذا أيقظه الداعى أناب، ولنفس دِمَشْقَ خاصّيّةٌ بطالعهــا المحيل بطاعتها الى الخلاف وسمعتُ عبد الله بن محمّد القَلَم يقول فى بُرج الأسد

٢ (عليه) — (عليها)، ٨ (مُكَتَّبٌ) — (مكتبٌ) وفى حب (مُكْتَبًا)، (يطوّق) — (يطوق)، ٩ (سِنين َ) — حط (سنتين)، ١٠ (بثقوا الماء) — (بثق الماء)، ١٢ (وفوق ثمان مائة) — حط (ومائتى)، ١٥ (أكبر) — (أكثر)، ٢١ (القَلَم) يوجد فى حب (القيم) ويفقد فى حط،

فساد باعوجاج فى درج منه مع شرفه ومحلّه وقلّما كان به من بلدٍ أو أُوجِبَ له من تربيعٍ ومقابلةٍ لتلك الدرج سببٌ بنحسٍ وحكمٍ فصفت طاعتُه واستقامَتْ وذَكَرَ أشياء فى حكم سَمَرْقَنْد واردبيل ومكّةَ ودِمَشْق وصقلّيه وقال لا تصلح لسلاطينها ولا تستقيم لملوكها إلاّ بالسيف وأكثر أهل هذه المدن فالغَدر أثبت فى نفوسهم والشرّ أشمل الأحوال عليهم، وبيروت هذه كان مقام الأوزاعىّ وبها من النخيل وقصب السُكّر والغلاّت المتوافرة وتجارات البحر عليها دارّة واردة وصادرة وهى مع حِصنها حصينة منيعة السور جيّدة الأهل مع منعةٍ فيهم من عدوّهم وصلاحٍ فى عامّة أمورهم،

حط ١١٧ (١٠) وأمّا جند حمصٍ فإنّ مدينتها حمص وهى فى مستواة خصبة أيضًا وكانت أيّام عمارتها صحيحةَ الهواء [من أصحّ بلدان الإسلام تربةً] وكان فى أهلها خبال ويسار فدخلها الروم غير دفعةٍ فأحالوها وليس بها عقارب ولا حيّات وإذا أُدْخِلَتْ الحيّة والعقرب اليها ماتت ولها مياه وأشجار وكانت كثيرة الزرع والضرع وكانت أكثر زروع رساتيقها بخوسًا أعذاء، وبها بيعة بعضها مسجد الجامع وشطرها للنصارى فيه هيكلهم ومذبحهم وبيعتهم من أعظم بيع الشأم، ودخلها الروم وقتنا هذا فأتوا على سوادها وأخربوها، وجميعُ طرق حمص من أسواقها وسككها مفروشة بالحجارة مبلّطة وقد زاد اختلالها بعد دخول الروم اليها وانصراف سلطانها عنها [ثمّ إنّ قومًا استوطنوا ممّن سلم من الروم] وقد أتت البادية على ظاهرها ورساتيقها وما أظنّ الرومَ تركت بها رمقًا لما بعدُ، وانطرطوس حصن

١ (به) — (بها)، ١—٣ (وقلّما ... واستقامَتْ) يوجد مكان ذلك فى حط (وقلّ ما كان طالع بلد فصفت طاعته واستقامت) وفى حب (وقلّما كان بعض تلك الدرج طالع بلد واحدا ونظر من تلك الدرج من تربيع أو مقابلة فضعف طاعته واستقامت سريرته)، ٢ (أُوجِبَ) — (اوجبَ)، ٧ (دارّة) — (دَاره)، ١١ [من ... تربةً] مأخوذ من حط، ١٢ (خبال) — (حبال)، ١٩ [ثمّ ... الروم] مأخوذ من حط،

على البحر ثَغر لأهل حمص فيه مصحف عثمٰن بن عَفَّانَ وعليه سور من حجارة يمنع أهلها من بَادِيَةٍ وقصدها من الروم استباحةً وقد نجوا غير مرّة من الروم لقلّة اكترائهم بما فى البلد ورزوح حال أهله ولم يقف نقفور عليه لهذا من سبب ، وشَيْزَرُ وحماةُ مدينتان صغيرتان نزهتان كثيرتا المياه والشجر والزرع والفواكه والخُضَر حصينتان فى ذاتهما لذاتهما ،

(١١) وجند قنّسرين فمدينتها حَلَب وكانت عامرةً غاصّةً بأهلها كثيرة الخيرات على مَدْرج طريق العراق الى الثغور وسائـر الشأمات وافتتحها الروم [وكان الروم قد افتتحها فى تأريخ ثلثمائة ونيّف وسبعين] مع سورٍ عليهـا حصين من حجارةٍ لم يُغْنِ عنهم من العدوّ شيئًا بسوء تدبير سيف الدولة وما كان به من العلّة فأخرب جامعَها وسبى ذرارىّ أهلها وأحرقها ، ولها قلعة غير طائلة وقد عمرت وقتنا هذا ولجأ اليها فى وقت فتح حلب قوم فنجوا ، وهلك بحلب [٥٢ ظ] وقت فتحها من المتاع والجهاز للغرباء حـ ١١٨ وأهل البلد وسُبِيَ منها وقُتل من أهل سوادها مـا فى إعادته على وجهه إرماض لمن سمعه ووهن على الإسلام وأهلـه ، وكان لها أسواق حسنـة وحمّامات وفنادق كثيرة ومحالّ وعِراص فسيحة ومشائخ وأهل جلّـة ، [وهى الآن فى زماننا وهو تأريخ نيّف وسبعين وخمس مائة للهجرة أحسن ممّا كانت قديمًا وأكثر عمارة مأهولة بالمشائخ والرؤساء وأمّا قلعتها فهى حصينة منيعة فى غاية الإحكام لا يقدر عليها ،] وهى الآن بخسّة أميرهـا ودناءة نفسه مملوكة من جهتين إحداهنّ أنّها فى قبضة الروم مجزيّة يؤدّى كلّ إنسان عن داره ودكّانه جزيةً والثانية أنّ أميرها إذا وردهـا متاع من خسيس ونفيس اشتراه من جالبها وباعه هو لأهلها على أقبح صورةٍ وأخسّ جهةٍ ومـا يُستثار بها من خَلّ وصابون فهو يعمله ويبيعه وليس بها مَبيعٌ ولا مُشْتَرًى

٢ (بَادِيَةٍ) — (نَادِبَةٍ) ، ٨ [وكان الروم . . . وسبعين] من مضافات حبـ ١٦ ب ، ١٠ (فأخرب جامعَها وسبى) — (فأَخْرِبَ جَامِعُهَا وسُبِيَ) ، ١٢ (فنجوا) — (فتحوا) ، ١٦—١٨ [وهى الآن . . . عليها] من مضافات حبـ ١٧ ظ ، ١٨—١ (وهى الآن . . قبيح) يوجد فى حـ مكان ذلك (وهى الآن كالمتماسكة) فقط ، ٢٠ (والثانية) — (وثانيه) ،

إلّا وله فيه مدخل قبيح، وشِرب أهلها من نهرٍ بها يُعرف بأبى الحَسن فُويقٍ وفيه قليل طفس ولم تزل أسعارها فى الأغذية قديمًا وجميع المآكل والمشارب واسعةً رخيصةً [وعليهم الآن للروم فى كلّ سنة قانون يؤدّونه وضريبة تستخرج من كلّ دار وضيعة معلومة] وكأنّ الهُدْنَة التى هم فيها مع الروم محلولة معقودة لأنّ الأمر فى حلّها وعقدها الى الروم وإن كانت أحوالها كالمتماسكة والأمور التى تجرى معهم كالراخية فليست فى جزء من عشرين جزء ممّا كانت عليه وفيه فى قديم أوقاتها وسالف أيّامها، وقنّسرين مدينة تنسب الكورة اليها وهى من أضيق تلك النواحى بناء وإن كانت نزهةَ الظاهر مغوثةً فى موضعها بما بها من الرُخص والسعة فى الخيرات والمياه [فاكتسحتها الروم فكأنّها لم تكن إلّا بقايا دِمَن قَدَيْتُها من دِمن]، ومعرّة النُعمن مدينة هى وما حولها من القرى أعذاء ليس بجميع نواحيها ماء جارٍ ولا عين وكذلك جميع جند قنّسرين أعذاء وشربهم من ماء السماء وهى مدينة كثيرة الخير والسعة فى التين والفستق وما شاكل ذلك من الكروم والأزبّة، وبينها وبين جبلة المدينةِ التى كانت على ساحل بحر الروم [....] وكان رؤساؤها بنى وزيرٍ فافتتحها نقفُور وسبى منها خمسةً وثلثين ألف مرأة وصبىّ ورجل بالغ بلقاء العدوّ ويمانع عن نفسه، وحصن بَرْزَوَيْه وهو حصن حصين وحَجْر منيع وقف عليه الروم غير وقتٍ فاستحسنوه ولم يتعرّضوه ثمّ هادنوا أهله خوفًا ممّا عَلِقَ ببلاد

٣–٤ [وعليهم ... معلومة] مأخوذ من حط، ٦ (كالراخية) تابعًا لحط وفى الأصل (كالراجية)، ٩ (مغوثةً) — (معوبه)، ١٠–١١ [فاكتسحتها ... دِمَن] مأخوذ من حط، ١٥ [....] يُفقد هنا بعض الكلمات وكذلك فى نسختى حط وكان قد وُجد فيها إمّا المسافة بين معرّة النعمن وجبلة كما يظنّ ناشر حط أو أسماء بعض المدن التى بينهما فى الصورة أى فامية وعرقة واقذار ويؤكّد هذا الرأىَ ما يأتى فيما بعد من ذكر حصن برزويه فإذن لا يثبت أنّ فقرة (وكان رؤساؤها .... نفسه) التالية تنطبق على مدينة جبلة فقط، ١٧–٥ (وحصن بَرزُوَيْه ... وقد) يفقد فى حط،

المسلمين من الخذلان وهلاك السلطان وقلّة الإيمان وإن بقيت الحالة على ما نحن بـه فالأمر سهلٌ والخوف المتوقّع أعظم وأجلّ وكأنّ الناس وقتنا هذا فى شُغل بأحزانهم عن ذكر سلطانهم وهلاك أديانهم وخراب أوطانهم وفساد شأنهم عن بَرْزَوَيْه وحصنِهِ وقد ملكه الروم وقتنا هذا وكأنّنا بآمد وقد [قيل أسلمه أهله]، وكانت جزيرة قبرس تحاذى جبلةَ فى وسط البحر الرومىّ وبينهما مجرى يوم وليلة وكانت للروم والمسلمين فاستخلصها حط ١١٩ الروم واستصفَوْها بأمورٍ أكثرُ ضَرَرِها من المسلمين جرى وعن تفريطهم حدثَ، والخناصِرَة وهى حصن يحاذى قنّسرين الى ناحية البادية وعلى شفيرها وسِيفها كان يسكنه عمر بن عبد العزيز رضى الله عنه وكانت صالحةً فى قدرها مغوثة للمجتازين عليها فى وقتنا لأنّ الطريق انقطع فى غير وقت من بطن الشأم على التجّار باعتراض السلطان عليهم وبما سرح الروم بالشأم فى غير وقت فلجؤا الى طريق البادية لبوارِ السلطان واستيلاء الأعراب على الولاة وخفروا وساروا بالأدلّاء وعن قريبٍ [٥٢ ب] يكفّ التجّارَ ففرُهم وتنقطع سابلتهم وطرقهم،

(١٣) والعوَاصم اسم الناحية وليس بمدينةٍ تسمّى بذلك وقصبتها انطاكية وكانت بعد دمشق أنزه بلاد الشأم وعليها الى هذه الغاية سور من صخر يحيط بها وبجبلٍ مشرفٍ عليها فيه لهم مزارع ومراعٍ وأشجار وأرحية وما يستقلّ به أهلها من مرافقها ويقال أنّ دَوْر السور للراكب يوم ولهم مياه تجرى فى أسواقهم ودورهم وسككهم ومسجد جامعهم وكان لها ضياع وقرى

---

٣ (بأحزانهم) — (باحرانهم)، ٥ (وقد) — (وود)، [قيل أسلمه أهله] مستتمّ على التخمين بمقابلة ما يوجد فى آخر صفة مدينة آمد فى القطعة (١٩) من صفة الجزيرة فى الورقة ٦٥ ب من الأصل وهو (وكأنّى به وقد قيل أسلمه أهله أو دخل تحت الجزية من فيه)، ١٨ (أنّ .... للراكب) كذا أيضاً فى حـب وقد كُتب فى هامش هذه النسخة بغير يـد الناسخ (كذب صريح فاخـر قبيح فكأنّ كاتب هذا الكتاب ما رآها والله الماشى لو ذكر من خارج سورها مرّتين وأكثر لقدر والله أعلم فى يوم واحد)،

ونواحٍ خصبة حسنة فاستولى عليها العدوّ وملكها وقد كانت اختلّت قُبَيْلَ افتتاحها فى أيدى المسلمين وهى الآن أشدّ اختلالاً ورزوحًا وفتحها الروم فى أوّل سنة تسع وخمسين فما اضطربَ فيها من قطعَ شعرةً للروم ولا توصّلَ فى نُصرتها برأى صحيحٍ ولا مشْلُومٍ وبجوارها من السلاطين والبوادى والقُروم والملوك من قد أشغله يومُه عن غَدِهِ وحرامه وحطامه عمّا أوجب الله تعالى والسياسةُ والرياسةُ عليه فهو يلاحظ ما فى أيدى تجّار بلده ويشتمل عليه ملك رعيّته ليوقع الحيلة على أخذه والشبكة على صيده والفخ على ما نصب له ثمّ لا يُمَتَّعُ به فيُسلب عمّا قريب ما احتقب من الحُطام وجمعَ من الآثام، [فاستولى على أكثر نواحيها المسلمون منذ مُلْكها وذلك فى السنة الثامنة والتسعين وأربعمائة للهجرة،]

(١٣) ومدينة بالس مدينة على شطّ الفُرات من غربيّه صغيرة وهى أوّل مدن الشأم من العراق وكان الطريق اليها عامرًا ومنها الى مصر وغيرها سابل وكانت فرضة لأهل الشأم على الفُرات فعفت آثارها ودرست قوافلها وتجّارها [بعد سيف الدولة] وهى مدينة عليها سور أزلىّ ولها بساتين فيما بينها وبين الفُرات وأكثر غلّاتها القمح والشعير ويُعمل بها من الصابون الكثير الغزير، [ومن مشهور أخبارها أنّ المعروف بسيف الدولة علىّ بن حمدان عند انصرافه عن لقائه صاحب مصر وقد هلك جميع جنده أنفذ اليها المعروف بأبي حصين القاضى فقبض من تجّار كانوا بها معتقلين عن | السفر ولم يطلق لهم النفوذ مع خوف نالهم فأخرجهم عن حـط ١٢٠
أحمال برّ وأطواف زيت الى ما عدا ذلك من متاجر الشأم فى دفعتين بينهما شهور قلائل وأيّام يسيرة ألف ألف دينار،] وبالقرب من بالس مدينة مَنْبِج وهى مدينة خصبة حصينة وكثيرة الأسواق الأزليّة عظيمة الآثار الروميّة ولها من ناطف الزبيب المعمول بالجوز والفُستق والسِمسم ما لم أر له شبهًا

٣–٩ (فما ... الآثام) يفقد ذلك فى حـط، ٩–١٠ [فاستولى ... للهجرة] من مضافات حـب ١٧ ظ، ١٤ [بعد سيف الدولة] مأخوذ من حـط، ١٦–٢١ [ومن مشهور ... دينار] مأخوذ من حـط، ٢٢ (مَنْبِج) – (مِنْبَجَ)،

إلّا ما ببخارا منه فإنّه يزيد عليه فى الحلاوة ويجعل البُخاريّون فيه الطِيب على العموم فهو لذيذ وبمنبج من الكروم الأعذاء على وجه الأرض فى سائر ضياعها ما يزيد على الكثرة ويُحمل أزبتّهم الى حَلَبَ وغيرها وهى مدينة برّيّة وأرض ثريّة حمراء خلوقيّةٍ الغالب على مزارعها البخوس وعليها سور أزلىّ، وبقربها مدينــة سَنْجة وهى مدينة صغيرة بقربها قنطرة حجارة تُعرف بقنطرة سنجةَ ليس فى الإسلام قنطرة أعجب ولا أعظم منها ويُضرب بها المثل فيقال من عجائب الدنيا كنيسة الرُها وقنطرة سَنجةَ، ومدينة سميساط على نفس الفُرات وتقارب المدينة المسمّاة جسر منبج وهما مدينتان صغيرتان حصينتان لهما سقى كبير من مياه بهما وزروعهم بخوس وماؤهما من الفُرات،

(١٤) وكانت مدينة ملطيه مدينةً كبيرةً من أجلّ الثغور وأشهرهــا وأكثرها سلاحًا وأجلدها رجالاً دون جبل اللُكام الى ما يلى الجزيــرة وتحتفّ بها أيضًا جبال كثيرة بها مُباح الجوز واللوز والكروم والرمّان وسائر الثمار الشتويّة والصيفيّة وهى مُباحة لا مالك لها وهى من أقوى بلدٍ للروم فى هذا الوقت [٥٤ ظ] يسكنها الأرْمَن وفُتِحَتْ فى سنة تسع عشرة وثلثمائة فكانت أوّل مُصيبة دخلت على الإسلام من جهــة الثغور ثمّ انثالت المصائب على الناس فى ثغورهم وأنفسهم وأموالهم وأسعارهم وأبشارهم وسلاطينهم فنُسِيَت، وكانت المدينة المعروفة بحصن منصورٍ صغيرةً حصينةً فيها منبر ولها رستاق وقرًى برسمها أعذاء فاستأثــر القضاء بهلاكها على أيدى بنى حمدان والروم، وكانت الحدثُ ومرعش مدينتين صغيرتيــن افتتحهما الروم قبل هذا الحين وأعادها سيف الدولة علىّ بن عبــد الله

٦ (سَنْجة) — (سبُجَه)، ٦—٧ (أعجب ... سَنجةَ) كذا أيضًا فى حَب ١٧ ظ وكُتب فى هامش هذه النسخة بغير خطّ الناسخ (وهى قنطرة واحدة على نهر سريع الجرى فى وادٍ يُدعى النهر الأزرق)، ٩ (لهما) — (لها)، ١٦—١٨ (فكانت ... فنُسيت) يُفقد فى حَط، ٢١ (افتتحهما) — (افتتحها)، (وأعادهما) — (وأعادها)،

وعاد الروم فانتزعوها ثانيًا من المسلمين [وعاد المسلمون فتحوها وكان فتحها مسعود بن قلج ارسلان السلجوقيّ صاحب بلاد الروم سنة خمس وأربعين وخمسمائة وهى بيد المسلمين الآن] وكان لهما زروع وأشجار | [حـط ١٢١] وفواكه وكانتا ثغرين يرابط فيهما المسلمون ويجاهدون فيغنمون فساءت النيّات وفُتحت الأعمال وارتفعت البركات ولجّ الملوك فى الاستئثار بالأموال والعامّةُ فى المعاصى على الأضرار فهلك العباد وتلاشت البلاد وانقطع الجهاد وبذلك نطق وحيُه تعالى إذ يقول وإذَا أردنا أَنْ نُهلك قَرْيَةً أَمرْنَـا مُترفيها الآية، وكانت الهارونيّة من غربىّ جبل اللكام وفى بعض شعابه حصنًا صغيرًا بناه هٰرون الرشيد وأدركتُهُ فى غاية العمارة وأهله فى جهادهم فى نهاية الجَلَدِ والشطارة يغزون فيغنمون ويتلصّصون على بلد الروم فيَسْلَمون وقد ملكه الروم، وكانت الإسكندرونة أيضًا حصنًا على ساحل بحر الروم ذا نخيل وزروع كثيرة وغلّة وخصب فدخله العدوّ وملكه فهوّله، وكذلك التينات حصن كان على شطّ البحر فيه مقطع لخشب الصنوبر الذى كان يُنقل الى الشأم ومصر والثغور منه ما لا يُحْصَى وكان فيه رجال قُتّال أجلاد لهم علم بمضارّ بلد الروم ومعرفة بمخائضهم ومهالكهم، وكانت الكنيسة أيضًا حصنًا فيه منبر ثغر فى معزلٍ من ساحل البحر يقارب حصن المُثَقَّب الذى كان استحدثه عمر بن عبد العزيز رضى الله عنه وعمره وكان فيه منبره ومُصحفه بخطّه وسُكّانه قوم سُرَاةٌ من ولد عبد شمس اعتزلوا الدنيا ورفضوا المكاسب وكان لهم ما يقوتهم من المُباح فهلكا جميعًا، وكانت عين زربة بلدًا يشبه مدن الغَوْر به النخيل والخصب والسعة فى الثمار والزرع وهى المدينة التى كان وصيف الخادم همّ بالدخول منها الى بلد الروم فأدركه المعتضد بها وكانت حسنة الداخل [حـط ١٢٢] | والخارج نزهة من داخل سورها جليلةً فى جميع أمورها،

١ (فانتزعوها) — (فاتنزعوها)، ١—٣ [وعاد ... الآن] من مضافات حـب ١٧ ظ، ٢ (السلجوقيّ.. الروم) فى هامش حـب، ٧—٨ (وإذا.. الآية) سورة الإسراء (١٧) الآية ١٧، ١١ (الإسكندرونة) — (الاسكندروية)، ١٣ (التينات) — (الينات)، ١٧ (المُثقّب) — (المثقب)، ٢٠ (بلدًا) يلى ذلك فى هامش حـب (منها كان الحكيم ديسقوردوس)،

(١٥) وكانت المصّيصة مدينتين إحداها تسمّى المصّيصة والأخرى كفربيا على جانبى جيحان وبينهما قنطرة حجارة وكانتا حصينتين على نشزٍ من الأرض وشرفٍ ينظر منها الجالس فى مسجد جامعها الى نحو البحر أربعة فراسخ كالبَقعة كانت بين يديه خضرة نضرة جليلة الأهل نفيسة القدر كثيرة الأسواق حسنة الأحوال، وجيحان نهر يخرج من بلد الروم حتّى ينتهى الى المصّيصة ثمّ الى رستاق يُعرف بالملوان فيقع فى بحر الروم وكانت عليه من القرى والضياع الكثيرة الماشية والكراع ما لم يبق منهم نافخ نار، وكانت اذنه أيضًا مدينةً كأحد جانبى المصّيصة على نهر سيحان فى غربىّ النهر وسيحان دون جيهان فى الكبر عليه قنطرة [٥٤ ب] عجيبة البناء طويلة جدًّا ويخرج هذا النهر من بلد الروم أيضًا وكانت جليلة الأهل حسنة المحلّ فى كلّ أصلٍ وفصلٍ وعلى سمت طريق طرسوس، فأمّا مدينة طرسوس فكانت المدينة المشهورة المستغنى بشهرتها عن تحديدها كبيرة استحدثها المأمون بن الرشيد ومدّنها وجعل عليها سورين من حجارة وكانت تشتمل من الخيل والرجال والعُدّة والعتاد والكراع والسلاح والعمارة والخصب والغلّات والأموال والسعة فى جميع الأحوال على حالٍ لم يتّصل بمثله ثغر من ثغور المسلمين لكافر ولا مُسْلِمٍ الى عزٍّ تامٍّ ونصرٍ عامٍّ على جميع من وليها من رجال الإسلام فما غزا فى برٍّ أو بحرٍ إلّا وصَحِبه من الظفر والنصر والغنائم بالقسر والقهر ما ينطق الأخبار بتصديقه والآثار بتحقيقه وكان بينها وبين حدّ الروم [جبال] منيعة منشعبّة من اللكام كالحاجز بين العملين، ورأيتُ غير عاقل مميّز وسيّد حصيف مُبرّز يشار اليه حط ١٢٣ بالدراية والفهم واليقظة والعلم والفطنة والسياسة والرياسة يذكر أنّه كان بها مائة ألف فارس وبعملها وذلك عن قريب عهدٍ من الأيّام [التى]

١ (إحداها — (احديهما)، ٤ (كالبقعة) — (كالنَقعة)، ١٥—١٨ (والغلّات ... بتحقيقه) يوجد مكان ذلك فى حط (بالغاية الى رخص عامّ وعلى مرّ الأيّام وتعاقب الأعوام) فقط، ١٧ (فما غزا) كما فى حب وفى الأصل (فغزا)، ١٩ [جبال] مستتمّ عن حط، ٢٢ [التى] مستتمّ عن حب تابعًا لحط،

أدركتُها وشاهدتُها وكان السبب فى ذلك أن ليس مدينة عظيمة من حدّ سجستان وكِرمان وفارسٍ وخوزستان والرىّ واصبهان وجميع الجبال وطبرستان والجزيرة واذربيجان والعراق والحجاز واليمن والشأمات ومصر والمغرب إلّا وبها لأهلها دارٌ ورباط ينزله غُزاة تلك البلدة ويرابطون بها إذا وردوها وترد عليها الجرايات والصلات وتدرّ عليهم الأنزال والحملان العظيمة الجسيمة الى ما كان السلاطين يتكلّفونه وأرباب النعم يعانونه وينفذونه متطوّعين ويتحاضّون عليه متبرّعين ولم يكن فى ناحيةٍ ذكرتُها رئيس ولا نفيس إلّا وله عليها أوقاف من ضياعٍ ذوات أكرةٍ وزُرّاعٍ وغلّاتٍ أو مسقّف من فنادقَ ودورٍ وحمّاماتٍ وخاناتٍ هذا الى مشاطرة من الوصايا بالعين الكثير والورِق والكراع الغزير فهلكت وهلكوا وذهبت وذهبوا وكأنّهم لم يقطنوها وعنَوا وكأنّهم لم يسكنوها حتّى لصاروا كما قال جلّ ذكره هل تُحِسُّ منهم من أحدٍ أو تَسْمَعُ لهم رِكْزًا، وكانت اولاس حصنًا على ساحل البحر فيه قوم متعبّدون حصينًا وكانت فيهم خشونة فى ذات الله وكان فى آخر ما على بحر الروم من العمارة فكانت ممّا بدأ به العدوّ، وبغراس حصن كان فيه منبر على طريق الثغور وكانت فيه دار ضيافةٍ لزبيدة ولم يكن للمسلمين بالشأم دار ضيافةٍ غيرها،

(١٦) وأمّا البحيرة الميّتة فهى من الغَوْر فى صدر الشأم بقرب زغر

حط ١٢٤ وإنّما تسمّى | الميّتة لأنّه لا شىء فيها من الحيوان إلّا شىء تَقْذِفُ به يُعرف بالحمريّة وأهلُ زغر بناحية يلقحون كرومهم وكروم فلسطين كما تلقح النخل بالطلع الذكَر وكما يلقح أهل المغرب تينهم بذُكارهم، وزغر مدينة حارّة جروميّة متّصلة بالبادية صالحة الخيرات وبها من عمل النيل والتجارة به وفيه ما لا يقصر عمّا بكابُل من صُنّاعه وعُمّاله غير أنّه يقصر عن

٣ (والشأمات) تابعًا لحط و فى الأصل (والشامان)، ١٢ (هل تُحِسُّ ... رِكْزًا) سورة مريم (١٩) الآية ٩٨، ١٨ (تَقذِفُ) — (تُقْذِفُ)، ١٩ (بالحمريّة) — حط (بالحُمّر)،

صِباغ نيل كابل، وبزغر بسر يقال له الانقلا وليس بالعراق [٥٥ ظ] ولا بمكان من الأرض أعذب منه ولا أحسن من منظره لونه كالزعفران فلم يغادر منه شيئًا ويكون فى أربعة منه رَطل، وديار قوم لوط وهى الأرض المعروفة بالملعونة وليس بها زرع ولا ضرع ولا حشيش [ولا نبات] وهى بقعة سوداء قد افترشتها حجارة متقاربة فى الكبر ويروى أنّها الحجارة المسوّمة التى رُمِىَ بـه قوم لوط وعلى جميع تلك الحجارة كالطابع من وجهها وهى شىء كقواليب الجبن المستديرة هيآتها وخلقها فلا يرى فيها ما يخالف شيئًا من أشكالها، ومعان مدينة صغيرة على شفير البادية أيضًا سُكّانها بنو أُميَّة وفيهم لبنى السبيل مرفق ومغوثـة، وحَوْران والبثنيـة رستاقان عظيمان من جند دمشق مزارعها مباخس ويتّصل أعمالها بحدود نهر بين | الذى عند البلقاء وعمان الذى جاء فى الخبر أنّه نهر من رَكِىّ حط ١٢٥ الحَوْض وأنّه ما بين بُصرى وعمان،

(١٧) فأمّا المسافات بالشأم فإنّ طولها من حدّ ملطيـه الى رفـح والطريق من ملطيه على مَنبج وبينهما أربعة أيّام ومن مَنبـج الى حلب يومان ومن حلب الى حمص خمسة أيّام ومن حمص الى دمشق خمسة أيّام ومن دمشق الى طبريّة أربعة أيّام ومن طبريّة الى الرملة ثلثة أيّام ومن الرملة الى رفح يومان فالجميع خمسة وعشرون يومًا، وعرضها فى بعض المواضع أكثر من بعض وذلك أنّ أعرضها طرفاها وأحد طرفيها من الفُرات من جسر منبج على منبج ثمّ على قورس فى حدّ قنسرين ثمّ على العواصم فى حدّ انطاكيه ثمّ يقطع جبل اللكام الى بياس ثمّ الى التينات

١ (صِباغ) — (صُباغ)، (بسر) — (تين) تابعًا لصط ولحط إلّا أنّه يوجد أيضًا فى نسختى حط (تين)، ٤ [ولا نبات] مأخوذ من حط، ٩ (وحَوْران والبثنية) — (والحور والثنيةُ)، ١١ (نهر بين) كذا فى الأصل ويوجد فى حل (نهر بن) وفى حو (نهر بن) فغيّره ناشر حط الى (نمْرينَ)، (أنّه نهر من رَكِىّ الحَوْض) — (ان نهرًا من ركىّ الحوص) وفى حط (أنّ نِمْرًا من ازكى الحوض)، ١٣ (طولها) — (طوله)، ١٨ (أعرضها) — (عرضها)، ٢٠ (التينات) — (الثينات)،

ثمّ على المثقب ثمّ على المصّيصة وعلى اذنه ثمّ على طرسوس وذلك نحو عشر مراحل، وإن سلكتَ من بالس الى حلب ثمّ الى انطاكيه ثمّ الى الاسكندرونة ثمّ الى بياس حتّى تنتهى الى طرسوس فالمسافة أيضًا نحو عشر مراحل غير أنّ السَمت المستقيم هو الطريق الأوّل، وأمّا الطرف الآخر فهو من حدّ فِلَسْطِينَ فيأخذ من البحر من حدّ يافا حتّى ينتهى الى الرمْلة
حط ١٢٦ ثمّ الى بيت المقدس ثمّ الى ريحا ثمّ الى زغـر ثمّ الى جبال الشَراةِ | الى أن ينتهى الى معان ومقداره المذكور ستّ مراحل، فأمّا ما بين هذين الطريقين من الشام فَمُخْتَصَرٌ ولا يكاد يزيـد عرضُ موضـع الاردُنّ ودمشقَ وحمصَ على أكثر من ثلاث مراحل لأنّ من دمشق الى بيروت على بحر الروم مسيرة يومين غَرْبًا والى أقصى الغُوطـة من دمشق حتّى يتّصل بالبادية مشرقًا يومٌ ومن حمصٍ الى انطرطوس التى على بحر الروم مسيرة يومين غربًا ومن حمص الى سلميّة على الباديـة مشرقًا يوم، ومن طبريّة الى صور التى على البحر غربًا مرحلة ومنها الى أن يجاوز فيق على ديار بنى فزارة مشرقًا دون المرحلة، وهذه مسافات طول الشأم وعرضه،

(١٨) والمسافة فى أضعافه فالمبتدأ بفلسطين إذ هى أول أجناد الشأم ممّا يلى المغرب وقصبتها الرملة ومنها الى يافا نصف مرحلة ومن الرملة الى عسقلان مرحلة ومنها الى غزّة [دون] مرحلة، ومن الرملة الى بيت المقدس يوم ومن بيت المقدس الى مسجد إبرهيم عليه السلم يوم ومن بيت المقدس الى رِيحا مرحلة ومن بيت المقدس الى البَلقاء مرحلتان، ومن الرملة الى قيساريّة [٥٥ ب] مرحلة ومن الرملة الى نابلس مرحلة ومن ريحا الى زغر مرحلتان ومن زغر الى جبال الشَراة مرحلة ومن جبال الشَراة الى آخر الشراة مرحلة، وقصبة الأُردُنِّ طَبَرِيَّةُ ومنها الى صورٍ يوم

---

١ (طرسوس) — (طرطوس)، ٣ (الاسكندرونة) — (الاسكندريـه)، (طرسوس) — (طرطوس)، ٧ (ومقداره) — (ومقدارها)، ١٢ (سلميّة) — (سليمه)، ١٣ (فيق) — (فيق)، ١٤ (دون المرحلة) — حط (دون اليومين)، ١٧ (غزّة) — (عزه)، [دون] مستتمّ عن حط،

ومنها الى عقبة فيق مرحلة ومنها الى بيسان مرحلتان خفيفتان ومنها الى عكّا يوم، والاردُنّ أصغر أجناد الشأم وأقصرها مسافةً ولم تزل فى يد أبي منصور أحمد بن العبّاس محلولةً ومعقودةً سنين كثيرة بمائتى ألف دينار، وأمّا جند دِمَشْق فدمشق قصبتها ومنها الى بعلبك يومان ومنها الى بيروت [يومان ومن بيروت] الى اطرابلس يومان ومن بيروت الى صيداء يومان ومن دمشق الى اذرِعَات أربعة أيّام والى أقصى الغوطة يوم والى حوران والبثنية يومان، وجند قنّسرين فقنّسرين مدينتها غير أنّ الإمارة والأسواق ومجمع ناسها والعمارات انتقلت الى حلب ومن حلب الى [بالس يومان ومن حلب الى قنّسرين يوم ومن حلب الى الاثارب يوم ومن حلب الى] قورس يوم ومن حلب الى منبج يومان ومن حلب الى الخناصرة يومان،

(١٩) وقد مرّ فى ذكر العَوَاصم ما صارت اليه من ملك الروم لها ما يُغنى عن إعادةٍ فيها، [والعواصم قصبتها انطاكية وكان منها الى | اذنة حط ١٢٧
ثلاث مراحل ومنها الى بغراس يوم والى الاثارب يومان والى حمص أربع مراحل ومنها الى مرعش يومان والى الحدث ثلاث مراحل،] والثغور فلا قصبة لها وكلّ مدينة قائمة بنفسها ومنبج مدينة قريبة من الثغور ومنها الى الفُرات مرحلة خفيفة، ومن منبج الى قورس مرحلتان ومنها الى ملطيه أربعة أيّام، [ومن منبج الى سميساط يومان ومن منبج الى الحدث يومان، ومن سميساط الى شمشاط مرحلتان ومن شمشاط الى حصن منصور يوم ومن حصن منصور الى ملطية يومان، ومن حصن منصور الى زبطرة

٢—٤ (ولم ... دينار) يفقد فى حط، ٥ [يومان ومن بيروت] مستتمّ عن حط، ٧ (حوران) — (الحوَراء)، ٩—١٠ [بالس .... حلب الى]، مستتمّ تابعًا لحط عن صط، ١٢—١٣ (وقد مرّ ... فيها) يُفقد فى حط، ١٣—١٥ [والعواصم ... ثلاث مراحل،] مأخوذ من حط، ١٨—٢ [ومن منبج ... الجزريّة] مستتمّ عن حط، ١٩—٢٠ [الى حصن ... ومن حصن منصور) مستتمّ فى حط عن صط، ٢٠—٢ (ومن حصن منصور الى زبطرة ... الحدث يوم) مستتمّ فى حط عن صط،

يوم ومن حصن منصور الى الحدث يوم، ومن ملطية الى مرعش ثلاث مراحل كبار ومن مرعش الى الحدث يوم، فهذه مسافات الثغور الجزريّة،] وكذا الثغور الشأميّة، [وأمّا الثغور الشأميّة فمن الاسكندرونة الى بياس مرحلة خفيفة ومن بياس الى المصّيصة مرحلتان ومن المصّيصة الى عين زربة مرحلة ومن المصّيصة الى اذنة مرحلة ومن اذنة الى طرسوس مرحلة ومن طرسوس الى اولاس على بحر الروم يومان ومن طرسوس الى الجوزات مرحلتان ومن طرسوس الى بياس على بحر الروم فرسخان ومن بياس الى الكنيسة والهارونيّة أقلّ من يوم ومن الهارونيّة الى مرعش من ثغور الجزيرة مرحلة فهذه جملة مسافات الثغور،]

(٢٠) وقد انتهى القول فيما قصدتُ ذكرَه من الشأم بعد ذكر المغرب ومصر والشأم فى أقاليم ممتدّة على بحر الروم، وقد استوفيتُ أيضًا ذكرَه ولا وجه لذكر ارتفاع ما خرج عن أيدى أهل الشأم والباقى من الشأم فى أيدى المسلمين وحكمهم فيه نافذ وأمرهم فيه ماضٍ فهو ما كان على ساحل بحر الروم [من] حدّ اطرابلس وانفه الى نواحى يافا وعسقلان [لأنّ اللاذقيّة وما نزل عنها وحاذاها تحت جزيتهم ومقاطعتهم]، وما عدا ذلك فللروم وقبضتهم وحوزتهم قد استولت عليهم أسيافهم والحكم فيه اليهم، وقد أقام كثير من أهلها فيما رَضُوا منهم فيه بالجزية وأظنّهم بآخرة صائرين الى النصرانيّة أَنَفَةً من ذلّة الجزية ورغبةً مع حذق المؤونة فى العزّ والراحة، فأمّا | تقدير ما بقى منها لم أذكره فمذ سنون كثيرة لم يقع لها قانون صحيح حط ١٢٨
ولا استخراج على طريقته وصحّته وذلك أنّها مذ سنة أربعين بين قوم

---

٢ (وكذا الثغور الشأميّة) يفقد فى حط، (الاسكندرونة) — حط (الاسكندرية)، ٢—٩ [وأمّا ... الثغور] مستتمّ عن حط، ٦ (ومن طرسوس ... يومان) مستتمّ فى حط عن صط، ١٤ [من] مستتمّ عن حط، ١٤—١٥ [لأنّ اللاذقية ... ومقاطعتهم] مأخوذ من حط، ١٦ (وقبضتهم) — (وقصبتهم)، ١٩—٢٠ (فأمّا ... وصحّته) يوجد مكان ذلك فى حط (فأمّا خراجاتها وأعشارها ومرافق [١٢٨] سلاطينها فكان ذلك على أوقات مختلفة بقوانين متباينة وجبايات ناقصة وزائدة)، ٢٠ (أربعين) — حط (ثلثين)،

يتطاول أحدهم على الآخر وأكثرهم غرضه ما احتلبه فى يومه وحصّله لوقته لا يرغب فى عمارة ولا يلتفت اليها بروية ولا إشارة، وكان ارتفاعه قديمًا بعد ما يخرج منه فى لوازم السلطان وأرزاق الجند والمتصرّفين من الكتّاب والعُمّال [٥٦ ظ] تسعة وثلثين ألف ألف درهم وخمس مائة ألف درهم، [ورأيتُ ارتفاع الشأم وما فى ضمنها من الأعمال والأجناد والتى أقف عليه من جماعة علىّ بن عيسى ومحمّد بن سليمان لسنة ستّ وتسعين ومائتين وسنة ستّ وثلثمائة من جميع وجوهها الى حقوق بيت المال وما يلزم له من التوابع دون أرزاق العمّال تسعة وثلاثون ألف ألف درهم]،

١ (وأكثرهم غرضه) — (واكرهم عرضه)، ٢—٥ (وكان ... درهم) يفقد فى حَط ويوجد فيه مكان ذلك ما يلى، ٥—٩ [ورأيتُ ... درهم] مأخوذ من حَط،

[بحر الروم]

(١) وسأصل ذلك بذكر بحر الرُوم وتصويره إذ هو خليج من البحر المحيط عليه أكثر هذه الديار وقد أتيتُ به على التقريب لا على الحقيقة إذ بعضه أشبه شىء بالدائرة المحدّدة، ومخرجه بين أرض الاندلس وأرض طَنجة وسَبَتَة وهذه الناحية محاذية من الاندلس لجزيرة جبل طارقٍ وآشبِيليه وعرض هذا المخرج بهذا المكان المعروف باشبرتال وهو جبل عالٍ ويمتدّ جنوبيًّا الى سله ويحاذيه من العدوة الاندلسيّةِ جبل الأَغرّ ويمتدّ الى لبله بناحية الشمال من الاندلس فيكون نحو اثنى عشر ميلاً ثمّ لا يزال يتّسع ويعرض ويمتدّ على سواحل المغرب وممّا يلى شرقيّ هذا البحر حتّى ينتهى [الى] أقاصى أرض مصر ممتدًّا على أرضها الى الشأم متّصلاً عليها الى الثغر الذى كان يُعرف بطرسُوس ويعطف الى بلدان الروم من جبال اقليميه الى انطاليه ثمّ يصير الى خليج القسطنطينيّة ويمضى على سواحل اثيناس وسواحل قلوريه والانكبرذة الى افرنجه وروميه ويصير البحر حينئذٍ جنوبيًّا لأرض جليقيه ويكون على ساحله الافرنجة الى أن يتّصل بطرطُوشه من بلاد الاندلس ويمتدّ على النواحى [٥٦ ب] التى تقدّم ذكرها فى صفة الاندلس ويجاوز المرية وأعمال الجزيرة وإشبيليه ويمضى على البحر المحيط الى شنترين وهى آخر بلاد الإسلام من ناحية الاندلس وجانب بلد الرُوم،

(٢) ولو أنّ آمرءًا سار من سَبتة وطَنجَة على ساحل هذا البحر المغربىّ

---

٥ (وآشبِيليه) — (وآشبِيلَهَ)، ٦ (عالٍ) — (حالٍ)، ٧ (الأَغرّ) — (الآعرِّ)، ٩ [الى] مستتمّ عن حط، ١٠ (ممتدًّا) — (وممتدًّا)، ١٢ (انطاليه) — (انطاكيه)، (القسطنطينيّة) — (قُسطنطينةَ)، (اثيناس) — (اثناوس)، ١٣ (وروميه) — ورمِيه)، ١٦ (ويجاوز) — (ويجاور)،

مؤمّلاً أن يعود الى ما يحاذيه | من أرض الاندلس لدار على جميع بحر حـط ١٢٩ الرُوم من حيث لا يمنعه مانع إلّا نهر يلقى اليه أو يفرع فيه أو خليج القُسطَنطينيّة فإنّه يُفضى اليه من البحر المحيط أيضًا وذلك أنّه انفصل به من الأرض فاصلةٌ حازت شطر بلد الصقالبَة وبعض بلد الرُوم فسُمّيت الأرض الصغيرة والذى تحوز من البلاد معا ذكرتُه أرض قلوريه وجليقيه وافرنجه والاندلس فجعل ذلك جزيرةً ليست مع الأرض الكبيرة ولا متّصلة بشىء منها لأنّها قائمة بنفسها ولم يحتج الى أن يدلّه دليل إن أمكنه ذلك ،

(٣) [٥٧ ظ] وما فى بطن هذه الصفحة صورة بحر الرُوم وما عليه من نواحيهم وشكله فى نفسه وإن كنتُ سُقْتُه على ما أتيتُ به من الاستطالة فى صورة المغربِ فهو من الاستدارة على هذا الشكل ،

[٥٧ ب]

إيضاح ما يوجد فى صورة بحر الروم من الأسماء والنصوص ،

قد صُوِّر البحر فى وسط الصورة ويكون على ساحله الأيسر من المدن طنجه ، تنس ، برشك ، اشرشال ، تامدفوس ، دمياط ، ثمّ فى البحر تنيس ، ثمّ على الساحل الفرما ، عسقلان ، يافا ، بيروت ، اطرابلس ، اللاذقيه ، ثمّ نهر ثمّ بياس ثمّ نهر ثانٍ عليه من المدن كفربيا والمصيصه ، ثمّ نهر ثالث عليه عين زربه واذنه ، ثمّ نهر رابع عليه طرسوس وعن يمين طرسوس الرمانه وعند طرف الصورة الأسفل ...اربه ،

وعن يمين ذلك يأخذ من طرف الصورة الأسفل نهر كُتب عند منتهاه نهر الزيت ثمّ عمود الفرات ، وعلى ضفّة هذا النهر فى الجانب الأسفل ملطيه ، تل موزن ، هباب ، وينصبّ فيه عند تل موزن نهر ارسناس وعليه مدينة ارسناس ، وعن يمين ملطيه يبتدئ نهر آخر وهو دجلة وعليها من المدن آمد ، كافا ، التل ، وفى الجانب الآخر من نهر

٤–٥ (فسُمّيت الأرض الصغيرة) — (فسُمّيت الأرض الكبيرة وهى الأرض الصغيرة) ، ١٥ (برشك) — (شرتفل) ، (اشرشال) — (اشرسال) ، (تامدفوس) — (تامدقوس) ، ١٦ (اللاذقيه) — (الادقيه) ، ١٧ (اذنه) — (ادنه) ، ١٨ (...اربه) — لعلّه (قيساريه) ، ٢٠ (تل موزن) — (تاموزن) ، ٢٢ (كافا) — (كانا) ،

ارسناس بينه وبين عمود الفرات من المدن الارديس، قاليقلا، بدليس، منازجرد، خلاط، وينصبّ فى الفرات من الجانب الأعلى نهران أحدهما نهر قباقب وعند فوهته قباقب، وكُتب فى الساحة بين نهر قباقب والفرات والبحر بلد ولد الأصفر وفيه من المدن ذو الكلاع، كونيه، سمندوا، زبطره، والنهر الثانى المنصبّ فى الفرات نهر غيلقط وبينه ونهر قباقب من المدن كمخ، صارخه، الرنلين، خرشنه، وعند مبتدأ نهر قباقب تنس، ثمّ عند مبتدأ نهر غيلقط أرض الصرهوه وبين نهر غيلقط والفرات التى،

ورُسم من أعلى ذلك نهر الس الذى ينصبّ فى البحر وعند مبتدئه مدينة الس، ويأخذ من هذا النهر نهر آخر الى الأعلى كُتب عنده وادى اللقان وعن يمين هذا النهر مدينة صاغره وعند فوهته البلقلار ثمّ عن يمينها على الساحل ..ا.سور، وفى هذا القسم الأيمن من الصورة من البلاد رستاق خونص وبلد الطرقسيس وبلد الناطليق وبلد هرقله، ويكون فى الجانب الأعلى من نهر الس ابتداء عن اليسار سطرابلين وسوسطه ومن أعلى سطرابلين على البحر افسوس وكُتب عندها بلد أهل الكهف، ثمّ على وادى اللقان قومنه وكُتب عن يسارها بلد بن الشمشكى، وعند مصبّ وادى اللقان فى الخليج بحيرة نقموذيه ومن أسفل البحيرة نقموذيه وماسيه، ومن أعلى سوسطه الى جهة خليج القسطنطينيّة من المدن المخايطه، الابسيق، طموذيه، خلقذونيه، وعن يسار ذلك البلقلار، ونيقيه وفى قطعة من البرّ تدخل فى البحر انطاليه،

وعلى وسط الخليج من الجانب الأعلى القسطنطينيه وكُتب عن يسارها مجذونيه، وفوق ذلك صُورَةُ بَحرِ الرُوم وهو عنوان الصورة، وكُتب فوق ذلك فى البرّ بهذه النواحى غير أمّة بلغة ولسان غير لسان من جاورها متصاقبين متجاورين على اختلافهم وتضادّهم وبعضهم فى طاعة عظيم الروم وبعضهم بل جلّهم وأكثرهم فى غير

٥ (غيلقط) — (سلقط)، (الرنلين) لعلّه تحريف (نكوبلس)، (خرشنه — حرشه)، ٦ (تنس) على التخمين — (فلر)، (الصرهوه) — (الرهو) تابعًا لصورة المغرب (الضرهوه)، (التى) — كأنّه (القى)، ٩ (..ا.سور) لعلّه (سامسون)، ١٠ (خونص) — (حونص)، (الطرقسيس) — (الطرقسيش)، ١١ (سطرابلين) — سطرابليق)، ١٣ (بلد بن) — (بلدين)، ١٤ (ماسيه) — (ماسبه)، ١٥ (طموذيه) كأنّه تحريف (نقموذيه)، (خلقذونيه) — (خلقذونه)، (البلقلار) — لعلّ الصحيح (انقره)، ١٦ (انطاليه) — (انطاكيه)،

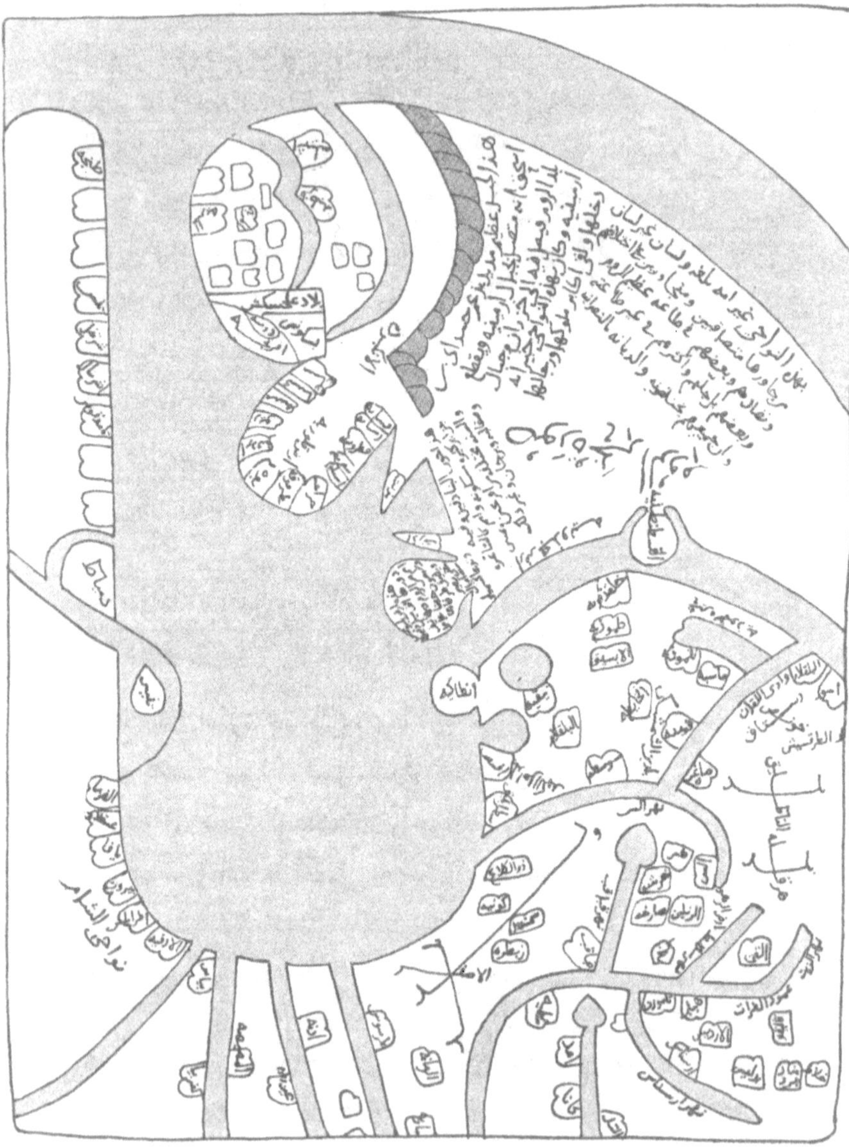

صورة بحر الروم التى فى الصفحة ٥٧ب من الأصل،

طاعته وإنّ جميعهم يختلفونه والديانة بالنصرانيّة، وعن يسار ذلك يُقرأ موازيًا لخطّ الجبل هذا الجبل عظيم مديد يزعم حسداى بن اسحق أنّه متّصل بجبال ارمينيه ويقطع بلد الروم فيصل فيه الى خزران وجبال ارمينيه وكان بهذه النواحى خبيرًا لأنّه دخلها ولقى أكابر ملوكها ورجالها، وكُتب فى الجانب الآخر من الجبل الانكبرذه،

وعن يسار ذلك صوّر الاندلس وفيه من المدن قرطبه واشبيليه والمريه ثمّ المريه مرّة ثانية فى البرّ ومن أسفل ذلك بلاد غلجشكش، بشكونس، روميه، افرنجه، ثمّ من أسفل ذلك قسم من الأرض داخل فى البحر يُقـرأ فيـه أرض قلوريه وعلى ساحلها من المدن مسنيان، كسشه، منتيه، ريو، ابن ذقتل، بوه، قسطرقوقه، جراجيه، اسعلو، سبرينه، قطرونيه، رسيانه، قسانه، ثمّ يلى ذلك الى الأسفل جون كُتب عنده فى البرّ هذا جون البنادقين وفيه جزائر كثيرة مسكونة وأمم كالشاغرة وألسنة مختلفة من افرنجيين ونمتين وصقالبه وبرجان وغير ذلك، وعلى طرفى الجون مدينتا بذرنت واذرنت، ثمّ من أسفل ذلك ناحية أخرى داخلة فى البحر يُقرأ فيها هذه أرض بلبونس دورها ألف ميل وفيها أمم من الروم وبها نيّف وسبعون حصنًا عامرًا ويضيق طرفاها حتّى يصير ستّة أميال وتدعا كسميلى،

[٥٨ ظ] هذه صورة بحر الرُوم وما اتّجه من رسم مشاهير مدنه من مَشْرِقه التى هى مختصّة ببنى الأصفر وكيفيّةُ الخليج القاطـع لبلد الرُوم على نواحى اطرابزنده الى نفس القسطنطينيّة واجتيازه بأرض مجْذُونيه الى أن يفرع فى بحر الرُوم مع إعادة ما اتّصل به من النواحى الى بلد الاندلس،

---

١ (يختلفونه) غير واضح فى الصورة، ٣ (خبيرًا لأنّه) — (خبير انه)، ٥ (المريه) ثانى مرّة — لعلّ الصحيح (بجانه)، ٦ (غلجشكش) — (علجسكش)، (بشكونس) — (بسكونس)، (روميه) — (دومه)، ٨ (مسنيان) — (مسسان)، (كسشا) — (كسسا)، (منتيه) — (مىىىه)، (ابن ذقتل) — (ابر دقىل)، (قسطرقوقه) — (ـطرفوقه)، (جراجيه) — (حراحىه)، ٩ (اسعلو) — (اسىلو)، (سبرينه) — (سىرىه)، (قطرونيه) — (فطروىه)، (رسيانه) — (رسمانه)، (قسانه) — (فسانه)، ١٠ (افرنجيين — (افرىحىں)، (ونمتين) — (ومىں)، ١٧ (القسطنطينيّة) — (القسطنطينَة)،

(٤) وسمعتُ أبا الحسين محمّد بن عبد الوهّاب التلّ موزنىّ وكان
رجلاً قد أناف على مائة سنة ثابت العقل صالح الأدب يقول سُيّرتُ من
كمخ وهى مدينة للرّوم صالحة القَدْر عامرة على بريد الملك الى القسطنطينيّة
مائةً وستّةً وثمنين بريدًا فلمّا عُدتُّ من القسطنطينيّة حين خروجى عنها
عُدتُّ على أنقِرَه وهى مدينة كبيرة خراب الى مَلَطِيه مائةً وثمنيةً وعشرين
بريدًا، فكان من كمخ الى صارخه يومان والى مدينة خرشَنَه يومان،
وسُيّرتُ على مدنٍ لا أعرف أسماءها عامرة الى صاغِرَه وهى على نهر آلسَ
فعبرناه بمركب وسرنا فى المركب بالبحيرة ستّة فراسخ وسرنا يومًا آخر على
الظهر الى مدينة تُعرف بنقموذيه وركبنا | منها فى البحر يومين وصرنا الى حط ١٣٠
مدينة تُعرف بخلقذونيه فبتنا بها وسيّرنا فى السحر فركبنا فى الخَليج وصبّحنا
القُسطنطينيّة والبريد عندهم فرسخ، قال وكنتُ أسمع أنّ للمَلِك أربعةَ
حُبُوسٍ دون دار البلاط التى يُحْبَس بها أُسراء المَلك فى رساتيق لهم،
فأحدها يُعرف بالطرقسيس والآخر بالابسيق والآخر بالبُلقلار والآخر
بالنومره، قال والطرقسيس والابسيق أرفهُهما لأنّهما لا قُيُود فيهما والبُلقلار
والنُومره ضيّقان ومن حُبِس فى دار البلاط فبالنومره ابتداء حبسه ثمّ
ينقل وهو حبسٌ ضيّق مُؤلم مُظلم، قال وكانوا يسيرون بنا فى كلّ يوم
من عشرين بريدًا الى خمسة عشر بريدًا فصرنا الى القُسطنطينيّة فى نحو
عشرة أيّام من كمخ، والذى أعرفه أنا أنّ بين كمخ وملطيه عشر مراحل
وبين ملطيه وانقره عشرون مرحلة ومنها الى القسطنطينيّة عشر مراحل
فيصير جميع الطريق أربعين مرحلة، قال وألفيتهم وإنّ الملك يتبعه فى
المنزلة اللغثيطُ وهو الوزير والفَرخُ من بعده وللفرخ من المنزلة أنّه يَلْبَسُ

---

١ (التلّ مورنىّ) — حط (العدمورىّ)، ٣ (القسطنطينية) — (القسطيطينة) وكذلك كلّ مرّة فى هذه القطعة، ٩ (بنقموذيه) — (بنقموذيةَ)، ١١ (القُسطنطينيّة) — (قُسطنطينةَ)، ١٣ (بالبُلقلار) كذا فى موضعى وجوده فى الأصل وكذلك فى الصورة فلا حاجة الى تصحيحه الى (البُقلّار) كما فعله ناشر حط تابعًا لحو،

خُفَّين أحدهما أحمر والآخـر أسود ولا يتزيّى غيره بهذا الزىّ بوجـه وذلك أنّ الحكم والقطع والضرب والقَود والأدب من غير مؤامرة للملك اليه ثمّ الدُمُستُقُ من بعده ثمّ البطارقَةُ وهم اثنا عشر رجلًا [لا] ينقُصون ولا يزيدون بوجهٍ وإذا هلك أحدهم قام مقامه من يصلـح لـه ثمّ الزرَاوِرَةُ وهم كثرةٌ لا يُحْصَوْنَ كالقُوّادِ اللاحقين بالأمراء ثمّ الطَرَامِخَةُ وهم التُنّاء وأرباب النعم من أهل القسطنطينيّة | ومنهم يكون الارتفاع الى حط ١٢١ الزَرْورة والبطرقة، وكلّ مولودٍ يولد بالقسطنطينيّة للطرامخة فللملك عليه جراية من وقت يولد الى آخر عمره يدَرّج فى أسباب الزيادة والنقصان فى أعطيته [٥٨ ب] وأرزاقه عند درج بلوغه وتكهّله وبقدر استحقاقـه للزيادة عند تعلّقه بأسباب الرياسة من علم سياسة أو صَعْلَكة وتقدّم فى أسباب شجاعةٍ أو ترسّم بالرأى والفهم إلّا أن يترهّبَ فيَستعفىَ من العطاء فيُعفِيَه الملك منه،

(٥) ومـمّا أعلمه أنا فى حين غزونا من ميافارقين أنّا نزلنا على حصن الهتاخ فكانت اليه مرحلة ستّة فراسخ ومنه الى حصن ذى القرنين وهو حصن منيع مرحلة خفيفة ومنـه الى مدينـة الأرديس وكانت إذ ذاك للمسلمين سبعة فراسخ ومنها الى ضيعة القسّ ثلثـة فراسخ ومنها الى هباب مدينة خمسة فراسخ ومن هباب الى قرية انكليس ستّة فراسخ ومن انكليس الى الكلكس قرية ثلثة فراسخ ومنها الى حصن زيادٍ أربعة فراسخ [ومن حصن زياد الى تلّ ارسناس ثلثة فراسخ] وعبرنا الفرات الى قرية تُعرف بالحمّام أربعة فراسخ ومنها الى مَلَطيه أربعة فراسخ وعَبَرَ القوم قَباقبَ الى

٣ [لا] مستتمّ عن حط، ٦ (القطسنطينية — (قسطنطينَة)، ٧ (الزَرْورة) تابعًا لحط وفى الأصل (الزراورة)، ١٧ (انكليس) — أوّل مرّة (اتكليس) وفى حط (الكليس)، ١٨—١٩ [ومن حصن زياد ..... فراسخ] مستتمّ عن حط، ١٩ (الفُرات) يضيف الإدريسىّ بعد ذلك فى نزهة المشتاق فيما نقله عن ابن حوقل (الى تلّ بطريق ثلثة فراسخ ومنها)، ٢٠ (بالحمّام) — (بالحمام)، (قَبَاقبَ) — (قَيَاقبَ)،

عرقا مدينة كانت عامرة أربعة فراسخ ومنها الى ضيعة فى وادى الحجارة ووادى البَقَرِ وكان آخر عمل الإسلام ستّة فراسخ، ومنها الى الرُمّانَةِ قرية وحصن ستّة فراسخ ومن الرُمّانَة الى سمَنْدُو ا عشرة فراسخ، ولم أترك الاستخبار فى خلال ذلك وقبله وبعده من صعَاليكِ ديار ربيعة ومن أُسِرَ ببلد الروم وخرج سارقًا لجماعةٍ من المسلمين والرُوم لعلمه بالبلد ومعرفته بخائضه وممّن فُودِىَ به عن ارتفاع بلد الروم وما فيه من المرافق لملوكهم واللوازم بقوانينهم الموضوعة قديمًا لهم فى كلّ سنة فألفيتُ ذلك أقلّ من نصف جبايات المغرب بكثير وألفيتُ الهدايا والضرائب على النواحى تزيد وتنقص على قلّة محلّ المتّلين لها، ومن أعظم جباياتهم وأكثر وجوه أموالهم ضريبة | بلد اطرابزنده وآنطاليه المرسومة من أخذ ما يرد من بلد حط ١٣٢ الإسلام لما يؤخذ من سواحل الشأم ومراكبهم ويُغنم بالشَلَنْدِيّات والمراكب الحربيّات والشينيّاتِ وما يحصل من أثمان المسلمين ويقام من أثمان مراكبهم والأمتعة التى فيها ضريبة الملك ويستأثر القيّم على ذلك بما يزيد على مال الملك من أثمان الأمتعة والمراكب والمسلمين،

(٦) وأخبرنى غير ثقة من العارفين العالمين حال بلد الروم ممّن أقام به مواطئ لحديث عيسى بن حَبيب النجّار أنّ ضريبة انطاليه على صاحب المراكب بها المجعول اليه قصدُ بلد الإسلام سقطت وكانت قبل ذلك بسنين عند ما دار لهم الظَفَرُ بهم من بعد سنة عشرين وثلثمائة ثلثةَ قناطير ذهبًا وتكون مع اللوازم التى تلحقها والهدايا ثلثين ألف دينار ومائة أسير فى كلّ سنة، ثمّ تأكّد خذلان الثغور وفشا نحسها وانهتك بالمعاصى وجور

٣ (ووادى البقر) — حط (ووادى النقرة)، ٦ (وممّن) — (ولمن)، ١٠ (وانطاليه) — (وآنطاكيه)، ١٢ (والشينيّاتِ) — (والشيبيَاتِ)، ١٣ (ضريبة) — (صريمة)، ١٦ (انطاليه) — (انطاكيه)، ١٨ (عشرين وثلثمائة) — حط (ثلثمائة) فقط، ٢٠—١٢ (ثم تأكّد ... ضِرامُ) يوجد مكان ذلك فى حط (ولمّا زاد من خذلان مجاوريهم من العرب بانهماكهم صارت بالأمانة فتأتى فى كلّ سنة أضعافًا مضاعفة يتقلّبها رجل منهم يشهد له الجميع بالأمانة والديانة والحرص على الجهاد والنفاذ فى مقاومة المسلمين بالعناد والعلم بمضارّهم من حيث يكون فى نفسه متعبّدًا على نحلتهم رحيمًا بأمر الملّتين)،

السلطان أستار أربابها فصارت بالأمانة وتحرّى فيها متلّوها إقامة الناموس والديانة والحرص على الجهاد والنفاذ فى مقاومة المسلمين بالعناد وأنفذوا مراكبهم بالتجارة الى بلد الإسلام ورجالها يجوسونه [٥٩ ظ] ويتفقّدونه ويستبطنون أخباره ثمّ يرجعون وقد علموا حاله اليهم بالخبرة فيتحكّمون فى مضارّه ويصلون بذلك الى دواخله وسهله وأوعاره برأى من سلاطين الإسلام ومنظرٍ ومساعدةٍ من أكثرهم على ما يحبّونه وتقويةٍ للعدوّ بفاخر السلاح ونفيس المتاع ورغبةٍ فى يسيرٍ من الحطام يعود عليهم من تجارة يعملونها الى بلد الروم فتعود بخسيس من الأرباح والنار تحت ذلك تضرّم عليهم والبلاء يفتل فيما يأخذونه والشُؤم يبرَمُ عليهم فيما يأتونه ومتمثّلهم يجهَر بقوله ويضحك من غفلتهم عن فعله حتّى لسمع من فصحائهم دائمًا متمثّلون

أرَى تَحتَ الرَّمَادِ وَمِيضَ جَمْرٍ * وَيُوشِكُ أنْ يَكُونَ له ضِرَامُ،

وكان ما يصل اليهم من العشور على المتاع الواصل الى اطرابزندہ الداخل اليها والخارج عنها ويصل الى متلّى ذلك لقيامه بها من الهدايا المرسومة على تجّارها ما سمعتُ الأكثر يقول أنّها مذ عرفت هذہ الضرائب لم يبلغ من حين أخذ ملطيه وشمشاط وحصن زياد عشرة قناطير ذهبًا، وسبيلهم فيما يقيمونه من غزو المسلمين فى البحر بالمراكب الحربيّة والشلنديّة والشينيّة أن يأتوا الى كلّ ضيعة تقارب البحر فيأخذوا من كلّ دخانٍ أى من كلّ بيت دينارين ويُجمع ذلك ويُدفع الى النافذين [فى البحر] اثنا عشر

٢ (والنفاذ) — (والنفاد)، ١٢ (أرى ... ضِرَامُ) من الأبيات المشهورة لنصر ابن سيّار، (وَيُوشِكُ) — (وَيُوشَكُ)، ١٣–١٦ (وكان ... ذهبًا) يوجد مكان ذلك فى حط (وأمّا اطرابزندہ فالذى عليها أن يعشر القماش الداخل اليها والخارج عنها وترد على صاحبها هدايا هى برسم الملك وما سمعتُ أحدًا يذكر أنّها بلغت منذ عرفت هذه الضرائب وأخذت ملطية وشمشاط وحصن زياد عشرة قناطير ذهبًا تصير الى السلطان وللمتولّى هذا العمل أيضًا شىء من التجّار يصل اليه بحقّ قيامه وشىء ممّا يصل الى الملك)، ١٧ (والشينيّة) — (والسنيّه)، ١٩ [فى البحر] مستتمّ عن حط،

دينارًا لكلّ إنسان ويأكل ممّا يلقاه فيما يغنمه ولا شىء لــه فى الغنيمة من ثمن مسلم أو متاع يغنم وكلّ ذلك متوفّــر على | الملك، قال فإذا حط ١٣٣ قبض رجال البحر أرزاقهم أصلحوا ما أحبّوا استحداثه من مركبٍ وآلةٍ له أو مَرَمَّةٍ لمركبٍ قديمٍ فى صناعتهم وما يبقى من المال المجموع من تلك الجهة صرفه المتّلى للبحر حيث يراه بعد حمله معه الى بلد الإسلام وفراغه ممّا قصد له، وأمّا غزوهم فى البرّ فإنّ ملكهم نقفور أخذ من كلّ دُخَانٍ يسكنه رئيس منهم يملك خَدَمًا وبقــرًا وغَنَمًا وأرضًا ومُزْدرعًا فى حال متوسّطة عشرة دنانير عينًا ذهبًا ومن فوق هذه الطبقة فى القوّة جعل عليه رَجُلاً بسلاحه ودوابّه وقوّامه ومؤنه ونَفَقَةً له ثلثين دينارًا وبهذا اتّجــه لنقفور ما اتّجه فى المسلمين لا أنّــه فرّق مالاً من خزائنه أو تصرّف فى مِلك نفسه أو لزمه درهم فما فوقه من حاصِله بل ربح فى خلال جمعه هذه الأموال وعند صرفها فى النفقات أمرًا ذكروه خرج به الى بلــد الإسلام وعاد معه فاحتجنه وكانت جبايته لهذه الأموال على هذه الجهة السببَ فى مقت النصرانيّة له وبُغْضها لأيّامه وتسخّطها لبقائه وخوفهم من وقوع معاودةٍ لما ضرى عليه الى بلد الإسلام فجعلوا ذلك سببًا لقتلــه وطريقًا للحُجّة عليه،

(٧) وأمّا حدّ بلد الروم فإنّ مشارق بلدانهم المضمومة اليهم والمضافة على مرّ الأوقات الى متملّكيهم ما واجه من ناحية الثغور الشامِيّة والجزَريّة الى آخر حدود آرمينيه وشمالها من نواحى البجناكيّة وبشجرت وبعض بلاد الصقالِبَة ومغربها بعض البحر المُحيطِ وما [٥٩ ب] حادّ جليقيه وافرنجــه

١ (ممّا يلقاه فيما يغنمه) مكان ذلك فى حط (ممّا آفاء الله عليه ومنّ الملك)، ٨ (عينًا ذهبًا) — حط (عينًا ذهبًا وازنة)، (ومن) — (وممّن)، ٩ (رَجُلاً) — (رجل)، (ودوابّه) — (ودوابّته)، (ونفَقَةً) — (ونافقه)، (وبهذا اتّجه) — (وبهذا ما اتّجه)، ١٠ (تصرّف) — (يصرف)، ١٤ (وبُغْضها .... لبقائه) — (وبَعْضُها لاايامه وسحطها لثقاته)، ١٨ (والجزريّة) — (والخزَريّة)، ١٩ (وبشجرت) — (ونشحرت)،

من جزيرة الاندلس وبعض بحر المغرب وجنوبيّهم بقيّة بحر المغرب وبعض ساحل الشأم ومِصْر،

(٨) والمدن النفيسة قليلة فى مملكتهم وبلادهم مع سعة رُقْعَتِها واتّصال أيّامها وحالها وذلك أنّ جُلّهَا جبال وقلاع وحصون ومطامير وقُرًى فى الجبال منحوتةٌ وتحت الأرض منقوبةٌ، وقد استولى الخليجُ الآخذ من القسطنطينيّة الى اطرابزنده على أكثرها وليس هناك مدينة مشهورة إلّا ما وصفته وحددتُه، ومياههم كثيرة غزيرة وليس تمرّ على وجه الأرض مـرًّا مستقيمًا وإنّما تتغلغل بين الجبال على غير قصدٍ ولا استقامة سيرٍ وقد صوّرتُ غير نهر من أنهارهم فيما دون الخليج الى نواحى الثغور وليس جريها على ما وصفتُه فى الصورة وشكّلتُه | لكنّى تحرّيتُ أصل مخرجه الى حيث مصبّهُ فشكّلتُه على ذلك، وبلد الرُومِ عند كثيرٍ من خاصّة أهل الإسلام ومؤلّفى الكتب بخلاف ما هو عليه بالحقيقة من صغر المحلّ وتَفَهِ الخَطَـرِ ونزور الدَخْلِ وضعة الرجال وعـزّة الأموال وخسيس الأعمال والأحوال وهو عند من عنْدَهُ وقبلَهُ أدنى مِيزَةٍ ومعرفةٍ وبحثٍ عن حقائق الأمور واهتمّ بمعارف أقطار الأرض والممالك وسكّانها والجبايات فيها لا يقارب أسباب المغرب وحدّه ولا يدانيه ولا يشاكله فى وجه من الوجوه لأنّى قد ذكرتُ من قبائل البَرْبَر المتبدّدين فى صحارى المغرب ما يستولى على ضعف عدد من تحوزُهُ نواحى الروم وما عندهم من القوّة والجَلَـد ومحلّهم فى البأس والشدّة فإنّهم بحيْثُ إذا دخل لهم جيش من المغرب الى بلد الروم أباده وأباره وأهلكه وأتى عليه وتتسرّب العِدّةُ اليسيرة فى أقطاره فتنشِفُها حتّى أنّ لأهل المغرب على أهل قلوريه فى كلّ سنةٍ جزيةَ آلاف دنانير كثيرة تقبض منهم، وكانت ضِعفَها فأسقط النِصْفَ عنهم عبيد الله صاحب المغرب

حط ١٢٤

---

٦ (القسطنطينيّة) — (القسطنطينَةِ)، ١٢—١٣ (بالحقيقة .... والأحوال) يوجد مكان ذلك فى حط (عند عامّتهم من عظم المحلّ وجليل الخطـر ووفور الدخل وقوّة الرجال وكثرة الاموال وسعة الاعمال)، ١٤ (ميزةٍ) — (رِميرقٍ)، ١٦ (ولا يشاكله .... الى آخر القطعة) يفقد فى حط،

لِحُرَمٍ اجتازت ببلد الروم على القُسطنطينيّة الى ناحيته ووصلوا الملك الذى كان فى أيّامهم شاكرين وكان خائفًا عليهم من صاحب مصر غير أنّ للإسلام فيما عليه نفوس أهله وقلوبهم شأنًا فى انتشار الكلمة وفسادُ الحال وكثرة العناد والخلاف والاشتغال بطلبه بعضُهُم لبعضٍ ما خلا به للروم سِرْبُهم فطالت أيديهم الى ما كانت مغلولةً عنه وأطماعهُم محسومةً منه،

(٩) وقد ذكرتُ هذا البحر وما عليه من المدن والبقاع من حدّ طنجة ونواحيها الى أرض مِصر والى آخر الشَأم من الثغور الى اولاس ممّا كان فى أيدى المسلمين ولهم وشكّلت ذلك الى أطراف بلد الرُوم وما دون الخليج وبعده من الأرض الصغيرة وأثبتُّ فيه أكثر ما بعد الخليج من أرض القسطنطينيّة ونواحى بلبونس وجون البنادقين وأرض قلوريه والانكبرذه وافرنجه ورُوميه وجليقيه وما يحادّ من نواحى الاندلس،

(١٠) [٦٠ ظ] وعلى هذا البحر وفى بلد الرُومِ جبال لا تُحدّ لكثرتها ومنها جبال اقليمِيَه واقلِيمِيَه مدينة كانت للرُوم قديمًا أتى عليها المسلمون وكان بعض أبواب طرسوس يُدعى بباب اقليميه ويُنسب اليها وهذه الجبال آخذة ببلد الروم يمينًا وشمالاً، وإذا جُزتَ اقليميه وكانت بعيدةً من شطّ البحر بنحو مرحلة نزلتَ المكان المعروف باللامس قرية على شطّ البحر كان الفداء يقع فيها بين المسلمين والروم فيكون الروم فى مراكبهم والمسلمون فى البرّ يُفادون، وتتّصل هذه الناحية بإقليم اجيا معدن الميعة التى تُجلب الى جميع الأرض فى البرّ والبحر من هذا الرستاق والناحية ويمتدّ البحر الى انطاليه وبينهما أربعة أيّام فى البحر بطاروس جيّد ومثلها فى البرّ وانطاليه حصن منيع ورستاق عظيم مضاف الى حصن انطاليه وليس للملك عليه دخان ولا كُلفة من صغير ولا كبير | وبه مرتّبون للخرائط حـط ١٣٥
والبريد بالبغال والبراذين فى البرّ ومرتّبون فى البحر لنقل الحوائج والمتاع

١ (القسطنطينيّة) — (القُسطنطينه)، ٣ (وفسادُ) — (وفسادِ)، ٤ (ما خلا به) — (ما خلا)، ١٠ (القسطنطينيّة) — (القسطنطينة)، ١٦ (باللامس) — (بالأمسِ)، ١٨ (الميعة) — (المبيعه)، ٢٠ و ٢١ (انطاليه) — (انطاكيه)،

المختصّ بالملك، ومن آجيا المذكورة إذا أقلع فى البحر ملجّ الى مصر أربعة أيّام، وبين انطاليه والقسطنطينيّة ثمنية أيّام فى البرّ على البريد وفى البحر على الطارُوس خمسة عشر يومًا والأرض التى بينهما عامرة مأهولة مسكونة لا تنقطع سابلتها من نواحى انطاليه ورستاقها وهو رستاق كثير الخير والمير الى خليج القُسطنطينيّة وعلى الخليج سلسلة ممتدّة لا تعبر عنها سفن البحر إلّا بإذنٍ وعلامةٍ وعليها مرصد، ويقع هذا الخليج فى بحر الرُوم من البحر المحيط على ما قدّمتُ ذكره من نفس الشمال على طرف البرّيّة التى لا تُسلك بردًا فيمضى بقُتْرٍ من أقتار يَاجُوجَ ومَاجُوجَ ثمّ يخترق بلاد الصقالبة ويقطعها قطعتين ويتوسّط بلد الروم،

(١١) ومن ورائه الى المغرب بلاد اثيناس وروميه وكلاهما ذوات أعمال ورساتيق وبلدانٍ ومدنٍ مضافة اليها وبرسمها وقُرًى ومزارع وقصور وحصون وملوك على قدر صالح وروميه واثيناس مدينتان بهما مجمعُ النصارى وتقربان من البحر، فأمّا اثيناس فهى دار حكمة اليونانيّين وبها تُحفظ علومهم وحِكَمهم، ورُوميه ركن من أركان ملك النصارى وبها كُرسىّ النصارى ككُرسىّ انطاكيه وكُرسىّ الإسكندريّة والكُرسىّ الذى ببيت المقدس مُحْدَث لم يكُ فى أيّام الحواريّين واتّخذوه بعدهم لتعظيم بيت المقدس، ثمّ تتّصل أرض قلوريه بأرض الانكبرذه وأوّل ذلك أرض شلورى ثمّ نواحى ملف ومدينة ملف أخصب بلدان الانكبرذه وأنظفها وأجلّها أحوالاً وأكثرها يسارًا وأموالاً، وتتّصل أرض ملف بأرض نَابل وهى مدينة صالحة | الحال دون ملف فى أكثر أحوالها وأكثر أموال أهل حط ١٢٦
نابل من الكتّان وثياب الكتّان وبها منه ثياب ليس بسائر الأرض مثلها

١ (آجيا) — (آحيا)، (ملجّ) — (ملحح)، ٣ (انطاليه) — (انطاكيه)، (والقسطنطينيّة) — (والقُسطنطِينه) وكذلك فيما يلى من هذه القطعة، ٩ (ويقطعها) — (ويقطعه)، ١٠ (اثيناس) — (إيثناس)، ١٢ (واثيناس) — (وإيثناسُ) وكذلك فيما يلى، ١٦ (واتّخذوه) — واتّخذه)، ١٨ (شلورى) — (سورى)

ولا ما يشاكلها ولا يُستطاع ولهم ثوب يعمل طوله مائة ذراع فى عشر أذرع ويباع الثوب منها بالدون فمن مائة وخمسين رُباعىّ الثوب الى ما فوق ذلك بقليل وأنقص بكثير، وتتّصل أرض نابل بأرض غَيطه ثمّ تتّصل ديارهم بالافرنجة على ساحل البحر الى أن [تحاذى صقلّيّة وتجاوزها الى أن] تتّصل بطرطوشه من أرض الاندلس،

(١٢) وفى هذا البحر جزائر صغار وكبار وجبال غامرة وعامرة للروم والمسلمين فأمّا المعمور بالإسلام والناس فصقلّيه وهى أكبرها وأكثرها [٦٠ ب] عُدّةً وأشدّها بأسًا بمن حوته من ناقلة المغرب وهى ناحية قريبة من الافرنجة وقد قدمّتُ كثيرًا من ذكرها، وكان للمسلمين فى هذا البحر غير جزيرة جليلة وناحية مشهورة نبيلة فاستولى العدوّ عليها كقبرس واقريطش وكانتا جزيرتين كثيرتى الخير والميسر والتجارة والوارد منها والصادر اليها رائج وكان أخذها أحد الأسباب الزائدة فى أطماع الروم لأنّهما بما كان فيهما من الرجال والعُدّة والعتاد كالنار لهيبها لا يفتر وأُوارُها لا يقصر ينكون فى بلد النصرانيّة صباحَ مساءَ نكايةً بيّنةً ظاهرةً يوجبها لهم قربهم من مطالبهم ومجاورتهم للروم فى مساكنهم فصمدت النصرانيّة صمدها ووكدت وكدها الى أن فُتحتا جميعًا ومُلكتا، وكانت قبرس على غير ما كانت اقريطش عليه من موافقة كانت بين أهلها فيها وذلك أنّها لم تزل قسمين نصف للروم ونصف للمسلمين بها لهم أمير وحاكم وأيدى المسلمين مبسوطة على من جاورهم من النصارى والنصارى بهم شقّين، وجزيرة اقريطش حُرّة مذ كانت وفُتحت فى أيدى المسلمين ولم يكن

١ (ولا يُستطاع ولهم ثوب) — حـط (ولا يستطيع صانع فى جميع طرز الأرض وهو ثوب)، (عشر) — (عشره) ويوجد فى حـط (فى خمسة عشر الى عشر)، ٣ (غَيطه) — (عَبطه)، ٤ [تحاذى ... الى أن] مستتمّ عن حـط، ٩ (وقد ... ذكرها) وفى حـط (طولها سبع مراحل فى أربع)، ١١ (واقريطش) — (واقريطس)، (كثيرتى) — (كبيرتى)، ١٣ (وأُوَارُها) — (وأُوَازُهَا)، ١٩ (شقّين) — (شوقين) أو (شرْقين) والحرف الثانى معطّل بخطّ صغير،

للنصرانيّة فيها مدخل ولا مخرج وأهلها فى غاية الجهاد وفى حين الهُدْنة
والمسالمة مَصُونَة فى شرائط بينهم غزيرة مقرونة بالقهر والاستظهار، وميرقه
جزيرة خطيرة لصاحب الاندلس وكذلك جبل الفُلال مضاف الى ذلك
العمل وليس ميرقه بالمدانية لصقلّيه فى حال من الأحوال وإن كانت
ذات خصب ورخص وسائمة ونتاج وخير [فإنّها تقصر عن صقلّيــة فى
العُدّة والعتاد والقوّة على الجهــاد وكثرة التجارة ووفور العمارة]، ومن
الجزائر المشهورة غير العامرة جزيرة مالطه وهى بين صقلّيه | واقريطش حط ١٢٧
وبها الى هذه الغاية من الحمير التى قد توحّشت والغنم الكثير الغزيــر
وبها من العسل أيضًا مــا يقصدها قوم بالــزاد لاشتياره ولصيد الغنم
والحمير فأمّا الغنم فتكسّد والحمير فيمكن الورود بها الى النواحى فتباع
وتعتمل، والذى سبّب هلاك الجزيرتين بعد قصد العدوّ لهما ما صار اليه
أهلها من البغى والحسد والنكد حسب ما خامر أهل الثغور من ذلك الى
استباحة الفساد والفسوق والغدر والغيلــة والتضادّ والعناد فجُعلوا عبرةً
للمعتبرين وموعظةً للسامعين الناظرين ولنْ يُصْلِحَ اللهُ عَمَلَ المفسدين ولاَ
يُضِيعُ أجر المحسنين، وقد ذكرتُ أنّ من جبلة الى قبرس يومين ومنها
الى جانب بلد الروم مثله وبقبرس المصطكى الجيّد والميعة الكثيرة والحرير
والكتّان وبها من القمح والشعير والحبوب والخصب ما لا يوصف كثرةً،
ولجبل الفُلال الذى بنواحى افرنجه بأيدى المجاهدين عمارة وحرث ومياه
وأراضٍ تقوت من لجأ اليهم فلمّا وقع اليه المسلمون عمّروه وصاروا فى وجوه
الافرنجة والوصول اليهم ممتنع لأنّهم يسكنون فى وجه الجبل فلا طريق اليهم
ولا مُتسلّق عليهم إلاّ من جهة هم منها آمنون ومقداره فى الطول نحو يومين،

١—٣ (وأهلها ... والاستظهار) يوجد فى حط مكان ذلك (إلاّ على طريق الجهاد أو فى حين الهدنة والمسالمة يدخلونها على شرائط بينهم)، ٣ (الفُلال) — حط (الِقلاَل)، ٥—٦ [فانّها ... العمارة] مأخوذ من حط، (٧ العامرة) — تابعًا لحط — (الغامرة)، (مالطه) — (جالطه)، ١٤—١٥ (ولنْ ... المحسنين) سورة آل عمران (٣) الآية ١٦٥ وسورة يونس (١٠) الآية ٨١، ١٥ (يومين) — (يومان)، ١٧ (وبها) — (وبهما)، ١٨ (الفُلال) — حط (القلال)، ٢١ (يومين) — حط (ميلين)،

(١٢) وليس فى البحار أعمر حاشيةً من هذا البحر لأنّ العمارات من جنبتيه ممتدّة غير منقطعةٍ ولا ممتنعةٍ وسائــر البحار تعترض فى شطوطها المفاوز والمقاطع وقد ألحّ الروم فى هذا الوقت على سواحل الشأم بالغارة ونواحى مصر فهم يختطفون مراكبهم من كلّ أوبٍ ويأخذونها من كلّ جهة ولا غياثَ ولا ناصرَ ومن للمسلمين بناظر والمُلك فيهم هاملٌ شاغــرٌ والمَلِك جمّاعٌ منّاعٌ [والعالم يسرق ولا يشبع و]يفتى بالباطل على ما يبلع ولا يخاف معادًا ولا مرجعًا والفقيه ذئب أدرع فى كلّ بليّة يشرع وبكلّ ريح يسرى ويقلع والتاجر فاجرٌ مسقع لا يعاف حرامًا ولا مطمعًا والديار والأعشار بيد الأعداء متسلّمة والأملاك مغتصّة مُصطلمة والأرض من أربابها الى الله تعالى متظلّمة، وهذه جُمَل صفة بحر الروم وجزائره وما عليه ممّا يحتاج الى علمه،

٣ (البحار ... شطوطها) تابعًا لخطّ وفى الأصل (السواحل تعترض فيهـا)، ٦ [والعالم ... لا يشبع و] مستتمّ عن حطّ، ٧ (يبلع) — (يبلغ)، ٩ (مطمعًا) — (مطمع)، (والأعشار) — (والعشار)،

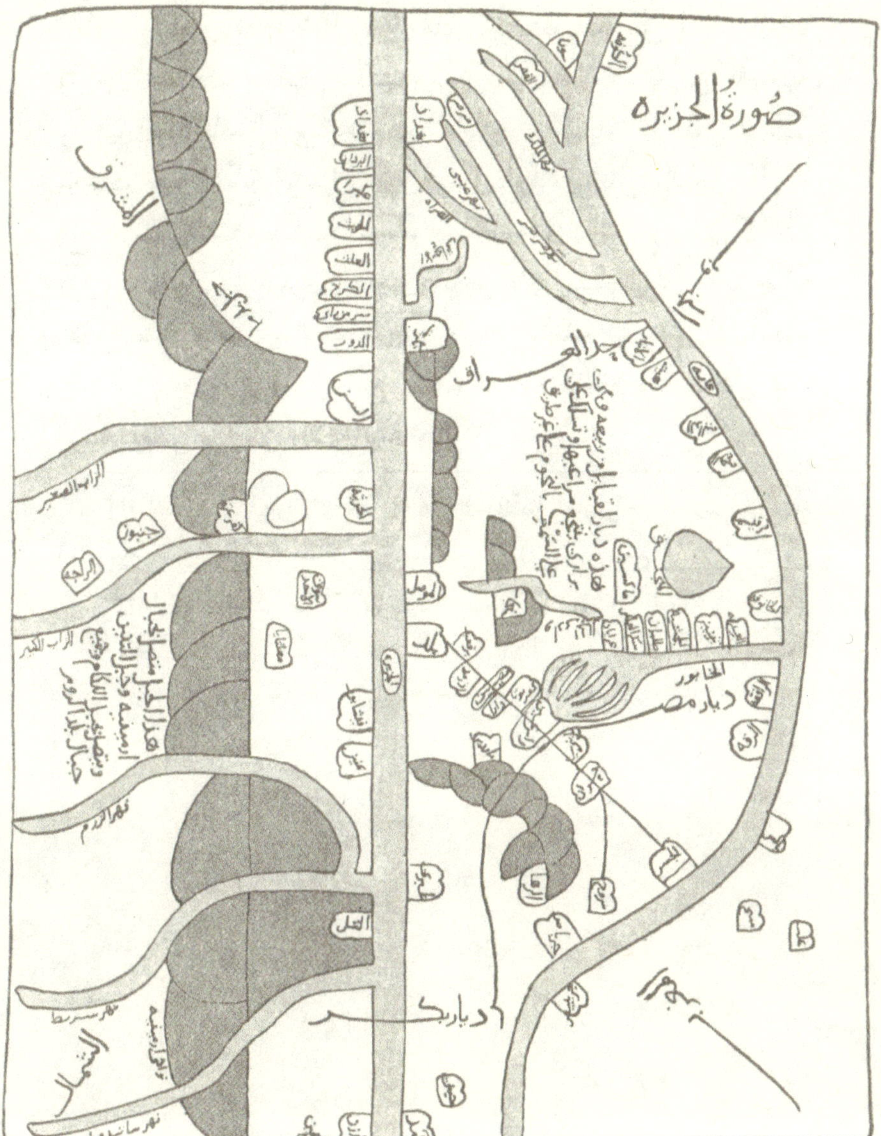

صورة الجزيرة التى فى الصفحة ٦١ ظ من الأصل،

[الجزيرة]

(١) وهذه الصورة شكل الجزيرة ،

[٦١ ظ]

إيضاح ما يوجد فى صورة الجزيرة من الأسماء والنصوص ،

قد رُسم فى نصف الصورة الأيمن من أعلاها الى أسفلها نهر الفرات ويوازيه عن اليسار نهر دجلة ، وكُتب عن يمين نهر الفرات فى الزاوية العليا صورة الجزيرة وتحت ذلك الجنوب وفى الزاوية السفلى المغرب ، وعلى ضفّة الفرات من هذا الجانب من المدن الكوفه ، بالس ، سميساط ، ومن أسفل بالس فى البرّ منبج وحلب ،

وفى أعلى الصورة تخرج بعض الأنهار من الفرات الى اليسار وعلى النهر الأوّل من أعلاه سورا ثمّ يليه نهر الملك وعليه القصر ثمّ نهر صرصر وعليه صرصر ثمّ نهر عيسى ويخرج منه نهر الصراه ، ثمّ رسمت فى الجانب الأيسر من الفرات من المدن الانبار ، هيت ، الداليه ، الرحبه ، قرقيسيا ، الخانوقه ، الرافقه ، الرقه ، الجسر ، جربلص ، وبين هيت والدالية فى النهر عانه ، وبين الخانوقة والرافقه يصبّ نهر الخابور فى الفرات وعليه من المدن العبيديه ، تنينير ، الجحشيه ، طلبان ، سكير العباس ، عرابان ، ومن أعلى هذه المدن بحيرة كُتب عندها المنخرق وعن يسارها ماكسين ، وينتهى عند عربان وادى الحيال وهو آتٍ من جبل سنجار ، وكُتب من أعلى ذلك هذه ديار لقبائل من ربيعه وهى برارىّ ينتجع مراعيها وتسلك على السَمْتِ بالنجوم على غير طريق ، وفوق ذلك حدّ العراق ،

---

٨ (سميساط) — (جريبيص) ويجوز هذا التصحيح بمقابلة بعض صور الإصطخرىّ ، (منبج) — (ممبج) ، (حلب) — (علب) ، ١٢ (جربلص) — (جرباص) ، ١٣ (عانه) — (عانه) ، ١٤ (سكير) — (سكر) ، ١٥ (المنخرق) — (المنجنيق) ،

وعلى الجانب الأيمن من دجلة من المدن بغداذ وتكريت وبينهما نهر الاسحاقى، ثمّ الموصل، بلد، طنزى، آمد، وعلى الطريق من بلد الى الجسر من المدن برقعيد، اذرمه، نصيبين، دارا، كفرتوثا، رأس عين، تل بنى سيار، حران، ومن حران يأخذ طريق الى الأسفل الى سروج، وبين هذا الطريق ونهر دجلة رُسم جبل تتّصل به مدينتا ماردين والرها، وكُتب فى هذا القسم من الصورة على خطّ منعطف ديار مضر ثمّ قاطعًا لدجلة ديار بكر، وعن يمين آمد مدينة حينى،

وعلى دجلة فى الجانب الأيسر من المدن بغداذ مرّة ثانية ثمّ البردان، عكبرا، الجويث، العلث، الكرخ، سرّ من رأى، الدور، السن، الحديثه، فيشابور، ثمنين، التل، وبحذاء آمد ارزن، وعن يسار ذلك ميافارقين، ويقرأ عن يمين القسم الأعلى من الجبل الموازى لدجلة جبل بارما وفى طرفـه الآخـر فى الزاوية المشرق، ويصبّ فى دجلة عند السن الزاب الصغير ومن أسفله الزاب الكبير وبينهما من المدن الراجه، جنبون، كفرعزى، وقد تطلّس أسماء مدينتين يجوز أن تكون إحداها اربل، ومن أسفل الزاب الكبير بين دجلة والجبل سوق الاحد ومعلثايا وكُتب هنا عند الطرف الآخر من الجبل هذا الجبل متّصل بجبال ارمينيه وجبل الثمنين ويتّصل بجبل اللكام وجميع جبال بلد الروم، ثمّ يلى تحت ذلك نهر الزرم ثمّ نهر سربط ثمّ نهر ساتيدما وبين هذين النهرين نواحى ارمينيه وفى زاوية الصورة الشمال،

(٢) [٦١ ب] فأمّا الجزيرَةُ التى بين دجلة والفُرات فتشتمل على ديار ربيعة ومُضر | ومخرج الفُرات من داخل بلد الرُوم على ما شكّلتُه مجتازًا حط ١٢٨
من ملطيه على يومين ويجرى بينها وبين المدينة المعروفة كانت بشمشاط للمسلمين ويمرّ على سميساط ونواحى جسر منبج وعلى بالس الى الرقّة وقرقيسيا والرحبة وهيتٍ والانبار وينقطع الحدّ عن الفُرات ممّا يلى الجزيرة بالانبار

---

٢ (طنزى) — (طبرى)، ٨ (الجويث) — (الحويث)، (ثمنين) — (يمنين)، ٩ (ميافارقين) قد قُطع أوّله بطرف الورقة، ١٤ (الثمنين) — (التنين)، ١٧ (فتشتمل) — (وتشتمل)، ١٩ (بينها) — (بينهما)، ٢٠ (سميساط) — (شميشاط)، ٢١ (الحدّ) يفقد فى الأصل وإنّما يوجد فى غير موضعه بين كلمتى (الشمال) و(فيكون) الآتيتين،

[ثمّ يعود حدّ الجزيرة] فى سمت الشمال فيكون الى تكريت الحدّ العراقَ وتكريت على دجلة وينتهى الحدّ منها مصاعدًا على دجلة الى السِنّ ممّا يلى الجزيرة والى الحديثة والموصل ويصعد بصعود دجلة الى الجزيرة المعروفة بابن عُمرَ ثمّ يتجاوزها الى آمد فيكون ما فى غربها من حدّ ارمينيه ثمّ يعود الحدّ مغرّبًا على البرّ الى سميساط ثمّ ينثنى الى مخرج ماء الفُرات فى حدّ الإسلام من حيث ابتدائه، ومخرج دجلة وإن كان من حدود بلد الروم فطويلا ممّا كان فى يد المسلمين وحيّز الإسلام من بعده بمراحل، وعلى شرقىّ دجلة وغربىّ الفرات مدن وقرى تُنسب الى الجزيرة وهى خارجة عنها ونائية منها وسأذكرها بما يدلّ على حالها،

(٣) قد اتّفق العلماء بمسالك الأرض وبعض الحسّاب المشار اليهم بعلم الهيئة فيما تواضعوه من صفات الأرض أنّها مصوّرة بصورة طائر فالبصرة ومصر الجناحان والشأم الرأس والجزيرة الجؤجؤ واليمن الذنب وهذه حكاية ما رأيتها قطّ مقرّرة وإذا كان الأمر كذلك ففارس وسجستان وكرمان وطبرستان واذربيجان وخراسان ليست من الأرض ولا معدودة فى حسابها أم الأرض هو ما ذكروه دون غيرها وهذا قول يحتاج الى تقرير بفهم جامع وفكر صحيح ليقف على حقّ ذلك من باطله وموقع الجزيرة قريب ممّا قالوه إن وجب أن يكون الشأم رأسًا لهذا الطائر وأظنّ قائل ذلك عنى غير ما أرادوه وقصد سوى ما نقلوه ومتى أراد بذلك ديار العرب خاصّةً فهذه صفتها،

(٤) والجزيرة إقليم جليل بنفسه شريف كان بسكّانه وأهله رفهٌ بخصبه كثير الجبايات لسلطانه إذ كانت الأحوال والأموال والدخل على سلطانه

١ [ثمّ ... الجزيرة] مستتمّ عن حَط، (الى تكريت) — (من تكريت)، ٢ (السِنّ) — (السن)، ٤ (فيكون ... ارمينيه) مكان ذلك فى حَط (فينقطع حينئذ حدّ الجزيرة وتصعد دجلة على أقلّ من يومين فى حدّ ارمينيه)، ٥ (مخرج) تابعًا مع حَط لصَط وفى الأصل (مجمع) وكذلك فى نسختى حَط، ٧ (وحيّز) — (وحيّن)، ١٨ (عنى) — (عنا)،

داخلٌ من وجوهه وخارجٌ من مظانّـه وقـد اختلّت وتغيّرت وانتقلت أملاكها وباد رجالها وأربابها وتنصّر أبطالها، وسمعتُ رئيسًا من علماء البغداذيّين يذكرها فقال كانت معدن الأبطال وعنصر الرجال وينبوع الخيل | والعُدّة وينبُوت الحَيْل والشِدّة، حـط ١٢٩

(٥) فأمّا حدودها ومسافاتها فمن مخرج ماء الفُرات فى حدّ ملطيه الى سميساط يومان ومن سميساط الى جسر منبج أربعة أيّام ومن الجسر الى بالس أربعة أيّام و[من بالس] الى الرقّة يومان ومن الرقّة الى الانبار عشرون يومًا ومن الانبار الى تكريت يومان فى نفس البرّيّـة ومن تكريت الى الموصل خمسة أيّام ومن الموصل الى آمد أربعة عشر يومًا ومن آمد الى سميساط ثلثة أيّام ومن سميساط الى ملطيه ثلثة أيّام، ومن الموصل الى بلدٍ مرحلة ومن بلد الى نصيبين خمس مراحل، ومن الموصل الى سنجار ثلثة أيّام ومن سنجار الى نصيبين خمسة أيّام ومن نصيبين الى رأس العين ثلاث مراحل ومن رأس العين الى الرقّة أربعة أيّام، ومن رأس العين الى حرّان ثلثة أيّام [ومن حرّان الى جسر مِنبج يومان، ومن حرّان الى الرُها يوم ومن الرها الى سميساط يوم، ومن حرّان الى الرقّة ثلاثـة أيّام]، ومن الرقّة الى قرقيسيا أربعة أيّام ومدينة الخانُوقـة فى وسط الطريق ومن الخانوقة الى عرابان أربع مراحل ومن عرابان الى الحيال مرحلتان ومنها الى سنجار نصف مرحلة ومن سنجار الى ماكسين مرحلتان ومن ماكسين الى المنخرق يوم ومن المنخرق الى الفرات يوم، والمنخرق بحيرة [بين ماكسين والفرات] استدارتها مساحة جريب أو أزيـد بقليل [٦٢ ظ] وفيها ماء أزرق عذب كالزجاج الملوّح لا يُعرف قعرها ولا يُعلم كميّة مائها وذلك أنّها اعتبُرت ليُعرف قرارها ومقدار مائها بمائين أذرع

٤ (الحَيْل) — (الحِيَل)، ٧ [من بالس] مستتمٌ تابعًا لحـط عن صـط، ٩ (خمسة) وفى حـط وصـط (ستّه)، ١٤—١٦ [ومن حرّان ... أيّام] مستتمٌ عن حـط، ١٩ (المنخرق) يوجد فى الصورة (المنجنيق)، ٢٠ [بين ... والفرات] مستتمٌ عن حـط، ٢٢ (بمائين) — (بمايينَ) وفى حـط (بألوف)،

حبال بمثقّلات فلم يوجد لها قرار ولا فى يد الخلف عن السلف منها أثر ولا خبر، وعلى ظهر الخابور وبنواحى عرابان وبالبُعد من الخابُور عن مرحلة مدن كثيرة قد غلبت عليها البادية فحكمُهم دون أهلها فيها أمضَى وأمرهم فى غلّاتهم وأموالهم أنفذ وأعلى كالعبيديّة وتنينير والجحشيّة وطِلبّان وهذه مدن عليها أسوار لا تحصنها وقد لجأ الى الخفائــر والأذمّة | أهلها حط ١٤٠ فكلّمن ساقهم تبعوه وكلّمن خافوه أطاعوه فإذا ملك الفُرات سلطان قادر أمنوا وإذا ضعف السلطان بنواحيهم هلكوا وغُنِموا،

(٦) وكان من أجلّ بقاع الجزيــرة وأحسن مدنها وأكثرها فواكه ومياهًا ومتنزّهاتٍ وخضرةً ونضرةً الى سعة غلّاتٍ من الحبوب والقمح والشعير والكروم الرائعة الزائدة على حدّ الرخص نصيبين وهى مدينــة كبيرة فى مستواةٍ من الأرض ومخرج مائها عن شعب جبل يُعرف ببالُوسَا وهو أنزه مكانٍ بها حتّى ينبسط فى بساتينها ومزارعها ويدخل الى كثير من دورها ويُغدق البرك التى فى قصورها، وكان لهم مع ذلك فيما بعُد من المدينة ضياع مباخس كبار جليلة عظيمة غزيرة السائمة والكراع دارّة الغلّات والنتاج معروفة الفرسان مشهورة الشجعان الى ديارات للنصارى وبِيَعٍ وقلّاياتٍ تُقصد للنُزهة وتنتجع للفرحة والفَرَج،

(٧) ولم تزل على ما ذكرتُه مذ أوّل الإسلام معروفة بكثرة الثمار ورخص الأسعار تتضمّن بمائة ألف دينار الى سنة ثلثين وثلثمائــة فأكبّ عليها بنو حمدان بضروب الظلم والعدوان ودقائق الجور والغشم وتجديد كُلَفٍ لم يعرفوها ورسم نوائب ما عَهِدوها الى المطالبة ببَيْع الضياع والمسقّف من العقار حتّى حمل ذلك بنى حبيب الى أن خرجوا بذراريّهم وعبيدهم ومواشيهم وخِفّهم الذى يمكن بمثله النُقْلة ومن ساعدهم من جيرانهم وشاركهم فيما قُصِدُوا بــه من الغصب لعقَارهم فى نحو عشرة آلف فارسٍ على فرسٍ عتيقٍ وسلاحٍ شاكٍّ من درعٍ وجوشنٍ مُذهّبٍ ومِغْفَرٍ مُدَبَّجٍ وسيفٍ يقلّ

١٣ (ويُغدق) — (ويغدق)، ١٨ (ثلثين) — حط (ستّين)، ٢٣ (نحو عشرة آلف) — حط (اثنى عشر ألف) وحب (نحو خمسة آلاف)،

شبهُه ورُمْحٍ خَطّيٍّ وآلةٍ وعُدّةٍ لم تزل على بلد الروم مُطِلّةً يقمع بها شوكتهم ويسبى بها ذراريّهم ويخربون بالاستطالة حصونهم ويجوسون ديارهم | يقدُمهم حـط ١٤١ نحو هذه العِدّة من الجنائب العتاق والبغال الفره عليهـا الخدم والخَوَل والموالى، فتنصّروا بأجمعهم وأوثقوا ملك الروم من أنفسهم بعـد أن أحسن لهم النظر فى إنزالهم على كرائم الضياع ونفائس الحُبى والمتاع وخيّرهم القرى والمنازل ورفدهم بالنواحى الحسنة والمواشى العوامل فعادوا الى بلد الإسلام على بصيرةٍ بمضارّه وعلمٍ بأسباب فساده وخِبرةٍ بطرقه ومعرفةٍ بجلّه ودقّه وقلوُبهم تضطرم حقدًا وتفور كيدًا وتلتهب ضبًّا، وقد كاتبوا من خلّفوه وراسلوا من عرفوه ولاطفوه بذكر ما بلغوه ونالوه وكان الأكثر قد قُصِد فى ضياعه وحيل بينه وبين أملاكه ووُظِّف عليه ما لا يعرفه وأُلْزِمَ من الكُلَف ما لم يجرِ بمثله عليه رسم فأطمعوهم فيما نالوه وعرّفوهم مـا وصلوا اليه وما جاؤوا فيه وله من قصد بلد الإسلام واجتياحه واصطلام نواحيه وبقاعه وأنّ مَلِكَهم أيّدهم وقوّاهم وأنعم عليهم وآواهم فلحق بهم كثير من المتخلّفين عنهم وانتمى اليهم [٦٢ ب] من لم يك منهم فشنّوا الغارات على بلد الإسلام وافتتحوا حصن مَنْصُورٍ وحصن زيادٍ وساروا الى كفرتُوثا ودارا فأتوا عليهما بالسبى والقتل وألحقوا أسوارها بالأرض وضَرُوا بذلك فصار لهم عادةً وديدنًا يخرجون فى كلّ سنة عند أوان الغلّات الى أن أتوا على ربض نصيبين نفسها والغربىّ من ضياعها وتعدّوا ذلك الى أن وصلوا الى جزيرة ابن عمر فأهلكوا نواحيها وسحقوا رَأسَ العين وعملها وساروا الى نواحى الرقّـة وبالس وعادوا الى ميافارقين وارزن فأخْوَوْا قراهـا وضياعها وعضدوا أشجارها وزروعها الى أن جُعلت كالخاوية على عروشها، وتزايدت ثقـة الملك بهم والروم فى السكون اليهم الى أن جُعلت لهم الأرزاق ورُسمت لهم الأعطية وصاروا خاصّة الملك وآراء العرب أثقف

١ (تزل) — (يزل)، ٦ (العوامل) — (العامل)، ٨ (ضَبًّا) — (صبًا)، ٩—١١ (وراسلوا ... رسم) يوجد مكان ذلك فى حـط (ولاطفوا من عرفوه بقصد آل حمدان له فى ماله وضياعه)، ١٦ (وضَرُوا بذلك) — (وضُرّوا ذلك)،

من آراء الروم لما يقترن بهم من الجسارة والبسالة ففتحوا لـه المضائق وتقدّموه فى المسالك وأطمعوه على مـرّ الأيّام وتعاقب الأعوام [.....] وهلاك السلطان وفقـر الخواصّ والعوامّ فى انطاكيه والمصّيصة وحَلَب وطرسُوس فدار لهم عليها ما كان | القضاء قد سبق به والمقدار قد نفذ حَط ١٤٢ فيه، وعمد الحسن بن عبد الله بن حمدان الى نصيبين واكتسح أشجارها وبذل ثمارها وعوّر أنهارها واستصفاها عمّن كان دخل الى بلد الروم واشترى من [بعض قوم واغتصب] آخرين فملكها إلاّ القليل وجعل مكان الفواكه الغلّات بالحبوب والسمسم والقطن والأرزّ فصار ارتفاعها أضعاف ما كانت عليه وزادت ريوعها وسلّمها الى من بقى من أهلها ولم يُمكنهم النهوض عنها وآثـروا فطرة الإسلام ومحبّة المنشأ وحيث قَضَوا ليانات الأيّام والشباب على مقاسمة النصف من غلّاتها الى [أىّ] نوعٍ كانت على أن يقدّر الدخلَ ويقوّمه عينًا إن شاء أو ورِقًا ويُعطى الحرّاثَ ثمن مـا وجب له بحقّ المقاسمة فيكون دون الخُمْسَين ولم يزالوا على ذلك معه ومع ولده الغضنفـر الى أن لحقـا بأسلافهما الدجّالين فما بكتْ عليهم السماءُ والأرضُ ومَا كَانوا إذًا مُنظَرين، وأهلها وقتنا هذا على أقبح ما كانوا عليه وفيه من تقديـر من وليهم عليهم كابن الراعى لا رحمه الله ومن يُشبهه يستغرق أكثر الغلّة وتقويم ما يبقى من سهم المُزارع بثمنٍ يراه المقدّر وحمل ما وقع بسهمه الى مخازنهم وأهرائهم ويرضخ له منه بما يُسمح به لبذره ويقدِّر أنّه مُمسك لرمقه وعيشه فى قوته،

٢ [.....] الظاهر أن يفقد هنا بعض الكلمات ولعلّه يجوز استتمامه بما معناه [بما أخبروه به من اختلال البلدان]، ٤ (وطرسُوس) — (وطرطوس)، ٥ (وعمد) يلى ذلك فى حَط (المعروف كان بناصر الدولة)، ٧ [بعض قوم واغتصب] مستتمّ عن حَط ويلى (آخرين) فى حَب (غصبًا وجبرًا)، ١٠ (ليانات) — (لثّاتات)، ١١ [أىّ] مستتمّ عن حَط، ١٣ (الخُمْسَين) — حَط (الخُمس)، ١٤—١٥ [فما بكتْ ... مُنظَرين] سورة الدخان (٤٤) الآية ٢٨، ١٥—١٦ (وأهلها ... وفيه) مكان ذلك فى حَط (وأهلها مع ولده فى وقتنا هذا على أقبح ما كانوا عليه مع والده)،

(٨) وأعمال نصيبين أربعة أرباعٍ ولكلّ رُبع منها عامل وحضرتُ فى سنة ثمان وخمسين وقد رُفع تقديرها على توسّطٍ الى أبى تَغلبَ الغضنفر بالمَوصل فكان حاصل دخلِها من حنطة وأرزّ وشعير وحبوب عشرة آلف كُرٍّ وأُخرج تقويم أسعارها على خمس مائة درهم الكُرّ فكان المال عند التقدير المذكور خمسة آلف ألف درهم، ورُفع لها من الجماجم عن جواليها ولوازمها مع الزيادات فيها فكانت خمسة آلف دينار، ورُفع لها عن عشور أموال اللطف وهى ضرائب الشراب خمسة آلف دينار، ورُفع القوانين المأخوذة من عراصها عن الغنم والبقر والبقول والفواكه خمسة آلف دينار، | وما يُقبض من الطواحين فى القصبة والضياع المقبوضة حط ١٤٣ والمشتراة وغلّات العقار المسقّف من الخانات والحمّامات والحوانيت والدور ستّة عشر ألف دينار، [٦٢ ظ] وكانت أعمال دارا فى الرُبع الشمالىّ وطُور عبدين أيضًا وهو من أعظم رساتيقها، ورُفع تقدير رستاق ابنين وهو مجاور لطُور عبدين وكان لسيف الدولةِ بألفى كُرٍّ حبوبًا فقوّمت بألف ألف درهم، ورُفع عصيرها وأسقاؤها وجماجمها وعراصها وطواحينها بثلثين ألف دينار، وهذا على أنّ البلد قد خَرِبَ وناسه قد هلكوا ليوبقَ اللهُ متّلى ذلك بما أُمْلِيَ له وأسّسه من ظلمه وجوره،

(٩) وبنصيبين عقارب قاتلة موصوفة مشهورة، وبالقرب منها جبل ماردين ومن قرار الأرض الى ذروته نحو فرسخين وعليه قلعة [لحمدان ابن الحسن بن عبد الله بن حمدان] تُعرف بالباز الأشهب لا يُستطاع فتحها عَنوةً وبنواحيها حيّات موصوفة تفوق الحيّات فى سُرعة القتل ومضاء المنيّة وبجبل ماردين جوهر للزجاج الجيّد ويُحمل منه الى سائر بلدان الجزيرة والعراق وبلد الروم فيفضل على ما سواه بجوهريّةٍ فيه،

(١٠) وأمّا المَوصِل فمدينة على غربىّ دجلة صحيحة التربة والهواء وشِرب أهلها من مائها وفيها نهر يقطعها اتّخذه بنو أُميّة فى وسطها وبين

٢ (الغضنفر) — حط (بن عبد الله بن حمدان)، ٧ (وهى) — (وهو)، (الشراب) — (السراب)، ١٢ (ابنين) تابعًا لحط — (اسر)، ١٤ (وأسقاؤها) — (واسفاها)،

مائها ووجه الأرض نحو ستّين ذراعًا وزائد وناقص ولم يك بها كثير شجر ولا بساتين إلّا التافه القليل اليسير فلمّا تملّك بنو حمدان ورجالهم غرسوا فيها الأشجار وكثُرت الكروم وغزُرت الفواكه وغُرست النخيل والخضر، وبها مسكن سلطان الجزيرة ودواوينها ومجتبى أموالها وارتفاعها ولها أقاليم ورساتيق ومدن كثيرة مضافة اليها وارتفاع وجبايات زادت على ما كانت عليه فى سالف الزمان لأنّ اللعين لا رحمه الله أخذ ممّن كان فى جُملته وخدمه أملاكهم واشترى الكثير منها بالقليل التافـه من أعشار أثمانها واستملك رباعَها واحتوى على خارجها وداخلها واستعمل فيهم من الحال ما أثره من سيرته فى بلد نصيبين فزاد قائمةً وتناهى كثرةً وإسرافًا وذلك أنّ للمَوصل أضعاف أعمال نصيبين فى فسحة الأعمال وكثرة الضيـاع | وعظم المحلّ وغزر السُكّان وأهل الأسواق إذ كانت أسواقهـا واسعةً حط ١٤٤ وأحوالها فى الشرف والفخم ظاهرةً، وهى مدينـة أبنيتُها بالجصّ والحجارة كبيرة غنّاء وأهلها عرب ولهم بها خطط وأكثرهم ناقلة الكوُفـة والبصرة وكانت من عُظم الشأن بصورة أكابر البلدان وكان بها لكلّ جنس من الأسواق الاثنان والأربعة والثلثـة ممّا يكون فى السوق المائـة حانوت وزائد وبها من الفنادق والمحالّ والحمّامات والرحاب والساحات والعمارات ما دعت اليها سكّان البلاد النائية فقطنوها وجذبتهم اليها برخصها وميرها وصلاح أسعارها فسكنوها، وهى فُرضة لاذربيجان وارمينيه والعراق والشأم ولها بوادٍ وأحياء كثيرة تصيّف فى مصائفها وتشتو فى مشاتيها من أحياء العرب وقبائل ربيعة ومُضَر واليمن وأحياء الأكراد كالهذبَانيّة والحميديّة واللاريّة وكانت بها بيوت فاخرة وقوم أهل مروؤة ظاهرة لهم من التناية

---

٢ (تملّك) — (تملا)، ٤ (أقاليم) تابعًا لحط وفى الأصل (اقليمُ)، ٦—٧ (لأنّ ... أملاكهم) مكان ذلك فى حط (وذلك أنّ ابن حمدان المذكور اغتصبهم أيضًا ضياعهم الخراجيّة)، ١٢ (الشرف) — (السرف)، ٢٠ (كالهذبانيّة) — حط (كالهكّاريّة)، ٢١ (واللاريّة) — (والاريه) وفى حط (واللاويّة) تابعًا لحو وفى حل (والاوّيّة) وغيّره ناشر حط فى ص. ٢٦٥ الى (والاويّة)،

يسار وبأملاكهم ويسارهم على الأيّام استطالة واقتدار كبنى فهدٍ وبنى عمرانَ من وجوه الأزد وأشراف اليمن وبنى شخاج وبنى اود وبنى زبيد وبنى الجارود وبنى أبى خداش [٦٢ ب] والصداميّين والعمريّين وبنى هاشم وغير ذلك فمزّقهم جور بنى حمدان وبدّدهم فى كلّ صُقْعٍ ومكان بعد انتزاع أملاكهم وقبض ضياعهم وإحواج أكثرهم الى قصد الأطراف والشتات فى أعماق الأكناف بعد أن كانوا مقصودين والى السؤال بعد أن لم يزالوا مسؤولين فمن هالكٍ فى نجفٍ ومُضطهدٍ فى طرفٍ ومعرّضٍ نفسه للحَيْن والتلف، [أمّا فى زماننا هذا وهو سنة ستّين وخمس مائة فقد عُمّرت عمارةً لم تكن قطّ منذ أُسّست حتّى أنّ العمارة قد استولت عليها ولم يبق بها موضع فامتدّت العمارة الى خارج السور وصار فى خارجها أسواق وحمّامات وفنادق وغير ذلك من المرافق،] وفى ذكر تقدير البلد ما | يدلّ على ما كان عليه من حـط ١٤٥
العتاد والعدد ووصف ارتفاعه ما يُعرب عن حاله وأصقاعه ومكانه وأوضاعه ويُغْنِى عن الإطالة فى وصف شرفه وشأنه وقوانينه الواصلة الى سلطانه وهى الدليل على أوصاف أهله وشأنهم فى ذات أنفسهم، وقد تقدّم القول بذلك وأنّ قوام الدنيا وأهلها بالأموال إذ محلّهم فى أنفسهم وكيفيّتهم فى عيشهم وسياستهم فى مروؤاتهم بمقدار ما يملكونه وبه يمكنهم المروؤة والأفضال والتصرّف فى كلّ جهة وحال وهذه عبرة لجميع العقلاء ومرآة لسائر الفهماء وإن خرج بالخصوص عن حدّ العموم فى هذه القضيّة قوم لم يُحكم بهم ولا يُلتفت الى سيرتهم وسياستهم،

(١١) وللموصل نواحٍ عريضة ورساتيق عظيمة وكور كثيرة غزيرة الأهل والقرى والقصور والمواشى الى غير ذلك من أسباب النتاج والسائمة من الأغنام والكراع فمن ذلك رستاق نينوَى وكانت به مدينة فى سالف الزمان تجاه الموصل من الجانب الشرقىّ من دجلة آثارها بيّنة وأحوالها

---

٢ (شخاج) — حـط (شجاع)، ٣ (خداش) — حـط (خراش)، (والصداميّين) — حـط (والانباريّين)، ٦ (والى) — (الى)، ٨—١١ [أمّا ... المرافق] من مضافات حـب ١٨ ب،

ظاهرة وسورها مشاهد وكانت البلدة التى بعث الله تعالى الى أهلها يونس ابن متّى عليه السلم، ويجادّ هذا الرستاق على جلالته وعظمه وقربـه الى حوزته رستاق المرج وهو أيضًا فسيح واسع كثير الضياع والماشية والكراع وفيه مدينة تُعرف بسوق الأحَدِ وفيها أسواق ولها موعد لأوقات يحضر فيها السوق يجتمـع فيه المتاع وسائـر التجارة والأكرة والأكراد وكانت مدينةً كثيرة الخير خصبة تحادّ الجبل على نهر يقرب منها يطرح ماؤهـا الى الزابى الكبير، ويجاور هذا الرستاق أرض حزة ورساتيقها وهو إقليم بينه وبين أعمال المرج الزابى الكبير وفيه مدينة تُعرف بكفر عزى يسكنها قوم من الشهارجة نصارى ذو يسارٍ وهى مدينة قصْدة فيها أسواق وضياع وبها خير ورخص ومنها يمتـار الأعـرابُ وينزل فى نواحيها الأكراد، وقردى وبازبدى رستاقان عظيمان متجاوران فيهما الضياع الجليلة الخطيرة التى تكيل الضيعةُ دخلاً فى كلّ سنة ألف كرّ حنطـة وشعير أو حبوبَ قطانٍ ولها من مرافق الجوالى بالجماجم وأموال اللطف ما يقارب دخل غيرها من الضياع، ورستاق باهدرا وهو أيضًا عظيم جليل الضيـاع والدخل والمرافق والعائدة، ورستاق الخابُور وفيـه مدن كثيرة وأعمال واسعة تجاور رستاق سنجار ونواحى الحيال وللجميع من الدخل الكثير عن سائر وجوه الغلّات والفواكه اليابسة والرطبة، ورستاق معلثايا وفيشابور حـط ١٤٦ وهما رستاقان خطيران معدودان فى نفائس الأعمال ومحاسن الكور بكثرة الغلّات والخيرات والتجارات،

(١٢) وحضرتُ مدينة المَوصل آخر دخلةٍ دخلتُها سنة ثمان وخمسين [٦٤ ظ] فألفيتُ ارتفاعها من الحاصل دون قسمة المزارعين بنينوَى والمرج وكورة حزة ستّة آلف كرّ حنطةً وشعيرًا قيمتها من الورِق ثلثة آلف ألف درهم ومن الحبوب والقطانى ثلثمائة كُرّ قيمتها من العين عشرة آلف دينار

١١ (بازبدى) — (ناربدى)، ١٣ (قطانٍ) — (قُطانِي)، ١٦ (الحيال) — (الجبال)، ٢١ (بنينوَى والمرج) — (بنيبوَى المرج)، ٢٢ (حزة) — (خره)،

ومن الورق [......] عن وجوه أُوجب اجتباؤها من جوالٍ وضمانات [ومرافق بيت المالِ] رَدَّتْ عينًا عشرة آلف دينار دون ضياع وُسمت بضياع الإخوة فى هذه النواحى [الثلاث] المتقدّم ذكرها وهى أملاك بأيديهم ودخلها حاصل لهم استوفاه كتّابهم أربعة آلف كُرّ حنطة وشعيرًا قيمتها من الورق ألفا ألف درهم، قال الرافع وتوابعها من مواجب بيت مال السلطان ألفا دينار قيمتهـا من الورق ثلثون ألف درهم، وذَكَر أموال الناحية المتقبّل عراصها وجزائرها وبساتينها والمستغلّات المختزلة من أصحابها والمشتراة ومال اللطف والجوالى بألفى ألف درهم، وذكر باعربايا وهى من نواحيها ورساتيقها وحدّها فقال من باعيناثا الى نهر سريا من دون اذرمه بفرسخ طولاً وعرضها من نواحى سنجار الى أن تصاقب بازبدى والحاصل دون الواصل بحقّ المقاسمة الى الأكرة والمزارعين ثمنية آلف كُرٍّ حنطةً وشعيرًا قيمتها من الورق دون زيادة الصنجة وحقّ الخزن أربعـة آلف ألف درهم وفيها من الأحلاب والجوالى، وعرصة برقعيد ألفا دينار
حط ١٤٧ قيمتها من الورق ثلثون ألف درهم، وذكر بازبدى فقال | حدّها من الضيعة المعروفة بالمقبلة والأحمدىّ وباعُوسا والبيضاء الى حدود الجزيرة ودخلها من الحنطة والشعير الحاصل ألفا كُرّ قيمتها من الورق [ألف ألف درهم ولها من وجوه الأموال المذكورة المشهورة ألفا دينار وقيمتها] ثلثون ألف درهم، وباهدرا وهى من حدّ المغيثة الى الخابور ومن معلثايـا الى فيشابور والحاصل دون الواصل الى المزارعين بحقّ المقاسمة من الحنطـة

---

١ [...] يفقد فى الأصل وكذا فى نسختى حط ويجب استتمام أوّله تابعًا لناشر حط ب (مائة وخمسون ألف درهم) ثمّ (وبها من الأموال) أو ما فى معناه، (اجتباؤها) — (اجتباها)، ٢ [ومرافق بيت المال] مستتمّ عن حط، (رَدَّتْ) — (ردت)، ٣ [الثلاث] مستتمّ عن حط، ٦ (ألفا) — (الفى)، ١٠ (بازبدى) — (بارندى)، ١١ (بحقّ) — (نحو)، ١٣ (ألفا) — (الفى)، ١٤ (بازبدى) — (بارنذى)، ١٥ (بالمقبلة) — (المقبلةِ)، ١٦—١٧ [ألف ألف ... وقيمتها] مستتمّ عن حط، ١٨ (درهم) — (دينار)، (ومن) — (ومنها)،

والشعير ثلثة آلف كُرّ قيمتها مائة ألف دينار، قال وبها من المال عن وجوه أسقائها ومياهها ثلثون ألف دينار، قال وقردى وهى الجزيرة المعروفة بابن عُمر وجبل باسورين ونواحيه الى حدود باعيناثا الى طنزى وشاتان والحاصل دون الواصل الى المزارعين من الحنطة والشعير ثلثة آلف كُرّ قيمتها مائة ألف دينار وبها من المال من وجوه الطواحين والجوالى وما أشبه ذلك ثلثون ألف دينار، فالحاصل على التقريب من جميع أعمالها وجباياتها عن قيمة عين جُبى من الورق [ستّة عشر ألف ألف درهم ومائتا ألف وتسعون ألف درهم]،

(١٣) ومن أسافل الموصل مدينة تُعرف بالحديثة وبينهما تسع فراسخ كثيرة الصيود واسعة الخير فى ضمن الموصل عملها وبالموصل تُجتبى أموالها ولها عامل بذاته على استيفاء أموالها فربّما عُملت بالأمانة وربّما كانت بضمان وقلّما ضُمنت لأنّ أحوالها تزيد وتنقص،

(١٤) وكان بالموصل فى وسط دِجلة مطاحن تُعرف بالعُروب يقلّ نظيرها فى كثير من لأرض لأنّها قائمة فى وسط ماء شديد الجرية موثّقة بالسلاسل الحديد فى كلّ عربة منها أربعة أحجار ويطحن كلّ حجرين فى اليوم والليلة خمسين وِقْرًا وهذه العروب من الخشب والحديد ورُبّما دخل فيها شىء من الساج، وكانت ببلد المدينة التى عن سبعة فراسخ منها عُروب كثيرة دارت إعمالاً [٦٤ ب] وجهازًا الى العراق فلم يُبْقِ منها شؤم ابن حمدَان ولا من أهلها باقيةً، [وبمدينة الحديثة منها عداد تعمل فى وسط دجلة وقد ملك بنو حمدان متاعها حسب ما ذكرتُه من حال الموصل وسائر ديار ربيعة وارتفاعها نحو خمسين ألف دينار،] وكان بالفُرات للرقّة [وقلعة جعبر] ما لا يدانى هذه العروب ولا ككثرتها، وبمدينة

---

٢ (وقردى) — (وقردَى)، ٥ (من وجوه) — (ووجوه)، ٧—٨ [ستّة ... درهم] مستتمّ عن حط وذلك بتمام الصحّة جملة المبالغ المعدودة، ١٥ (أربعة أحجار — حط (حجران)، ١٨ (إعمالاً) — (اعمالاً)، ١٩—٢١ [وبمدينة ... دينار،] مأخوذ من حط، ٢٢ [وقلعة جعبر] مأخوذ من حب ١٩ ظ،

تفليس فى نفس الكرّ منها شىء به تقوم أقواتُ أهل تفليس وهى دونها فى الفخم والعظم، | وبتكريت وعُكبرًا والبردان منها شىء باقٍ، ولم تُبْقِ حط ١٤٨ بركةُ بنى حمدان بالموصل إلّا ستّة أو سبعة منها وليس ببغداذ شىء منها، (١٥) وبلد المذكورة فكانت مدينة كثيرة الغلّات والأموال والجهاز والمشائخ المذكورين بالعراق فى حسن اليسار وسعة الأحوال الى أن وضع الملقّب بناصر الدولة عليهم يده واستفرغ فيهم جهده فلم يُبق لهم باقية وبدّدهم فى كلّ قُتْرٍ وزاويةٍ ولم يُبق لهم ثاغية ولا راغية حتّى أكلتهم الشدائد وصبّت عليهم بشؤمه المصائب فهم كما قال بعض سكّان مكّة من خُزاعة عند خروجهم منها

كأن لم يكن بين الحجُون الى الصفَا * أَنِيسٌ وَلم يَسْمُرْ بِمَكّةَ سَامِرُ

وكان لبلد فى ظاهرها بين غربها وشمالها مكان يُعرف بالاوسل نزه كثير الشجر والثمر والخُضر والفواكه والكروم فقصدها اللعين المشؤوم بما قصد به الموصل فهو كالبور مع شرف حال هذا الاوسل ومكانه من الريع إذا زُرع وفى أعاليه ساقية تسقى شيئًا من الأرض إذا زُرعت بماء تافه تربٍ، (١٦) ومدينة سنجار على تسعة فراسخ من بلدٍ وهى فى وسط البرّيّة وفى سفح جبل خصب ولها أنهار جارية وعيون مطّردة وأسقاء ومباخس وضياعها قريبة الحال وعليها سور من حجر يمنع عن أهلها عند تظافرهم وقد شابها من نسيم الزنيم ونالها من البلاء ما يُشبه الزمان، وبها مع رخص أسعارها وكثرة خيرها وفواكهها الصيفيّة فواكه شتويّة ممّا يكون اختصاصه فى بلاد الصرود | كالسماق والجوز واللوز والزيتون والأترجّ والسمسم والرمّان حطّ ١٤٩ الكبير المخفّف حبّه الدائم الى العراق والنواحى جهازه وحمله، وبقرب سنجار بين شمالها وغربها الحيال وهو وادٍ من أودية ديار ربيعة فيه مشاجر وضياع وكروم وخصب وأبّ يسكنه قوم من العرب قاطنين فيه

٧ (ثاغية) — (باغيه)، (وصبّت) — (وصبب)، ١٤ (تربٍ) — (نزبٍ)،
٢٢ (الحيال) — (الجبال)، ٢٣ (قاطنين) — (فاطنين)،

مخفرين من بنى قشيرٍ ونميرٍ وعقيلٍ وكلابٍ وليس بالجزيرة مدينة ذات نخيل فى وقتنا هذا أكثر من سنجار إلّا أن يكون على الفرات ونواحى هيت والانبار،

(١٧) وبين بلد ونصيبين برقعيد وأَذْرَمَةُ فأمّا برقعيد فمدينة كثيرة الزرع من الحنطة والشعير ويسكنها بنو حَبيب قوم من تَغلب وفيها مغوثة لبنى السبيل وفى أهلها بعض شرّ لأنّهم من سِنخِ بنى حمدان وشرب أهلها من الأبآر وليس بها بستان ولا كرم، ومنها الى مدينة أَذْرَمة ستّة فراسخ وكانت مدينةً صالحةً كثيرة الغلّات وقد فتحها الروم لمّا خرجوا الى نصيبين وأتى المتنصّرة عليها ولم يُبْقَ بها إلّا نفر وصُبابة لا تجد الى النَقْلَة عنها وجهًا ولاتعرف سبيلاً، ومنها الى نصيبين تسعة فراسخ، ومن نصيبين الى دَارَا مدينة أزليّة كانت للروم طيّبة فى نفسها كثيرة الغلّات والخيرات والخصب فى جميع وجوه الخصب من المآكل والمشارب وما تحويه فكالجان، وإن كانت هذه الحال [٦٥ ظ] فى جميع هذه الديار عامّة وبها مشهورة فإنّ الذى أخرجها عمّا كانت عليه ونقلها من أحوالها الى ما هى به ومضافة اليه ما قدّمتُ ذكره، وكَفَرْتُوثا بين دَارا وَرأس العين مدينة سهليّة وكان حظّها من كلّ خير جزيلاً ووصفها مذ كانت فحسن جميل الى أن افتتحها الروم وكانت فى مستواة من الأرض ولها شجر وثمر ومزدرع وضياع فى سنة افتتاحهم رأس العين، [وفى زمان المؤلّف افتتحها الروم والآن فهى للمسلمين والعاقبة للمتّقين]،

(١٨) وكانت رَأس العين مدينةً ذات سور من حجارة نبيل وكان داخل السور لهم من المزارع والطواحين والبساتين ما كان يقوتهم لولا ما مُنُوا به من الجور الغالب والبلاء الفادح ممّن لا رَحِم الله منهم شعرةً ولا ترك من نسلهم أحدًا ليجعلهم آيةً وعبرةً، وكان يسكنها العرب وبها لهم خطط وفيهم ناقلة من الموصل أصلهم وفيها من العيون ما ليس ببلدٍ من

٢ (الفرات) — (الفران)، ١٧ (الأرض) يليه فى حَط (وأكبر من دارا)، ١٨ (العين) — (عين)، ١٨—١٩ [وفى زمان ... للمتّقين] من مضافات حَب ١٩ ظ،

بلدان الإسلام وهى أكثر من ثلثمائة عين ماء جارية كلّها صافية يبين ما حط ١٥٠ تحت مياهها فى قعورها على أراضيها | وفيها غير عين لا يُعرف لها قرار وغير بئر عليها شبابيك الحديد والخشب ويقال أنّها خسيفٌ وقد جُعل الشبّاك دون وجه الماء بذراعٍ ونحوه ليحفظ ما يسقط فيها ويقال أنّهم اعتبروا غير بئر بمائتين أذرعٍ حبالٍ فلم يبلغوا قعرها وتجتمع هذه المياه حتّى تصير نهرًا واحدًا ويجرى على وجه الأرض فيُعرف بالخابور ويقع الى نواحى قرقيسيا وكان عليه لأهل رأس العين نحو عشرين فرسخًا قرًى ومزارع وكان لهم غير رستاق وناحية كبيرة كثيرة الضياع والأشجار والكروم على هذه المياه الجارية المذكورة وكان لهم أيضًا ضياع مباخس وأعذاء فى ضياعها ومزارعها فلم يبق بالقصبة لهم إلّا نُوَيْسٌ فى نفسها على ترقّبٍ من الروم والعرب قد لجؤوا الى بعض قصورها وجعلوه حصنًا يأوون اليه عند خوفهم، ونهر الخابُور المذكور عليه مدائن كثيرة قد شكّلتُها ووصفتُها كمدينة عرابان وهى مدينة لطيفة كثيرة الأقطان وثياب القُطن تُحمل منها وتُجهّز الى الشأم وغيرها وعليها سور صالح منيع ومن ورائه منعة بمن فيه من الرجال واليها سُكير العبّاس وهى أيضًا مدينة لطيفة فيها غلّات وبها رجال وكذلك طلبان والجحشيّة وتنينير والعبيديّة مدن تتقارب أوصافها وفيها ما له إقليم كبير ورستاق واسع وعمل صالح ودخل وأشجار وكروم وسفرجل موصوف،

(١٩) ومدينة آمد على جبل من غربىّ دجلة مطلّ عليها من نحو خمسين قامةً وعليها سور أسود من حجارة الأرحية ويسمّى ذلك السور حط ١٥١ ميمونًا لشدّة سواده | [وذلك أنّه من حجارة أرحية الجزيرة] وليس لحجارته فى جميع الأرض نظير ومنها ما يساوى الحجر للطحن به بالعراق من خمسين دينارًا الى أكثر وأقلّ وسور خلاط وجامعها وأكثر أبنيتها من

٥ (حبالٍ) — (جبال)، ١٢ (كثيرة) — (كبيرة)، ١٥ (واليها) — (واليه)، ١٦ (وتنينير) — (وتينبير)، ٢٠ (خمسين) — حط (مائة)، ٢١ [وذلك ... الجزيرة] مأخوذ من حط،

هذه الحجارة وكذلك جامعها غير أنّها أصغر منها وأقلّ سمكًا فى عرضٍ وطولٍ، وبآمد مزدرع داخل سورها ومياه وطواحن على عيون تنبع منها وكان لها ضياع ورساتيق وقصور ومزارع برسمها هلكت [٦٥ ب] بضعفهم واقتدار | العدوّ عليهم وقلّة المغيث والناصِر ولم يبق للمسلمين ثغــر أجلّ حط ١٥٢ ولا أمنع جانبًا سوره منه وقلّما ينفع السور بغير رجالٍ والسلاح بغير مقاتل وإن دام عليهم ما هم به خيف عليهم لأنّ سلاطينهم أكثر مـا يظهر منهم الرغبة فيها إرادة التسمية على منابرها والدعاء لهم بها دون ما يجب لأهل الثغور على الملوك من تقوية بالمال والكراع والرجال والعُدّة والعتاد وقلّما بقى ثغر بالمُنَى أو ينفعه التسمّى على منابــره بالألقاب والكُنَى أو نكى فى عدوّه شىء ممّا يظاهر بــه أهل زماننا وملوكنا من ذلك لأنّهم بالجمع والمنع فى شغل عن صلاح الرعايا وتأمّل الرزايا وكأنّى به وقد قِيل أَسْلَمَهُ أَهْلُه أو دخل تحت الجزيــة من فيه، والله من ورائــه دافعًا ومانعًا،

[قال كاتب هذه الأحرف دخلتُها سنة أربع وثلثين وخمس مائة ولم يكن بها إلاّ بقايا رمق وفيها من الصدور والأجلّاء والرؤساء والمشائخ والفضلاء وأرباب العلم والحكم وأصحاب الفقه والأدب وذوى اليسار والمروؤة والإفضال والكرم والنوال ومؤاساة الغريب والقريب جماعة فلم يزل بها جور بنى نيسان وظلمهم وكثرة الاضطهاد والإجحاف والمصادرات والتضييق عليهم ومطالبتهم برسوم ومؤن وضعوها لم تك فيها قبل وتكلفهم ما لا يطاق فألجأهم ذلك الى التشتّت عن الأوطان والبُعد عن الأهل والإخوان فخربت بيوتهم وانمحت آثارهم فلم يبق بأسواقها حانوت معمور فضلاً أن يقال مسكون ومع ذلك وسمهم بسمة رديّة بحيث كان أحدهم إذا دخل بلدة وقصد ناحية غيّر اسمه وأنكر بلده خوفًا على نفسه وصيانةً لعِرضه ودمه الى أن فرّج الله عمّن بقى بها وافتتحها الملك العالم العادل المؤيّد المظفّر المنصور نور الدين فخر الإسلام أبو عبد الله محمّد بن قرا ارسلان بن داود بن سكمان الارتقىّ خلّد الله دولته وثبّت وطأته وذلك

٧ (الرغبة) — (الرغية)، (التسمية) — (السمسية)، ٥—١٢ (وقلّما .... ومانعًا) مكان ذلك فى حط (وإن ضعف أهلــه خشى عليــه من العدوّ والله يكفيهم ويؤيّدهم) فقط، ١٣—٢٤ [قال كاتب .... والمعين] من مضافات حب ١٩ ب، ١٦ (نيسان) — (بسان)، ٢٣ (وثبّت) — (وست)،

فى أوّل سنة تسع وسبعين وخمس مائة فأطلق لهم الأبواب ورفع المكوس ومحى تلك الرسوم المذمومة وفعل فعل الأكارم الأجواد الطلّاعين فى الفضل ذروة الأنجاد مغتنمًا للذكر الجميل والأجر الجزيل والآن قد دبّت الحيٰوة فى عروق أهلها اليها وإفاضة العدل من مالكها عليها إن شاء الله تعالى وهو الموفّق والمعين]،

(٢٠) [ومَيّافارِقين مدينة جليلة عظيمة الخطر عليها سور من حجارة وفصيل وخندق عميق مصطكّة العمارة ضيّقة الأسواق وبها مسجد جامع لا بأس به والفواكه والأشجار والأنهار محتفّة بها وفى هوائها وخامة مّا، ومارِدين حصن حصين منيع لا يرام ولا يُقدر عليه مبنىّ على قلّة جبل شاهق فى الهواء وهو مشرف على تلك الجبال شرقًا وغربًا شمالاً وجنوبًا لا يدانيه قلّة جبل البتّة وفيه من الذخائر والعدّة والأسلحة ما لا يمكن حصره ومن تحته فى ناحية الجنوب ربض عامر منغصّ بالسكّان ضيّق الأسواق وليس بين أيديهم حائل يمنعهم من النظر الى بريّة رأس العين والخابور وسنجار ومياههم من عيون مجرورة فى قنوات وقد استحدثوا الآن الصهاريج والبرك ليجمعوا ماء المطر حيث كثر الخلق وازدادت العمارة ولهم الفواكه الكثيرة اللذيذة والكروم الواسعة والهواء الصحيح والرخص، وتحتها فى الصحراء من جانب القبلة على أربع فراسخ منها أو أقلّ موضع يُعرف بسوق دُنَيسر كان قبل هذا قريسة يجتمع الناس فى صحرائها كلّ يوم أحدٍ للبيع والشرى فانعمرت الآن عمارةً كبيرةً واتّخذ بها الخانات والفنادق والحمّامات والأسواق والبيع والشرى يجلب اليها الجهاز من سائر البلدان قد استوطنها الناس من كلّ فجّ عميق وكثر بها الارتفاع والضمانات، وأمّا حصن كيفا فهى قلعة حصينة منيعة ذات شُعَبٍ مدفونةٍ بين الجبال سوى جانبها المشرف على الدجلة من الجانب الغربىّ عن الدجلة وفيها شعابٌ وأودية لا يُقدر عليها وبين يديها على الدجلة قنطرة عالية حسنة البناء استحدثها الأمير فخر الدين قرا ارسلان بن داود فى عشر خمس مائة وتحتها ربض عامر فيه الأسواق والحمّامات والفنادق والمساكن الحسنة وبناؤهم بالحجر والجصّ ولها رساتيق كثيرة وضياع عامرة وهى وخمة الهواء وبيّة لا سيّما فى الصيف]،

(٢١) وجزيرة ابن عُمَرَ مدينة صغيرة لها أشجار وثمار ومياه ومرافق
وخصب وعليها سور ولمّا بلغها الروم لم يقفوا | عليها وبينها وبين الموصل حط ١٥٢

٥—٢٤ [ومَيّافارِقين ... الى آخر القطعة] كذلك من مضافات حب ١٩ ب — ٢٠ ظ، ١٥ (بسوق) — (للسوق)،

ثلثون فرسخًا وهى أيضًا على شفا جرفٍ بين الخوف والرجاء وبها تجارة دائمة لو تركتها السلاطين وربحٌ ومُضْطَرَبٌ لو لم يجرِ فيها حكم الشياطين والخوارج وهى فرضة لارمينيه وبلاد الروم ونواحى ميافارقين وارزن وتصل منها الى الموصل المراكب مشحونةً بالتجارة كالعسل والسمن والمنّ والجبن والجوز واللوز والبندق والزبيب والتين الى غير ذلك من الأنواع وهى أحسن تلك الناحية عمارةً وأرجاها سلامةً لوفور أهلها وكثرة خصبها وليست كارزن وميافارقين من خُلُوّ المنازل وعدم الأكرة وأهل الضياع وقلّة الماشية والكراع، والجزيرة متّصلة بجبل ثمنين وباسورين وفيشابور وجميعها فى الجبل الذى منه جبل الجودىّ متّصل بآمد من جهة الثغور وأعالى البلد بأعمال مرعش واللكام وبأسافلها، فلا يبعد من دجلة الى مدينة السِنّ التى على شرقىّ دجلة فى حدود جبل بارمّا ويتّصل بجبال شهرزور، والسنّ مدينة لطيفة بينها وبين تكريت بضعة عشر فرسخًا عليها سور قد خرب أكثره وفى أهلها جَور وشرّ وبينهم حِنات وضغائن وليست ببعيدة الخراب، وبينها وبين مدينة البوازيج أربعة فراسخ وهى مدينة على الزابِ الصغير من غربيّه يسكنها قوم خوارج الغالب عليهم إيواء اللصوص وفعل القبائح وشرى السَرِقات وما يأخذه بنو شيبان من قطع الطريق، والى مدينة السنّ مصبّ الزاب الأصغر فى دِجلة عن غَلوَةٍ منها والسِنّ مضمومة الى عمل الجزيرة وليس البَوَازيج منها ولا فى ضمنها لأنّها مذ كانت لمن غلب،

(٢٢) وديار مُضر فهى من هذه الجزيرة قائمة حدودها وكذلك ديار بَكْرٍ وديار رَبيعَةَ تُعرف كلّ ناحية من المجاورة لها بأوصافها وأقطارها وحدودها ومدنها، وأجلّ مدينة لديار مُضَر الرقّة وهى والرافِقَة مدينتان كالمتلاصقتين وكلّ واحدة بائنة من الأخرى بأذرع كثيرة وفى كلّ واحدة منهما مسجد جامع [٦٦ ظ] وهما على شرقىّ الفُرات وكان لهما عمارة وأعمال ورساتيق وكور فقلّ حظّهما من كلّ حال وضعُفت بما حمّلها سيفُ الدولة

تجاوز الله عنه من الكُلَف والنوائب والمغارم ومصادرة أهلها مرّةً بعد أُخرى وكانت خصبة | رخصة الأسعار حسنة الأسواق وفى أهلها ولاء حط ١٥٤
لبنى أميّة شديد ، وفى غربىّ الفرات بين الرقّة وبالس أرض صِفّينَ وبها قبر عمّار بن ياسر وأكثر أصحاب علىّ عليه السلم وصِفّين أرض على الفُرات مطلّة من شرف عالى السمك [ويرى من كان بالفرات منه عجبًا وذلك أنّه يرى قبورًا فى موضعين أحدهما أعلى من الآخر ويعدّ فى أحد الموضعين دون العشرة قبور وفى الآخر نحو عشرين قبرًا ويصعد الى المكان فلا يرى لذلك أثرًا ولا يحسّ منه خبرًا وإنّى لأستقبح أن أحكى هذه الحكاية ولكنّى بلغتنى فكذّبتهُا ثمّ رأيتها فلزمنى حكايتها تصديقًا لمن تقدّم بالحكاية الىّ وإن عرّضتُ نفسى للتُهَم] على أنّ أكثر من قُتِل من أصحاب علىّ هناك معروفة قبورهم ، [وخبّرنى من رأى هنالك بيتًا ينسب أنّه كان بيت مال علىّ بن أبى طالب عليه السلام] ، وحَرّانُ مدينة تلى الرقّة فى الكبر وهى مدينة الصابئين وبها سدنتهم ولهم بها طربال كالطربال الذى بمدينة بلخ عليه مصلّى الصابئين يعظّمونه وينسبونه الى إبرهيم وهى بين تلك المدن قليلة الماء والشجرُ وزروعها مباخس وكان لها غير رستاق عظيم وكورة جليلة فافتتح الروم أكثرها وأناخت بنو عقيل وبنو نمير بعقوتها وببقعتها فلم يبق بها باقية ولا فى رساتيقها ثاغية ولا راغية وهى مدينة فى بقعة يحتفّ بها جبلٌ مسيرة يومين فى مثلها وجميعها مستواة ، ومدينة الرُها فى شمال هذه البقعة وكانت وسطة من المدن والغالب على أهلها النصارى وبها زيادة على ثلثمائة بيعةٍ وديرٍ ذى صوامع فيه رهبانهم وبها البيعة التى ليس للنصرانيّة أعظم ولا أبدع صنعةً منها ولها مياه

---

١ (مصادرة) — (مصاده)، ٥—١٠ [ويرى ... للتهم] مستتمّ عن حط وقد مرّ هذه الحكاية فى ص. ٣٥ فى صفة ديار العرب ولا بدّ من استتمامها هنا لما يليه فى الأصل ، ١١—١٢ [وخبّرنى ... السلام] مستتمّ عن حط وقد مرّ ذلك أيضًا فى ص. ٣٥ ، ١٣—١٤ (طربال ... بلخ) مكان ذلك فى حط (تلّ) فقط،

وبساتين وزروع كثيرة نزهة وهى أصغر من كَفَرْتوثا وكان بها منديل لعيسى بن مريم فخرج نقفور فى بعض خرجاته ونزل بهم وحاصرهم وطالبهم به فسلّموه اليه على هُدنةٍ وافقوه على مدّتها ، [وهذه البيعة قد خرب أكثرها ولم يبق منها إلّا الطاق الأعظم فى تأريخ ثمانين وخمس مائة] ، وجسر منبج وسميساط مدينتان نزهتان ذواتا | مياه وبساتين ومباخس وأشجار وهما عن غرب حـط ١٥٥ الفُرات فى حالِ اختلالٍ ورزوح حالٍ ،

(٢٣) وأمّا قرقيسيا فمدينة على الخابُور ولها بساتين وأشجار كثيرة وفواكه وهى فى نفسها نزهة ويجلب من فواكهها وفواكه الخابور الى العراق فى الشتاء وإن كان الاختلال قد شابها وبينها وبين مدينة الخَانوقة يومان وهى مدينة لطيفة رزحة الحال وقتنا هذا [ابتناها مٰلِك بن طوق صاحب الرحبة] ، ورَحْبة مٰلِكِ بن طوق أكبر منها وهى كثيرة الشجر والمياه فى شرقىّ الفرات وقد عراها الاختلال وهى ذات سور صالح ولها نخيل وثمر وسقى كثير من جميع الغلّات ، وهيت مدينة وسطة عن غربىّ الفرات وعليها حصن وهى أعمر المدن المتقدّم ذكرها وتحاذى تكريت فى الحدّ الغربىّ من العراق وتكريت فى شمال العراق وبهيت قبر عبد الله بن المبارك الزاهد العابد الأديب ، والانبار بلد السفّاح وكانت داره التى يسكنها عامرةً آهلةً كثيرةَ النخل والزروع الجيّدة والثمار والأسواق الحسنة على شرقىّ الفُرات فتغيّرت وخربت ومنها أبو بكر بن مجاهدٍ صاحب القراآت ومن لم يساوه فى القِراآت أحدٌ ونجمَ منها غير رئيس فى صناعة الكتابة والفقه والعلم ،

(٢٤) [٦٦ ب] وبالجزيرة برارىّ ومفاوز وسباخ بعيدة الأقطار تُنْتَجَعُ

٣–٤ [وهذه ... مائة] من مضافات حـب ٣٠ ظ ، ٧ (قرقيسيا) — (قرقيسا) ، ٩ (الخانوقة) — (الحانوقة) ، ١٠–١١ [ابتناها ... الرحبة] من مضافات حـب ٣٠ ظ ، ١١–١٢ (فى شرقىّ الفرات) يوجد هنا فى هامش حـب (أقول الرحبة فى غربىّ الفرات هكذا رأيتها سپاهى زاده) ، ١٧ (والأسواق) تابعًا لحـب — (والاسوار) ،

لامتيار الملح والأُشنان والقلى وكان يسكنها قبائل من ربيعة ومضر أهل خيلٍ وغنمٍ وإبل قليلةٍ وأكثرهم متّصلون بالقرى وبأهلها فهم بادية حاضرة فدخل عليهم فى هذا الوقت من بطون قيس عيلان الكثير من بنى قشير وعُقيل وبنى نُمير وبنى كلاب فأزاحوهم عن بعض ديارهم بل جُلّها وملكوا غير بلدٍ وإقليم منها كحرّان وجسر منبج والخابُور والخانوقة وعَرابان وقرقيسيا والرَّحبة فى أيديهم يتحكّمون فى خفائرها ومرافقها،

(٣٥) والزابيان نهران عظيمان كبيران إذا جُمِعَا كانا كنصف دِجْلة
حـط ١٥٦ وأكثر وهما من شرقيّها | ومخرجهما من الجبال التى بين نواحى اذربيجان
متسرّبة من أقتار ارمينيه ونواحى اذربيجان من جنوبيّها وبين ذين النهرين مراعٍ كثيرة وبلاد كانت الضياع بها ظاهرةً والسكّان بها الى عن قريب على حال صالحة وافرة فتكاثرت عليهم البوادى واعتورتهم الفتن فصارت قفارًا من السكّان يبابًا بعد العمران وهى فى الشتاء مُتشاتىً للأكراد الهذبانيّة ومصائف لبنى شيبان،

(٣٦) ومدينة تكريت على غربىّ دجلة وأكثر أهلها نصارى مطلّة على جبل عظيم شاهق وعلى ظهر هذا الجبل منها الموضع المعروف بالقَلْعَة وكانت حصنًا ذا مساكن ومحالّ يشملها [٦٧ ظ] سور حصين وهى قديمة أزليّة وتجمع سائر فِرق النصارى وبها من البيع والأديرة القديمة التى تقارب عهد عيسى عليه السلم وأيّام الحواريّين لم تتغيّر أبنيتها وثاقةً وجلدًا ومن أعظم بيعة بها محلًّا وأقدمها بيعة الخضراء، وأبنيتهم بالجصّ والحجر والآجرّ والحصَى، ومن أسفل تكريت يشقّ نهر الدُجيل الآخذ من دجلة على بعض مساكن تكريت وفى فنائها مارًّا الى سواد سرَّ من رأى فيعمره الى بغداذ،

(٣٧) وعانة مدينة صغيرة فى وسط الفُرات يطوف بها خليج من

١ (لامتيار) — (لامتياز)، ١٢ (الهذبانيّة) — حـط (الهدنانية)، ١٨ (أبنيتها) — (ابنيها)، ٢٠ (والحصَى) — (والحصا)،

الفرات وبالفرات غير مدينة كهى فى جزيرةٍ قد أحاط بها الماء وقرية حسنة ذات شجر ومساكن وجامع ومن ذلك القغنبى والعبدلية والنهية وتقارب أصاغر المدن فى الحال وتلتفّ مشاجرها بالنخيل والكروم والحديثة ولها جامع وأسواق وتانئة وأهل لهم عدد وأَلُوسُ وهى دونها ولها جامع وسوق والخزانة وتقارب أَلُوسَ فى الحال وهذه المدن وإن كانت فى الماء وقد أحاط بها فلها مزارعُ وقرًى وأكرةٌ وقصورٌ من جانبى الفرات يكثر خيرُها ويبين على أهلها نفعها وريعها، والداليةُ مدينة صغيرة بشطّ الفُرات عن غربيّه وبها أُخذ صاحب الخَال | الخارج بالشأم حـط ١٥٧ على بنى العبّاس،

(٣٨) [٦٧ ب] وجبل الجُودىّ بقرب الجزيرة وفيه القرية المعروفة بثمنين التى يقال أنّ سفينة نوح عليه السلم استقرّت عليه لقوله تعالى واستوفَتْ على الجودىّ، [ويتّصل هذا الجبل كما ذكرتُ بالثغور باللكام ويقال أنّ جميع من كان مع نوح عليه السلم فى السفينة ثمانون رجلًا فبنوا هذه القرية ولم يعقب منهم أحد فسُمّيت باسم عددهم]،

(٣٩) وحصنُ مَسلمة فإنّ مَسلمةَ بن عبد الملك اتّخذه وكانت طائفة من بنى أُميّة تسكنه من تلقاء الفرات وفى حاجره وكان شرب أهله من السماء وأرضه مباخس، وتلّ بنى سيّار مدينة كانت صغيرة وكان أكثرها للعبّاس بن عمرو الغنوىّ وقومه فخربت فى مدّة أدركتُها ثمّ عمرت وقد عادت الى الخراب حالها بعد أن تراجع اليها أهلها وهى على مرحلة من رَأس العين واتّصل خراب تلّ بنى سيّار بخراب باجروان وكانت منزلاً

١—٧ (وبالفرات . . . وريعها،) يُفقد فى حـط ويوجد قسم منه فى حـب، ٣ (مشاجرها) — (مساجرها)، ١٢ (واستوفَتْ على الجودىّ) سورة هود (١١) الآية ٤٦، ١٢—١٤ [ويتّصل ... عددهم] مأخوذ من حـط، ١٥—١ (وحصنُ مَسلمة ... الرقّة،) يوجد ذلك فى حـط قبل صفة جبل الجودى، ١٧ و ٢٠ (سيّار) — (سيّان)،

خصبًا نزهًا واسعًا وكانت عن منكب طريق حرّان الى الرقّة، وسَروج رستاق له مدينة خصبة تعرف بسَروج عن شمال طريق حرّان الى جسر منبج حصينة ذات سور كثيرة الأعناب والفواكه والزبيب ويُعمل من زبيبها لكثرته الرُبُّ ويُتّخذ منه النَاطِفُ وهى من حَرّان على يوم،

(٣٠) وهذه جمل أخبار الجزيرة وأوصافها وجميعها قد تغيّرت آثارها وانتقلت أحوالها الى النقص والاستحالة،

[العراق]

(١) وأمّا العِرَاق فإنّه فى الطول من حدّ تكريت الى عبّادان وعبّادان مدينة على نحر بحر فارس وعرضه من القادِسيّة على الكُوفة وبغداذ الى حُلوان وعرضه بنواحى وَاسِط من سوادِ واسِط [٦٨ ظ] الى قرب الطِيب وبنواحى البَصرة من البصرة الى حدود جُبّى، والذى يطيف بحدوده من تكريت فيما يلى المشرق حتّى | يجوز بحدود سهرورد وشهرزور ثمّ يمرّ على حـط ١٥٨
حدود حلوان وحدود السيروان والصيمرة وحدود الطيب والسُوس حتّى ينتهى الى حدود جُبّى ثمّ الى البحر فيكون فى هذا الحدّ من تكريت الى البحر تقويس ويرجع على حدّ المغرب من وراء البصرة فى البادية على سواد البصرة وبطائحها الى واسط ثمّ على سواد الكوفة وبطائحها الى الكوفة ثمّ على ظهر الفُرات الى الانبار ثمّ من الانبار الى حدّ تكريت بين الدجلة والفرات وفى هذا الحدّ من البحر على الانبار الى تكريت تقويس أيضًا، وهذا المحيط بحدود العراق وستأتى أوصافه منصّلةً إن شاء الله،

(٢) والصورة التى فى باطن هذه الصفحة صورة العِراق،

[٦٨ ب]

إيضاح ما يوجد فى صورة العراق من الأسماء والنصوص،

قد صُوِّر فى أعلى الصورة بحر فارس وينصبّ فيه نهر دجلة قاطعًا لوسط الصورة، ويقرأ فى القسم الأعلى من الصورة من جانبى النهر صُورَةُ العراق، وفى الزاويتين الأعلايين جنوب العراق ومشرق العراق، وكُتِب من جانبى النهر على شكل خطّين مقوّسين حدّ العراق وموازيًا للخط الأيسر حدود خوزستان ثمّ حدود الجبل ثمّ حدود اذربيجان، وفى أسفل الصورة فى الزاوية اليمنى مغرب العراق،

---

٢ (وأمّا) — (فامّا)، ٦ (سهرورد) — (شهرورد)، ١٨ (صُورَةُ) — (صُورَرهُ)،

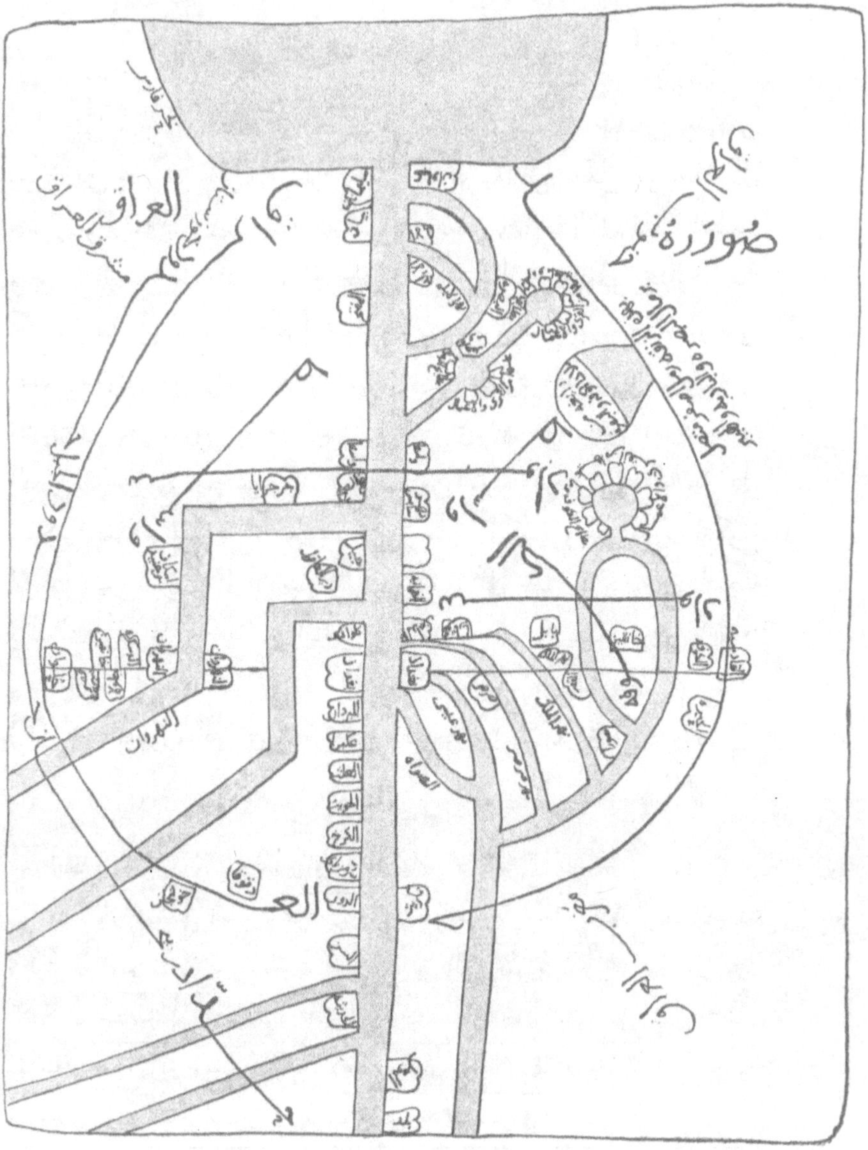

صورة العراق التى فى الصفحة ٦٨ ب من الأصل،

وقد رُسم على جانب النهر الأيمن ابتداء من البحر من المدن عبادان، الابله، الابله مرة ثانية، واسط، نهر سابس، ثمّ شكل مدينة لا اسم فيها ثمّ النعمانيه، المداين، بغداذ، تكريت، الموصل، بلد، ويأخذ من الابله نهر الابله وحذاء نهايته مدينة البصره، وعن يمين البصرة شكّلت دائـرة كُتب حولها بطائح البصره وما عليها من القرى والأعمال ويأخذ من تلك الدائرة نهر ينصبّ فى دجلة عند واسط وفى وسط هذا النهر دائرة ثانية يُقرأ حولها مرّة أخرى بطائح البصره وما عليها من القرى والأعمال وبين هذه الدائرة وماء البصرة نهر يقرأ عنده نهر معقل، وعن يمين ذلك ناحية متّصلة بخطّ الحدّ كُتب فيها رايغة من بلاد الكوفه والبصره ومن وراء الخطّ بهذه الزنقة رمل أصفر متّصل برمال البصره والبادية والهبير، ثمّ يقع من أسفل ذلك على الخطّ المقوّس من المدن القادسيه وعن يسارها الكوفه ثمّ الحيره،

ويوازى نهرَ دجلة فى القسم الأسفل من الصورة نهر الفرات ويتشعّب فى عدّة شعب تأخذ اثنتان منها الى بغداذ وهما الصراه و نهر عيسى، ثمّ عن يمينهما نهر صرصر وعليه مدينة صرصر، ثمّ نهر الملك وعليه مدينة كوثا ربا، وبين هذا النهر والشعبة التالية الى اليمين من المدن سورا، القصر، نهر الملك، بابل، وبين الشعبتين الآخرتين مدينة الجامعان، وتجتمع هاتان الشعبتان فى دائرة كُتب حولها بطائح الكوفه وما عليها من القرى والأعمال ويشار الى هذه الناحية كلّها بكتابة سواد الكوفه على شكل صليبىّ، وعلى سمت واسط يُقْطع نهر دجلة بكتابة سواد واسط وكُتب واسط فى كلّ واحد من جانبيه على شكل صليبىّ،

وعلى جانب دجلة الأيسر رُسم من المدن ابتداء من البحر سليمانان، بيان، المفتح، واسط مرّة ثانية، فم الصلح، جبل، وعن يسارها دير العاقول، ثمّ كلواذى، بغداذ مرّة ثانية، البردان، عكبرا، العلث، الجويث، الكرخ، سُرّ من رأى، الدور، السن، الحديثه، ويصبّ فى دجلة عند فم الصلح نهر كُتب عنده النهروان وعليه من المدن ابتداء من دجلة جرجرايا، اسكاف بنى جنيد، النهروان وحذاءها النهروان مرّة ثانية،

٢ (سابس) — (سايس)، ١٤ (القصر) يعنى (قصر ابن هبيرة)، ٨ (رايغة) كذا فى الأصل، ١٥ (الجامعان) — (خانقين)، ٢٠ (جبل) — (جبل)، ٢١ (الجويث) — (الحويث)، (الدور) يعنى (دور الخرب)،

ويأخذ من النهروان طريق الى اليسار الى حُلوان عليه من المدن الدسكره، جلولا، خانقين، قصر شيرين، وينصبّ عند كلواذى نهر آخر بينه وبين دجلة دقوقا وخولنجان،

مفقود فى حط (٣) [٦٩ ظ] هذا الإقليم أعظم أقاليم الأرض منزلةً وأجلّها صفةً وأغزرها جبايةً وأكثرها دخلاً وأجملها أهلاً وأكثرها أموالاً وأحسنها محاسنَ وأفخرها صنائعَ وأهلُـهُ فأوفرهم عقولاً وأوسعهم حلومًا وأفسحهم فطنةً فى سالف الزمان والأمم الخالية وبمثله تجرى أمور أمّة الآخرَةِ يُقِرّ بذلك لهم أهل الطاعة والفضائل ولا يمترى فيه أهل الدراية والخصائل، ورأيتُ ببعض الخطوط القديمة أنّه كان يُجْبَى لقُبَاذ السواد دون سائر أعماله وما كان تحت يده وسلطانه مائة ألف ألف وخمسين ألف ألف مثقال وأنّ عُمَر ابن الخطّاب رضى الله عنه أمر بمساحته فكان طوله من العَلْث فى جرى دِجْلة الى عبّادَان مائة وخمسة وعشرين فرسخًا وعرضه من عَقَبة حُلوان الى العُذَيب ثمنين فرسخًا عامرةً مُغِلّةً لا يقطعها بورٌ ولا يلحق عمارتها غِبٌّ ولا فتورٌ فبلغَتْ جُربَانُه ستّة وثلثين ألف ألف جريب فوضع على كلّ جريب للحنطة أربعة دراهم وعلى الشعير درهمين وعلى جريب النخل ثمنية دراهم وعلى جريب الكَرْم والرطاب ستّة دراهم وختم على خمس مائة ألف إنسان للجزية على الطبقات وأنّه جَبى السوادَ فبلغت الجباية مائة ألف ألف وثمنية وعشرين ألف ألف درهم، وجباه عمر بن العزيز مائة ألف ألف وأربعة وعشرين ألف ألف درهم، وجباه الحجّاج بن يُوسُفَ ثمنية عشر ألف ألف درهم وأسَفَ الأكرةَ ألفى ألف درهم وحمل ستّة عشر ألف ألف ومنع أهلَ السواد من ذبح البقر فقال شاعرهم

شَكونا اليهِ خرابَ السَّوَادِ * فحرّمَ فينَـا لُحومَ البَقَر،

٣ (قصر شيرين) — (قصر سيرين)، ٤ يوجد القطعة (٣) فى حب ٢٢ ظ، ٤ (وأجلّها) — (وأجَلّهُ) وكذلك فيما يلى، ١٢ (عشرين) — (عشرون)، (عَقَبة) — حب (عقبة)، ١٣ (ثمنين) — (ثمنون)، (يقطعها) — (يمطها)، ١٩ (ثمنية) — حب (مائة ألف ألف وثمانية)، ٢٠ (ستّة) — حب (مائة ألف ألف وستّة)،

قال واجُبِىَ لكسرى ابرويز خراجُ مملكته سنة ثمانى عشرة من مُلكه أربعمائة ألفَ ألف مثقال وعشرين ألف [ألف] مثقال قال ثمّ بلغت الجباية بعد ذلك ستّمائة ألف ألف مثقال، [وأمّا فى زماننا هذا وهو تأريخ سنة خمسين وخمسمائة فهو أكثر ممّا ذكره أضعافًا مضاعفةً لا أحيط بمقداره،]

(٤) فأمّا ذكر مسافاته | فمن حدّ تكريت الى البحر ممّا يلى المشرق حـط ١٥٨ على تقويسه فنحو شهر ومن البحر راجعًا فى حدّ المغرب على تقويسه الى تكريت فمثل ذلك، ومن بغداذ الى سُرّ من رأى ثلث مراحل ومن سُرّ من رأى الى تكريت مرحلتان، ومن بغداذ الى الكوفة أربع مراحل ومن الكوفة الى القادسيّة مرحلتان ومن بغداذ الى وَاسط ثمانى مراحل ومن بغداذ الى حُلوان ستّ مراحل والى حدود الصيمرة والسيروان نحو ذلك، ومن وَاسط الى البصرة ثمانى مراحل ومن الكوفة الى واسط على طريق البطائح ستّ مراحل ومن البصرة الى البحر مرحلتان، وعرض العراق على سمت بغداذ من حلوان الى القادسيّة إحدى عشرة مرحلةً وعرضه على قمّة سُرّ من رأى من الدجلة الى حدّ شهرزور والجبل نحو خمس مراحل والعامر منه أقلّ من مرحلةٍ والعرض من واسط | الى نواحى خوزستان نحو حـط ١٥٩ أربع مراحل ومن البصرة الى جبّى [مدينة أبى علىّ الجُبّائىّ] مرحلة،

(٥) فأمّا مدنها [٦٩ ب] فإنّ البصرة مدينة عظيمة ولم تكن فى أيّام العجم وإنّما اختطّها المسلمون أيّام عُمَر بن الخطّاب رضى الله عنه ومصّرها عُتبَةُ بن غزوان فهى خِطَطٌ وقبائل كلّها ويحيط بغربيّها البادية مقوّسة وبشرقيّها مياه الأنهار مفترشة، وذكر بعض المؤلفين من أصحاب الأخبار أنّ أنهار البصرة عُدّت أيّام بلال بن أبى بُردة فزادت على مائة ألف نهر وعشرين ألف نهر تجرى فى أكثرها الزواريق وكنتُ أُنكِرُ ما ذكره من

---

٢ [ألف] مستتمّ عن ابن خرداذبه ص. ١٥، ٣–٤ [وأمّا ... مقداره،] من مضافات حـب ٢٢ ظ، ٤ (فهو) يفقد فى حـب، ٧ (ثلث) — حـط (نحو ثلث)، ١٣ (وعرضه) — (وعرضها)، ١٤ (قمّة) — (وسه)، (شهرزور) — (شهرروز)، (خمس) — (خمسين)، ١٦ [مدينة ... الجُبّائىّ] مأخوذ من حـط، ٢١ (بلال) — (بلاد)،

هذا العدد فى أيّام بلال حتّى رأيتُ كثيرًا من تلك البقاع فرُبّما رأيتُ فى مقدار رمية سهم عددًا من الأنهار صغارًا تجرى فى جميعها السُمَيْريّاتُ ولكلّ نهر اسم ينسب به الى صاحبه الذى احتفره أو الى الناحية التى يصبّ اليها ويفرع ماؤه فيها وأشباه ذلك من الأسامى فجوّزتُ أن يكون ذلك كذلك فى طول هذه المسافة وعرضها ولم أستكثره، وهى من بين سائر العراق مدينة عُشريّة ولها نخيل متّصلة من عبداسى الى عبّادان نيّف وخمسين فرسخًا متّصلة لا يكون الإنسان منها بمكان إلّا وهو فى نهرٍ ونخيلٍ أو يكون بحيث يراها، وهى فى مستواة لا جبل فيها ولا يكون بحيث يقع البَصَر على جبلٍ بتّةْ، وبها آثار أمير المؤمنين صلوات الله عليه وغير موقف معروف مذ أيّام الجمل وقبر طلحة بن عبيد الله فى | نفس المدينة حط ١٦٠
وخارج المِربَد فى البادية قبر أنَسِ بن مالك والحسن البصرىّ وابن سيرين والمشاهير من علماء البصرة وزُهّادها الى يومنا هذا، ومن مشاهير أنهارها نهر الأُبلّة وطوله أربعة فراسخ ما بين البصرة والأبلّة وعلى جانبى هذا النهر قصور وبساتين متّصلة كأنّها بستان واحد قد مُدّت على خيطٍ ورُصِفت بالمجالس الحسنة والمناظر الأنيقة والأبنية الفاخرة والعُروش العجيبة والأشجار المثمرة والفواكه اللذيذة والرياحين الغَضّة المُرَكّب منها مثل الحيوان والبرك الفسيحة المرصُوفة ولا تخلو من المتنزّهين بغرائب الملاذّ وتحفّ المتظرّفين منحدرين ومصعدين، وينشعّب فوق البصرة ومن تحتها أنهارٌ كثيرة فمنها ما يقارب هذا النهر فى الكبر ولا يدانيه فى الجمال وحسن المنظر الأنيق، وكأنّ نخيلها غُرِست ليومٍ واحدٍ، وهذه الأنهار الكبار كلّها متخرّقة بعضها الى بعض وكذلك عامّة أنهار البصرة حتّى إذا جاءهم

---

٣ (السُمَيْرِيّات) — حط (السماريّات)، ٤ (ماؤُهُ) — (ماءه)، ٧ (وخمسين) — (وخمسون)، ١٠ (طلحة بن عبيد الله) يلى ذلك فى حب (والزبير بن العوام)، ١٥—١٨ (ورُصفت .... ومصعدين) يوجد ذلك فى حط بعد (يراها) فى السطر ٨ المتقدّم إلّا أنّ النصّ فى حط أخصر وموضعه فى حب كما فى الأصل، ١٦ (المُرَكّب) — (المركب)،

مدّ البحر تراجع الماء فى كلّ نهـر حتّى يدخل نخيلهم وحيطانهم وجميع أنهارهم من غير تكلّف وإذا جزر الماء عنها وانحطّ خلت منه البساتين والنخيل وبقيت أكثر الأنهار خاليةً فارغـةً، ويغلب على مياههم المُلوحة وأكثر ما يستسقون الماء لشربهم إذا جزر الماء من آخر حدّ نهر مَعْقِلٍ لأنّه يعذب هناك فلا يَضُرّه ماء البحر وعلى نهر معقل أيضًا أبنية شريفة ومساكن حسنة عالية وقصور مشيّدة وبساتين وضياع واسعة غزيرة كبيرة عظيمة، وكان على رُكن الأبلّة فى دِجْلة بين يدى نهرها خُور عظيم الخطر جسيم الضرر دائم الغرر وكانت أكثر [٧٠ ظ] السُفْن تسلَم من سائر الأماكن فى البحر حتّى ترده فيبتلعها وتغرق فيه بعد أن تدور على وجه الماء أيّامًا وكان يُعرف بكرداب الأبُلّة وخورها فاحتالت له بعض نساء بنى العبّاس بمراكب اشترتها فأكثرتْ منها وأوسقتها بالحجارة العظام وبلّغتْها ذلك المكان فابتلعها وقد توافت على مقدارٍ فانسدّ المكان وزال الضرر فى وقتنا هذا عمّا كان عليه، وأكثر أبنيتها بالآجُر وهى مدينة عظيمة جليلة خصبة بما حوته | عامرة وافرة الأهل حسنة النظم [حتّى أنّ من طرف نهر ١٦١ حـَط

معقل إذا سار الإنسان على خطّ مستقيم الى ناحية القبلة يكون بين السور وبين طرف النهر نحو فرسخ أو أكثر، قال كاتب هذه الأحرف دخلتُها سنة سبع وثلثين وخمس مائة وقد خربت ولم يبق من آثارها إلّا الأقلّ وطُمست محالّها فلم يبق بها إلّا محالّ معلومة كالنخّاسين وقساميل وهذيل والمربد وقبر طلحة وقد بقى فى محلّةٍ بيوت معدودة وباقى بيوتها إمّا خراب وإمّا غير مسكونة وجامعها باقٍ فى وسط الخراب كأنّه سفينة فى وسط بحرٍ لُجّىّ وسورها القديم قد خرب وبينه وبين ما قد بقى من العمارة مسافة بعيدة وكان القاضى عبد السلام الجبلىّ رحمه الله قد سوّر على ما بقى سورًا بينه وبين السور القديم دون النصف فرسخ فى سنة ستّ عشرة وخمس مائة وسبب خرابها ظلم الولاة والجور وأيضًا فى كلّ سنة مرّةً أو مرّتين تشنّ عليهم البادية الغارات وأكثرهم خفاجة وابتدأ خرابها منذ خرج بها البُرْقعىّ وادّعى أنّه علوىّ وتحصّن بنهر الخصيب ومحاصرة أحمد الموفّق

---

١١ (العبّاس) يلى ذلك فى هامش حـَب (وهى زبيدة)، ١٤—٧ [حتّى أنّ .... بقيّة] من مضافات حـَب ٢٢ ب، ١٥ (بين السور) — (السور)، ٢٢ (عشرة) — (عشر)،

ابن المتوكّل وسمعتُ جماعة من أهل البصرة يقولون كان بها فى زمن الرشيد بن المهدىّ أربعة آلاف نهر يُجبى له فى كلّ يوم من كلّ نهر مثقال ذهب ودرهم نقرة وقوصرة تمر وسمعتُ الشيخ وهب بن العبّاس وكان من جملة الوُعّاظ المعروفين بالبصرة يحكى عن والده العبّاس أنّه قال كان على باب المحلّة التى يسكنها دُكّان بقّال منفرد عن السوق وأنّ ذلك البقّال شكا الى العبّاس قلّة المعاش وذكر أنّه كان يُشترى من دكّانه فى كلّ سنة عشرة مكاكىّ خردل دون باقى الحوائج وفى سنى هذه قد بقى من مكّوكىْ خردل بقيّة،] وللبصرة من استفاضة الذكر بالتجارة والمتاع والجالب والجهاز الى سائر أقطار الأرض ما يستغنى بشُهرته عن إعادة ذكر فيه، ولها من المدن عبّادان والأُبلّة والمفتح والمذار فى مجارى مياه دجلة وهى مدن صغار متقاربة فى الكبر عامرة، والأُبلّة أكبرها وأفسحها رقعةً [وهى أحد حدود
حط ١٦٢ البصرة من جهة | نهرها] والأُبلّة من بينها عامرة وبها أسواق صالحة [ولها حدّ آخر من عمود دجلة مكانَ يتشعّب منها النهر المعروف بنهر الابلّة] وينتهى عَمُود دجلة الى البحر بعبّادان [بعد أن يضرب اليه نهر الابلّة]، وفى أضعاف قراها آجام كثيرة وبطائح الماء تسير فيها السُفْن بالمرادى لقرب قعرها كأنّها كانت على قديم الأيّام أرضًا مسكونة ويشبه أن يكون لمّا بُنِيت البصرة وشقّت أنهارها وكثُرت واستغلق بعضها على بعض فى مجاريها تراجعت المياه وغلبت على ما سفُل من أرضها فصارت بطائح وآجامًا، وللبصرة كتاب يُعرف بكتاب البصرة ألّفه عمر بن شبّة قبل كتاب الكوفة ومكّة يُغنى عن ذكـر شىء من أوصافها وهذه الكتب موجودة فى جميع الأماكن، وأمّا ارتفاعها وقتنا هذا من وجوه أموالها

٦ (مكّوكىْ) — (مَكوكينَ)، ٨—١٠ (ولها .... عامرة) يوجد مكان ذلك فى حب ٢٢ ب و ٢٣ ظ (ولها من المدن عبّادان وبلجان [فى النسخة (وَبلحان)] والأبلة والمشان ومطارا وهى الآن [يليه فى الهامش (وهو التأريخ الذى يقال له المركب)] عامرة قرى متقاربة فى الكبر والمشان أكبرها)، ١٠ (أكبرها) — (أكثرها)، ١٠—١١ [وهى أحد .... نهرها] مأخوذ من حط، ١١—١٢ [ولها .... الابلّة] مأخوذ من حط، ١٢ [بعد أن ... الابلّة] مأخوذ من حط، ١٥ (قديم) — (قدم)، ١٧ (وغلبت) — (وغلت)،

كلّها وجباياتها من أعشارها [وجماجمها] ومصالحها وضمان البحر بلوازم المراكب فإنّه زاد وكثر وغلا وغزر وحضرتُه سنة ثمان وخمسين فكان ذلك فى يد أبى الفضل الشيرازىّ ستّة آلف ألف درهم،

(٦) ومدينة واسطٍ على جانبى دجلة ودجلة تشقّها بنصفين والنصفان متقابلان بينهما جسر سفن يعبر عليه من أراد من أحد الجانبين الآخرَه وفى كلّ جانب مسجد جامع وهى مدينة محدثة فى الإسلام استحدثها الحجّاج ابن يوسف وبها حَضَرُ الحِجَازِ وهى مدينة تحيط بجدّها الغربىّ البادية بعد مزارع يسيرة وهى خصبة كثيرة الشجر والنخل والزرع وأصحّ هواءً من البصرة وليس لها بطائح ولها أرضٌ واسعة ونواحٍ فسيحة وعمارة متّصلة وبها قوام مدينة السلم إذا أسنتت نواحيها أو عِيهَتْ، ونواحى وَاسِطٍ عمل مفرد من أعمال العراق لعاملٍ جليل نبيه خطير وحضرتُها وقد جرى ذكر عقدها على أبى الفضل فى سنة ثمان وخمسين وكان ستّة آلف ألف درهم،

(٧) ومدينة الكُوفة قريبة الأوصاف من البصرة | وهواؤها أصحّ وماؤها حط ١٦٣ أعذب وهى على الفُرات وبناؤها كبناء البصرة ومصّرها سَعدُ بن أبى وَقّاصٍ وهى خطط لقبائل العرب إلّا أنّها خراج بخلاف البصرة لأنّ ضياع الكوفة قديمة أزليّة وضياع البصرة أحياء مواتٍ فى الإسلام، والقادسيّةُ والحِيرَةُ والخَورنقُ على سيف البادية ممّا يلى المغرب ويحيط بها ممّا يلى المشرق النخيل والأنهار والزروع وهى والكُوفة فى أقلّ من مرحلتين، والحِيرة مدينة قديمة أزليّة طيّبة التربة مفترشة البناء وقد خفّ أهلُها بل لم يبق منهم إلّا القليل بعمارة الكوفة وبينها وبين الكوفة نحو الفرسخ،

١ [وجماجمها] مأخوذ من حط، ٤—٥ (على جانبى ... متقابلان) يوجد مكان ذلك فى حب ٣٢ظ (على الدجلة من الجانب الغربىّ وفى الجانب الشرقىّ قرية ينسبونها الى أنّها من واسط)، ٧ (حَضَرُ الحِجَازِ) — (حضر الحمار)، ١١—١٢ (وحضرتُها ... الفضل) — حط (وحضرتُ ارتفاعها الى الديوان بمدينة السلام)،

وبالكوفة قبر أمير المؤمنين علىّ صلوات الله عليــه ويقال أنّه بموضع يلى زاوية جامعها وأُخْفِىَ من أجل بنى أُميّة خوفًا عليه وفى هذا الموضع دُكّان علّاف ويزعم أكثر ولده أنّ قبره بالمكان الذى ظهر فيه قبره على فرسخين من الكوفة وقد شهّر أبو الهيجاء عبد الله بن حمدان هذا المكان وجعل عليه حصارًا منيعًا وابتنى على القبر قُبّةً عظيمةً مرتفعة الأركان من كلّ جانب لها أبواب وسترها بفاخر الستور وفرشها بثمين الحُصْر السامان وقد دُفِن فى هذا المكان [٧٠ ب] المذكور جلّة أولاده وسادات آل أبى طالب من خارج هذه القبّة وجُعِلَت الناحية ممّا دون الحصار الكبير تُرَبًا لآل أبى طالب، والكوفة فى هذا الوقت وأعمالُها وسوادُها مضافة الى ضمان مدينة السلام ومرفوعة أعمالها الى دواوينها وحضرتُ ارتفاع السواد سنة ثمان وخمسين وقد ضمنه أيضًا أبو الفضل وسائــر طساسيج العراق دون زيادة الصنجة وحقّ بيت المال فكان ثلثين ألف ألف درهم، والقادسيّة مدينة على شفير البادية صغيرة ذات نخيل ومياه ويُزرع بها الرطاب الكثيرة ويُتّخذ منه القتّ علفًا لجمال الحاجّ | وغيرها وليس حط ١٦٤ للعراق بعدها من ناحية البادية وجزيرة العرب ماء يجرى ولا شجر،

(٨) ومدينة السلام مُحدثة فى الإسلام ابتناها أبو جعفــر المنصور فى الجانب الغربىّ من دجلة وجعل حواليها قطائع لحاشيته ومواليه وأتباعه كقطيعة الربيع والحربيّة وغيرها ثمّ عمرت وتزايدت فلمّا ملكها المهدىّ جعل معسكره فى الجانب الشرقىّ فسُمّى عسكر المهدىّ وتزايد بالناس والبنيان وكثُرت عمارتهم وانتقل اسم الخلافة الى الجانب الشرقىّ ودارُ من بيده حال من اسم المملكة وعمل الى أسفل هذا الجانب بالمُخَرّم واستحدث الدار التى فى أسفلها للسلطان وليس بما وراءها بنيان للعامّــة متّصل، وتتّصل قصور السلطان وبساتينهــا من بغداذ الى نهر بين فرسخين على

---

١ (وبالكوفة) تابعًا لحط وفى الأصل (وبينهما)، ٨ (ممّا) — حط (وما)، ٩ (مضافة) — (مضاف)، ١١ (ضمنه) — (ضمّهُ)، ٢١ (بالمُخَرّم) — (بالمخرم)،

جدارٍ واحدٍ ثمّ يتّصل من نهر بين الى شطّ دجلة [ويتّصل البنيان بدار خلافتهم مرتفعًا على دجلة الى] الشمّاسيّة نحو خمسة أميال وتحاذى من الجانب الغربىّ الحربيّة فيمتدّ نازلاً على دجلة البنيان الى آخر الكرخ، ويسمّى الجانب الشرقىّ منها جانبَ باب الطاق وجانبَ الرُصَافة ويسمّى عَسكر المهدىّ لأنّه كان عسكر بحذاء مدينة أبى جعفر المنصور [وبُنِى هناك مسجد جامع حسن والآن فقد خرب ذلك المكان ولم يبق معمور غير الجامع ومقابر قريش والمحلّة المعروفة بقبر أبى حنيفة رضى الله عنه وانتقلت العمارة الى نهر مُعَلًّى وقد سوّر فى زماننا هذا وهو عشر الستّين وخمس مائة بسور حصين منيع وبين يديه خندق عميق محيط به يتخرّقه ماء الدجلة] ويُسمّى الجانب الغربىّ جانب الكَرْخ، وبها مساجد للجُمعة وصلاتها خاصّةً فى أربعة مواضع منها فمنها [فى] الجانب الغربىّ الذى بمدينة أبى جعفر | وبالرُصافة جامع آخر لأهل باب الطاق حط ١٦٥ وفى دار السلطان أيضًا جامع بحضره الخاصّة والعامّة ومسجد براثا فى الجانب الغربىّ واستحدثه أمير المؤمنين علىّ صوات الله عليه، وتتّصل عمارة الجانب الشرقىّ فى أسفل دار الخلافة بكلواذى وهى أيضًا مدينة قصدة فيها مسجد جامع ولو عُدّ فى جملة بغداذ لجاز لأنّ كثيرًا من أهلها يصلّون فيه، وبين الجانبين فى وقتنا هذا جسر بقرب باب الطاق وكانا اثنين لعبر المجتازين ولمّا بان النقص عليهما عُطِّلَ أحدهما لبيان الاختلال، وهلك أكثر محالّها وذلك أنّه كان من باب خراسان عمارة الى أن تبلغ الجسرَ وتمتدّ الى باب الياسِريّة من الجانب الغربىّ وعَرضُها

---

١ (ثم ... بين) — حط (حتّى يتّصل نهر عيسى)، ١—٢ [ويتّصل ... الى] مستتمّ عن حط، ٢ (الشمّاسيّة) — (والشماسيه)، ٣ (الحربيّة) — (الحرىه)، (فيمتدّ) — (فيمدّ)، ٥ (عسكر) — (عسكرا)، ٥—٩ [وبُنِىَ ... الدجلة] من مضافات حب ٣٢ ظ، ٥ (وبُنِى) — (وبنا)، ١٠ [فى] مستتمّ عن حط، ١٢ (بحضره) — (بحضرة)، ١٣ (واستحدثه) — حط (وأصله أنّه مشهد)، ١٤ (بكلواذى) — (بكلوذى)، ١٦—١٧ (وبين ... المجازين) مكان ذلك فى حط (وبين الجانبين على دجلة جسران مربوطان بالسفن لعبور المجتازين) وفى حب (وبين الجانب الغربىّ والشرقىّ جسر ممدود من السفن مشدود بالسلاسل الحديد وكان فى القديم جسران اثنان)،

فقد اختلّ أيضًا من الجانبين جميعًا [نحو خمسة أميال] ونقص وهلك منه الكثير وأعمر بقعةٍ بها اليوم الكَرْخ وجانِبُه لأنّ أهل الياسِريّة ومعظم مساكن التجّار هناك ، | وذكر بعض المؤلّفين أنّ الموفّق أمر بمساحتها فوجد الجانب الشرقىّ مائتى حبْلاً وخمسين حبلاً وعرضه مائة حبل وخمسة أحْبُل ويكون ذلك ستّةً وعشرين ألف جريبًا ومائتين وخمسين جريبًا وهذا حساب لا أعرفه، ووجد الجانب الغربىّ مائتين وخمسين حبلاً والعرض سبعين حبلاً سبعة عشر ألف وخمس مائة جريب الجميع ثلثة وأربعون ألف جريبٍ وسبع مائة وخمسون جريبًا، ويكون بفدّان مصر حساب كلّ جريبين ونصف فدّان سبعة عشر ألف فدّان وخمس مائة فدّان وكانت هذه مساحةَ رقعتها، (مفقود فى حَط)

(حَط ١٦٥) (٩) | فأمّا الأشجار والأنهار التى فى الجانب الشرقىّ ودار الخلافة فإنّها من ماء النهروان وتامَرّا وليس يُرفع اليها من دجلة إلاّ شىء يقصر عن العمارة، وأمّا الجانب الغربىّ فيشقّ اليه من الفُرات نهر عيسى من قرب الانبار تحت قنطرة دِمِمّا وتتحلّب من هذا النهر صُبابات تجتمع فتصير [٧١ ظ] نهرًا يسمّى الصَرَاة يفضى أيضًا الى بغداذ [عند المحلّة المعروفة بباب البصرة] وعليه عمارات كثيرة للجانب الغربىّ وتنفجر منه أنهار كثيرة لعمارات الناحية ويقع ما يبقى من ماء الصراة الصغيرة والكبيرة فيما يجاور نهر عيسى من بغداذ فى نحو نصف المدينة وعليها كثير من مساكنهم ودورهم وبساتينهم، فأمّا نهر عيسى فإنّ السفن تجرى فيه من الفُرات الى أن يقع فى دِجلة والصراة فيها حواجز وموانع من جرى السفن بسُكور ودوالٍ فيها فتنتهى السفن فيها الى (حَط ١٦٦) | قنطرتها ثمّ يُحوّل ما يكون فيها فيجاوَز به ذلك الحاجز الى سفن غيرها، وبين بغداذ والكوفة سواد مشتبك غير

---

١ [نحو خمسة أميال] مأخوذ من حَط، ٦ (مائتين) — (مائة)، (سبعين) — (تسعين)، ٨ (جريبٍ) — (جريبًا)، (وسبع) — (وتسع)، ٩ (سبعة) — (تسعة) وهذه الأعداد كلّها مصحّحة على القياس، ١٤ (وتتحلّب) — (وتحلب)، ١٥—١٦ [عند ... البصرة] مأخوذ من حَب ٢٢ ظ، ٢٠ (بسُكور) — (بسكوره)،

متميّز تخترق اليه أنهار من الفُرات فأولها ممّا يلى بغداذ نهر صَرْصَر عليه مدينة صرصر تجرى فيه السفن وعليه جسر من مراكب يُعبر عليه ومدينة صَرصَر عامرة بالنخيل والزروع وسائر الثمار صغيرة من بغداذ على ثلثة فراسخ، ثمّ ينتهى على فرسخين الى نهر الملك وهو كبير أيضًا أضعاف نهر صرصر فى غُزر مائه وعليه جسر من سفن يُعبر عليه ونَهرُ المَلك مدينة أكبر من صرصر عامرة بأهلها وهى أكثر نخلاً وزرعًا وثمرًا وشجرًا منها، ثمّ ينتهى الى قصر ابن هُبيرة وليس بين بغداذ والكوفة مدينة أكبر منها وهى بقرب نهر الفُرات الذى هو العمود [ويطلع] اليها هناك عن يمين وشمال أنهار مفترقة ليست بكبار إلاّ أنّها تعمّهم لحاجتهم وتقوتهم وهى أعمر نواحى السواد، ثمّ ينتهى الى نهر سُورًا وهى مدينــة [مقتصدة] ونهر كثير الماء وليس للفرات شعبة أكبر منه وينتهى الى سائر سواد الكوفة ويقع الفاضل منه الى بطائح الكوفة وسُورًا هذه بين تلك النواحى أكثرها كرومًا وأشربةً، وكربلا من غربىّ الفُرات فيما يحاذى قصر ابن هُبيرة وبها قبر الحسين بن علىّ صلوات الله عليهما ولــه مشهد عظيم وخَطْبٌ فى أوقاتٍ من السنة بزيارته وقصدٍ جسيم،

(١٠) ومدينة سُرَّ من رأى فى وقتنا هذا مختلّة وأعمالها وضياعها مضمحلّة قد تجمّع أهل كلّ ناحية منها الى مكان لهم به مسجد جامع وحاكمٌ وناظر فى أمورهم وصاحب معونة يصرفهم فى مصالحهم وكانت مدينةً استحدثها أبو إسحٰق المعتصم بن الرشيد طولها سبعة فراسخ على شرقىّ دجلة وكان شِرب أهلها منها وليس بنواحيها ماء يجرى إلاّ أنهار القاطُول التى تنصبّ بالبُعد منها الى سواد بغداذ والذى يحيط بها فبرّيّة وعمارتها ومياهها وأشجارها فى الجانب الغربىّ بحذائها ممتدّة والمواضع التى ذكرتُها مِدادًا هى مدن

---

٨ [ويطلع] مستتمّ تابعًا لحـط عن إحدى نسخ صـط، (هناك) — (وهناك)، ١٠ [مقتصدة] مستتمّ عن حـط، ١٧ (تجمّع) — (بجمع)، ١٨ (وصاحب) — (من صاحب)، ٢٢ (مِدادًا) على التخمين وفى الأصل (ملادا) ويوجد فى حـط (التى ذكرتها بلاد ومدن)،

قائمة بأنفسها كدور العربابي والكرخ ودُور الخرب وصِينيّة سُرّ من رأى نفسها فى وسطها ومن أوّل ذلك | الى آخره عند دُورِ الخرب نحو مرحلة حط ١٦٧
لا ينقطع بناؤها ولا تخفى آثارها [وهى إسلاميّة] ولـمّا ابتدأ بناءها المعتصم استتمّه المتوكّل وهواؤها وثمارها أصحّ من ثمار بغداذ وهوائها ولها نخيل وكروم وغلّات تحمل الى مدينة السلام [وهى الآن خراب أكثرها]،

(١١) والنهروان مدينة يشقّها نهر النهروان بنصفين فى وسطها وهى صغيرة عامرة من بغداذ على أربعة فراسخ كثيرة الغلّات والخيرات والنخيل والكروم والسمسم خاصّةً ونهرها يفضى الى سواد بغداذ أسفل من دار السلطان الى الإسكاف وغيرها من المدن والقرى، فإذا جُزْتَ النهروان الى الدسكرة الى حــدّ حلوان خفّت المياه والنخيل وإن كانت من الدسكرة الى حدّ حُلوان كالبادية منقطعة العمارة منفردة المنازل والقرى حتّى تفضى الى نهر تامرّا وحدود شهرزور والى تكريت،

(١٢) فأمّا المدائن فمدينة صغيرة جاهليّة أزليّة كسرويّة آثارها عظيمة ومعالمها قائمة وقد نُقل عامّة أبنيتها الى بغداذ وهى من بغداذ على [٧١ ب] مرحلة وكانت مسكن الأكاسرة وبها ايوان كسرى المشهور ذِكره بحديث سطيح وغيره الى يومنا هذا وهو أيوانٌ معقودٌ عظيم جسيم من آجرّ وجصّ وليس للأكاسرة أثر ولا بنية كهو، ويُنْعَتُ هــذا الإقليم بأرض بابل وكانت مدينة النمارده والفراعنة وقرار ملكهم وحومة نعمهم وهى الآن قرية صغيرة وهى أقدم أبنية العراق عهدًا استحدثها ملوك الكنعانيّين وسكنوها ومن كان بعدهم وكانت دار مُقامهم وبها آثار أبنية تُخْبِرُ أنّها كانت فى قِدَم الأيّام مصرًا عظيمًا ويرى آخرون أنّ الضحّاك أوّل من بناها

١ (العربايى) — (العربانىّ)، (وصينيّة) — (وصينيه)، ٣ [وهى إسلاميّة] مأخوذ من حط، ٥ [وهى ... أكثرها] من مضافات حب ٣٢ ب، ٩ (جُزْتَ) — (خربتَ)، ١٢ (شهرزور) — (سهرزور)، (الى) تابعًا لحط — (على)، ١٤ (عامّة ... بغداذ) مكان ذلك فى حب (أكثر آلات عمارتها الى مدينة السلام وهى الآن مدينة صغيرة)، ١٨ (النماردة) — (النمارذة)،

وسكنتها التبابعة ودخلها | إبرهيم عليه السلٰم، [وتجاهها حِلّة ابن مَزيد مدينة حط ١٦٨ محدثةٌ استحدثها منصور بن مزيد الأسدىّ فى سنى التسعين وأربعمائة غربىّ الفرات منغصّة بالناس كثيرة الأسواق دائمة الشرى والبيع وبها مسجد جامع حسن كبير وجبايتها ربّما زادت على ألف دينار،] وكوثى ربّا مدينة يزعم قوم أنّها كانت أكبر من بابل ويقال إنّ إبرهيم الخليل عليه السلٰم بها طُرِح فى النار وكوثى بلدان وناحيتان تُعرف إحداها بكوثى الطَريق والأُخرى بكوثا ربّا وبها تلال رمادٍ عظيمة ويزعمون أنّها نار النمرود بن كنعان التى طرح فيها إبرهيم، والجامعان منبر صغير حواليها رستاق عامر خَصِب جِدًّا يحادّ نواحى المدائن، والمدائن من شرقىّ دجلة ومن بغداذ على مرحلة ويقال إنّه كان فى أيّام الفُرس قد عُقد بها على الدجلة جسر من آجُرّ وليس لذلك أثر فى هذا الزمان وقد حُكِيَتْ هذه الحكاية عن تكريت وأنّه كان على الدجلة بها عُقد جسر من آجرّ يُعبر عليه فى أيّام الهَيَاطِلَة وأدركتُ أثرًا من ذلك يَشْهَدُ له فى سنى نيّف وعشرين وثلثمائة،

(١٣) فأمّا عكبرا والبردان والنعمانيّة ودَيْرُ العَاقُول وجَبُّل وجرجرايا وفمّ الصلح ونهر سابس وسائر ما ذكرتُه على شطّ الدجلة من المدن فهى متقاربة فى الكبر وليس بها مدينة كبيرة وهى مشتبكة العمارة ولكلّ مدينة من ذلك كورة، [والبوازيج شرقىّ تكريت وهى على النهر الصغير الذى أخذ من

١—٤ [وتجاهها ... دينار] من مضافات حب ٢٣ ب، ٢ (التسعين) — (السبعين)، ٤ (ألف) قد غُيّر ذلك فى حب الى (مائة ألف ألف)، ٥ (ويقال ...النار) كذا أيضًا فى حب وكُتب هنا فى الهامش (وليس ذلك بصحيح إنّما كان ذلك بالرها وبها عين ابراهيم الخليل عليه السلام)، ١٠ (الفُرس) — حط (ذى القرنين)، ١٤—١٥ (فأمّا عُكبرا .... من المدن) يوجد مكان ذلك فى حب ٢٣ ب (وأمّا عُكبُرا والبَرْدَان والعَلَث والجوث [والحوت] والكَرْخ والدُور [والذُور]) ثمّ يلى ذلك الفقرة الواصفة للبوازيج المنقولة فيما بعد من هذه القطعة ثمّ فى ٢٤ ظ (وأمّا دقُوقَا والنَهروان وجلولا [وجلوالا] والدَسْكَرة وخَانقين ودير العاقُول وكلواذى [وكلوادى] وجَرْجَرايا وفم الصُلْح وسابس [وشابش] والنُعمانيّة والعَرّاف والبطائح وقُوسَان فهذه كلّها وأمثالها ممّا لم نذكره)، ١١—١٧ [والبوازيج ... من اربل،] من مضافات حب ٢٣ ب — ٢٤ ظ،

بلاد الدربند وشهرزور ولها نهر يأخذ من الزاب من أعلاها مسيرة أربعة أميال ويجىء اليها من قبليّها ويقسم بمقاسم عُملت من الآجرّ أفواهُ الأنهار نهر الى شرقيّها ونهر الى غربيّها يسقى بساتينها وأقطانها ونهر يسمّى السنّ يدخل تحت السور من قبليّها ويشقّ فى وسطها وفى أسواقها وعليه مرابع بالآجُرّ وربّما دخل واحد دكّانه واستقى الماء من طاقه ويخرج منها النهر فيسقى البساتين والأقطان الى شماليّها وشرقها وهو ماء كثير وفيها أيضًا نهر صغير يشقّ وسط البلد ويروح الى غربىّ البلد يسقى الأقطان والبساتين وفى بساتينها فاكهة مليحة وأكثرها الرمّان والرطب وأهلها ليّنو العريكة محبّون الغريبَ ويتعصّبون له وربّما حُمل من فاكهتها الى الموصل وينادى عليه باسمها وربّما أُبيع فاكهة غيرها باسمها لشهرتها بالجيّد، ورؤساؤها قوم بنو يَعرُب من بجيلة من ولد جرير بن عبد الله البجلىّ ورؤساء نصفها الآخر قوم من بنى هود يقال لهم بنو هود بن قحطان وهؤلاء رؤساء الجانبين مختلفون فى المذهب فبنو يَعرُب شيعة وبنو هود سنّيّة ولكلّ منهم تبع عظيم وربّما يجرى بينهم شىء من القتال على ذلك إلاّ أنّهم يزوّجون بعضهم من بعض ولا يزوّجون غريبًا ولا يتزوّجون من غريب وكانوا قديمًا من عسكر علىّ بن ابى طالب رضى الله عنه لمّا فتح تكريت أخذوها وسكنوها بعد مقتله بالكوفة وهى مبنيّة بالطوب الىّ هو اللبن والجصّ مساكن مرتفعة جدًّا أحسن من آربل،]

وحُلوان مدينة ليس بالعراق بعد البصرة والكوفة وواسط أعمر منها ولا أكثر خِصبًا وجلّ ثمارها التين وهى بقرب الجبل وليس للعراق مدينة تقرب من الجبل غيرها وربّما سقط بها الثلج فأمّا أعلى جبلها فالثلج يسقط به دائمًا، وبالدَسكرة نخيل وزروع كثيرة وبخارجها حصن من طين داخله فارغ وهو مزرعة ويقال أنّ ملكها كان يقيم به فى بعض فصول السنة فسمّيت دسكرَةَ الملك لذلك،

(١٤) وقد قدّمتُ القول بالتقويس الذى فى حدّ العراق من نحو تكريت الى | [أن] يجاوز مشرقًا عن دجلة الى قرب العَلْثِ بالطول على حط ١٦٩

١ (الدربند) — (الذربند)، ٣ (السِنّ) — (الست)، ٦ (نهر صغير) — (نهران صغار)، ٧ (ليّنو) — (ليّنين)، ١٠ (هود بن) — (هود من)، ١١ (مختلفون) — (مختلفين)، ١٢ و ١٣ (يزوّجون) — (يزوجوا)، ١٣ (يتزوّجون) — (يتزوجوا)، ١٥ (هو اللبن) يوجد ذلك فى الهامش، ٢٣ [أن] مستتم عن حط،

مثال القوس الى الدَسكرة ثمّ ينصوّب على مثال القوس الى حــدّ عمل وَاسِطٍ من حدّ العراق الى حدّ الجبل فانّــه قليل العمارة وفيه قُرًى مفترشة والغالب عليها الأكراد والأعراب وهى مراعٍ لهم، وكذلك من تكريت عن غربيّها الى أن تنتهى الى الانبار بين الدجلة والفُرات قليل العمارة وإنّما العمارة منه ما يحاذى سُرّ من رأى أميال يسيرة والباقى هى بادية،

(١٥) ولم أُبالغ فى وصف العراق لإكثار الناس فيها ووصفهم المستفاض لها واشتهار عامّة ما يُذكر منها وهذه صفة جامعة لها وإذ قصدى فيها وفى غيرها إثبات هيآتها فى الصورة وموقع بعضها من بعض، وأمّا ارتفاعها فبمعزل من ارتفاع البصرة وواسطٍ فى وقتنا هذا وقد قدّمتُ ذكر ذلك فى غير موضع من قديمٍ وحديثٍ، [وحضرتُ عقد ضمانها من حدّ تكريت الى حدّ واسط بجميع طساسيجها وأعمال الكوفة المضمومة اليها من جميع وجوهها وأسبابها على أبى الفضل الشيرازىّ فى سنة ثمان وخمسين وثلثمائة وكان دون زيادة الصنجة وحقّ بيت المال ثلاثين ألف ألف درهم وقد تقدّم ارتفاع البصرة وواسط عنــد ذكرها وأنّهما تُضُمِّنَا معًا باثنى عشر ألف ألف درهم فى هذه السنة المذكورة،]

---

٦ (هى) — (فى)، ٧ (فى وصف العراق) مكان ذلك فى حب (فى مدينة السلام خاصّةً وسائر العراق عامّةً)، ١٠ (فبمعزل من) — حط (فيخرج عنه)، ١١–١٦ [وحضرتُ ... المذكورة] مأخوذ من حط، ١٣ (الفضل) — (فضل)،

CONTENTS OF THE FIRST FASCICULUS